# S7-300/400
# 可编程控制器原理与应用

崔维群 孙启法 编著

北京航空航天大学出版社

## 内容简介

本书以我国目前应用最广和市场占有率最高的 SIMATIC S7-300/400 系列 PLC 为例，主要介绍：PLC 的有关基本概念；S7-300/400 的硬件结构、性能指标、指令系统、程序结构、编程环境 STEP 7 的使用以及硬件的组态方法和组态过程；梯形图程序设计方法、顺序控制程序设计方法以及顺序功能图语言 S7 Graph 的使用；西门子的工业通信网络以及 S7-300/400 在 MPI、PROFIBUS、点对点通信网络中的应用；PRODAVE 的使用及编程方法；模拟和数字 PID 控制以及使用 S7-300/400 实现 PID 闭环控制系统的方法。附录中还介绍了 S7-300/400 的仿真软件 PLCSIM 的使用方法、常用组织块及功能、STL 指令及功能。

本书包含了 S7-300/400 常用编程手册和用户手册中的主要内容。为了提高学习效果，加强学习的针对性和系统性，本书每章前面均有重点、难点，后面均有小结和复习思考题，且附录中还有课程设计和工程实践课题集。

本书从工程应用的角度出发，突出应用性和实践性，可以作为工程技术人员培训教材使用，也可以作为大专院校相关专业的参考教材。

### 图书在版编目(CIP)数据

S7-300/400 可编程控制器原理与应用/崔维群，孙启法编著. —北京：北京航空航天大学出版社，2008.12
ISBN 978-7-81124-476-2

Ⅰ.S… Ⅱ.①崔…②孙… Ⅲ.可编程序控制器 Ⅳ.TP332.3

中国版本图书馆 CIP 数据核字(2008)第 143249 号

© 2009，北京航空航天大学出版社，版权所有。
未经本书出版者书面许可，任何单位和个人不得以任何形式或手段复制本书内容。侵权必究。

**S7-300/400 可编程控制器原理与应用**

崔维群　孙启法　编著
责任编辑　王　超　冀润兰

＊

北京航空航天大学出版社出版发行
北京市海淀区学院路 37 号(100191)　发行部电话：010-82317024　传真：010-82328026
http://www.buaapress.com.cn　E-mail:bhpress@263.net
涿州市新华印刷有限公司印装　各地书店经销

＊

开本：787 mm×960 mm　1/16　印张：39　字数：874 千字
2009 年 1 月第 1 版　2009 年 1 月第 1 次印刷　印数：5 000 册
ISBN 978-7-81124-476-2　　定价：59.00 元

# 前　言

可编程序控制器(Programmable Logic Controller,PLC)是以微处理器为基础,综合了计算机技术、自动控制技术和通信技术而发展起来的一种通用工业自动控制装置。

近年来,以西门子 S7-300/400 为代表的 PLC 已成为我国工业控制领域中最主要的工业自动控制装置之一,为工业自动化提供了安全可靠和比较完善的解决方案。

全书共分 10 章,系统地阐述了 S7-300/400 系列 PLC 的工作原理、硬件结构、指令系统、程序结构和 STEP 7 V5.3 专业软件包的使用方法。本书从工程实际出发,列举了大量应用实例,分类介绍了各种结构的程序设计方法,重点介绍了梯形图的经验设计法和顺序控制设计法以及基于 S7 Graph 语言的顺序功能图设计方法。本书还介绍了 S7-300/400 的网络结构、AS-i网络、工业以太网、PROFInet 网络,详细讲述了 MPI 网络、PROFIBUS 网络、点对点通信、PRODAVE 通信软件的组态、参数设置及通信程序的编写方法等,以及如何使用系统功能实现 PID 控制的方法。附录介绍了基于 STEP 7 编程软件和 PLCSIM 仿真软件的学习和实验方法,通过这种方法没有 PLC 也可以较快地掌握 S7-300/400 的使用方法。

为方便教学和自学,各章前面均有重点、难点内容,中间配有实例程序,后面附有小结和适量的复习思考题。本书的附录中还有作为高等院校学生学习 PLC 课程的重要环节——与 PLC 课程设计有关的设计选题和设计要点等内容。为了方便使用,在附录中提供了指令一览表、组织块、系统功能与系统功能块一览表。

本书注重实际,强调应用,是一本工程性和实践性较强的书籍,可供企业工程技术人员和作为培训教材使用,也可作为高等院校电气工程及其自动化、工业自动化、机电一体化、生产过程自动化、电力系统自动化、工业网络技术、电子信息工程、应用电子技术等专业的教材,对 S7-300/400系列 PLC 的用户也有很大的参考价值。

# 前言

本书由崔维群、孙启法编著，王金平、崔灵智、申加亮、王书平、徐艳霞、许峰、宋凡锋、刘玉霞、黄萌、刘子政、刘昌华、徐强珍、刘晓峰等参与了本书的编写和资料整理工作。

由于编者水平有限，对于书中出现的错误与不妥之处，敬请专家、同仁、读者批评指正。书中部分内容参阅了有关文献，对书后所有参考文献的作者表示衷心感谢！在本书编写过程中还得到了许多同行的帮助和支持，在此一并向他们表示感谢！

作　者

2008 年 9 月

# 目 录

## 第1章 可编程序控制器概述

1.1 PLC 的基本概念 ……………………………………………………………………… 1
  1.1.1 PLC 的起源与发展 …………………………………………………………… 1
  1.1.2 PLC 的分类、特点及应用领域 ……………………………………………… 3
  1.1.3 PLC 的主要生产厂家 ………………………………………………………… 5
1.2 PLC 的基本结构 ……………………………………………………………………… 7
1.3 PLC 的工作原理 ……………………………………………………………………… 9
1.4 PLC 的主要性能指标 ………………………………………………………………… 11
【本章小结】 ………………………………………………………………………………… 12
【复习思考题】 ……………………………………………………………………………… 13

## 第2章 S7-300/400 硬件结构

2.1 S7-300 系列 PLC 简介 ……………………………………………………………… 14
  2.1.1 S7-300 概况 …………………………………………………………………… 14
  2.1.2 S7-300 的基本结构 …………………………………………………………… 15
2.2 S7-300 系列 PLC 模块 ……………………………………………………………… 17
  2.2.1 CPU 模块 ……………………………………………………………………… 17
  2.2.2 数字量模块 …………………………………………………………………… 20
  2.2.3 模拟量模块 …………………………………………………………………… 24
  2.2.4 I/O 模块的编址 ………………………………………………………………… 36
  2.2.5 其他模块 ……………………………………………………………………… 37
2.3 S7-400 系列 PLC 简介 ……………………………………………………………… 40
  2.3.1 S7-400 概况 …………………………………………………………………… 40
  2.3.2 S7-400 的组成及结构 ………………………………………………………… 40
2.4 S7-400 系列 PLC 模块 ……………………………………………………………… 41
  2.4.1 机架与接口模块 ……………………………………………………………… 41

# 目录

  2.4.2 CPU模块 …………………………………………………… 44
  2.4.3 电源模块 …………………………………………………… 47
  2.4.4 I/O模块 ……………………………………………………… 47
  2.4.5 I/O模块的编址 ……………………………………………… 51
  2.4.6 其他模块 …………………………………………………… 51
 2.5 ET200分布式I/O ………………………………………………… 53
【本章小结】 ……………………………………………………………… 58
【复习思考题】 …………………………………………………………… 58

## 第3章 S7-300/400的编程语言与指令系统

 3.1 S7-300/400的编程语言 ………………………………………… 59
  3.1.1 PLC的编程语言 …………………………………………… 59
  3.1.2 S7-300/400的编程语言 …………………………………… 60
  3.1.3 梯形图的编程规则 ………………………………………… 61
 3.2 S7-300/400编程基础 …………………………………………… 63
  3.2.1 S7-300/400的编程元件 …………………………………… 63
  3.2.2 S7-300/400的数据类型 …………………………………… 64
  3.2.3 操作数及寻址方式 ………………………………………… 68
 3.3 位逻辑指令及应用 ……………………………………………… 71
  3.3.1 位逻辑处理指令 …………………………………………… 71
  3.3.2 输出类指令 ………………………………………………… 73
  3.3.3 其他指令 …………………………………………………… 74
  3.3.4 应用举例 …………………………………………………… 77
 3.4 定时器/计数器指令及应用 ……………………………………… 78
  3.4.1 定时器指令 ………………………………………………… 78
  3.4.2 计数器指令 ………………………………………………… 85
  3.4.3 应用举例 …………………………………………………… 89
 3.5 数据处理功能指令 ……………………………………………… 93
  3.5.1 装入与传送指令 …………………………………………… 93
  3.5.2 比较指令 …………………………………………………… 95
  3.5.3 数据转换指令 ……………………………………………… 97
  3.5.4 应用举例 …………………………………………………… 101
 3.6 数学运算指令 …………………………………………………… 102
  3.6.1 算术运算指令 ……………………………………………… 102

  3.6.2 移位和循环移位指令 ………………………………………………………… 105
  3.6.3 字逻辑运算指令 …………………………………………………………… 109
  3.6.4 累加器指令和地址寄存器指令 …………………………………………… 111
 3.7 控制指令 ………………………………………………………………………… 113
  3.7.1 逻辑控制指令 ……………………………………………………………… 113
  3.7.2 主控继电器指令 …………………………………………………………… 115
  3.7.3 程序控制指令 ……………………………………………………………… 118
【本章小结】 ……………………………………………………………………………… 119
【复习思考题】 …………………………………………………………………………… 120

## 第4章 STEP 7 编程环境及使用

 4.1 STEP 7 简介 ……………………………………………………………………… 123
  4.1.1 STEP 7 概述 ……………………………………………………………… 123
  4.1.2 STEP 7 与硬件的接口 …………………………………………………… 125
  4.1.3 STEP 7 的安装与组成 …………………………………………………… 126
  4.1.4 STEP 7 的编程与使用基础 ……………………………………………… 137
 4.2 硬件组态与参数设置 …………………………………………………………… 145
  4.2.1 硬件组态 …………………………………………………………………… 145
  4.2.2 CPU 模块的参数设置 …………………………………………………… 153
  4.2.3 数字量 I/O 模块的参数设置 …………………………………………… 163
  4.2.4 模拟量 I/O 模块的参数设置 …………………………………………… 165
 4.3 符号表的生成与使用 …………………………………………………………… 167
  4.3.1 共享符号和局域符号 …………………………………………………… 167
  4.3.2 共享符号和局域符号的显示 …………………………………………… 168
  4.3.3 地址优先级的设置 ……………………………………………………… 168
  4.3.4 符号表的生成与编辑 …………………………………………………… 170
  4.3.5 符号表的导入/导出 …………………………………………………… 171
 4.4 逻辑块的生成与编辑 …………………………………………………………… 172
  4.4.1 逻辑块的分类与结构 …………………………………………………… 172
  4.4.2 逻辑块的生成与编辑 …………………………………………………… 172
  4.4.3 编辑变量声明表 ………………………………………………………… 173
  4.4.4 设置逻辑块的属性 ……………………………………………………… 174
  4.4.5 设置逻辑块的编程语言 ………………………………………………… 176
  4.4.6 编制并输入程序 ………………………………………………………… 176

## 目录

- 4.4.7 变量声明与指令表之间的联系 ········· 177
- 4.4.8 逻辑块和源文件的授权访问 ········· 177
- 4.5 程序的下载与上传 ········· 178
  - 4.5.1 S7-300/400 的存储器 ········· 178
  - 4.5.2 PC/PG 与 CPU 连接的建立与在线操作 ········· 181
  - 4.5.3 下载与上传 ········· 183
- 4.6 使用 STEP 7 调试程序 ········· 188
  - 4.6.1 使用变量表调试程序 ········· 189
  - 4.6.2 使用程序状态功能调试程序 ········· 194
  - 4.6.3 使用单步与断点功能调试程序 ········· 198
  - 4.6.4 使用参考数据调试程序 ········· 200
- 4.7 使用 STEP 7 进行故障诊断 ········· 210
  - 4.7.1 故障特性 ········· 210
  - 4.7.2 故障诊断 ········· 211
- 【本章小结】 ········· 215
- 【复习思考题】 ········· 216

## 第 5 章 S7-300/400 的结构化编程

- 5.1 S7-300/400 用户程序结构 ········· 217
  - 5.1.1 程序中的块 ········· 217
  - 5.1.2 堆 栈 ········· 219
  - 5.1.3 用户程序的编程方式 ········· 220
- 5.2 功能块与功能 ········· 221
  - 5.2.1 功能块与功能 ········· 221
  - 5.2.2 功能块与功能的调用 ········· 222
- 5.3 数据块与数据结构 ········· 227
  - 5.3.1 数据块的数据结构与数据类型 ········· 227
  - 5.3.2 共享数据块与背景数据块 ········· 231
- 5.4 多重背景及应用 ········· 233
  - 5.4.1 多重背景功能块的创建和编程 ········· 234
  - 5.4.2 多重背景数据块的创建 ········· 236
  - 5.4.3 OB1 中多重背景的调用 ········· 237
- 5.5 组织块及应用 ········· 238
  - 5.5.1 组织块概述 ········· 238

|     5.5.2   循环执行的组织块 …………………………………………………… 242
|     5.5.3   定期执行的组织块 …………………………………………………… 243
|     5.5.4   事件驱动组织块 ……………………………………………………… 246
|     5.5.5   启动组织块 …………………………………………………………… 265
|     5.5.6   背景组织块 …………………………………………………………… 267
【本章小结】………………………………………………………………………… 268
【复习思考题】……………………………………………………………………… 269

## 第6章 梯形图程序设计方法

6.1 梯形图的经验设计法 ……………………………………………………… 270
6.2 梯形图的顺序控制设计法与顺序功能图 ………………………………… 273
    6.2.1 顺序控制设计法 …………………………………………………… 273
    6.2.2 顺序功能图的组成 ………………………………………………… 274
    6.2.3 顺序功能图的基本结构 …………………………………………… 277
    6.2.4 顺序功能图绘制注意事项 ………………………………………… 280
    6.2.5 设计顺序控制梯形图程序的若干注意问题 ……………………… 280
    6.2.6 经验设计法与顺序控制设计法比较 ……………………………… 282
6.3 使用通用指令的顺控梯形图编程方法 …………………………………… 283
    6.3.1 单序列的编程方法 ………………………………………………… 283
    6.3.2 选择序列的编程方法 ……………………………………………… 284
    6.3.3 并行序列的编程方法 ……………………………………………… 286
    6.3.4 仅有2步的小闭环的处理 ………………………………………… 287
    6.3.5 应用举例 …………………………………………………………… 287
6.4 以转换为中心的顺控梯形图编程方法 …………………………………… 290
    6.4.1 单序列的编程方法 ………………………………………………… 290
    6.4.2 选择序列的编程方法 ……………………………………………… 291
    6.4.3 并行序列的编程方法 ……………………………………………… 292
    6.4.4 应用举例 …………………………………………………………… 292
6.5 使用顺序功能图语言 S7 Graph 进行顺控程序设计 …………………… 294
    6.5.1 S7 Graph 编程环境 ………………………………………………… 294
    6.5.2 S7 Graph 编程步骤及应用举例 …………………………………… 298
    6.5.3 S7 Graph 顺序控制器的运行模式 ………………………………… 304
    6.5.4 S7 Graph 顺序控制器中的动作 …………………………………… 306
    6.5.5 S7 Graph 顺序控制器中的条件 …………………………………… 308

# 目 录

6.6 复杂控制系统梯形图编程举例 ················································· 309
   6.6.1 控制要求与系统分析 ················································· 309
   6.6.2 使用通用指令的编程方法 ············································· 313
   6.6.3 使用以转换为中心的编程方法 ········································· 318
   6.6.4 使用 S7 Graph 的编程方法 ············································ 319
【本章小结】 ································································ 324
【复习思考题】 ······························································ 324

## 第 7 章　S7-300/400 工业通信网络

7.1 S7-300/400 工业通信网络概述 ··············································· 329
   7.1.1 S7-300/400 的工业自动化系统通信网络 ································ 329
   7.1.2 S7-300/400 的通信方式 ·············································· 333
7.2 MPI 网络与数据通信 ······················································· 334
   7.2.1 MPI 网络结构 ······················································ 334
   7.2.2 基于组态和循环扫描的全局数据通信 ···································· 336
   7.2.3 基于组态和事件驱动的全局数据通信 ···································· 343
   7.2.4 非通信组态的 MPI 通信 ·············································· 344
7.3 AS-i 网络与数据通信 ······················································ 346
   7.3.1 AS-i 的网络结构 ···················································· 347
   7.3.2 AS-i 的通信方式 ···················································· 351
   7.3.3 西门子 AS-i 网络部件 ················································ 353
7.4 SIMATIC NET 工业以太网 ·················································· 356
   7.4.1 工业以太网概述 ···················································· 356
   7.4.2 SIMATIC NET 工业以太网组网方案 ····································· 357
   7.4.3 工业以太网的交换技术 ··············································· 358
   7.4.4 自适应与冗余网络 ·················································· 359
   7.4.5 西门子工业以太网网络部件 ··········································· 361
7.5 S7-300/400 与串行通信 ····················································· 362
   7.5.1 S7-300/400 用于串行通信的硬件和协议 ································· 362
   7.5.2 利用具有点对点串行通信接口的 CPU 进行数据通信 ······················ 381
   7.5.3 利用具有点对点串行通信接口的通信处理器进行数据通信 ················· 390
7.6 PRODAVE 通信软件包及其应用 ·············································· 411
   7.6.1 PRODAVE 硬件配置 ················································· 411
   7.6.2 PRODAVE 软件安装和参数设置 ········································ 412

7.6.3 PRODAVE 中与数据通信有关的函数 …………………………………… 413
  7.6.4 PRODAVE 中与数据处理有关的函数 …………………………………… 418
  7.6.5 PRODAVE 应用实例 ………………………………………………………… 419
【本章小结】………………………………………………………………………………… 420
【复习思考题】……………………………………………………………………………… 421

# 第8章 S7-300/400 与 PROFIBUS 现场总线

8.1 PROFIBUS 的组成及结构 ……………………………………………………………… 423
8.2 PROFIBUS 的物理层 …………………………………………………………………… 425
  8.2.1 PROFIBUS 物理层概述 …………………………………………………… 425
  8.2.2 PROFIBUS-DP/FMS 的物理层 …………………………………………… 426
  8.2.3 PROFIBUS-PA 的物理层 ………………………………………………… 429
  8.2.4 PROFIBUS-DP 设备分类 ………………………………………………… 430
  8.2.5 S7-300/400 PROFIBUS 网络部件 ………………………………………… 432
8.3 PROFIBUS 的高层协议 ………………………………………………………………… 433
  8.3.1 总线访问控制协议及数据链路层报文格式 …………………………… 433
  8.3.2 PROFIBUS-DP 功能及 PROFIBUS 行规 ………………………………… 437
  8.3.3 PROFIBUS-PA 协议及行规 ……………………………………………… 445
  8.3.4 PROFIBUS-FMS 协议及行规 …………………………………………… 445
  8.3.5 PROFIBUS 组网方案 ……………………………………………………… 447
8.4 利用 STEP 7 的组态进行 PROFIBUS 通信 ………………………………………… 448
  8.4.1 利用 CPU 集成 PROFIBUS-DP 接口连接远程 ET200M 从站 ………… 448
  8.4.2 通过 PROFIBUS-DP 连接智能从站 ……………………………………… 453
  8.4.3 通过 PROFIBUS-DP 连接的直接数据交换通信组态 ………………… 459
  8.4.4 与支持 PROFIBUS-DP 的第三方设备通信的组态 …………………… 465
8.5 S7-300/400 中与 PROFIBUS 通信有关的 SFC 和 SFB 及应用 …………………… 468
  8.5.1 S7-300/400 中与 PROFIBUS 通信有关的 SFC 与 SFB ………………… 468
  8.5.2 SFC14 和 SFC15 应用 …………………………………………………… 471
  8.5.3 智能 DP 从站触发 DP 主站上的硬件中断 …………………………… 473
  8.5.4 PROFIBUS-DP 输出同步与输入锁定 …………………………………… 475
8.6 PROFInet 通信网络 …………………………………………………………………… 481
  8.6.1 PROFInet 概述 …………………………………………………………… 481
  8.6.2 PROFInet 通信标准 ……………………………………………………… 481
  8.6.3 PROFInet 通信功能的实现 ……………………………………………… 484

8.6.4　PROFInet 在自动化领域的应用 …………………………………… 487
【本章小结】 ……………………………………………………………………… 488
【复习思考题】 …………………………………………………………………… 489

## 第9章　S7-300/400 与闭环控制系统

9.1　闭环控制系统概述 ………………………………………………………… 490
　　9.1.1　闭环控制系统的组成及特点 …………………………………………… 491
　　9.1.2　闭环控制系统的主要性能指标 ………………………………………… 493
9.2　PID 控制器 ………………………………………………………………… 496
　　9.2.1　PID 控制的概念 ………………………………………………………… 496
　　9.2.2　PID 控制的特点 ………………………………………………………… 498
　　9.2.3　PID 控制器的数字化 …………………………………………………… 498
9.3　S7-300/400 的闭环控制功能 ……………………………………………… 499
9.4　连续 PID 控制器 SFB41/FB41 "CONT_C" ……………………………… 501
　　9.4.1　连续 PID 控制器 SFB41/FB41 的功能与结构 ………………………… 501
　　9.4.2　SFB41/FB41 的 PID 控制算法 ………………………………………… 501
　　9.4.3　SFB41/FB41 对输入变量的处理 ……………………………………… 502
　　9.4.4　SFB41/FB41 对输出值的处理 ………………………………………… 503
　　9.4.5　SFB41/FB41 的参数 …………………………………………………… 504
9.5　步进控制器 SFB42/FB42 "CONT_S" …………………………………… 507
　　9.5.1　步进控制器 SFB42/FB42 功能与结构 ………………………………… 507
　　9.5.2　SFB42/FB42 的参数 …………………………………………………… 509
9.6　脉冲发生器 SFB43/FB43 "PULSEGEN" ………………………………… 511
　　9.6.1　脉冲发生器的功能与结构 ……………………………………………… 511
　　9.6.2　三级控制器 ……………………………………………………………… 514
　　9.6.3　二级控制器 ……………………………………………………………… 516
　　9.6.4　手动操作模式 …………………………………………………………… 516
　　9.6.5　SFB43/FB43 的参数 …………………………………………………… 517
9.7　PID 控制器的参数整定 …………………………………………………… 518
　　9.7.1　PID 控制器的参数与控制系统性能的关系 …………………………… 518
　　9.7.2　PID 控制器参数的整定方法 …………………………………………… 518
9.8　闭环控制应用举例 ………………………………………………………… 522
【本章小结】 ……………………………………………………………………… 524
【复习思考题】 …………………………………………………………………… 525

## 第 10 章　PLC 应用系统设计

### 10.1　PLC 应用系统的总体设计 …………………………………………………………… 526
#### 10.1.1　系统设计的基本原则 …………………………………………………………… 527
#### 10.1.2　系统设计的基本内容 …………………………………………………………… 527
#### 10.1.3　系统设计的基本步骤 …………………………………………………………… 527
### 10.2　PLC 应用系统的硬件设计 …………………………………………………………… 530
#### 10.2.1　应用系统总体方案设计 ………………………………………………………… 530
#### 10.2.2　PLC 选型 ………………………………………………………………………… 532
#### 10.2.3　PLC 容量估算 …………………………………………………………………… 534
#### 10.2.4　I/O 模块的选择 ………………………………………………………………… 536
#### 10.2.5　减少输入/输出端子数的方法 ………………………………………………… 538
#### 10.2.6　供电系统设计 …………………………………………………………………… 539
#### 10.2.7　安全回路和接地设计 …………………………………………………………… 543
#### 10.2.8　电缆设计 ………………………………………………………………………… 544
#### 10.2.9　硬件设计文档 …………………………………………………………………… 545
### 10.3　PLC 应用系统的软件设计 …………………………………………………………… 546
#### 10.3.1　PLC 应用系统软件设计的内容 ………………………………………………… 547
#### 10.3.2　PLC 应用系统软件设计步骤 …………………………………………………… 547
### 10.4　PLC 应用系统设计实例 ……………………………………………………………… 549
### 【本章小结】 …………………………………………………………………………………… 559
### 【复习思考题】 ………………………………………………………………………………… 559

## 附录 A　S7-300/400 语句表指令一览表

## 附录 B　组织块、系统功能与功能块一览表

## 附录 C　S7-PLCSIM 仿真软件及使用

### C.1　S7-PLCSIM V5.3 概述 ………………………………………………………………… 573
### C.2　开始使用 S7-PLCSIM ………………………………………………………………… 575
### C.3　S7-PLCSIM 基本使用方法 …………………………………………………………… 579
### C.4　使用 S7-PLCSIM 调试程序 …………………………………………………………… 583
### C.5　视图对象 ………………………………………………………………………………… 586
### C.6　错误和中断组织块 ……………………………………………………………………… 590

# 目 录

C.7　S7-PLCSIM 的工具栏和菜单命令 ·············································· 591

**附录 D　课程设计与工程实践课题集**

D.1　课题一　智力抢答器的 PLC 控制 ············································ 597
D.2　课题二　自动售货机的 PLC 控制 ············································ 599
D.3　课题三　注塑机的 PLC 控制 ··················································· 600
D.4　课题四　花式喷泉的 PLC 控制 ················································ 602
D.5　课题五　水塔水位的 PLC 控制 ················································ 604
D.6　课题六　五层电梯的 PLC 控制 ················································ 606

**参考文献** ······································································································ 608

# 第1章 可编程序控制器概述

**主要内容：**
- PLC 的起源与发展
- PLC 的分类、特点及应用领域
- PLC 的组成及基本结构
- PLC 的工作原理
- PLC 的主要性能指标

**重点和难点：**
- PLC 的分类、特点及应用领域
- PLC 的组成及基本结构
- PLC 的工作原理
- PLC 的主要性能指标

## 1.1 PLC 的基本概念

### 1.1.1 PLC 的起源与发展

**1. PLC 的起源**

　　PLC 是在 20 世纪 60 年代后期和 70 年代初期问世的。开始主要用于汽车制造业，当时汽车生产流水线控制系统基本上是由继电器控制装置构成的，汽车的每一次改型都要求生产流水线继电器控制装置重新设计，这样继电器控制装置就需要经常更改设计和安装，十分费时、费工和费料，甚至阻碍了更新周期的缩短。为改变这一现状，美国通用汽车公司在 1969 年公开招标，要求用新的控制装置取代继电器控制装置，并提出 10 项技术指标，要求编程方便，现场可修改程序，维修方便，采用模块化结构等。1969 年美国数字设备公司(DEC)研制出第一台 PLC，在美国通用汽车自动装配线上试用，获得成功，并很快在美国其他工业领域推广应用，不久便成功地应用于食品、饮料、冶金、造纸等工业领域。这一新型工业控制装置的出现，也受到了世界上其他国家的高度重视。1971年,日本从美国引进了这项新技术,很快研制出日本第一台PLC。1973年,西欧国家也研制出他们的第一台PLC。我国于1974年开始研制,于1977年进入工业应用。但这一时期产品主要是代替继电器系统完成顺序控制,虽然也采用了计算机的设计思想,实际上只能进行逻辑运算,故称为可编程逻辑控制器,简称PLC(Programmable Logical Controller)。随着电子技术、计算机技术和数据通信技术的飞速发展以及微处理器的出现,可编程控制器的功能已远远超出逻辑控制、顺序控制的范围,可以进行模拟量控制、位置控制,特别是远程通信功能的实现,易于实现柔性加工和制造系统,因此将其称为可编程控制器(Programmable Controller),简称PC,但为了与个人电脑PC相区别,仍将其称为PLC。

1987年2月,国际电工委员会(IEC)对可编程控制器作了如下定义:可编程控制器是一种数字运算操作的电子系统,专为在工业环境下的应用而设计。它采用可编程序的存储器,用于其内部存储程序、执行逻辑运算、顺序控制、定时、计数和算术操作等面向用户的指令,并通过数字式或模拟式输入/输出,控制各种类型的机械或生产过程。可编程控制器及其有关外围设备,都按易于与工业控制系统组成一个整体、易于扩充功能的原则设计。

目前,PLC已被称为现代工业的三大支柱(PLC、机器人和CAD/CAM)之一。

### 2. PLC的发展阶段

PLC从诞生至今,其发展大体经历了3个阶段:从20世纪70年代至80年代中期,以单机为主发展硬件技术,为取代传统的继电器-接触器控制系统而设计了各种PLC的基本型号;到80年代末期,为适应柔性制造系统(FMS)的发展,在提高单机功能的同时,加强软件的开发,提高通信能力;90年代以来,为适应计算机集成制造系统(CIMS)的发展,采用多CPU的PLC系统,不断提高运算速度和数据处理能力,通信能力进一步提高。"网络就是计算机"这一观点已渗透到PLC领域,强大的网络通信功能更使PLC如虎添翼,随着各种功能模块、应用软件的开发,加速了PLC向连续控制、过程控制领域的发展。

### 3. PLC的发展趋势

PLC的总发展趋势是向高集成度、小体积、大容量、高速度、易使用、高性能方向发展,具体表现为以下几个方面:

#### 1) 与计算机联系密切

从功能上,PLC不仅能完成逻辑运算,计算机的复杂运算功能在PLC中也进一步得到利用;从结构上,计算机的硬件和技术越来越多地应用到PLC;从语言上,PLC已不再局限于单纯的梯形图语言,而是可用多种语言编程,如类似计算机汇编语言的语句表,甚至类似于计算机高级语言的编程语言(如西门子的S7 SCL语言);在通信方面,PLC可直接与计算机连接进行信息传递。

## 2) 发展多样化

可编程控制器在产品类型、编程语言和应用领域等方面迅速朝着多样化方向发展。

## 3) 模块化

PLC 的扩展模块发展迅速。针对具体场合开发的可扩展模块,功能明确化、专用化的复杂功能由专门的模块来完成,主机仅仅通过通信设备向模块发布命令和测试状态。这使得 PLC 的系统功能进一步增强,控制系统设计进一步简化。

## 4) 网络与通信能力增强

计算机与 PLC 之间以及各个 PLC 之间的联网和通信能力不断增强。工业网络可以有效地节省资源,降低成本,提高系统可靠性和灵活性,这方面的应用也进一步推广。目前,工厂普遍采用生产金字塔结构的多级工业网络。

## 5) 多样化与标准化

生产 PLC 产品的各厂家都在大力度开发自己的新产品,以求占据更大的市场,因此产品向多样化方向发展,出现了欧、美、日等多种流派。与此同时,为了推动技术标准化的进程,一些国际性组织,如国际电工委员会(IEC),为了 PLC 的发展不断制定一些新的标准。例如,对各种类型的产品做一定的归纳或定义,或对 PLC 未来的发展制定一种方向或框架。

## 6) 工业软件发展迅速

与可编程控制器硬件技术的发展相适应,工业软件的发展非常迅速,它使系统的应用更加简单易行,大大方便了 PLC 系统的开发人员和操作人员。

## 1.1.2 PLC 的分类、特点及应用领域

### 1. PLC 的分类

目前,市场上 PLC 的种类很多,规格性能不一,主要有三种分类方法。

**1) 按结构形式分类**

按结构形式分类,PLC 可分为整体式和模块式。

整体式也叫一体式或单体式。这种结构将 CPU、电源、输入/输出部件都集中设计到一个机箱内,有的甚至全部安装在一块印刷电路板上。整体式 PLC 结构紧凑,体积小,重量轻,价格低,I/O 端子数固定,使用不灵活。微小型 PLC 常采用这种结构。

模块式 PLC 是把 PLC 的各部分以模块(例如电源模块、CPU 模块、输入/输出模块、通信模块等)形式分开,使用时把这些模块插入机架背板上,组装在一个机架内。这种结构配置灵活,装配方便,便于扩展,一般大中型 PLC 常采用这种结构。

**2) 按输入/输出端子数和存储容量分类**

按输入/输出端子数和存储容量分类,PLC 可分为大型、中型和小型三种。小型 PLC 的输入/输出端子数一般小于 256,用户程序存储器容量一般在 2K 字以内;中型 PLC 的输入/输

出端子数一般在 256～2048 之间，用户程序存储器容量一般为 2～10K 字；大型 PLC 的输入/输出端子数一般大于 2048，用户程序存储器容量一般为 10K 字以上。

**3) 按功能分类**

按功能分类，PLC 可分为低档机、中档机和高档机三种。低档 PLC 具有逻辑运算、定时、计数等功能，有的还增设模拟量处理、算术运算、数据传送等功能。中档 PLC 除具有低档机的功能外，还具有较强的模拟量输入/输出、算术运算、数据传送、联网通信等功能，可完成既有开关量又有模拟量控制的任务。高档 PLC 增设了带符号算术运算及矩阵运算等功能，使运算能力更强；另外，还具有模拟调节、联网通信、监视、记录、打印等功能，使 PLC 的功能更多、更强；高档 PLC 还能进行远程控制，构成分布式控制系统，成为整个工厂自动化网络的一部分。

### 2. PLC 的特点

**1) 可靠性高，抗干扰能力强**

由于采用大规模集成电路和微处理器，使系统器件数大大减少，并且在硬件设计和制作的过程中采取了一系列屏蔽、滤波、隔离等抗干扰措施，使 PLC 能适应恶劣的工作环境，具有很高的可靠性。它的平均故障间隔时间为 3～5 万小时。

**2) 编程简单，使用方便**

PLC 采用面向控制过程、面向问题的"自然语言"编程，容易掌握。例如，目前 PLC 大多数采用梯形图语言编程方式，它继承了传统继电器控制线路清晰直观的特点，考虑到大多数电气技术人员的读图习惯及应用微机的水平，很容易被技术人员所接受，易于编程，易于修改。

**3) 采用模块化结构**

为了适应各种工业控制需要，除了单元式的小型 PLC 以外，绝大多数 PLC 均采用模块化结构。PLC 的各个部件，包括 CPU、电源、I/O 等均采用模块化设计，由机架及电缆将各模块连接起来，系统的规模和功能可根据用户的需要自行组合。

**4) 缩短设计、施工、投产的周期，容易维护**

目前，PLC 产品朝着系列化、标准化方向发展，只需根据控制系统的要求，选用相应的模块进行组合设计即可；同时用软件编程代替了继电器控制的硬连线，大大减轻了接线工作；PLC 还具有故障检测和显示功能，使故障处理时间缩短。

**5) 丰富的 I/O 接口**

由于工业控制机只是整个工业生产过程自动控制系统中的一个控制中枢，为了实现对工业生产过程的控制，它还必须与各种工业现场的设备相连接才能完成控制任务。因此，PLC 除了具有计算机的基本部分（如 CPU、存储器等）以外，还有丰富的 I/O 接口模块。对不同的工业现场信号（如交流、直流、开关量、模拟量、脉冲等）都有相应的 I/O 模块与工业现场的器件或设备（如按钮、行程开关、传感器及变送器等）直接连接。另外，为了提高 PLC 的操作性能，它还有多种人机对话的接口模块；为了组成工业控制网络，还配备了多种通信联网的接口模块等。

#### 6) 体积小,重量轻,功耗低

由于采用半导体集成电路,与传统控制系统相比较,其体积小,重量轻,功耗低。

### 3. PLC 的应用领域

PLC 已广泛应用于冶金、采矿、石油、化工、电力、机械制造等行业中。特别是在轻工业行业中,因其生产门类多,加工方式多变,产品更新换代快,所以 PLC 广泛应用在包装机械、塑料机械、控制系统、机床、楼宇自动化、造纸、电器制造工业等电器设备中。

PLC 应用大致可以分为以下几种类型:

- 用于开关逻辑控制。这是 PLC 最基本的应用场合,用 PLC 可取代传统的继电器控制,如机床电气、电动机控制中心;也可取代顺序控制,如高炉上料、电梯控制、货物存取、运输、检测等。
- 用于机械加工的数字控制。PLC 和计算机数控装置组合成一体,可实行数字控制,组成数控机床。
- 用于机器人或机械手控制。
- 用于闭环过程控制。大中型 PLC 都配有 PID 模块和 A/D、D/A 模块,可实现单回路、多回路的调节控制。
- PLC 可与集散控制系统(DCS)进行通信连接,组成多级控制系统,实现工厂自动化网络。

总之,PLC 应用面广,功能强大,使用方便,已经成为当代工业自动化的主要支柱之一,在工业生产的所有领域得到了广泛的使用。

## 1.1.3 PLC 的主要生产厂家

自从第一台 PLC 在美国出现以后,日本、德国、法国等国家也相继开始研制 PLC,并得到迅速发展。目前,世界上有 200 多家 PLC 厂商,产品种类繁多,按地域可分成美国、欧洲和日本三大流派。美国和欧洲的 PLC 技术是在相互隔离的情况下独立研究开发的,因此,美国和欧洲的 PLC 产品有明显的差异。因为日本的 PLC 技术是由美国引进的,所以对美国的 PLC 产品有一定的继承性,但日本的主推产品定位在小型 PLC 上。美国和欧洲以大中型 PLC 闻名,而日本则以小型 PLC 著称。

### 1. 美国 PLC 产品

美国是 PLC 生产大国,有 100 多家 PLC 厂商,著名的有 AB 公司、通用电气(GE)公司、莫迪康(MODICON)公司、德州仪器(TI)公司、西屋公司等。其中,AB 公司是美国最大的 PLC 制造商,其产品约占美国 PLC 市场的一半。

AB 公司产品规格齐全、种类丰富,其主推的大中型 PLC 产品是 PLC - 5 系列。该系列为模块式结构，CPU 模块为 PLC-5/10、PLC-5/12、PLC-5/15、PLC-5/25 时，属于中型 PLC，I/O 端子的配置范围为 256～1024；CPU 模块为 PLC-5/11、PLC-5/20、PLC-5/30、PLC-5/40、PLC-5/60、PLC-5/40L、PLC-5/60L 时，属于大型 PLC，I/O 端子数最多可配置到 3072。该系列中，PLC-5/250 功能最强，最多可配置到 4096 个 I/O 端子，具有强大的控制和信息管理功能。大型机 PLC-3 最多可配置到 8096 个 I/O 端子。AB 公司的小型 PLC 产品有 SLC500 系列等。

GE 公司的代表产品是小型机 GE-1、GE-1/J、GE-1/P 等，除 GE-1/J 外，均采用模块结构。GE-1 用于开关量控制系统，最多可配置 112 个 I/O 端子。GE-1/J 是更小型化的产品，其 I/O 端子数最多可配置到 96。GE-1/P 是 GE-1 的增强型产品，增加了部分功能指令（如数据操作指令）、功能模块（如 A/D、D/A 等）、远程 I/O 功能等，其 I/O 端子最多可配置到 168。中型机 GE-III 比 GE-1/P 增加了中断、故障诊断等功能，最多可配置 400 个 I/O 端子。大型机 GE-V 比 GE-III 增加了部分数据处理、表格处理、子程序控制等功能，并具有较强的通信功能，最多可配置 2048 个 I/O 端子。GE-VI/P 最多可配置 4000 个 I/O 端子。

德州仪器(TI)公司的小型 PLC 新产品有 510、520 和 TI100 等，中型 PLC 新产品有 TI300、5TI 等，大型 PLC 产品有 PM550、PM530、PM560、PM565 等系列。除 TI100 和 TI300 无联网功能外，其他 PLC 都可实现通信，构成分布式控制系统。

莫迪康(MODICON)公司有 M84 系列 PLC。其中，M84 是小型机，具有模拟量控制、与上位机通信功能，I/O 端子数最多为 112；M484 是中型机，其运算功能较强，可与上位机通信，也可与多台联网，最多可扩展 I/O 端子数为 512；M584 是大型机，其容量大、数据处理和网络能力强，最多可扩展 I/O 端子数为 8192；M884 是增强型中型机，它具有小型机的结构，大型机的控制功能，主机模块配置 2 个 RS-232C 接口，可方便地进行组网通信。

### 2. 欧洲 PLC 产品

德国的西门子(SIEMENS)公司、AEG 公司、法国的 TE 公司等是欧洲著名的 PLC 制造商。德国西门子的电子产品以性能精良而久负盛名，在中大型 PLC 产品领域与美国的 AB 公司齐名。

西门子的主要 PLC 产品是 S5、S7 系列。在 S5 系列中，S5-90U、S-95U 属于微型整体式 PLC；S5-100U 是小型模块式 PLC，最多可配置 256 个 I/O 端子；S5-115U 是中型 PLC，最多可配置 1024 个 I/O 端子；S5-115UH 是中型机，它是由 2 台 S5-115U 组成的双机冗余系统；S5-155U 为大型机，最多可配置 4096 个 I/O 端子，模拟量可达 300 多路；SS-155H 是大型机，它是由 2 台 S5-155U 组成的双机冗余系统。而 S7 系列是西门子公司近年在 S5 系列 PLC 基础上推出的新产品，其性价比高，其中 S7-200 系列属于微型 PLC，S7-300 系列属于中小型 PLC，S7-400 系列属于中高性能的大型 PLC。

### 3. 日本 PLC 产品

日本的小型 PLC 最具特色，在小型机领域中颇具盛名，某些用欧美的中型机或大型机才能实现的控制，日本的小型机就可以解决。在开发较复杂的控制系统方面明显优于欧美的小型机，所以格外受用户欢迎。日本有许多 PLC 制造商，如三菱、欧姆龙、松下、富士、日立、东芝等，在世界小型 PLC 市场上，日本产品约占有 70% 的份额。

三菱公司的 PLC 是较早进入中国市场的产品。其小型机 F1/F2 系列是 F 系列的升级产品，早期在我国的销量较大。F1/F2 系列加强了指令系统，增加了特殊功能单元和通信功能，比 F 系列有更强的控制能力。继 F1/F2 系列之后，20 世纪 80 年代末三菱公司又推出 FX 系列，在容量、速度、特殊功能、网络功能等方面有了全面的加强。FX2 系列是 90 年代开发的整体式高性能小型机，它配有各种通信适配器和特殊功能单元。FX2N 是近几年推出的高性能整体式小型机，它是 FX2 的换代产品，各种功能都有了全面的提升。近年来还不断推出满足不同要求的微型 PLC，如 FXOS、FX1S、FX0N、FX1N 及 α 系列等产品。

三菱公司的大中型 PLC 机有 A 系列、QnA 系列、Q 系列，具有丰富的网络功能，I/O 端子数可达 8192。其中，Q 系列具有超小的体积、丰富的机型、灵活的安装方式、双 CPU 协同处理、多存储器、远程口令等特点，是三菱公司现有 PLC 中性能最高的。

目前，国内 PLC 市场主要以中小型进口机为主，主要有日本三菱、立石（OMRON）公司的产品。大中型机则以德国西门子公司的产品为主。我国 PLC 近年来发展十分迅速，在研制、生产自己的 PLC 产品的同时，也引进国外的 PLC 产品，不少公司或替国外的公司推销质量与档次较高的 PLC 产品，并负责售后服务，或与国外公司合资生产各种档次的 PLC 产品，如北京机械自动化研究所、无锡电器厂等。我国的 PLC 已进入了快速发展阶段，许多机床设备、生产自动线也越来越多地采用 PLC 技术以取代传统的继电器-接触器控制系统。随着国产机的性价比不断提高，可预见其市场占有率随之逐步提高，不久的将来，国产机将会占有国内 PLC 的大部分市场。

## 1.2 PLC 的基本结构

PLC 内部主要由 CPU、存储器、输入/输出（I/O）接口、电源、编程器、I/O 扩展接口、外部设备接口、通信单元等几部分组成，如图 1.1 所示。

### 1. CPU

CPU 又叫中央处理单元，一般由控制器、运算器、寄存器等组成。CPU 是 PLC 的核心，一切逻辑运算及判断都是由它完成的，并控制所有其他部件的操作。CPU 通过数据总线、地址总线和控制总线与存储器、I/O 接口电路等相连接。

用户程序和数据存放在存储器中，当 PLC 处于运行方式时，CPU 按扫描方式工作，从用

# 第1章 可编程序控制器概述

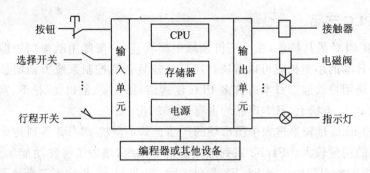

图 1.1 PLC 的基本结构

户程序第一条指令开始,直至用户程序的最后一条指令,不停地周期性扫描,每扫描完成一次,用户程序就执行一次。

CPU 的主要功能有:从存储器中读指令、执行指令、处理中断等。

**2. 存储器**

存储器是具有记忆功能的半导体集成电路,用来存储系统程序、用户程序、逻辑变量和数据、系统组态和其他一些信息。

系统程序是用来控制和完成 PLC 各种功能的程序,这些程序是由 PLC 制造商用相应 CPU 的指令系统编写的,并固化到 ROM 中。

用户程序存储器用来存放由编程器或其他设备输入的用户程序。用户程序由使用者根据工程现场的生产过程和工艺要求而编写,可通过编程器或编程软件修改。

在 PLC 中使用两种类型的存储器:一种是只读类型的存储器,如 ROM、PROM、EPROM 和 EEPROM 等;另一种是可读写的随机 RAM。现说明如下:

① 只读存储器。只读存储器可以用来存放系统程序,PLC 去电后再加电,系统程序内容不变且重新执行。只读存储器也可用来固化用户程序和一些重要的参数,以免因为偶然操作失误而造成程序和数据的破坏和丢失。

② 随机存储器 RAM。RAM 中一般存放用户程序和系统参数。当 PLC 处于编程工作方式时,用编程器或编程软件下载到 PLC 中的程序和参数存放到 RAM 中,当切换到运行方式时,CPU 从 RAM 中取指令并执行。用户程序执行过程中产生的中间结果也在 RAM 中暂时存放。RAM 通常为 CMOS 型集成电路,功耗小,速度快,但断电时内容丢失。所以在有的 PLC 中使用大电容或后备电池保证掉电后 PLC 中的内容在一定时间内不会丢失。

**3. 输入/输出(I/O)接口**

输入接口用于接收输入设备(如按钮、行程开关、传感器等)的控制信号,通过接口电路将这些信号转换成 CPU 能够识别和处理的信号,并存到输入映像寄存器。运行时,CPU 从输入映像寄存器读取输入信息并进行处理,将处理结果放到输出映像寄存器。输出接口用于将经主机处理过的结果通过输出电路去驱动输出设备(如接触器、电磁阀、指示灯等)。

### 4. 电　源

PLC 一般使用 220 V(或 110 V)交流电源或 24 V 直流电源,电源部件负责将交流电或直流电转换成供 PLC 的 CPU、存储器、I/O 接口等内部电子电路工作所需的直流电,使 PLC 能正常工作。

电源部件的位置形式可有多种,对于整体式结构的 PLC,电源封装到 PLC 机箱内部,有的也用单独的电源部件供电;对于模块式 PLC,有的采用单独的电源模块,有的将电源与 PLC 封装到一个模块中。

### 5. 编程器

编程器是 PLC 很重要的外部设备。编程器分简易型和智能型两类。小型 PLC 常用简易编程器,大中型 PLC 多用智能编程器。编程器的作用是编制用户程序并送入 PLC 程序存储器。利用编程器可检查、修改、调试用户程序以及在线监视 PLC 工作状况等。现在许多 PLC 采用和计算机连接,并利用专用的工具软件进行编程或监控。

### 6. I/O 扩展接口

I/O 扩展接口用于将扩充的外部 I/O 端子等扩展单元与基本单元(即主机)连接在一起。

### 7. 外部设备接口

此接口可将编程器、打印机、条形码扫描仪等外部设备与主机相连。

### 8. 通信单元

通信单元主要用于 PLC 主机和扩展单元及其他 PLC 进行通信。通信单元一般自带 CPU,能独立完成数据的收发工作,基本不占用主机 CPU 的时间,与主机 CPU 只交换少量的数据即可完成通信工作。

另外,随着 PLC 技术的不断发展和现代工业自动化系统对控制要求的不断提高,现在很多 PLC 又增加了一些特殊的功能模块(如计数器模块、闭环控制模块等),以适应形势的发展。

## 1.3　PLC 的工作原理

PLC 采用"顺序扫描、不断循环"的工作方式。这个工作过程一般包括 5 个阶段:内部处理、与编程器等的通信处理、输入扫描、执行用户程序和输出刷新,整个过程扫描并执行一次所需的时间称为扫描周期。PLC 的工作原理如图 1.2 所示。

在图 1.2 中,当 PLC 方式开关置于 RUN(运行)时,执行所有阶段;当方式开关置于 STOP(停止)时,不执行后 3 个阶段,此时可进行通信处理,例如,对 PLC 联机或离线编程。对于不同型号的 PLC,图 1.2 的扫描过程中各步的顺序可能不同,这是由 PLC 内部的系统程序所决定的。

### 1. 内部处理

在这一阶段,CPU 检测主机硬件,同时也检查所有的 I/O 模块的状态。在 RUN 模式下,还检测用户程序存储器。如果发现异常,则停机并显示出错信息。若自诊断正常,则继续向下扫描。

### 2. 通信处理

在 CPU 扫描周期的信息处理阶段,CPU 自动监测并处理各通信端口接收到的任何信息,即检查是否有编程器、计算机等的通信请求,若有则进行相应处理,在这一阶段完成数据通信任务。

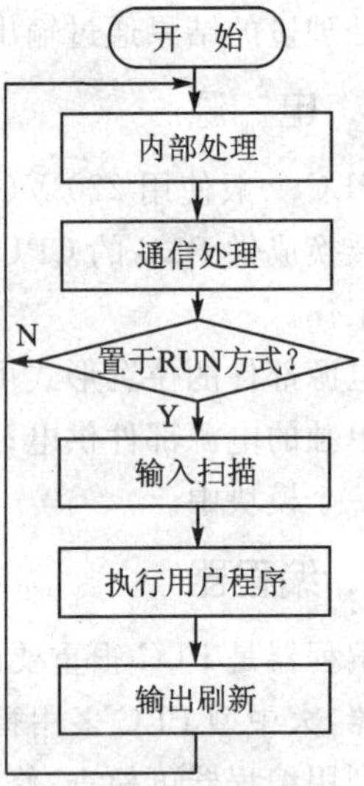

图 1.2 PLC 工作原理

### 3. 输入扫描

PLC 在输入扫描阶段,以扫描方式顺序读入所有输入端的通/断状态或输入数据,并将此状态存入输入状态寄存器,即输入刷新;接着转入程序执行阶段。在程序执行期间,即使输入状态发生变化,输入状态寄存器的内容也不会改变,只有在下一个扫描周期的输入处理阶段才能被读入。

### 4. 执行用户程序

PLC 在执行阶段,按先左后右、先上后下的步序,执行程序指令。其过程为:从输入状态寄存器和其他元件状态寄存器中读出有关元件的通/断状态,并根据用户程序进行算术或逻辑运算,运算结果再存入有关的寄存器中。

### 5. 输出刷新

在所有指令执行完毕后,将各物理继电器对应的输出状态寄存器的通/断状态,在输出刷新阶段转存到输出寄存器,去控制各物理继电器的通/断,这才是 PLC 的实际输出。

由 PLC 的工作过程可见,在 PLC 的程序执行阶段,即使输入发生了变化,输入状态寄存器的内容也不会立即改变,要等到下一个周期输入处理阶段才能改变。暂存在输出状态寄存器中的输出信号,等到一个循环周期结束,CPU 集中将这些输出信号全部输出给输出锁存器,这才成为实际的 CPU 输出。因此全部输入、输出状态的改变就需要一个扫描周期,换言之,输入、输出的状态保持一个扫描周期。

PLC 的输入处理、执行用户程序、输出处理过程如图 1.3 所示。

PLC 扫描周期的长短主要取决于程序的长短,它对于一般的工业设备通常没有什么影

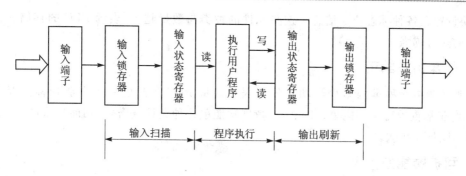

图 1.3 PLC 的输入处理、执行用户程序、输出处理过程

响,但对控制时间要求较严格、响应速度要求较快的系统,为减少扫描周期造成的响应延时等不良影响,在编程时应对扫描周期进行计算,并尽量缩短和优化程序代码。

## 1.4 PLC 的主要性能指标

### 1. 存储容量

存储容量是指用户程序存储器的容量。用户程序存储器的容量大,可以编制出复杂的程序。一般来说,小型 PLC 的用户存储器容量为几千字,而大型机的用户存储器容量为几万字。

### 2. I/O 端子数

I/O 端子数是 PLC 可以接受的输入信号和输出信号的总和,是衡量 PLC 性能的重要指标。I/O 端子数越多,外部可接的输入设备和输出设备就越多,控制规模就越大。

### 3. 扫描速度

扫描速度是指 PLC 执行用户程序的速度,是衡量 PLC 性能的重要指标。一般以扫描 1 千字用户程序所需的时间来衡量扫描速度,通常以毫秒/千字为单位。PLC 用户手册一般给出执行各条指令所用的时间,可以通过比较各种 PLC 执行相同的操作所用的时间,来衡量扫描速度的快慢。

### 4. 指令系统

指令功能的强弱、数量的多少也是衡量 PLC 性能的重要指标。编程指令的功能越强、数量越多,PLC 的处理能力和控制能力也越强,用户编程也越简单和方便,越容易完成复杂的控制任务。

### 5. 内部元件的种类与数量

在编制 PLC 程序时,需要用到大量的内部元件来存放变量、中间结果、保持数据、定时计数、模块设置和各种标志位等信息。这些元件的种类与数量越多,表示 PLC 的存储和处理各种信息的能力越强。

### 6. 特殊功能单元

特殊功能单元种类的多少与功能的强弱是衡量 PLC 产品的一个重要指标。近年来各 PLC 厂商非常重视特殊功能单元的开发,特殊功能单元种类日益增多,功能越来越强,使 PLC 的控制功能日益扩大。

### 7. 可扩展能力

PLC 的可扩展能力包括 I/O 端子数的扩展、存储容量的扩展、联网功能的扩展、各种功能模块的扩展等。在选择 PLC 时,经常需要考虑 PLC 的可扩展能力。

### 8. 工作环境

一般,PLC 的工作环境为:温度范围为 0~55 ℃,湿度小于 80%。

## 【本章小结】

PLC 控制器是专为在工业环境中应用而设计的工业控制计算机,是标准的通用工业控制器。它功能强大,可靠性高,编成简单,使用方便,维护容易,应用广泛,是当代工业生产自动化的三大支柱之一。

1. PLC 起源于继电器-接触器控制系统,是计算机技术和控制技术相结合的产物,是技术发展和社会进步的必然结果。

2. PLC 主要由 CPU、存储器、电源、输入/输出接口电路以及各种扩展模块组成,采用循环扫描的工作原理;一个扫描周期包括内部处理、通信处理、输入扫描、执行用户程序和输出处理五个步骤。

3. 从结构上,PLC 分为整体式和模块式;从控制规模上,PLC 分为大型、中型和小型,并有向微型和巨型 PLC 发展的趋势。

4. PLC 总的发展趋势是:高速度,高集成度,分散控制功能强,大容量,小体积,低成本,通信组网能力强。

5. PLC 的主要性能指标包括:存储器容量、I/O 端子数、扫描速度、指令系统、内部元件的种类与数量和可扩展能力等。

## 【复习思考题】

1. 简述 PLC 的定义。
2. PLC 的分类方法有几种？它如何分类？
3. PLC 的主要应用领域有哪些？
4. 简述 PLC 的工作原理。
5. PLC 有哪些主要特点？
6. 简述可编程控制器的基本组成及其功能。
7. 可编程控制器的主要性能指标有哪些？

# 第 2 章

# S7-300/400 硬件结构

**主要内容：**
- S7-300 的组成及结构
- S7-300 系列 PLC 模块结构及使用方法：CPU 模块、数字量模块、模拟量模块、其他功能模块
- S7-400 的组成及结构
- S7-400 系列 PLC 的模块结构及使用方法：机架与接口模块、CPU 模块、电源模块、输入/输出模块、其他功能模块
- ET200 分布式 I/O 结构、特点、用途及分类

**重点和难点：**
- S7-300 的组成及结构
- S7-300 系列 PLC 模块
- S7-400 的组成及结构
- S7-400 系列 PLC 模块

## 2.1 S7-300 系列 PLC 简介

### 2.1.1 S7-300 概况

S7-300 可编程控制器是西门子公司于 20 世纪 90 年代中期推出的新一代 PLC，它采用模块化结构设计，其品种繁多的 CPU 模块、信号模块和功能模块等几乎能完成各种领域的自动化控制任务。用户可根据自己的应用要求来选择合适的模块，信号模块和通信处理模块可以不受限制地插到导轨上任何一个槽内，系统自行分配各个模块的地址。此外，它具有无排风扇设计、易于实现分布处理和用户界面友好等特点，具有最高级的工业兼容性，允许最高环境温度达 60 ℃，安装方便，维护简单。

S7-300 通用型的特点是循环周期短，处理速度快，指令集功能强大，产品设计紧凑，模块化结构，适合密集安装。

S7-300 具有多种不同的通信接口：
- 多点接口(MPI)集成在 CPU 中，用于连接编程设备；
- DP 接口用于连接 PC、人机界面系统及其他 SIMATIC S7/M7/C7 等自动化控制系统；
- 多种通信处理模块用来连接 AS-i 接口、工业以太网和 PROFIBUS 总线系统；
- 串行通信处理模块用来连接点对点的通信系统。

S7-300 的许多功能能够支持和帮助用户更简捷的编程，更好地完成自动化控制任务。其主要功能如下：
- 高速的指令处理。0.6～0.1 μs 的指令处理时间在中等到较低的性能要求范围内开辟了全新的应用领域。
- 浮点数运算。此功能可以有效地实现更为复杂的算术运算。
- 人机界面(HMI)。方便的人机界面服务已经集成在 S7-300 操作系统内。因此人机对话的编程要求大大减少。SIMATIC 人机界面从 S7-300 中取得数据，S7-300 按用户指定的刷新速度传送这些数据。S7-300 操作系统自动处理数据的传送。
- 诊断功能。CPU 的智能化诊断系统连续监控系统的功能是否正常，记录错误和特殊系统事件，例如超时，模块更换等。
- 口令保护。多级口令保护可以使用户高度、有效地保护其技术机密，防止未经允许的复制和修改。

## 2.1.2  S7-300 的基本结构

S7-300 系列 PLC 是模块化结构设计的 PLC，各个单独模块之间可进行广泛组合和扩展。它的主要组成部分有电源(PS)模块、中央处理单元(CPU)模块、导轨(BACK)、接口模块(IM)、信号模块(SM)、功能模块(FM)等。S7-300 系列 PLC 可通过 MPI 网的接口直接与编程器 PG、操作员面板 OP 和其他 S7 PLC 相连。其实物图如图 2.1 所示，系统构成如图 2.2 所示。

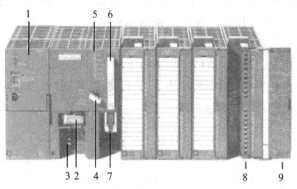

1—电源模块；
2—后备电池；
3—24 V DC 连接器；
4—模式开关；
5—状态和故障指示灯；
6—存储器卡(CPU 313 以上)；
7—MPI 多点接口；
8—前连接器；
9—前盖

图 2.1  S7-300 PLC 实物图

## 第2章 S7-300/400 硬件结构

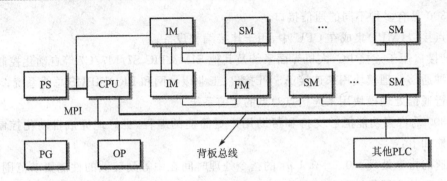

图 2.2 S7-300 PLC 系统构成图

导轨(BACK)。导轨是安装 S7-300 各类模块的机架,它是特制不锈钢异型板,其长度有 160 mm、482 mm、530 mm、830 mm 和 2 000 mm 五种,可根据实际需要选择。

中央处理单元(CPU)。S7-300 系列 PLC 主要包括 CPU 312、CPU 312C、CPU 313C、CPU 313C-PtP、CPU 314C-2DP 等型号的 CPU,每种 CPU 有其不同的性能。例如:型号中含有"C"的表示紧凑型 CPU;型号中含有"DP"的表示带有 9 针 DP 接口;型号中含有"PtP"的表示带有 15 针 PtP 接口;还有的 CPU 上集成有输入/输出端子等。

电源(PS)模块。电源模块用于将 120/230 V 交流电源转换为 24 V 直流电源,供其他模块使用。它与 CPU 模块和其他信号模块之间通过电缆相连,不是通过背板总线连接。额定输出电流有 2 A、5 A 和 10 A 三种,可根据负载要求选定。

信号模块(SM)。信号模块是数字量 I/O 和模拟量 I/O 模块的总称,它们使用不同的过程信号电平和 PLC 的内部电平相匹配。信号模块主要有 SM321(数字量输入)、SM322(数字量输出)、SM331(模拟量输入)和 SM332(模拟量输出)。每个模块都带有一个背板总线连接器,用于与 CPU 和其他模块间的数据通信。

通信处理模块(CP)。通信处理模块用于 PLC 之间、PLC 与计算机和其他智能设备之间的通信,可以将 PLC 接入 PROFIBUS-DP、AS-i 和工业以太网,或用于实现点对点连接等。它可以减轻 CPU 处理通信的负担,并减少用户对通信功能的编程工作。

功能模块(FM)。功能模块主要用于对实时性和存储容量要求高的控制任务。例如,计数器模块 FM350 可完成高速计数功能;伺服电动机定位模块 FM354 可完成定位操作。

接口模块(IM)。接口模块用于多机架配置时连接主机架(CR)和扩展机架(ER)。S7-300 通过分布式的主机架和连接的扩展机架(最多可连三个扩展机架),可以操作多达 32 个模块。

## 2.2 S7-300 系列 PLC 模块

### 2.2.1 CPU 模块

**1. CPU 分类**

S7-300PLC 总共有 20 多种不同型号的 CPU,按性能等级划分,可以涵盖各种应用领域。它主要分为以下几类:

① 6 种紧凑型 CPU——CPU 312C、CPU 313C、CPU 313C-2PtP、CPU 313C-2DP 和 CPU 314C-2PtP、CPU 314-2DP。这些 CPU 的共同特点是带有集成的数字量输入/输出或兼有模拟量的输入/输出,CPU 运行时需要微存储器卡,多数 CPU 都适用于具有较高要求的系统。

② 三种重新定义的标准 CPU——CPU 312、CPU 314 和 CPU 315-2DP。CPU 312 适用于对处理速度中等要求的小规模应用。CPU 314 和 CPU 315-2DP 分别适用于对程序量中等要求和大规模要求的应用,两者对二进制和浮点数运算具有较高的处理能力。CPU 314 具有 48 KB 集成高速 RAM,可用存储卡扩充装载存储器容量最大到 8 MB,每执行 1000 条二进制指令约需 0.3 ms。CPU 314 内装硬件实时时钟,如安装后备电池,在电源关掉时 CPU 的时钟仍然继续工作。

③ 5 种标准 CPU——CPU 313、CPU 314、CPU 315、CPU 315-2DP 和 CPU 316-2DP。与第二类相似,分别用于中大规模的应用。CPU 313、CPU 314 和 CPU 315 模块上不带集成的 I/O 端子,其存储器的容量、指令执行速度、可扩展的 I/O 端子数、计数器/定时器数量等随序号的递增而增加。CPU 315-2DP 除具有现场总线扩展功能外,其他特性和 CPU 315 相同。这类 CPU 运行时需要微存储器卡。

④ 故障安全型 CPU 315F-2DP——不需要对故障 I/O 进行额外的接线,可以组态为一个故障安全型自动化系统,可满足安全运行的需要。

⑤ 4 种户外型 CPU——CPU 312IFM、CPU 314IFM、314 户外型和 315-2DP。户外型适用于恶劣的环境。312IFM 和 314IFM 也是紧凑型 CPU,集成了 10 个数字量输入端子和 6 个数字量输出端子,CPU 312IFM 的时钟是软件时钟,不带后备电池。在用户程序中可以用系统功能调用 SFC0"SET-CLK"、SFC1"READ-CKK"以设定读出当前时钟信息。前者适用于小系统,后者适用于对响应时间和特殊功能有较高要求的系统。

⑥ 高端 CPU 318-2DP。具有大容量程序存储器以及 PROFIBUS-DP 主/从接口,可用于大规模的 I/O 配置,建立分布式 I/O 结构。

不同 CPU 的主要技术参数比较如表 2.1 所列。

## 第2章 S7-300/400 硬件结构

表2.1 不同CPU的主要技术参数比较

| CPU | 313 | 314 | 315 | 315-2DP | 316-2DP | 318-2DP |
|---|---|---|---|---|---|---|
| 工作存储器/KB | 12 | 24 | 48 | 64 | 128 | 512 |
| 功能块数量 | 128个FC<br>128个FB<br>127个DB | | | 192个FC<br>192个FB<br>255个DB | | 512个FC<br>256个FB<br>511个DB(以上) |
| 组织块 | 主程序循环OB1,时钟中断OB10,循环中断OB35,硬件中断OB40,再启动控制OB100等 | | | | | |
| 数字I/O | 256 | 1024 | 1024 | 8192 | 16384 | 65536 |
| 模拟I/O | 64 | 256 | 256 | 512 | 1024 | 4096 |
| I/O映像区 | 32/32 | 128/128 | 128/128 | 128/128 | 128/128 | 256/256 |
| 模块总数 | 8 | 32 | 32 | 32 | 32 | 32 |
| CU/EU数量 | 1/0 | 1/3 | 1/3 | 1/3 | 1/3 | 1/3 |
| 内部标志 | 2048 | 2048 | 2048 | 2048 | 2048 | 8192 |
| 定时器 | 128 | 128 | 128 | 128 | 128 | 512 |
| 计数器 | 64 | 64 | 64 | 64 | 64 | 512 |

**2. CPU的存储器**

存储器用来存储系统程序、用户程序、中间数据和系统数据等,主要类型有RAM(随机存取存储器)、ROM(只读存储器)、Flash EPROM(快闪存储器)和EEPROM(电可擦除只读存储器)等物理存储器。其用途各不相同:RAM存储用户的程序,ROM存储PLC的系统程序,而Flash EPROM和EEPROM兼有ROM非易失性和RAM的随机存取的优点,用来存放用户程序和需长期保存的重要数据。CPU存储器从逻辑上可以分为3个区域:装载存储器、工作存储区和系统存储区。具体说明请参见4.5.1小节。

**3. CPU的状态与故障显示LED**

CPU 318-2DP面板示意图如图2.3所示,其他CPU面板与图2.3所示结构基本相同。

SF　系统出错/故障显示,红色,CPU硬件故障或软件错误时亮。

BATF　电池故障,红色,电池电压低或没有电池时亮。

DC 5V　+5V电源指示,绿色,5V电源正常时亮。

FRCE　强制,黄色,至少有一个I/O被强制时亮。

RUN　运行方式,绿色,CPU处于RUN状态时亮;重新启动时以2Hz的频率闪亮;当处于HOLD(单步、断点)状态时以0.5Hz的频率闪亮。

STOP　停止方式,黄色,CPU处于STOP、HOLD状态或重新启动时常亮。

BASF　总线错误,红色。

# 第 2 章  S7-300/400 硬件结构

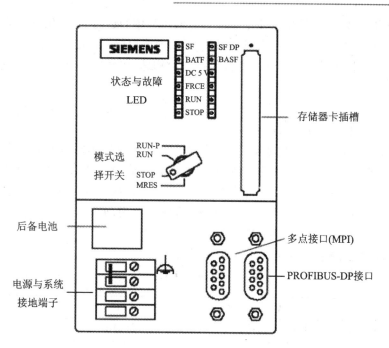

图 2.3  CPU 318-2DP 面板示意图

## 4. CPU 的运行模式

CPU 有 4 种运行模式，分别是启动（START）、运行（RUN）、保持（HOLD）和停止（STOP）。

- START 模式：在此模式下，可以用钥匙开关或编程软件启动 CPU。如果钥匙开关在"RUN"或"RUN-P"位置，PLC 通电后自动进入启动模式。
- RUN 模式：此模式为运行模式。在此模式下，PLC 执行用户程序，刷新输入和输出，处理中断和故障信息服务。
- HOLD 模式：在启动和 RUN 模式下，执行程序过程中遇到调试设置的断点，CPU 自动进入 HOLD 模式。此时，用户程序的执行被暂停挂起，定时器被冻结。
- STOP 模式：在一般情况下，CPU 模块上电后自动进入 STOP 模式，在该模式下，CPU 不执行用户程序，但可以进行系统检查、全局数据的接收等工作。

有些 CPU 的运行模式选择通过钥匙开关进行（见图 2.3），操作时需要插入钥匙，用来设置 CPU 当前的运行方式。一旦设置好，钥匙从 CPU 上拔出后，就不能再改变操作方式。这样可以有效地防止未授权的人员非法删除或改写用户程序，防止未经允许的复制和修改。钥匙开关各位置的意义如下：

① RUN-P，可编程运行方式。CPU 扫描用户程序，既可以用编程装置从 CPU 中读出，

也可以由编程装置装入 CPU 中。用编程装置可监控程序的运行,在此位置钥匙不能拔出。

② RUN,运行方式。CPU 扫描用户程序,可以用编程装置读出并监控 CPU 中的程序,但不能改变装载存储器中的程序。在此位置可以拔出钥匙,以防程序在正常运行时被改变操作方式。

③ STOP,停机方式。CPU 不扫描用户程序,可以通过编程装置从 CPU 中读出,也可以下载程序到 CPU,在此位置可以拔出钥匙。

④ MRES,不能保持。将钥匙开关从"STOP"状态扳到"MRES"位置,可复位存储器,使 CPU 回到初始状态。复位存储器的具体操作过程如下:通电后从"STOP"位置扳到"MRES"位置,"STOP"LED 熄灭 1 s,亮 1 s,再熄灭 1 s 后保持亮。放开开关,使它回到"STOP"位置,然后又回到"MRES","STOP"LED 以 2 Hz 的频率至少闪动 3 s,表示正在执行复位,最后"STOP"LED 一直亮,存储器复位完毕。

CPU 模块的方式选择开关含义如表 2.2 所列。

表 2.2 CPU 的模式开关及含义

| 位置 | 含义 | 说明 |
| --- | --- | --- |
| RUN-P | 运行和编程模式 | CPU 不仅执行用户程序,还可以修改用户程序 |
| RUN | 运行模式 | CPU 正在执行用户程序 |
| STOP | 停止模式 | CPU 不执行用户程序 |
| MRES | 存储器复位 | 可使 CPU 存储器复位 |

### 2.2.2 数字量模块

S7-300 有多种型号的数字量输入/输出(I/O)模块供选择。本节主要介绍数字量输入模块 SM321、数字量输出模块 SM322 以及数字量输入/输出模块 SM323 的技术性能及基本原理。

**1. 数字量输入模块 SM321**

数字量输入模块用于采集现场过程的数字信号电平(直流信号或交流信号都可),并把它转换为 PLC 内部的信号电平。对现场输入元器件,仅要求提供开关触点即可。输入信号进入模块后,一般都经过光电隔离和滤波,然后才送至输入缓冲器等待 CPU 采样。采样时,信号经过背板总线进入到输入映像区。数字量模块的输入/输出电缆最大长度为 1000 m(屏蔽电缆)或 600 m(非屏蔽电缆)。

用于采集直流信号的模块称为直流输入模块,额定输入电压为 24 V;用于采集交流信号的模块称为交流输入模块,额定输入电压为交流 120 V 或 230 V。如果信号线不是很长,PLC 所处的物理环境较好,电磁干扰较弱,应考虑优先选用 DC 24 V 的直流输入模块。交流输入方式适合在有油雾、粉尘的恶劣环境下使用。直流输入模块的内部结构如图 2.4 所示,交流输入模块的内部结构如图 2.5 所示。

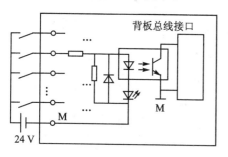

图 2.4 直流输入模块内部结构

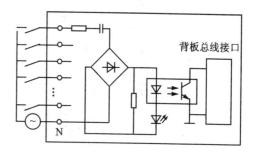

图 2.5 交流输入模块内部结构

对于用户来说,数字量输入模块 SM321 有 4 种型号的模块可供选择,即直流 16(DC16)点输入、直流 32(DC32)点输入、交流 16(AC16)点输入、交流 8(AC8)点输入模块。模块上的每个输入点的输入状态用一个绿色的发光二极管来显示,输入开关闭合,即有输入电压时,二极管点亮。图 2.6 和图 2.7 为直流 32 点输入和交流 16 点输入对应的端子连接及电气原理图。数字量输入模块 SM321 的技术特性如表 2.3 所列。

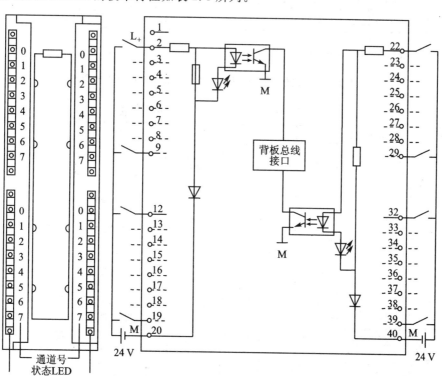

图 2.6 直流 32 点数字量输入模块 SM321 端子连接及电气原理图

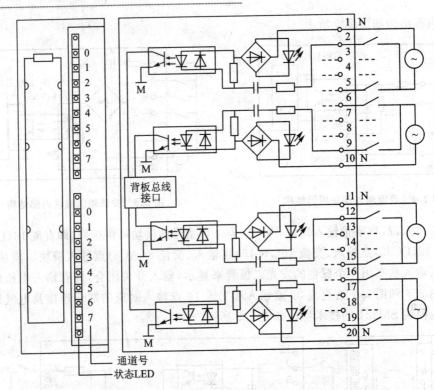

图 2.7 交流 16 点数字量输入模块 SM321 端子连接及电气原理图

表 2.3 数字量输入模块 SM321 技术特性

| SM321 输入模块 | 直流 16 点 | 直流 32 点 | 交流 16 点 | 交流 8 点 |
|---|---|---|---|---|
| 输入端子数 | 16 | 32 | 16 | 8 |
| 额定负载电压 L+ /V | DC 24 | DC 24 | | |
| 负载电压范围/V | 20.4～28.8 | 20.4～28.8 | | |
| 额定输入电压/V | DC 24 | DC 24 | AC 120 | AC 120/230 |
| 输入电压"1"范围/V | 13～30 | 13～30 | 79～132 | 79～264 |
| 输入电压"0"范围/V | −3～+5 | −3～+5 | 0～20 | 0～40 |
| 输入电压频率/Hz | | | 47～63 | 47～63 |
| 隔离(与背板总线) | 光耦 | 光耦 | 光耦 | 光耦 |
| 输入电流("1"信号)/mA | 7 | 7.5 | 6 | 6.5/11 |
| 最大允许静态电流/mA | 1.5 | 1.5 | 1 | 2 |
| 典型输入延迟时间/ms | 1.2～4.8 | 1.2～4.8 | 25 | 25 |
| 消耗总线最大电流/mA | 10 | 15 | 29 | 29 |
| 消耗 L+ 最大电流/mA | 25 | — | — | — |
| 功 耗/W | 3.5 | 6.5 | 4.9 | 4.9 |

## 2. 数字量输出模块 SM322

数字量输出模块将 PLC 内部信号电平转换成外部过程所需的信号电平,同时具有隔离和功率放大作用;可直接用于驱动电磁阀、接触器、小型电动机灯和电动机启动器等。

按负载回路使用的电源不同分为直流输出模块、交流输出模块和交直流两用输出模块;按输出开关器件的种类不同又可分为晶体管输出方式、晶闸管输出方式和继电器触点输出方式。以上两种分类方式又有密不可分的关系。晶体管输出方式的模块只能带直流负载,属于直流输出模块;晶闸管输出方式属于交流输出模块;继电器触点输出方式的模块属于交直流两用输出模块。从响应速度上看,晶体管响应最快,继电器响应最慢;从安全效果及应用灵活性角度看,继电器输出型的性能是最好的。3 种输出模块的内部结构示意图如图 2.8～图 2.10 所示。

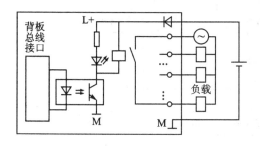

图 2.8 交直流两用输出模块内部结构　　图 2.9 交流输出模块内部结构

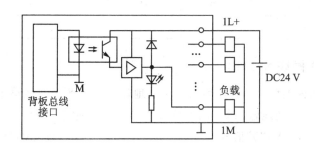

图 2.10 直流输出模块内部结构

数字量输出模块 SM322 有 7 种型号输出模块可供选择,即 16 点晶体管输出、32 点晶体管输出、16 点晶闸管输出、8 点晶体管输出、8 点晶闸管输出、8 点继电器输出和 16 点继电器输出模块。模块的每个输出点有一个绿色发光二极管显示输出状态,输出逻辑"1"时,二极管发光。

在选择使用何种模块时,因每个模块的端子共地情况不同,不仅要考虑输出类型,还要考虑现场输出信号负载回路的供电情况。例如,现场需输出 4 点信号,但每点用的负载回路电源不同,此时 8 点继电器输出模块将是最佳的选择。选用别的输出模块将增加模块的数量。

一般情况下,用户多采用继电器型的数字输出模块,而它的价格也相对高些。继电器输出模块的额定负载电压范围较宽,输出直流最小是 DC 24 V,最大可到 DC 120 V;输出交流的范围是 AC 48 V～AC 230 V。此外,继电器触点容量与负载电压有关,电压越高触点容量越低。当电源切断后,约 200 ms 内电容器仍储有能量,在这段时间内用户程序还可以暂时地使继电器动作。数字量输出模块 SM322 的技术特性如表 2.4 所列。

表 2.4 数字量输出模块 SM322 的技术特性

| SM322 模块 | 16 点晶体管 | 32 点晶体管 | 16 点晶闸管 | 16 点继电器 |
|---|---|---|---|---|
| 输出端子数 | 16 | 32 | 16 | 16 |
| 额定电压/V | DC 24 | DC 24 | DC 120 | |
| 负载电压范围/V | DC 20.4～28.8 | DC 20.4～28.8 | AC 93～132 | |
| 隔离方式 | 光偶 | 光偶 | 光偶 | 光偶 |
| 最大输出电流 "1"信号/A "0"信号/mA | 0.5 0.5 | 0.5 0.5 | 0.5 1 | |
| 触点开关容量/A | | | | 2 |
| 短路保护 | 电子保护 | 电子保护 | 熔断保护 | |
| 最大电流消耗/mA 从背板总线 从 L+ | 80 120 | 90 200 | 184 3 | 100 — |
| 功率损耗/W | 4.9 | 5 | 9 | 4.5 |

### 3. 数字量 I/O 模块 SM323

SM323 模块有两种类型。一种是带有 8 个共地输入端和 8 个共地输出端,另一种是带有 16 个共地输入端和 16 个共地输出端,两种特性相同。I/O 额定负载电压 24 V(DC),输入电压"1"信号电平为 11～30 V,"0"信号电平为 −3～+5 V,I/O 通过光耦与背板总线隔离。在额定输入电压下,输入延迟为 1.2～4.8 ms,输出具有电子短路保护功能。

## 2.2.3 模拟量模块

在生产过程中,存在大量的模拟信号,例如压力、温度、速度、pH 值、黏度等。为了实现自动控制,这些模拟信号需要被 PLC 处理。PLC 处理这些模拟量信号就是通过模拟量输入/输出模块进行的。本节将具体介绍 S7-300 的模拟量输入(AI)模块 SM331、模拟量输出(AO)模块 SM332 以及模拟量输入/输出(I/O)模块 SM334 的原理、性能参数及使用方法等内容,并介绍模拟量模块与传感器、负载或执行装置的连接方法。

S7-300 的 CPU 用 16 位的二进制补码表示模拟量值。其中,最高位为符号位,S 为"0"表示正值,S为"1"表示负值。被测值的精度可以调整,取决于模拟量模块的性能和它的设定参数。对于精度小于15位的模拟量值,低字节中幂项低的位不用。表2.5列出了S7-300模拟量值所有可能的精度,标有"×"的位是不用的位,一般填入0。

表2.5 模拟量值可能的精度

| 以位数表示的精度（带符号位） | 单位 | | 模拟值 | |
|:---:|:---:|:---:|:---:|:---:|
| | 十进制 | 十六进制 | 高字节 | 低字节 |
| 8 | 128 | 80H | S 0 0 0 0 0 0 0 | 1 × × × × × × × |
| 9 | 64 | 40H | S 0 0 0 0 0 0 0 | 0 1 × × × × × × |
| 10 | 32 | 20H | S 0 0 0 0 0 0 0 | 0 0 1 × × × × × |
| 11 | 16 | 10H | S 0 0 0 0 0 0 0 | 0 0 0 1 × × × × |
| 12 | 8 | 8H | S 0 0 0 0 0 0 0 | 0 0 0 0 1 × × × |
| 13 | 4 | 4H | S 0 0 0 0 0 0 0 | 0 0 0 0 0 1 × × |
| 14 | 2 | 2H | S 0 0 0 0 0 0 0 | 0 0 0 0 0 0 1 × |
| 15 | 1 | 1H | S 0 0 0 0 0 0 0 | 0 0 0 0 0 0 0 1 |

S7-300模拟量模块的输入测量范围很宽,它可以直接输入电压、电流、电阻、热电偶等信号。S7-300的模拟量输出模块可以输出0~10 V、1~5 V、-10~10 V、0~20 mA、4~20 mA、-20~20 mA等模拟信号。

**1. 模拟量输入模块SM331**

模拟量输入模块SM331主要用于连接电压和电流传感器、热电偶、电阻器和电阻式温度计,将扩展过程中的模拟信号转化为S7-300内部处理用的数字信号。

SM331模块有AI 8×12位模块、AI 2×12位模块、AI 8×14位模块和AI 8×16位模块等几种规格,分别为8通道的12位模拟量输入模块、2通道的12位模拟量输入模块、8通道的14位模拟量输入模块、8通道的16位模拟量输入模块。其中,具有12位输入的模块除了通道数不一样外,其工作原理、性能、参数设置等各方面都完全一样。图2.11是其模块接线图。下面主要以该模块为例介绍S7-300的模拟量输入模块。

**1) SM331的结构**

SM331主要由A/D转换部件、模拟切换开关、补偿电路、恒流源、光电隔离部件、逻辑电路等组成。A/D转换部件是模块的核心,其转换原理采用积分方法,积分时间直接影响到A/D转换时间和A/D转换的精度。被测模拟量的精度是所设定的积分时间的正函数,也即积分时间越长,被测值的精度越高。SM331可选4档积分时间:2.5 ms、16.7 ms、20 ms和100 ms,相对应的以位表示的精度为8、12、12和14。每一种积分时间有一个最佳的噪声抑制频率$f_0$,以上4种积分时间分别对应400 Hz、60 Hz、50 Hz和10 Hz。

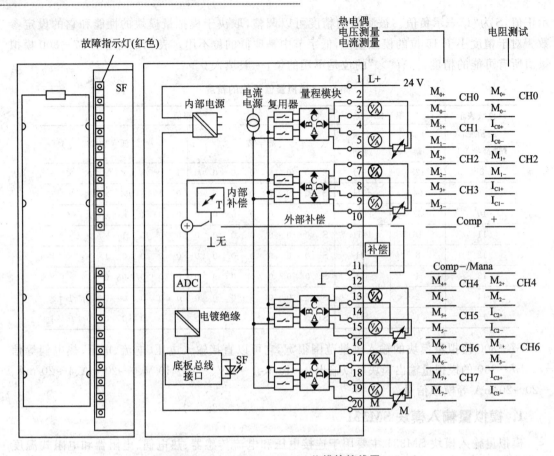

图 2.11 SM331 AI 8×12 位模块接线图

SM331 的转换时间包括由积分时间决定的基本转换时间和用于电阻测量、断线监视的附加转换时间。对应上述 4 种积分时间的基本转换时间分别为 3 ms、17 ms、22 ms、102 ms,电阻测量的附加转换时间为 1 ms,断线监视的附加转换时间为 10 ms,电阻测量和断线监视都有的附加转换时间为 16 ms。

SM331 AI 8×12 位模块的 8 个模拟量输入通道共用一个积分式 A/D 转换部件,各输入通道通过模拟切换开关按顺序一个接一个地转换。某一通道从开始转换模拟量输入值开始,一直持续到再次开始转换的时间称为输入模块的循环时间,它是模块中所有活动的模拟量输入通道的转换时间的总和。实际上,循环时间是对外部模拟量信号的采样间隔。为了缩短循环周期,应该在 STEP 7 组态工具中屏蔽掉不用的模拟量通道,使其不占用循环时间。对于一个积分时间设定为 20 ms,8 个输入通道都接有外部信号且都需要进行断线监视的 SM331 模块,其循环时间为 (22+10)×8=256 ms。因此,对于采样时间要求更快一些的场合,应该优先选用 2 个输入通道的 SM331 模块。

SM331 的每 2 个相邻的输入通道构成 1 个输入通道组,可以按通道组任意选择测量方法和测量范围。模块上需接 24 V DC 的负载电压 L+,有极性反接保护功能;对于变送器或热电偶的输入具有短路保护功能。模块与 S7-300 的 CPU 及负载电压之间是光电隔离的。

**2) SM331 与电压型传感器和电流变送器的连接**

SM331 与电压型传感器的连接如图 2.12 所示,与 2 线电流变送器电流输入的连接如图 2.13 所示,与 4 线电流变送器电流输入的连接如图 2.14 所示。2 线变送器采用通过模拟量输入模块的端子进行短路保护供电,然后,该变送器将所测得的变量转换为电流。2 线变送器必须是一个带隔离的传感器,4 线电流变送器应有单独的电源供电。

图 2.12~图 2.14 所用的缩写词和助记符具有以下含义:

M+:测量导线,正;

M-:测量导线,负;

M$_{ANA}$:模拟测量电路的参考电压;

M:接地端子;

L+:24 V DC 电源端子。

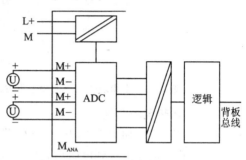

图 2.12 模拟量输入模块与电压型传感器的连接

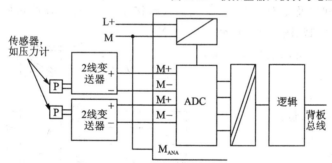

图 2.13 模拟量输入模块与 2 线变送器电流输入的连接

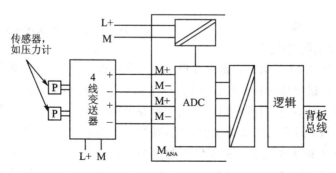

图 2.14 模拟量输入模块与 4 线变送器电流输入的连接

## 第2章 S7-300/400 硬件结构

如果变送器的供电电压 L+ 从模拟量输入模块接入,必须使用 STEP 7 软件进行设置,将 2 线变送器作为 2 线变送器进行参数赋值。其连接示意图如图 2.15 所示。

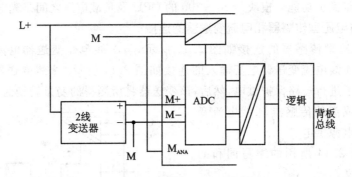

图 2.15 由模块供电时的模拟量输入模块与 2 线变送器电流输入的连接

**3) SM331 与热电阻的连接**

图 2.16 是热电阻(如 Pt100)与 SM331 模拟量输入模块的 4 线连接回路示意图。通过 $I_{C+}$ 和 $I_{C-}$ 端子将恒定电流送到电阻型温度计或电阻,通过 M+ 或 M- 端子测得在电阻型温度计或电阻上产生的电压,4 线回路可以测得很高的测量精度。如果接成 3 线或 2 线回路,则必须在 M+ 和 $I_{C+}$ 之间以及在 M- 和 $I_{C-}$ 之间插入跨接线,不过这将降低测量结果的精度,其连接示意图分别如图 2.17、图 2.18 所示。

图 2.16~图 2.18 所用的缩写词和助记符具有以下含义:

$I_{C+}$:恒定电流导线,正;
$I_{C-}$:恒定电流导线,负;
M+:测量导线,正;
M-:测量导线,负;
$M_{ANA}$:模拟测量电路的参考电压;
M:接地端子;
L+:24 V DC 电源端子。

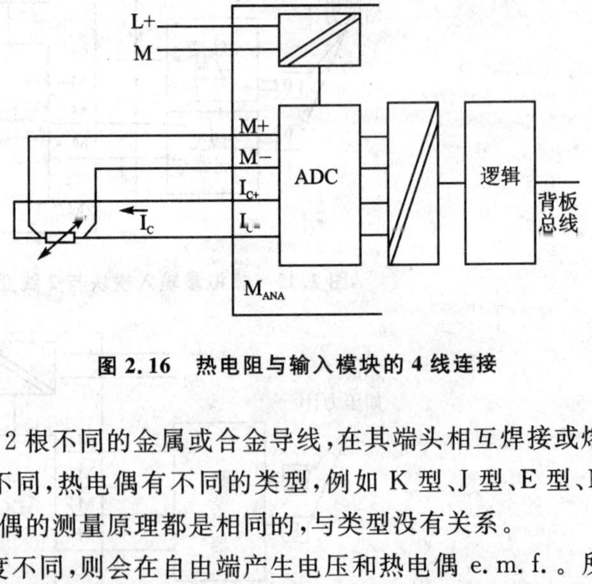

图 2.16 热电阻与输入模块的 4 线连接

**4) SM331 与热电偶的连接**

热电偶结构如图 2.19 所示。它是由 2 根不同的金属或合金导线,在其端头相互焊接或熔焊在一起制成的。根据使用材料的成分不同,热电偶有不同的类型,例如 K 型、J 型、E 型、N 型等。尽管热电偶型号不同,但所有热电偶的测量原理都是相同的,与类型没有关系。

如果热电偶的测量端和自由端的温度不同,则会在自由端产生电压和热电偶 e.m.f.。所产生的热电偶 e.m.f. 的大小取决于测量结的温度与自由端的温度差以及热电偶所使用的材料成分。由于热电偶测量的总是温度差,为了确定测量端的温度,自由端应该在参考结处保持

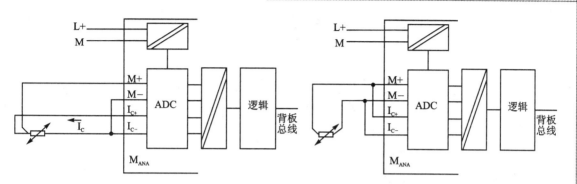

图 2.17 热电阻与输入模块的 3 线连接　　图 2.18 热电阻与输入模块的 2 线连接

已知的恒定温度。热电偶可以使用补偿导线从其连接点延伸到一个近似为恒定温度的参考点。补偿导线使用的是与热电偶相同材料的导线,供电导线可以使用铜线,应确保这些导线都连接到正确的极性,否则将会造成明显测量误差。

SM331 模块与热电偶连接时,根据参考点的位置不同,可选用内部补偿或外部补偿。如果使用内部补偿,则模块的内部温度作为比较的温度。在这种情况下,必须将补偿线连接到模拟模块上,内部温度传感器可以采集模块的温度并提供补偿电压。如果使用外部补偿,则通过专门的补偿盒来考虑热电偶的参考接点的温度。在补偿盒中,有一个桥接电路用于固定参考结温度标定,参考结一般通过连接热电偶的补偿导线的两端形成。如果实际温度与补偿温度有偏差,桥接热敏电阻会

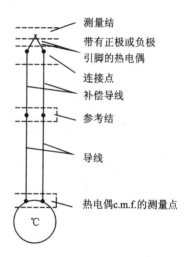

图 2.19 热电偶结构

发生变化。这样就会形成一个正的或负的补偿电压,添加到热电偶的 e.m.f.。SM331 使用参考接点温度为 0 ℃ 的补偿盒,在将补偿盒连接到模块的 COMP 端子时,可以将补偿盒放置在热电偶的参考结处。补偿盒必须单独供电且电源必须采取适当的滤波措施。由于连接热电偶到补偿盒不需要使用端子,因此必须加以短接。补偿盒与模块 COMP 端子之间连接的外部补偿只适用于一种热电偶类型,即使用外部补偿运行的所有通道都必须使用相同类型。

需要注意的是,内部补偿没有外部补偿精确。使用内部补偿和外部补偿的热电偶与 SM331 的连接分别如图 2.20 和图 2.21 所示。

图 2.20、图 2.21 所用的缩写词和助记符具有以下含义:

M+:测量导线,正;

M−:测量导线,负;

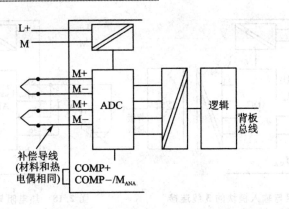

图 2.20 使用内部补偿的热电偶与 SM331 模拟量输入模块的连接

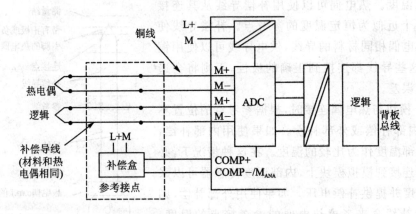

图 2.21 使用补偿盒的热电偶与 SM331 模拟量输入模块的连接

COMP+：补偿端子，正；
COMP−：补偿端子，负；
$M_{ANA}$：模拟测量电路的参考电压；
M：接地端子；
L+：24 V DC 电源端子。

**5) SM331 模块的参数设定**

SM331 的参数如表 2.6 所列。

SM331 的参数分为 4 类：基本设置参数、限幅参数、诊断参数和测量参数。这些参数决定了 SM331 模块的工作方式。仅在 CPU 处于 STOP 状态时才能设置的参数称为静态参数，在 RUN 状态也能设置的参数称为动态参数。参数设定有两种方式，一种是在 STOP 状态下使用 STEP 7 组态工具进行设置，另一种是在 RUN 状态下调用系统功能 SFC 55～SFC 57 设置。使用 STEP 7 组态工具进行设置时，应使 CPU 处于 STOP 状态，当 CPU 从 STOP 转换到

表 2.6　SM331 的参数表

| 参　数 | | 数值范围 | 默认设置 | 参数类型 | 设置对象 |
|---|---|---|---|---|---|
| 使能 | 诊断中断 | 有/无 | X | 动态 | 模块 |
| | 由于超过极限造成硬件中断 | 有/无 | X | | |
| | 循环结束时硬件中断 | 有/无 | X | | |
| 硬件中断触发 | 数值上限 | 32 511 | X | 动态 | 通道或通道组 |
| | 数值下限 | －32 512 | X | | |
| 诊断 | 通道组诊 | 有/无 | X | 静态 | 通道或通道组 |
| | 断线检查 | 有/无 | X | | |
| 测量 | 测量方法 | 去活<br>U,电压<br>4DMU,电流,4 线变送器<br>2DMU,电流,2 线变送器<br>R - 4L,电阻,4 线连接<br>R - 3L,电阻,3 线连接<br>RTD - 4L,变阻泡,线性,4 位端子<br>RTD - 3L,变阻泡,线性,3 位端子<br>TC - I,热电偶,内部比较<br>TC - E,热电偶,外部比较<br>TC - IL,热电偶,线性,内部比较<br>TC - EL,热电偶,线性,外部比较<br>TC - L00C,热电偶,线性,参考温度 0 ℃<br>TC - L50C,热电偶,线性,参考温度 50 ℃ | U | 动态 | 通道或通道组 |
| | 测量范围 | 对于输入通道的可设定测量范围请参见具体的模块说明 | ±10 V | 动态 | 通道或通道组 |
| | 热电偶开路时的响应 | 上溢/下溢 | 上溢 | 动态 | 通道或通道组 |
| | 温度单位 | ℃,℉,K | ℃ | 动态 | 模块 |
| | 模块滤波模式 | 8 个通道,硬件滤波器<br>8 个通道,软件滤波器<br>4 个通道,硬件滤波器 | 8 个通道,<br>硬件滤波器 | 动态 | 模块 |

续表 2.6

| 参　数 | | 数值范围 | 默认设置 | 参数类型 | 设置对象 |
|---|---|---|---|---|---|
| 测量 | 使用热电阻 RTD 进行温度测量时的温度系数 | 铂 Pt<br>0.00385 Ω/Ω/℃<br>0.003916 Ω/Ω/℃<br>0.003902 Ω/Ω/℃<br>0.003920 Ω/Ω/℃<br>0.003851 Ω/Ω/℃<br>镍 Ni<br>0.00618 Ω/Ω/℃<br>0.00672 Ω/Ω/℃<br>铜 Cu<br>0.00472 Ω/Ω/℃ | 0.00385 | 动态 | 通道或通道组 |
| | 干扰频率抑制/Hz | 400/60/50;400；60；50 ；10 | 50 | 动态 | 通道或通道组 |
| | 平滑 | 无/低/平均/高 | 无 | 动态 | 通道或通道组 |

RUN 方式之后,CPU 将这些参数传送到各个模块。设置对象是指该参数是以整个模块还是以通道组为一个单位进行设置。

由表 2.6 可知,可以使用 STEP 7 来决定是否输出诊断信息和输出哪些诊断信息。在"诊断"参数块中,只有被"允许"才能被执行。SM331 AI 2×12 位输入模块,只有一个带限幅监视的通道,即通道 0；SM331 AI 8×12 位输入模块有两个带限幅监视的通道,即通道 0 和通道 2。通过设置限幅参数块可以使其发挥作用。

**6) 选择 SM331 测量方法和测量范围**

通过设置 SM331 的参数可以选择测量方法和测量范围(量程),但必须保证 SM331 的硬件结构与之适应；否则,模块将不能正常工作,而且发出模块故障信号。模拟量模块都装有量程块,调整量程块的插入方位即可改变模块的硬件结构。

SM331 每两个相邻的输入通道共用一个量程块,构成一个通道组。SM331 AI 2×12 位有 2 个输入通道,配一个量程块,组成一个通道组；8×12 位有 8 个输入通道,配 4 个量程块,组成 4 个通道组。图 2.22 是 AI 8×12

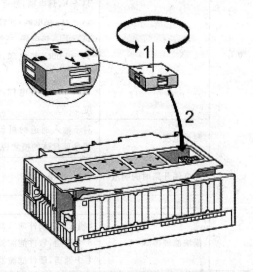

图 2.22　SM331 AI 8×12 位模拟量输入模块的量程块

位模拟量输入模块的量程块示意图。

量程块是一个正方形的小块,在上方标有"A"、"B"、"C"、"D"四个标记,当量程块插入模块时,其中的一个标记与模块上的标记相对应,量程块的"A"标记与模块上的标记相对,即量程被设定在"A"位置。

不同的量程块位置,适用于不同的测量方法和测量范围:

> "A"位置用于测量±1000 mV 以内的低电压信号,由于电阻和热电偶信号均属于这个范围,所以"A"位置适用于它们。
> "B"位置适合测量±10 V 以内的高电压信号,如±2.5 V、±5 V、1~5 V 等。
> "C"位置用于测量由 4 线变送器产生的±20 mA 以内的电流信号。
> "D"位置用于测量 2 线变送器产生的 4~20 mA 的电流信号,并通过测量信号线对变送器供电。

选择测量方法及测量范围的正确步骤是:先确定量程块位置,然后进行测量参数设置。参数设置只能以通道组为单位进行,也就是说,不可能为通道组中的 2 个通道设置不同的测量方法及范围。模块出厂时,量程块在"B"位置。

在没有使用 STEP 7 工具重新初始化模拟量输入模块 SM331 时,各量程模块所对应的测量方式和范围是模块上的默认设定。

SM331 能对量程模块设置在"A"位置的通道组通过测量电流来检查断线,对于电流在 4~20 mA 的情况,当被测电流进入下溢区时,模块将会产生一个断线中断。

## 2. 模拟量输出模块 SM332

模拟量输出模块 SM332 用于将 S7-300 与执行元件相连,将数字输出值转换为模拟信号,为负载提供电压或电流,模拟信号应使用屏蔽电缆或双绞线电缆进行传送。模拟量输入/输出模块 SM334 兼有模拟输入和模拟输出的功能。

模拟量输出模块 SM332 目前有 3 种规格型号,即 AO 4×12 位模块、AO 2×12 位模块和 AO 4×16 位模块,分别为 4 通道的 12 位模拟量输出模块、2 通道的 12 位模拟量输出模块、4 通道的 16 位模拟量输出模块。除通道数不一样外,3 种模块的工作原理、性能、参数设置等各方面完全一样。图 2.23 为 SM332 AO 4×12 位模块端子接线图。下面主要以 4×12 位模块为例介绍 SM332 性能及与负载的连接方式。

### 1) 模拟量输出通道的转换、循环和响应时间

模拟量输出模块的转换时间包括内部存储器传送数字化输出值的时间和数/模转换的时间,模拟量输出各通道的转换是顺序进行的。模块的循环时间是所有活动的模拟量输出通道的转换时间的总和。模块的响应时间是一个比较重要的指标,响应时间就是在内部存储器中出现数字量输出值开始到模拟输出达到规定值所用时间的总和。它和负载特性有关,负载(如容性、阻性和感性负载)不同,响应时间也不一样。

## 第 2 章 S7-300/400 硬件结构

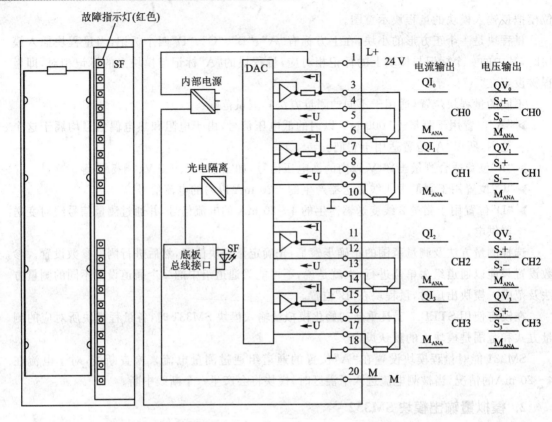

图 2.23 模拟量输出模块 SM332 AO 4×12 位的模块接线图

**2) SM332 与负载/执行器的连接**

SM332 可以输出电压,也可以输出电流。在输出电压时,可以采用负载与隔离模块的电压输出之间的 4 线制连接和负载与不带隔离模块的电压输出之间的 2 线制连接。采用 4 线制连接(见图 2.24)可以获得比较高的输出精度,此时,除了将 QV 和 $M_{ANA}$ 连到负载上外,还要将传感器连线端子 S+ 和 S- 也直接连到负载上,以便直接测量并修正电压。采用 2 线制连接时,S+ 和 S- 可以保持开路。在电流输出方式时,将负载连接到 QI 和 $M_{ANA}$ 上即可。QI 和 QV 实际上是同一个端子。

**3) SM332 AO 4×12 位的模块特性和技术规格说明**

SM332 AO 4×12 位的模块上有 4 个通道,每个通道都可单独编程为电压输出或电流输出,输出精度为 12 位。模块对 CPU 背板总线和负载电压都有光电隔离。

**4) SM332 AO 4×12 位的模块的参数设定**

使用 STEP 7 组态工具或 SFC 系统功能调用,可以设定中断允许、输出诊断、输出类型、输出范围以及 L+掉电或模块故障后的替代值等参数。

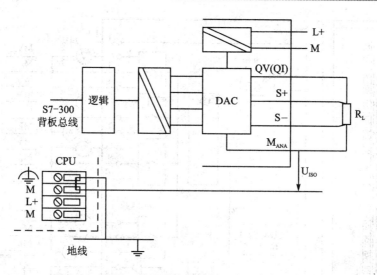

**图 2.24 通过 4 线回路将负载与隔离的模出模块相连**

输出模块的一个通道组即一个通道。如果模块中的一个通道不使用,则可以通过设定输出类型撤除该通道,并让输出保持开路。

在模拟量模块具有诊断能力并赋有适当参数的情况下,故障和错误会产生诊断中断,板上的 SF LED 灯会闪烁。SM332 能对电流输出作断线检测,对电压输出作短路检测。

### 3. 模拟量 I/O 模块 SM334

模拟量 I/O 模块 SM334 有两种规格,一种是有 4 模入/2 模出的模拟量模块,其输入、输出精度为 8 位;另一种也是有 4 模入/2 模出的模拟量模块,其输入、输出精度为 12 位。SM334 模块输入测量范围为 0~10 V 或 0~20 mA,输出范围为 0~10 V 或 0~20 mA。它的 I/O 测量范围的选择是通过恰当的接线而不是通过组态软件编程设定的。与其他模拟量模块不同,SM334 没有负的测量范围,且精度比较低。SM334 的端子接线如图 2.25 所示,通道地址见表 2.7。

**表 2.7 SM334 的通道地址表**

| 通 道 | 地 址 |
| --- | --- |
| 输入通道 0 | 模块的起始 |
| 输入通道 1 | 模块的起始+2 B 的地址偏移量 |
| 输入通道 2 | 模块的起始+4 B 的地址偏移量 |
| 输入通道 3 | 模块的起始+6 B 的地址偏移量 |
| 输出通道 0 | 模块的起始 |
| 输出通道 1 | 模块的起始+2 B 的地址偏移量 |

# 第 2 章 S7-300/400 硬件结构

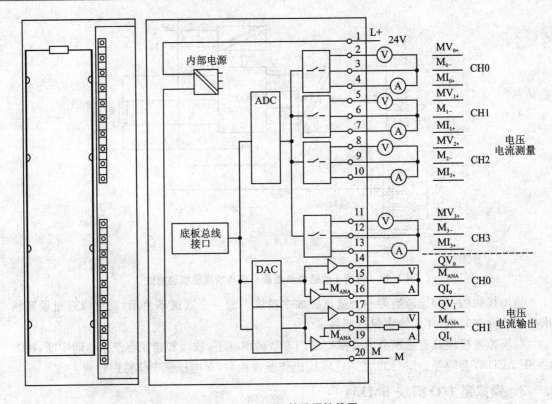

图 2.25 SM334 的端子接线图

### 2.2.4 I/O 模块的编址

I/O 模块上每个通道的地址可以通过两种方式设置：一种是基于槽号自动编址的模块地址，一种是用户编址的模块地址。

#### 1. 基于槽号自动编址的模块地址

在基于槽号自动编址的模块地址设置方式中，用户在导轨上安装好 I/O 模块后，STEP 7 软件自动为每个槽号指定一个确定的默认模块起始地址，数字量模块和模拟量模块具有不同的起始地址。图 2.26 所示为 S7-300 系统扩展最多模块时的槽号和相应的模块起始地址。

数字量模块从 0 号机架的 4 号槽开始，每个槽位分配 4 个字节的地址，32 个 I/O 点。数字量模块的输入/输出地址由字节地址和位地址组成。例如：I0.5，其中"I"表示输入；"0"表示字节地址；"5"表示位地址，是印在模块上输入点对应的数字。

模拟量模块中一个输入或输出通道总是占一个字地址。从 IB256 开始，给每一个模拟量模块分配 8 个字。通道地址取决于模块的起始地址，例如 PIW256，其他通道的地址是基于起

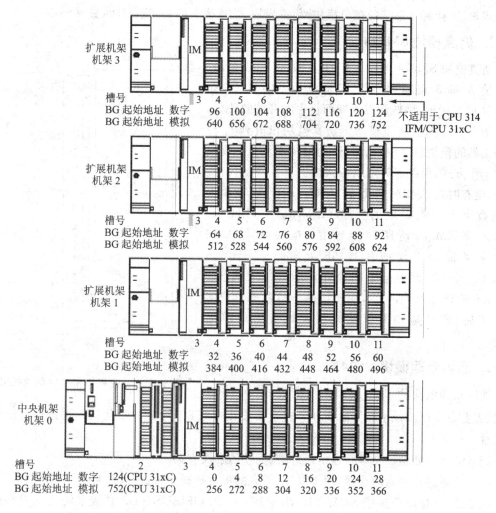

图 2.26　S7-300 的槽号和模块的起始地址

始地址并向上编址的。

**2. 用户编址的模块地址**

除了上述方式外,用户还可以通过 STEP 7 软件,设置任何所选模块的地址。这种方式的优点是用户可以直接编写独立于实际硬件组态地址的程序,具体设置方法请参见 4.2.3 小节。

## 2.2.5　其他模块

功能模块主要用于对实时性和存储容量要求高的控制任务,例如计数器模块、快速/慢速进给驱动位置控制模块、电子凸轮控制模块、步进电动机定位模块、伺服电动机定位模块、闭环

## 第 2 章 S7-300/400 硬件结构

控制模块、工业标示系统的接口模块、称重模块、位置输入模块、超声波位置解码器等。

### 1. 仿真模块 SM374

仿真模块 SM374 可以仿真 16 点输入、16 点输出、8 点输入和 8 点输出的数字量模块。图 2.27 是 SM374 的前视图,用螺丝刀改变面板中间开关的位置,即可仿真所需的数字量模块。仿真模块没有列入 S7 组态工具的模块目录中,也即 S7 的结构不承认仿真模块的工作方式,但组态时可以填入被仿真模块的代号。例如,组态时若 SM374 仿真 16 点输入的模块,就填入 16 点数字量输入模块的代号 6ES7 311-1BH00-0AA00;若 SM374 仿真 16 点输出的模块,就填入 16 点数字量输出模块的代号 6ES7 322-1BH00-0AA00。SM374 面板上有 16 个开关,用于输入状态的设置,还有 16 个绿色 LED,用于指示 I/O 状态。使用 SM374 后,PLC 应用系统的模拟调试变得简单而方便。

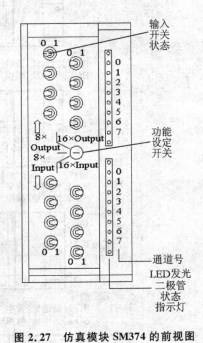

图 2.27 仿真模块 SM374 的前视图

### 2. 通信处理模块 CP34X

通信处理模块为 PLC 应用系统接入 PROFIBUS 网络、工业以太网提供了极大的便利。通过集成在 STEP 7 中的参数化工具可进行简便的参数设置。

CP340 通信处理器是串行通信最经济、完整的解决方案。

CP341 通过点到点的连接,用于高速、强大的串行数据交换,以减轻 CPU 的负担。

CP342-5 是用于连接 SIMATIC S7-300 和 PROFIBUS-DP 总线系统的低成本的模块。它减少 CPU 的通信任务,通过 PROFIBUS 简单地进行配置和编程;支持的通信协议为 PROFIBUS-DP、S7 通信功能、PG/OP 通信;传输速率 9.6 kbps～12 Mbps;主要用于和 ET200 子站配合,组成分布式 I/O 系统。

CP343-1 在工业以太网上独立处理数据通信,主要用于和操作员站的连接。该模块有其自身的处理器,符合国际标准的 1～4 层协议。支持的通信协议包括 ISO、TCP/IP 通信协议;和 S7 通信、PG/OP 通信;传输率为 10/100 Mbps 全双工,自动切换。

### 3. 计数器模块 FM350 和 CM35

模块的计数器均为 0～32 位或 31 位加减计数器,可以判断脉冲的方向,模块给编码器供电。有比较功能,达到比较值时,通过集成的数字量输出响应信号,或通过背板总线向 CPU

发出中断。通过集成的数字量直接接收启动、停止计数器等数字量信号。

FM350-1是智能化的单通道计数器模块,广泛用于单纯的计数任务。它的计数频率可达到500 kHz,计数范围为32位。该模块有3种工作模式:连续计数、单向计数和循环计数。有3个数字量输入,2个数字量输出。

FM350-2是用于计数和测量任务的智能型8通道计数器模块。该模块提供7种工作方式:连续计数、单向计数、循环计数、频率测量、速度测量、周期测量和比例运算。

CM35是8通道智能计数器模块,可广泛用于计数及测量任务,也可用于最多4轴的简单定位任务。它有8个计数输入端,可选5 V或24 V电平。8个数字输出点用于模块的高速响应输出,也可由用户程序指定输出功能。CM35有4种工作方式:脉冲计数器、定时器、周期测量和简易定位。

### 4. 电源模块 PS

PS307是西门子公司为S7-300专配的24 V DC电源。PS307系列模块除输出额定电流(有2 A、5 A、10 A三种)不同外,其工作原理和各参数都一样。PS307模块的输入接单相交流系统,输入电压120/230 V(频率50/60 Hz)。在输入和输出之间有可靠的隔离。若正常输出额定电压24 V,则绿色LED点亮;如果输出过载,则LED闪烁。输出电流长期在10~13 A之间时,输出电压下降,电源寿命缩短。若输出短路,输出电压为0 V,LED变暗,在短路消失后电压自动恢复。输出电压允许范围:$24 \times (1 \pm 0.03)$ V,最大上升时间2.5 s。

### 5. 接口模块 IM

在S7-300 PLC中接口模块主要有IM360、IM361及IM365。

接口模块IM360用于S7-300机架0的接口,通过连接电缆368将数据从IM360传送到IM361,IM360与IM361之间的最大距离为10 m。IM360和IM361上有指示系统状态和故障的发光二极管,如果CPU不确认此机架,则LED闪烁,可能是连接电缆没接好或者是串行连接的IM361关掉了。

接口模块IM361采用24 V DC电源,用作S7-300机架1到机架3的接口,通过S7-300背板总线的最大电流输出为0.8 A,通过368连接电缆将数据从IM360传送到IM361或从IM361传送到IM361。IM360/IM361和IM361之间的最大长度为10 m。

接口模块IM365是为机架0和机架1预先组合好的配对模块,总电流为1.2 A,其中每个机架最大能使用0.8 A,长1 m的连接电缆已经固定地连接好,机架1中只能安装信号模块。表2.8列出了S7-300接口模块的最主要特性。

表 2.8 S7-300 接口模块的最主要特性

| 模块<br>特性 | IM360 | IM361 | IM365 |
|---|---|---|---|
| 可插入 S7-300 机架 | 0 | 1~3 | 0 和 1 |
| 数据传输 | 通过 386 连接电缆，从 IM360 到 IM361 | 通过 386 连接电缆，从 IM360 到 IM361 或从 IM361 到 IM361 | 通过 386 连接电缆，从 IM365 到 IM365 |
| 传输距离 | 最长 10 m | 最长 10 m | 1 m 永久连接 |

## 2.3 S7-400 系列 PLC 简介

### 2.3.1 S7-400 概况

S7-400 是具有中高档性能的大型 PLC，采用模块化无风扇设计，适用于对可靠性要求极高的大型复杂控制系统。与 S7-300 系列 PLC 相比，S7-400 模块的体积更大，尤其表现在高度上，所以每个 SM 模块的点数就更多。S7-400 性能优越，环境适应性很强，因此应用范围十分广泛。由于有很高的电磁兼容性和抗冲击、耐振动性能，因而能最大限度地满足各种工业标准。模块能带电插拔，允许环境温度为 0~60 ℃。机架及模块安装非常方便。除了具有 S7-300 系统的功能外，S7-400 还具有如下增强功能：

① 多 CPU 处理。在 S7-400 中央机架上，最多 4 个有多 CPU 处理能力的 CPU 同时运行。这些 CPU 自动、同步地变换其运行模式，可以同步执行控制任务。使用多 CPU 中断(OB60)可以在相应的 CPU 中同步地响应一个事件。而且由于工作方式的复杂，CPU 模块上的指示灯也很多。

② 冗余设计的容错自动化系统。西门子的高可靠性 0.1 μs 的指令处理时间在从中等到高等的性能要求范围内开辟了全新的应用领域。

③ 扩展能力。中央机架能插入 6 块发送型的接口模块，每个模块有 2 个接口，每个接口可以连接 4 个扩展机架，最多能连接 21 个扩展机架。扩展机架中的接口模块只能安装在最右边的槽。

④ 诊断功能。诊断功能比 S7-300 强大，比如硬件中断功能多达 8 个，其他中断也比 S7-300 多。

### 2.3.2 S7-400 的组成及结构

SIMATIC S7-400 是用于中、高档性能范围的可编程控制器。使用 S7-400 能满足最复杂的任务要求，功能分级的 CPU 以及种类齐全的模块，总能为其自动化任务找到最佳的解决方案。另外，使用 S7-400 可以使分布式系统和扩展通信能力都很简便，从而使系统组成更加灵活自如。

S7-400 主要包括用于常规应用的 SIMATIC S7-400、高可靠性应用的具有冗余设计的 SIMATIC S7-400/H 以及高安全性应用的 SIMATIC S7-400F/FH 三种类型。本节主要介绍用于常规应用的 SIMATIC S7-400 系列 PLC。

S7-400 系列与 S7-300 系列 PLC 的构成基本相同，同样采用模块化设计。S7-400 系统包括：电源模块、中央处理单元、数字量输入/输出和模拟量输入/输出模块等。各模块的主要功能如下：

① 电源模块(PS)。将 S7-400 连接到 AC 120/230 V 或 DC 24 V 电源上。

② 中央处理单元(CPU)。有多种 CPU 可供用户选择，有些带有内置的 PROFIBUS-DP 接口，用于各种性能范围。一个中央控制器可包括多个 CPU 以加强其性能。

③ 数字量输入/输出(DI/DO)、模拟量输入/输出(AI/AO)的信号模块(SM)。

④ 通信处理器(CP)。用于点到点连接的串行通信，主站/从站接口，分担 CPU 的通信任务以及工业以太网的连接。

⑤ 功能模块(FM)。专门用于智能计数，快速/慢速进给驱动位置控制，凸轮控制，步进电动机/伺服电动机控制等任务。

S7-400 还提供以下部件以满足用户的需要：

① 接口模块(IM)。用于连接中央控制单元和扩展单元。S7-400 中央控制器最多能连接 21 个扩展单元。

② S5 模块。S5-115U，S5-135U 和 S5-155U 的所有 I/O 模块都可和相应的 S5 扩展单元一起使用。S5 的某些 IP 和 WF 模块可用于 S5 扩展单元，也可通过适配器盒直接用于中央控制器。

③ 背板总线。背板总线是并行 I/O 总线(P 总线)，用于 CPU 与信号模块、功能模块进行高速数据交换。它集成在所有机架上，所有机架上都有一个用于大量数据交换的串行通信总线。更换模块只需松开其安装螺钉，将已接线的前连接器拔出即可。

## 2.4　S7-400 系列 PLC 模块

### 2.4.1　机架与接口模块

**1. 机　架**

机架是构成 SIMATIC S7-400 的机械框架，其功能有：为模块提供机械支持，为模块提供电源,通过背板总线将各个模块连接在一起。机架设计为壁挂式,可以安装在框架内,或安装在机柜内。图2.28显示了组态为CR、带有18个插槽的机架。

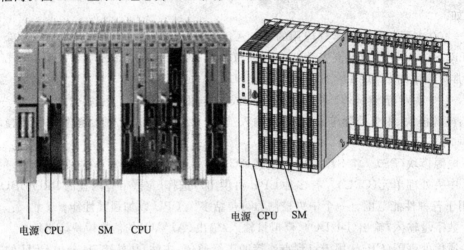

图2.28　S7-400 PLC中安装有模块的机架

SIMATIC S7-400有多种型式的机架。UR1(通用机架)和UR2(通用机架)机架用于中央控制器和扩展单元。UR1机架最多可容纳18个模块,适用于S7-400;UR2机架最多可容纳9个模块,适用于S7-400H。CR2机架用于有分隔的中央控制器(2个CPU在单一机架内彼此独立地并行运行),最多可装配18个模块。UR2-H安装机架用于在一个安装机架内配置一个完整的S7-400H系统,也适用于S7-400 2个独立运行的CPU,每个CPU有它本身的I/O(本身的P和C总线),也能用作扩展单元,最多可容纳18个模块。ER1(扩展机架)机架用于标准S7-400系统以低成本配置扩展单元,最多安装18个模块,其功能性有限制。ER2机架(扩展机架)机架用于标准S7-400系统以低成本配置扩展单元,最多安装9个模块,其功能性有限制。

**2. 接口模块(IM)**

S7-400系列PLC具有很强的扩展能力,扩展可以采用集中扩展、分布式扩展和远程扩展3种方式进行。

集中式扩展方式适用于小型配置或一个控制柜中的系统。CC和EU的最大距离为1.5 m(带5 V电源)或3 m(不带5 V电源)。分布式扩展适用于分布范围广的场合,CC与最后一个EU的最大距离为100 m(S7 EU)或600 m(S5 EU)。用ET200分布式I/O可以进行远程扩展,用于分布范围很广的系统。通过CPU中的PROFIBUS-DP接口,最多连接125个总线节点。使用光缆时CC和最后一个节点的距离为23 km。

S7-400系列PLC的扩展能力主要由接口模块实现。S7-400的中央机架(CC)能插入6块发送型的接口模块(IM),每个模块有2个接口,每个接口可以连接4个扩展机架,最多能连接21个扩展机架。扩展机架中的接口模块只能安装在最右边的槽,其示意图如图2.29所示。

在 S7-400 PLC 中接口模块主要有 IM460、IM461、IM460-3、IM461-3、IM460-4、IM461-4。如果一个或多个扩展单元(EU)连接到中央控制器(CC)时,需要接口模块(发送IM 和接收 IM,发送和接收接口模块必须成对使用)。发送模块(发送 IM)插在 CC 中,相应的接收模块(接收 IM)插在串联的 EU 中。表2.9 描述了 S7-400 接口模块的应用领域。表2.10 描述了 S7-400 接口模块的连接属性。

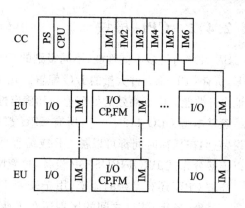

图 2.29 S7-400 机架扩展示意图

表 2.9 S7-400 接口模块的应用领域

| 接口模块 | 应用领域 |
|---|---|
| IM460-0 | 发送 IM。用于不带 PS 发送器的局域连接,带通信总线 |
| IM461-0 | 接收 IM。用于不带 PS 发送器的局域连接,带通信总线 |
| IM460-1 | 发送 IM。用于带 PS 发送器的局域连接,不带通信总线 |
| IM461-1 | 接收 IM。用于带 PS 发送器的局域连接,不带通信总线 |
| IM460-3 | 发送 IM。用于最长 102 m 的远程连接,带通信总线 |
| IM461-3 | 接收 IM。用于最长 102 m 的远程连接,带通信总线 |
| IM460-4 | 发送 IM。用于最长 605 m 的远程连接,不带通信总线 |
| IM461-4 | 接收 IM。用于最长 605 m 的远程连接,不带通信总线 |

表 2.10 S7-400 接口模块的连接属性

| 连接属性 | 局部连接 | | 远程连接 | |
|---|---|---|---|---|
| 发送 IM | 460-0 | 460-1 | 460-3 | 460-4 |
| 接收 IM | 461-0 | 461-1 | 461-3 | 461-4 |
| 每条链路最多可连接的 EM 的数量 | 4 | 1 | 4 | 4 |
| 最远距离 | 3 m | 1.5 m | 102 m | 605 m |
| 5 V 传送 | 无 | 有 | 无 | 无 |
| 每个接口传送的最大电流 | | 5 A | | |
| 通信总线传送 | 可以 | 不可以 | 可以 | 可以 |

## 2.4.2 CPU 模块

S7-400 有许多不同性能、不同级别的 CPU 可供用户选择。从基本型 CPU 一直到高性能的 CPU，所有 CPU 都允许大量的 I/O 配置。几个 CPU 可以一起运行形成多 CPU 的结构，从而明显地提升性能。由于高效的处理速率和确定性的响应时间，使 CPU 的运行时间大为缩短。

除基本型 CPU 412-1 外，所有 CPU 都有一个组合的编程和 PROFIBUS DP 接口。这就是说，它们在任何时间都可以被 OP 或编程器/工控机所访问或与各种控制器联网。该接口也可以连接分布式 PROFIBUS DP 设备，这意味着，CPU 能直接与分布式 I/O 一起执行。

高端 CPU 还有空余的插槽，用于安装 PROFIBUS DP 接口模块，以便连接到附加的 DP 线路。另外，各级 CPU 之间的区别还在于性能范围，例如 RAM 容量、地址范围、可以连接的模块数量以及指令处理时间等。

**1. 多 CPU 处理**

多 CPU，即在 1 台 S7-400 中央控制器中运行多于一个的 CPU，这对于用户来说，能带来一系列的利益。在多 CPU 模式下，所有 CPU 如同一个 CPU 那样联合运行，也就是说，如有一个 CPU 为 STOP(停机)模式，则所有其他 CPU 也同时停机。同步调用可以使每一条指令在运行时，多个 CPU 能彼此协调动作。同时，通过"全局数据"机制，CPU 之间的数据传输能以非常高的速率进行。

- 多 CPU 意味着 S7-400 的整体性能可以被分解。例如，控制、计算或通信可以分离并分配给不同的 CPU，每个 CPU 可赋予其本地的 I/O。
- 多 CPU 可使不同的功能彼此分工运行。例如，一个 CPU 可完成实时处理功能，而另一个 CPU 完成非实时处理功能。

**2. 诊断功能**

CPU 的智能诊断系统可连续监测系统和过程的功能性，记录错误和特定系统事件(CPU "黑匣子")。

诊断功能可确定模块的信号记录(对于数字量模块)或模拟处理(对于模拟量模块)功能是否正常。如果出现诊断报文事件(例如编码器掉电)，模块将触发一个诊断中断。然后，CPU 中断用户程序的执行，执行相应的诊断中断块。

过程中断意味着过程信号可以被监视，并可对信号变化触发响应。

**3. 技术参数**

S7-400 CPU 主要有 CPU 412-1、CPU 412-2、CPU 414-2、CPU 414-3、CPU 416-2、CPU 416-3、CPU 417-4 等型号，每种型号的 CPU 都有新型和老型之分，具体技术规格如表 2.11 所列。

## 第2章 S7-300/400硬件结构

**表2.11  S7-400 CPU技术规格**

| 分类 | 项目 | CPU 412-1 老型 | CPU 412-1 新型 | CPU 412-2 老型 | CPU 412-2 新型 | CPU 414-2 老型 | CPU 414-2 新型 | CPU 414-3 老型 | CPU 414-3 新型 | CPU 416-2 老型 | CPU 416-2 新型 | CPU 416-3 老型 | CPU 416-3 新型 | CPU 417-4 老型 | CPU 417-4 新型 |
|---|---|---|---|---|---|---|---|---|---|---|---|---|---|---|---|
| 主存储器 | 集成 | 96 KB | 144 KB | 144 KB | 256 KB | 256 KB | 512 KB | 768 KB | 1.4 MB | 1.6 MB | 2.8 MB | 3.2 MB | 5.6 MB | 4 MB | 20 MB |
| | 指令 | 32 KB | 48 KB | 32 KB | 84 KB | 84 KB | 170 KB | 256 KB | 470 KB | 530 KB | 930 KB | 1065 KB | 1.9 MB | 1335 KB | 6.7 MB |
| | 用于程序 | 48 KB | 72 KB | 72 KB | 128 KB | 128 KB | 256 KB | 384 KB | 700 KB | 0.8 MB | 1.4 MB | 1.6 MB | 2.8 MB | 2 MB | 10 MB |
| | 用于数据 | 48 KB | 72 KB | 72 KB | 128 KB | 128 KB | 256 KB | 384 KB | 700 KB | 0.8 MB | 1.4 MB | 1.6 MB | 2.8 MB | 2 MB | 10 MB |
| 装载存储器 | 集成 | 256 KB RAM | | | | | | | | | | | | | |
| | 可扩展到/MB | 64 | | | | | | | | | | | | | |
| 块数量 | FC | 256 | 256 | 256 | 256 | 2048 | 2048 | 2048 | 2048 | 2048 | 2048 | 2048 | 2048 | 6144 | 6144 |
| | FB | 256 | 256 | 256 | 256 | 2048 | 2048 | 2048 | 2048 | 2048 | 2048 | 2048 | 2048 | 6144 | 6144 |
| | DB | 511(DB 0 保留) | 511(DB 0 保留) | 511(DB 0 保留) | 511(DB 0 保留) | 4095(DB 0 保留) | 4095(DB 0 保留) | 4095(DB 0 保留) | 4095(DB 0 保留) | 4095(DB 0 保留) | 4095(DB 0 保留) | 4095(DB 0 保留) | 4095(DB 0 保留) | 8191 | 8191 |
| 程序执行 | 自由循环 | 1 | 1 | 1 | 1 | 1 | 1 | 1 | 1 | 1 | 1 | 1 | 1 | 1 | 1 |
| | 定时中断 | 2 | 2 | 2 | 2 | 4 | 4 | 4 | 4 | 8 | 8 | 8 | 8 | 8 | 8 |
| | 延时中断 | 2 | 2 | 2 | 2 | 4 | 4 | 4 | 4 | 8 | 8 | 8 | 8 | 8 | 8 |
| | 时间中断 | 2 | 2 | 2 | 2 | 4 | 4 | 4 | 4 | 9 | 9 | 9 | 9 | 9 | 9 |
| | 过程中断 | 2 | 2 | 2 | 2 | 4 | 4 | 4 | 4 | 8 | 8 | 8 | 8 | 8 | 8 |
| | 多CPU中断 | 1 | 1 | 1 | 1 | 1 | 1 | 1 | 1 | 1 | 1 | 1 | 1 | 1 | 1 |
| | 启动 | 3 | 3 | 3 | 3 | 3 | 3 | 3 | 3 | 3 | 3 | 3 | 3 | 3 | 3 |
| 位存储器 定时器 计数器 | 位存储器/KB | 4 | 4 | 4 | 4 | 8 | 8 | 8 | 8 | 16 | 16 | 16 | 16 | 16 | 16 |
| | S7定时器/S7计数器 | 256/256 | 2048/2048 | 256/256 | 2048/2048 | 256/256 | 2048/2048 | 256/256 | 2048/2048 | 512/512 | 2048/2048 | 512/512 | 2048/2048 | 512/512 | 2048/2048 |
| | IEC定时器/IEC计数器 | SFB/SFB | | | | | | | | | | | | | |
| 设计 | 扩展单元的数量 | 21 | | | | | | | | | | | | | |
| | 通过CP的DP主站数 | 最多10个 | | | | | | | | | | | | | |
| | FM的数量 | 受插槽数量和接口数量的限制 | | | | | | | | | | | | | |
| | CP的数量 | 受插槽数量和接口数量的限制 | | | | | | | | | | | | | |
| MPI/DP接口 | 站的数量 | 16 | 16 | 16 | 16 | 32 | 32 | 32 | 32 | 64 | 64 | 64 | 64 | 64 | 64 |
| | 传输速率 | 最大 12 Mbps | | | | | | | | | | | | | |

续表 2.11

| CPU 型号 | | CPU 412-1 | | CPU 412-2 | | CPU 414-2 | | CPU 414-3 | | CPU 416-2 | | CPU 416-3 | | CPU 417-4 | |
|---|---|---|---|---|---|---|---|---|---|---|---|---|---|---|---|
| | | 老型 | 新型 | 老型 | 新型 | 老型 | 新型 | 老型 | 新型 | 老型 | 新型 | 老型 | 新型 | 老型 | 新型 |
| DP 接口 | 站的数量 | 32 | | 32+64 | | 32+96 | | 32+2×96 | | 32+125 | | 32+2×125 | | 32+3×125 | |
| | 传输速率/Mbps | 最大 12 | | 最大 12 | | 最大 12 | | 最大 12 | | 最大 12 | | 最大 12 | | 最大 12 | |
| | 供插入的接口模块 | — | | — | | — | | 1 xDP | | — | | 1 xDP | | 1 xDP | |
| 地址范围 | 所有 I/O 地址区 | 4 KB/4 KB | | | | 8 KB/8 KB | | | | 16 KB/16 KB | | | | | |
| | I/O 过程映像 | 4 KB/4 KB | | | | 8 KB/8 KB | | | | 16 KB/16 KB | | | | | |
| | 所有数字量通道 | 32 768/32 768 | | | | 65 536/65 536 | | | | 131 072/131 072 | | | | | |
| | 所有模拟量通道 | 2 048/2 048 | | | | 4 096/4 096 | | | | 8 192/8 192 | | | | | |

**4. CPU 模块的方式选择开关**

模式选择开关用于设置 CPU 当前的运行模式,有 4 种工作方式,通过可卸的专用钥匙控制。使用模式选择开关,可以使 CPU 处于 RUN、RUN-P、STOP 或存储器复位状态。当发生故障时,不管模式选择开关位于何处,CPU 将进入或保持 STOP 模式。模式选择开关各状态的功能如下:

(1) RUN-P——可编程运行方式。CPU 扫描用户程序,既可以用编程装置从 CPU 中读出,也可以由编程装置装入 CPU 中。用编程装置可监控程序的运行,在此位置钥匙不能拔出。

(2) RUN——运行方式。如果启动无故障,CPU 进入 RUN 模式,CPU 执行用户程序或空载运行。此时可以访问 I/O,钥匙在此位置可以拔出以确保没有授权的情况下不能改变运行模式。可以用编程装置读出并监控 CPU 中的程序,但不能改变装载存储器中的程序。在 STEP 7/HWconfig 中可以设置保护等级。

(3) STOP——停机方式。CPU 不扫描用户程序,可以通过编程装置从 CPU 中读出,也可以下载程序到 CPU,在此位置可以拔出钥匙。

(4) MRES——钥匙开关的临时触点,不能保持。主要用于 CPU 的主站复位以及冷启动。

**5. 保护等级**

在 CPU 中可以设置保护等级,以防止未经授权访问 CPU 中的程序。可以通过保护等级来决定在未经授权的情况下,用户可以在 CPU 上执行何种功能。在 STEP 7 硬件配置中可以设置 CPU 的保护等级(1~3)。

用模式选择开关进行手动复位,可以删除在 STEP 7 硬件配置中设置的 CPU 的保护等级;也可以用模式选择开关设置保护等级 1 和 2。如果用模式选择开关和用 STEP 7 设置的保护等级不同,则使用最高的保护等级。

### 2.4.3 电源模块

电源模块用于对 SIMATIC S7-400 PLC 供电,它将 AC 或 DC 电压转换为 S7-400 所需的 5 V DC 和 24 V DC 工作电压。S7-400 主要有 PS 405 和 PS 407 两种电源模块,每种电源都有输出电流为 4 A、10 A 和 20 A 三种类型可供选择。

PS 405 和 PS 407 电源模块除了通过背板总线向 SIMATIC S7-400 提供 5 V DC 和 24 V DC 电源外,其供电电压可为 85~264 V 的 AC 网络电压和 19.2~300 V 的 DC 电压。每个机架均需要电源模块,除了包含有电源传输的接口,中央控制器中的电源模块也向扩展单元中的所有模块供电;传感器和执行器用的负载电压应单独提供;使用冗余电源时,标准系统和容错系统可作为无故障安全系统运行。

S7-400 的电源模块安装在机架的最左面(从槽位 1 开始),根据配置,它们可占用槽 1~3。电源模块是全封闭的,由自然通风进行冷却。

电源模块的前面板上安装有如下部件:
- 发光二极管,用于指示内部故障,正常的 5 V 和 24 V DC 输出电压以及正常的后备电池电压。
- 一个故障确认按钮。
- 输出电压的通/断开关。
- 一个后备电池部件。
- 一个电池监视开关。
- 一个网络电压选择器开关(不可应用于大范围供电)。
- 供电连接。后备电池是选件,必须单独订货。建议用 2 个电池,提供电流为 10 A。

### 2.4.4 I/O 模块

#### 1. 数字量 I/O 模块

数字量 I/O 模块用于将二进制过程信号连接到 S7-400。通过这些模块,能将数字传感器和执行器连接到 SIMATIC S7-400。数字量 I/O 模块具有如下优点:
- 优化的适配性能。模块能任意组合,因此能根据任务恰如其分地适配输入/输出模块的数量,以避免多余的投资。
- 灵活的过程变量连接。通过各种不同型号、规格的传感器和执行器将 S7-400 连接到过程。

数字量模块的特性各不相同,通过在 STEP 7 中对数字量模块进行参数赋值可以设置模块的特性,赋值时 CPU 必须处于 STOP 状态。当参数设置完毕后,通过编程器向 CPU 下载。当 CPU 从 STOP 模式转换到 RUN 模式时,CPU 将设定的参数传送到相应的数字量模块中。

S7-400 中的参数也分为动态参数和静态参数。设置静态参数时,CPU 应处于 STOP 模式。此外,可以通过 SFC 调用动态修改当前用户程序中的参数,当 CPU 从 RUN→STOP 模式或从 STOP→RUN 模式时,STEP 7 中的参数设置将重新应用一次。

S7-400 有多种型号的数字量 I/O 模块供选择。本节主要介绍数字量输入模块 SM421、数字量输出模块 SM422。表 2.12 和表 2.13 列出了这两种数字量输入/输出模块的主要特性。

表 2.12 数字量输入模块 SM421 的特性

| 模块<br>特性 | SM421<br>DC 32×24 V | SM421<br>DC 16×24 V | SM421<br>32×120 V UC | SM421<br>16×120/230 V UC | SM421<br>AC 16×120 V |
|---|---|---|---|---|---|
| 输入端子数 | 32DI,隔离为 32 组 | 16DI,隔离为 8 组 | 32DI,隔离为 8 组 | 16DI,隔离为 4 组 | 16DI,隔离为 1 组 |
| 额定输入电压/V | 24(DC) | 24(DC) | 120(AC/DC) | 120/230(AC/DC) | 120(AC) |
| 可编程诊断 | 不可以 | 可以 | 不可以 | 不可以 | 不可以 |
| 诊断中断 | 不可以 | 可以 | 不可以 | 不可以 | 不可以 |
| 边沿触发硬件中断 | 不可以 | 可以 | 不可以 | 不可以 | 不可以 |
| 输入延迟可调整 | 不可以 | 可以 | 不可以 | 不可以 | 不可以 |
| 替换值输出 | | 可以 | | | |

表 2.13 数字量输出模块 SM422 的特性

| 模块<br>特性 | SM422<br>DC 16×24 V/2 A | SM422<br>DC 32×24 V<br>/0.5 A | SM421<br>AC 8×120/230 V<br>/5 A | SM421<br>AC 16×120<br>/230 V/2 A | SM422<br>AC 16×120 V<br>/2 A |
|---|---|---|---|---|---|
| 输出端子数 | 16DO,隔离为 8 组 | 32DO,隔离为 32 组 | 8DO,隔离为 1 组 | 16DO,隔离为 4 组 | 16DO,隔离为 1 组 |
| 输出电流/A | 2 | 0.5 | 5 | 2 | 2 |
| 额定负载电压/V | 24(DC) | 24(DC) | 120(AC) | 120/230(AC) | 20~120(AC) |
| 可编程诊断 | 不可以 | 不可以 | 不可以 | 不可以 | 可以 |
| 诊断中断 | 不可以 | 不可以 | 不可以 | 不可以 | 可以 |
| 替换值输出 | 不可以 | 不可以 | 不可以 | 不可以 | 可以 |

数字量输入模块。表 2.14 列出了数字量输入模块的主要参数及其设置值。数字量输入模块的参数被赋值后,各模块具有不同的延时时间。对于数字量输入模块,如果在 CR 中,且在 STEP 7 中没有进行参数赋值,则各模块使用默认参数启动,而无需 HWConfig 的支持。

数字量输出模块。表 2.15 列出了数字量输出模块的主要参数及其设置值。对于数字量输出模块,如果在 STEP 7 中没有进行参数赋值,则各模块使用默认参数。

表 2.14 数字量输入模块的参数

| 参 数 | 数字范围 | 默认值 | 参数类型 | 范 围 |
|---|---|---|---|---|
| 使能<br>· 诊断中断*<br>· 硬件中断*<br>· 中断的 CPU | Yes/No<br>Yes/No<br>1～4 | 无<br>无<br>— | 动态<br>动态<br>静态 | 模块<br>模块<br>模块 |
| 诊断<br>· 短线<br>· 无负载电压<br>L+/传感器电源 | Yes/No<br>Yes/No | 无<br>无 | 静态 | 通道 |
| 硬件中断触发<br>· 上升沿<br>· 下降沿 | Yes/No<br>Yes/No | 无<br>无 | 动态 | 通道 |
| 输入延时 | 0.1 ms(DC)<br>0.5 ms(DC)<br>3 ms(DC)<br>20 ms(DC/AC) | 3(DC) | 静态 | 通道 |
| 响应错误 | 替换值(SV)<br>保持前值(KLV) | SV | 动态 | 模块 |
| 替换"1" | Yes/No | 无 | 动态 | 通道 |

\* 如果在 ER-1/ER-2 中使用此模块,则必须将此参数设置为 NO。

表 2.15 数字量输出模块的参数

| 参 数 | 数字范围 | 默认值 | 参数类型 | 范 围 |
|---|---|---|---|---|
| 使能<br>· 诊断中断*<br>· 中断的 CPU | Yes/No<br>1～4 | 无<br>— | 动态<br>静态 | 模块<br>模块 |
| CPU-STOP 的响应 | 替换值(SV)<br>保持前值(KLV) | SV | 动态 | 模块 |
| 诊断<br>· 短线<br>· 无负载电压 L+<br>· 与 M 短路<br>· 与 L+ 短路<br>· 熔断器烧毁 | Yes/No<br>Yes/No<br>Yes/No<br>Yes/No<br>Yes/No | 无<br>无<br>无<br>无<br>无 | 静态 | 通道 |
| 替换"1" | Yes/No | 无 | 动态 | 通道 |

\* 如果在 ER-1/ER-2 中使用此模块,则必须将此参数设置为 NO。

## 2. 模拟量 I/O 模块

模拟量 I/O 模块用于 S7-400 的模拟量输入/输出。通过这些模块,能将模拟量传感器和执行器连接到 SIMATIC S7-400。

S7-400 的模拟量 I/O 模块具有以下优点:

- 优化的适配性能。模块能任意组合,因此能根据任务恰如其分地适配模块数量,以避免不必要的投资。
- 强有力的模拟量技术。不同的输入/输出量程范围和很高的分辨率,因此能连接不同类型的模拟量传感器和执行器。
- 参数设置。模拟量输入模块的参数可以根据需要进行设置。如果不在 STEP 7 中进行参数赋值,则模块参数适用默认值。如果在 ER-1/ER-2 上使用模拟量模块,则参数诊断中断必须设置为"无",因为该机架上无中断线。只有在中央机架上,模拟量模块才能用默认值启动。

S7-400 有多种型号的模拟量 I/O 模块可供选择,本节将主要介绍模拟量输入模块 SM431 和模拟量输出模块 SM432 的性能、参数等内容。用于模拟量功能的 STEP 7 块可以在 STEP 7 中用 FC100~FC111 读取和输出模拟量值。在 STEP 7 标准库可以查到相应的 FC。

表 2.16 和表 2.17 分别列出了模拟量输入/输出模块的最主要特性。

表 2.16 模拟量输入模块 SM431 的特性

| 模块<br>特性 | SM431<br>8×14 位 | SM431<br>8×14 位 | SM431<br>13×16 位 | SM431<br>16×16 位 | SM431<br>8×16 位 |
|---|---|---|---|---|---|
| 输入点数 | 8AI U/I 测量<br>4AI 电阻测量 | 8AI U/I 测量<br>4AI 电阻测量 | 16 点 | 8AI U/I 测量<br>4AI 电阻测量 | 8 点 |
| 分辨率 | 14 位 | 14 位 | 13 位 | 16 位 | 16 位 |
| 测量模拟量 | 电压 电流<br>电阻 温度 | 电压 电流<br>电阻 | 电压<br>电流 | 电压 电流<br>电阻 温度 | 电压 电流<br>温度 |
| 测量原理 | 积分式 | 瞬时编码式 | 积分式 | 积分式 | 积分式 |
| 可编程诊断 | 不可以 | 不可以 | 不可以 | 可以 | 可以 |
| 诊断中断 | 不可以 | 不可以 | 不可以 | 可调整 | 可以 |
| 监视极限值 | 不可以 | 不可以 | 不可以 | 可调整 | 可调整 |
| 周期结束时硬件中断 | 不可以 | 不可以 | 不可以 | 可调整 | 不可以 |

表 2.17 模拟量输出模块 SM432 的特性

| 特 性 | 模块 SM432 8×13位 | 特 性 | 模块 SM432 8×13位 |
| --- | --- | --- | --- |
| 输出点数 | 8点 | 诊断中断 | 无 |
| 分辨率 | 13位 | 替换值输出 | 无 |
| 输出类型 | 电压 电流 | 电动势关系 | 模拟部分与CPU、负载隔离 |
| 可编程诊断 | 无 | 最大允许共模电压 | 通道与通道间对 $M_{ANA}$ 为 DC 3 V |

## 2.4.5 I/O 模块的编址

S7-400 系列 PLC I/O 模块的编址方式与 S7-300 不同,它的输入/输出地址分别按顺序排列。数字 I/O 模块的输入/输出默认首地址是 0,模拟 I/O 模块的输入/输出默认首地址是512。模拟 I/O 模块的输入/输出地址可能占用 32 字节,也可能占用 16 字节,它是由模拟量 I/O 模块的通道数来决定的。图 2.30 是 S7-400 的各种常用 I/O 模块的插槽位置及编址。

| 机架1 | 电源模块 PS407 | I4.0~I7.7 DI32 | Q4.0~Q7.7 DO32 | 544~574 AI16 | 544~558 AO8 | I8.0~I9.7 DI16 | 接口模块 IM461 |
| --- | --- | --- | --- | --- | --- | --- | --- |
| 机架0 | 电源和 CPU模块 | I0.0~I3.7 DI32 | Q0.0~Q0.7 DO32 | 512~542 AI16 | 512~526 AO8 | 528~542 AO8 | 接口模块 IM460 |

图 2.30 S7-400 可编程控制器 I/O 模块插槽位置及编址

## 2.4.6 其他模块

除了上述模块外,S7-400 还经常用到功能模块、通信处理器模块以及用于 SIMATIC S7-400H 的模块和用于 SIMATIC S7-400F/FH 的模块等。本节主要介绍 S7-400 中的主要功能模块。

S7-400 的功能模块主要有:FM450-1 计数器模块、FM451 定位模块、FM453 定位模块、FM455 闭环控制模块、FM458-1 DP 应用模块和 FM458-1 DP 基本模块等。

**1. FM450-1 计数器模块**

FM450-1 计数器模块主要是完成简单计数任务的双通道智能计数模块,它直接连接到增量型编码器,可定义 2 个值的比较功能,当达到比较值时,模块上的数字量输出点输出相应的信号。

FM450-1 计数器模块设计紧凑,有坚固的塑料外壳。前面板上有许多 LED 指示灯,如故障指示(INTF/EXTF)的 LED 指示灯、计数器运行(CR)和计数方向(DIR)LED 指示灯以及用于数字量输入和数字量输出指示的 LED 指示灯。

FM450-1 计数器模块的安装非常简便。安装时,只要将 FM450-1 计数器模块挂在机架上,拧紧螺钉即可。在前连接器上可嵌入一个编码元件。模块用插入的前连接器接线。初次插入前连接器时,应嵌入一个编码元件,这样前连接器便只能插入到有相同类型的模块内。更换模块时,前连接器仍保持完整的接线状态。因此能用于相同类型的新模块。

### 2. FM451 定位模块

FM451 定位模块具有 3 个通道(每通道为 4 数字量输出),主要用于快速移动/爬行物体的速度驱动和调节轴及设置轴的快速定位,可以用于电动机控制(通过接触器或变频器来控制标准电动机)以及增量型或同步序列的位置编码。其应用领域有:包装机械、造纸和印刷机械、起重设备和搬运设备、橡胶和塑料加工机械、木材加工机械等。

### 3. FM453 定位模块

FM453 是智能的 3 通道模块,用于宽范围的各种伺服和/或步进电动机的定位任务,最多能同时控制 3 个彼此独立的电动机。它能完成任何定位控制,从简单的点对点定位到需要快速响应、高精确度和高速度的复杂模型的加工等。它为高时钟脉冲率的机械和多轴机械的定位提供了理想的解决方案。

FM453 可控制最多 3 个独立的伺服和/或步进电动机,例如进给、调节、设置和传送轴(线性和回转轴),可用于机床、印刷机械、造纸机械、纺织和包装机械、搬运、装载和安装任务的设备。

### 4. FM455 闭环控制模块

FM455 闭环控制模块可以适用于各种通用闭环控制任务。如用于温度控制、压力控制、液位控制和流量控制等。具有友好的用户界面,预编程的控制器结构和在线自优化的温度控制。

FM455 有 2 种类型:FM455C 和 FM455S。FM455C 为连续控制器,具有 16 路模拟量输出;FM455S 为步进控制器或脉冲控制器,具有 32 路数字量输出,主要用于控制电动机驱动(集成)的执行器或二进制控制的执行器(例如带状电加热器和盒状电加热器)。

FM455 闭环控制模块是智能的 16/32 通道模块,能完成范围广泛的闭环控制任务。其主要应用领域为:冷却和供热设备、通用机械工程、食品和饮料工业、玻璃和陶瓷制造业、橡胶和塑料机械、化学和流程工业、木材和造纸工业、工厂建筑以及工业锅炉控制等。

### 5. FM458-1 DP 应用模块

FM458-1 DP 集成在 SIMATIC S7-400 中,是高性能的,为在 SIMATIC S7-400 中自由组态闭环控制任务而专门设计的模块,内含 PROFIBUS DP 接口。FM458-1 DP 是西门子公司将15年来高性能闭环控制系统的经验和SIMATIC高技术有机结合的结晶,与其他静态结构和功能的功能模块相比,FM458-1 DP可满足各种应用要求。

FM458-1 DP可根据需要设置为开环控制、闭环控制和运动控制,这样可以在复杂的应用中显著地提高灵活性。

STEP 7中包含约300个与FM458-1 DP相配套的功能块的库函数,例如从诸如AND、ADD和OR等简单的功能到复杂的GMC（General Motion Control）控制的功能块。有SIMATIC Engineering Tool CFC（连续功能图）友好的图形化组态软件,可以用编译器对程序代码的生成进行优化,所以不需要SCL。

**6. FM458-1 DP基本模块**

FM458-1 DP基本模块可以执行计算、开环控制和闭环控制任务,PROFIBUS DP接口可以连接到分布式I/O和驱动系统,通过扩展模块可以对I/O和通信进行模块化扩展。

## 2.5  ET200分布式I/O

在组建一个自动化系统时,通常需要将过程的输入和输出集成到该自动化系统中。如果输入和输出远离可编程控制器,将需要铺设很长的电缆,从而不易实现,并且可能因为电磁干扰而降低可靠性。SIMATIC ET200分布式I/O设备便是这类系统的理想解决方案。无论控制系统多么复杂,SIMATIC ET200分布式I/O永远是正确的选择。它基于开放式PROFIBUS总线,可实现从现场信号到控制室的数据通信。ET200可以给用户带来许多好处:降低接线成本,提高数据安全性,增加系统灵活性等。

西门子公司的SIMATIC ET200系列分布式I/O系统能够快速、方便地与PROFIBUS-DP相连接,针对不同的现场环境和电气要求,提供了多种型号的ET200装置:多功能模块化的,防护等级为IP65/IP66/IP67的ET200pro,它包括数字量模拟量输入/输出,电动机启动器,变频模块等；模块化设计,高防护等级,可直接安装于工业现场,无需控制柜,IP65防护等级的ET200X；小巧、紧凑、价格低廉的ET200L；模块化设计,方便安装于控制柜,与SIMATIC S7-300 I/O模块及功能模块兼容的通用、智能化的ET200M；模块化的、本质安全的可以用于易爆区域（安装于危险1区的远程I/O）的ET200isp；符合现代总线技术与传统机柜安装的,包括数字量输入/输出模块,模拟量输入/输出模块,智能模块（例如计数器SSI模块）,负载馈电器（可通信）等的ET200S/ET200S compact；扁平、紧凑型的ET200B。

SIMATIC ET200的部件远远不止是I/O模块。通过ET200 I/O系统,可以获得分布式智能气动系统、电动机驱动器、变频器、安全技术等一系列已集成在ET200内的功能。

**1. ET200pro**

SIAMTIC ET200pro是一个高性能、小型化的多功能、分布式I/O模块,其防护等级遵循

IEC IP65/67 标准。通过其模块化结构，可根据需要实现灵活或定制的 I/O 分布式解决方案，在现场不需要使用控制柜，可直接安装在设备上。它的结构主要由连接模块、接口模块、I/O 连接模块、电子模块、扩展模块等组成。其外形结构如图 2.31 所示。

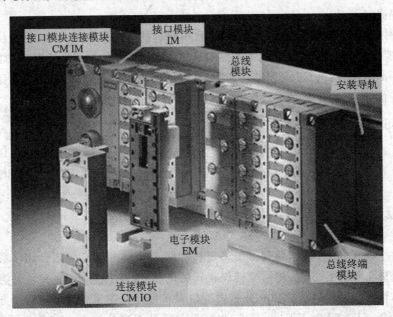

图 2.31 ET200pro 外形结构图

ET200pro 主要由以下部分组成：接口模块 IM(IM 154-1 DP / IM 154-2 DP HF)以及相匹配的连接模块 CM(CM IM DP direct/CM IM DP ECOFAST Cu/CM IM DP M12)；数字量扩展模块 EM(EM 8DI DC 24 V/EM 8DI DC 24 V HF/EM 4DO 2.0 A/EM 4DO 2.0 A HF)以及相匹配的连接模块 CM (CM IO 4xM12/CM IO 8xM12)，模拟量扩展模块 EM(EM 4AI-U HF / EM 4AI-I HF/EM 4AO-U HF/EM 4AO-I HF/EM 4AI-RTD HF)以及相匹配的连接模块 CM(CM IO 4xM12)；电源管理模块 PM-E 以及相匹配的连接模块 CM (Direct Connect/EcoFast/Push-Pull/M12,7/8″)；另外还有电动机启动器/故障安全型模块/变频模块/启动模块；导轨、装配电缆、PROFIBUS 或 ECOFAST 系统终端电阻、现场装配插头等附件。

ET200pro 的特点如下：

① 具有模块诊断功能，可以检查编码器电源、输出短路故障和断线故障，从而大大提高系统工作的可靠性。

② 诊断报警通过 PROFIBUS 总线以普通文本的形式发送到上位机，以达到系统故障诊断和报警处理的目的。

③ 具有热插拔功能，可在设备带电的正常运行过程中更换模块。因此，在发生故障时站

点也会保持正常工作。

④ 8通道电子模块可根据需要最大扩展至16个模块,128点,长度可达1m。这样就可以将大量不同类型的传感器和执行器连接到模块上,无需再使用Y型连接器等附件,大大减少接线的数量。

ET200pro主要应用领域有:高防护要求领域、汽车、机床、搬运系统、食品、饮料、冷藏库房以及其他不需要控制柜的场合。

### 2. ET200isp

SIMATIC ET200isp是一种可在具有气体或粉尘爆炸危险环境中使用的本质安全型分布式I/O模块。该模块由安全栅(Exd-safe)、接口模块、电子模块、本安连接端子等组成,图2.32为完整的ET200isp冗余配置图。

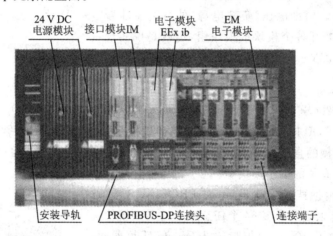

图 2.32 ET200isp 分布式 I/O 模块

ET200isp可安装在Zone 1-21和2-22中,其所连接的传感器和执行器可位于Zone 0-20中。其特点如下:

① 现场设备与过程控制系统之间的通信是通过PROFIBUS-DP完成,大大降低了接线成本,并省去了通常所用的配电盘和防爆隔离变压器。在系统运行可靠性方面可实现整体冗余配置或分别冗余配置,并具有热插拔功能。

② 在正常运行过程中可随时根据需要添加站点,从而对各站点进行扩展,并能在线修改参数配置。

③ ET200isp遵循HART协议规范,用于连接具有HART功能的过程设备,如温度、罐装液位或流速测量的仪表等。

④ 具有强大的诊断功能,在发生内部和外部故障时会生成相应的诊断信息,并将故障信息发送到上位机控制系统。

### 3. ET200X

ET200X(见图2.33)是一种分布式 I/O 单个组件,设计的保护等级为 IP65/IP67。它主要由以下选件组成:输入/输出模块、AS-i 接口主设备、用于任何类型三相交流负载的负载馈电器、气动模块接口、用于信号处理有可编程控制器功能的模块、SITOP 功率电流源(任选)等。

ET200X 采用模块化设计,整个系统的插入式连接和使用气动技术,结构坚固,具有很高的防护等级,能快速和最佳地适配机器的控制功能,特别适宜在机械制造环境中应用。通过交换和组合不同的基本和扩展模块,设备的安装时间也可显著缩短。另外,由于 PROFIBUS-DP 的数据传输速率最大为 12 Mbps,所以 ET200X 也适宜于实时性要求较强的场合。辅助电压(负载电源)的分离意味着 ET200X 可以单独断开各个模块或模块组,也就是说实现交错的 EMERGENCY-STOP(紧急停止)程序非常简便。

图 2.33 ET200X

### 4. ET200S

SIMATIC ET200S(见图2.34)是一种分布式 I/O,保护等级为 IP20。它由以下部分组成:与 PROFIBUS-DP 连接的接口模块、数字和模拟量输入/输出模块、智能模块(例如 SSI 模块)、用于电子机械的直接和可逆启动器的负载馈电器(可通信)、用于检测器和负载电流的馈送电源模块以及有关的端子模块等。

ET200S 采用离散式模块化设计,在 PROFIBUS 接口模块 IM151 之后可以插入最多 64 个任意组合的 I/O 模块,其中包括开关量输入/输出、模拟量输入/输出、计数器模块、SSI 编码器模块、步进电动机控制模块、脉冲输出模块、串行通信模块等,最大可处理 128 字节的输入和输出数据并且没有槽位限制,这使得将来系统扩展和改造变得相当方便。背板总线采用了先进的传输技术,确保 PROFIBUS-DP 达到 12 Mbps 的传输速率。

图 2.34 ET200S

ET200S 另外一个独到之处就是集成了负载馈电器(或称为电动机启动器)。5.5 kW 以下(电压 500 V)不需变频的电动机都可以用 ET200S 的负载馈电器直接控制,高度集成的 SIRIUS 3R 器件和负载馈电母线使系统接线工作量比传统的控制方式节省了 80%。

品种规格齐全的模块和组态,安装及编程的一致性使 ET200S 成为应用广泛深入的通用分布式 I/O 系统。灵活的模块化结构能快速、最优化地适应系统的要求,即使在频繁要求改变的场合,通过交换和组合各种 I/O 模块,可显著地缩短设备的安装时间和降低系统费用。由于 PROFIBUS-DP 高达 12 Mbps 的数据传输率和高性能的内部数据传送机制,使 ET200S

十分适合对实时性要求较高的应用。SIGUARD 安全技术的集成意味着 ET200S 也非常适宜于安全应用领域。

**5. ET200M**

ET200M 是高密度配置的模块化 I/O 站,保护等级为 IP20。它可用 S7-300 可编程控制器的信号以及功能和通信模块扩展。由于模块的种类众多,ET200M 尤其适用于复杂的自动化任务。可插入模拟量 HART 的输入和输出模块意味着 ET200M 特别适用于过程控制应用,也适合与冗余系统一起使用。ET200M 是在 PROFIBUS-DP 上的被动站(从站),最大数据传输速率为 12 Mbps,ET200M 也可以在运行过程中,在有电源情况下配置 S7-300 I/O 模块的有源总线模块而不影响其余模块的运行。

ET200M 主要由以下部分组成:用于与 PROFIBUS-DP 现场总线连接的 IM153 接口、用总线连接器连接或插入在有源总线模块内的各种 I/O 模块、系统运行时可更换的模块电源(如有必要)、S7-300 自动化单元的所有 I/O 模块(功能和通信模块只用于 SIMATIC S7/M7 主设备)、HART 模块等。

其特点是:最多可扩展 8 个 I/O 模块,每个 ET200M 的最大地址空间为 128 字节输入和 128 字节输出,PROFIBUS-DP 和 ET200M 之间具有电气隔离,保护等级为 IP20,诊断数据的集中和分布的分析,可运行 2 种型式的 ET200M,在运行过程中能更换有源总线模块。

**6. ET200L**

ET200L 是一种小型紧凑的 I/O 站,主要由一块端子模块和一个电子模块组成,安装深度浅,保护等级为 IP20。ET200L 主要用于要求较少输入/输出点数或只有小安装空间的场合。ET200L 是连接到 PROFIBUS-DP 现场总线的被动站(从站)。其特点是:可提供多种电子模块,如数字量输入模块、数字量输出模块及混合模块,集成的 PROFIBUS-DP 接口,最大数据传输速率为 1.5 Mbps,PROFIBUS-DP 和 ET200L 内部电子线路之间采用电气隔离,诊断数据的集成和分布式分析等。

ET200L 的端子模块可以安装在标准导轨上,主要用于电子模块的接线,电子模块可直接安装在端子模块上。ET200L 提供 16 点和 32 点两种端子模块,且每种端子模块都有螺钉型端子和弹簧型端子两种。

ET200L 电子模块包含数字量输入模块、数字量输出模块和数字量输入/输出模块。用于 24 V 直流的数字量模块主要有 16 点数字量输入模块、16 点数字量输出模块、32 点数字量输入模块、32 点数字量输出模块以及 16 点数字量输入/16 点数字量输出混合模块;用于交流的数字量模块主要有 16 点数字量输入模块、16 点数字量输出模块以及 8 点数字量输入/8 点数字量输出混合模块。

# 第2章 S7-300/400 硬件结构

## 【本章小结】

SIMATIC S7-300/400 系列 PLC 是基于模块化设计的中型和大型 PLC,具有各种性能的 CPU、信号模块、功能模块和通信模块,适用于中高等性能要求的控制任务。

1. S7-300/400 系列 PLC 采用背板总线结构,将总线集成在每个模块上,所有的模块通过总线连接器进行级联扩展,使得结构简单。

2. S7-300/400 具有多种性能的 CPU 模块,用户可以根据控制任务的要求进行选择。

3. S7-300/400 具有多种规格的信号模块,可充分满足对现场输入/输出信号的采集和处理。

4. S7-300/400 具有多种功能模块,以适应各种特殊控制任务的需要。

5. S7-300/400 具有非常强的组网和通信能力,可根据需要选择相应的通信模块组成各种分布式控制系统。

6. ET200 分布式 I/O 基于开放式 PROFIBUS 总线,可实现从现场信号到控制室的数据通信。ET200 可以给用户带来许多好处:降低接线成本,提高数据安全性,增加系统灵活性等。

7. ET200 分布式 I/O 能够快速、方便地与 PROFIBUS-DP 相连接。针对不同的现场环境和电气要求,西门子提供了多种型号的 ET200 装置。

## 【复习思考题】

1. S7-300 系列 PLC 主要由哪几类模块构成?

2. 一个控制系统需要 15 点数字量输入、24 点数字量输出、10 点模拟量输入和 3 点模拟量输出,如果选用 S7-300 PLC,试选择合适的输入/输出模块,并分配 I/O 地址。

3. S7-300 数字量输入模块根据输入方式不同分为哪几类?输出模块根据负载回路电源不同又分为哪几类?

4. SIMATIC S7-300 模拟量输入模块 SM331 的量程和测量范围如何选择?

5. 请填写以下配置的 SIMATIC S7-300 可编程控制器的 I/O 地址。

| 电源<br>PS307 | CPU<br>315-2DP | 模拟输入模块<br>8×(±10 V) | 模拟输出模块<br>8×(±10 V) | 数字输入模块<br>DC 16×24 V | 数字输出模块<br>DC 32×24 V | 数字输出模块<br>DC 16×24 V |
|---|---|---|---|---|---|---|

6. S7-400 系列 PLC 主要由哪几类模块构成?各模块主要功能是什么?

7. 简要说明 SIMATIC S7-300 与 S7-400 可编程控制器数字量输入/输出模块的主要功能。

8. SIMATIC S7-300 与 S7-400 的 I/O 编址方式有什么异同点?

9. ET200 分布式 I/O 主要有哪些类型?各自特点是什么?各种不同的 ET200 主要应用于哪些场合?

# 第 3 章

# S7-300/400 的编程语言与指令系统

**主要内容：**
- S7-300/400 的编程语言及梯形图编程规则
- S7-300/400 的存储器、数据类型、操作数及寻址方式
- 位逻辑指令及应用
- 定时器与计数器指令及应用
- 数据处理功能指令
- 数学运算指令
- 逻辑控制指令、主控继电器指令及程序控制指令

**重点和难点：**
- S7-300/400 的梯形图编程规则
- S7-300/400 的存储器、数据类型、操作数及寻址方式
- 位逻辑指令及应用
- 定时器与计数器指令及应用
- 数据装入与传送指令

## 3.1 S7-300/400 的编程语言

### 3.1.1 PLC 的编程语言

可编程序控制器是按照用户的控制要求来进行工作的。程序的编制就是用一定的编程语言对一个控制任务进行描述。PLC 中的程序由操作系统和用户程序两部分组成。操作系统由生产厂家提供，它支持用户程序的运行；用户程序是用户为完成特定的控制任务而编写的应用程序。要开发应用程序，就要用到 PLC 的编程语言。尽管国内外 PLC 生产厂家采用的编程语言不尽相同，但程序的表达方式基本有以下几种：梯形图、语句表、逻辑功能图和高级语言。绝大部分 PLC 都采用梯形图和语句表编程。

梯形图在形式上类似于继电器控制电路，它是一种图形语言。它沿用了传统的继电器接

触器控制中的继电器触点、线圈、串并联等术语和图形符号,并且还增加了许多功能强大而又使用灵活的指令符号。梯形图具有直观易懂的特点,适合数字量逻辑控制以及对继电器-接触器控制系统比较熟悉的人员使用,是PLC最通用的编程语言之一。梯形图程序举例如图3.1所示。

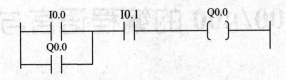

图 3.1 梯形图程序

语句表类似微机中的汇编语言,是由多条语句组成一个程序段,尽管它不如梯形图形象直观,程序的输入和修改也不如其他图形方式简单,但是功能最强大。在运行时间和要求的存储空间上功能最优,尤其在数学运算和通信设计方面更为合适。图3.1所示的梯形图的功能在语句表中实现,形式如下:

```
A(
O    I0.0
O    Q0.0
)
A    I0.1
=    Q0.0
```

功能块图类似布尔代数的图形逻辑符号,熟悉数字电路的人非常适合。实现如图3.1所示功能的功能块图程序如图3.2所示。

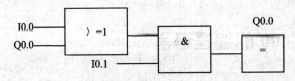

图 3.2 功能块图程序

总之,梯形图、语句表、功能块图具备完整的指令系统,支持结构化编程方法。编程时3种语言可以随意选择。这主要看个人的工作需要及擅长的方法。

### 3.1.2 S7-300/400 的编程语言

STEP 7 是西门子公司 S7-300/400 系列 PLC 的编程软件。在 STEP 7 软件包中配备了 3 种基本编程语言:梯形图(LAD)、语句表(STL)和功能块图(FBD)。当然3种语言各有其特点。对于初学者,梯形图和功能块图相对较容易些。而语句表则功能强大,更符合编程思路,可以实现某些复杂的功能,如间接寻址、压栈、出栈等,这些是功能图和梯形图无法实现的。3种编程语言在 STEP 7 中有近 90% 以上的语句可以互相转换。

STEP 7 中除了 3 种基本的编程语言可供使用外,还有一些更高级的编程语言,如顺序功能图(S7 Graph)、结构文本(ST)、S7 HiGraph 编程语言、S7 CFC 编程语言等。其中,顺序功能图用于编制顺序控制程序。在这种语言中,工艺流程可划分为若干个顺序步骤,用户可以非常清晰地表达其顺序控制过程。而另一种编程语言 S7 HiGraph 的编程思路同样可以借鉴。这种语言使用状态图来描述异步、非顺序过程。状态图将系统划分为几个单元,每个单元有不同的状态,而不同的状态在满足一定转换条件下可以互相转换。在以后的章节中我们将介绍S7 Graph 这种编程语言。就像画流程图一样,便于与合作者交流编程思想。以上几种编程语言,用户可以选择一种语言编程,如果需要,也可混合使用几种语言编程。这些编程语言都是面向用户的,它使控制程序的编程工作大大简化,用户程序开发、输入、调试和修改非常方便。

STEP 7 标准软件支持梯形图(LAD)、语句表(STL)和功能块图(FBD)这 3 种编程语言的互相转换。需要说明的是:梯形图和功能块图都可以转换为语句表,但语句表却不一定能转换成梯形图和功能块图,梯形图和功能块图也不是一一对应的。

### 3.1.3 梯形图的编程规则

PLC 梯形图编程应遵循以下几种基本原则:

① 梯形图按自上而下、自左向右的顺序排列,每个继电器为一个逻辑行,即一层阶梯。每一逻辑行起于左母线,然后是接点的各种连接,最后终于继电器线圈和右母线相连,右母线可以不画出。梯形图中的继电器线圈是广义的,包括输出继电器、计数器、定时器、寄存器等。

② 输入/输出继电器、内部继电器、定时器、计数器等器件的触点可以重复使用,无须用复杂的程序结构来减少触点的使用次数。

③ 输出不能与左母线直接相连。如果需要,可以通过一个没有使用的中间继电器的常闭触点来连接。梯形图示例如图 3.3 所示。

图 3.3 梯形图示例

④ 同一编号的线圈应尽量避免重复使用,以免引起误操作。STEP 7 允许重复编程,为后置优先。即程序必须符合从左到右、从上到下顺序执行原则。

⑤ 2 个或 2 个以上的线圈可以并联输出,如图 3.4 所示。

⑥ 为节省程序内存空间,编程时通常将串联触点较多的电路编在梯形图上方。电路安排不当程序和电路安排得当的程序分别如图 3.5 和图 3.6 所示。

⑦ 桥式电路编程。图 3.7 的桥式电路不能直接编程,必须把它分解为 2 个电路进行编程。图 3.7 的桥式电路,应按图 3.8 进行编程。

# 第3章 S7-300/400 的编程语言与指令系统

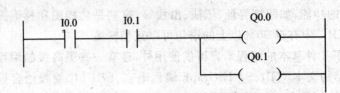

图 3.4 线圈的并联输出

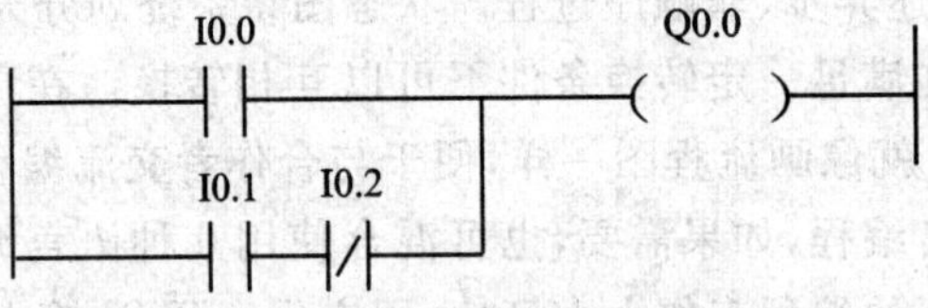

图 3.5 电路安排不当的程序

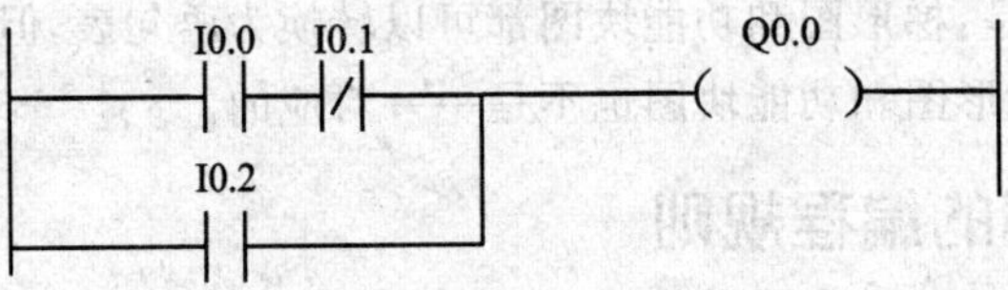

图 3.6 电路安排得当的程序

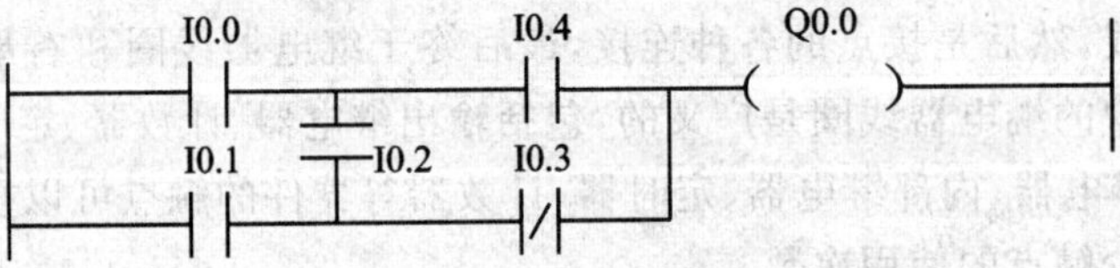

图 3.7 不能直接编程桥式电路

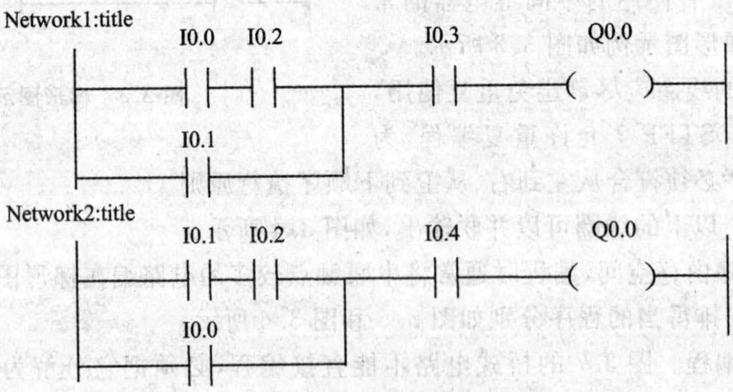

图 3.8 桥式电路程序

## 3.2 S7-300/400 编程基础

### 3.2.1 S7-300/400 的编程元件

S7-300/400 系列 PLC 内部有许多编程元件。编程元件通常指的是硬件，是 PLC 内部具有一定功能的器件的总称，这些器件是由电子电路和寄存器及存储单元等组成的。例如，输入继电器是由输入电路和输入映像寄存器构成，输出继电器是由输出电路和输出存储映像寄存器构成，定时器和计数器等也都是由特定功能的寄存器构成。为了把这种继电器与传统电气控制电路中的继电器区别开来，有时也称之为软继电器。

编程时，程序员只需要掌握各种编程元件的功能和使用方法。在 S7-300/400 系列 PLC 中，各种编程元件按功能命名（如定时器为 T、计数器为 C、输入继电器为 I、输出继电器为 Q 等），并将 PLC 的整个存储器划分为若干个存储区域，每种编程元件对应一块存储区域，区域大小与 PLC 的种类及型号有关。在同一个存储区域内，同种元件又按一定的顺序进行编号，称为元件的地址，其实质就是区内编号。因此，区域编号和区内地址就可以确定某一元件在总存储器中的地址。每个不同种类的元件占用存储区的大小可能相同，也可能不同，但同类元件占用相同大小的存储区。

S7-300/400 的存储区划分及每块存储区的功能如表 3.1 所列，其中所述的最大地址范围是由 CPU 的型号和硬件配置来决定，而表中所给出的地址范围是一般的规定。

表 3.1 存储区及功能

| 存储区域 | 区域功能 | 访问区域单位 | 标识符 | 最大地址范围 |
|---|---|---|---|---|
| 输入过程映像存储区(I) | 在循环扫描开始时，从过程中读取输入信号至过程映像存储区 | 输入位<br>输入字节<br>输入字<br>输入双字 | I<br>IB<br>IW<br>ID | 0~65535.7<br>0~65535<br>0~65534<br>0~65532 |
| 输出过程映像存储区(Q) | 在循环扫描期间，将过程映像存储区中的输出值传至输出模块 | 输出位<br>输出字节<br>输出字<br>输出双字 | Q<br>QB<br>QW<br>QD | 0~65535.7<br>0~65535<br>0~65534<br>0~65532 |
| 位存储区(M) | 此存储器用于存储控制逻辑的中间状态 | 存储器位<br>存储器字节<br>存储器字<br>存储器双字 | M<br>MB<br>MW<br>MD | 0~255.7<br>0~255<br>0~254<br>0~252 |

## 第3章　S7-300/400的编程语言与指令系统

续表 3.1

| 存储区域 | 区域功能 | 访问区域单位 | 标识符 | 最大地址范围 |
|---|---|---|---|---|
| 外部输入(PI) 外部输出(PQ) | 用户可通过此区域直接访问输入和输出模块 | 外部输入字节 | PIB | 0～65535 |
| | | 外部输入字 | PIW | 0～65534 |
| | | 外部输入双字 | PID | 0～65532 |
| | | 外部输出字节 | PQB | 0～65535 |
| | | 外部输出字 | PQW | 0～65534 |
| | | 外部输出双字 | PQD | 0～65532 |
| 定时器(T) | 访问此区域可以得到定时剩余时间 | 定时器(T) | T | 0～255 |
| 计数器(C) | 访问此区域可以得到当前计数值 | 计数器(C) | C | 0～255 |
| 数据块(DB) | 用"OPEN DB"打开数据块,用"OPEN DI"打开背景数据块 | 数据位 | DB(I)X | 0～65535.7 |
| | | 数据字节 | DB(I)B | 0～65535 |
| | | 数据字 | DB(I)W | 0～65534 |
| | | 数据双字 | DB(I)D | 0～65532 |
| 本地数据(L) | 此区域存放逻辑块中的临时数据,当逻辑块结束时,数据丢失 | 临时本地数据位 | L | 0～65535.7 |
| | | 临时本地数据字节 | LB | 0～65535 |
| | | 临时本地数据字 | LW | 0～65534 |
| | | 临时本地数据双字 | LD | 0～65532 |

**注意**：与直接访问外设 I/O 相比,访问过程映像表可以保证在一个程序周期内过程映像的状态始终一致。如果在程序执行过程中输入模块外部信号发生变化,则过程映像值直到下一个循环周期才被刷新,这是由 PLC 顺序循环扫描的特点决定的。

### 3.2.2　S7-300/400的数据类型

在 S7-300/400 中主要有 3 种数据类型：基本数据类型、复合数据类型及参数类型。

**1. 基本数据类型**

我们对"操作数"进行的操作,是对变量的绝对地址进行操作。而为了程序的可读性,我们对绝对地址进行加工,对应为符号地址。绝对地址使用的是数字地址,符号地址使用的是所定义的字母名称。它可以是符号表中的全局地址,也可以是块中声明的局部地址。

**1) 变量的绝对地址**

变量的绝对地址是在 STEP 7 中硬件组态时设置的输入、输出地址。这里要区分数字信号和模拟信号的不同。数字信号包含位信息,输入如限位开关、点动开关等数字输入信号,输出如指示灯、交流接触器等数字输出信号。模拟信号包含16位或32位信息,在PLC中以字或双字形式出现。数字信号是以布尔(BOOL)量存储的,而模拟信号则以整数(INT)类型来存储。在STEP 7中,有以下几种基本数字形式:

① 位(bit)。位数据类型 BOOL 量通过一个存储区域标识符、一个字节地址、一个分界点和一个字节位来表示。地址位的上限由 CPU 决定,而字节位范围是 0~7。例如:I1.0 表示输入映像存储区字节地址为 1 的字节的第 0 位,Q16.4 表示输出映像存储区字节地址为 16 的字节的第 4 位。

② 字节(BYTE)。字节数据类型通过存储区域标识符、字节标志"B"和表示绝对地址的一个字节来表示。例如:IB2 表示输入映像存储区字节地址为 2 的字节,QB18 表示输出映像存储区字节地址为 16 的字节。

③ 字(WORD)。一个字数据类型包含两个字节,同样是通过存储区域标识符、字标志"W"和表示绝对地址的字的高字节所在的地址来表示。为了避免地址交叉,字地址一般为 2 的倍数。例如:IW4 表示输入映像存储区地址是 4 的字,包含 IB4 和 IB5 两个字节,其中 IB4 为高字节,IB5 为低字节;QW20 表示输出映像存储区地址是 20 的字,包含 QB20 和 QB21 两个字节,其中 QB20 为高字节,QB21 为低字节。字的取值范围为 W#16#0000~W#16#FFFF。

④ 双字(DWORD)。一个双字数据类型包含 4 个字节,是通过存储区域标识符、双字标志"D"和表示绝对地址的双字的高字节所在的地址来表示。为了避免地址交叉,双字地址一般为 4 的倍数。例如:ID8 表示输入映像存储区地址是 8 的双字,包含 IB8、IB9、IB10、IB11 四个字节,其中 IB8 为双字的最高字节,IB11 为双字的最低字节。双字的取值范围为 D#16#0000_0000~W#16#FFFF_FFFF。

⑤ 16 位整数(INT)。整数是有符号数,在进行数字运算时使用,其应用与计算机中的定义相同,最高位为 0 时为正数,为 1 时为负数。取值范围为 $-2^{15} \sim +2^{15}-1$。

⑥ 32 位整数(DINT)。32 位整数也是有符号数,在进行数字运算时使用,其应用与计算机中的定义相同,最高位为 0 时为正数,为 1 时为负数。取值范围为 $-2^{31} \sim +2^{31}-1$。

⑦ 32 位浮点数(REAL)。定义同计算机中的格式。需注意的是:PLC 输入输出值大多为整数,若用浮点数处理这些数据,需要进行整数和浮点数转换。

图 3.9 是 S7-300/400 中字节、字和双字构成及排列顺序示意图。

**2) 变量的符号地址**

符号地址使用符号来取代绝对地址,可以根据变量的功能定义符号,而且,符号的定义需以字母开头,不能用关键字。根据应用场合,符号分为全局符号和局部符号。需要注意的是,

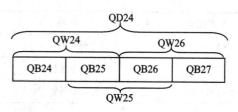

图 3.9 字节、字、双字构成

# 第3章 S7-300/400的编程语言与指令系统

程序中全局符号和绝对地址对应,所以要唯一。在程序中全局符号显示在双引号内。在STEP 7的菜单中,可以选择以符号的形式显示程序,或以绝对地址的形式显示程序。

局部符号。局部符号是归属于功能块的。这些符号的定义只能包含字母、数字和下划线。局部符号只有在定义的块中才有效,同样的符号可以用在不同块中,但意义不同。在程序中局部符号显示在"#"号之后。表3.2为全局符号和局部符号的区别。

表3.2 全局符号和局部符号的区别

| | 全局符号 | 局部符号 |
|---|---|---|
| 有效范围 | 在整个用户程序中有效,可以被所有的块使用,在所有的块中含义是一样的 | 只有定义的块中有效,相同的符号可以在不同的块中用于不同的目的 |
| 允许使用的字符 | 字母、数字及特殊字符<br>除0X00、0XFF及引号以外的强调号<br>如使用特殊字符,则符号须写在引号内 | 字母<br>数字<br>下划线 |
| 使用对象 | 可以为以下各项定义:<br>I/O信号(I、IB、IW、ID、Q、QB、QW、QD)<br>I/Q输入与输出(PI、PQ)<br>存储位(M、MB、MW、MD)<br>定时器(T)/计数器(C)<br>逻辑块(FB、FC、SFB、SFC)<br>数据块(DB)<br>用户定义数据类型(UDT)<br>变量表(VAT) | 可以为以下各项定义:<br>块参数(输入、输出及输入/输出参数)<br>块的静态数据<br>块的临时数据 |
| 定义范围 | 符号表 | 块的变量声明表 |

### 3) 常 数

预先给变量设置一个常数值,根据数据类型不同,常数有不同的前缀。

总之,数据类型规定了数据的特性、允许的范围,决定了以什么方式或格式理解或访问存储区中的数据。基本数据类型有关特性如表3.3所列。

表3.3 S7-300/400的基本数据类型

| 数据类型 | 位数 | 格式 | 取值范围 | 举例 |
|---|---|---|---|---|
| 位(BOOL) | 1 | 布尔量 | TRUE,FALSE | I0.4 |
| 字节(BYTE) | 8 | 8位二进制数 | B#16#00~B#16#FF | B#16#10 |
| 字符(CHAR) | 8 | 8位二进制数 | | 'A' |

续表 3.3

| 数据类型 | 位数 | 格式 | 取值范围 | 举例 |
|---|---|---|---|---|
| 字(WORD) | 16 | 16 位二进制<br>4 位十六进制<br>BCD 码 | B#16#0000～<br>B#16#FFFF | 2#0001-0000-0000-0000<br>W#16#1E00<br>C#24 |
| 双字(DWORD) | 32 | 8 位十六进制或 32 位二进制数 | B#16#00000000～<br>B#16#FFFFFFFF | D#16#00A2-C234 |
| 16 位整数(INT) | 16 | 有符号十进制数,4 位十六进制数或 16 位二进制数,定点数 | −32768～+32767 | −281 |
| 32 位整数(DINT) | 32 | 有符号十进制数,8 位十六进制数或 32 位二进制数,定点数 | −2147483648～<br>+2147483647 | +12476543 |
| 浮点数(REAL) | 32 | IEEE 浮点数,具有小数的十进制数或指数形式表示 | −3143.4576<br>1.234567e+13 | −3143.4576<br>1.234567e+13 |
| 时间(TIME) | 32 | IEC 时间 | T#−24D−0H−31M−23S−647MS～<br>T#24D−20H−31M−23S−647MS | T#0D−1H−1M−5S−647MS |
| 日期(DATE) | 16 | IEC 时间(精度 1 天) | D#1990−01−01～<br>D#2089−12−31 | D#1994−3−15 |
| S5 格式时间(S5TIME) | 16 | S5 时间,10 ms 时基 | S5T#0S～<br>S5T#2H−46M−30S−0MS | S5T#0H−1M−0S−0MS |
| TIME_OF_DAY | 32 | 时间日期 | TOD#00:00:00.000～<br>TOD#23:59:59.999 | TOD#12:45:34.666 |

### 2. 复合数据类型

复合数据类型有以下几种:

① 数组(ARRAY)——将同一类型的数据合成一组,形成一个单元。在数据块中常使用这种类型。

② 结构(STRUCT)——将不同类型的数据合成一组,形成一个单元。

③ 字符串(STRING)——将许多字符(CHAR)组成一维数组,形成字符串。

另外,还有日期和时间类型以及用户自定义类型(UDT)。其中,UDT 类型在 FB 块中常常使用。这几种数据类型后面还要详细讲解。

### 3. 参数类型

参数类型是为逻辑块之间传递形参而设定的。形式如下：

(1) 定时器和计数器(TIMER 和 COUNTER)，如 T3，C21。

(2) 块(BLOCK)，如 FB，FC。

(3) 指针(POINT)，如 P♯M0.0 表示指向 M0.0 的指针。

(4) ANY，用于实参的数据类型。如 P♯DB1.DBX0.0 BYTE 30 表示 DB1 中以 0 地址为起始地址的 30 字节。在数据通信中常常使用。

## 3.2.3 操作数及寻址方式

### 1. 操作数

一般情况下，指令的操作数在 PLC 的存储器中，此时操作数由操作数标识符和参数组成。操作数标识符说明操作数放在存储器的哪个区域及操作数位数，标识参数进一步说明操作数在该存储区域内的具体位置。

操作数标识符由主标识符和辅助标识符组成。主标识符表示操作数所在的存储区，辅助标识符进一步说明操作数的位数长度，若没有辅助标识符则操作数的位数是 1 位。

主标识符有：I(输入过程映像存储区)、Q(输出过程映像存储区)、M(位存储区)、PI(外部输入)、PQ(外部输出)、T(定时器)、C(计数器)、DB(数据块)、L(本地数据)。辅助标识符有：X(位，可以省略)、B(字节)、W(双字节)、D(双字)。

在 STEP 7 中，操作数有两种表示方法：一是物理地址(绝对地址)表示法；二是符号地址表示法。为物理地址定义一个有意义的符号名，可使程序的可读性增强，降低编程时由于笔误而造成的程序错误。

用物理地址表示操作数时，要明确指出操作数所在的存储区，该操作数的位数及具体位置。例如："Q4.0"是用物理地址表示的操作数，其中"Q"表示这是一个在输出过程映像区中的输出位，具体位置是第 4 个字节的第 0 位。

STEP 7 允许用符号地址表示操作数，如"Q4.0"可用符号名"MOTOR-ON"替代表示。符号名必须先定义后使用，定义符号时要指明操作数所在的存储区、操作数的位数、具体位置及数据类型。

### 2. 寻址方式

操作数是指令的操作或运算对象。所谓寻址方式是说指令如何得到操作数的方式，可以直接或间接给出。可用作 STEP 7 指令操作对象的有常数、S7 状态字中的状态位、S7 的各种寄存器、数据块、功能块 FB、FC 等各存储区中的单元。S7 通常使用的寻址方式有 4 种：立即寻址、存储器直接寻址、存储器间接寻址和寄存器间接寻址。

## 1) 立即寻址

立即寻址是对常数或常量的寻址方式,其操作数直接包含在指令中。立即寻址的具体应用如下:

```
SET              //置逻辑操作结果为 1
L   +27          //将整数 27 装入累加器 1 中
L   P#I0.0       //将内部区域指针装入累加器 1 中
```

## 2) 直接寻址

直接寻址是对寄存器和存储器进行的直接寻址方式,它直接给出寄存器或存储器的地址。直接寻址的具体应用如下:

```
A   I0.1         //对输入位 I0.1 进行"与"操作
S   Q0.1         //将输出位 Q0.1 置 1
L   MW4          //将 MW4 值装入累加器 1 中
T   MW10         //把累加器 1 中低字数值传给 MW10
```

## 3) 存储器间接寻址

在存储器间接寻址指令中,给出一个作地址指针的存储器,该存储器的内容是操作数所在存储单元的地址。在循环程序中经常使用存储器间接寻址。

地址指针可以是字或双字,定时器(T)、计数器(C)、数据块(DB)、功能块(FB)和功能(FC)的编号范围小于 65 535,使用字指针就够了,其他地址则要使用双字指针。如果要用双字格式的指针访问一个字节、字或双字存储器,必须保证指针的位编号为 0,例如 P#Q20.0。

存储器间接寻址中双字指针的格式如图 3.10 所示。其中,0~2 位为被寻址地址中的位编号,3~18 位为寻址字节编号。只有 M、L、DB、PI 存储区域的双字才能作地址指针。

| 31        | 24 | 23   | 16 | 15   | 8 | 7    | 0 |
|-----------|----|------|----|------|---|------|---|
| 0000 0000 |    | 0000 0bbb | | bbbb bbbb | | bbbb bxxx | |

图 3.10 存储器间接寻址中双字指针的格式

存储器间接寻址的应用如下:

```
① L  QB[DBD 10]  //将输出字节装入累加器 1,输出字节的地址指针在数据双字
                 //DBD10 中。如果 DBD10 的值为 2#0000 0000 0000 0000 0000
                 //0000 0010 0000,装入的是 QB4
② A  M[LD 4]     //对存储器位作"与"运算,地址指针在数据双字 LD4 中。如果
                 //LD4 的值为 2#0000 0000 0000 0000 0000 0000 0010 0011,则
                 //是对 M4.3 进行操作
③ L  P#8.7       //装载地址(指针值)到累加器中
```

# 第3章 S7-300/400 的编程语言与指令系统

```
T    MD2              //传输地址到 MD2 中
A    I[MD2]           //与输入状态位 I8.7
=    Q[MD2]           //将其值赋给 Q8.7
```

**4) 寄存器间接寻址**

AR1 和 AR2 是 S7 中的两个地址寄存器,它们中的内容作为基址,加上偏移量形成地址指针,指向数值所在的存储单元。

寄存器间接寻址中,双字地址指针的格式如图 3.11 所示。

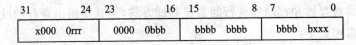

**图 3.11 寄存器间接寻址中双字指针的格式**

其中,第 0~2 位(xxx)为被寻址地址中位的编号(0~7),第 3~18 位为被寻址地址的字节的编号(0~65535),第 24~26 位(rrr)为被寻址地址的区域标识符。常用的区域标识符如 M 区域的为 011,I 区域的为 001,Q 区域的为 010,外设输入/输出 P 的区域标识符为 000。表 3.4 列出了寄存器间接寻址的区域标识符。

**表 3.4 寄存器间接寻址的区域标识符**

| 区域标识符 | 存储区 | 位 26~24 |
|---|---|---|
| P | 外设输入/输出 | 000 |
| I | 输入过程映像 | 001 |
| Q | 输出过程映像 | 010 |
| M | 位存储区 | 011 |
| DBX | 共享数据块 | 100 |
| DIX | 背景数据块 | 101 |
| L | 块的局域数据 | 111 |

S7 中有两种格式的寄存器间接寻址方式,分别是区域内的间接寻址和区域间的间接寻址。与这两种寻址方式相对应,地址指针也有两种格式:第 31 位 x=0 为区域内的间接寻址,第 31 位 x=1 为区域间的间接寻址。

第一种地址指针格式存储区的类型在指令中给出,例如 L   DBB[AR1, P#6.0],在某一存储区内寻址。第 24~26 位(rrr)应为 0。

第二种地址指针格式的第 24~26 位还包含存储区域标识符 rrr,区域间寄存器间接寻址。

如果要用寄存器指针访问一个字节、字或双字,必须保证指针中的位地址编号为 0,如指针常数"#P5.0"对应的二进制数为 2#0000 0000 0000 0000 0000 0000 0010 1000。

下面是区内间接寻址的例子：

```
L    P#5.0              //将间接寻址的指针装入累加器1
L    AR1                //将累加器1中的内容送到地址寄存器1
A    M[AR1,P#2.3]       //AR1中的P#5.0加偏移量P#2.3,实际上是对M7.3进行操作
=    Q[AR1,P#0.2]       //逻辑运算的结果送Q5.2
L    DBW[AR1,P#18.0]    //将DBW23装入累加器1
```

下面是区域间间接寻址的例子：

```
L    P#M6.0             //将存储器位M6.0的双字指针装入累加器1
L    AR1                //将累加器1中的内容送到地址寄存器1
T    W[AR1,P#50.0]      //将累加器1的内容传送到存储器字MW56
```

"P#M6.0"对应的二进制数为 2#1000 0011 0000 0000 0000 0000 00110000。因为地址指针"P#M6.0"中已经包含有区域信息，使用间接寻址的指令"T  W[AR1,P#50]"中没有必要再用地址标识符"M"。

## 3.3 位逻辑指令及应用

位逻辑指令处理2个数字"1"和"0"。这2个数字构成了二进制数字系统的基础。这2个数字"1"和"0"称为二进制数字或二进制位。在触点与线圈领域，"1"表示动作或通电，"0"表示未动作或未通电。

位逻辑指令扫描信号状态1和0，并根据布尔逻辑对它们进行组合。这些组合产生结果1或0，称为"逻辑运算结果(RLO)"。RLO用以赋值、置位、复位布尔操作数，也控制定时器和计数器的运行。

### 3.3.1 位逻辑处理指令

**1. 触点与线圈指令**

在语句表中，用A(AND,与)指令来表示串联的常开触点。用O(OR,或)指令来表示并联的常开触点。触点指令中变量的数据类型为布尔型。常开触点对应的地址位为1状态时，该触点闭合。图3.12中I0.3是常开触点的LAD。

在语句表中，用AN(AND NOT,与非)来表示串联的常闭触点，用ON(OR NOT,或非)来表示并联的常闭触点，触点符号中间的"/"表示常闭。常闭触点对应的地址位为0状态时该触点闭合。图3.12中I0.6是常闭触点的LAD。

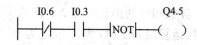

图3.12 触点、线圈与取反指令

## 第3章 S7-300/400 的编程语言与指令系统

输出指令"="将 RLO 写入地址位,输出指令与线圈相对应。驱动线圈的触点电路接通时,有"能流"流过线圈,RLO=1,对应的地址位为 1 状态;反之则 RLO=0,对应的地址位为 0 状态。线圈应放在梯形图的最右边。图 3.12 中 Q4.5 是输出指令(即线圈)的 LAD。

触点指令的操作数是位地址,数据类型可以是 BOOL、TIMER、COUNTER,操作的存储区域为 I、Q、M、T、C、D、L。线圈指令的数据类型是 BOOL 型,操作的存储区域为 I、Q、M、L。

### 2. 触点取反指令

触点取反指令的中间标有"NOT",用来将它左边电路的逻辑运算结果 RLO 取反(见图 3.12),该运算结果若为 1 则变为 0,为 0 则变为 1,该指令没有操作数。图 3.12 中左边的两个触点均闭合时,Q4.5 的线圈断电。

### 3. 电路块的串联和并联指令

电路块的并、串联电路如图 3.13、3.14 所示。触点的串并联指令将单个触点与其他触点电路串并联。逻辑运算时采用先"与"(串联)后"或"(并联)的规则。例如:(I0.0+M3.3) * (M0.0+I0.2)。要想将图 3.13 中由 I0.5 和 I0.2 的触点组成的串联电路与它上面的电路并联,需要在两个串联电路块对应的指令之间使用没有地址的 O 指令。

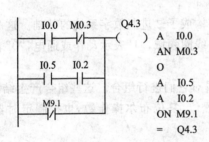

图 3.13 电路块的并联

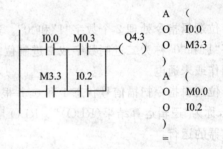

图 3.14 电路块的串联

将电路块串联时,应将需要串联的两个电路块用括号括起来,并在左括号之前使用 A 指令,就像对单独的触点使用 A 指令一样。电路块用括号括起来后,在括号之前还可以使用 AN、O、ON、X 和 XN 指令。

### 4. 异或指令与同或指令

异或指令的助记符为 X。图 3.15 是异或指令的等效电路。图中的 I0.0 和 I0.2 的状态不同时,运算结果 RLO 为 1,反之为 0。

同或指令的助记符为 XN,图 3.16 是同或指令的等效电路。图中的 I0.0 和 I0.2 的状态相同时,运算结果 RLO 为 1,反之为 0。

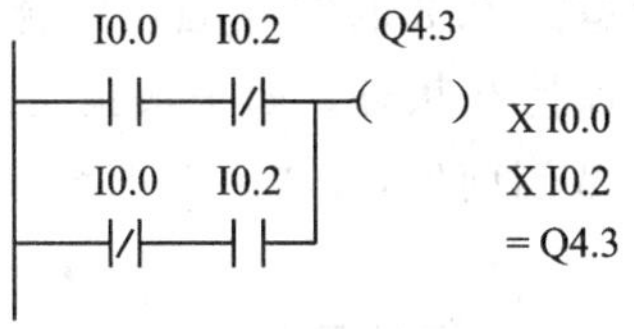

图 3.15 异或指令 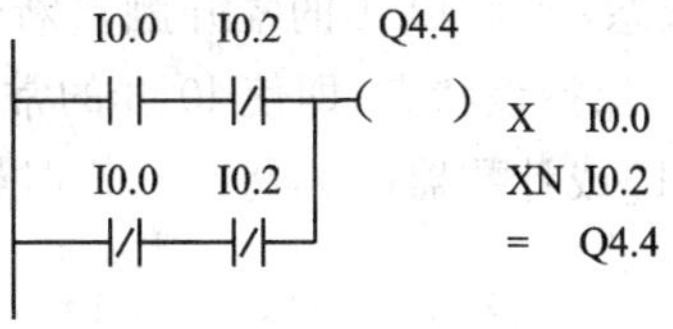　　　　　　图 3.16 同或指令

## 3.3.2 输出类指令

### 1. 输出指令

输出指令"="将 RLO 写入地址位,输出指令与梯形图中的线圈相对应,所以又叫线圈指令。输出指令的数据类型是 BOOL 型,操作的存储区域为 I、Q、M、L。

### 2. 中线输出指令

中线输出是一种中间赋值元件(LAD:--(♯)--),用该元件指定的地址来保存它左边电路的逻辑运算结果(RLO 位,或能流的状态)。中间标有"♯"号的中线输出线圈与其他触点串联,就像一个插入的触点一样。中线输出只能放在梯形图的中间,不能接在左侧的垂直"电源线"上,也不能放在电路最右边结束的位置。中线输出指令如图 3.17 所示。图 3.17(a)可以用中线输出指令等效为图 3.17(b)形式。

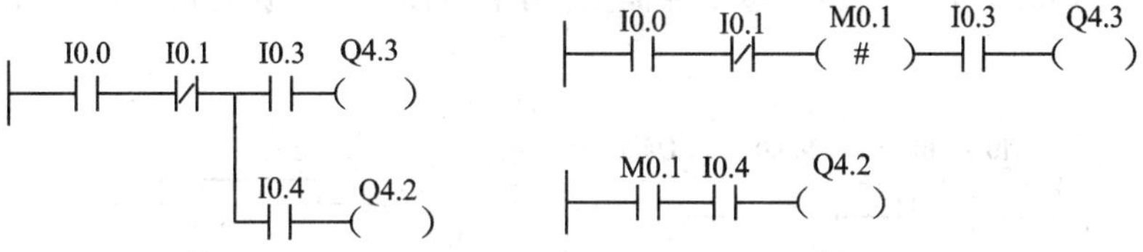

图 3.17 中线输出指令

如果该指令使用局域数据区(L 区)的地址在逻辑块(FC、FB 和 OB)的变量声明表中,该地址应声明为 TEMP 类型。中线输出指令的数据类型和操作区域与线圈指令相同。

### 3. 置位与复位指令

S(S <位地址>,置位或置 1)指令将指定的地址位置位(变为 1 并保持)。LAD:--(S)。
R(R <位地址>,复位或置 0)指令将指定的地址位复位(变为 0 并保持)。LAD:--(R)。
S(置位)和 R(复位)指令只有在 RLO 为"1"时才执行。RLO 为"0"对这些指令没有任何作用,并且指令中的指定地址保持不变。

置位与复位指令如图 3.18 所示。如果图 3.18 中 I0.1 的常开触点接通,Q4.3 变为 1 并保持该状态,即使I0.1的常开触点断开,它仍然保持1状态。I0.3的常开触点闭合时,Q4.3变为0,并保持该状态,即使I0.3的常开触点断开,它仍然保持0状态。如果被指定复位的是定时器(T)或计数器(C),将清除定时器/计数器的定时/记数当前值,并将它们的地址位复位。

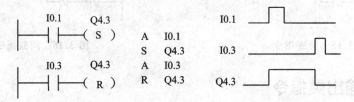

图 3.18 置位与复位指令

复位指令的数据类型和操作的存储区域与触点指令相同,置位指令的数据类型和操作的存储区域与线圈指令相同。

### 3.3.3 其他指令

**1. RLO边沿检测指令**

图 3.19 中的 I0.3 和 I0.0 组成的串联电路由断开变为接通时,中间标有"P"的上升沿检测线圈左边的RLO(逻辑运算结果)由 0 变为 1(即波形的上升沿),检测到一次正跳变,能流将在一个扫描周期内流过检测元件,Q4.5的线圈仅在这一扫描周期内"通电"。检测元件的地址(如图 3.19 中的 M0.0 和 M0.1)为边沿存储位,用来储存上一次循环的RLO。在波形图中用高电平表示 1 状态。

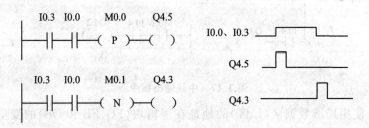

图 3.19 上升沿与下降沿检测

图 3.19 中的 I0.3 和 I0.0 组成的串联电路由接通变为断开时,中间标有"N"的检测元件左边的RLO由 1 变为 0(即波形的下降沿),检测到一次负跳变,能流将在一个扫描周期内流过检测元件,Q4.3的线圈仅在这一个扫描周期"通电"。

正/负跳变语句的助记符分别为FP(上升沿)和FN(下降沿)。

对应语句表程序如下:

```
Network1: A    I0.3              Network2: A    I0.3
         A    I0.0                        A    I0.0
         FP                                FN
         =    Q4.5                        =    Q4.3
```

## 2. 信号

上升沿检测如图 3.20 所示。POS 是单个地址位提供的信号的上升沿检测指令,如果图 3.20 中 I0.1 的常开触点接通,且 I0.2 由 0 变为 1(即输入信号 I0.2 的上升沿),Q4.3 的线圈"通电"一个扫描周期。M0.0 为边沿存储位,用来存储上一次循环时 I0.2 的状态。

下降沿检测如图 3.21 所示。NEG 是单个地址位提供的信号的下降沿检测指令,如果图 3.21 中 I0.3 的常开触点接通,且 I0.4 由 1 变为 0(即输入信号 I0.4 的下降沿),Q4.5 的线圈"通电"一个扫描周期。M0.1 为边沿存储位,用来存储上一次循环时 I0.4 的状态。

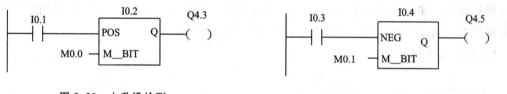

图 3.20  上升沿检测                图 3.21  下降沿检测

## 3. SAVE 指令(将 RLO 保存在 BR 寄存器中)

SAVE 指令将 RLO 保存到状态字的 BR 位,首次检查位"/FC"不会被复位,由于这个原因,在下一个网络中,BR 位的状态将参加"与"逻辑运算。LAD 格式为--(SAVE)。

建议一般不要用 SAVE 指令保存 RLO,并在本逻辑块或下一个逻辑块中检查保存的 BR 位的值,因为在保存和检查操作之间,BR 的值可能已被很多指令修改了。

但是在退出逻辑块之前可以使用 SAVE 指令,因为使能输出 ENO(即 BR 位)被设置为 RLO 位的值,可以用于块的错误检查。举例如下:

```
A      I0.0
A      I0.1
O      I0.2
SAVE                    //RLO 被存储到 BR
```

## 4. SET 与 CLR 指令

SET 与 CLR 指令将 RLO(逻辑运算结果)置位或复位,紧接在它们后面的赋值语句中的地址将变为 1 状态或 0 状态。SET 和 CLR 只有 STL 指令,无对应的 LAD 指令。举例如下:

```
SET                     //将 RLO 置位
```

```
        =      M0.2           //的线圈"通电"
        CLR                   //将 RLO 复位
        =      Q4.5           //将 Q4.5 的线圈"断电"
```

### 5. 触发器指令

触发器有复位优先触发器(SR 触发器)和置位优先触发器(RS 触发器)两种。梯形图如图 3.22 所示。方块中有一个置位输入端(S)和一个复位输入端(R),还有一个输出端为 Q。<位地址>表示要置位或复位的位,Q 端表示<位地址>的信号状态。触发器可以用在逻辑串的最右端,结束一个逻辑串,也可用在逻辑串中,影响右边的逻辑操作结果。寻址存储区域:I、Q、M、L 和 D。

如果在 R 端输入的信号状态为"1",在 S 端输入的信号状态为"0",则 RS 和 SR 触发器都复位。相反,如果在 R 端输入的信号状态为"0",在 S 端输入的信号状态为"1",则 RS 和 SR 触发器都置位。如果 S、R 端同时为"0",则触发器维持原状态不变。如果 S、R 端同时为"1",则根据优先原则,SR 触发器为复位优先,RS 触发器为置位优先。

RS 触发器举例如图 3.23 所示。

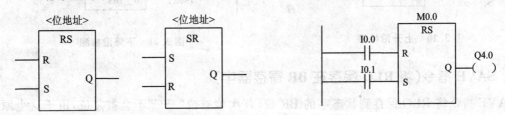

图 3.22  RS 和 SR 触发器指令　　　　　图 3.23  RS 触发器举例

当 I0.0 的信号状态为"1",I0.1 的信号状态为"0"时,则存储位 M0.0 将被复位,Q4.0 为"0"。相反,如果 I0.0 的信号状态为"0",输入 I0.1 的信号状态为 1,则存储器位 M0.0 将被置位,输出 Q4.0 为"1"。如果两个信号状态均为"0",则无变化。如果两个信号状态均为"1",则置位指令优先,M0.0 置位,Q4.0 为"1"。

SR 触发器举例如图 3.24 所示。

当 I0.0 的信号状态为"1",I0.1 的信号状态为"0"时,则存储位 M0.0 将被置位,Q4.0 为"1"。相反,如果 I0.0 的信号状态为"0",输入 I0.0 的信号状态为"1",则存储位 M0.0 将被复位,输出 Q4.0 为"0"。如果两个信号状态均为"0",则无变化。如果两个信号状态均为"1",则复位指令优先,M0.0 复位,Q4.0 为"0"。

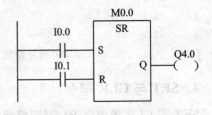

图 3.24  SR 触发器举例

## 3.3.4 应用举例

**【例 3.1】** 抢答器控制程序。抢答器的功能是当一组抢到答题权时,本组显示灯亮,同时其他抢答台抢答无效,显示灯也不会亮。只有主持人按动复位按钮,才能恢复下一轮抢答。

本例由于有时间先后性,可以考虑利用触发器来实现。利用 PLC 的触发器可以编写出用户所需要的一些程序,如第一信号记录程序。在工业现场,一旦有故障发生,可能会随之带来多个故障,如果能找出第一个故障信号,对于排除故障可能会带来很大的方便。编写这种程序的方法类似于大家所熟悉的"抢答器"控制程序。

设 I1.0、I1.1、I1.2 和 Q5.0、Q5.1、Q5.2 分别为第 1、2、3 抢答台的抢答按钮与显示灯的输入、输出控制点,I2.0 为主持人复位按钮的输入点。则抢答器控制程序如图 3.25 所示。

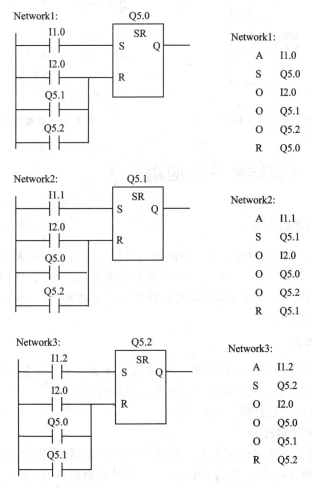

图 3.25 抢答器控制程序

## 第3章 S7-300/400的编程语言与指令系统

【例3.2】 风机监控程序。某设备有三台风机,当设备处于运行状态时,如果风机至少有两台以上转动,则指示灯常亮;如果仅有一台风机转动,则指示灯以 0.5 Hz 的频率闪烁;如果没有任何风机转动,则指示灯以 2 Hz 的频率闪烁。当设备不运行时,指示灯不亮。实现上述功能的梯形图程序如图3.26所示,语句表程序如图3.27所示。

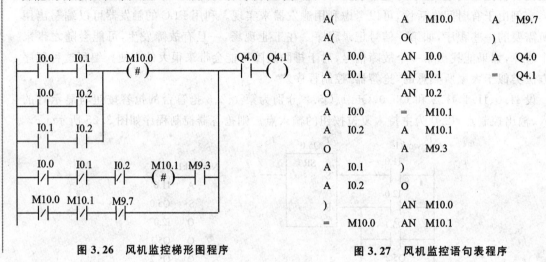

图3.26 风机监控梯形图程序    图3.27 风机监控语句表程序

## 3.4 定时器/计数器指令及应用

### 3.4.1 定时器指令

定时器是用于产生时间序列的,这些时间序列可用于等待、监控、测量时间间隔或产生脉冲等。定时器数目由 CPU 决定。西门子 PLC 具有非常灵活方便的计时功能,具有多种形式的定时器:脉冲定时器(SP)、扩展定时器(SE)、接通延时定时器(SD)、带保持的接通延时定时器(SS)、断开延时定时器(SF)。

**1. 定时器的使用**

定时器有其存储区域,每个定时器有一个16位的字和一个二进制的值。其中,定时器的字用于存放当前定时值,二进制的值表示定时器接点的状态。

如何使用定时器?首先必须了解两个问题。

**1) 如何启动和停止定时器**

PLC 中的定时器相当于时间继电器。在使用时间继电器时,当时间继电器被启动,若定时时间到,则继电器的接点动作;同样,当时间继电器的线圈断电时,接点也动作。在 S7 中定时器与时间继电器的工作原理类似,但功能更加丰富,可以完成以下几种功能:设定定时时间、启动定时器、复位定时器、查看定时的剩余时间。

启动和停止定时器。在梯形图中,定时器 S 端子可以使能定时器,定时器 R 端子可以复位定时器。

**2) 如何设定定时时间**

S7 中的定时时间由时基和定时值组成,定时时间为时基和定时值的乘积。时基是时间基准的简称。在定时器开始工作后,定时值不断递减,递减至 0 表示时间到,定时器会相应动作。图 3.28 所示为定时器字的格式,其中 12~13 位是定时器的时基。0~11 位存放二进制格式的定时值,这 12 位二进制代码表示的数值范围是 0~4096,实际使用范围是 0~999。时基和时间值可以任意组合,以得到不同的定时分辨率和定时时间。表 3.5 列出了时基与定时范围关系。

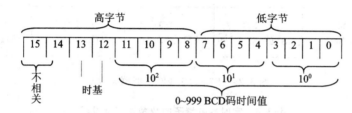

图 3.28 定时器字的格式

表 3.5 时基与定时范围关系

| 时 基 | 时基的二进制代码 | 分辨率 | 定时范围 |
| --- | --- | --- | --- |
| 10 ms | 00 | 0.01 s | 10 ms~9 s-990 ms |
| 100 ms | 01 | 0.1 s | 100 ms~1 min-39 s-990 ms |
| 1 s | 10 | 1 s | 1 s~16 min-39 s |
| 10 s | 11 | 10 s | 10 s~2 h-46 min-30 s |

从表 3.5 可以看出:时基小,定时分辨率高,但定时时间范围窄;时基大,定时分辨率低,但定时时间宽。这里定时时间表达方式通常有 2 种:十六进制数和 S5 时间格式,格式应符合图 3.28 所示的格式。

(1) 十六进制数

格式为"W♯16♯wxyz",其中 W 是时基,取值为 0,1,2,3,分别表示时基为 10 ms,100 ms,1 s 和 10 s;xyz 为定时值,取值范围为 1~999。例如:W♯16♯2300 表示时基为 1 s,定时时间为 300×1 s 的定时时间值,即 5 min。

(2) S5 时间格式

格式为"S5T♯aH-bM-cS-dms",其中 a 表示小时,b 表示分钟,c 表示秒,d 表示毫秒。例如:S5T♯1H-13M-8S 表示时间为 1 h 13 min 8 s。这里时基是由 CPU 自行选定的,原则是在满足定时范围的要求下选择最小时基。

STEP 7 中定时器梯形图有方块指令和线圈指令 2 种格式。图 3.29 是 S7-300/400 定时器的指令格式。定时器各端子的数据类型及说明参看表 3.6。

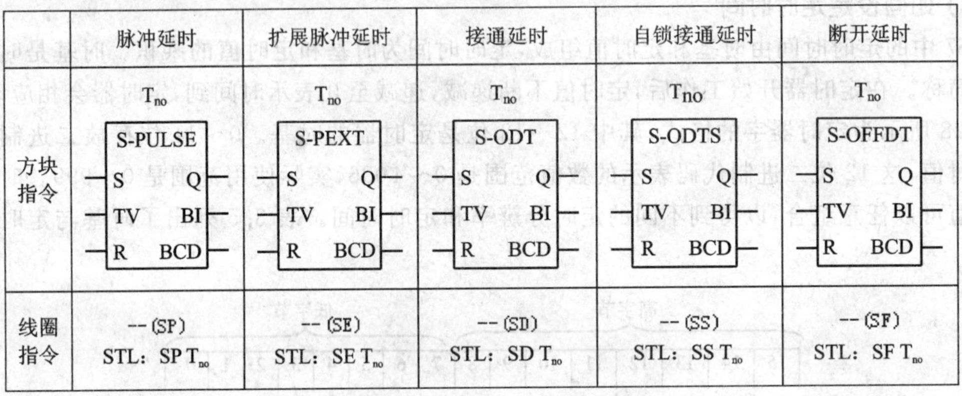

|  | 脉冲延时 | 扩展脉冲延时 | 接通延时 | 自锁接通延时 | 断开延时 |
|---|---|---|---|---|---|
| 方块指令 | $T_{no}$<br>S-PULSE<br>S  Q<br>TV  BI<br>R  BCD | $T_{no}$<br>S-PEXT<br>S  Q<br>TV  BI<br>R  BCD | $T_{no}$<br>S-ODT<br>S  Q<br>TV  BI<br>R  BCD | $T_{no}$<br>S-ODTS<br>S  Q<br>TV  BI<br>R  BCD | $T_{no}$<br>S-OFFDT<br>S  Q<br>TV  BI<br>R  BCD |
| 线圈指令 | --(SP)<br>STL: SP $T_{no}$ | --(SE)<br>STL: SE $T_{no}$ | --(SD)<br>STL: SD $T_{no}$ | --(SS)<br>STL: SS $T_{no}$ | --(SF)<br>STL: SF $T_{no}$ |

图 3.29　S7-300/400 定时器指令

表 3.6　定时器各端子的数据类型及说明

| 参　数 | 数据类型 | 存储区 | 说　　明 |
|---|---|---|---|
| no | TIMER | — | 定时器编号 |
| S | BOOL | I、Q、M、D、L | 启动输入信号 |
| TV | S5TIME | I、Q、M、D、L | 设置定时时间(S5 TIME 格式) |
| R | BOOL | I、Q、M、D、L | 复位输入信号 |
| Q | BOOL | I、Q、M、D、L | 定时器状态输出(触点开闭状态) |
| BI | WORD | I、Q、M、D、L | 剩余时间输出(二进制码格式) |
| BCD | WORD | I、Q、M、D、L | 剩余时间输出(BCD 码格式) |

## 2. 脉冲定时器(SP)

脉冲定时器时序波形如图 3.30 所示,其中 $t$ 为设定定时时间。

从脉冲定时器时序波形可以看出:当 S 端从 0 变到 1(RLO 的正跳沿),脉冲定时器启动。如果输入 S 端从 1 变到 0,则定时器结束定时。同样在 R 端从 0 变到 1(RLO 正跳沿),无论定时时间是否到,定时器复位为 0。之所以叫脉冲定时器,是因为在脉冲宽度期间,定时器能正常定时,否则,就复位至初始状态。

图 3.31 是脉冲定时器的 LAD/STL 编程的格式。

说明:当 I0.0 接通时,其 RLO 的正跳沿启动脉冲定时器 T2,定时时间为 15 s,I0.1 复位定时器。当前定时值通过 MW20 和 MW22 输出。当定时器工作时（RLO 在定时期内保持为 1），输出 Q4.0 接通。

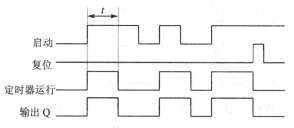

图 3.30 脉冲定时器时序波形

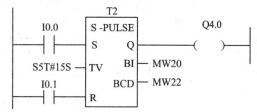

图 3.31 脉冲定时器方块指令在 LAD 中应用

与上述 LAD 程序对应的 STL 程序如下：

```
A    I0.0           //启动定时器
L    S5T#15S        //装载定时时间
SP   T2             //脉冲定时器
A    I0.1           //复位定时器
R    T2
L    T2             //装载当前时间值（整数格式）
T    MW20
LC   T2             //装载当前时间值（BCD 码格式）
T    MW22
A    T2
=    Q4.0           //检测定时器状态
```

与上述程序对应的脉冲定时器线圈指令如图 3.32 所示。

说明：I0.0 的正跳沿启动脉冲定时器 T2（定时时间为 15 s），T2 定时期间（RLO 在定时期间保持为 1）使输出 Q4.0 接通，I0.1 复位定时器。

### 3. 扩展脉冲定时器(SE)

只要输入信号有一个从 0 到 1 的变化，计时器就一直计时，接通的时间通过指令给定的时间来限制，与脉冲计时 SP 不同，SE 计时功能与启动信号的宽度无关。图 3.33 是扩展脉冲定时器的输入/输出波形图。

说明：当有第 1 种信号时，输出端 Q4.0 的状态由 0 变为 1，经过固定时间后，信号由 1 变为 0。

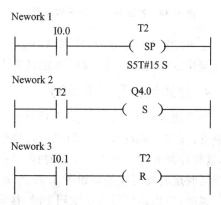

图 3.32 脉冲定时器线圈指令在梯形图中应用

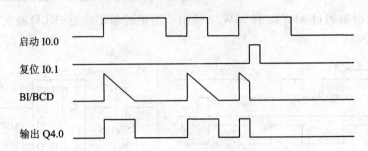

图 3.33 扩展定时器的输入/输出波形

当有第 2 种信号时,输出端 Q4.0 的状态与第 1 种信号相同。当有第 3 种信号时,输出端 Q4.0 的状态在遇到复位信号后,立即由 1 变为 0。

图 3.34 是扩展脉冲定时器编程的例子。

与上述程序对应的扩展脉冲定时器线圈指令在梯形图中的具体应用如图 3.35 所示。

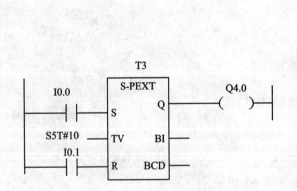

图 3.34 扩展脉冲定时器编程举例

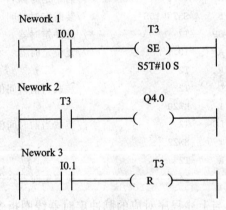

图 3.35 扩展脉冲定时器线圈指令在梯形图中的应用

说明:当 I0.0 接通时,其 RLO 的正跳沿启动扩展脉冲定时器 T3,T3 定时时间为 10 s,I0.1 复位定时器。当定时器 T3 定时工作时,输出 Q4.0 接通。

### 4. 接通延时定时器(SD)

当启动信号接通后计时器开始计时,经过指令给定时间后,输出接通并保持。如果启动信号断开,输出也同时断开。如果输入信号接通的时间小于指令给定的时间,则计时器没有输出,这种计时方式完全等同于延时接通时间继电器。简而言之就是定时时间到,输出才接通。接通延时定时器时序波形如图 3.36 所示。

说明:当启动信号从 0 变到 1 时,接通延时定时器启动。如果在定时期间,输入端保持不变,则定时时间到后,使输出变为 1。如果输入端从 1 变到 0,则接通延时定时器输出变为 0。当输入 R 端从 0 变到 1,则不论定时器是否工作,定时器均复位。

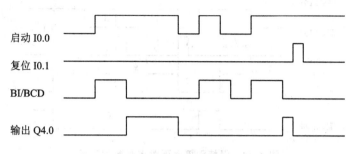

图 3.36　接通延时定时器的输入/输出波形

图 3.37 是使用接通延时定时器编程的例子。

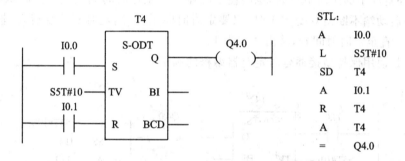

图 3.37　接通延时定时器编程举例

与上述程序对应的接通延时定时器线圈指令在梯形图中的具体应用如图 3.38 所示。

说明：当 I0.0 接通时，其 RLO 的正跳沿启动接通延时定时器 T4，T4 定时时间为 10 s，I0.1 复位定时器。当定时器 T4 定时工作时，输出 Q4.0 接通。

### 5. 保持型接通延时定时器(SS)

如果启动端由 0 变为 1（即 RLO 有正跳沿），定时器开始定时。此时即使 RLO 又变为 0，定时器仍保持运行，达到设定时间后，定时器的常开触点闭合并保持。如果 RLO 再来一个正跳沿，定时器重新启动，以设置的预置值重新开始定时。只有复位指令才能使定时器复位。图 3.39 是保持型接通延时定时器时序图。

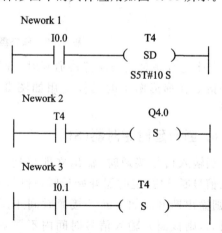

图 3.38　接通延时定时器线圈指令在梯形图中应用

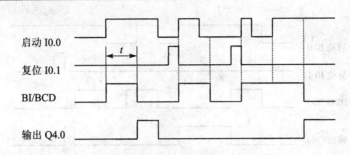

图 3.39　保持型接通延时定时器时序图

说明：我们将保持型接通延时定时器和接通延时定时器相比较可以发现，保持型延时定时器即使在脉冲宽度不够定时宽度时，也能使定时器运行至定时时间结束。同时从时序波形图可以发现，在启动端不断由 0 变为 1 时，只要定时时间未到，则定时器反复启动，输出 Q 在此期间始终为 0，直至定时时间到，输出才变为 1。

图 3.40 是使用保持型接通延时定时器编程的例子。

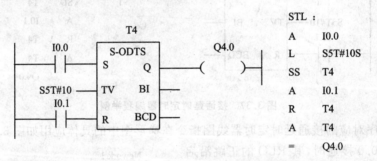

图 3.40　保持型接通延时定时器编程举例

与上述程序对应的保持接通延时定时器线圈指令在梯形图中的具体应用如图 3.41 所示。

### 6. 断开延时定时器(SF)

当输入信号接通时，输出立即接通。当输入信号断开后，定时器开始计时，计时时间到，则输出断开。如果断开接通时间小于定时时间，则该断开输入信号时间内不影响输出，输出信号断开延时要等待下一次输入信号断开才有效。与其他计时方式不同，断开延时是下降沿计时。图 3.42 是断开延时定

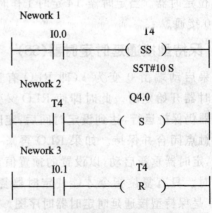

图 3.41　保持型接通延时定时器线圈指令在梯形图中应用

时器的输入/输出波形图。图 3.43 是使用断开延时定时器编程举例。

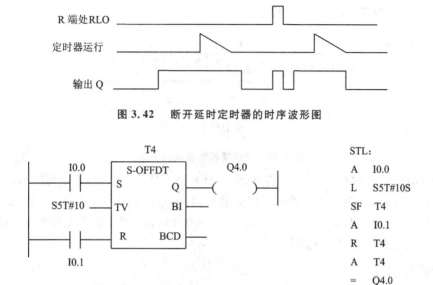

图 3.42　断开延时定时器的时序波形图

图 3.43　断开延时定时器编程

与上述程序对应的断电延时定时器线圈指令在梯形图中的具体应用如图 3.44 所示。

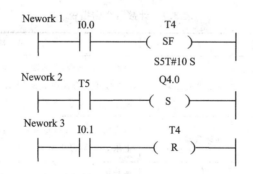

图 3.44　断开延时定时器线圈指令在梯形图中应用

## 3.4.2　计数器指令

### 1. 计数器的基本知识

S7 中的计数器用于对 RLO 正跳沿计数。计数器是一种复合单元,它由表示当前计数值的字和表示其状态的位组成。S7 中有三种计数器,分别是加计数器、减计数器和可逆计数器。在 CPU 中保留有一块存储区作为计数器计数值存储区,每个计数器占用 2 字节,称为计数器字。计数器字中的第 0~11 位表示计数值(BCD 码格式),计数范围是 0~999,用 C# 表示。计数器的计数格式应符合图 3.45 的规定。

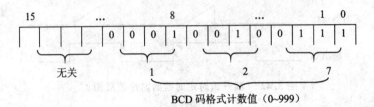

图 3.45 计数器初始值设置格式

计数器的计数值达到上限 999 时停止累加,计数值到达下限 0 时,也不再减小。

不同的 CPU 模块,用于计数器的存储区域不同,可用计数器个数也不相同。如 S7-300 CPU 314 有 64 个计数器,编号为 C0~C63;S7-300/400 的 CPU 最多允许使用 512 个计数器,计数器的地址编号为 C0~C511。

**2. 计数器指令**

STEP 7 中与计数器有关的梯形图也有方块指令和线圈指令两种格式。与计数器有关的梯形图线圈指令及 STL 指令格式如表 3.7 所列。三种计数器的梯形图方块指令格式及参数的含义分别如表 3.8 和表 3.9 所列。

表 3.7 计数器线圈指令

| LAD 指令 | STL 指令 | 功 能 | 说 明 |
|---|---|---|---|
| C$_{no}$<br>--(SC)<br>计数初值 | S   Cno | 计数器置初值 | 使用 LAD 指令,对线圈上的 Cno 计数器置入计数初值,计数初值可存储在 I、Q、M、D、L 中,也可为常数。<br>使用 STL 指令,将累加器 1 低字数值装入 Cno 计数器 |
| C$_{no}$<br>--(CU) | CU   Cno | 加计数器 | 执行指令时,RLO 每有一个正跳沿计数值加 1,若达到上限 999,则停止累加 |
| C$_{no}$<br>--(CD) | CD   Cno | 减计数器 | 执行指令时,RLO 每有一个正跳沿计数值减 1,若达到下限 0,则停止减 |
| C$_{no}$<br>--(R) | R   Cno | 计数器复位 | 计数器被清零,其输出状态也复位(常开触点断开,常闭触点闭合) |

表3.8 计数器梯形图方块指令

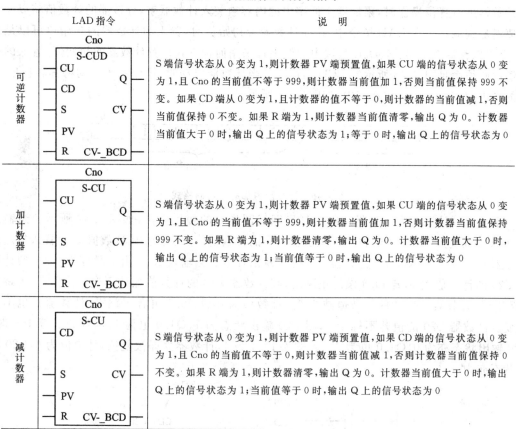

表3.9 计数器参数表

| 参 数 | 数据类型 | 存储区 | 说 明 |
|---|---|---|---|
| no | COUNT | C | 计数器标号,范围与CPU有关 |
| CU | BOOL | I、Q、M、D、L | 加计数脉冲输入端 |
| CD | BOOL | I、Q、M、D、L | 减计数脉冲输入端 |
| S | BOOL | I、Q、M、D、L | 计数器初值预置输入端 |
| PV | WORD | I、Q、M、D、L | 计数初始值输入(BCD码,0~999) |
| R | BOOL | I、Q、M、D、L | 复位输入端 |
| Q | BOOL | I、Q、M、D、L | 计数器状态输出端 |
| CV | WORD | I、Q、M、D、L | 当前计数值输出端(整数格式) |
| CV-BCD | WORD | I、Q、M、D、L | 当前计数值输出端(BCD格式) |

在计数器的 STL 指令中,计数器的初始值放在累加器 1 的低字中,在用 STL 的置位指令对计数器进行置位操作时,累加器 1 低字中的内容被装入计数器字,计数器的计数值将以此为初值增加或减小。在 LAD 指令中,在向计数器置初始值时,置入的计数器的初始值可以是常数,也可以存储在 I、Q、M、D、L 区域中。但不管采用何种方式设置计数器的初始值,置入的初始值都必须满足图 3.45 所示的 BCD 码格式。当计数器启动时,操作系统自动将其转换成 10 位的二进制数保留在计数器字中,如图 3.46 所示。

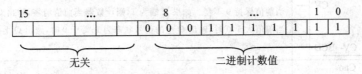

图 3.46 计数器内部的二进制格式

下面以减计数器为例说明计数器梯形图线圈指令的使用方法,如图 3.47 所示。当输入 I0.1 从 0 跳变为 1 时,CPU 将装入累加器 1 中的计数初值(此处为 BCD 数值 127)置入指定的计数器 C20 中,(S C20)。计数器一般是正跳沿计数。当输入 I0.3 由 0 跳变为 1 时,使计数器 C20 的计数值减 1,若 I0.3 没有正跳沿,则计数器 C20 的计数值保持不变。当 I3.0 正跳变 127 次后,计数器 C20 中的计数值减为 0。计数值为 0 后,I0.3 再有正跳沿,计数值 0 也不会改变。计数器 C20 的值若不等于 0,则 C20 输出状态为 1,Q4.0 也为 1;当计数值等于 0 时,C20 输出状态亦为 0,Q4.0 也为 0。若输入 I0.4 为 1,计数器立即被复位,计数值为 0,C20 输出状态亦为 0。

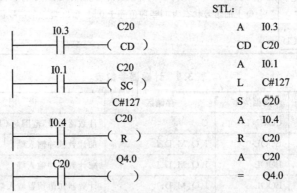

图 3.47 减计数器线圈指令的使用

下面以可逆计数器为例说明计数器梯形图方块指令的使用方法,如图 3.48 所示。各输入、输出端的连接均示于图中。方块图中,当 S(置位)输入端的 I0.1 从 0 跳变到 1 时,计数器就设定为 PV 端输入的值。PV 输入端可用 BCD 码指定设定值(C#0~999),也可用存储 BCD 数的单元指定设定值,图 3.48 中指定的 BCD 数为 5。I0.4 为 1,计数器复位。如果复位条件满足,计数器不能计数,也不能置数。当 CU(加计数)输入端 I0.2 从 0 跳变到 1 时,计数器的当前值加 1(最大值 999)。当 CD(减计数)输入端 I0.3 从 0 跳变到 1 时,计数器的当前值减 1(最小值 0)。如果两个计数输入端都有正跳沿,则加、减操作都执行,计数器值保持不变。当计数值大于 0 时,输出 Q 端输出信号状态为 1,Q4.0 也为 1;当计数值等于 0 时,Q 端输出信号为 0,Q4.0 也为 0。输出端 CV 和 CV_BCD 分别输出计数器当前的二进制数值和 BCD 计数值。在图 3.48 中,MW10 存储当前二进制计数值,MW12 存储当前 BCD 计数值。本例的工作波形图如图 3.49 所示。

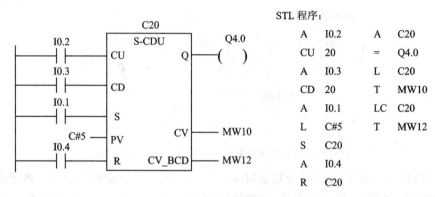

图 3.48 可逆计数器梯形图方块指令的使用

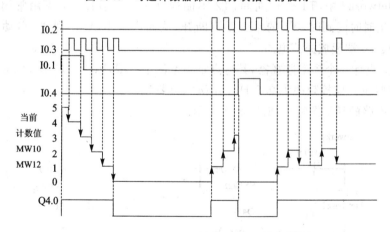

图 3.49 可逆计数器工作波形图

### 3.4.3 应用举例

**1. 定时器应用**

【例 3.3】 用脉冲定时器设计一个周期振荡电路,振荡周期为 5 s,占空比为 2∶5。

用脉冲定时器设计的振荡电路的梯形图程序如图3.50所示。

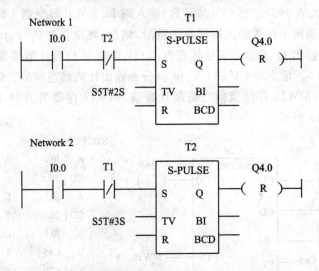

图3.50 用脉冲定时器设计的振荡电路梯形图程序

说明：在设计中，为T1和T2分别定时3 s和2 s，用I0.0启动振荡电路。由于是周期振荡电路，所以T1和T2必须互相启动。在程序的Network1中，T2需用常闭触点，否则，T1无法启动。在Network2中，T1工作期间，T2不能启动工作。所以T1需用常闭触点来启动T2。即当T1定时时间到时，T1的常闭触点断开，从而产生RLO上跳沿，启动T2定时器。如此循环，在Q4.0端形成振荡电路。

【例3.4】 设计一个频率监视器，其特点是频率低于下限，则指示灯Q4.0亮，"确认"按钮I0.1使指示灯复位。监控频率为0.5 Hz，由M10.0提供。

频率监控电路的梯形图程序如图3.51所示。

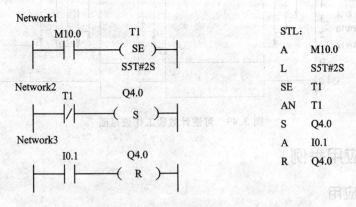

图3.51 频率监控电路的梯形图程序

说明:在设计中,由于扩展脉冲定时器的特点:时间未到时,若输入 S 端反复正跳变,则定时器反复启动,输出始终为 1,直至定时时间到为止,在此使用非常合适。若监控频率为 0.5 Hz,则使用定时时间为 2 s 的定时器。在频率正常的情况下,0.5 Hz 的频率反复启动 2 s 的定时器,使输出始终为高电平。当频率变低,脉冲时间间隔变大时,2 s 的定时器可以计时完毕,此时,输出变为低电平。监控指示灯 Q4.0 亮。

【例 3.5】 用接通延时定时器设计一个周期振荡电路,振荡周期为 5 s,占空比为 2∶5。用接通延时定时器线圈指令设计的振荡电路程序如图 3.52 所示。

说明:与脉冲定时器的设计电路相比,在程序的 Network2 中,T1 是常开接点。接通延时定时器定时时间到,T1 工作结束,输出高电平,其上跳沿启动定时器 T2,这样 T1 和 T2 就可以互相起振。而脉冲定时器的 T1 是常闭接点,在 T1 不工作期间,输出为低电平,常闭接点接通,此时,T2 开始定时。

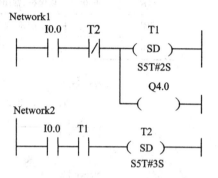

图 3.52 用接通延时定时器线圈指令设计的振荡电路程序

【例 3.6】 星/三角减压启动控制电路。

当电动机容量较大时,不允许直接启动,应采用减压启动。减压启动的目的是减小启动电流,但电动机的启动转矩也将随之降低,因此减压启动仅用于空载或轻载场合。常用的减压启动方法有星/三角减压启动、定子电阻串电阻启动及自耦变压启动等。而星/三角减压启动又是最普遍使用的方法。图 3.53 是具有星/三角减压启动功能的继电器接触器控制电路。

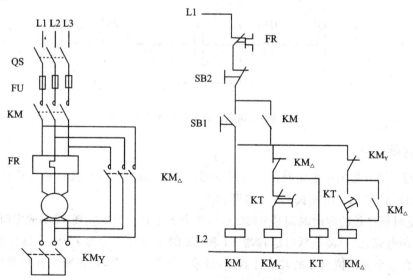

图 3.53 星/三角减压启动控制电路

## 第3章 S7-300/400 的编程语言与指令系统

电路功能说明：按下启动按钮 SB1，电源接触器 KM 及 $KM_Y$ 接触器接通，电动机绕组呈星形联结状态，启动电流较小。同时 KT 开始计时，10 s 以后 $KM_Y$ 接触器断开，$KM_\triangle$ 接触器接通，电动机在三角形连接状态下正常工作。若热保护器件 KR 动作，或按下启动按钮 SB2 都会使电动机停止工作。表 3.10 是星/三角减压启动的继电器接触器控制电路的 I/O 分配表。图 3.54 是星/三角减压启动功能的继电器接触器控制系统 PLC 程序。

表 3.10 星/三角减压启动电路 I/O 分配表

| KR | I0.0 | 热保护、常闭触点 | KM | Q4.0 | 电源接触器线圈 |
|---|---|---|---|---|---|
| SB1 | I0.1 | 启动按钮，常开触点 | $KM_Y$ | Q4.1 | 星接触器线圈 |
| SB2 | I0.2 | 停止按钮，常闭触点 | $KM_\triangle$ | Q4.2 | 三角接触器线圈 |

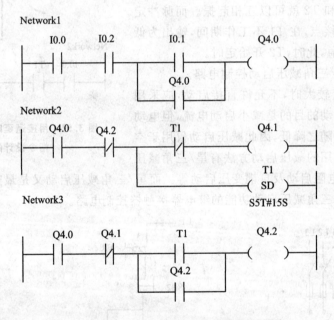

图 3.54 星/三角减压启动控制系统 PLC 程序

### 2. 计数器应用

**【例 3.7】** 用计数器扩展定时器的定时范围。要求：I0.0 为复位按钮兼启动按钮，定时范围为 12 h。12 h 之后，将电磁阀 Q4.0 打开。

分析：定时器最长的定时时间是 9990 s，约 2 个多小时。为了实现 12 h 的定时功能，先设计一周期振荡电路，其中接通延时定时器 T1 和 T2 的定时时间均为 7200 s，这样振荡周期为 4 h，如果结合一个初始值为 3 的减法计数器，每隔 4 h 触发一次，则在减法计数器计数值减至 0 时，相当于经过了 12 h。

定时器和计数器结合扩展定时范围的梯形图程序如图 3.55 所示。

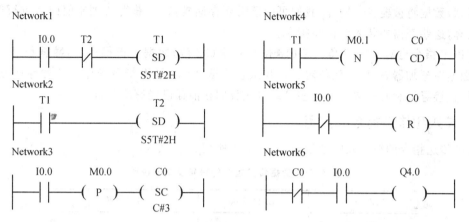

图 3.55　定时器和计数器结合扩展定时范围的梯形图程序

说明：程序的 Network1 和 Network2 构成振荡电路，周期为 4 h。在 Network3 中，赋值语句前加正边沿触发指令，保证计数器初值只赋值一次。而在 Network4 中，用 T1 的负边沿触发指令来启动计数器，因为在开始 2 h 内，T1 的输出为 0，2 h 后，延时时间到，T1 的输出为 1，这样经过 4 h，T1 才能出现负跳沿。如果用 T1 的正边沿指令将少 2 h。所以，在编程中一定要注意细节。当减法计数器计数值为 0 时，定时时间已经到 12 h。在 Network6 中，以 C0 的常闭触点和 I0.0 启动按钮的并联控制输出 Q4.0。

## 3.5　数据处理功能指令

### 3.5.1　装入与传送指令

**1. 概　述**

装入指令 L(LOAD) 和传送指令 T(TRANSFER) 用于在存储区之间或存储区与过程输入、输出之间交换数据。CPU 执行这些指令不受逻辑操作结果 RLO 的影响。在 S7-300 中，L 指令将源操作数装入累加器 1 中，而累加器 1 原有的数据移入累加器 2 中，累加器 2 中原有的内容被覆盖。T 指令将累加器 1 中的内容写入目的存储区中，累加器的内容保持不变。S7-300 有 2 个累加器。S7-400 有 4 个累加器，在每次执行装入指令时，只有第 4 个累加器的内容被覆盖。

装入和传输指令的意义何在？换句话说，为什么要获得数据？答案很简单。比如我们使用 A/D 转换模块，A/D 模块需要将模拟信号（电流、电压等）变成 PLC 能够理解的信号（0 或

1)。制造厂商很自然地将这些数据存储起来。我们必须在下一个采样周期到来之前将数据移走。否则,数据将被覆盖。同样,我们可能还需要存储常数值、获得二进制值或者进行简单的数学运算,这些都需要装入或传输指令。

L 和 T 指令可对字节(8 位)、字(16 位)、双字(32 位)数据进行操作,当数据长度小于 32 位时,数据在累加器右对齐(低位对齐),其余各位填 0。L 和 T 指令操作有 3 种寻址方式:立即寻址、直接寻址和间接寻址。这些寻址方式我们在前面已经有所了解。

**2. 装入和传送指令的使用**

数据传送指令的符号及端子说明如表 3.11 所列。

表 3.11 数据传送指令的符号及端子说明

| FBD 符号 | LAD 符号 | 端子说明 |
| --- | --- | --- |
| MOVE<br>EN　ENO<br>IN　OUT | MOVE<br>EN　ENO<br>IN　OUT | EN—允许输入端<br>IN—源操作数输入端<br>OUT—目的操作数输出端<br>ENO—允许输出端 |

说明:如果允许输入端 EN 的 RLO 为 1,就执行传送操作,使输出 OUT 等于输入 IN,并使 ENO 为 1;如果输入端 EN 的 RLO 为 0,则不执行传送操作,并使 ENO 为 0,ENO 总保持与 EN 相同的信号状态。

传送指令(MOVE 方块)的具体应用如图 3.56 所示。

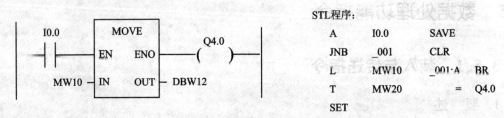

图 3.56 传送指令的具体应用

说明:在传送指令中 EN 端为允许输入端;ENO 端为允许输出端。当输入 I0.0 为 1 时,传送指令将 MW10 中的字传输给 MW20。如果指令正确执行,则输出 Q4.0 为 1。否则,如果输入 I0.0 为 0,则数据不传输。若希望 MW10 无条件传输给 MW20,EN 端直接连接至母线即可。

**3. 对累加器 1 的装入和传送指令**

```
L    +5           //将立即数+5 装入累加器 1 中
L    MW10         //将 MW10 中的值装入累加器 1 中
```

```
L    IB[DIB 8]              //将由数据双字 DIB8 指出的输入字节装入累加器 1 中
T    MW20                   //将累加器 1 中的内容传送给存储字 MW20
T    MW[AR1,P#10.0]         //将累加器 1 中的内容传送给由地址寄存器 1 加偏移量
                            //确定的存储字中
```

### 4. 装入时间值或计数值

定时器字中的剩余时间值以二进制格式保存，用 L 指令可从定时器字中读出二进制时间值装入累加器 1 中，称为直接装载。也可以用 LC 指令以 BCD 码格式读出时间值，装入累加器 1 的低字中，称为 BCD 码格式读出时间值。以 BCD 码格式装入时间值可以同时获得时间值和时基，时基和时间值相乘就得到定时剩余时间。同理，对当前计数值也有直接装载和以 BCD 码格式读出计数值之分。例如：

```
L    T1           //将定时器 T1 中的二进制格式的时间值直接装入累加器 1 的低字中
LC   T1           //将定时器 T1 中的时间值和时基以 BCD 码格式装入累加器 1 的低字
L    C1           //将计数器 C1 中的二进制格式的计数值直接装入累加器 1 的低字中
LC   C1           //将计数器 C1 中的计数值以 BCD 码格式装入累加器 1 的低字中
```

### 5. 地址寄存器装入和传送

对于地址寄存器，可以不经过累加器 1 而直接将操作数装入或传送，或将 2 个地址寄存器的内容直接交换。下面的例子说明了用法。

```
LAR1  P#I0.0         //将输入位 I0.0 的地址指针装入 AR1
LAR2  P#0.0          //将二进制数 2#0000 0000 0000 0000 0000 0000 0000 0000 装入 AR2
LAR1  P#Start        //将符号名为 Start 的存储器的地址指针装入 AR1
LAR1  AR2            //将 AR2 的内容装入 AR1
LAR1  DBD 20         //将数据双字 DBD 20 的内容装入 AR1
TAR1  AR2            //将 AR1 的内容传送至 AR2
TAR2                 //将 AR2 的内容传送至累加器 1
TAR1  MD 20          //将 AR1 的内容传送至存储器双字 MD 20 中
CAR                  //交换 AR1 和 AR2 中的内容
```

## 3.5.2 比较指令

STL 比较指令用于比较累加器 1 和累加器 2 中数据的大小。显然，被比较的数据必须具有相同的数据类型。比较指令可以比较整数、双整数、浮点数(实数)。比较关系包括大于、小于、等于、大于等于、小于等于、不等于几种关系。LAD 比较指令的输入端分别为 IN1 和 IN2。在比较条件满足情况下，RLO 置为"1"；否则为"0"。IN1 和 IN2 存储区域可为 I、Q、M、D、L。

整数比较指令的梯形图如图 3.57 所示。

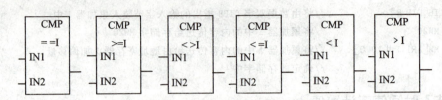

图 3.57 整数比较指令的梯形图

双整数比较指令的梯形图如图 3.58 所示。

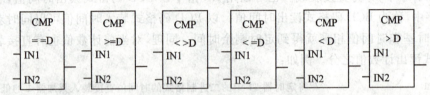

图 3.58 双整数比较指令的梯形图

浮点数比较指令的梯形图如图 3.59 所示。

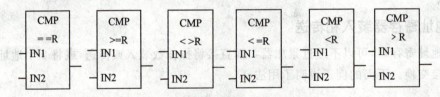

图 3.59 实数比较指令的梯形图

比较指令的语句表指令及功能参看表 3.12。

表 3.12 比较指令及功能

| STL 指令 | 描述 | 说明 |
|---|---|---|
| ==I | 在累加器 2 低字中的整数是否等于累加器 1 低字中的整数 | |
| ==D | 在累加器 2 中的双整数是否等于累加器 1 中的双整数 | 两个 |
| ==R | 在累加器 2 中的 32 位实数是否等于累加器 1 中的实数 | 比较 |
| <>I | 在累加器 2 低字中的整数是否不等于累加器 1 低字中的整数 | 数的 |
| <>D | 在累加器 2 中的双整数是否不等于累加器 1 中的双整数 | 数据 |
| <>R | 在累加器 2 中的 32 位实数是否不等于累加器 1 中的实数 | 类型 |
| >I | 在累加器 2 低字中的整数是否大于累加器 1 低字中的整数 | 必须 |
| >D | 在累加器 2 中的双整数是否大于累加器 1 中的双整数 | 一致 |
| >R | 在累加器 2 中的 32 位实数是否大于累加器 1 中的实数 | |

续表 3.12

| STL 指令 | 描 述 | 说 明 |
|---|---|---|
| < I | 在累加器 2 低字中的整数是否小于累加器 1 低字中的整数 | 两个比较数的数据类型必须一致 |
| < D | 在累加器 2 中的双整数是否小于累加器 1 中的双整数 | |
| < R | 在累加器 2 中的 32 位实数是否小于累加器 1 中的实数 | |
| > =I | 在累加器 2 低字中的整数是否大于等于累加器 1 低字中的整数 | |
| > =D | 在累加器 2 中的双整数是否大于等于累加器 1 中的双整数 | |
| > =R | 在累加器 2 中的 32 位实数是否大于等于累加器 1 中的实数 | |
| < =I | 在累加器 2 低字中的整数是否小于等于累加器 1 低字中的整数 | |
| < =D | 在累加器 2 中的双整数是否小于等于累加器 1 中的双整数 | |
| < =R | 在累加器 2 中的 32 位实数是否小于等于累加器 1 中的实数 | |

### 3.5.3 数据转换指令

STL 转换指令将累加器 1 中的数据进行类型转换,转换的结果仍存储在累加器 1 中。转换指令的 LAD 方块指令首先将原数据按照规定的格式读入累加器,然后在累加器中对数据进行类型转换,最后再将转换的结果传送到目的地址。能够实现的转换操作有:BCD 码和整数及长整数间的转换,实数和长整数间的转换,数的取反、取负,字节扩展等。

**1. BCD 码和整数间转换**

BCD 码数据格式有两种。一种是字(16 位)格式的 BCD 码数,其中第 0～11 位用来表示 3 位 BCD 码,每 4 位二进制数用来表示 1 位 BCD 码;第 15 位用来表示 BCD 码的符号,正数为 0,负数为 1;第 12～14 位未用。16 位 BCD 码取值范围是－999～999。另一种是双字(32 位)格式的 BCD 码数,其中第 0～27 位用来表示 7 位 BCD 码,每 4 位二进制数用来表示 1 位 BCD 码;第 31 位用来表示 BCD 码的符号,正数为 0,负数为 1;第 28～30 位未用。32 位 BCD 码范围是－9 999 999～9 999 999。

BCD 码和整数间的转换见表 3.13。

表 3.13 BCD 码和整数间的转换

| LAD | 参 数 | 数据类型 | 存储区域 | 说 明 | STL | 功 能 |
|---|---|---|---|---|---|---|
| BCD_I<br>―EN  ENO―<br>―IN  OUT― | EN | BOOL | I,Q,M,D,L | 使能输入 | BTI | 将累加器 1 中的 3 位 BCD 码转换成整数 |
| | ENO | BOOL | I,Q,M,D,L | 使能输出 | | |
| | IN | WORD | I,Q,M,D,L | BCD 码 | | |
| | OUT | INT | I,Q,M,D,L | BCD 码转换的整数 | | |

续表 3.13

| LAD | 参数 | 数据类型 | 存储区域 | 说明 | STL | 功能 |
|---|---|---|---|---|---|---|
| I_BCD<br>EN ENO<br>IN OUT | EN | BOOL | I、Q、M、D、L | 使能输入 | ITB | 将累加器 1 中的整数转换成 3 位 BCD 码 |
| | ENO | BOOL | I、Q、M、D、L | 使能输出 | | |
| | IN | INT | I、Q、M、D、L | 整数 | | |
| | OUT | WORD | I、Q、M、D、L | 整数转换的 BCD 码 | | |
| BCD_DI<br>EN ENO<br>IN OUT | EN | BOOL | I、Q、M、D、L | 使能输入 | BTD | 将累加器 1 中的 7 位 BCD 码转换成双整数 |
| | ENO | BOOL | I、Q、M、D、L | 使能输出 | | |
| | IN | DWORD | I、Q、M、D、L | BCD 码 | | |
| | OUT | DINT | I、Q、M、D、L | BCD 码转换的双整数 | | |
| DI_BCD<br>EN ENO<br>IN OUT | EN | BOOL | I、Q、M、D、L | 使能输入 | DTB | 将累加器 1 中的双整数转换成 7 位 BCD 码 |
| | ENO | BOOL | I、Q、M、D、L | 使能输出 | | |
| | IN | DINT | I、Q、M、D、L | 双整数 | | |
| | OUT | DWORD | I、Q、M、D、L | 双整数转换的 BCD 码 | | |
| DI_R<br>EN ENO<br>IN OUT | EN | BOOL | I、Q、M、D、L | 使能输入 | DTR | 将累加器 1 中的双整数转换成浮点数 |
| | ENO | BOOL | I、Q、M、D、L | 使能输出 | | |
| | IN | DINT | I、Q、M、D、L | 双整数 | | |
| | OUT | REAL | I、Q、M、D、L | 双整数转换成的实数 | | |
| I_DI<br>EN ENO<br>IN OUT | EN | BOOL | I、Q、M、D、L | 使能输入 | ITD | 将累加器 1 中的整数转换成双整数 |
| | ENO | BOOL | I、Q、M、D、L | 使能输出 | | |
| | IN | INT | I、Q、M、D、L | 整数 | | |
| | OUT | DINT | I、Q、M、D、L | 整数转换成的双整数 | | |

在执行 ITB 指令时，由于 3 位 BCD 码的范围是 $-999 \sim 999$，小于 16 位整数的数值范围，因此有一个整数到 BCD 码的转换并不总是可行的，如果整数超出了 BCD 码的范围，将得不到有效的转换效果。同时状态字中溢出位(OV)和溢出保持位(OS)置 1。程序中，需要根据状态位 OV 和 OS 判断结果是否有效。同样，在执行 DTB 指令时也会有相同情况出现。如果 BCD 码是无效数，程序将被终止，并有以下相关事件发生：

➢ CPU 进入 STOP 状态。"BCD 转换错误"写入诊断缓冲区。

➢ 如果 OB121 已编程就调用之。

BCD 码转换为双整数的梯形图应用如图 3.60 所示。

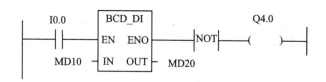

**图 3.60  BCD 码转换为双整数的梯形图**

对应语句表程序如下：

```
A(                  SAVE
A  I0.0             CLR
JNB  _001     _001:A BR
L  MD10             )
BTD                 NOT
T  MD20             = Q4.0
SET
```

说明：在启动转换信号 I0.0 有效时，将存于 MD10 中的 BCD 码转换为双整数，并存于 MD20 中。若转换没有执行，则输出位 Q4.0 为 1。

### 2. 实数和长整数间的转换

因为实数的数值范围远大于 32 位整数，所以有的实数不能成功地转换为 32 位整数。如果被转换的实数格式非法或超出了 32 位整数的表示范围，则在累加器 1 得不到有效结果，而且状态字中的 OV 和 OS 被置 1。实数和长整数间的转换指令及功能见表 3.14。

实数和长整数间的 STL 转换指令都是将累加器 1 中的实数化整为 32 位整数，因化整的规则不同，所以在累加器 1 中得到的结果也不一致。

**表 3.14  实数和长整数间的转换指令及功能**

| LAD | 参数 | 数据类型 | 存储区域 | 说明 | STL | 功能 |
|---|---|---|---|---|---|---|
| ROUND<br>EN ENO<br>IN OUT | EN | BOOL | I、Q、M、D、L | 使能输入 | RND | 将实数四舍五入为最接近的整数 |
| | ENO | BOOL | I、Q、M、D、L | 使能输出 | | |
| | IN | REAL | I、Q、M、D、L | 实数 | | |
| | OUT | DINT | I、Q、M、D、L | 四舍五入后的整数 | | |
| TRUNC<br>EN ENO<br>IN OUT | EN | BOOL | I、Q、M、D、L | 使能输入 | TRUNC | 取实数的整数部分（截尾取整） |
| | ENO | BOOL | I、Q、M、D、L | 使能输出 | | |
| | IN | REAL | I、Q、M、D、L | 实数 | | |
| | OUT | DINT | I、Q、M、D、L | 实数的整数部分 | | |

续表 3.14

| LAD | 参数 | 数据类型 | 存储区域 | 说明 | STL | 功能 |
|---|---|---|---|---|---|---|
| CEIL<br>EN ENO<br>IN OUT | EN | BOOL | I、Q、M、D、L | 使能输入 | RND+ | 将实数化整为大于或等于该实数的最小整数 |
| | ENO | BOOL | I、Q、M、D、L | 使能输出 | | |
| | IN | REAL | I、Q、M、D、L | 实数 | | |
| | OUT | DINT | I、Q、M、D、L | 上取整后的结果 | | |
| FLOOR<br>EN ENO<br>IN OUT | EN | BOOL | I、Q、M、D、L | 使能输入 | RND− | 将实数化整为小于或等于该实数的最大整数 |
| | ENO | BOOL | I、Q、M、D、L | 使能输出 | | |
| | IN | REAL | I、Q、M、D、L | 实数 | | |
| | OUT | DINT | I、Q、M、D、L | 下取整后的结果 | | |

需要注意的是：RND 指令是将实数化整为最接近的整数。对小数部分采用小于 5 舍，大于 5 入，若小数部分等于 5，则选择偶数结果。如 100.5 化整为 100，而 101.5 化整为 102。

**3. 数的取反、取补**

对累加器中的数求反码，即逐位将 0 变为 1，1 变为 0。对累加器中的整数求补码，则逐位取反，再对累加器中的内容加 1。对一个整数求补码相当于对该数乘以 −1，实数取反是将符号位取反。注意与计算机中反码、补码意义上的区别。数的取反取补指令及功能见表 3.15。

表 3.15 取反和求补指令表

| LAD | 参数 | 数据类型 | 存储区域 | 说明 | STL | 功能 |
|---|---|---|---|---|---|---|
| INV_I<br>EN ENO<br>IN OUT | EN | BOOL | I、Q、M、D、L | 使能输入 | INVI | 将累加器 1 低字中的 16 位整数求反码 |
| | ENO | BOOL | I、Q、M、D、L | 使能输出 | | |
| | IN | INT | I、Q、M、D、L | 输入值 | | |
| | OUT | INT | I、Q、M、D、L | 整数的二进制反码 | | |
| INV_DI<br>EN ENO<br>IN OUT | EN | BOOL | I、Q、M、D、L | 使能输入 | INVD | 将累加器 1 的双整数求反码 |
| | ENO | BOOL | I、Q、M、D、L | 使能输出 | | |
| | IN | DINT | I、Q、M、D、L | 输入值 | | |
| | OUT | DINT | I、Q、M、D、L | 双整数的二进制反码 | | |
| NEG_I<br>EN ENO<br>IN OUT | EN | BOOL | I、Q、M、D、L | 使能输入 | NEGI | 将累加器 1 低字中的 16 位整数求补码(取反码再加 1) |
| | ENO | BOOL | I、Q、M、D、L | 使能输出 | | |
| | IN | INT | I、Q、M、D、L | 输入值 | | |
| | OUT | INT | I、Q、M、D、L | 整数的二进制补码 | | |

续表 3.15

| LAD | 参数 | 数据类型 | 存储区域 | 说明 | STL | 功能 |
|---|---|---|---|---|---|---|
| NEG_DI<br>EN ENO<br>IN OUT | EN | BOOL | I,Q,M,D,L | 使能输入 | NEGD | 将累加器1的双整数求补码(取反码再加1) |
| | ENO | BOOL | I,Q,M,D,L | 使能输出 | | |
| | IN | DINT | I,Q,M,D,L | 输入值 | | |
| | OUT | DINT | I,Q,M,D,L | 双整数的二进制补码 | | |
| NEG_R<br>EN ENO<br>IN OUT | EN | BOOL | I,Q,M,D,L | 使能输入 | NEGR | 将累加器1中浮点数的符号位求反码 |
| | ENO | BOOL | I,Q,M,D,L | 使能输出 | | |
| | IN | REAL | I,Q,M,D,L | 输入值 | | |
| | OUT | REAL | I,Q,M,D,L | 对输入值求反的结果 | | |

### 4. 交换累加器1中字节的位置

CAW 指令将累加器1低字的高位字节和低位字节交换,高字不变。
CAD 指令将累加器1中的4个字节进行整字节交换。
指令执行前后累加器1的内容如表 3.16 所示。

**表 3.16 CAW、CAD 指令功能**

| CAW、CAD 指令 | ACCU1_H−H | ACCU1_H−L | ACCU1_L−H | ACCU1_L−L |
|---|---|---|---|---|
| CAW 指令执行前 | 数据 A | 数据 B | 数据 C | 数据 D |
| CAW 指令执行后 | 数据 A | 数据 B | 数据 D | 数据 C |
| CAD 指令执行前 | 数据 A | 数据 B | 数据 C | 数据 D |
| CAD 指令执行后 | 数据 D | 数据 C | 数据 B | 数据 A |

## 3.5.4 应用举例

### 1. 比较指令应用

【例 3.8】 用比较和计数器指令编写开关灯程序,要求灯控按钮 I0.0 按下 1 次,灯 Q4.0 亮;按下 2 次,灯 Q4.0,Q4.1 全亮;按下 3 次灯全灭,如此循环。

分析:在程序中所用计数器为加法计数器,当加到 3 时,必须复位计数器,这是关键。灯控制程序如图 3.61 所示。

说明:在程序的 Network1 中,以灯控按钮 I0.0 的正跳沿触发加计数器;在 Network2 中比较可知是第一次按下按钮,所以灯 Q4.0 亮;在 Network3 中是第二次按下按钮,所以灯 Q4.1 亮;在 Network4 中是第三次按下按钮,所以灯全灭。此时使 M0.0 通电,复位计数器。

# 第3章 S7-300/400 的编程语言与指令系统

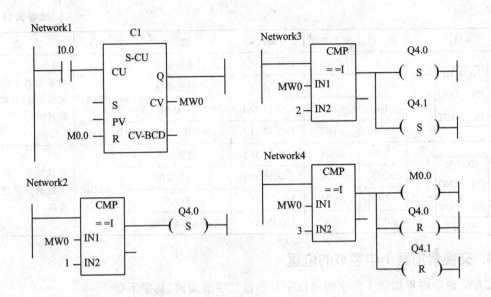

图 3.61 灯控制程序

这样保证程序能顺序执行。

**2. 转换指令应用**

【举例】将 101 英寸转换为以厘米为单位的整数,并送至 MW30 中。

STL 程序如下:

```
L    101      //装载16位常数
ITD           //转换为32位双整数
DTR           //转换为浮点数
L    2.54     //装载浮点数(转换比率)
*R            //将 in.转换成 cm
RND           //取整
T    MW30     //传输给 MW30 中
```

## 3.6 数学运算指令

### 3.6.1 算术运算指令

算术运算十分重要,因为一般的自动控制系统都需要 PID 控制器,其算法的实现离不开基本的算术运算。在 S7 中可以对整数、长整数和浮点数进行基本算术运算。这些指令是在累加器 1 和累加器 2 中进行的。其中,累加器 2 中的值作为被减数或被除数,累加器 1 则作为减数和除数,算术运算结果保存在累加器 1 中。CPU 在进行算术运算时,对 RLO 不产生影响。但算术运算的结果将对状态字的某些位产生影响,这些位是 CC0 和 CC1、OS、OV 位。在位操作指令或条件跳转指令中,经常对这些标志位进行判断来决定进行什么操作。

### 1. 整数算术运算指令

整数算术运算指令如表 3.17 所列。

**表 3.17 整数算术运算指令**

| 指令格式 | | | |
|---|---|---|---|
| 梯形图 | 方块上部符号 | 语句表指令 | 功能说明 |
| ADD_I<br>EN  ENO<br>IN1<br>IN2  OUT | ADD_I | +I | 将 IN1 和 IN2 中的 16 位整数相加 |
| | SUB_I | −I | 将 IN1 中的 16 位整数减去 IN2 中的 16 位整数 |
| | MUL_I | *I | 将 IN1 和 IN2 中的 16 位整数相乘,结果以 32 位整数输出 |
| | DIV_I | /I | 将 IN1 中的 16 位整数除以 IN2 中的 16 位整数 |
| MUL_DI<br>EN  ENO<br>IN1<br>IN2  OUT | ADD_DI | +D | 将 IN1 和 IN2 中的 32 位整数相加 |
| | SUB_DI | −D | 将 IN1 中的 32 位整数减去 IN2 中的 32 位整数 |
| | MUL_DI | *D | 将 IN1 和 IN2 中的 32 位整数相乘,结果以 32 位整数输出 |
| | DIV_DI | /D | 将 IN1 中的 32 位整数除以 IN2 中的 32 位整数,商输出 |
| | MOD | MOD | 将 IN1 中的 32 位整数除以 IN2 中的 32 位整数,余数输出 |
| 参数说明 | | | |
| 参 数 | 数据类型 | 存储区域 | 说 明 |
| EN | BOOL | I,Q,M,D,L | 输入使能 |
| ENO | BOOL | I,Q,M,D,L | 输出使能 |
| IN1 | INT/DINT | I,Q,M,D,L | 第一个参与运算的数 |
| IN2 | INT/DINT | I,Q,M,D,L | 第二个参与运算的数 |
| OUT | INT/DINT | I,Q,M,D,L | 存放运算结果 |

说明:① 表中没有完全列出梯形图的所有整数运算方块指令,其余的方块指令除了方块中的标识不同外,输入、输出格式相同,通过标识可以很容易地判断出整数运算的类型。

② 在梯形图指令中,若运算结果超出允许范围,OS 和 OV 均为 1,输出为 0。

**【例 3.9】** 用语句表实现字运算 MW4+MW6−2 的程序,其运算结果送入 MW10 中。

```
L   MW4     //将 MW4 装入累加器 1 中
L   MW6     //将 MW6 装入累加器 1 中,MW4 移入累加器 2
```

```
    +I            //相加
    +    L#-2     //减常数2
    T    MW10     //结果存入MW10中
```

**【例3.10】** 用梯形图实现运算$(10000×MD6)/27666$,结果存入MW10中。双整数运算梯形图实现如图3.62所示。

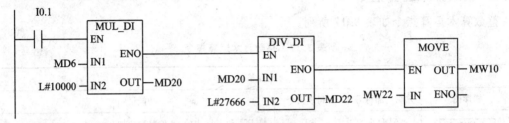

图3.62 双整数运算梯形图

说明:在I0.1得电时,才能进行运算。图中因为方块的并联,所以相互之间有嵌套关系。

**注意**:在运算中,存放于存储器中的数乘以10000后,可能超出16位整数范围,这时如果用MUL_I指令,运算结果为16位整数,明显不合适。所以,需要使用双字乘法指令MUL_DI。在进行除法运算时,虽然双字除法的运算结果仍然为双字,但本例中实际的运算结果没有超出16位整数的最大值,所以结果通过MOVE指令,只保留低字MW22中16位运算结果。

### 2. 浮点数算术运算指令

浮点数算术运算指令是对累加器1和累加器2中的32位IEEE格式的浮点数进行运算,运算结果存在累加器1中。浮点数运算指令如表3.18所列。

表3.18 浮点数运算指令

| 指令格式 | | | |
| --- | --- | --- | --- |
| 梯形图 | 方块上部符号 | 语句表指令 | 功能说明 |
| ADD_R<br>EN ENO<br>IN1<br>IN2 OUT | ADD_R | +R | 将IN1和IN2中的浮点数相加 |
|  | SUB_R | -R | 将IN1中的浮点数减去IN2中的浮点数 |
|  | MUL_R | *R | 将IN1和IN2中的浮点数相乘 |
|  | DIV_R | /R | 将IN1中的浮点数除以IN2中的浮点数 |
| SQRT<br>EN ENO<br>IN OUT | ABS | ABS | 将输入IN的浮点数值取绝对值 |
|  | SQR | SQR | 将输入IN的浮点数值取平方值 |
|  | SQRT | SQRT | 将输入IN的浮点数值取平方根值 |
|  | LN | LN | 将输入IN的浮点数值取自然对数 |
|  | EXP | EXP | 将输入IN的浮点数值取指数值 |

续表 3.18

| 梯形图 | 方块上部符号 | 语句表指令 | 功能说明 |
|---|---|---|---|
| COS<br>—EN  ENO—<br>—IN  OUT— | SIN | SIN | 求输入 IN 中以 rad 表示的角度值的正弦值 |
| | COS | COS | 求输入 IN 中以 rad 表示的角度值的余弦值 |
| | ASIN | ASIN | 求输入 IN 的浮点数的反正弦值 |
| | ACOS | ACOS | 求输入 IN 的浮点数的反余弦值 |
| | TAN | TAN | 求输入 IN 中以 rad 表示的角度值的正切值 |
| | ATAN | ATAN | 求输入 IN 中以 rad 表示的角度值的余切值 |
| 参数说明 | | | |
| 参 数 | 数据类型 | 存储区域 | 说 明 |
| IN | REAL | I、Q、M、D、L | 输入数据 |
| OUT | REAL | I、Q、M、D、L | 输入数据计算后的结果值 |

【例 3.11】 浮点数平方指令的使用。求存于 DB10.DBD0 的平方,并且将结果存于 DB10.DBD4 中。语句表程序如下:

```
OPN     DB10        //打开数据块 DB10
L       DBD0        //装载浮点数 DB10 中的 DBD0 于累加器 1 中
SQR                 //求平方
AN      OV          //如果运算正确
JC      OK          //转至 OK 处
BEU                 //否则,无条件停止
OK:T    DBD4        //正确结果传输到 DBD4 中
```

【例 3.12】 浮点数对数指令和指数指令的用法。计算 EXP(3 * LN(5)),并将结果存于 MW40。语句表程序如下:

```
L       L#5         //装载 32 位整数常数 5 于累加器 1 中
DTR                 //将其转换为浮点数
LN                  //取对数
L       3.0         //装载 32 位浮点数 3.0 于累加器 1 中,对数运算结果存于累加器 2 中
*R                  //与 3.0 进行浮点数相乘
EXP                 //取指数
RND                 //将浮点数结果转换为双整数
T       MW40        //存于 MW40 中
```

## 3.6.2 移位和循环移位指令

移位指令是将输入端 IN 中的内容向左或向右移动,分为有符号数的移位指令和无符号数的移位指令。移动位数在 LAD 指令中由输入值 N 确定,在 STL 指令中由累加器 2 中的值

## 第3章 S7-300/400 的编程语言与指令系统

或直接在移位指令中由常数给出。移位后空出的位填 0(无符号数的移位)或者符号位(有符号数的移位)。被移动的最后一位保存在状态字 CC1 中,可以使用条件跳转指令对 CC1 进行判断。对于无符号数的向左移位指令相当于将累加器或输入端的内容乘以 2 的 N 次方,向右移位指令相当于将累加器或输入端的内容除以 2 的 N 次方。

循环移位指令与一般的移位指令有所不同,它不仅移位,而且移位后空出的位填入从 IN 中移出的位,形成一个封闭的环。

在 S7-300 中,若移出(OUT)和移入(IN)为同一存储字或双字,即连续移位,则移位及循环移位指令必须与边缘触发指令结合使用,确保在使能输入信号 EN 的一个扫描周期内移位一次。否则,在输入信号 EN 的高电平期间,会移位许多次。这种移位及循环移位指令为微分类型移位及循环移位指令。

移位和循环移位指令的 LAD 方块格式如图 3.63 所示,STL 指令、梯形图方块上部的符号及移位功能列于表 3.19 中。

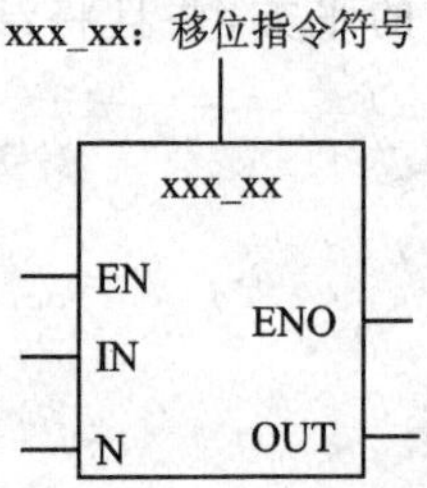

xxx_xx:移位指令符号

EN、ENO—使能输入、使能输出;

IN—待移位的数值(可以是 I、Q、M、D、L 字或双字),STL 指令则存在累加器 1 中;

N—要移位的位数(可以是 I、Q、M、D、L 字或常数),STL 指令则存在累加器 2 中或直接在指令中给出;

OUT—移位操作的结果(可以是 I、Q、M、D、L 字或双字),STL 指令则存在累加器 1 中

图 3.63 移位和循环移位方块指令格式

表 3.19 移位/循环功能各端子的数据类型及说明

| 名 称 | STL 指令 | 方块上部符号 | 功能说明 |
| --- | --- | --- | --- |
| 字左移(无符号数) | SLW | SHL_W | 字内容逐位左移,空出位填 0 |
| 字右移(无符号数) | SRW | SHR_W | 字内容逐位右移,空出位填 0 |
| 双字左移(无符号数) | SLD | SHL_DW | 双字内容逐位左移,空出位填 0 |
| 双字右移(无符号数) | SRD | SHR_DW | 双字内容逐位右移,空出位填 0 |
| 整数右移(有符号数) | SSI | SHR_I | 字内容逐位右移,空出位填符号位(最高位) |
| 双整数右移(有符号数) | SSD | SHR_DI | 双字内容逐位右移,空出位填符号位(最高位) |
| 双字左循环 | RLD | ROL_DW | 双字内容逐位左移,右边空出位填左边移出的位 |
| 双字右循环 | RRD | ROR_DW | 双字内容逐位右移,左边空出位填右边移出的位 |
| 双字左循环(带 CC1 位) | RLDA | | 累加器 1 整个内容带 CC1 位逐位左移 1 位,空位填从 CC1 移出的位 |
| 双字右循环(带 CC1 位) | RRDA | | 累加器 1 整个内容带 CC1 位逐位右移 1 位,空位填从 CC1 移出的位 |

下面举例说明移位和循环移位指令的使用。

## 1. 字左移指令

当使能输入端 EN=1 时,执行字左移指令。将来自输入端 IN 的字左移 N 位后,由 OUT 输出。N 端输入要移位的次数,如果 N 大于 16,则将 CC0 和 OV 位复位,并且输出端 OUT 输出为 0,移出的空位由 0 补充。字左移指令(N=6)的功能如图 3.64 所示。

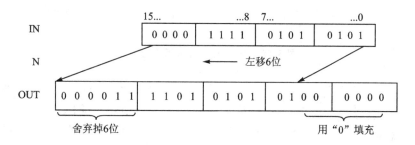

**图 3.64　16 位整数左移指令的功能**

例如:当 I0.0 为"1",将 IN(MW2)中的数向左移,N(MW4)中是所要移动的位数,如果没有超出范围,结果存放在 OUT(MW6)中,则 ENO 连接的 Q2.0 为"1",否则为"0"。图 3.65 是 16 位整数左移指令的功能示例。

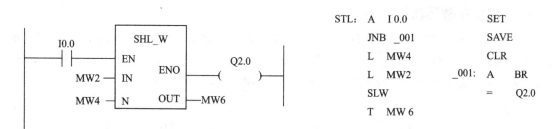

**图 3.65　16 位整数左移指令的功能示例**

## 2. 16 位整数右移指令

当使能输入端 EN=1 时,执行整数右移指令。将来自输入端 IN 的 16 位整数右移 N 位后,由 OUT 端输出。N 端输入要移位的次数,如果 N 大于 16,则其作用与 N=16 相同。移出的空位由符号位的状态填充,如果是正数,以 0 填充;如果是负数,以 1 填充。16 位整数右移指令的功能如图 3.66 所示。

例如:当 I0.0 为 1,将 IN(MW2)中的数向右移,N(MW4)中是所要移动的位数。如果没有超出范围,结果存放在 OUT(MW6)中,则 ENO 连接的 Q2.0 为 1,否则为 0。图 3.67 是 16 位整数右移指令的功能示例。

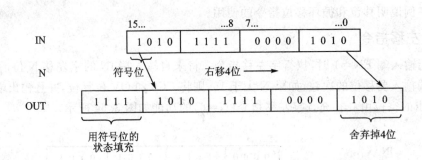

图 3.66 16 位整数右移指令的功能

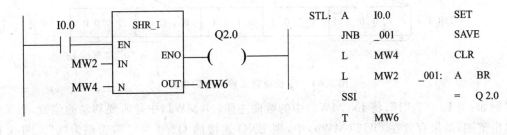

图 3.67 16 位整数右移指令的功能示例

## 3. 双字左循环移位指令

当使能输入端 EN=1 时,执行双字左循环移位指令。将来自输入端 IN 的 32 位双字左循环移位 N 位后,由 OUT 端输出。N 端输入要移位的次数,如果 N 不等于 0,则执行该指令后,CC0 和 OV 总是等于 0。32 位左循环指令的功能示例如图 3.68 所示。

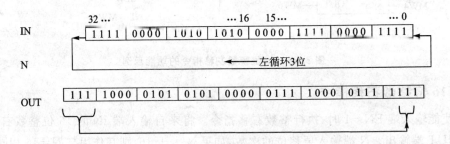

图 3.68 32 位左循环指令的功能

例如:当 I0.0 为 1,将 IN(MD0)中的数向左移,N(MW4)中是所要移动的位数,如果没有超出范围,结果存放在 OUT(MD10)中,则 ENO 连接的 Q2.0 为 1,否则为 0。图 3.69 是 32 位左循环指令的功能图。

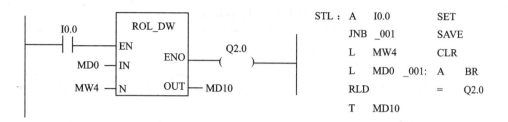

图 3.69　32 位左循环移位指令的功能示例

### 4. 32 位右循环指令

当使能输入端 EN＝1 时，执行双字右循环指令。将来自输入端 IN 的 32 位双字右循环 N 位后，由 OUT 端输出。N 端输入要移位的次数，如果 N 不等于 0，则执行该指令后，CC0 和 OV 总是等于 0。32 位右循环指令的功能示例如图 3.70 所示。

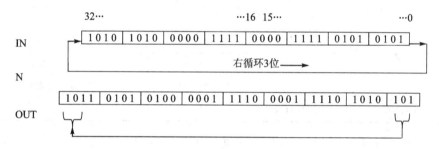

图 3.70　32 位左循环指令的功能

例如：当 I0.0 为 1，将 IN（MD0）中的数向右移，N（MW4）中是所要移动的位数，如果没有超出范围，结果存放在 OUT（MD6）中，则 ENO 连接的 Q2.0 为 1，否则为 0。图 3.71 是 32 位右循环指令的功能图。

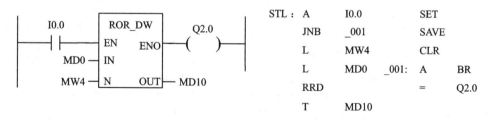

图 3.71　32 位右循环指令的功能示例

## 3.6.3　字逻辑运算指令

字逻辑运算指令如表 3.20 列。字逻辑运算结果存在累加器 1 中。

## 表3.20 辑运算指令

| 指令格式 | | | |
|---|---|---|---|
| 梯形图 | 方块上部的符号 | 语句表指令 | 功能说明 |
| WOR_W<br>EN ENO<br>IN1<br>IN2 OUT | WAND_W | AW | 将 IN1 和 IN2 中的字相与,结果保存到 OUT 中 |
| | WOR_W | OW | 将 IN1 和 IN2 中的字相或,结果保存到 OUT 中 |
| | WXOR_W | XOR | 将 IN1 和 IN2 中的字相异或,结果保存到 OUT 中 |
| WAND_DW<br>EN ENO<br>IN1<br>IN2 OUT | WAND_DW | AD | 将 IN1 和 IN2 中的双字相与,结果保存到 OUT 中 |
| | WOR_DW | OD | 将 IN1 和 IN2 中的双字相或,结果保存到 OUT 中 |
| | WXOR_DW | XOD | 将 IN1 和 IN2 中的双字相异或,结果保存到 OUT 中 |

| 参数说明 | | | |
|---|---|---|---|
| 参 数 | 数据类型 | 存储区域 | 说 明 |
| IN1 | WORD/DWORD | I,Q,M,D,L | 第一个逻辑操作值 |
| IN2 | WORD/DWORD | I,Q,M,D,L | 第二个逻辑操作值 |
| OUT | WORD/DWORD | I,Q,M,D,L | 逻辑操作结果 |

【例 3.13】 字与指令的使用举例。要求取出 QW10 中低 4 位值,并重新存于 QW10 中。
STL 语句表程序如下:

```
L    QW10          //装 QW10 于累加器 1 中
L    W#16#000F     //装 W#16#000F 于累加器 1 中,原累加器 1 的内容移至累加器 2 中
AW                 //累加器 1 中低字内容与 W#16#000F 相与
T    QW10          //取出低 4 位结果存于 QW10 中
```

【例 3.14】 运用字逻辑运算指令对输入 I12.0~I13.7 共 16 位输入进行跳变沿检测。
首先进行正跳沿检测,语句表程序如下:

```
L    MW10          //将输入位的上一个周期状态装入累加器 1 中
L    IW12          //将输入位当前状态装入累加器 1 中,上一周期状态移入累加器 2 中
T    MW10          //保存当前状态供下一周期使用
XOW                //异或操作,当前状态与前不同的位被置 1
L    MW10          //重新装入当前状态
AW                 //与操作,当前状态为 0 的位被清零
T    MW14          //将正跳沿结果送入 MW14 中
```

再进行负跳沿检测,语句表程序如下:

```
L    MW12         //将输入位的上一个周期状态装入累加器1中.
L    IW12         //将输入位当前状态装入累加器1中,上一周期状态移入累加器2中
T    MW12         //保存当前状态供下一周期使用
XOW               //异或操作,当前状态与前不同的位被置1
L    MW12         //重新装入当前状态
INVI              //将当前状态取反
AW                //与操作,当前状态为0的位被清零(正跳变沿被屏蔽)
T    MW14         //将负跳沿结果送入MW14中
```

## 3.6.4 累加器指令和地址寄存器指令

### 1. 累加器操作指令

累加器操作指令如表3.21所列。

表3.21 累加器操作指令

| 指令 | 说明 |
|---|---|
| TAK | 将累加器1和累加器2的内容交换 |
| PUSH | 压栈 |
| POP | 出栈 |
| INC | 将累加器1低字节内容加指定常数值,指令执行是无条件的,且不影响状态字 |
| DEC | 将累加器1低字节内容减指定常数值,指令执行是无条件的,且不影响状态字 |
| CAW | 交换累加器1低字中2个字节的顺序,累加器1的高字和累加器2不变 |
| CAD | 颠倒累加器1中4个字节的顺序,累加器2不变 |

S7-300的CPU中有2个累加器,而S7-400中有4个累加器。累加器组成一个堆栈,堆栈的数据按照"先进后出"的原则进行数据的存储。PUSH指令将堆栈中的各层数据依次下压,最低层数据丢失。如果有4个累加器,则累加器3中的内容复制到累加器4中,累加器2中的内容复制到累加器3中,依次类推。出栈过程则相反。

在编程中,循环执行某段程序十分常见,而INC指令在循环中的作用比较重要。下面说明INC的用法。

【例3.15】 下面程序完成从1~5共5个数的叠加。以MB10为变量进行循环处理,以MW30存储累加和,结果送入MW40中。

STL程序如下:

```
L    0
T    MW30         //给累加和MW30赋初值
```

# 第3章 S7-300/400的编程语言与指令系统

```
        L    1
        T    MB10        //给累加变量 MW10 赋初值
Label1: L    MW30
        L    MW10
        +I               //MW30 与 MW10 相加
        T    MW30        //结果送入 MW30 中
        L    MB10
        INC  1           //变量 MB10 加 1
        T    MB10
        L    MB10
        L    B#16#5      //MB10 与常数 5 比较
        <=I
        JC   Label1      //小于等于 5 则循环跳转至 Label1 处
        L    MW30        //否则,将累加和结果送入 MW40 中
        T    MW40
```

### 2. 地址寄存器指令

地址寄存器指令如表 3.22 所列。

表 3.22 地址寄存器指令

| 指令 | 操作数 | 说明 |
| --- | --- | --- |
| LAR1 操作数<br>LAR2 操作数 | 直接地址:MD、LD、DBD、DID、立即数 | 将操作数的内容装入地址寄存器 AR1(AR2)。如果无操作数,则为累加器 1 的内容 |
| TAR1 操作数<br>TAR2 操作数 | 直接地址:MD、LD、DBD、DID、另一地址寄存器 | 将装入地址寄存器 AR1(AR2)内容传送给操作数。如果无操作数,则传给累加器 1 |
| +AR1 | 无 | 指令没有指明操作数,则把累加器 1 中低字的内容加至地址寄存器 1 |
| +AR2 | 无 | 指令没有指明操作数,则把累加器 1 中低字的内容加至地址寄存器 2 |
| +AR1 操作数 | P#Byte.Bit | 把一个指针常数加至地址寄存器 1 |
| +AR2 操作数 | P#Byte.Bit | 把一个指针常数加至地址寄存器 2 |
| CAR |  | 交换 AR1、AR2 内容 |

**注意**:在没有指明操作数的地址寄存器指令中,若累加器中的内容为 16 位有符号数,则首先应将其扩充为 24 位数,并且符号保持不变,之后与地址寄存器中的低 24 位有效数字相加,而地址寄存器中的存储区域标识符(24~26 位)保持不变。

在使用地址寄存器加指令时,应保证累加器 1 或指针常数的正确格式。
语句表的具体用法如下:

```
L       +300           //将常数300装入累加器1中
+AR1                   //与累加器1中低字的内容相加,结果送到AR1中
+AR1    p#300.0        //AR1的内容加地址偏量,结果送入AR1中
```

## 3.7 控制指令

### 3.7.1 逻辑控制指令

逻辑控制指令是指逻辑块中的跳转和循环指令。在没有执行跳转和循环指令之前,各语句按先后顺序执行。这种执行方式称为线性扫描。而逻辑控制指令终止线性扫描后,跳转到目的地址。之后,程序再次开始线性扫描。

跳转指令有几种形式:无条件跳转指令、多分支跳转指令、与 RLO 和 BR 有关的跳转指令、与信号状态位有关的跳转指令、与条件码 CC0 和 CC1 有关的跳转指令。

对于逻辑控制指令,有以下几点说明:跳转指令不执行跳转指令和标号之间的程序;跳转可以从上到下,也可以从下到上;跳转指令可以用在 FB、FC、OB 中,但跳转指令和跳转标号必须在同一个块内(最大跳转长度=64 KB),所以不同逻辑块中的目标地址标号可以重名;同一块内,跳转目的地址只能出现一次;跳转和循环指令的操作数是地址标号,标号最多有4个字符;目的标号和目的指令之间用":"分隔;梯形图中目的地址标号必须在一个网络的开始。

逻辑控制指令如表 3.23 所列。

表 3.23 逻辑控制指令

| STL 指令 | LAD 指令 | 说 明 |
|---|---|---|
| JU 地址标号 | 地址标号<br>—┤( JMP )— | 无条件跳转 |
| JL 地址标号 | | 多分支跳转 |
| JC 地址标号 | 地址标号<br>———( JMP )— | 当 RLO=1 时跳转 |
| JCN 地址标号 | 地址标号<br>———( JMPN )— | 当 RLO=0 时跳转 |
| JCB 地址标号 | | 当 RLO=1,且 BR=1 时跳转,指令执行时将 RLO 保存在 BR 中 |
| JNB 地址标号 | | 当 RLO=1,且 BR=1 时跳转,指令执行时将 RLO 保存在 BR 中 |
| JBI 地址标号 | | BR=1 时跳转,指令执行时 OR、$\overline{FC}$ 清零,STA 置 1 |
| JNBI 地址标号 | | BR=0 时跳转,指令执行时 OR、$\overline{FC}$ 清零,STA 置 1 |
| JO 地址标号 | | OV=1 时跳转 |

**续表 3.23**

| STL 指令 | LAD 指令 | 说 明 |
|---|---|---|
| JOS 地址标号 | | OS=1 时跳转,指令执行时,OS 清零 |
| JZ 地址标号 | | 累加器 1 中计算结果为 0 时跳转(CC1=0,CC0=0) |
| JN 地址标号 | | 累加器 1 中计算结果非 0 时跳转(CC1=0 或 1,CC0=1 或 0) |
| JP 地址标号 | | 累加器 1 中计算结果为正(>0)时跳转(CC1=1,CC0=0) |
| JM 地址标号 | | 累加器 1 中计算结果为负(<0)时跳转(CC1=0,CC0=1) |
| JMZ 地址标号 | | 累加器 1 中计算结果小于等于 0(非正)时跳转(CC1=0 或 1,CC0=0) |
| JPZ 地址标号 | | 累加器 1 中计算结果大于等于 0(非负)时跳转(CC1=0,CC0=0 或 1) |
| JUO 地址标号 | | 浮点数溢出跳转(CC1=1,CC0=1) |
| LOOP 地址标号 | | 循环指令 |

**注意:**

① 多路分支跳转指令(JL)又叫跳转表格指令,它必须与无条件跳转指令(JU)联在一起使用,JU 指令紧随 JL 指令之后,是一系列跳转到某分支的指令。确定分支路径的参数存放于累加器 1 中。其工作情况示于图 3.72 中。

② 循环控制指令 LOOP 可以多次重复执行特定的程序段,重复执行的次数存在累加器 1 中,即以累加器 1 为循环计数器。LOOP 指令执行时,将累加器 1 低字节的值减 1,如果不为 0,则回到循环体处继续循环过程;否则,执行 LOOP 指令后面的指令。循环体是指循环标号和 LOOP 指令间的程序段。

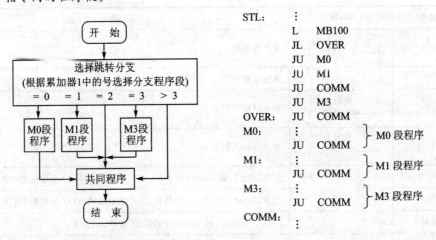

图 3.72 多路分支跳转指令的使用

由于循环次数不能是负数,所以程序应保证循环计数器的数为正整数(数值范围:0~

32767)或字型数据(数值范围:W♯16♯0000～W♯16♯FFFF)。

循环控制指令的使用如图 3.73 所示。

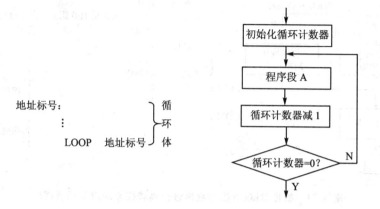

**图 3.73　循环指令 LOOP 的使用**

下面举例说明逻辑控制指令的用法。

【例 3.16】　用循环指令求 5 的阶乘。

STL 程序如下:

```
       L    L♯1      //将 32 位整数装入累加器 1 中,置阶乘的初值
       T    MD20     //保存入 MD20 中
       L    5        //循环次数装入累加器中
BB:    T    MW10     //循环次数保存于 MW10 中
       L    MD20
       *D            //MD20 与 MW10 中内容相乘
       T    MD20     //乘积结果存入 MD20 中
       L    MW10
       LOOP BB       //如果累加器中循环次数减 1 后大于 0,则跳转至 BB 处
       …             //循环结束后,继续线性扫描
```

【例 3.17】　根据 RLO 状态对程序进行跳转控制的应用。根据 RLO 状态对程序进行跳转控制的流程图如图 3.74 所示,满足这一要求的 STL 程序列在图旁。

【例 3.18】　如图 3.75 所示,如果输入 I0.0 与 I0.1 均为 1,则执行跳转指令,程序转移至标号 CAS1 处执行。跳转指令与标号之间的程序不执行。也就是说,即使 I0.3 为 1,也不令 Q4.0 置位。

## 3.7.2　主控继电器指令

主控继电器是梯形图逻辑的一种主控开关,用于控制信号流(电流路径)的通断。特别适

# 第3章 S7-300/400 的编程语言与指令系统

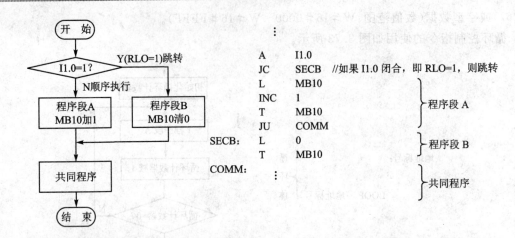

图 3.74 根据 RLO 状态对程序进行跳转控制的流程图及程序

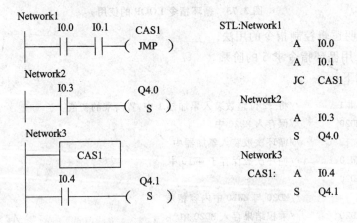

图 3.75 条件跳转指令的使用

用于对公共支路的编程。从电路观点看，相当于增加了一条受主控继电器通断的子母线。在 STEP 7 中，与主控继电器相关的指令主要有 4 条，如表 3.24 所列。

表 3.24 主控继电器指令

| LAD 指令 | STL 指令 | 说明 |
| --- | --- | --- |
| ─( MCRA )─ | MCRA | 激活 MCR 区,表示受主控继电器控制区的开始 |
| ─( MCRD )─ | MCRD | 结束 MCR 区,表示受主控继电器控制区的结束 |

续表 3.24

| LAD 指令 | STL 指令 | 说　明 |
|---|---|---|
| —( MCR< )— | MCR( | 打开主控继电器区,当 RLO=1 时接通子母线,其后的指令与子母线相连。在 MCR 堆栈中保存 RLO 值 |
| —( MCR> )— | )MCR | 关闭主控继电器区,无条件关断子母线,其后的指令与子母线无关。在 MCR 堆栈中保存 RLO 值 |

说明:① MCRA 和 MCRD 要成对出现。
② 主控继电器指令"MCR("和")MCR"在主控区内(即 MCRA 和 MCRD 指令之间)可起作用,即其间的指令将根据 MCR 位的状态进行操作。
③ 若在 MCRA 和 MCRD 指令之间有 BEU 指令,则 CPU 执行到此指令时也结束 MCR 主控区。
④ 若在接通的 MCR 区域中有块调用指令,接通状态不能延续到被调用的块中去,须重新激活 MCR 区,才能使指令根据 MCR 位操作。
⑤ "MCR("和")MCR"也必须成对使用,表示受控子母线的形成和停止。并且 MCR 指令可以嵌套使用,即在 MCR 区内又可用 MCR,允许最大嵌套数为 8 级。在 CPU 中有一个深度为 8 的 MCR 位堆栈,该堆栈用于保存建立子母线前的 RLO,以便在子母线中止时恢复该值。
⑥ 为避免人员及财产损失,不能使用 MCR 指令代替硬线的机械主控继电器来实现紧急停车功能。

主控指令在梯形图中的具体应用如图 3.76 所示。

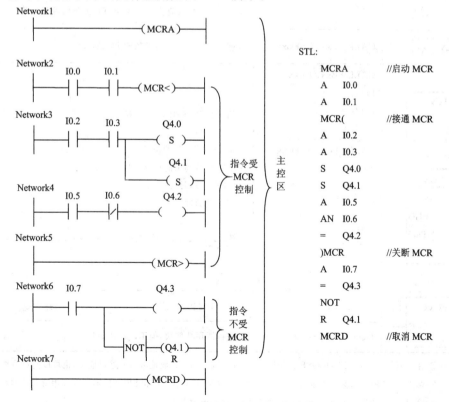

图 3.76　主控继电器的使用

说明：程序的 Network1 表示主控继电器功能启动。Network2 的 I0.0 以及 I0.1 为 Network2 到 Network4 的主控接点，当 I0.0 与 I0.1 的逻辑结果为 1，(MCR<) 与 (MCR>) 之间的程序正常执行；如果 I0.0 或 I0.1 中任意一个的值为 0，(MCR<) 与 (MCR>) 之间的区域无效。由于程序段 Network6 在 (MCR<) 与 (MCR>) 之外，因此该段程序不受 I0.0 以及 I0.1 的控制。(MCRD) 关闭主控电路继电器功能。

### 3.7.3 程序控制指令

程序控制指令是指对功能块（FB、FC、SFB、SFC）的调用指令和逻辑块（OB、OC、FC）的结束指令。调用块和结束块同样可以是无条件的，也可以是有条件的。而逻辑块在 STEP 7 中实际就是子程序，包括功能、功能块、系统功能和系统功能块。程序控制指令如表 3.25 所列。

表 3.25 程序控制指令

| 梯形图 | STL 指令 | 说　明 |
| --- | --- | --- |
| ─┤ ├─( RET ) | BEU | 无条件结束当前块的执行，将控制权返还给调用块 |
| ─┤ ├─( RET ) | BEC | RLO=1 结束当前块的执行，RLO=0 继续执行当前块 |
| FCxx ─( CALL )─ | CALL FCxx 或 SFCxx | 被调用的一般是不带参数的 FC 或 SFC |
| FCxx<br>EN　ENO<br>Par1　Par2<br>Par3<br><br>DBxx<br>FBxx<br>EN　ENO<br>Par1　Par2<br>Par3 | CALL FBxx, DBxx<br>Par1:=<br>Par2:=<br>Par3:=<br>CALL SFCxx 或 FCxx<br>Par1:=<br>Par2:=<br>Par3:=<br>CALL SFBxx, DBxx<br>Par1:=<br>Par2:=<br>Par3:= | 调用 FB、FC、SFB、SFC 的指令。只在调用 FB、SFB 时提供背景数据块 DBxx。<br>• DBxx：背景数据块号<br>• FBxx：被调用的功能块号<br>• FCxx：被调用的功能号<br>• EN：允许输入<br>• ENO：允许输出<br>• Par1、Par2、Par3 等：功能或功能块的 in、in-out、out 形参 |
| FCxx<br>EN　ENO | CC　FCxx | RLO=1 时执行调用（一般是 FC），但不能传递参数 |
| | UC FCxx 或 SFCxx | 无条件调用功能块，但不能传递参数 |

说明：① 在 CALL 指令中，FC、FB、SFC、SFB 是作为地址输入的，其地址可以是绝对地址，也可以是符号地址。
② 调用 FB、SFB 时，必须提供与之对应的背景数据块；而调用 FC 和 SFC 时，不需要调用背景数据块。
③ 在调用时，应将实参赋给调用功能中的形参，并确保数据类型相同。

【例 3.19】 FB 功能块的具体调用程序如下：

```
CALL        FB1,DB1       //调用 FB1,其背景数据块为 DB1
MAX:        =MW10         //MAX 为 FB1 定义的参数,MW10 的值赋值给 MAX
MIN:        =MW20         //MIN 为 FB1 定义的参数,MW20 的值赋值给 MIN
POWER_ON:   =I0.0         //将 I0.0 赋值给 FB1 参数 POWER_ON
POWER_OFF:  =I0.1         //将 I0.1 赋值给 FB1 参数 POWER_OFF
```

说明：程序中调用了背景数据块 DB1，并将实参（":="之后的变量）赋给形参（":="之前的变量）。

【例 3.20】 梯形图无条件调用、有条件调用及退出功能示例，如图 3.77 所示。

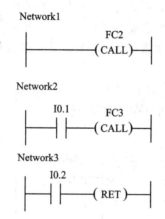

图 3.77 梯形图无条件调用和条件调用及退出

# 【本章小结】

S7-300/400 系列 PLC 的指令系统非常强大，本章介绍了梯形图编程语言 LAD 和语句表编程语言 STL。在 STEP 7 标准软件包中还包括功能块图编程语言 FBD。用户可以根据自己的喜好和习惯选择熟悉的编程语言。在编程过程中，可以方便地对这 3 种编程语言进行转换，但在有些情况下，不能实现全部转换（STL 的表达功能最强）。因此，在设计 S7 系列 PLC 的应用程序过程中，常常会出现几种编程语言同时出现在一个应用程序中的情况。

1. 位逻辑指令的编程是 PLC 应用领域中最具有代表性的应用，是所有其他指令应用的基础，可以在大多数场合下完成对开关量的控制。掌握位逻辑指令的编程思想和编程方法是学习本章内容的重点。

2. 数据装入与传送指令用于在各存储区域之间交换数据及存储区与过程输入/输出模块之间交换数据。CPU 在每次扫描中无条件地执行数据装入与传送指令，而不受 RLO 的影响。数据装入与传送指令涉及 PLC 的寻址方式和数据格式，是学习本章内容的难点。

3. 运算指令、移位指令和跳转指令的使用，大大增强了 PLC 的数据处理能力。

4. 控制指令用于优化控制程序结构，便于编写结构化控制程序，减少程序执行时间。

5. 系统功能模块是 S7 操作系统的组成部分，是集成在 CPU 中的功能程序库，用户可以根据需要，调用相应的系统功能模块，赋以有意义的参数，提高编程效率。

## 【复习思考题】

1. STEP 7 编程语言有几种基本型式？各有什么特点？
2. S5 与 S7 有几种定时方式？各是什么？
3. S7 系列 PLC 有几类比较功能？几种比较方式？各是什么？
4. S7 如何表示定时时间"18 s"？
5. 数据块的功能是什么？"CALL　FBxx.　DBXX"指令的意义是什么。
6. 写出如图 3.78 所示梯形图对应的 STL 指令。

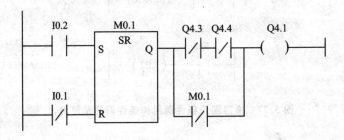

图 3.78　第 6 题图

7. 单按钮控制的要求是只用一个按钮就能控制一台电动机的启动和停止。控制的任务是按一次按钮，电动机启动；再按一次按钮，电动机停止。试利用置位和复位语句实现控制。

8. 设计三台电动机顺序启动和停止电路。要求在手动状态下，按手动启动按钮 I0.0，第一台电动机 Q0.4 启动运行，5 s 后第二台电动机 Q4.1 开始运行，6 s 后第三台电动机 Q4.2 开始运行。按手动停止按钮 I0.1，则第三台电动机先停，3 s 后第二台停，再过 3 s 第一台电动机停。

9. 完成如图 3.79 所示 STL 程序的时序，了解置位和复位语句的用法。
STL 程序为：

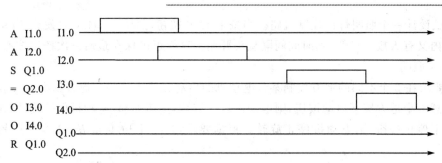

图 3.79 第 9 题图

10. 完成如图 3.80 所示 FBD 程序的时序,了解边沿触发语句的用法。

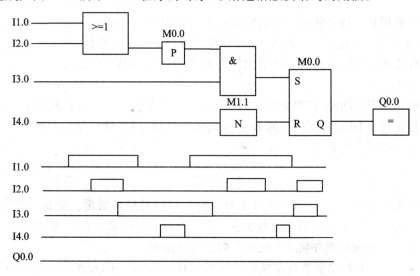

图 3.80 第 10 题图

11. 电动机顺序启动和停止的电路设计中,在自动运行按钮 I0.3 工作状态下,每间隔 5 s,一、二、三台电动机顺序启动;运行 20 s 后,每间隔 5 s,一、二、三台电动机顺序停止。如此循环。在紧急事故状态下(I0.4),三台电动机同时停止。

12. 试分析下列程序完成的功能,了解计算器的使用方法。

```
AN   I2.0            A    I2.0
A    I2.1            CD   C1
L    C#3             AN   I2.0
S    C1              AN   I2.1
A    I2.0            R    C1
A    I2.1            L    C1
CU   C1              T    MW0
```

13. 试设计一个照明灯的控制电路。当按下 I0.0 按钮，照明灯 Q4.0 可发光 30 s，如果在这段时间内又有人按下按钮，则时间间隔从头开始。这样可确保在最后一次按完按钮后，灯光可维持 30 s 照明。

14. 要求在 3 个不同的地方控制某台电动机的启动和停止。每个地方都有启动和停止按钮。在任意一个地方按下启动按钮，则电动机启动旋转，按钮弹起，电动机保持旋转；在任意一个地方按下停止按钮，则电动机停止旋转。根据要求，建立 I/O 变量表，并编制控制梯形图程序。

15. 用 I0.0 控制 Q0.0、Q0.1 和 Q0.2，要求：若 I0.0 闭合 3 次，Q0.0 亮；I0.0 再闭合 3 次，Q0.1 亮；若再闭合 3 次，Q0.2 亮；之后，I0.0 再闭合 1 次，Q0.0、Q0.1 和 Q0.2 都灭。如此循环进行。

16. 要求利用移位指令使 8 盏灯以间隔 0.2 s 的速度自左向右亮起，到达最右侧后，再自右向左返回最左侧。如此反复。I0.0=1 时移位开始，I0.0=0 时移位停止。

17. 编程实现把 DB10 的 DBW2 的内容左移 3 位后与 MW100 做加法运算，运算结果送入 DB12 的 DB10。

18. 编程实现下述功能：如果 DB5 的 DB100 的内容大于 0，程序转移执行 FC20。

19. 编程实现把 DB10/DBW2 的 BCD 数转换为整数，运算结果存入 MW20。

20. 编写完成下面的算式：

$$\frac{5\times 30-1}{50+1}$$

21. 易拉罐自动生产线上，需要统计出每小时生产的易拉罐数量。灌装易拉罐饮料一个接一个不断的经过计数装置。假设计数装置上有一个感应传感器，每当一听饮料经过时，就会产生一个脉冲。要求编制程序将 8 h 的生产数量统计出来。

22. 在题 21 中，易拉罐的数量存储在存储器 MW0～MW7 中，试编程找出其中最大的数。

# 第 4 章

# STEP 7 编程环境及使用

**主要内容:**
- STEP 7 软件与硬件接口
- STEP 7 软件包含的内容
- STEP 7 软件的安装与卸载
- STEP 7 软件的基本使用方法及创建自动化任务的步骤
- 使用 STEP 7 进行硬件组态的方法和步骤
- 符号表的定义及使用
- 逻辑块的生成及使用
- 存储器分类及使用
- 程序及数据的下载与上传
- STEP 7 中程序的调试方法
- 使用 STEP 7 对 S7-300/400 进行故障诊断的方法与步骤
- 参考数据的生成与使用

**重点和难点:**
- STEP 7 软件的基本使用方法及创建自动化任务的步骤
- 使用 STEP 7 进行硬件组态的方法和步骤
- 符号表的定义及使用
- 程序及数据的下载与上传
- STEP 7 中程序的调试方法
- 参考数据的生成与使用

## 4.1 STEP 7 简介

### 4.1.1 STEP 7 概述

STEP 7 是一种用于对西门子 SIMATIC 系列可编程逻辑控制器进行组态和编程的软件

## 第4章 STEP 7 编程环境及使用

包。它是 SIMATIC 工业软件的一部分。STEP 7 标准软件包有下列版本：

➢ STEP 7 Micro/DOS 和 STEP 7 Micro/Win，用于 SIMATIC S7 - 200 上的简化单机应用程序。

➢ STEP 7，应用在 SIMATIC S7 - 300/S7 - 400、SIMATIC M7 - 300/M7 - 400 以及 SIMATIC C7 系列 PLC 上，它具有更广泛的功能，是供它们编程、监控和参数设置的标准工具，主要包括：硬件组态和参数设置、通信组态、编程、系统的启动和维护、系统测试和诊断等。另外 STEP 7 中的转换程序可以将 STEP 5 或 TISOFT 生成的程序转换为 STEP 7 程序。

STEP 7 中用 SIMATIC 管理器通过项目来管理一个自动化系统的硬件和软件，使用 SIMATIC 管理器可以方便地浏览 SIMATIC S7、C7、M7 和 WinAC 的数据，实现 STEP 7 各种功能所需要的 SIMATIC 软件工具都集成在 STEP 7 中。

STEP 7 具有强大的联机在线帮助功能，在 STEP 7 环境中，通过用鼠标打开或选中某一对象，按 F1 键就可以得到该对象的在线帮助。

STEP 7 有多种版本，本书对 STEP 7 的讲解是针对 STEP 7 V5.3 版的。

与以前版本的 STEP 7 相比，STEP 7 V5.3 增加了如下一些新的功能特性：

① 安装。STEP 7 V5.3 的用户权限将不再通过授权来提供，而是通过许可证密钥来提供。许可证密钥将在自动许可证管理器中进行管理，不再使用 AuthorsW 程序。

② 打印。所有应用程序中的页面尺寸和页面布局（页眉和页脚）现在均可使用菜单命令"文件"（或特定应用程序中的相应菜单项）→"页面设置"进行指定。这将不再一定要在 SIMATIC 管理器中集中完成。

③ SIMATIC 管理器。"比较块"对话框现在具有选项"比较详细资料"。要为进行比较的块选择路径，可单击"选择"按钮。在"MMC 上的文件"文件夹中显示已保存到 MMC 或存储卡的数据，该文件夹位于块文件夹下。对于库，增加了新的符号。所有由用户创建的 F 库，原来只能运行在 F 系统上，现在均支持。为创建 F 库，可选择"文件"→"新建"→"库"菜单命令。在显示的"新项目"对话框中，选择"F 库"复选框。选择菜单命令 PLC →"诊断/设置"→"节点闪烁测试"，能够通过闪烁的 FORCE LED 灯来识别直接连接到编程设备(PG)/PC 的节点。

④ 对 LAD/STL/FBD 块编程。"块的调用环境"对话框现在将允许通过引用数据显示中的交叉引用功能来手动输入先前没有检测到的调用路径。如果程序编辑器显示了当前的块状态，则现在可按十进制、十六进制或浮点格式显示 LAD 和 FBD 语言下的当前状态值。在选择"选项"→"自定义"之后，在显示的对话框中单击"常规"标签，指定每当达到可监控的块的最大数目时，是否应自动改变块的程序状态。

⑤ 符号表。在符号表内部，可选择和编辑连续区。这表示可复制和/或剪切部分符号表，并将其插入到另一个符号表中，或按要求将其删除。

⑥ 组态和诊断硬件。先前的"H"可选软件包"S7 - 400H 容错系统"将不再作为一个单独

的可选软件包提供；取而代之，现在已将其集成在 STEP 7 V5.3 中。要打开相关的电子手册"S7-400H 容错系统"，可在任务栏中选择"启动"→SIMATIC→"文档"。块库"冗余 IO"包含了用于支持冗余 I/O 设备的块。现在可在硬件目录中搜索所期望的组件或任意的文本字符串，可直接通过 Internet 地址搜索关于模块和组件的信息（产品支持、FAQ）。假如有可供使用的关于模块的信息，您将被带到包含有信息选择的页面。为此，可从硬件目录中或在模块机架上选择所需要的模块，右击打开关联菜单，上面列出了可用的信息选项。现在已支持具有新功能的模块：可将参数分配给 ET 200S 的"选项处理"新功能，可给出 CPU 41x-xxx 40 的位置标识号。

⑦ 组态网络和连接。NCM S7 工业以太网和 NCM S7 PROFIBUS，作为 S7 CP 的组态工具，现在已不再是单独的软件包，而是随 STEP 7 V5.3 一起自动安装。网络视图现在可以切换为具有较小子网长度的视图，这样将提供一个更清晰的项目概况，特别是那些带有许多站的视图。CPU 317-2 PN/DP 可通过集成的 PROFInet 接口作为客户机进行 S7 通信。可在标准库中查找到通信块。错误和警告现在均显示在一个新打开的输出窗口中，用于进行一致性测试，该窗口已按列进行了结构化处理，并具有用于对错误位置进行定位、显示与特定消息有关的帮助以及用于打印的菜单命令。连接（包括跨越项目间连接）均可从具有"编译和下载对象"功能的中央点下载。如果用作起始点的对象是一个多项目，那么连接涉及的所有站均将自动下载，而不管站位于哪一个项目中。

⑧ 标准库。使用创建保留或非保留数据块的 SFC85 块以及用于 PROFInet 通信的 SFC112、SFC113 和 SFC114，已经对标准库"系统功能块"进行了扩展。使用用于 CPU 317-2 PN/DP（CPU_300）的 S7 通信的块，对标准库"通信块"进行了扩展。

⑨ 过程诊断。新的"过程诊断"→"导入模板"菜单命令能够将用于过程监控的模板导入到 S7-PDIAG 中。

⑩ 管理多语言文本。使用 STEP 7 V5.3，除了 CSV 格式外，还可使用 XLS 格式作为导出格式。

## 4.1.2 STEP 7 与硬件的接口

图 4.1 是 S7 系列 PLC 硬件和软件组合示意图。为了在计算机上使用 STEP 7 软件，需要在计算机上配置 MPI 通信接口卡或工业以太网通信接口卡或 PC/MPI 通信适配器。

PC/MPI 通信适配器用于将安装了 STEP 7 软件的计算机通过 RS-232C 接口和 PLC 的 MPI 网络连接；CP 5611、CP 5511、CP 5512 等 MPI 通信接口卡可以将计算机连接到 PLC 的 MPI 或 PROFIBUS 网络，以下传或上载 PLC 用户程序和组态数据；使用 CP 1512 或 CP 1612 工业以太网接口卡可以通过以太网实现计算机与 PLC 的通信。

计算机上安装了 STEP 7 软件后，选择 Options→Setting the PG/PC Interface 菜单命令打开 Setting the PG/PC Interface 对话框，然后在中间的选择框中选择实际使用的硬件接口，

# 第4章 STEP 7 编程环境及使用

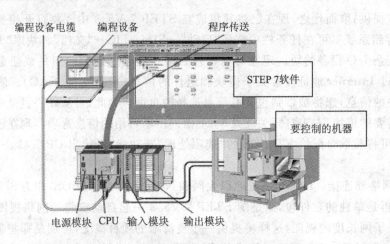

图 4.1 S7 系列 PLC 硬件和软件组合示意图

或单击 Select 按钮,打开 Install/Remove Interface 对话框,安装上述选择框中没有列出的硬件接口的驱动程序。单击 Properties 按钮,可以设置计算机与 PLC 通信的参数。

## 4.1.3 STEP 7 的安装与组成

**1. STEP 7 标准软件包**

无论想从编程开始还是想从硬件配置开始,首先必须安装 STEP 7。如果使用的是 SIMATIC 编程设备,则 STEP 7 事先已经安装完毕。在编程设备或者 PC 上安装 STEP 7 软件时,如果该设备以前没有安装过 STEP 7,则要注意安装 STEP 对软件和硬件的要求。这些要求可以在 STEP 7 光盘的 Readme.wri 文件中找到,该文件所在的路径为<驱动器>:\STEP 7\Disk1。

集成在 STEP 7 中的 SIMATIC 编程语言符合 EN 61131.3 标准。该标准软件包符合面向图形和对象的 Windows 操作原则,在 Windows 2000 专业版(简称为 Windows 2000)以及 MS Windows XP 专业版(简称为 Windows XP)操作系统中运行。STEP 7 软件用户界面的设计符合最先进的人类工程学,且易于入门。STEP 7 软件产品文档提供有在线帮助和 PDF 格式电子手册中的所有在线信息。

STEP 7 包括标准软件包和扩展软件,扩展软件不包含在标准软件包中,如要使用扩展软件,需单独购买。

STEP 7 标准软件包包含一系列的应用程序和工具,如图 4.2 所示。它们支持自动化项目创建的各个阶段,如建立和管理项目;为硬件和通信组态并分配参数,管理符号,创建程序;将程序下载到可编程控制器;测试自动化系统;诊断设备故障等。这些应用程序和工具都集成在一个统一的 SIMATIC 管理器界面中,使用时无须分别打开,当选择相应的功能或打开一个对象时,它们会自动启动。

图 4.2　STEP 7 标准软件包

### 1) SIMATIC 管理器

SIMATIC Manager(SIMATIC 管理器)界面如图 4.3 所示,它可以管理一个自动化项目中的所有数据,而无论其设计用于何种类型的可编程控制系统(S7/M7/C7)。编辑数据所需的工具由 SIMATIC 管理器自动启动。

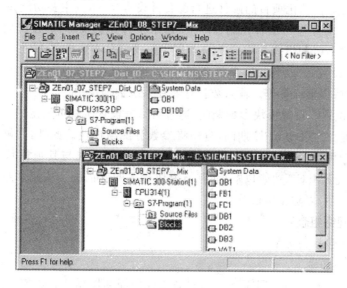

图 4.3　SIMATIC 管理器界面

### 2) 符号编辑器

通过符号编辑器,可以管理所有共享符号。符号编辑器提供下列功能:给过程信号(输入/输出)、位存储器以及块设置符号名称和注释;排序功能。其他工具都可使用该工具创建的符号表。因此,符号属性的任何变化都可被所有工具自动识别。

### 3) 硬件诊断

该功能可以快速浏览可编程控制器的状态以及指示各个模块是否发生故障。双击故障模块可显示关于故障的详细信息,如显示模块的常规信息(如订货号、版本、名称)以及模块状态(如故障状态)、I/O 和 DP 从站的模块故障(如通道故障),显示来自诊断缓冲区的消息等。对于 CPU,则还可以显示下列附加信息:处理用户程序期间发生故障的原因,显示周期持续时间

## 第4章 STEP 7 编程环境及使用

(最长、最短以及最后一个周期)、MPI 通信概率和负载，显示性能数据（输入/输出、位存储器、计数器、计时器和块的可能数目）等。

**4) 编程语言**

S7-300 和 S7-400 的编程语言梯形图、语句表和功能块图是标准软件包的一个重要组成部分。梯形图（或 LAD）是 STEP 7 编程语言的图形表示；语句表（或 STL）是 STEP 7 编程语言的文本表示，与机器代码相似。如果用语句表书写程序，则每条指令都与 CPU 执行程序的步骤相对应，为便于编程，语句表已经扩展到包括一些高级语言结构（如结构化数据访问和块参数）。功能块图（FBD）是 STEP 7 编程语言的图形表示，使用布尔代数惯用的逻辑框表示逻辑功能，复杂功能（如算术功能）可直接结合逻辑框表示。其他编程语言则作为选件包提供。

**5) 硬件配置**

使用该工具可对自动化项目的硬件进行配置并设置参数，其主要功能如下：

① 硬件组态。要组态可编程控制器，可从目录中选择机架，然后在机架插槽中插入所选模块。组态分布式 I/O 与组态集中式 I/O 相同。也支持具有通道式 I/O。

② CPU 参数设置。分配 CPU 参数期间，可以设置属性，如启动特性和通过菜单导航的扫描周期监控，支持多值计算等。输入数据存储在系统数据块中。

③ 模块参数设置。设置模块参数期间，通过对话框设置所有可设定的参数。不需要通过 DIP 开关进行设置。在启动 CPU 期间，自动将参数分配给模块。此外，在硬件配置工具中可将参数分配给功能模块（FM）和通信处理器（CP），其分配方式与其他模块完全相同。每个 FM 和 CP（包含在 FM/CP 功能包中）都有与模块有关的对话框和规则。系统在对话框中只提供有效性检查选项，以防止错误输入。

**6) NetPro（网络组态）**

网络组态主要包括：

① 连接的组态和显示。

② 设置通过 MPI 或 PROFIBUS 连接设备之间的周期性循环数据传送。操作如下：选择通信节点，在表中输入数据源和目标数据，自动产生要下载的所有块（SDB），并自动完全下载到所有 CPU 中。

③ 设置通过 MPI、PROFIBUS 或工业以太网实现的基于事件驱动的数据传送。操作如下：设置通信连接，从集成的块库中选择通信或功能块，以选定的编程语言将参数分配给选中的通信或功能块。

### 2. STEP 7 的扩展软件选项包

可以由扩展软件选项包扩展 STEP 7 标准软件包功能，扩展软件选项包不包含在标准软件包中，使用时需要单独购买。扩展软件选项包分成下列 3 类软件：

➢ 工程工具，这些工具为高级编程语言以及技术含量较高的软件。

## 第4章 STEP 7 编程环境及使用

> 运行时软件，这些软件包含现货供应软件，用于生产过程。
> 人机界面(HMI)，该软件专门用于操作员监控。

表 4.1 列出了不同可编程控制系统可使用的软件。

表 4.1 不同可编程控制系统可使用的软件表

| 扩展软件 | STEP 7 系列产品 | | |
|---|---|---|---|
| | S7－300/400 | M7－300/400 | C7－620 |
| 工程工具 | | | |
| Borland C/C++ | | o | |
| CFC | +① | + | +② |
| DOCPRO | + | +③ | + |
| HARDPRO | + | | |
| M7 ProC/C++ | | o | |
| S7 GRAPH | +① | | +② |
| S7 HiGraph | + | | |
| S7 PDIAG | + | | |
| S7 PLCSIM | + | | |
| S7 SCL | + | | + |
| Teleservice | + | + | + |
| 运行时软件 | | | |
| 模糊控制 | + | | + |
| M7 - DDE 服务器 | | + | |
| M7 - SYS RT | | o | |
| 模块化 PID 控制 | + | | + |
| PC - DDE 服务器 | + | | |
| PRODAVE MPI | + | | |
| 标准 PID 控制 | + | | + |
| 人机界面 | | | |
| ProAgent | | | |
| SIMATIC ProTool | | | |
| SIMATIC ProTool/Lite | | | o |
| SIMATIC WinCC | | | |

o 强制；+ 可选；① 建议用于 S7－400 以上；② 不建议用于 C7－620 以上；
③ 不用于 C 程序。

## 第4章 STEP 7 编程环境及使用

**1) 工程工具**

工程工具是面向任务的工具，可用来扩展标准软件包，如图 4.4 所示。工程工具包括：
- 程序员使用的高级语言；
- 技术员使用的图形语言；
- 用于诊断、模拟、远程维护和设备文档等的辅助软件。

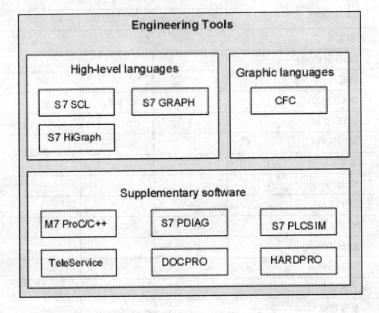

图 4.4 工程工具

① 高级语言。下列语言在选件包中提供，可对 SIMATIC S7-300/S7-400 可编程逻辑控制器进行编程：
- S7 GRAPH 是用于对顺序控制(步和转移)进行编程的编程语言。在该语言中，过程被顺序分成步，步包含控制输出的动作。由转移条件控制从一个步到另一个步的转移。
- S7 HiGraph 是一种编程语言，以状态图的形式描述异步、非顺序过程。为此，设备可分成几个独立功能单元，每个功能单元可处于不同状态。可通过在图形之间交换消息而使这些功能单元同步。
- S7 SCL 是符合 EN 61131.3 (IEC 1131.3)标准的基于文本的高级语言。它的语言结构与编程语言 C 和 Pascal 相似。因此，S7 SCL 尤其适用于熟悉高级语言编程的用户使用。比如，S7 SCL 可用于编程复杂或频繁发生的功能。

② 图形语言。用于 S7 和 M7 的 CFC 是以图形方式互连功能的编程语言。这些功能涉及范围非常大，从大量简单逻辑操作直至复杂控制和控制电路。在库中以块的形式提供大量该类功能块。通过将块复制到图表中，并用连接线将这些块互连，来进行编程。

③ 辅助软件。辅助软件包括：
- Borland C++（仅适用于 M7）包含 Borland 开发环境。
- 通过 DOCPRO，可以将 STEP 7 创建的所有组态数据组织为接线手册，这使得组态数据的管理更为容易，并可根据特定要求准备打印信息。这些项接线手册便于管理组态数据，并可根据特定要求准备打印信息。
- HARDPRO 是带用户支持的 S7-300 的硬件配置系统，用于组态大型复杂自动化任务。
- M7 Pro C/C++（仅适用于 M7）允许将编程语言 C 和 C++的 Borland 开发环境集成到 STEP 7 开发环境中。
- 可以使用 S7 PLCSIM（仅适用于 S7）模拟连接到编程设备或 PC 的 S7 可编程控制器，以进行测试。
- S7 PDIAG（仅适用于 S7）允许标准化组态 SIMATIC S7-300/400 的过程诊断。过程诊断允许检测 PLC I/O 的故障和故障状态（例如，没有到达限位开关）。
- TeleService 是一种解决方案，可通过 PG/PC 的远程通信网络，对远程 S7 和 M7 PLC 进行在线编程和维护。

2）运行时软件

运行时软件如图 4.5 所示，提供可在用户程序中调用的即时使用的解决方案，直接在自动化解决方案中执行。它包括：
- 用于 SIMATIC S7 的控制器，如标准、模块化和模糊逻辑控制；
- 用于链接可编程控制器与 Windows 应用程序的工具；
- 用于 SIMATIC M7 的实时操作系统。

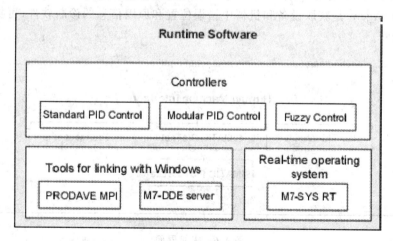

图 4.5　运行时软件

① 用于 SIMATIC S7 的控制器

标准 PID 控制允许将闭环控制器、脉冲控制器以及步骤控制器集成到用户程序中。带集成控制器设置的参数分配工具允许设置控制器，可在极短时间内优化使用。

如果简单 PID 控制器不足以解决自动化任务，请使用模块化 PID 控制。可以互连所包含的标准功能块，创建几乎任何一种控制器结构。

通过模糊控制，可以创建模糊逻辑系统。如果不能对过程进行数学定义或定义太过复杂，或者过程和顺控器没有按预期响应，或者发生线性化错误，或者同时又提供关于过程的信息，那么请使用这些系统。

② 用于链接 Windows 的工具

PRODAVE MPI 是 SIMATIC S7、SIMATIC M7 和 SIMATIC C7 之间过程数据通信量的工具栏，它自动控制通过 MPI 接口的数据流量。

M7 DDE 服务器(动态数据交换)可用于将 Windows 应用程序链接到 SIMATIC M7 中的过程变量，而无需另外编程。

③ 实时操作系统

M7-SYS RT 包含操作系统 M7 RMOS 32 和系统程序，这是 SIMATIC M7 数据包使用 M7-ProC/C++ 和 CFC 的前提条件。

**3) 人机界面**

人机界面(HMI)如图 4.6 所示，是西门子专门设计的用于在 SIMATIC 中进行操作员监控的软件。开放式过程可视化系统 SIMATIC WinCC 是一个标准的操作员接口，包含所有可在任何工业领域、结合任何技术使用的重要的操作员监控功能。SIMATIC ProTool 和 SIMATIC ProTool/Lite 是用于组态 SIMATIC 操作面板(OP)和 SIMATIC C7 紧凑型设备的现代工具。ProAgent 是获取设备和机器中错误位置和原因信息的诊断软件，可提供快速、有针对的过程诊断。

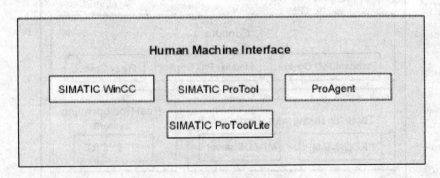

图 4.6 人机界面

## 3. STEP 7 的安装

### 1) 安装要求

操作系统：Microsoft Windows 2000 或 Windows XP。

基本硬件：包含下列各项的编程设备或 PC。

➢ 奔腾处理器（主频 233 MHz 以上）；

➢ 至少 128 MB RAM；

➢ 彩色监视器、键盘和鼠标，Microsoft Windows 支持所有这些组件。

编程设备（PG）是具有特殊紧凑型设计、用于工业用途的 PC。它配备齐全，可用来对 SIMATIC PLC 进行编程。

硬盘空间：在 STEP 7 将要安装的硬盘上至少有 100 MB 以上的剩余空间。

MPI 接口（可选）：只有在 STEP 7 下通过 MPI 与 PLC 通信时才要求使用 MPI 接口来互联 PG/PC 和 PLC。此时需要：

➢ 1 个 PC 适配器以及 1 根与设备通信端口相连的调制解调器（RS-232）；

➢ 在设备中安装 MPI 通信接口卡（例如 CP 5611）；

➢ PG 装配有 MPI 接口。

外部存储器（可选）：只有在通过 PC 编程 EPROM 时，才要求使用外部存储器。

### 2) 安装步骤

STEP 7 安装程序可自动完成安装，通过菜单可控制整个安装过程。可通过标准 Windows 2000/XP 操作系统安装程序执行安装。安装的主要步骤为：将数据复制到编程设备中；组态 EPROM 和通信驱动程序；输入标识号；安装许可证密钥（如果需要）。

西门子编程设备发货前已经在硬盘上存储了可即时安装的 STEP 7 软件。

### 3) 安装过程

① 安装准备。开始安装软件之前，必须首先启动操作系统（Windows 2000/XP）。如果已经在 PG 的硬盘上保存有可安装的 STEP 7 软件，那么不需要外部存储介质。若要从 CD-ROM 中安装，请在 PC 的 CD-ROM 驱动器中插入 CD-ROM。

② 启动安装程序。按如下所述操作安装软件：插入 CD-ROM，双击 SETUP.EXE 文件；按照屏幕上安装程序的逐步指示进行安装。该程序引导您完成安装的所有步骤。可以前进到下一步或返回上一步。安装期间，对话框提示从显示的选项中进行选择。

③ 如果已经安装某一种版本的 STEP 7，或安装程序在编程设备上检测到其他版本的 STEP 7，则会显示相应消息。然后可以选择：

➢ 中止安装（从而可以在 Windows 下卸载旧 STEP 7 版本然后重新启动安装）；

➢ 继续执行安装，覆盖以前版本。

为进行良好的软件管理，始终应该在安装新版本之前卸载任何旧版本。这是因为用新版

## 第4章 STEP 7 编程环境及使用

本覆盖旧版本时,旧版本的一些组件可能不能删除。

④ 安装选项。选择安装选项提供3个选项来选择安装范围:
- 标准安装。用于用户界面的所有对话框语言、所有应用以及所有实例。请参见当前产品信息,获取该类型组态所要求的存储器空间信息。
- 基本安装。只有一种对话框语言,没有实例。请参见当前产品信息,获取该类型组态所要求的存储器空间信息。
- 用户自定义("自定义")安装。您可以确定安装范围,如程序、数据库、实例和通信功能。

⑤ ID号。在安装期间,会提示输入一个ID号(可在软件产品证书或许可证密钥软盘中获得)。

⑥ 安装许可证密钥。安装期间,安装程序还检查是否在硬盘上安装了相应的许可证密钥。如果没有找到有效的许可证密钥,将会显示一条消息,指示必须具有许可证密钥才能使用该软件。根据需要,可以立即安装许可证密钥或者继续执行安装、以后再安装许可证密钥。如果希望马上安装许可证密钥,那么在提示插入授权软盘时,请插入授权软盘。详见"自动化许可证管理器"。

⑦ PG/PC接口设置。安装期间,会显示一个对话框,在此对话框中可以将参数分配给编程设备/PC接口。PG/PC接口也可以在安装完成后重新设置,详情请参见"设置PG/PC接口"。

⑧ 将参数分配给存储卡。安装期间,会显示一个对话框,可以将参数分配给存储卡。如果不使用存储卡,则不需要EPROM驱动程序。选择"无EPROM 驱动程序"选项。否则,选择适用于PG的条目。如果使用PC,请选择外部编程器的驱动程序。在此,必须指定连接该编程器的端口(例如,LPT1)。通过在STEP 7程序组或控制面板中调用"存储卡参数分配"程序,可以在安装后修改设定的参数。

⑨ 闪存文件系统。在分配存储卡参数的对话框中,可以选择安装闪存文件系统。例如,在SIMATIC M7下,当将单个文件写入到EPROM存储卡,而不修改存储卡的其他内容时,要求使用闪存文件系统。如果使用合适的编程设备(PG 720/PG 740/PG 760、现场PG和专业PG)或外部编程器,并希望使用闪存功能,那么请安装闪存文件系统。

⑩ 安装期间的错误。如果安装期间出现错误,可能由于下列原因导致取消安装:
- 如果在启动安装之后立即发生初始化错误,那么极有可能没有在Windows下启动安装。
- 硬盘空间不足。不管安装范围如何,标准软件安装的最小剩余硬盘空间要求为100 MB。
- 故障CD-ROM。如果CD发生故障,请与当地的西门子代表处联系。
- 操作员错误。仔细按照指示,重新启动安装。

完成安装后屏幕消息会报告安装成功,同时会自动建立STEP 7程序组。如果在安装期间修改了系统文件,则会提示重启 Windows。重启(热启动)后,即可以启动和使用 STEP 7 应用程序、SIMATIC 管理器。

**4) STEP 7 的卸载**

使用标准 Windows 方法,卸载 STEP 7,具体步骤如下:

① 在"控制面板"中双击"添加/删除程序"图标,启动 Windows 软件安装对话框。

② 在已安装软件的显示列表中选择 STEP 7 条目,单击"添加/删除"按钮。

③ 出现"删除共享文件"对话框时,如果不确定,则请单击"否"按钮。

**5) 设置 PG/PC 接口**

通过 PG/PC 接口设置,可以组态 PG/PC 和 PLC 之间的通信。安装期间,将显示一个对话框,可以将参数分配给 PG/PC 接口。也可以在 STEP 7 程序组中调用"设置 PG/PC 接口",在安装后打开该对话框。这样可以在安装以后修改接口参数,而与安装无关。

① 基本步骤。要操作接口,必须执行下列各项:在操作系统中组态;合适的接口组态 。

如果使用带 MPI 卡或通信处理器(CP)的 PC,那么应该在 Windows 的"控制面板"中检查中断和地址分配,确保没有发生中断冲突,也没有地址区重叠现象。在 Windows 2000 和 Windows XP 中,不再支持 ISA 组件 MPI-ISA 卡,因此安装时不再提供该组件。

为简化将参数分配给 PG/PC 接口,对话框将显示默认的基本参数设置(接口组态)选择列表。

② 将参数分配给 PG/PC 接口。步骤(可在在线帮助中获得详细信息)如下:在 Windows "控制面板"中双击"设置 PG/PC 接口";将"应用访问点"设置为"S7ONLINE";在"使用的接口参数设置"列表中,选择所要求的接口参数设置。如果没有显示所要求的接口参数设置,那么必须首先通过"选择"按钮安装一个模块或协议。然后系统自动产生接口参数设置。在即插即用系统中,不能手动安装即插即用 CP(CP 5611 和 CP 5511)。在 PG/PC 中安装硬件后,它们自动集成在"设置 PG/PC 接口"中。

如果选择具有自动识别总线参数功能的接口(如 CP 5611(自动)),那么可以将编程设备或 PC 连接到 MPI 或 PROFIBUS,而无需设置总线参数。如果传输率小于 187.5 kbps,那么读取总线参数时,可能产生高达 1 min 的延迟。

自动识别的要求:将循环广播总线参数的主站连接到总线。所有新 MPI 组件都如此操作;对于 PROFIBUS 子网,必须启用循环广播总线参数(默认的 PROFIBUS 网络设置)。

如果选择了一个不能自动识别总线参数的接口,那么可以显示其属性,然后进行修改,使其与子网相匹配。如果与其他设置发生冲突(例如,中断或地址分配),那么也必须进行修改。此时,可在 Windows 的硬件识别和控制面板中作一些相应修改(参见下面)。请勿从接口设置中删除任何"TCP/IP"参数,否则将引起其他应用故障。

③ 检查中断和地址分配。如果使用带 MPI 卡的 PC,则应该始终检查默认中断和默认地址区是否为空闲,如有必要,选择一个空闲的中断和/或地址区。

## 第4章 STEP 7 编程环境及使用

在 Windows 2000 下，可以按如下方式操作：

- 选择"控制面板"→"管理工具"→"计算机管理"→"系统工具"→"系统信息"→"硬件资源"查看资源。
- 选择"控制面板"→"管理工具"→"计算机管理"→"系统工具"→"设备管理器"→SIMATIC NET→"CP 名称"→"属性"→"资源"改变资源。

在 Windows XP 下，可以按如下方式操作：

- 选择"开始"→"所有程序"→"附件"→"系统"→"系统程序"→"系统信息"→"硬件资源"查看资源。
- 选择"控制面板"→"桌面"→"属性"→"设备管理器"→SIMATIC NET→"CP 名称"→"属性"→"资源"改变资源。

**6) 自动化许可证管理器**

① 自动化许可证管理器。要使用 STEP 7 编程软件，需要一个产品专用的许可证密钥（用户权限）。从 STEP 7 V5.3 版本起，该密钥通过自动化许可证管理器安装。

自动化许可证管理器是西门子 AG 的软件产品。它用于管理所有系统的许可证密钥（许可证模块）。自动化许可证管理器位于下列位置：

- 在要求许可证密钥的软件产品的安装设备上；
- 在单独的安装设备上；
- 从 Internet 上西门子 AG 的 A&D 客户支持页面下。

自动化许可证管理器集成了自身的在线帮助。要在安装许可证管理器后获取帮助，请按 F1 或选择"帮助"→"许可证管理器"。该在线帮助包含自动化许可证管理器功能和操作的详细信息。

② 许可证。合法使用受许可证保护的 STEP 7 程序软件包时必须要有许可证，许可证为用户提供使用产品的合法权限。下列各项提供使用权限证明：CoL（许可证证书）；许可证密钥。

③ 许可证证书（CoL）。产品所包含的"许可证"是使用该产品权限的合法证明，该产品只有供许可证证书（CoL）拥有者或由拥有者授权使用的人员使用。

④ 许可证密钥。许可证密钥是软件使用许可证的技术表示（电子"许可证标志"）。SIEMENS AG 给受许可证保护的所有软件颁发许可证密钥。启动计算机后，只有在确认具有有效许可证密钥之后，才能根据许可证和使用条款使用该软件。

**注意：**可以使用不带许可证密钥的标准软件来熟悉用户接口和功能，但是必须使用许可证才能根据许可证协议完全无限制地使用 STEP 7 软件。如果还没有安装许可证密钥，那么将定期提示您安装许可证密钥。

可以按如下所述，在各种类型的存储设备之间存储和传送许可证密钥：在许可证密钥软盘上;在本地硬盘上;在网络硬盘上。

如果安装没有提供许可证的软件产品,则请判定需要何种许可证密钥,并按要求订购。欲知获取和使用许可证密钥的详情,请参见自动化许可证管理器的在线帮助。

⑤ 许可证类型。给西门子 AG 软件产品提供下列不同类型的面向应用的用户许可证(如表 4.2 所列)。软件的实际特性取决于所安装的许可证密钥类型。可在附带的许可证证书中获得使用类型。

表 4.2 许可证类型

| 许可证类型 | 描 述 |
| --- | --- |
| 单独许可证 | 该软件可在希望具有无限使用时间的单台计算机上使用 |
| 浮动许可证 | 该软件可在希望具有无限使用时间的计算机网络("远程使用")上使用 |
| 试用许可证 | 该软件可在下列限制条件下使用:<br>• 有效期最多为 14 天<br>• 第一次使用之日起的总操作天数<br>• 用于测试和确认(免除责任) |
| 升级许可证 | 在软件升级方面,现有系统中的特定要求可能适用:<br>• 升级许可证可用于将"旧版本 X"软件转换为"新版本 X+"<br>• 由于给定系统中需处理的数据量增大,可能需要升级 |

⑥ 安装自动化许可证管理器。自动化许可证管理器通过 MSI 设置过程安装。STEP 7 产品 CD 包含自动化许可证管理器的安装软件。可以在安装 STEP 7 的同时安装自动化许可证管理器或在以后安装。

⑦ 随后安装许可证密钥。启动 STEP 7 软件时如果没有可用的许可证密钥,将显示一个指示该情况的警告消息。可按下列方法随后安装许可证密钥:

➢ 从软盘上安装许可证密钥;

➢ 安装从 Internet 上下载的许可证密钥,这种情况下,必须首先订购许可证密钥;

➢ 使用网络中可用的浮动许可证密钥。

欲知安装许可证密钥的详细信息,请参见自动化许可证管理器的在线帮助。请按 F1 或选择菜单命令"帮助"→"许可证管理器"帮助。

**注意**:在 Windows 2000/XP 中,只有在本地硬盘上安装并具有写访问状态时,才能操作许可证密钥授权;也可以在网络内使用浮动许可证("远程"使用)。

## 4.1.4 STEP 7 的编程与使用基础

### 1. 创建一个 STEP 7 自动化项目解决方案的步骤

STEP 7 利用 SIMATIC 管理器来创建、管理和维护一个自动化任务。利用 STEP 7 创建一个自动化任务的项目可以采用不同的方式:

## 第4章 STEP 7 编程环境及使用

> 先组态硬件,然后编程块。如果要生成一个使用了大量输入和输出的综合程序,建议采用该方式,因为 STEP 7 在硬件组态编译器中能显示可能的地址,方便编程块。

> 先块编程,后组态硬件。选择该方式时需要自己决定每一个地址,只能依据所选的组件,而不能通过 STEP 7 直接调入这些地址。

利用 STEP 7 创建一个自动化任务解决方案的基本步骤如图 4.7 所示。

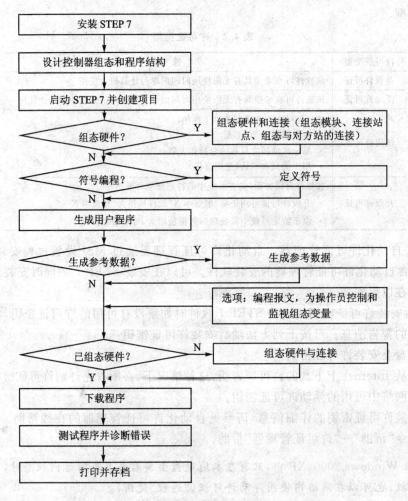

图 4.7 利用 STEP 7 创建自动化项目的步骤

① 安装与授权。第一次使用 STEP 7 时,需要进行安装并进行授权。

② 设计控制器。在使用 STEP 7 前,首先需要设计自动化项目的解决方案,将过程分解为单个的任务,以生成一个组态图表。

③ 设计程序结构。使用 STEP 7 中的块将控制器设计方案中所描述的任务转化为程序

结构。

④ 创建一个项目结构。项目就像一个文件夹，所有数据都以分层的结构存在于其中，随时可以使用。在创建一个项目后，所有任务都在该项目下执行。

⑤ 组态一个站。组态一个站就是指定要使用的 PLC，如 S7-300、S7-400 等。

⑥ 组态硬件。组态硬件就是在组态表中指定自动化项目解决方案所要使用的模块，以及在用户程序中以什么样的地址来访问这些模块。此外，模块的特性也可以通过修改参数来调整。

⑦ 组态网络和通信连接。通信的基础是网络的预先组态。为此，要创建一个自动化网络所需要的子网，并设置网络特性、网络连接特性以及任何联网的站点所需要的通信连接。

⑧ 定义符号。可以在符号表中定义局域或共享符号，以在应用程序中使用这些更具描述性的符号地址替代绝对地址。

⑨ 创建程序。用一种可供使用的编程语言创建一个与模块相连接或与模块无关的程序，并以块、源文件或图表的形式存储。

⑩ 生成参考数据。利用生成的参考数据可以使用户的调试和修改更容易。

⑪ 组态报文。可生成与块相关的报文，包括文本和属性。使用传送程序，可将生成的报文组态数据送至操作员接口系统数据库，如 WinCC、SIAMTIC ProTool 等。

⑫ 组态操作员控制和监视变量。在 STEP 7 中可以生成操作员控制和监视变量，并赋予它们所需的属性。使用传送程序，可将生成的操作员控制和监视变量送至操作员接口系统的数据库。

⑬ 下载程序到 PLC。在完成所有的组态、参数设置和编程任务后，可以下载整个用户程序或其中的单个块到 PLC 中。

⑭ 测试程序。进行程序测试时，可以显示来自用户程序的变量数值，也可以是来自 CPU 的。对变量可赋值，应为要显示或修改的变量生成一个变量表。

⑮ 监视操作与诊断硬件。通过显示模块的在线信息，可以断定模块的故障原因。在诊断缓冲区和堆栈内容的帮助下，可以判断用户程序处理中错误的原因，还可以检查用户程序是否可以在一个特定的 CPU 上运行。

⑯ 制作项目文档。创建一个项目后，为项目数据生成清楚的文档资料非常重要。它使该项目的进一步编辑和维护操作更容易。DOCPRO 是用来创建和管理设备和项目文档的可选工具软件包，使用该工具可以设计项目数据结构，译成接线手册的形式，并可以通用格式打印出来。

## 2. STEP 7 项目结构

在 STEP 7 中，项目用于存储自动化任务解决方案所创建的数据和程序，它主要包括：

➢ 关于模块硬件结构及模块参数的组态数据；

## 第4章 STEP 7 编程环境及使用

- 用于网络通信的组态数据；
- 为可编程模块编制的用户程序。

创建一个项目时的主要任务就是准备数据，以备编程使用。数据将以对象的形式存储在项目中，这些对象在项目中以树形结构排列（项目层次）。项目层次的显示在项目窗口中的显示类似于Windows资源管理器中的显示。只是对象图标的外观不同。

项目层次的顶端结构如下：

第一层，项目；

第二层，子网、站或S7/M7程序；

第三层，取决于第二层的对象。

项目窗口分为两半部分：左半部分表示项目的树形结构，右半部分表示对应所选视图左半部分已打开的对象所包含的对象（大图标、小图标、列表或详细信息）。

单击窗口左半部分中含有"+"的方框即可显示项目的完整树形结构。所生成的结构如图4.8所示。

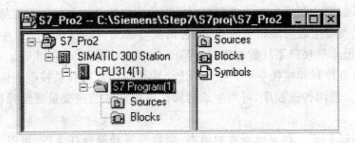

图4.8 项目窗口结构

对象层次的顶层是代表整个项目的对象"S7_Pro2"的图标。它可用于显示项目属性，并可用作网络文件夹（用于对网络进行组态）、站文件夹（用于对硬件进行组态）以及S7或M7程序的文件夹（用于创建软件）。项目中的对象在选择项目图标时均将显示在项目窗口的右半部分。该类型对象层次顶部的对象（库以及项目）构成了用于对对象进行选择的对话框的起始点。

在项目窗口中，可以通过选择offline（离线）以显示编程设备中该项目结构下已有的数据，也可以通过选择online（在线）以显示在可编程控制器系统中已有的该项目的数据。只能在"离线"状态才能对硬件和网络进行组态。

### 3. 创建一个STEP 7项目

如果计算机中安装了STEP 7软件包，则启动Windows以后，桌面上就会出现一个SIMATIC Manager（SIMATIC管理器）图标，开始菜单里也会出现SIMATIC程序组，这个图标和程序组就是启动STEP 7的接口。

快速启动 STEP 7 的方法是:双击桌面的 SIMATIC Manager 图标,即可打开 STEP 7。启动 STEP 7 的另一种方法是:在 Windows 任务栏中选择"开始"→SIMATIC Manager。

SIMATIC 管理器(见图 4.3)是 STEP 7 的中央窗口,在 STEP 7 启动时激活。默认设置自动启动 STEP 7 向导,它可以在创建 STEP 7 项目时提供支持。用项目结构来按顺序存储和排列所有的数据和程序。如果向导没有自动启动,请选择菜单命令 File→New Project 启动向导,如图 4.9 所示。在预览中,可以显示或隐藏正在创建的项目结构的视图。要转到下一个对话框,请单击 Next 按钮。

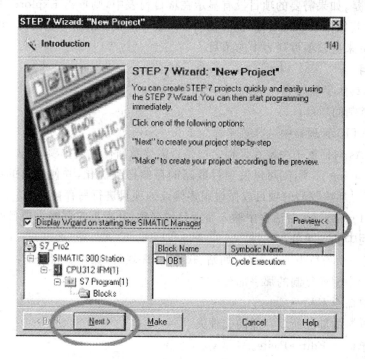

图 4.9 新建项目向导

在项目中,站代表了可编程控制器的硬件结构,并包含用于组态和给各个模块进行参数分配的数据。使用"新建项目"向导创建的新项目已经包含有一个站。否则,可以使用菜单命令 Insert→Station 来创建一个新站。新站类型可有如下选择:

➢ SIMATIC 300 站;
➢ SIMATIC 400 站;
➢ SIMATIC H 站;
➢ SIMATIC PC 站;
➢ PC/可编程设备;
➢ SIMATIC S5;

➢ 其他站,即非 SIMATIC S7/M7 和 SIMATIC S5 的站。

可使用预先设置的名称插入站(例如,SIMATIC 300 站(1)、SIMATIC 300 站(2)等)。如果需要,也可以用相关有意义的名称替换默认站的名称。

### 4. 编辑 STEP 7 项目

**1) 打开已有项目**

要打开已有项目,选择菜单命令 File→Open,然后在出现的对话框中选择一个项目。

需要注意的是,如果需要的项目没有显示在项目列表中,则单击 Explorer 按钮,然后在浏览器中可以搜索其他目录下的项目(包括在项目列表中所找到的所有项目)。可以使用菜单命令 File→Manage 来更改项目列表中的条目。

**2) 复制项目**

复制项目的具体步骤如下:

① 单击要复制的项目;

② 在 SIMATIC 管理器中选择菜单命令 File→Save As;

③ 在 Save As 对话框中决定在保存之前是否需要重新优化安排项目内容。如果选中 Rearrange Before Saving 选项,则可以使项目数据的存储得到优化,并使项目的结构得到检查。该选项通常用于对那些较旧的项目或做过很多修改的项目进行另存操作;

④ 在 Save Project As 对话框中输入新项目的名称,并根据需要输入项目的存储路径。

**3) 复制项目中的一部分**

如果想复制一个项目中的一部分,如站、软件、程序块等,操作步骤如下:

① 选中项目中想要复制的那一部分;

② 选择菜单命令 Edit→Copy;

③ 选择被复制的部分所要存储的文件夹;

④ 选择菜单命令 Edit→Paste。

**4) 删除项目**

删除一个项目的具体操作步骤如下:

① 在 SIMATIC 管理器中选择菜单命令 Edit→Delete;

② 在 Delete 对话框中,单击选项按钮 Project,则在对话框下部的列表栏中列出全部项目名称;

③ 选择要删除的项目并单击 OK 按钮确认;

④ 单击 Yes 按钮确认提示。

**5) 删除项目中的一部分**

按照如下操作可以删除项目中一部分:

① 选中项目中要删除的部分;

② 选择菜单命令 Edit→Delete；

③ 在出现的提示对话框中，单击 Yes 按钮确认。

### 5. 管理多语言文本

利用 STEP 7 可以导出在某个项目中以一种语言创建的文本，翻译该文本，重新导入文本，以译文显示文本。

下列文本类型可以用一种以上语言管理。

标题和注释：

- 块标题和块注释；
- 网络标题和网络注释；
- 来自 STL 程序的行注释；
- 来自符号表、变量声明表、用户自定义数据类型和数据块的注释；
- HiGraph 程序中的注释、状态名称和转换名称；
- S7 - Graph 程序中的步骤名称和步骤注释的扩展。

显示文本：

- 由 STEP 7、S7 - Graph、S7 - HiGraph 或 S7 - PDIAG 生成的消息文本；
- 系统文本库；
- 特定用户文本库；
- 操作者相关的文本；
- 用户文本。

① 导出。导出所选择对象下的所有块和符号表。为每个文本类型创建导出文件。文件包含源语言列和目标语言列。源语言文本不作改变。

② 导入。为选定对象下面的所有块和符号表执行导入。在导入期间，目标语言列（右边的列）的内容会集成到所选择的对象中。只接受与源语言列中的现有文本相匹配的文本。

③ 改变语言。当改变语言时，可以在向所选择的项目导入期间指定的所有语言中选择。"标题和注释"的语言改变只适用于所选择的对象。"显示文本"的语言改变总是适用于整个项目。

④ 删除语言。当语言删除时，所有使用这种语言的文本都从内部数据库中删除。项目中应始终有一种语言（如本地语言）可用作参考语言。这种语言不应删除。在导出和导入期间，请始终指定该参考语言作为源语言，目标语言可以根据要求设置。

⑤ 重新组织。在重新组织期间，语言会改变为当前设置的语言。当前设置语言是选作"未来块的语言"的语言。重新组织只影响标题和注释。

⑥ 注释管理。可以规定在以多语言管理文本的项目中如何管理块的注释。

⑦ 多语言文本的类型。为了进行导出，将为每种类型的文本创建一个单独的文件。此文

件将以文本类型作为其名称,已导出格式作为其扩展名(如 SymbolComment.CSV 或 SymbolComment.XLS)。不符合命名规范的文件将不能用作源文件和目标文件。项目中可翻译的文本主要包括表 4.3 所列的类型。

表 4.3　STEP 7 多语言文本类型

| 文本类型 | 描　述 |
| --- | --- |
| BlockTitle | 块标题 |
| BlockComment | 块注释 |
| NetworkTitle | 网络标题 |
| NetworkComment | 网络注释 |
| LineComment | STL 中的行注释 |
| InterfaceComment | Var_Section 注释(代码块中的声明表)以及 UDT 注释(用户自定义的数据类型)以及数据块注释 |
| SymbolComment | 符号注释 |
| S7UserTexts | 由用户输入的可在显示设备上输出的文本 |
| S7SystemTextLibrary | 集成到消息中的系统库的文本在运行期间可动态更新,并可显示在 PG 或其他显示设备上 |
| S7UserTextLibrary | 集成到消息中的用户库的文本在运行期间可动态更新,并可显示在 PG 或其他显示设备上 |
| HiGraphStateName | S7-HiGraph 语句名称 |
| HiGraphStateComment | S7-HiGraph 语句注释 |
| HiGraphTansitionName | S7-HiGraph 翻译名称 |
| HiGraphTransitionComment | S7-HiGraph 翻译注释 |
| S7GraphStateName | S7-Graph 步骤名扩展 |
| S7GraphStateComment | S7-Graph 步骤注释 |

⑧ 导出文件格式。可指定将以何种格式保存导出文件。如果已经决定使用 CSV 格式,那么,在使用 Excel 进行编辑时必须注意,只有使用"打开"对话框,才能在 Excel 中正常打开 CSV 文件。通过在资源管理器中双击来打开 CSV 文件将经常导致打开的文件无法使用。如果使用下列步骤,在 Excel 中使用 CSV 文件进行工作将更容易:在 Excel 中打开导出文件;将文件另存为 XLS 文件;翻译 XLS 文件的文本;在 Excel 中将 XLS 文件另存为 CSV 格式的文件。

### 6. 使用帮助

STEP 7 具有完善的帮助系统,正确使用帮助可以起到事半功倍的效果。

#### 1) 在线帮助

在线帮助系统提供了当前最为有效的信息。使用在线帮助可迅速、快捷地访问各种信息,而无需再搜索各种手册。在在线帮助中,可找到下列类型的各种信息。

- 目录:提供了显示帮助信息的各种不同方法;
- 上下文关联帮助(F1 键):使用 F1 键,可访问与刚才使用鼠标所选择的对象有关的信息,或与活动对话框或窗口等有关的信息;
- 引言:给出了关于应用程序的使用、主要特点以及功能范围等的简介;
- 使用入门:概括了初次使用应用程序时需要执行的基本步骤;
- 使用帮助:提供了关于在线帮助中特定信息搜索方法的描述;
- 关于:提供了关于应用程序的当前版本信息。

通过帮助菜单,也可从每个不同窗口访问与当前对话状况相关的各个主题。

**2) 调用在线帮助**

可选择下列方式调用在线帮助:
- 选择菜单栏帮助菜单中的菜单命令;
- 单击对话框中的"帮助"按钮,随后将显示关于对话框的帮助;
- 将光标置于窗口或对话框中需要获得帮助的主题上,然后按 F1 键或选择菜单命令 Help→Context_sensitive Help;
- 使用窗口中的问号符号光标。

在这些访问在线帮助的方式中,称后面三种方式为上下文关联帮助。

**3) 调用快速帮助**

将光标放置在任务栏中的按钮上并让其停留片刻,将显示该按钮的快速帮助。

## 4.2 硬件组态与参数设置

### 4.2.1 硬件组态

#### 1. 硬件组态的任务和步骤

在 PLC 控制系统设计前期,应根据控制系统的要求以及系统输入/输出信号的性质和点数确定 PLC 的硬件配置,如 CPU 模块与电源模块的型号,需要什么种类的输入/输出模块、功能模块以及数量,是否需要通信处理器模块以及种类、型号,是否需要扩展机架等。在完成上述工作后,还需要在 STEP 7 中完成硬件配置工作。

硬件组态的主要任务就是根据实际硬件系统的配置,在 STEP 7 中模拟真实的 PLC 硬件配置,将电源、CPU、信号模块、通信模块等设备安装到模拟生成的相应机架上,生成一个与实际硬件系统完全相同的系统,并对各硬件组成模块进行参数设值和修改的过程。S7-300/400 的模块在出厂时已经设置了默认参数作为模块的运行参数,一般情况下,用户可以不用对每项参数重新进行设置,这样就加快了硬件组态过程。当用户确实需要修改模块的参数,需要设置

# 第4章 STEP 7 编程环境及使用

网络通信等工作时,都要用到硬件组态。

S7-300/400 系统完全取消了过去采用 DIP 开关来设置硬件参数的方式,系统中所有模块参数都可以通过 STEP 7 软件来设置。在使用 STEP 7 进行硬件组态时设置的 CPU 参数保存在系统数据块(SDB)中,其他模块的参数经过下载后保存在 CPU 中。在 PLC 启动时,CPU 自动向其他模块传送设置的参数。另外,在启动时,PLC 还自动检查系统的实际硬件配置与组态是否一致,如果不一致将立即产生错误报告通知用户。

硬件组态的主要步骤是:生成站点→生成机架并在机架中放置模块→设置模块参数→保存硬件和参数设置并将它下载到 PLC 中。

### 2. 硬件组态举例

下面以一个具体的例子来说明利用 STEP 7 进行硬件组态的过程。该例子要求生成一个名为 TEST 的新项目,并完成系统硬件组态。具体步骤如下:

(1) 双击 SIMATIC Manager 图标,打开 STEP 7 主界面。

(2) 选择 File→New 命令或单击 □ 按钮,按照要求输入文件名称(test)和文件夹地址,然后单击 OK。系统将自动生成 test 项目,如图 4.10 所示。

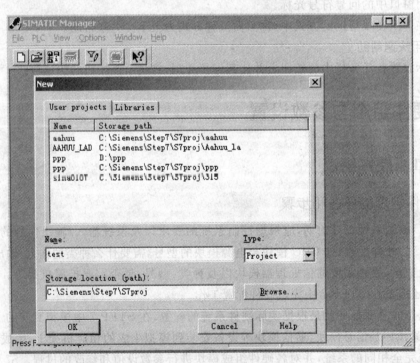

图 4.10 新建 TEST 项目

(3) 在 SIMATIC 管理器的左边窗口栏右击 test 项目名称,执行 Insert New Object→SIMATIC 300 Station 命令,将生成一个 S7-300 的项目,如果项目 CPU 是 S7-400,那么选择 SIMATIC 400 Station 即可,如图 4.11 所示。

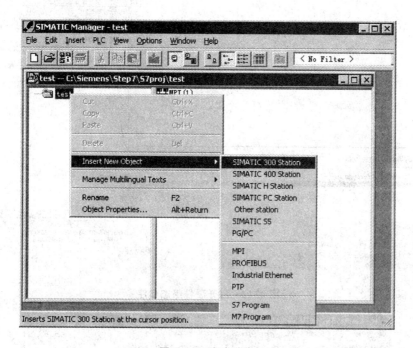

图 4.11 生成站点

(4) 单击 test 左面的"+",将项目展开,选择 SIMATIC 300(1),然后选择 Hardware 并双击或右击 Open Object,即可打开 HW Congfig 硬件组态窗口,如图 4.12 所示。

(5) 单击窗口右边栏的 SIMATIC 300 文件夹前面的"+"或双击 SIMATIC 300 文件夹,再双击 RACK-300,然后将 Rail 拖入到左边空白处,生成空机架,如图 4.13 所示。

(6) 双击 PS-300,选择 PS 307 2A,将其拖到机架 RACK 的第一个槽位(SLOT),如图 4.14 所示。

(7) 双击 CPU-300,双击 CPU-315-2DP,双击 6ES7 315-2AF03-0AB0,选择 V1.2,将其拖到机架 RACK 的第 2 个槽位,一个组态 PROFIBUS-DP 的 Properties 窗口将弹出,在 Parameters 选项卡的 Address 下拉列表中选择 DP 地址,默认为 2,如图 4.15 所示。

(8) 然后单击 Properties 窗口的 New 按钮,将弹出一个 New subnet PROFIBUS 属性窗口。选择 Network Setting 选项卡,可以在这里设置 PROFIBUS-DP 的参数,包括速率、协议类型等,如图 4.16 所示。

(9) 单击"确定"按钮,即可生成一个 PROFIBUS-DP 网络,如图 4.17 所示。

# 第4章 STEP 7 编程环境及使用

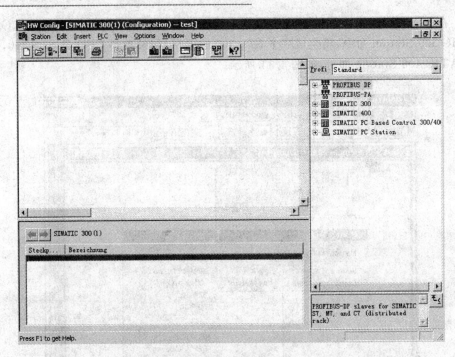

图 4.12 打开硬件组态程序

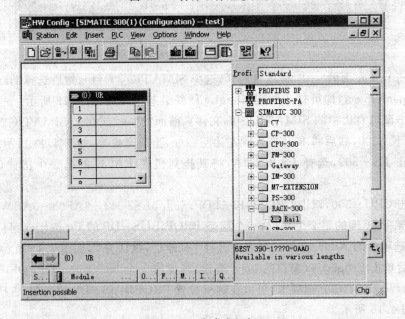

图 4.13 生成空机架

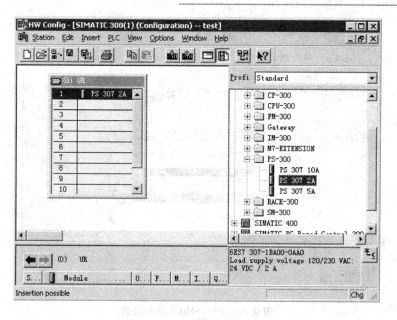

图 4.14 配置电源模块

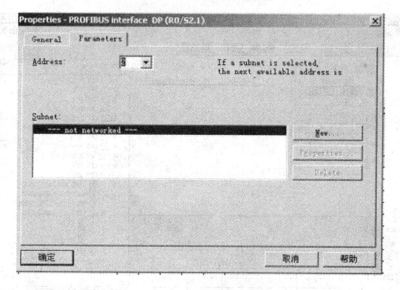

图 4.15 增加并配置 CPU 模块

(10) 组态 ET200M。选择 PROFIBUS DP→ET200M，选择 IM153-1（注意是 6ES7 153-1AA03-0XB0），将其拖到左面的 PROFIBUS(1):DP master system(1)上，如图 4.18 所示。

(11) 系统会自动弹出 IM153-1 通信卡设置画面，如图 4.19 所示。DP 从站地址可以改动，默认值为 1，单击"确定"按钮。

# 第 4 章 STEP 7 编程环境及使用

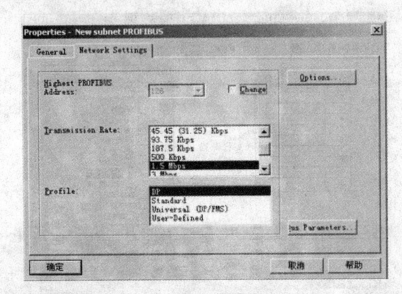

图 4.16 PROFIBUS 参数设置

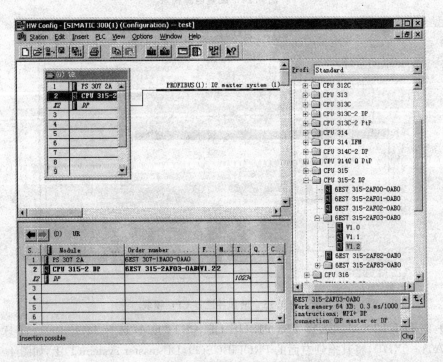

图 4.17 生成 PROFIBUS 网络

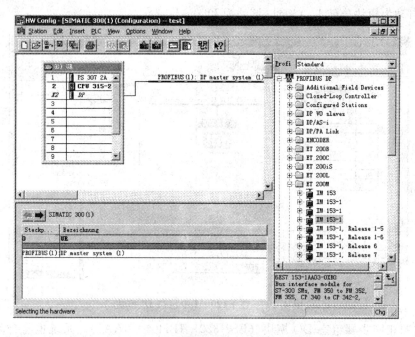

图 4.18 增加 ET200M 从站

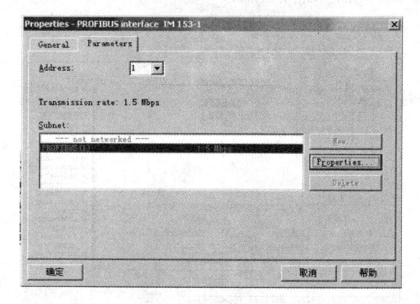

图 4.19 ET200M 从站设置

(12)选择 IM153-1→DI300,选中 SM 321 DI16×DC24V 模块,并将其拖入左下面的第 4 槽中,如图 4.20 所示。一个 DI 模块组态完毕,STEP 7 会根据模块在组态表中的位置(即模块的槽位)自动为模块分配 I/O 地址(该处为 I0.0～I1.7)。

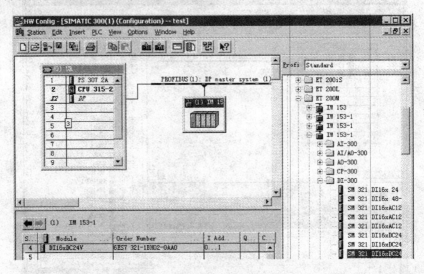

图 4.20　在 ET200M 中组态 DI 模块

(13)按照相同步骤组态 DO 模块(6ES7 322-1BH01-0AA0)。系统也将自动为其分配地址,此处为 Q0.0～Q1.7。如图 4.21 所示。

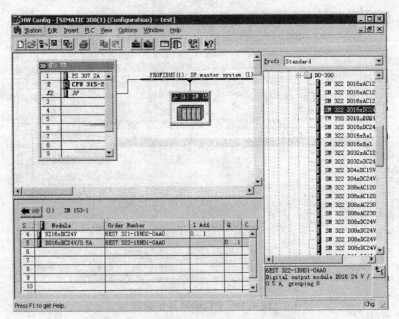

图 4.21　在 ET200M 中组态 DO 模块

(14)按照上面的方法组态 AI 模拟量输入模块(6ES7 331-7KF02-0AB0)。然后双击该模块,弹出模块属性窗口,单击 Measuring 栏,为每个通道定义信号类型,将 0-1 通道定义为两线制 4~20 mA 信号,2-3 通道为内部补偿 K 型热点偶信号(TI-C K)。最后单击 OK,完成 AI 模块组态。系统将为每个通道定义地址,该处第一通道是 PIW256、PIW258。如图 4.22 所示。

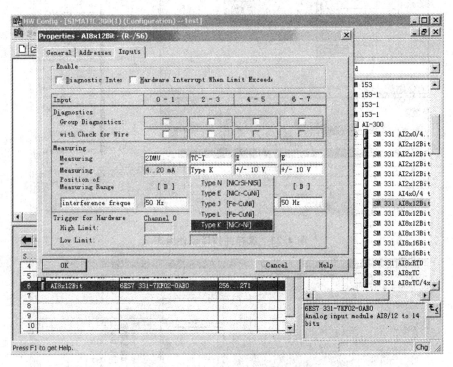

图 4.22 在 ET200M 中组态 AI 模块

(15)单击按钮,执行 Save and Compile 或选择 Station→Save and Compile 菜单命令,在保存并编译硬件组态的同时,把组态和设置的参数自动保存到生成的系统数据块(SDB)中,如图 4.23 所示。

(16)检查组态,选择菜单命令 Station→Consistency check,如图 4.24 所示。如果弹出 NO error 窗口,则表示没有错误产生。

## 4.2.2 CPU 模块的参数设置

利用 STEP 7 除了可以完成西门子 S7-300/400 系列 PLC 的硬件组态外,还可以用来设置各模块的参数。在 SIMATIC 管理器左边窗口栏中先选中某个站,然后双击右边窗口栏的 Hardware 图标,打开 HW Config 硬件组态窗口,双击 CPU 模块所在的行,在弹出的

## 第4章 STEP 7 编程环境及使用

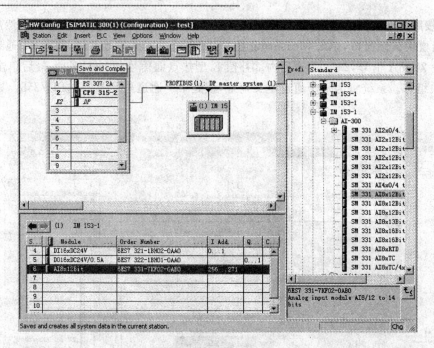

图 4.23 保存并编译硬件组态

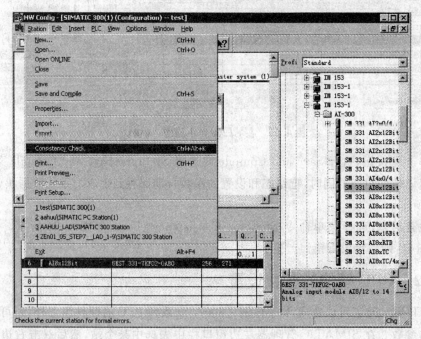

图 4.24 检查硬件组态

Properties窗口中(见图4.25)选择某一选项卡,便可以设置相应的属性,现在以CPU 313C-2DP为例说明CPU主要参数的设置方法。

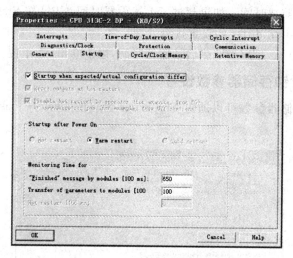

图4.25 CPU属性设置对话框

### 1. CPU启动参数设置

CPU的启动特性参数可以通过Properties窗口中的Startup选项卡(如图4.25所示)来设置。

Startup选项卡中的Startup when expected/actual configuration differ复选框用于设置预置的组态和实际组态不同时CPU的启动选项。如果选中该复选框(用鼠标单击该项前面的小方框,里边出现"√"就表示选中或激活了该选项),则当有模块没有插在组态时指定的槽位或者某个槽位实际插入的模块与组态时的模块不符时,CPU仍然会启动(注意,除了PROFIBUS-DP接口模块外,CPU不检查I/O组态);如果没有选中该复选框,则当出现上述情况时,CPU将进入STOP状态。

Reset outputs at hot restart(热启动时复位输出)和Disable hot restart by operator(禁止操作员热启动)选项仅用于S7-400 CPU,在S7-300站中是灰色的。

Startup after Power On用于设置电源接通后的启动选项,可以选择单选按钮Hot restart(热启动)、Warm restart(暖启动)和Cold restart(冷启动)。

Monitoring Time for区域可用于设置相关项目的监控时间,其中:

➤ Finished message by modules[100 ms]用于设置电源接通后,CPU等待所有被组态的模块发出"完成信息"的时间。如果被组态的模块发出"完成信息"的时间超过该时间,表示实际组态不等于预置组态。该时间范围为1~650,以"100 ms"为单位,默认值为650。

# 第4章 STEP 7 编程环境及使用

- Transfer of parameters to modules[100 ms]用于设置 CPU 将参数传送给模块的最长时间,也是以 100 ms 为单位。如果主站的 CPU 有 DP 接口,可以用这个参数来设置 DP 从站启动的监视时间。如果超过了上述设置时间,CPU 按 Startup when expected/actual configuration differ 的设置进行处理。
- Hot restart[100 ms]为 CPU 热启动监控时间,以 100 ms 为单位。

## 2. 扫描周期/时钟存储器参数设置

扫描周期/时钟存储器参数可以通过 Properties 窗口的 Cycle/Clock Memory 选项卡(如图 4.26 所示)来设置。

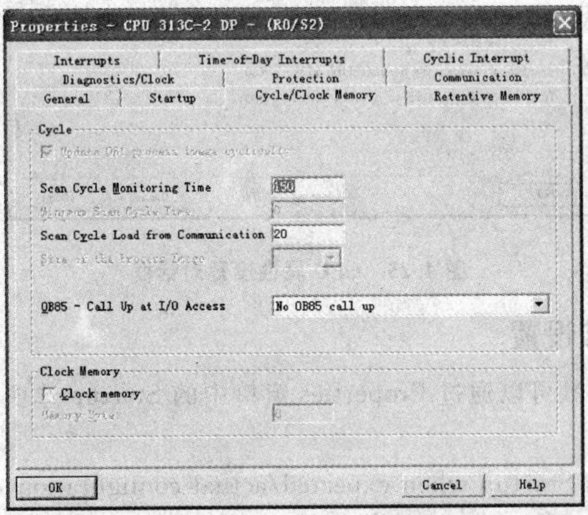

图 4.26 Cycle/Clock Memory 选项卡

Scan cycle monitoring time 用于设置扫描循环监视时间,以"ms"为单位,默认值为 150 ms。如果实际循环扫描时间超过设定值,CPU 将进入 STOP 模式。

Scan Cycle Load from Communication 用于设置通信处理所占扫描周期的百分比,默认值为 20%。

Clock Memory 用于设置时钟存储器的字节地址。S7-300/400 CPU 可提供一些不同频率、占空比为 1:1 的方波脉冲信号给用户程序使用,这些方波脉冲信号存储在一个字节的时钟存储器中(该字节在 M 存储区域),该字节的每一位对应一种频率的时钟脉冲信号,具体如表 4.4 所列。

要在用户程序中使用这些时钟信号,首先要设置时钟存储器的字节地址。如假设设置的地址为 100(即 MB100),则由表 4.4 可知,M100.0 的周期为 0.1 s,即如果用 M100.0 的常开触点来控制 Q0.0 的线圈,则 Q0.0 将以 0.1 s 的周期闪烁(亮 0.05 s,灭 0.05 s)。

OB85-Call up at I/O access error 区域用于设置 CPU 对系统修改过程映像时发生的

I/O 访问错误的响应。如果选择 Only for incoming and outgoing errors(仅在错误产生和消失)选项,则在访问 I/O 过程映像出现错误时系统会自动调用组织块 OB85 进行错误处理。

表 4.4 时钟存储器位与时钟脉冲的周期与频率对应表

| 位 | 7 | 6 | 5 | 4 | 3 | 2 | 1 | 0 |
|---|---|---|---|---|---|---|---|---|
| 周期/s | 2 | 1.6 | 1 | 0.8 | 0.5 | 0.4 | 0.2 | 0.1 |
| 频率/Hz | 0.5 | 0.625 | 1 | 1.25 | 2 | 2.5 | 5 | 10 |

### 3. 系统诊断参数与实时钟设置

系统诊断参数与实时钟设置可以通过 Properties 窗口的 Diagnostics/Clock 选项卡(如图 4.27 所示)来设置。

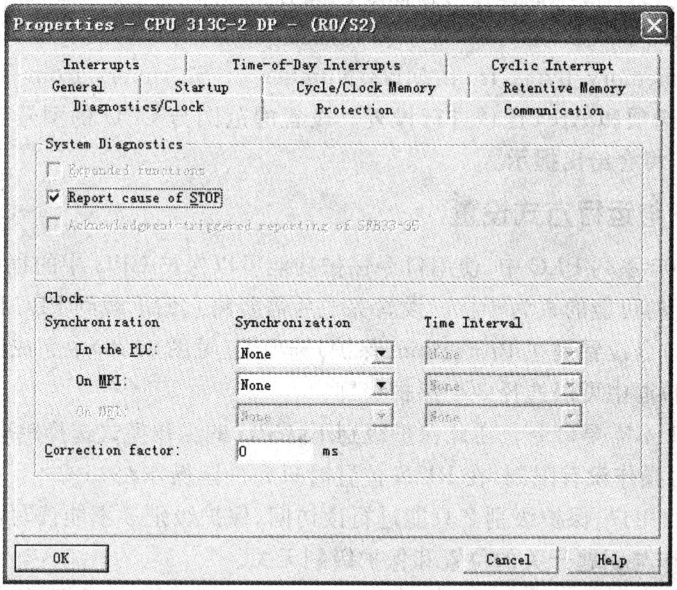

图 4.27 Diagnostics/Clock 选项卡

通过系统诊断可以发现用户程序的错误、模块的故障以及传感器和执行器的故障等。故障诊断可以通过选择 Report cause of STOP(报告引起 STOP 的原因)等选项进行设置。

在某些系统中,某一设备的故障可能会引起连锁反应,相继发生一系列事件,为了分析故障的真正起因,首先需要确定故障发生的时间顺序,这就要求系统中各 CPU 的实时钟必须定期作同步调整。

实时钟的同步调整可以用三种方法实现:In the PLC(在 PLC 内部)、On MPI(通过 MPI 接口)和 On MFI(通过第二接口)。每个设置方法有三个选项,As Master 是指用该 CPU 模块的实时钟作为标准时钟，去同步别的时钟；As Slave 是指该 CPU 时钟被别的时钟同步；None 为不同步。

Time Intervals 是指时钟同步的周期，可以设置从 1 s 到 24 h 不等。

Correction factor 是指以 ms 为单位的每 24 h 时钟误差时间的补偿，补偿值可以为正，也可以为负。例如当实时钟每 24 h 快 5 s 时，则校正因子应设置为 +5 000 ms。

**4. 保持存储区参数设置**

Retentive Memory(保持存储器)选项卡用于设置保持存储区参数。所谓保持存储区，是指在电源掉电或 CPU 从 RUN 进入 STOP 模式后内容保持不变的存储区。安装了后备电池的 S7 系列 PLC，用户程序中的数据块总是被保存在保持存储区，没有后备电池的 S7 系列 PLC 可以在数据块中设置保持区域。

在 S7-300/400 中，可以被保存的存储器区域有 M 存储区、定时器、计数器和数据块，需要断电保持的存储器字节数、定时器、计数器和数据块的数量分别在该选项卡 Retentivity 区域的 Number of memory bytes from MB0、Number of S7 timers from T0 和 Number of counters from C0 选项和 Area 区域进行设置。设置的范围与 CPU 的型号有关，如果超出允许的范围，STEP 7 将会给出提示。

**5. 口令保护与运行方式设置**

在 S7-300/400 系列 PLC 中，使用口令保护功能可以保护 CPU 中的程序和数据，有效防止对控制过程进行的可能的人为干扰。设置完成后需要将它们下载到 PLC 的 CPU 模块中。

对于 PLC 的口令设置是在 Protection(保护)选项卡(见图 4.28)中完成的，在 Professional Level(保护级别)框中可以选择 3 个保护级别：

① 保护级别 1 不需要口令。在此保护级别下，CPU 的工作模式选择钥匙开关在 RUN-P 和 STOP 位置时对操作没有限制，在 RUN 位置时只允许读操作。

② 对于未授权用户，保护级别 2 只能进行读访问，保护级别 3 不能读写，授权用户可以进行读写操作，本操作与钥匙开关的位置和保护级别无关。

设置口令后，在执行 Online 功能时，会显示 Enter Password 对话框，输入正确的口令，才可以与被保护的模块建立在线连接并执行属于指定保护级别的在线功能。

选择 PLC→Access Rights→Setup 菜单命令，在出现的 Enter Password 对话框中输入口令后，再进行在线访问时将不再询问口令，直至 SIAMTIC 管理器被关闭或选择菜单命令 PLC→AccessRights→Cancel 取消口令。

在设置 CPU 属性对话框中的 Protection(保护)标签页中可以选择处理(Process)模式或测试(Test)模式。这两种模式只在 S7-300 CPU(CPU 318-2 除外)中有效。

① Process Mode(处理模式)：在该模式下，为了保证不超过在 Protection 选项卡中设置的循环扫描时间的增量，像程序状态监视以及变量修改/监视这样的测试操作是受到限制的，

因此,在处理模式中不能使用断点测试功能和程序的单步执行功能。

② Test Mode(测试模式):在该模式下,所有的测试功能(包括可能会使循环扫描时间显著增加的一些功能)都可以不受限制地使用。

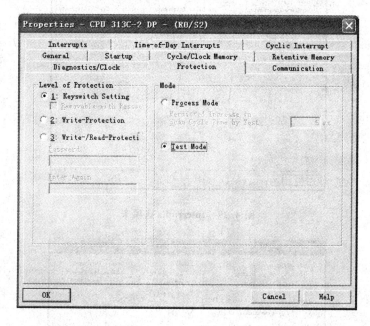

图 4.28  Protection 选项卡

### 6. 中断参数设置

在如图 4.29 所示的 Interrupts 选项卡中,可以设置硬件中断(Hardware Interrupts)、时间延迟中断(Time-Delay Interrupts)、PROFIBUS-DP 的 DPV1 中断和异步错误中断的中断优先级。

默认情况下,所有的硬件中断都由 OB40 来处理,用户可以通过设置优先级 0 来屏蔽中断。PROFIBUS-DPV1 从站可以产生中断请求,以保证主站 CPU 处理中断触发的事件。

对于 S7-300 PLC,用户不能修改当前默认的中断优先级;对于 S7-400 PLC,用户可以根据处理的硬件中断 OB 来定义中断的优先级。

### 7. 通信参数设置

在图 4.30 所示的 Communication 选项卡中,可以设置 PG 通信、OP 通信和 S7 标准通信使用的连接个数,设置时至少应该为 PG 和 OP 分别保留 1 个连接。

### 8. 日期-时间中断参数设置

Timer-of-Day Interrupts 选项卡(如图 4.31 所示)用于设置与日期-时间中断有关的参

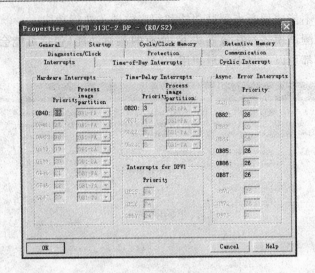

图 4.29 Interrupts 选项卡

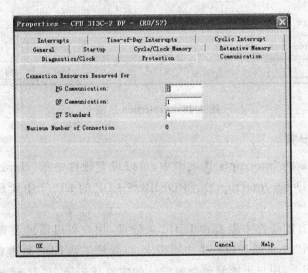

图 4.30 Communication 选项卡

数。S7-300/400 系列 PLC 的大多数 CPU 都具有内置的实时钟,可以产生日期-时间中断。只要在硬件组态做了设置,中断时间一到系统就会自动调用组织块 OB10～OB17 进行中断处理,详细说明见第 5 章的组织块及应用节。

在 Timer-of-Day Interrupt 选项卡中,通过 Priority 可以设置中断的优先级;Active 选项决定是否激活中断;Execution 选择中断执行方式:有只执行一次,每分钟、每小时、每天、每周、每月、每年执行一次;通过该选项卡还可以设置中断启动的日期和时间,以及要处理的过程映

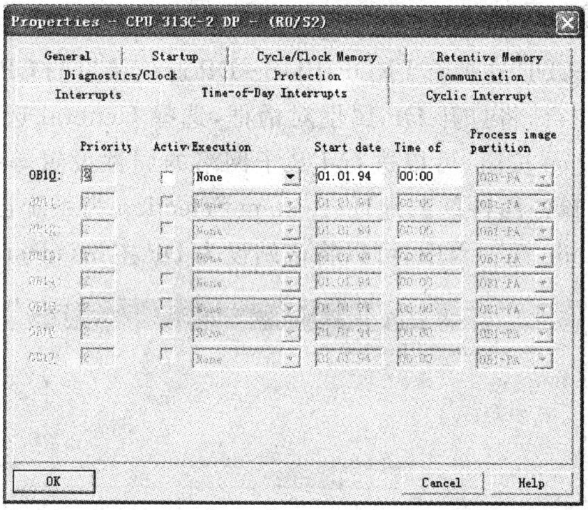

图 4.31  Timer-of-Day Interrupt 选项卡

像分区(仅用于 S7-400)等。

## 9. 循环中断参数设置

在如图 4.32 所示的 Cyclic Interrupt 选项卡中，可以设置循环执行组织块 OB30～OB38 的参数，这些参数包括中断的优先级(Priority)、以 ms 为单位的执行时间间隔(Execution)和相位偏移(Phase offset)，其说明详见第 5 章的组织块及应用节。

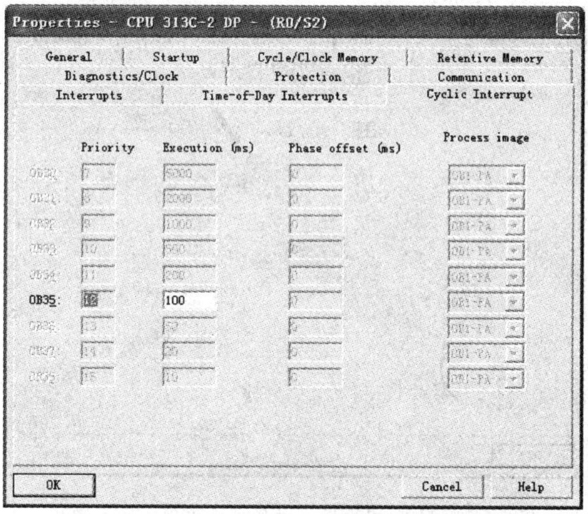

图 4.32  Cyclic Interrupt 选项卡

## 10. DP 参数设置

对于像 CPU 313C-2DP 这种有 PROFIBUS-DP 通信接口的 CPU 模块,双击图 4.17 所示左边窗口内的 DP 所在行,将打开 DP 属性对话框,选择 General 选项卡(见图 4.33),单击 Interface 栏中的 Properties 按钮,可以进行 DP 子网络的属性设置等操作。选择 Address 选项卡,可以设置 DP 接口诊断缓冲区的地址(System Selection 为系统自动指定地址,如图 4.34 所示)。在 Operation Mode 选项卡中,可以将该站设为 DP 主站(master)或 DP 从站(slave)。

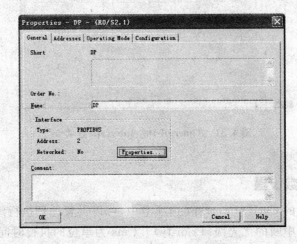

图 4.33　DP 的 General 选项卡

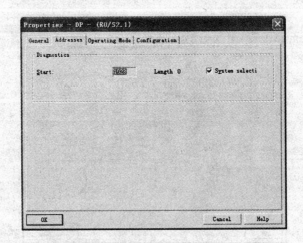

图 4.34　DP 的 Address 选项卡

## 11. CPU 集成 I/O 参数设置

有些 S7-300/400 的 CPU 带有集成的数字量输入/输出接口,在 HW Config 窗口中双击

CPU 集成输入/输出接口所在行,就可以打开 DI、DO 属性设置对话框,设置方法和普通 DI、DO 的设置方法基本相同,详见 4.2.3 小节。

在 Address(地址)选项卡中可以设置 DI 和 DO 的地址,在 Input(输入)选项卡中可以设置是否允许各集成的 DI 点产生硬件中断(Hardware Interrupt)。如果允许中断,还可以逐点选择是上升沿中断(Rising Edge)还是下降沿中断(Falling Edge)。

输入延迟时间(Input Delay)用于消除硬件抖动,可以以"ms"为单位,按每 4 点一组设置各组的输入延迟时间。

### 4.2.3 数字量 I/O 模块的参数设置

数字量 I/O 模块的参数分为动态参数和静态参数,在 CPU 处于 STOP 模式时,通过 STEP 7 的硬件组态,2 种参数都可以设置。参数设置完成后,应将参数下载到 CPU 中,这样当 CPU 从 STOP 转为 RUN 模式时,CPU 会将参数自动传送到每个模块中。

用户程序运行过程中,可以通过系统功能 SFC 调用修改动态参数。但是当 CPU 由 RUN 模式进入 STOP 又返回 RUN 模式后,PLC 的 CPU 将重新传送 STEP 7 设置的参数到模块中,动态设置的参数丢掉。

**1. 数字量输入模块的参数设置**

在 SIMATIC 管理器中双击 Hardware 图标,打开如图 4.35 所示的 HW Config 窗口。双击窗口左边栏机架 4 号槽的 DI16×DC24V,出现如图 4.36 所示的属性窗口。

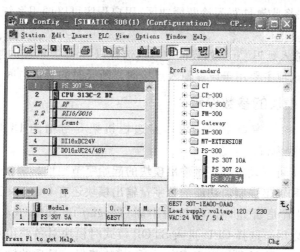

**图 4.35 HW Config 窗口**

在 Address 选项卡可以设置数字量输入模块的起始字节地址。

对于有中断功能的数字量输入模块,还有 Inputs 选项卡(没有中断功能的无此选项)。在

# 第4章 STEP 7 编程环境及使用

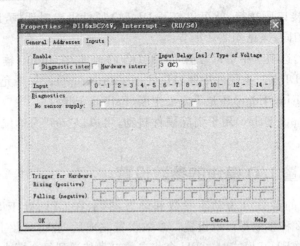

图 4.36 数字量输入模块参数设置窗口

该选项卡中,通过 Hardware Interrupt 和 Diagnostic Interrupts 复选框可以设置是否允许产生硬件中断和诊断中断。

如果选择了允许硬件中断,则在 Trigger for Hardware 区域可以设置在信号的上升沿、下降沿或上升沿和下降沿均产生中断。出现硬件中断时,CPU 将调用 OB40 进行处理。

S7-300/400 的数字量输入模块可以为传感器提供带熔断器保护的电源。通过 STEP 7 可以以 8 个输入点为一组设置是否诊断传感器电源丢失。如果设置了允许诊断中断,则当传感器电源丢失时,模块将此事件写入诊断缓冲区,用户程序可以调用系统功能 SFC 51 读取诊断信息。

在 Input Delay(输入延迟)下拉列表框中可以选择以"ms"为单位的整个模块所有输入点的输入延迟时间。该选项主要用于设置输入点接通或断开时的延迟时间。

### 2. 数字量输出模块的参数设置

在图 4.35HW Config 窗口中双击窗口左边栏机架 5 号槽的 DO16×DC24V,出现如图 4.37所示的属性设置窗口。

在 Address 选项卡可以设置数字量输出模块的起始字节地址。

有些有诊断中断和输出强制值功能的数字量输出模块还有 Outputs 选项卡。在该选项卡中单击复选框可以设置是否允许产生诊断中断(Diagnostic Interrupt)。Reaction to CPU STOP 下拉列表框可以用来选择 CPU 进入 STOP 模式时模块对各输出点的处理方式。选择 Keep last valid value,则 CPU 进入 STOP 模式后,模块将保持最后的输出值;选择 Substitute a value,则 CPU 进入 STOP 模式后,可以使各输出点输出一个固定值,该值由 Subtitute1 选项的复选框决定。如果所在行中的某一输出点对应的检查框被选中,则 CPU 进入 STOP 模式后,该输出点将输出 1,否则将输出 0。

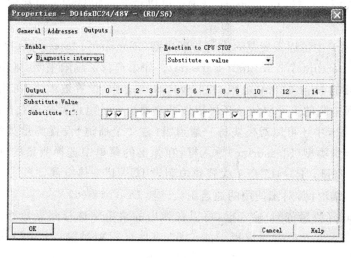

图 4.37　数字量输出模块参数设置窗口

## 4.2.4　模拟量 I/O 模块的参数设置

### 1. 模拟量输入模块的参数设置

图 4.38 所示是 8 通道 12 位的模拟量输入模块的参数设置对话框。

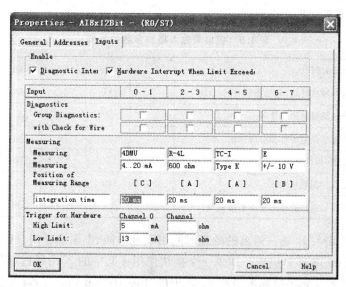

图 4.38　模拟量输入模块参数设置窗口

与数字量输入模块一样,在 Address 选项卡可以设置模拟量输入模块输入通道的起始字节地址。

在 Inputs 选项卡中可以设置是否允许诊断中断(Diagnostic Interrupt)和模拟量越限硬件中断(Hardware Interrupt When Limit Exceede)。如果选择了越限中断,则窗口下面 Trigger for Hardware 区域的 High Limit(上限)和 Low Limit(下限)设置被激活,在此可以设置通道 0 和通道 1 产生越限中断的上下限值。还可以以 2 个通道为一组设置是否对各组进行诊断。

在 Inputs 选项卡中还可以对模块每一通道组(含 2 个通道)设置测量类型和量程。方法是单击通道组的测量类型(Measuring)输入框,在弹出的菜单中选择测量的种类:"4DMU"是 4 线式传感器电流测量,"R-4L"是 4 线式热电阻,"TC-I"是热电偶,"E"是电压。为减少模拟量输入模块的扫描时间,对未使用的通道组应选择 Deactivated。

单击 Measuring(测量范围)输入框,可以在弹出的菜单中选择测量量程。量程框下面的[A]、[B]、[C]等是通道组对应的量程卡的位置,应保证模拟量输入模块上量程卡的位置与 STEP 7 中的设置一致。

S7-300 系列 PLC 的 SM331 模拟量输入模块采用积分式 A/D 转换器,积分时间的设置直接影响到 A/D 转换时间、转换精度和干扰抑制频率。积分时间越长,A/D 转换精度越高,但速度越慢;反之积分时间越短,A/D 转换精度越低,但速度越快;另外积分时间还与干扰抑制频率互为倒数。为了抑制工频干扰,一般选用 20 ms 的积分时间。对于订货号为 6ES7 331-7KF02-0AB0 的 8 通道 12 位模拟量的输入模块,其积分时间、干扰抑制频率、转换时间、转换精度之间关系如表 4.5 所列。

表 4.5  模拟量输入模块参数关系表

| 积分时间/ms | 2.5 | 16.67 | 20 | 100 |
|---|---|---|---|---|
| 基本转换时间(包括积分时间)/ms | 3 | 17 | 22 | 102 |
| 附加测量电阻转换时间/ms | 1 | 1 | 1 | 1 |
| 附加断路监控转换时间/ms | 10 | 10 | 10 | 10 |
| 精度(包括符号位)/bit | 9 | 12 | 12 | 12 |
| 干扰抑制频率/Hz | 400 | 60 | 50 | 10 |
| 所有通道使能时的基本响应时间/ms | 24 | 136 | 176 | 816 |

由表可以看出 SM331 每一通道的处理时间由积分时间、电阻测量附加时间(1 ms)和断线监视附加时间(10 ms)3 部分组成。如果一个模块使用了其中的 N 个通道,则总转换时间为 N 个通道处理时间之和。先用鼠标单击图 4.38 中的"Integration time"的设置框,从弹出的菜单内选择按积分时间(Integration time)或按干扰抑制频率(Interference frequency suppression)来设置参数,然后即可单击某一组进行设置。

S7-300/400 系列 PLC 中，有些模拟量输入模块可以使用算术平均滤波算法对输入的模拟量值进行平滑处理，这种处理对于像水位这类模拟量进行测量是很有意义的。对于这类模块，在 STEP 7 中可以设置 4 个平滑等级（无、低、平均、高）。所选的平滑等级越高，平滑后的模拟值越稳定，但是速度越慢。

### 2. 模拟量输出模块的参数设置

模拟量输出模块参数设置窗口如图 4.39 所示。

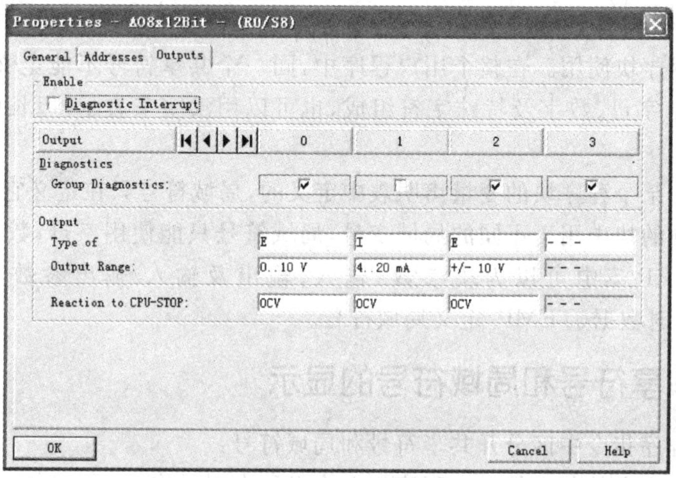

**图 4.39 模拟量输出模块参数设置窗口**

在 Address 选项卡可以设置模拟量输出模块输出通道的起始字节地址。

在 Outputs 选项卡，设置方法与模拟量输入模块有很多类似。可根据需要对下列参数进行设置：

- 设置每一通道是否允许中断诊断（Diagnostic Interrupt）；
- 设置每一通道的输出类型（电压输出、电流输出或 Deactivated（关闭））以及输出信号的量程范围（Type of Output Range）；
- CPU 进入 STOP 时的响应（Reaction to CPU - STOP）。OCV 表示不输出电流电压，KLV 表示保持最后的输出值，SV 表示采用替代值。

## 4.3 符号表的生成与使用

### 4.3.1 共享符号和局域符号

在用户程序中，用户可以直接使用的变量包括 PLC 的输入/输出(I/O)地址、M 存储区地址、数据块名、功能块名和系统已在组织块和逻辑块中定义的变量,如 I0.1、M20、FC2、OB40 等。如果在 STEP 7 中将变量用具有实际意义的符号名字代替,则用户程序的可读性就会更好。例如,如果在某自动控制系统中,Q2.0 用于控制电动机的起动,则可以将绝对地址 Q2.0 定义成符号地址"电动机起动",以后在一定范围内,用户就可以用符号地址"电动机起动"来代替绝对地址 Q2.0。

符号地址分共享符号(又叫全局符号或共享变量)和局域符号(又叫局域变量)。共享符号在符号表中定义,用共享符号可以表示的变量有 I、Q、PI、PQ、M、T、C、FB、FC、SFB、SFC、DB、UDT(用户定义的数据类型)和 VAT(变量表)等。在符号表中定义了共享符号后,可以被一个项目中的所有程序块使用。在整个用户程序中,同一个共享符号不能定义两次或多次。符号地址或符号名由字母、数字及特殊字符组成,也可以用汉字来表示,但长度不能超过 24 个字符。

局域符号是在某个程序块的变量声明表中定义的,局域符号只在定义它的块中有效,同一个符号可以在不同的块中用于不同的局域变量,局域符号只能使用字母、数字和下划线,不能使用汉字。在 STEP 7 中可以为块参数(输入、输出及输入/输出参数)、块的静态数据(STAT)和块的临时数据(TEMP)定义局域符号。

### 4.3.2 共享符号和局域符号的显示

用户可以在程序指令中区分开共享符号和局域符号:
- 在符号表中定义的共享符号在程序指令中显示在引号内;
- 在块变量声明表中定义的局域符号显示时前面加有"#"。

生成符号表和块局域变量表时,用户不用为变量添加引号和"#"号。当用户以 LAD、FBD 或 STL 方式输入程序时,STEP 7 将自动为程序中的共享符号添加引号,在局域符号前面自动加上"#"号。打开某个块后,可以通过菜单命令 View→Display→Symbolic Representation 选择显示符号地址或绝对地址。

如果同一个符号在符号表和变量声明表中都作了定义,则局域符号具有优先权,也即如果在程序块中要使用共享符号,必须直接对其输入绝对地址或者包括引号的符号。如果符号地址中包含空格,也需要在符号地址上加上共享符号的代码。

### 4.3.3 地址优先级的设置

如果符号表中对符号地址的定义作了改变,在 S7 程序的属性对话框中可以设置当块被打开时是符号地址还是绝对地址具有优先级。在版本 5.0 以下的 STEP 7 中,绝对地址总是具有优先级的。对子块调用命令 CALL,绝对地址也总是具有优先级的。

地址优先级的设置有助于在改变符号表中的符号、改变数据块或功能块的参数名称、改变指向组件名称的 UDT 或修改多重背景时,按照自己的意愿调整程序代码。

为了设置地址优先级,在 SIMATIC 管理器选择块文件夹,然后选择菜单命令 Edit→Object Properties,在 Address Priority 选项卡中(如图 4.40 所示),可以选择符号地址(Symbolic)优先或绝对地址(Absolute)优先。如果选择符号优先,则在修改了符号表中某个变量的地址后,变量保持其符号不变。

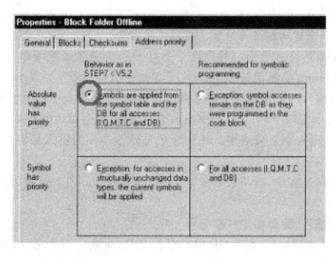

**图 4.40 地址优先级设置窗口**

例如在一个已存储过的块中有这样一条指令"A Symbol_A",此处的"Symbol_A"是在符号表中为绝对地址"I0.1"定义的符号。如果符号作了修改,当再次打开该块,设置地址优先级会对指令产生如表 4.6 所列的影响。

**表 4.6 地址优先级对指令的影响**

| 地址优先级 | 改变"Symbol_A=I0.1"为 | 块打开时的指令 | 注 释 |
|---|---|---|---|
| 绝对地址 | Symbol_A=I0.2 | A I0.1 | 在指令中显示绝对地址 I0.1,因为不再有符号赋值该地址 |
| 绝对地址 | Symbol_B=I0.1 | A Symbol_B | 在指令中显示仍有效的与绝对地址 I0.1 对应的符号名称 |
| 符号地址 | Symbol_A=I0.2 | A Symbol_A | 指令不变,显示一条信息:注意符号赋值关系已改变 |
| 符号地址 | Symbol_B=I0.1 | A Symbol_A | 该指令被标定为错误(红色),因为 Symbol_A 不再有定义 |

下面讲述怎样使用 STEP 7 的符号表编辑以及生成共享符号的方法与步骤,使用变量表编辑、生成局域符号的方法与步骤在 4.4.3 小节中讲解。

### 4.3.4 符号表的生成与编辑

符号表的生成与编辑可以通过如下 3 种方式进行：

**1) 利用对话框输入共享符号**

在程序输入窗口中，用户可以打开一个对话框，定义新的符号或对已有的符号进行编辑。在这种方式下用户不用显示整张符号表。其具体步骤为：

① 在程序块中激活符号显示。可以在一个打开的块中选择菜单命令 View→Display→Symbolic Representation 来激活符号显示，在菜单命令前有一个"√"表示该方式已被激活。

② 确认在块的编辑窗口中激活了符号表达式后，在程序指令中选中想对其进行赋值的绝对地址，选择菜单命令 Edit→Symbol 会弹出一个对话框，填写对话框并关闭，单击 OK 确认输入，则被定义的符号输入到符号表中。任何导致符号不唯一的输入都将被拒绝，并显示错误信息。

③ 在块程序编辑过程中，选择菜单命令 Options→Symbol Table 可以随时打开符号表并进行编辑。

**2) 在符号表中输入、编辑多个共享符号**

共享符号的定义步骤如下：打开 SIMATIC 管理器，生成一个新项目，如图 4.41(a)所示；单击窗口左边栏的 S7 Program(1)，在右边栏中自动出现了符号表 Symbols；双击就可以打开如图 4.41(b)所示符号表的编辑界面，在空白行中输入符号名、地址、数据类型即可定义一个新的符号。如果需要还可以在 Comment 栏为定义的符号输入最长 80 个字符的注释。编辑符号表并保存后，符号表就生效了。选择 View→Display→Symbolic Representation 命令，用户就可以在程序中看到绝对地址已经被符号地址代替了。

需要注意的是，数据块中的地址(DBD、DBB 和 DBX)不能在符号表中定义。组织块、系统功能块和系统功能已预先被赋予了符号名，编辑符号表时，可以直接引用这些符号名。各种块的名称可以在符号表中定义，也可以在生成块时定义。

选择菜单命令 View→Columns R，O，M，C，CC，可以选择是否显示表中的 R，O，M，C，CC 列，它们分别表示监视属性、在 WinCC 里是否被控制和监视、信息属性、通信属性和触点控制。选择菜单命令 Edit→Special Object Properties，可以选择打开或关闭某一对象属性。

选择 View→Sort 命令可以使符号表中的变量按照符号、地址数据类型或注释按字母进行分类排序。选择 View→Filter 命令可以打开 Filter 对话框，在该对话框中用户可以定义筛选标准，并根据该标准来筛选符号显示的内容，只有满足筛选标准的数据才能被包括在筛选后的显示中。筛选标准如下：

➢ 符号名、地址、数据类型和注释。例如，在 Address 属性中输入"Q*"表示显示所有的输出，"I*.*"表示显示所有的输入位，"Q4.*"表示显示 QB4 中的位等。

➢ 有效的(Valid)和无效的(Invalid，指不唯一、不完整的符号)符号。

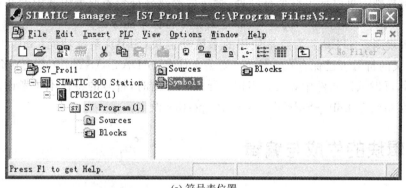

(a) 符号表位置

(b) 符号表编辑器

**图 4.41 符号表的生成与编辑**

各筛选标准之间通过"与"操作相连接后，只有满足条件的数据才能出现在筛选后的符号表中。

**3) 利用其他表格编辑器**

用户可以使用自己喜欢的表格编辑器来生成符号表（如 Microsoft Excel/Access 等），然后利用导入/导出功能将文件导入到符号表中。

## 4.3.5 符号表的导入/导出

选择 Symbol Table→Import/Export（导入/导出）菜单命令可以导出当前的符号表到一个文本文件，这样就可以用任意的文本编辑器进行编辑。还可以将其他应用程序中生成的表导入到符号表中并继续编辑。这种导入功能可以用于将 S5 程序转换为 S7 之后，将 STEP 5/ST 中生成的符号赋值表导入进来。导出符号表时，可以选择导出整个符号表或导出选择的若干行。执行导入/导出操作时，可选择的文件格式有：*.SDF（系统数据格式，使用 SDF 文件格式从或向 Microsoft Aceess 应用程序导入或导出数据）、*.ASC（ASCII 格式）、*.DIF（数据交换格式，可以在 Microsoft Excel 中打开、编辑并存储 DIF 文件）以及 *.SEQ（赋值表，当导出符号表到一个 SEQ 文件时，注释长于 40 个字符则第 40 个字符以后的注释将被截去）。

(1) 导出规则。可以导出整个符号表、筛选后的部分符号表或表中选中的几行。选择菜单命令 Edit→Special Object Properties 设定的符号特性不能导出。

(2) 导入规则。STEP 7 为经常使用的系统功能块(SFB)、系统功能(SFC)以及组织块(OB)预先定义的符号表已保存在文件"S7 安装文件夹\S7DATA\SYMBOL\SYMBOL.SDF"中,需要的话,可以从该文件中导入。当进行导入和导出时,符号的特性不予考虑。符号特性可通过选择菜单命令 Edit→Special Object Properties 设定。

## 4.4 逻辑块的生成与编辑

### 4.4.1 逻辑块的分类与结构

逻辑块是 STEP 7 中用户程序组织的单位,包括组织块 OB、功能块 FB 和功能 FC。一个逻辑块主要由变量声明表、程序指令和属性组成。用 STL 编写逻辑块的步骤为:在 SIMATIC 管理器中生成逻辑块→编辑逻辑块的变量声明表→编写程序→编辑逻辑块的属性→保存逻辑块(选择菜单命令 File→Save)。

(1) 变量声明表。在变量声明表中,用户可以设置参数及参数的系统特性和本地块变量的各种参数。

(2) 程序指令。在程序指令部分,用户编写能被可编程控制器执行的块指令代码。这些程序可分为一段或多段,可用 LAD(梯形图)、STL(语句表)、FBD(功能块图)等编程语言来生成程序指令。

(3) 块属性。块属性中含有关于块的进一步的信息,例如由系统输入的时间标记或路径。此外用户还可以自己输入关于块的其他一些信息,如块名称、系列名、版本号、作者等。且用户可将系统属性分配给程序块。

### 4.4.2 逻辑块的生成与编辑

在 SIMATIC 管理器中新建一个项目,选择 Insert→S7 Block 菜单命令或右击管理器右边的块工作区,在弹出的快捷菜单中选择命令 Insert New Object(插入新的对象),然后在其中选择想生成的逻辑块类型(包括组织块、功能块、功能、数据块等),即可打开生成块对话框,在此对话框内用户可以选择输入块的名称、是否支持多重背景、块使用的编程语言等选项,设置好后,单击 OK 按钮即可生成新的逻辑块。双击工作区中的某块,将进入程序编辑状态。

当打开一个逻辑块之后(见图 4.42),所打开窗口右上半部分将包括块的变量表和变量详细视图,而窗口右下半部分是将在其中对实际的块代码进行编程的指令部分,窗口左边是指令列表。

逻辑块中程序的指令部分(见图 4.42)以块标题和块注释开始。在程序指令部分的代码

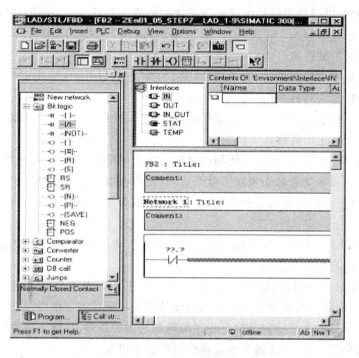

图 4.42　梯形图编辑器

区,用户通过输入 STL 的语句或图形编程语言中的编程元素来组成逻辑块中的程序。输入完一条语句或一个图形元素后,编辑器立即启动语法检查,发现错误能立即指出。如果逻辑块选用 LAD 或 FBD 编程语言,则可以使用如下方法在程序编辑器中放置图形元素:

- 单击窗口上部工具栏上的图形元素图标(见图 4.42),如触点图标,将在程序编辑器的光标处放置一个触点。在程序编辑过程中,可以随时选择菜单命令 View→Toolbar 来打开或关闭工具条。
- 双击窗口左边栏指令树中不同指令目录下的相应图形元素图标(见图 4.42),如线圈图标,将在程序编辑器的光标处放置一个线圈。在程序编辑过程中,可以选择菜单命令 View→Overview 来打开或关闭指令的分类目录。
- 先在指令树中找到要放置的元素图标,再拖动到需要的地方。
- 选择菜单命令 Insert→Program Elements 将程序元素插入到程序指令中。

## 4.4.3　编辑变量声明表

在变量声明表中,用户可指定本块中专用的局域变量和用于块调用的形式参数以及参数的系统属性,局域变量只在声明它的块中有效。变量声明作用如下:

- 在变量声明期间,将在本地数据堆栈中为临时变量保留足够的存储空间,而对于功能块而言,则要为以后将要链接的背景数据块中的静态变量保留足够的存储空间。
- 通过设置形式参数的 IN(输入)、OUT(输出)以及 IN/OUT(输入/输出)属性,声明在调用本块时的软件接口。
- 当在功能块中声明变量时,这些变量(除了临时变量以外)也将决定与功能块相联结的每个背景数据块的数据结构。
- 通过设置系统属性,可为消息与连接函数的组态、操作员控制与监视功能以及过程控制组态等分配特定的属性。

如果在块中只使用局域变量,不使用绝对地址或全局符号,可以很容易地将块移植到别的项目中去。块中的局域变量名必须以字母开始,只能由英文字母、数字和下划线组成,不能使用汉字,这与在符号表中定义的共享数据(全局符号)的符号名可以使用其他字符(包括汉字)不同。

在程序中,STEP 7 会自动在局域变量前面加"#",共享变量名被自动加上双引号,共享变量可以在整个用户程序中使用。

在图 4.42 变量声明表左边的变量详细视图中给出了该表的总体结构,单击某一变量类型,例如 OUT,在变量声明表的左边将显示出该类型局域变量的详细情况。图 4.42 中变量声明表与程序指令部分的水平分割条拉至程序编辑器视图的顶部时,就不再显示变量声明表,但它仍然存在。将分割条下拉,变量声明表将会再次显示出来。

由图 4.42 可知,功能块的局域变量共分为 5 种类型,它们分别是:
- IN(输入变量)——形式参数,由调用它的块提供的输入参数。
- OUT(输出变量)——形式参数,返回给调用它的块的输出参数。
- IN_OUT(输入/输出变量)——初值由调用它的块提供,被本块修改后返回给调用它的块。
- STAT(静态变量)——在与功能块对应的背景数据块中使用,关闭功能块后,其静态数据保持不变。静态变量类型只能用于功能块(FB),在功能(FC)中没有静态变量。
- TEMP(临时变量)——暂时保存在局域数据区中的变量,该类型变量只是在执行块时临时使用,块执行完成后,不再保存临时变量的数值。在 OB1 中,局域变量表只包含 TEMP 类型的变量。

在变量声明表中对局域变量进行定义时,不需要指定变量在存储器中的绝对地址,STEP 7 会根据各变量的数据类型自动为所有局域变量分配存储器地址。

### 4.4.4 设置逻辑块的属性

逻辑块的属性可以在生成时进行设置,也可以在生成块后右击块,然后在弹出的菜单中选择 Object Properties 命令或在打开块后在块编辑器中选择 File→Properties 菜单命令来查看和设置块属性,如图 4.43 所示。块属性使用户能更容易地设置生成的各程序块,还可以对程序块加以保护,防止非法修改。

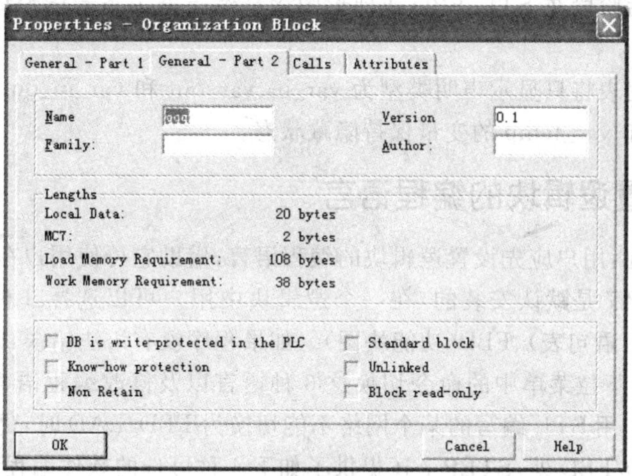

**图 4.43　逻辑块属性设置对话框**

表 4.7 是一些主要的块属性及说明。

**表 4.7　块属性表**

| 关键字/属性 | 含 义 |
| --- | --- |
| DB is Protected In PLC | 数据块被保护,防止在程序运行期间被修改 |
| KNOW_HOW_PROTECT | 块保护:使用此选项编译的块将不能查看其代码段。可以查看块的接口,但不能更改 |
| AUTHOR | 作者名:公司名、部门名或其他名称(最多 8 个不含空格的字符) |
| FAMILY | 块系列的名称:例如,控制器(最多 8 个不含空格的字符) |
| NAME | 块名称(最多 8 个字符) |
| VERSION:int1 . int2 | 块的版本号(2 个数都介于 0~15 之间,即 0.0~15.15) |
| UNLINKED | 具有 UNLINKED 属性的数据块只存储在装入存储器中。它们不占用任何工作存储器空间,并且不与程序链接。不能使用 MC7 命令访问它们。此类 DB 的内容只能使用 SFC 20 BLKMOV(S7-300,S7-400)或 SFC 83 READ_DBL(S7-300C)传送给工作存储器(仅适用于 DB) |
| Non-Retain | 具有该属性的数据块在每次掉电和上电之后以及 CPU 的每次 STOP-RUN 转换之后均将复位为装载值 |
| READ_ONLY | 用于数据块的写保护;其数据只能读取,不能修改(仅适用于 DB) |

块保护 KNOW_HOW_PROTECT 具有下列作用：
- 如果想在稍后阶段在 STL、FBD 或梯形图增量编辑器中查看已编译的块，将无法显示块的代码段。
- 块的变量声明表将只显示声明类型为 var_in、var_out 和 var_in_out 的变量。声明类型为 var_stat 和 var_temp 的变量保持隐藏状态。

### 4.4.5 设置逻辑块的编程语言

在开始编程之前，用户应先设置逻辑块的编程语言，借助它可使用户在编程时感觉容易并且方便。如果 STEP 7 是默认安装的，在一个逻辑块中用户可以选择 3 种基本的编程语言：LAD（梯形图）、STL（语句表）、FBD（功能块图）。如果程序没有语法错误，则在程序编辑状态，用户可以通过 View 下拉菜单中的命令切换这 3 种语言以及修改编程语言的表示方法、文字注释和符号设置等。用 STL 编写的某个网络不能切换为 FBD/LAD 时，仍然用语句表表示。

除了 STL/LAD/FBD 外，STEP 7 还提供了如下 4 种可选的软件编程语言：S7 SCL（结构化控制）语言、S7 Graph（顺序控制）语言、S7 HiGraph（状态图）语言和 S7 CFC（连续功能图）语言。这些编程语言在可选软件包中。

### 4.4.6 编制并输入程序

进入程序编辑器后，选择 Option→Customize 菜单命令打开个性化设置对话框，可以对程序编辑器按照个人喜好进行个性化设置。
- 在 General 项卡的 Font 窗口单击 Select 按钮，可以设置编辑器使用的字体、字符颜色、字符大小等。
- 在 STL 选项卡和 LAD/FBD 选项卡中可以设置这些程序编辑器的显示特性。在梯形图编辑器中还可以设置地址域的宽度（Address Field Width）。
- 在 Block 选项卡中，可以选择生成功能块时是否同时生成参考数据，功能块是否有多重背景功能，还可以选择编程语言。
- 在 View 选项卡中的 View after Open Block 区，选择在块刚刚被打开时显示的方式，例如是否需要显示符号信息，是否需要显示符号地址等。

根据生成程序时选用的编程语言，可以使用增量方式或源代码方式（又称为文本方式或自由编辑方式）来输入源程序代码。

**1）增量方式**

这种编程方式适用于初学者。编辑器对输入的每条语句或每个元素立即进行语法检查，只有改正了指出的错误才能完成当前的输入，检查通过的输入经过自动编译后保存到用户的程序中。在使用增量编辑器输入程序前，如果使用符号则必须事先定义，否则该块在编译时会出错。

### 2)源代码方式

该方式是先用文本编辑器生成源代码形式的用户程序,再将该文件编译成各种程序块。这种编程方式可以快速地生成代码程序。该方式生成的源代码(文本文件)存放在项目中 S7 Program 对象下的 Source File 文件夹中。CPU 的所有程序(即所有块)可以包含在一个文件中,一个源文件可以包含一个或多个块的程序代码(如 OB、FB、FC、DB 的代码甚至整个程序)。

在文件中使用的符号必须在编译之前加以定义,否则在编译过程中编译器将报告错误信息。只有将源文件编译成程序块后,才能执行语法检查功能。

### 4.4.7 变量声明与指令表之间的联系

逻辑块的变量声明与指令表是紧密关联的,因为在变量声明中为进行编程而指定的名称也将用于指令报表中。因此,在变量声明中所做的所有修改都将影响整个指令表。表 4.8 显示了变量声明与指令响应之间的关系。

表 4.8 变量声明与指令表之间的关系

| 变量声明中的动作 | 代码段的响应 |
| --- | --- |
| 正确的新输入 | 如果出现无效的代码,则先前尚未说明的变量现在将变为有效 |
| 类型不变,正确的名称改变 | 符号将以其新名称立即显示在每一个地方 |
| 将正确的名称变为无效的名称 | 代码保持不变 |
| 将无效的名称变为正确的名称 | 如果出现无效的代码,则它将变为有效 |
| 类型变化 | 如果出现无效的代码,则它将变为有效,但如果出现有效的代码,则这可能变为无效 |
| 删除代码中所使用的变量(符号名称) | 有效代码将变为无效 |

对注释的修改、新变量的错误输入、初始值的更改或删除未使用的变量等均不对指令表产生任何影响。

### 4.4.8 逻辑块和源文件的授权访问

当生成一个自动化任务的项目时,通常是项目组的全体成员使用一个共同的数据库,这就意味着多人可能会同时访问同一个块或数据源,所以为了保证块或数据源的唯一性,必须对其进行读写访问的授权保护。读写访问授权分配如下:

① 离线编辑。当用户试图打开一个块/源文件时,STEP 7 会检查该用户是否对该块有写访问权限。如果块或源文件已经被打开,则后来打开的用户只能对该块进行复制。如果用户希望进行存盘操作,系统会询问是否想要覆盖原块还是保存为另外的一个名字。

② 在线编辑。当用户通过组态连接打开一个在线块时,对应的离线块被禁止使用,以保证离线块不会被同时修改。

## 4.5 程序的下载与上传

### 4.5.1 S7-300/400 的存储器

当我们在计算机上打开 STEP 7 的 SIMATIC 管理器窗口时,看到的是离线窗口,是计算机硬盘上的项目信息。用户项目程序编辑完成,被编译后,与项目相关的逻辑块、数据块、符号表和注释等都保存在计算机的硬盘上。对于一个自动化项目,在完成系统组态、参数赋值、程序创建和 PLC 建立在线连接后,可以将整个用户程序或个别的块下载到 PLC,系统数据(包括硬件组态、网络组态、连接表等)也应与程序同时下载到 PLC 中。

S7-300/400 系列 PLC 的 CPU 中与用户程序和系统有关的存储器包括装载存储器、工作存储器和系统存储器三个基本存储区域,其示意图如图 4.44 和图 4.45 所示。

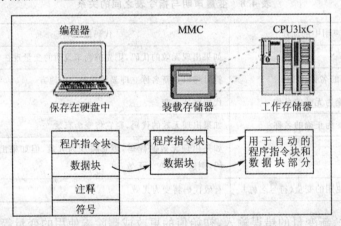

图 4.44　装载存储器与工作存储器

由图可见,S7-300/400 系列 PLC 的 CPU 中除了 3 个基本存储区外,还有外设 I/O 存储区、累加器、地址寄存器、数据块地址寄存器和状态寄存器等。CPU 程序所能访问的存储区为系统存储区的全部。

**1. 装载存储器**

CPU 中的装载存储器用来存储没有符号表和注释的完整的应用程序,这些符号和注释保存在计算机的辅助存储器中。为了保证用户程序执行的速度,CPU 只是将块中与程序执行有关的部分装入由 RAM 组成的工作存储器。

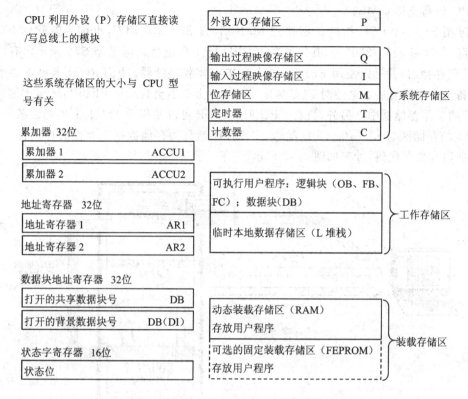

图 4.45  S7-300/400 CPU 的存储区域

在源程序中用 STL 生成的数据块可以在其块属性中用关键字"UNLINKED"标记为"与执行无关",它们被下载到 CPU 时只是保存在装载存储器中。如果需要,可以使用 SFC 20 "BLKMOV"复制到工作存储器中,这样可以节省存储空间。

装载存储器可以用存储卡来扩展。存储器卡是便携式的数据记录媒体,插在 CPU 的一个专门插槽里,可以通过编程设备来写入程序或数据。

在 S7-300 CPU 中,装载存储器可能是集成的 FEPROM 或 RAM 或 MMC 卡。在 S7-400 CPU 中,使用存储卡(RAM 或 FEPROM)来扩展装载存储器。CPU 内部集成的装载存储器主要用来重新装载或修改块,新的 S7-400 附加的工作存储器也是插入式的。

MMC 卡是一种 FEPROM 卡,用于新型的 S7-300 CPU,包括紧凑型 CPU 和由标准型更新的新型 CPU。新型 CPU 均没有内置的装载存储器,必须使用 MMC 卡作为其装载存储器保存用户数据。CPU 掉电时,会自动将工作存储器中的数据复制到 MMC 中,保存 DB 块数据。

MMC 卡需要用户根据程序大小单独订货,选型时建议大于 CPU 工作内存,CPU 313、CPU 314、CPU 315-2DP、CPU 317-2DP 系列 CPU 的可插拔 MMC 卡最大支持 8 MB,其他

## 第4章 STEP 7 编程环境及使用

型号 CPU 最高支持 4 MB。

标准型 S7-300 CPU 指的是不使用 MMC 卡的 S7-300 PLC,也称为老式的 S7-300 CPU。除了 CPU 318-2DP 外,其他的老式 CPU 已不再出售。标准型 S7-300 含有内置的 RAM 装载存储器,并可以使用 FEPROM 卡来扩充装载存储器。FEPROM 卡更重要的是作为程序备份。在没有后备电池时 PLC 掉电,在 PLC 上电后会自动从 FEPROM 卡中复制程序到 CPU 的工作存储器中。另外,只有 CPU 318-2DP 可以使用 RAM 卡来扩充装载存储器。CPU 318 的存储区与 S7-400 CPU 类似,工作存储器分为存储数据和存储程序两部分,分别存储数据块和指令代码,过程如图 4.46 所示。

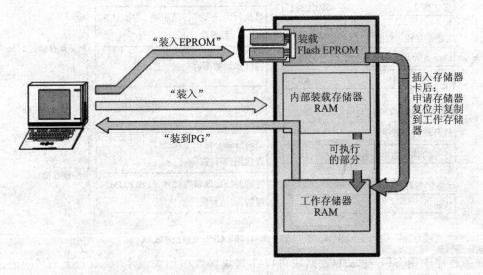

图 4.46 FEPROM 存储器卡中块的读出和写入过程

装载存储器为 RAM 时,可以下载和删除单个的块或整个用户程序,也可以重新装载单个的块。装载存储器如果是 FEPROM,只能下载整个用户程序。

### 2. 工作存储器

S7-300/400 系列 PLC 的工作存储器是集成 RMA,只用来存储用户程序的那一部分。为了保证程序执行的速度和不过多地占用工作存储器,只有与程序执行有关的块被装入工作存储器。

CPU 工作存储区也为程序块的调用安排了一定数量的临时本地数据存储区(L),用来存储程序块被调用的临时数据,访问局域数据比访问数据块中的数据更快。用户生成块时,可以声明临时变量(TEMP),它们只在执行该块时有效,执行完后就被覆盖了。

L 堆栈在 FB、FC 或 OB 运行时设定,将块变量声明表中的临时变量存储在 L 堆栈中。L 堆栈提供空间以传送某些类型参数或存放梯形图程序的中间运算结果。块执行结束后,临时本地存储区再重新进行分配，不同的 CPU 提供不同数量的临时本地存储区。

语句表程序中的数据块可以被标识为"与执行无关"（UNLINKED），它们只是存储在装载存储器中。有必要时，可以使用 SFC20 "BLKMOV"将它们复制到工作存储区。

复位 CPU 中的存储器时，存储在 RAM 中的程序会丢失。即使没有后备电池，保存在装载存储器 FEPROM 中的程序也不会因为 CPU 的复位而丢失。当取下或插入 FEPROM 存储器卡时，CPU 要求复位存储器，用户程序从 FEPROM 卡复制到工作存储器；插入 RAM 卡时，用户程序必须从编程设备装入。CPU 电源掉电又重新恢复时，FEPROM 中的内容被重新复制到 CPU 存储器的 RAM 区。

在 STEP 7 中执行上传操作时，上传的是工作存储器中的内容。要保存修改后的程序块，应将它保存到硬盘上或保存到 FEPROM 中。选择菜单命令 PLC→Download User Program to Memory Card 可以直接下载到 CPU 的存储器卡中，在下载前存储器卡必须先执行擦除操作。

### 3. 系统存储器

系统存储器区域为不能扩展的 RAM，是 CPU 为用户程序提供的存储器组件，被划分为若干个地址区域，分别用于存放不同的操作数据，例如输入过程映像、输出过程映像、位存储区、定时器和计数器、块堆栈（B 堆栈）、中断堆栈（I 堆栈）和诊断缓冲区等。系统存储区可通过指令在相应的地址区域对数据直接进行寻址。

## 4.5.2　PC/PG 与 CPU 连接的建立与在线操作

在 STEP 7 中生成的一个自动化项目主要包括硬件组态时产生的系统数据块、用户生成的块（OB、FB、FC 等）。在项目开发初期，它们都是保存在硬盘上与项目相对应的块（Block）文件夹中，但这些程序和数据最终要下载到具体 PLC 的 CPU 中才能通过 PLC 对系统进行控制。

STEP 7 与 PLC 的 CPU 建立连接后，将会自动打开在线窗口，该窗口中显示的是 CPU 中的项目结构，包括系统数据块、用户生成的块（OB、FB、FC 等）以及 CPU 中的系统块（SFB、SFC）。

### 1. 建立连接

在 STEP 7 中进行下载 S7 用户程序或硬件组态到 PLC、从 PLC 上传程序到计算机、测试用户程序、硬件诊断等操作的前提是在编程设备和 PLC 之间建立合适的接口，例如 MPI 多点接口，并通过下列方法在编程设备和 PLC 之间建立在线连接。

#### 1）通过在线的项目窗口建立在线连接

此方法适用于在 STEP 7 的项目中已经有组态的 PLC。选择 View→Online/Offline 菜单命令或单击工具栏中的 按钮，可以在在线窗口和离线窗口之间进行切换，选择 Windows

菜单命令可以同时显示在线窗口和离线窗口。在线窗口显示的是 PLC 中的内容,离线窗口显示的是计算机中的内容。进入在线状态后,意味着 STEP 7 和 CPU 成功地建立了连接。此时,在线窗口最上面的标题栏中的背景变为浅蓝色,在块工作区出现了 CPU 中大量的系统功能块(SFB)、系统功能(SFC)和已下载到 CPU 的用户编写的程序块(SFB 和 SFC 在 CPU 的操作系统中,无须下载,用户也不能删除),某些在离线窗口中不能使用的菜单命令和工具栏按钮此时也处于可用的激活状态。

**2) 通过 Accessible Nodes 窗口建立在线连接**

选择菜单命令 PLC→Display Accessible Nodes 或单击工具栏的 按钮,打开可访问站点窗口,用 Accessible Nodes 对象显示网络中所有可访问的可编程模块。如果编程设备中原先没有与 PLC 项目有关的数据,则应用该方式建立与 PLC 的在线连接。

在线连接建立后,如果 PLC 中的程序和组态数据与编程设备中保持一致,则在线窗口显示的是 PLC 与 STEP 7 中的数据的组合。例如在在线状态打开一个 S7 块,则 STEP 7 中显示的是来自 PLC 的 CPU 中块的指令代码部分以及来自编程设备中关于该块的注释和符号。如果没有通过项目结构直接打开连接的 CPU 的块,则显示的程序中不会含有符号和注释,因为 STEP 7 程序中的符号和注释不会下载到 PLC 中。

### 2. 设置 CPU 的运行模式

进入在线状态后,在项目管理器左边的树形项目结构中单击某一站点,选择菜单命令 PLC→Diagnostics/Settings→Operating Mode,在打开的对话框中将显示本站点当前和最后一次的运行模式以及 CPU 模块当前的运行模式选择开关的设置。对于那些无法显示其当前开关设置的模块,将显示文本"Undefined"。

当对话框中的按钮处于激活状态时,可以使用相应的按钮(启动和停止按钮)来改变 CPU 的运行模式。

### 3. 显示和设置 PLC 的日期和时间

选择菜单命令 PLC→Diagnostics/Settings→Set Time of Day,在打开的对话框中将显示 CPU 和编程设备中当前的日期和时间(注意,如果 CPU 模块没有实时钟,对话框中的日期和时间都显示为"0")。可以在 Date 和 Time 栏中为 PLC 设置新的日期和时间。

### 4. 刷新窗口内容

用户操作(如下载块或删除块等)对在线的项目窗口的修改不会在已打开的 Accessible Nodes 窗口自动刷新。要刷新一个打开的窗口,必须选择菜单命令 View→Update View 或按 F5 键进行。

## 4.5.3 下载与上传

### 1. 下 载

将保存在编程设备(PC/PG)中与自动化项目有关的数据(用户程序块、硬件组态、网络组态、连接表等)传到 CPU 的过程称为下载。CPU 装载存储器中 RAM 区和 EPROM 区的分配决定了下载用户程序或块时可用的方式,通常有如下 3 种下载方式:

- 通过在线连接下载到 RAM 中。没有后备电池的 PLC 中的 RAM 在掉电时里面的数据将会丢失。
- 保存到 EPROM 存储卡。块或用户程序通过编程设备写入到 EPROM 存储卡。当电源掉电又重新恢复或 CPU 复位后,EPROM 存储卡中的内容被重新复制到 CPU 存储器的 RAM 区。
- 保存在 CPU 的集成 EPROM 中。对于某些 CPU(如 CPU 312),其上有专门用于保存用户程序和数据的集成 EPROM,可以保存 RAM 中的内容到集成 EPROM 上。这样在电源断开重新恢复时,如果 RAM 中没有备份,集成的 EPROM 中的内容被复制到 CPU 存储器的 RAM 区。

**1) 下载前的准备工作**

下载准备工作主要包括:计算机与 CPU 之间必须建立起在线连接,编程软件可以访问 PLC;要下载的程序已编译好,没有语法错误;CPU 处在允许下载的工作模式下(RUN-P 或 STOP。在 RUN-P 模式一次只能下载一个块,并且可能会出现块与块之间的时间冲突或不一致性,导致 CPU 不能运行,所以建议在 STOP 模式下载);CPU 中的用户存储器已完成复位,保证没有旧的用户程序。

用户存储器复位有以下 2 种方法:

- 通过硬件开关复位。将 CPU 面板上的模式选择开关从 STOP 位置扳到 MRES 位置,"STOP"LED 闪烁 2 次后放开开关,使它回到 STOP 位置,然后再扳回到 MRES,"STOP"LED 以 2 Hz 的频率至少闪动 3 s,表示正在执行复位,最后"STOP"LED 一直亮,表示存储器复位完成。
- 使用 STEP 7 软件复位。将模式开关置于 RUN-P 位置,选择菜单命令 PLC→Diagnostic/Settings→Operation Mode→STOP,使 CPU 进入 STOP 模式,然后再选择 PLC→Clear/Reset 命令,单击 OK 按钮确认。

存储器复位主要完成以下工作:

- 工作存储器、内置装载存储器(对于标准 CPU)和保持的数据都被清除,诊断缓冲区的内容保持,然后执行硬件测试和初始化。
- 如果没有插入存储器卡,设定的 MPI 地址保持。但是,如果插入存储器卡,则装入卡内

## 第4章　STEP 7 编程环境及使用

的 MPI 地址。

➤ 复位后 CPU 把 EPROM 的内容复制到内部工作存储区。对于使用 MMC 卡的 CPU，在存储器复位后 CPU 把 MMC 卡的内容复制到内部工作存储区。

➤ 复位后，块工作区只有 SDB、SFC 和 SFB。

**注意**：CPU 必须在停止模式时才能执行存储器复位。

**2）程序块和数据块的下载方法与步骤**

程序块和数据块的下载主要有以下几种方法：

① 在离线模式和 SIMATIC 管理器窗口中下载。打开块工作区，选择要下载的一个或多个块（多个块的选择方法与 Windows 中多个文件的选择方法相同），选择菜单命令 PLC→Download 即可将被选择的块下载到 CPU。

如果要下载所有的块和系统数据到 CPU 中，则可以先在管理器左边的目录窗口中选择 Blocks 对象，然后选择菜单命令 PLC→Download 即可。

② 在离线模式和其他窗口中下载。在对块编程或组态硬件和网络时，可以在当前的应用程序窗口中选择菜单命令 PLC→Download 下载当前正在编辑的对象到 CPU 中。

以上两种方式虽然是在离线状态，但要求 PC/PG 与 PLC 之间要保持正确的硬件连接。

③ 在线模式下载。首先选择 View→Online 或 PLC→Display Accessible Nodes 命令打开在线窗口，此时选择 Windows 菜单可以看见一个在线窗口和一个离线窗口，拖动离线窗口的一个或多个块到在线窗口中，就完成了下载。

下载块或用户程序到 MMC 或 EPROM 存储卡有以下几种方法：

① 直接下载。单击快捷栏中的下载按钮 直接下载或选择 STEP 7 中的 PLC→Download 菜单命令下载，如图 4.47 所示（这种方法只适用于将程序下载到 MMC 卡）。

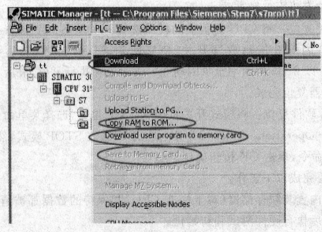

图 4.47　PLC 菜单中的下载命令

② 选择 STEP 7 中的 PLC→Download User Program to Memory Card 菜单命令将整个程序下载,注意使用该指令时不能下载单个或部分程序块,只能整体下载,同时会将 MMC 卡中原来的内容清除。此方法也同样适用于 FEPROM 卡。

③ 选择 STEP 7 中的 PLC→Copy RAM to ROM(如图 4.47)菜单命令,可以把工作存储器的内容复制到 MMC 卡中,同时会将 MMC 卡中原来的内容清除。此操作只能是 CPU 在 STOP 模式下才能执行。这个指令用于把 CPU 中当前运行值,如 DB 块的运行值复制到 MMC 卡中,这样下次用 MRES 复位时,DB 块的值就会复位为保存过的值。此操作对于 FEPROM 卡同样有效。

④ 使用 PG 时可以选择 STEP 7 中的 File→S7 Memory Card→Open 菜单命令(如图 4.48 所示)打开存储卡,再选择 PLC→Save to Memory Card 将文件写入 MMC。此方法也同样适用于 FEPROM 卡。

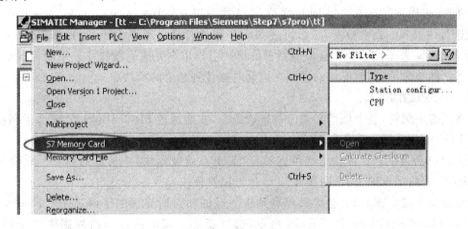

图 4.48 File 菜单中的存储卡命令

⑤ 在程序中通过调用 SFC84 "WRIT_DBL"(向装载存储器写数据块),可以将工作存储器中的数据块(内容)写入装载存储器(存储卡)中。

**3) 在线块、离线块的比较**

下载程序后,在 SIAMTIC 管理器中单击 Blocks 文件夹,选择 View→Online 命令或单击工具栏中的 按钮,打开项目的在线视图,建立程序块的在线连接,则单击工具栏中的 按钮显示离线视图。这两个窗口可以通过选择菜单命令 Windows→Arrange 进行合理安排,同时显示在屏幕上。仔细观察两个窗口,可以发现离线视图显示的是编程器中存储的项目内容,在线视图中显示的是当前在线 CPU 中的实际内容,还包括其他一些组织块及 SFC 和 SFB。SFC 和 SFB 是已存储在 CPU 中的系统块,而其他组织块可能是 CPU 旧项目中遗留下来的。通过选择 Options→Compare Blocks 可以比较在线的块和离线的块是否相同,在弹出的对话框中选择 Online/Offline,并单击 Compare 按钮进行比较。会弹出在线块与离线块比较信息对话框，对于那些只存在于在线块中的组织块，说明它们不是用户程序的一部分，为避免引起误操作，最好在在线视图中将其删除。有时下载用户程序到 CPU 后，CPU 不能运行，SF 和 STOP 指示灯亮，此时选择 PLC→Clear/Reset 命令也不能将故障清除，这时必须在在线状态将不需要的程序块删除，这样 CPU 很可能就会恢复正常了。

**4) 组态的下载方法与步骤**

（1）硬件组态的下载

在第一次下载硬件组态时必须通过 MPI 接口和编程电缆将 PC/PG 和 PLC 连接。以后的在线连接可根据实际需要通过 PROFIBUS 接口或通信处理器模块等完成。例如，通过在编程设备上安装专用通信卡（如 PC Adapter(PROFIBUS)），并且通过 PROFIBUS 通信电缆可以实现基于 PROFIBUS 协议的多个 PLC 之间的通信。所以建立在线连接，不仅需要配置合适的硬件接口，而且要在 STEP 7 中正确地设置 PC/PG 接口。

另外，在将硬件组态下载到 PLC 之前，应先在 STEP 7 中选择 Station→Check Consistency 命令进行错误和一致性检查，然后再按如下步骤进行硬件组态的下载：选择 PLC→Download To Module 命令，STEP 7 会以对话框的形式引导用户完成下载操作。下载完成后，CPU 的参数将立即被激活，其他模块的参数在启动时被传到相应的模块中。

（2）网络组态的下载

网络组态下载前，整个项目必须已被正确组态，才能通过 PROFIBUS 或 MPI 子网将组态下载到 PLC 中。选择菜单命令 Network→Save and Compile 或 PLC→Download→"···"编译网络组态后，NetPro 自动生成可以解释 SDB（系统数据块）中信息的模块。SDB 中主要包括连接表、网络站点地址、子网属性、I/O 地址以及模块参数等。

网络组态下载步骤如下：连接编程器到想下载的站点所连接的子网；打开 NetPro；选择 PLC→Download→Stations on Subnet 命令，选择想要下载的站或网络视图中的子网；选择 PLC→Download 即可完成网络组态的下载。

CPU 存储器被复位后，集成 EPROM 中的块被复制到 RAM 区。RAM 中的备份可以直接删除，被删除的块在 EPROM 中被标记为无效。在下一次存储器复位或没有后备电池的 RAM 电源掉电时，删除的块从 EPROM 被复制到 RAM，又会重新起作用。

**5) 清理用户存储器（RAM）**

块被保存在 CPU 用户存储器的 EPROM 或 RAM 中。RAM 中的块可以被直接删除，装载存储器或工作存储器被占据的空间将会空出来供重新使用。

删除或重装块之后，用户存储器（包括装载存储器和工作存储器）内将会出现块与块之间的"间隙"，减少了可用的存储区。用压缩功能可以将现有的块在用户存储器中无间隙地重新排列，同时产生一个连续的空的存储空间。

压缩用户存储器的方法主要有两种：

① 向 PLC 下载程序时，如果没有足够的存储空间，将会出现一个对话框报告这个错误，

这时可以单击对话框中的 Compress 按钮进行存储器的压缩。

② 进入在线状态后，打开 HW Config 窗口，双击 CPU 模块，打开 CPU 模块的模块属性对话框，选择 Memory 选项卡，单击 Compress 按钮进行存储器的压缩。

只有在 STOP 模式下压缩存储器才能去掉所有的间隙。在 RUN-P 模式时，因为当前正在处理的块被打开而不能在存储器中移动。RUN 模式有写保护，不能执行压缩功能。

### 2. 上　传

上传指将 PLC 中的块、参数、组态等数据保存到编程器(PG)或计算机(PC)上的过程。

**1) 上传程序块**

在 SIMATIC Manager 中打开项目的在线窗口，选择在线窗口中的"Blocks"文件夹，然后选择相应的块并打开，选择菜单命令 File→Save 即可。

**2) 上传站参数**

选择 PLC→Upload Station 命令可以从所选的 PLC 中上传当前的组态和所有块到编程设备上。STEP 7 在当前项目中生成一个新站，站的组态将存储在这个项目下。用户可以修改这个新站的预定名称。这个新站在在线视图和离线视图中都会显示。

对于 S7-300 PLC，被上传的实际硬件组态包括中央机架和扩展机架，但没有分布式 I/O (DP 从站)；对于 S7-400 PLC，被上传的实际硬件组态没有扩展机架和分布式 I/O。

**3) 上传硬件组态**

选择 PLC→Upload 命令，出现打开组态对话框，选择要保存组态的项目并单击 OK 确认。随后设置站点地址、机架编号和读取组态(一般为 CPU)模块中的插槽，单击 OK 确认。

可以选择 Station→Propties 命令为该组态的站名赋值，然后选择 Station→Save 命令将该站名保存在默认项目中。

**4) 上传网络组态**

在上传网络组态前，编程设备必须已经连接到与想上传的站或通过网关访问的站相同的子网中，并且已知连接子网的站点地址和模块机架/插槽，用户可以选择 PLC→Upload 命令将整个组态一站一站地上传到 SIMATIC 管理器中，STEP 7 会在当前项目中为每个上传的站创建一个新的站对象。也可以上传站组态。

将整个网络组态一站一站地上传到 NetPro 的步骤如下：

① 连接编程器到想上传的站点所连接的子网上；

② 如需要，创建一个上传网络组态的新项目；

③ 通过想保存上传网络组态的项目，打开 NetPro 窗口；

④ 选择 PLC→Upload 命令。只有当一个项目打开时才能选择此菜单命令；

⑤ 在网络视图中将会出现 Station(站)对象，通过给出其站点地址和机架/插槽，指定所要上传的站。选择 Edit→Object Properties 命令可以改变由系统指定的站名；

## 第 4 章　STEP 7 编程环境及使用

⑥ 如果需要，可以修改站的组态连接，然后将改变输入到站中；

⑦ 装载所有需要的站；

⑧ 如需要，可以选择 Network→Save 或 Network→Save and Compile 命令将网络组态保存在当前的项目中。

## 4.6　使用 STEP 7 调试程序

一个 PLC 应用系统的调试主要包括硬件调试、软件调试以及软硬件联合调试等。硬件主要包括购进的 PLC 系统、操作控制台电气设计、执行器及传感器接线等，调试相对较简单，系统调试主要工作量在软件调试。软件调试时，一般首先调试子程序或功能程序模块，然后调试初始化程序，最后调试主程序。调试时应尽可能逼近实际系统的运行环境，考虑各种可能出现的状态，并需要进行多次调试。在调试时，可以使用实际 PLC 系统，也可以使用 STEP 7 提供的在线仿真程序 PLCSIM（PLCSIM 使用方法详见附录 C），一般步骤为：

① 硬件调试。可以用变量表来测试硬件，通过观察 CPU 模块上的故障指示灯或使用后面介绍的故障诊断工具来诊断故障。

② 下载用户程序。下载用户程序之前应将 CPU 的存储器复位并将 CPU 切换到 STOP 模式。下载用户程序时，应同时下载硬件组态和网络组态数据。

③ 排除停机故障。在下载完用户程序，使 CPU 从 STOP 转为 RUN 模式时，PLC 在启动过程中，由于用户软件错误，可能会导致 CPU 停机，这样可以使用后边讲的"模块信息"工具诊断和排除错误。

④ 调试用户程序。通过执行用户程序来检查系统的功能，如果用户程序是结构化程序，可以在组织块 OB1 中逐个调用各程序块，一步一步地调试程序。在调试时，应及时记录对程序所作的修改并整理好调试记录等相关文档。调试结束后，要及时保存调试好的程序。

在调试时，一般最先调试启动组织块 OB100，然后调试 FB 和 FC。应先调试嵌套调用最深的块，最后调试不影响 OB1 的循环执行的中断处理程序，或者在调试 OB1 时调试它们。

图 4.49 是一个程序内部调用关系结构图。对于该程序的调试，一般应先调试 FB1，然后

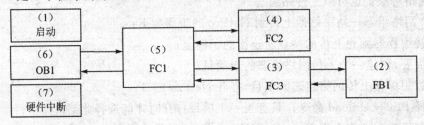

图 4.49　程序内部调用关系结构图

再调试调用 FB1 的 FC3 等,其顺序如方框内圆括号中的数字所示。调试时可以在完整的 OB1 中间临时插入块无条件结束语句 BEU(现当于设置了断点),使 OB1 只执行到 BEU 指令之前的部分,调试好后将它删除。

## 4.6.1 使用变量表调试程序

使用 4.6.2 小节介绍的程序状态功能,可以在 LAD、FBD、STL 程序编辑器中形象直观地监视程序的执行情况,找出程序设计中存在的问题。但是程序状态功能只能在屏幕上显示出一小块程序,如果程序较大,那么用户就不能在屏幕上同时观察调试过程中变量的变化过程。为了解决这个问题,可以建立变量表。使用变量表可以在同一屏幕上同时显示用户感兴趣的全部变量。变量表是用于监视和修改变量值进行程序调试的重要工具。

变量表中可以赋值或显示的变量包括输入、输出、位存储器、定时器、计数器、数据块内的存储器和外设 I/O。一个项目可以同时生成多个变量表,以满足不同的调试要求,且用户可以自己定义变量被监视或赋予新值的触发点、触发条件和触发频率,以决定变量什么时候、以什么样的频率被监视或赋予新值。

### 1. 变量表的功能

使用变量表调试程序时,它主要有以下功能:
- 监视变量——在编程设备上显示用户程序或 CPU 中每个变量的当前值;
- 修改变量——将固定值赋给用户程序或 CPU 中的每个变量;
- 对外设输出变量——允许在停机状态下将固定值赋给 CPU 中的所有输出点;
- 强制变量——给用户程序或 CPU 中的某个变量赋予一个固定值,用户程序的执行不会影响被强制的变量值。

### 2. 变量表的创建与存储

利用变量表调试程序前,必须创建变量表并输入需要监视的变量。创建变量表可以采用以下几种方法:

① 在 SIMATIC 管理器中选择 Blocks 文件夹,再选择 Insert→S7 Block→Variable Table 命令或者右击 SIMATIC 管理器的块工作区,在弹出的右键菜单中选择 Inset New Object→Variable Table 命令,打开变量表的属性对话框,在出现的对话框中,可以为变量表取一个名字,如 VATable,单击 OK 按钮就建立了一个新的变量表。如图 4.50 所示就是变量表的图标,双击这个对象即可打开变量表。一个变量表最多有 1024 行。

② 在 SIMATIC 管理器中选择 View→Online 命令进入在线状态,选择 Blocks 文件夹,执行 PLC→Monitor/Modify Varibles 菜单命令直接生成一个无名的在线变量表。输入需要修改或监视的变量后,选择 Table→Save 命令可以将变量表存储起来,以备再次测试程序时可以使用。存储前必须给变量表起个名字,例如"TestVariable_1"。当存储一个变量表时,所有当

## 第4章 STEP 7 编程环境及使用

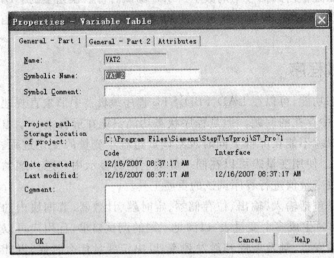 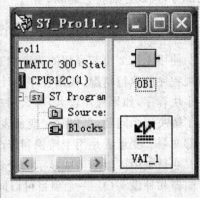

图 4.50 新建变量表对话框及变量表图标

前设定和表的格式都被存储起来。

③ 在变量编辑器中,选择 Table→New 菜单命令可以生成一个新的变量表。该表没有与任何程序关联,所以需要按照上述第②种方法保存。

④ 通过剪切、复制、粘贴等命令可以复制和移动变量表。在移动变量表时,原程序符号表中相应的符号也被移动到目标程序的符号表中。

变量表一旦生成,用户可以存储、打印和多次使用该表进行调试工作,但变量表并不下载到 PLC 中。

### 3. 变量表中变量的输入

要在变量表中输入变量或进行修改,首先需要打开该表。选择菜单命令 Table→Open 或双击可以打开一个已存在的表。每个变量表中有五栏,分别表示每个变量的五个属性:Address(地址)、Symbol(符号)、Display Format(显示格式)、Status Value(状态值)和 Modify Value(修改值)。一个变量表最多有 1024 行,每行最多 255 个字符。

图 4.51 是调试某发动机控制系统使用的变量表的一部分,为示例输入符号名或地址。输入或修改变量表时要注意以下问题:

➢ 在输入变量时,应将逻辑块中有关联的变量放在一起。
➢ 对想要修改的变量输入地址或符号,既可以在"符号"栏输入在符号表中定义过的符号(此时在地址栏会自动出现该符号对应的地址),也可以在"地址"栏输入地址(此时在符号栏会自动出现该地址对应的符号)。

# 第4章 STEP 7 编程环境及使用

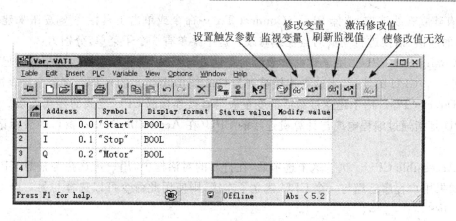

图4.51 调试某发动机控制系统使用的变量表

➢ 只能输入已在符号表中定义过的符号,且符号必须准确地按照它在符号表中所定义的进行输入。

➢ 符号名中含有特殊字符则必须用引号括起来,例如,Motor.off,Motor+Off,Motor-off。

➢ 要在符号表中定义新符号,可选择菜单命令 Options→Symbol Table。还可以从符号表中复制符号,然后粘贴到变量表中。

➢ 选择想要修改或监视的变量,在变量表中输入时要从"外部"开始,由"外"向"内"地工作,即首先应该选择输入,然后是被输入影响的变量以及影响输出的变量,最后是输出。例如,如果想监视输入位 I1.0,存储字 5 以及输出字节 0,则在 Address 栏中按先后次序输入以下内容:I1.0、MW5、QB0。

➢ 在变量表中输入变量时,在每行输入的结束都会执行语法检查。任何不正确的输入都会被标为红色。

➢ 如果想使变量的"修改值(Modify value)"无效,可以选择菜单命令 Variable→Modify/Force Value as Comment,在变量的修改值或强制值前将会自动加上注释符号"//",表示它已经无效。也可以使用键盘在 Modify/Force value 列的修改值或强制值前加上注释符号"//"。通过再次调用上述菜单命令或删除注释符号,可以使"修改值"重新生效。

## 4. 变量表的使用

### 1) 与CPU连接的建立和断开

为了监视当前变量表(VAT)中输入的变量,必须与相应的 CPU 建立连接。可以将一个变量表与不同的 CPU 建立链接。

如果有在线连接存在,变量表窗口标题栏会显示"ONLINE(在线)"。状态栏将显示 RUN、STOP、DISCONNECTED 或 CONNECTED 等 CPU 的操作状态。如果与所要求的

## 第4章 STEP 7 编程环境及使用

CPU 没有建立在线连接,选择 PLC→Connect To/…命令或单击工具栏中按钮来建立与所需 CPU 的连接,以便进行变量的监视或修改。这个菜单有 3 个子菜单,分别为:

① Configured CPU。用于建立被激活的变量表与 CPU 的在线连接。如果同时已经建立了与另外一个 CPU 的连接,则这个连接被视为 Configured(组态的)CPU,直至变量表被关闭。

② Direct CPU。用于建立被激活的变量表与直接连接的 CPU 之间的在线连接。直接连接的 CPU 是指通过编程电缆与计算机连接的 CPU(在 Accessible Nodes 窗口中被标记为 Directly)。

③ Accessible CPU。执行这个选项后,在打开的对话框中,用户可选择与任意 CPU 建立连接。如果用户程序已经与一个 CPU 建立了连接,则使用此命令可以选择与另一个 CPU 建立连接。

选择 PLC→Disconnect 菜单命令,可以中断变量表和 CPU 的连接。

**2) 设置触发方式**

可以在编程设备上显示用户程序中每个变量在程序处理过程中的某一特定点(触发点)的当前数值,以便对它进行监视。当选中一个触发点时,就决定了监视的变量在那个时间点的数值被显示出来。可以选择 Variable→Trigger 菜单命令来设置触发点和触发频率,如图 4.52 所示。触发点可以选择循环开始、循环结束以及从 RUN 转换到 STOP;触发条件可以选择触发一次或在定义的触发点每个循环触发一次。如果设置为触发一次,则单击一次监视变量或修改变量的按钮,执行一次相应的操作。

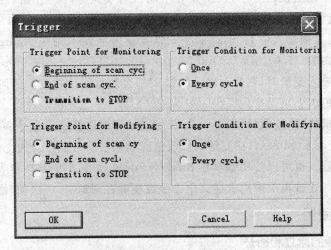

图 4.52 变量表的触发方式

要想监视修改值,应将监视触发点设在 Status Value 栏上,将修改触发点设在 End of cycle。可以选择菜单命令 Variable→Update Monitor Values,刷新所选变量的数值。这个命令即为"立即触发",不参照用户程中的任何点,尽可能快地执行。这些功能主要用于停机模式下的监视和修改。

**3）监视变量**

可以用以下方法进行变量的监视：

① 将 CPU 的模式开关扳到 RUN-P 位置，选择菜单命令 Variable→Monitor 或单击 按钮，激活监视功能。这时在 Status Value 栏中显示出 CPU 运行中当前的变量值。可以选择菜单命令 Variable→Monitor，将监视功能关闭。

② 在 STOP 模式下也可以使用变量的监视功能。选择 Variable→Update Monitor Values 命令，对所选变量的数值作一次立即刷新，所选变量的当前数值则显示在变量表中。

如果在监视功能激活的状态下按了 ESC 键，则系统会不经询问就退出监视功能。

**4）修改变量**

修改变量主要针对与程序有关的 M 区域和 DB 区域变量的改变。因为在 RUN 或 RUN-P 模式下，如果数字量输出受程序控制输出为 0 或 1，用户无法随意修改程序的运行结果，所以就不能在变量表中将其修改为 1 或 0。在 RUN 或 RUN-P 模式下，用户同样也不能修改数字量输入的状态，因为它们的状态取决于外部电路的通断。

在 STOP 模式下，因为没有执行用户程序，各变量的状态是独立的，所以可以不受限制地修改变量。I、Q、M 存储区域的数字量都可以任意设置为 1 或 0，且可以保持，相当于对它们置位或复位。这个特殊功能常用来测试数字量输出点的硬件功能是否正常。

可以利用下述方法进行变量的修改：

首先启动监视变量功能，随时观察变量值，然后在变量表中的修改值栏中输入新的变量值，选择 Variable→Modify 菜单命令或单击 按钮，激活修改功能，根据触发点和触发频率的设定而对所选变量作的数值修改将应用到用户程序中，从而改变程序的执行。还可以选择菜单命令 Variable→Activate Modify Values 或激活修改按钮 将修改值立即送入 CPU。执行修改功能后，不能通过选择 Edit→Undo 命令恢复。

选择 Variable→Update Modify Values 命令，对所选变量的修改数据作一次立即刷新，该功能主要用于停机模式下的监视和修改。

当选中 Modify Value 栏中的修改值时，单击工具栏的 按钮，则变量修改值会以"//"起始作为注释，该变量的修改值暂时无效。再按一次按钮，变量修改值重新生效。

**5）强制变量**

强制变量操作是给用户程序中的变量赋一个固定的值，它独立于用户程序的运行，不会被 CPU 中正在执行的用户程序所改变或覆盖。使用强制操作的优点是可以在不用修改程序代码的情况下，强行改变输入和输出的状态。但实现这一功能的前提是 CPU 支持该功能，只能用于某些型号的 CPU（如 S7-400 的 CPU）。

这个值不会因为用户程序的执行而改变。被强制的变量只能读取，不能用写访问来改变其强制值。通过将固定值赋给变量这一功能，可以为用户程序设置特定的情形并用该方法对

## 第4章 STEP 7 编程环境及使用

已编程的功能进行测试。并不是所有型号的 CPU 都具有强制变量功能。

使用强制变量操作通过以下步骤进行：选中将要强制的变量，选择 Variable→Display Force Values 命令打开"强制值"窗口（见图 4.53），然后在 Force Value 列输入强制数值，选择 Variable→Force 命令进行变量的强制，则激活的强制变量（以红色的"F"标记）和它们各自的强制值就都显示在窗口中了。要想取消强制作业只能选择 Variable→Stop Forcing 命令来删除或终止。关闭强制数值窗口或退出"监视和修改变量"应用程序并不能删除强制作业。选择菜单命令 Variable→Display Force Values 打开强制值窗口，然后选择 Variable→Delete Force 可以从所选的 CPU 中删除强制值。

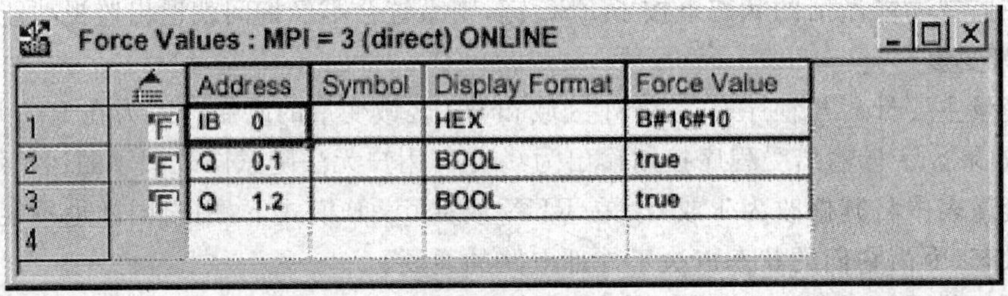

| | Address | Symbol | Display Format | Force Value |
|---|---|---|---|---|
| 1 | IB 0 | | HEX | B#16#10 |
| 2 | Q 0.1 | | BOOL | true |
| 3 | Q 1.2 | | BOOL | true |
| 4 | | | | |

图 4.53 强制变量窗口

在"强制数值"窗口中，强制变量不同的显示方法有不同的含义，具体如表 4.9 所列。

表 4.9 强制变量显示方式及含义

| 显 示 | 含 义 |
|---|---|
| 黑体 | 该变量在 CPU 中已被赋予固定值 |
| 正常 | 该变量正在被编辑 |
| 灰色 | 模板的变量在机架上不存在/未插入或者变量地址错误，显示错误信息 |

可以选择 Table→Save As 命令，将"强制值"窗口的内容存为一个变量表；选择 Variable→Force 命令将当前窗口的内容写到 CPU 中作为一个新的强制作业；选择 Insert→Variable Table 菜单命令，可以在一个强制数值窗口中重新插入已存储的内容。

**注意**：变量的监视和修改只能在变量表中进行，不能在"强制值"窗口进行；在使用强制功能之前必须检查确保同一时间在同一 CPU 上没有其他人在执行该功能；强制功能需要谨慎使用，以免危及操作人员的安全或者造成设备损坏。

### 4.6.2 使用程序状态功能调试程序

**1. 使用程序状态进行调试的基本步骤**

可以通过显示程序状态（RLO（操作结果）、状态位）或为每条指令显示相应寄存器内容的方法测试程序。在 LAD/STL/FBD:Programming Blocks 窗口中,选择菜单命令 Options→Customize 可以打开 Customize 对话框,在该对话框中用户可以定义在 LAD/FBD 画面中程序状态的显示方法。

要想显示程序状态,必须满足下列要求:
➢ 必须存储了没有错误的程序,并且将它们下载到 CPU;
➢ CPU 处于 RUN 或 RUN-P 状态;
➢ 必须选择菜单命令 Debug→Monitor 使块进入在线监控状态。

在运行过程中测试程序,如功能或程序出错,可能会对人员或财产造成严重损害。所以在开始这项功能之前,先要确认不会有任何危险情况出现。

用监视程序状态的方法进行程序测试的基本步骤如图 4.54 所列。

在用监视程序状态的方法进行程序测试时,建议不要调用整个程序进行调试,而应一个块一个块地调用并单独地调试它们。调用时应该从调用分层嵌套中最外层的块开始,例如,在 OB1 中调用它们,通过监视和修改变量功能为块生成被测试的环境。

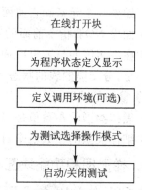

图 4.54 用程序状态进行测试的步骤

程序测试是在打开的程序状态中在单步模式下执行程序进行的,所以必须将 CPU 设置为测试操作模式。

## 2. 基本程序单元的状态显示

程序状态的显示是循环刷新的,且从所选网络开始。下面是一些基本程序单元的状态显示方法。

**1) LAD 和 FBD 中的预设颜色**

在 LAD/FBD 选项卡中,可以选择 Options→Customize 命令改变不同状态的线型及颜色。默认状态对应的颜色及线形如下:
➢ 状态满足:绿色连续线表示;
➢ 状态不满足:蓝色点线表示;
➢ 状态未知:黑色连续线表示。

**2) 元素的状态**
➢ 触点的状态是:如果该地址有"1"值则满足;如果该地址有"0"值则不满足;如果该地址的值不知道则为未知。
➢ 带有使能输出(ENO)的元素的状态相应于以 ENO 输出值为地址的触点的状态。
➢ 带有 Q 输出的元素的状态相应于有该地址值的触点状态。

# 第 4 章 STEP 7 编程环境及使用

- 如果 BR 位在调用功能后被置位,则调用(CALL)的状态满足。
- 如果跳转被执行则跳转指令的状态满足,即意味着跳转条件满足。
- 带有使能输出(ENO)的元素,如果使能输出未被连接则该元素显示为黑色。

**3) 线的状态**

- 线的状态如果未知或没有完全运行则是黑色的。
- 在梯形图中总线开始处的线的状态总是满足的("1")。
- 并行分支开始处线的状态总是满足的("1")。
- 如果一个元素和它前面的线的状态都满足则该元素后面的线的状态满足。
- 如果 NOT 指令前面的线的状态不满足(相反)则 NOT 指令后面的线状态满足。
- 在许多线的与逻辑后面的线的状态可以满足,如果:与之前至少有一条线的状态被满足;分支前的线的状态满足。

**4) 参数的状态**

- 黑体类型的参数值是当前值。
- 细体类型的参数值来自前一个循环,该程序区在当前扫描循环中未被处理。

### 3. 梯形图和功能块图程序状态的显示

在 CPU 处于 RUN 或 RUN-P 状态时,在程序编辑器窗口,单击工具栏上的按钮即进入程序的监视状态。用户可以根据具体情况查找程序中的逻辑错误。对于用不同语言编写的,其监视界面也各不相同。

在 LAD 和 FBD 监视状态(见图 4.55 和图 4.56),是用不同颜色、不同形式的线条显示出信号流的状态。默认设置下,用绿色实线表示状态满足,用蓝色虚线表示状态不满足,用黑色连线表示状态未知。选择 Options→Customize 命令,在出现的对话框的 LAD/FBD 选项卡中可以改变线型和颜色的设置。

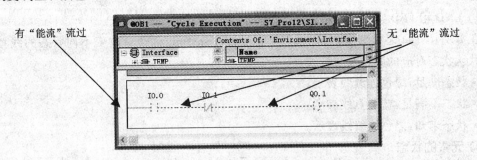

图 4.55 梯形图程序状态的显示

### 4. 语句表程序状态的显示

对于语句表程序状态的显示是从光标选择的网络开始监视程序的状态,程序状态的显示

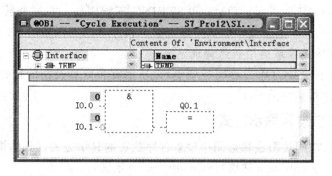

图 4.56 功能块图程序状态的显示

是循环刷新的。在图 4.57 所示的语句表编辑器中，左视图显示 STL 源程序，右视图显示每条指令执行后的逻辑运算结果（RLO）和状态位 STA（Status）、累加器 1（Standard）、累加器 2（ACC2）和状态字（Status）等内容。通过选择 Options→Customize 命令，在打开的个性设置对话框中，用 STL 选项卡可以选择需要监视的内容。

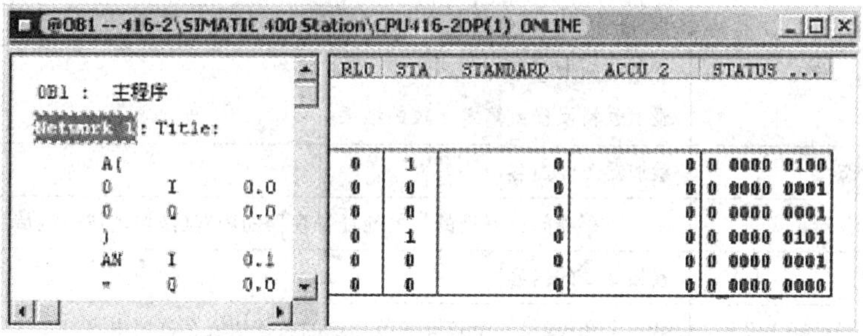

图 4.57 语句表程序状态的显示

### 5. 使用程序状态功能监视数据块

从 STEP 7 版本 5 开始，可以通过在线数据块或离线数据块激活显示，在数据视图中在线查看数据块的内容。数值以相应数据类型的格式显示，格式不能改变。

在程序状态启动前，不得修改数据块。如果在线数据块和离线数据块的结构不同（声明），可以根据需要直接将离线数据块下载到可编程控制器中。

数据块必须位于"数据视图"中，以便在线值可以在 Actual Value（真实值）栏中显示。数值更新时只能更新画面中可见的数据块部分。当程序状态激活时，不能切换到声明视图（Declaration View）。程序状态结束后，Actual Value（实际数值）列将显示程序状态之前的有效内容，此时已经不能再将刷新的在线数值传送至离线数据块。

所有基本数据类型都在共享数据块中更新，也在所有背景数据块的声明（输入/输出/输入-输出/静态）中更新。

复合数据类型 DATE_AND_TIME 和 STRING 不能刷新。在复合数据类型 STRUCT、UDT、FB 和 SFB 中,只能刷新基本数据类型元素。程序状态被激活时,包含没有刷新的数据的 Actual Value 列中的区域将用灰色背景显示。

在背景数据块中的 IN_OUT 声明类型中,只显示复合数据类型的指针,不显示数据类型的元素,不刷新指针和参数类型。

### 6. 为程序状态设置显示方式

可以在语句表、功能块图或梯形图中设置程序状态的显示方式。具体操作步骤如下:
① 选择菜单命令 Options(选项)→Customize(自定义);
② 在 Customize 对话框中,选择 STL 标签页或 LAD/FBD 标签页;
③ 选择所要求的用于测试程序的选项。
STL 测试程序的选项具体含义如表 4.10 所列。

表 4.10 测试程序选项

| 激 活 | 显 示 |
| --- | --- |
| 状态位 | 状态位;状态字的第 2 位 |
| RLO | 状态字的第 1 位<br>显示逻辑操作或算术比较的结果 |
| 标准状态 | 累加器 1 的内容 |
| 地址寄存器 1/2 | 使用寄存器间接寻址的相关地址寄存器的内容(区域内或跨区域) |
| Akku2 | 累加器 2 的内容 |
| 数据块寄存器 1/2 | 第一个和/或第二个打开的数据块的数据块寄存器的内容 |
| 间接 | 间接存储器参考:指针参考(地址),没有地址内容参考;<br>仅适用于存储器间接寻址,不能用于寄存器间接寻址。<br>若相应的指令出现在语句中时,定时器字或计数器字的内容 |
| 状态字 | 状态字的所有状态位 |

## 4.6.3 使用单步与断点功能调试程序

单步与断点调试功能只能在 STL 程序中使用,对于用其他语言编写的程序,可以通过菜单 STEP 的内置转换功能转换成 STL 程序,然后再进行调试。单步与断点是调试程序的有力工具,但具有单步与断点调试功能的 CPU 不是很多,CPU 是否支持断点以及支持断点的数目与型号有关,具体使用时需要参考 CPU 的相关资料。

### 1. 单步与断点功能的使用条件

① 只能在语句表程序中使用单步和断点功能。

② 在程序编辑器中,选择菜单命令 Options→Customize,在打开的自定义对话框中选择 STL 标签页,激活 Activate new breakpoints immediately(立即激活新断点)选项。

③ 选择 Debug→Operation 菜单命令,使 CPU 工作在测试(Test)模式。

④ 单击工具栏的 按钮,在 SIMATIC 管理器中在线打开被调试的块。若程序在线时被修改,则必须重新下载到 CPU 中。

需要注意的是,设置断点和启动程序状态监控功能是两种测试方法,二者不能同时使用。在 STL 程序中,有断点的行、调用块的参数所在的行、空行或注释行等位置不能设置断点。

### 2. 单步操作与断点设置的方法和使用

在 STL 程序中,将光标放在要设置断点的指令所在行上,然后在 STOP 或 RUN-P 模式下选择菜单命令 Debug→Set Breakpoint 或单击工具栏上的 图标,则在选中的语句左边将出现一个紫色的小圆圈(见图 4.58),表示断点设置成功,同时系统会弹出一个如图 4.58 所示的 PLC 寄存器内容浮动窗口。选择 View→PLC Registers 命令可以打开或关闭该窗口。选择 Options→Customize 命令可以在 STL 选项卡中设置该窗口需要显示的内容。

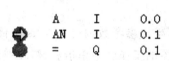
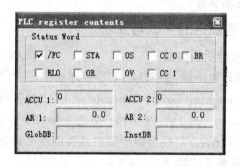

**图 4.58 断点及断点处 PLC 寄存器中的内容**

当 PLC 处于 RUN 状态后,在第一个断点处将会出现一个带有黄色向右箭头的紫色圆圈 ,这时 CPU 进入 HOLD 模式,在状态栏中以黄色底色显示。在 HOLD 模式下,CPU 不执行用户程序,且所有定时器被冻结,但是实时时钟仍然继续运行。为安全起见,PLC 处于 HOLD 模式时,输出全部被禁止。

紫色圆圈 中的黄色箭头代表指向当前执行的指令,选择菜单命令 Debug→Execute Next Statement 或单击工具栏中的 按钮,黄色箭头移动到下一条语句,表示用单步功能执行下一条语句。如果下一条语句是调用块的语句,则通过选择菜单命令 Debug→Execute Call (执行调用)将进入被调用的块,进行块内程序的调试,块结束后将返回块调用语句的下一条语句。

选择菜单命令 Debug→Resume(继续)或单击工具栏上的 按钮将使程序继续运行至下一个断点。若将光标放在断点所在的航,选择 Debug→Delete Breakpoint 或单击工具栏上的

●按钮，则可以删除此行的断点。选择菜单命令 Debug→Delete All Breakpoint 或单击工具栏上的 ●● 按钮，则可以删除所有的断点。选择菜单命令 Debug→Show Next Breakpoint 或单击工具栏上的 ●● 按钮，光标跳到下一个断点。

### 4.6.4 使用参考数据调试程序

**1. 参考数据的作用和类型**

参考数据通过直观的表格方式显示，可以让用户对程序的调用结构、资源占用等情况有一个清楚的了解。例如，如果在程序监视状态发现一个内存位的条件不成立，可以利用参考数据工具来确定该位是在哪里被设置的。对输出地址的多次赋值是一种常见错误，利用参考数据可以很容易地发现这类错误。

STEP 7 可以为用户提供许多用于程序调试和修改的参考数据，参考数据也可以打印存档供最终用户使用。在用户程序调试过程中，通过生成并查看参考数据可以使用户程序的调试和修改更加容易

**2. 参考数据的生成与显示**

**1) 参考数据的生成**

用户编好程序后，在 SIMATIC 管理器中，选择要生成参考数据的 Blocks 文件夹，再选择 Options→Reference Data→Generate 命令，或在管理器的工作区中单击右键，在弹出的右键菜单中选择 Reference Data→Generate 命令即可生成参考数据。如果用户在修改程序后又要重新生成参考数据，计算机会提醒用户是否刷新或重新生成。

**2) 参考数据的显示**

选择菜单命令 Options→Reference Data→Display，或在 SIMATIC 管理器的工作区中单击鼠标右键，在弹出的右键菜单中选择 Reference Data→Display 命令，将会出现如图 4.59 所示的对话框，然后可以在对话框中选择需要显示的参考数据。

从图 4.59 可以看出，可以选择显示如下几种参考数据：Cross-reference（交叉参考列表）、Assignment（赋值表）、Program Structure（程序结构）、Unused Symbols（未用的符号）以及 Address without Symbol（无符号的地址）。

STEP 7 允许同时打开多个参考数据窗口。选择并打开某个参考数据显示窗口后，可以用 View 菜单中的命令或用工具条中对应的按钮来选择打开别的参考数据窗口，显示另外的参考数据窗口。选择 Window→New Window 命令可以生成新的参考数据窗口。

表 4.11 列出了在各个视窗中可以获得的有关参考数据的信息。

所选用户程序的参考数据可以包含表中所列各项，也可以为一个或多个用户程序生成并显示一种或多种列表。

## 第4章 STEP 7 编程环境及使用

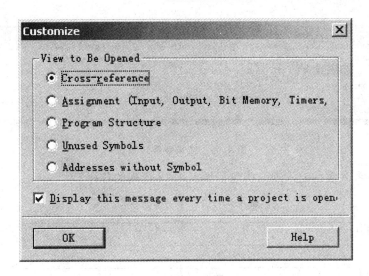

图 4.59 选择要显示的参考数据

表 4.11 视窗中有关参考数据的信息

| 视 窗 | 目 的 |
|---|---|
| 交叉参考列表 | 在存储区域 I、Q、M、P、T、C 以及 DB、FB、FC、SFB、SFC 块中由用户程序使用的地址概述。选择菜单命令 View→Cross Reference for Address 可以显示包括对所选地址的重复访问在内的交叉参考数据 |
| 输入、输出及位存储(I、Q、M)赋值表，定时器和计数器赋值表 | 用户程序已占用的定时器和计数器以及 I、Q、M 存储区中的位地址的概况，为故障诊断和修改用户程序奠定了基础 |
| 程序结构 | 在一个用户程序中块的分层调用结构以及所使用的块及其嵌套调用层次概况 |
| 未用符号 | 在有可供使用的参考数据的用户程序中，用户已在符号表中定义但未在程序的任何一个部分使用的符号概况 |
| 无符号地址 | 在有可供使用的参考数据的用户程序中使用了的但没有在符号表中定义的绝对地址概况 |

### 3. 交叉参考列表

在图 4.59 所示的对话框中选择第一项 Cross - reference，然后单击 OK 按钮即可打开如图 4.60 所示的交叉参考列表。该表给出了 STEP 7 用户程序所用地址的概况，它显示了输入（I）、输出（Q）、位存储（M）、定时器（T）、计数器（C）、功能块（FB）、功能（FC）、系统功能块（SFB）、系统功能（SFC）、I/O（P）和数据块（DB）等存储区域中被 S7 用户程序使用的地址列表及地址（绝对地址或符号地址）的使用情况。

S7 Program(1) (Cross-references) -- S7_Pro12\SIMATIC 3...

| Address (symbol) | Block (symbol) | Type | Language | Location | | | |
|---|---|---|---|---|---|---|---|
| I 0.0 | OB1 (Cycle Execution) | R | STL | NW | 1 | Sta | 1 |
| I 0.1 | OB1 (Cycle Execution) | R | STL | NW | 1 | Sta | 2 |
| Q 0.1 | OB1 (Cycle Execution) | W | STL | NW | 1 | Sta | 3 |

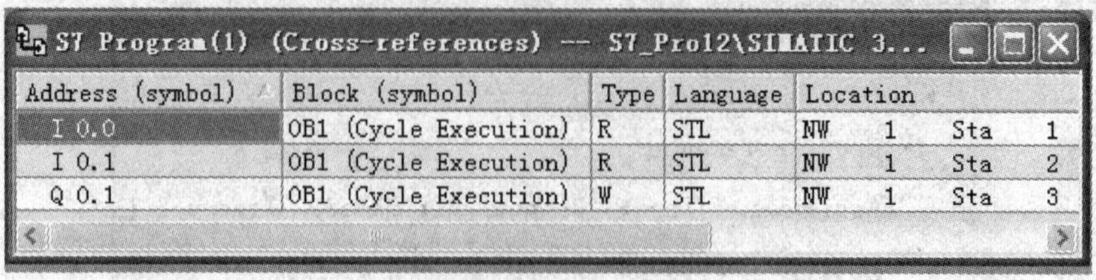

**图 4.60　交叉参考列表**

一个交叉参考列表的输入项结构包括如表 4.12 所列的各栏。

**表 4.12　交叉参考列表结构**

| 栏 | 内容/含义 |
|---|---|
| Address | 绝对地址 |
| Block | 使用该地址的块 |
| Type | 对有关地址的访问是读(R)和/或写(W) |
| Language/Details | 用于生成块的编程语言的信息 |

只有为交叉参考列表选择了相应的选项才会显示符号(Symbol)、块(Block)、类型(Type)和语言/明细数据(Language/Details)。块信息则依据该块编写时所用的编程语言而定。

在默认设置下，交叉参考列表按存储区域分类。在交叉参考列表中选择 View→Sort 菜单命令，可以选择按地址或块、递增(ascending)或递减(descending)的顺序排列表中各行的参考数据。

在交叉参考列表窗口选择 View→Filter 命令，出现图 4.61 所示的过滤器对话框。在该对话框的 Cross Reference 选项卡中，可以对交叉参考列表参数进行设置。

Show objects 用于设置显示对象。选中某地址区表示该地址区域可以显示在交叉参考列表中，否则不显示；With number 区域用于设置显示区域的范围，输入数字则只显示相应的地址区域，“ * ”表示显示整个地址区；选择 Display absolutely and symbolically 将同时显示绝对地址和符号地址。

Sort according to access type 用于设置显示访问类型。All 显示所有的类型；Selection 表示具有某种访问限制方式的地址才能显示(如“W”为只写，“R”为只读，“RW”为读写)；“?”为编译时访问类型不能确定；Only multiple assignment with operation ＝用于显示用户程序中是否用“＝”指令对位地址多次赋值。

Show columns 用于设置是否在交叉参考列表中显示 Access type 和 Block language 栏。选中表示显示，否则不显示。

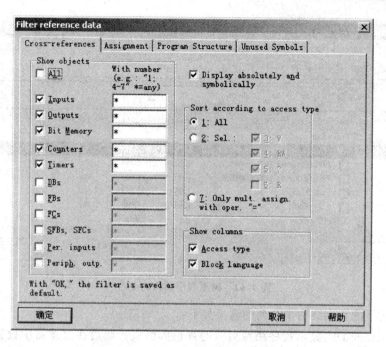

图 4.61 交叉参考列表的参数设置

### 4. 程序结构

程序结构描述了在一个 S7 用户程序内块的分层调用结构。通过程序结构可以对用户程序所用的块、它们的从属关系以及它们对局域数据的需求有一个概括的了解。程序结构有树形结构和父子结构(表格形式)两种显示方式。在 Reference Data 窗口，选择菜单命令 View→Filter 打开过滤器对话框，在该对话框的 Program Structure(程序结构)标签中，可以设置程序结构如何显示。用户可以指定是否要显示所有块或者分层结构是否从一个指定的起始块开始。

**1) 程序结构的显示**

程序结构通过选择菜单命令 Options→Reference Data→Display，显示如图 4.59 所示的对话框，从中选择 Program Structure 选项。树形程序结构调用后整个分层调用如图 4.62 所示。

每个程序结构都只占用一个块作为根，这个块可以是 OB1 或任何其他的由用户预定义为起始块的块。如果要为所有的组织块(OB)生成程序结构，并且 OB1 不在 S7 用户程序中，或者指定的起始块不在程序中，STEP 7 会自动提醒用户指定另一个块作为程序结构的根。对于块的多重调用的显示，可以通过选项设置使之无效，这适用于树形结构，也适用于父子形结构。

## 第4章 STEP 7 编程环境及使用

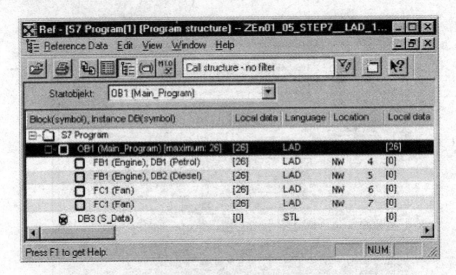

图 4.62 树形程序结构的显示

图 4.62 所示的程序结构中各列的含义如下：

Block、Instance DB：显示程序块及对应的背景数据块。通过在过滤器中设置 Display absolutely and symbolically 选项，可以控制该列是否显示符号地址。

Local data(in the path)：显示调用需要的最大局域数据字节数。

Language：块使用的编程语言。

Location：显示在调用块中调用该块时的调用点的位置。"NW"和"Sta"分别表示调用块是在第几个网络的第几条语句调用的该块。没有被调用的块用黑叉显示在程序结构的底部（如 DB3）。

图 4.62 所示的程序结构中各行前面的符号含义如表 4.13 所列。

表 4.13 程序结构的符号含义

| 符 号 | 含 义 | 符 号 | 含 义 |
|---|---|---|---|
| ☐ | 正常调用的块（如 CALL FB10） | ⟲ | 循环 |
| ▣ | 无条件调用的块（如 UC FB10） | ⊙ | 循环且条件调用 |
| ▣ | 条件调用的块（如 CC FB10） | ⊙ | 循环且无条件调用 |
| ⊟ | 数据块 | ✖ | 未被调用的块 |

**2) 程序结构的参数设置**

在 SIMATIC 管理器中选择 Options→Reference Data→Filter 命令，出现过滤器对话框，如图 4.63 所示。

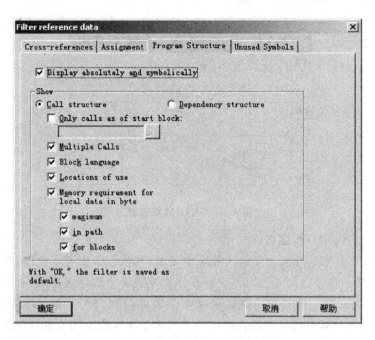

图 4.63　程序结构参数设置

在该对话框的 Program Structure 选项卡中,可以对程序结构显示方式进行设置,其中各项的含义如下:

Display absolutely and symbolically:控制是否显示符号地址。

Show 参数区域的 Dependency Structure 选项用于显示块与块之间的从属关系,Call structure 选项可以选择下列显示内容:Multiple calls 用于显示多次调用,如果不选,被多次调用的块将只显示一次调用;Block language,是否显示块的编程语言;Locations of use 选项用于控制是否显示块被调用的位置;Memory requirement for local data in bytes 用于控制是否显示块对局域数据存储器以字节为单位的需求。

### 5. 赋值表

赋值表用于显示在用户程序中已经赋值的地址,是用户程序的故障查寻和修改的重要基础。赋值表通过选择 Options→Reference Data→Display,显示如图 4.59 所示的对话框,从中选择 Assignment 选项调用。

赋值表主要包括 I/Q/M 赋值表和 T/C 赋值表。

#### 1) I/Q/M 赋值表

I/Q/M 赋值表能使用户概括地了解输入(I)、输出(Q)和位存储(M)中哪个字节的哪一位被使用了。I/Q/M 赋值表在一个工作窗口中显示,如图 4.64 所示,这个工作窗口的标题栏显

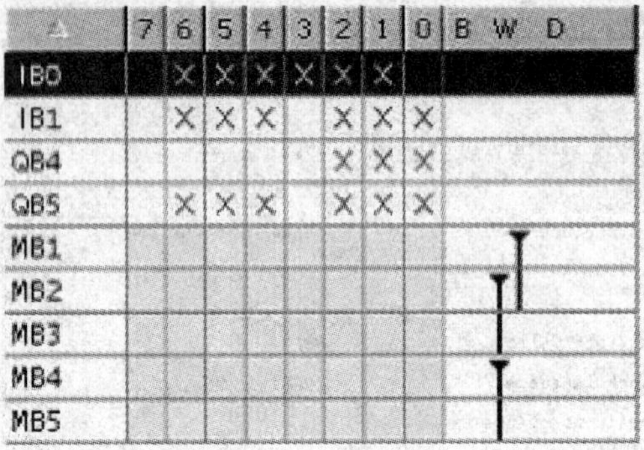

|     | 7 | 6 | 5 | 4 | 3 | 2 | 1 | 0 | B | W | D |
|-----|---|---|---|---|---|---|---|---|---|---|---|
| IB0 | × | × | × | × | × | × |   |   |   |   |   |
| IB1 |   | × | × |   | × | × | × |   |   |   |   |
| QB4 |   |   |   |   | × | × | × |   |   |   |   |
| QB5 | × | × | × |   | × | × | × |   |   |   |   |
| MB1 |   |   |   |   |   |   |   |   |   |   |   |
| MB2 |   |   |   |   |   |   |   |   |   | • |   |
| MB3 |   |   |   |   |   |   |   |   |   |   |   |
| MB4 |   |   |   |   |   |   |   |   |   | • |   |
| MB5 |   |   |   |   |   |   |   |   |   |   |   |

图 4.64  I/Q/M 赋值表

示该赋值表所属的 S7 用户程序名。

I/Q/M 赋值表中每 1 行包含存储区的 1 个字节,在该字节中有 8 个位,按其访问的情况标有代码。它还指示这个访问是否为 1 个字节、1 个字或 1 个双字。图 4.64 中的第 1 行给出了输入字节 IB0 的分配。可直接访问地址 IB0 的输入(位访问)。第 1、2、3、4、5、6 列标为"×",可进行位访问。M 存储区域的存储字节 1 和 2、2 和 3 或 4 和 5 也可作为字访问。此时在 W 列上显示了 1 个数条并以蓝色背景显示。黑点表示字的起始字节。

I/Q/M 赋值表中的代码如表 4.14 所列。

表 4.14  I/Q/M 赋值表中的代码

| 白色背景 | 地址未被访问,因而也没有赋值 |
|---|---|
| × | 直接访问的地址 |
| 蓝色背景 | 间接访问的地址(字节、字或双字访问) |

**2) T/C 赋值表**

T/C 赋值表可以直观地显示出用户程序中定时器/计数器的使用情况。T/C 赋值表每行显示 10 个定时器或计数器。其示例如图 4.65 所示。

### 6. 未使用的符号(Unused Symbols)

未使用的符号可以显示在符号表中已经定义但是却没有在用户程序中使用的符号。未使用的符号通过选择菜单命令 Options→Reference Data→Display,显示如图 4.59 所示的对话框,从中选择 Unused Symbols 选项调用。未使用的符号在一个活动窗口中显示。这个工作窗口的标题栏显示该列表所属的用户程序名。窗口中显示的每行对应一个列表输入项。由地址、符号、数据类型和注释组成一行。

未使用符号的格式举例如表 4.15 所列。

|         | 0 | 1 | 2   | 3 | 4   | 5 | 6  | 7   | 8 | 9   |
|---------|---|---|-----|---|-----|---|----|-----|---|-----|
| T00-09  | • | T1| •   | • | •   | • | T6 | •   | • | •   |
| T10-19  | • | • | T12 | • | •   | • | •  | T17 | • | T19 |
| T20-29  | • | • | •   | • | T24 | • | •  | •   | • | •   |
| C00-09  | • | • | C2  | • | •   | • | •  | C7  | • | •   |
| C10-19  | • | • | •   | • | •   | • | •  | •   | • | C19 |
| C20-29  | • | • | •   | • | •   | • | •  | •   | • | •   |
| C30-39  | • | • | •   | • | •   | • | C34| •   | • | •   |

图 4.65  T/C 赋值表

表 4.15  未使用符号格式举例

| Symbol | Address | Data Type | Comment |
|--------|---------|-----------|---------|
| MCB1   | I 103.6 | BOOL      | Motor circuit breaker 1 |
| MCB2   | I 120.5 | BOOL      | Motor circuit breaker 2 |
| MCB3   | I 123.3 | BOOL      | Motor circuit breaker 3 |

### 7. 没有符号的地址

用没有符号的地址可以得到在 S7 用户程序中使用了但未在符号表中定义的绝对地址的列表。没有符号的地址通过选择菜单命令 Options→Reference Data→Display，显示如图 4.59 所示的对话框，从中选择 Addresses without Symbol 选项调用。它们在一个活动窗口中显示。这个工作窗口的标题栏显示该列表所属的用户程序名。该列表按照地址来存储，每一行包括地址和该地址在用户程序中使用的次数。其示例如图 4.66 所示。

| 地址  | 次数 |
|-------|------|
| Q0.5  | 4    |
| I 23.6| 3    |
| M 34.1| 20   |

图 4.66  没有符号的地址列表

### 8. 在程序中快速查找地址的位置

在程序调试时，可根据生成的参考数据和某一地址，将光标定位于程序中的不同位置上，从而达到快速调试程序的目的。要这样做必须要有最新的参考数据。如果没有生成参考数据或参考数据需要刷新，可以通过选择 Options→Reference Data→Generate 来生成当前最新的参考数据而不必启动应用程序来显示参考数据。

**1) 在程序中快速查找地址位置的基本步骤**

① 在 SIMATIC 管理器中，选择菜单命令 Options→Reference Data→Generate，生成当前的参考数据。只有当没有参考数据或参考数据是旧的时，这一步才有必要。

② 在一个打开的块中选择一个地址，如I1.7；

③ 选择菜单命令 Edit→Go To→Location；

④ 显示 Go to Location 对话框（见图4.67），显示出该地址在程序中出现的位置列表，列表中的每一行对应一个该变量出现的位置；

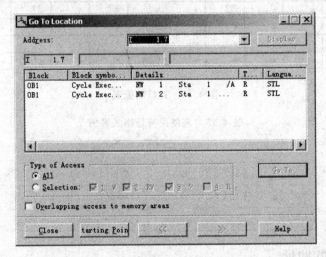

图 4.67 快速查找地址对话框

⑤ 在列表中选中某位置并单击 Go To 按钮，即可到相应的应用程序中去。

在图4.67所示的对话框中，最上面的 Address 输入框显示调用 Go To Location 对话框时指定的地址。如果想显示其他地址被使用的情况，在该输入框中输入新地址，然后单击Display按钮，则列表中会出现新输入地址在程序中的位置。位置列表包中的每一行含以下内容：

Block、Block Symbol,使用该地址的块名称及块的符号名。

Details,块中使用该地址的有关详细数据。如 NW 1 Sta  1  /A 表示 I1.7 用于使用该块的第1个网络的第1条语句中，且该语句是一条"A"语句。

Type,对该地址的访问类型，W 为只写,RW 为读写,R 为只读,"?"为编译时访问类型不能确定。

Language,使用该地址的块使用的编程语言。

Type of Access 区域中的 All 选项用于设置是否显示该地址被访问的所有位置；Selection 选项用于设置对显示的位置进行筛选，如只显示对某一个地址的写(W)访问。

Overlapping access to memory areas(地址区域的重叠访问)选项用于设置是否显示与被调用的地址的物理地址或地址区域相重叠的那些地址的位置。选中该选项,将在地址表的最左边将会出现名为 Address 的附加列。

**2) 使用地址位置表的示例**

在进行程序调试时，经常需要分析各信号之间的关系，如果这种关系很复杂或有关语句分散在程序的各个地方,则地址位置列表为这种分析提供了极大的方便。

下面用以下的 STL 指令组成的 OB1 作为一个示例,要求判定输出 Q1.0(直接/间接)在哪个位置被置位了。

```
Network 1：
A    Q1.0
=    Q1.1
Network 2：
A    M1.0
A    M2.0
=    Q 1.0        // 赋值
Network 3：
SET
=    M1.0         // 赋值
Network 4：
A    I 1.0
A    I 2.0
=    M2.0         // 赋值
```

从以上程序可以得到如图 4.68 所示的 Q1.0 的赋值关系树,接下来按如下步骤进行:

① 在 LAD/STL/FBD 编辑器中将光标位于 OB1 的 Q1.0 (NW1 Sta 1)上。

② 选择菜单命令 Edit→Go To→Location 或右击 Go to Location。现在对话框中显示出了 Q1.0 的所有赋值关系:

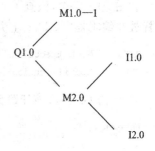

图 4.68  Q1.0 的赋值关系树

| OB1 | Cycle Execution | NW 1 | Sta 1 | /= | W | STL |
| OB1 | Cycle Execution | NW 2 | Sta 3 | /A | R | STL |

③ 在对话框中单击 GO TO 按钮,跳到编辑器中的 NW 2 Sta 3(第二段第三条指令):

```
Network 2：
A    M1.0
A    M2.0
=    Q 1.0
```

④ 现在必须检查对 M1.0 和 M2.0 的赋值。首先将光标位于 LAD/STL/FBD/编辑器中的 M1.0 上。

⑤ 选择菜单命令 Edit→Go To→Location 或右击 Go to Location。现在对话框中显示 M1.0 的所有赋值关系:

| OB1 | Cycle Execution | NW 3 | Sta 2 | /= | W | STL |
| OB1 | Cycle Execution | NW 2 | Sta 1 | /A | R | STL |

⑥ 单击对话框中的 GO TO 按钮跳到编辑器中的 NW3 Sta 2(第三段第二条指令)。

⑦ 在 LAD/STL/FBD 编辑器中的第三段中可以看到,对 M1.0 的赋值不重要(因为总是1),因此应该检查 M2.0 的赋值。在早于 V5 的 STEP 7 版本中,这时就得重新把整个赋值顺序完整地查一遍。按钮">>"及"<<"能使这个操作简单一些。

⑧ 将打开的对话框 Go to Location 拖至前台,或从 LAD/STL/FBD 编辑器中的当前位置调用功能 Go to Location。

⑨ 单击"<<"按钮 1 次或 2 次直至显示 Q1.0 的位置;选择最后 1 个跳转位置 NW2 Sta 3。

⑩ 单击 GO TO 按钮(如③中所示)从地址位置对话框跳到编辑器中的 NW2 Sta 3。

```
Network 2:
A    M1.0
A    M2.0
=    Q1.0
```

⑪ 在④~⑦中,检查了 M1.0 的赋值。现在要检查所有(直接/间接)对 M2.0 的赋值。将光标放在编辑器中 M2.0 上并调用功能 Go to Location,所有对 M2.0 的赋值都显示出来:

| OB1 | Cycle Execution | NW 4 | Sta 3 | /= | W | STL |
| OB1 | Cycle Execution | NW 2 | Sta 2 | /A | R | STL |

⑫ 单击 GO TO 按钮跳到 LAD/STL/FBD 编辑器中的 NW4 Sta 3:

```
Network 4:
A    I1.0
A    I2.0
=    M2.0
```

⑬ 现在要检查对 I1.0 和 I2.0 的赋值。其过程可以按照和以前一样的方式进行(从④开始)。

通过在 LAD/STL/FBD 编辑器和地址位置对话框之间切换,可以在用户程序中找到并检查相关的位置。

## 4.7 使用 STEP 7 进行故障诊断

### 4.7.1 故障特性

在一个可编程控制器控制的自动化系统中,由于系统内在的工艺缺陷、设计问题以及元器件质量等原因,在早期会出现故障率随时间推移而逐渐下降的趋势。这个时间是从系统运行时开始的,其长短会随着系统的规模和设计而异,设计者的主要任务是借助各种工具尽早找出不可靠的原因,使系统稳定下来。

经过一段时间的运行及系统完善后,故障率就大体稳定下来了。在这一时期,故障是随机发生的,系统的故障率最低,是系统的最佳状态时期。

随着系统的某些零部件逐渐老化损耗,系统故障率又会日益上升。在实际使用中,如果事先能更换元器件,就可以把故障曲线拉平坦一些,用这种办法可以延长系统的使用寿命。

为延长可编程控制器组成的控制系统的寿命,一方面在系统设计时要采取一定的措施,另一方面当耗损故障期开始之前,更换将要进入耗损故障期的元器件。为了做好这两方面的工作,就要知道系统中哪些部分容易出现故障,以便采取相应的措施,延长系统的使用寿命。

经过实践统计,在系统总故障中,大概只有10%左右的故障是由可编程控制器引起的,这说明可编程控制器本身的可靠性远高于外部设备的可靠性。在可编程控制器10%的故障率中,90%的故障率发生在I/O模块中,也就是说,发生在可编程控制器CPU、存储器、系统总线和电源中的故障机率很小,系统的大部分故障都发生在I/O模块及信号元件和回路中。

根据上述分析,要提高系统的可靠性,在系统设计中要注意外部设备的选择,在可编程控制器中要提高I/O模块的维修能力,缩短平均维修时间。

设备故障可分为系统故障、外部设备故障、硬件故障和软件故障。

系统故障是影响系统运行的全局性故障。系统故障可分为固定性故障和偶然性故障。如果故障发生后,可重新启动使系统恢复正常,则可认为是偶然性故障。相反,若系统重新启动后不能恢复而需要更换硬件或软件才能恢复正常,则可认为是固定故障。这种故障一般是由系统设计不当或系统运行年限较长所致。

外部设备故障是与实际过程直接联系的各种开关、传感器、执行机构、负载等所发生的故障。这类故障一般是由设备本身的质量和寿命所致,直接影响系统的控制功能。

硬件故障主要指系统中的模块损坏而造成的故障。这类故障一般比较明显,且影响也是局部的。它们主要由使用不当或使用时间较长,模块内元件老化所致。

软件故障是软件本身所包含的错误引起的,这主要是软件设计不周,在执行中一旦条件满足就会引发。在实际工程应用中,由于软件工作复杂,工作量大,因此软件错误几乎难以避免,这就提出了软件的可靠性问题。

上述的故障分类并不全面,但对于可编程控制器组成的控制系统而言,绝大部分故障属于上述四类故障。根据这一故障分类,可以帮助分析故障发生的部位和产生的原因。

## 4.7.2 故障诊断

故障诊断是指利用可编程控制器内部集成的错误识别和记录功能识别CPU或其他模块中的系统错误或CPU中的程序错误的过程。S7-300/400有非常强大的故障诊断功能,当系统有错误或事件发生时,标有日期和时间的错误信息被保存到诊断缓冲区,时间保存到系统的状态表中。如果用户已对有关的错误处理组织块编程,CPU 将调用相应的组织块进行错误处理。

通过 STEP 7 软件可以获得大量的硬件故障与编程错误信息,使用户能迅速地查找到故障原因。下面就对 S7-300/400 的故障诊断功能及使用方法进行介绍。

### 1. 故障诊断基本方法

S7-300/400 对于模块的诊断结果(如模块的运行方式、模块的故障状态等),在 STEP 7 中会以诊断符号这种图形方式直观地显示出来。如果模块有诊断信息,则模块符号上会增加一个诊断符号或者模块符号的对比度会降低。诊断符号如图 4.69 所示。通过出现的诊断符号,查看是否有可供模块使用的诊断消息。诊断符号说明了相应模块的状态,对于 CPU 模块,也说明了其工作模式。

模块故障　　当前组态与实际组态不匹配　　无法判断　　启动　　停止　　多机运行模式中被另一CPU触发停止　　运行　　强制与运行　　保持

图 4.69　STEP 7 的诊断符号

其中,模块故障可能是因为诊断中断、I/O 访问错误或检测到故障 LED 等原因引起的;当前组态与实际组态不匹配可能是因为被组态的模块不存在或者插入了不同类型的模块等原因引起的;无法诊断可能是因为没有在线连接或该 CPU 不支持模块诊断信息等原因引起的;强制与运行是指在该模块上有强制变量。强制符号还可以与其他符号组合在一起显示(这里是与运行模式符号一起)。

诊断符号可以在在线的项目窗口、在线硬件诊断打开的诊断视图窗口和在线硬件组态窗口中显示出来。双击快速视图或诊断视图中的诊断符号,即可启动"模块信息"应用程序来显示详细的诊断信息。

在 STEP 7 中,进行故障诊断和故障定位的基本方法和步骤如下:

① 选择菜单命令 View→Online 打开项目的在线窗口;
② 打开所有的站,以便在其中组态的所有可编程模块均为可见;
③ 查看是哪个 CPU 正在显示诊断符号;
④ 选择要检查的站;
⑤ 选择菜单命令 PLC→Diagnostic/Setting→Module Information 以显示该站中 CPU 的模块信息;
⑥ 选择菜单命令 PLC→Diagnostic/Setting→Hardware Diagnostics 以显示该站中 CPU

和故障模块的"快速视图"。快速视图显示的激活通过选择菜单命令 Options→Customize 打开的对话框中的 View 标签来设置；

⑦ 选择快速视图中的故障模块；

⑧ 单击 Module Information 按钮以获取关于该模块的信息；

⑨ 单击快速视图中的 Open Station Online 按钮，以显示诊断视图。诊断视图包括了按照其插槽顺序排列的站中的所有模块；

⑩ 双击诊断视图中的模块，以便显示模块信息。采用该方式，也可获得那些没有故障因而没有显示在快速视图中的模块的信息。

当然用户并不一定必须执行所有上述步骤，只要获得需要的诊断信息后就可停止。

### 2. 用快速视窗诊断故障

#### 1) 调用快速视窗功能

快速视窗提供了一种使用硬件诊断的快速方法，它所显示的信息比硬件组态中的诊断视窗所显示的细节要少。当硬件诊断功能被调用时，快速视窗作为默认设置显示出来。

快速视窗通过选择 PLC→Diagnostic/Setting→Hardware Diagnostics 菜单命令打开（见图 4.70），可以在下列情况下使用该菜单命令：

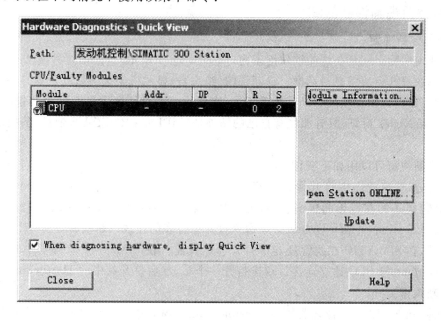

图 4.70 快速视窗

- 在一个在线窗口中选择了一个模块或一个 S7/M7 用户程序；
- 在 Accessible Nodes 窗口选中了一个站（MPI=···），并且该选项属于一个 CPU。

从显示的组态表中,可以选择想要显示模块信息的其他模块。

**2) 快速视窗中的信息**

在 SIAMTIC 管理器中选择 Options→Customize 命令打开自定义对话框,选择 View 标签,选中 Display quick view during hardware diagnostics 前面的复选框以激活"诊断时显示快速视窗"功能。选择要检查的站点,执行菜单命令 PLC→Diagnostic/Setting→Hardware Diagnostics 打开 CPU 的硬件诊断快速视窗,显示该站中的故障模块。

在快速视窗中显示的信息主要包括:在线连接的 CPU 数据、CPU 的诊断符号、已查到故障的 CPU 模块诊断号(如诊断中断、I/O 访问错误等)、模块类型和地址(如机架、槽、带有站号的 DP 主系统等)。

在快速视窗中通过相关操作可以显示模块信息、诊断视窗等其他诊断选项。如通过单击快速视窗中的 Module Information 按钮可以调用模块信息显示对话框。在该对话框中依据所选模块的诊断能力显示详细的诊断信息。另外,通过 CPU 的诊断信息可以显示诊断缓冲区中的各项内容。通过单击快速视窗中的 Open Station Online 按钮可以打开在线站点对话框。与快速视窗相比,该对话框中包含整个站点的图形概述以及组态信息。它们都集中在 CPU/Faulty Modules 列表中被高亮度显示的模块上。

**3. 用诊断视窗诊断故障**

**1) 调用诊断视窗**

诊断视窗实际上就是在线的硬件组态窗口(如图 4.71 所示)。使用这种方法可以为机架上的所有模块打开模块信息对话框。诊断视图(组态表)显示机架级的站以及具有各自模块的 DP 站的实际结构。根据模块诊断能力的不同,在模块信息对话框中显示不同数量的选项卡。在 Accessible Nodes 窗口,只有那些有自己的站地址(MPI 或 PROFIBUS 地址)的模块才能看得见。

打开诊断视窗可以用如下三种方法:

第一种,从快速视窗中打开诊断视窗。通过在快速视窗中单击 Open Station Online 按钮,打开硬件组态的在线诊断视窗,它包含该站机架中所有模块。如果离线的组态表已经打开,可以选择 Station→Open Online 菜单命令打开组态表的在线诊断视窗。

第二种,在 SIMATIC 在线管理器中打开诊断视窗。在 SIMATIC 管理器中选择菜单命令 View→Online 与 PLC 建立连接。双击打开一个站,然后打开其中的 Hardware 对象,就可以打开诊断视窗。

第三种,从 SIMATIC 管理器的 Accessible Nodes 窗口中打开诊断视窗。先选菜单命令 PLC→Display Accessible Nodes 打开可访问节点窗口,在打开的窗口中选择一个站,选择 PLC→Diagnostic/Setting→Hardware Diagnostics 即可打开诊断视窗。在 Accessible Nodes 窗口,只有那些有自己的站地址的模块才能看得见,如图 4.71 所示。

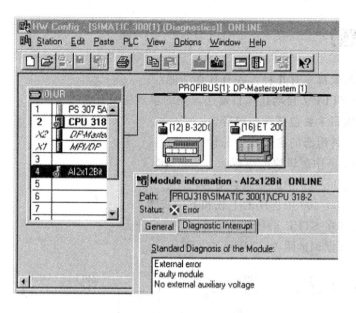

图 4.71 诊断视窗

**2) 诊断视窗的信息**

与快速视窗相比,诊断视窗显示整个站在线的组态,包括机架组态和所有组态模块的诊断符号。通过诊断视窗可以读取每个模块的状态以及 CPU 模块的操作模式、模块类型、序列号和地址细节等。用这种方法可以得到那些没有故障因而没有在快速视窗中显示的模块信息。在诊断视窗中选择一个模块,选择菜单命令 PLC→Module Information 可以查看其模块状态的详细信息。

# 【本章小结】

1. STEP 7 是用于对西门子 SIMATIC 系列可编程逻辑控制器进行组态和编程的软件包。是 S7-300/400 系列 PLC 的人机接口,包括基本软件包和扩展软件包。

2. 使用 STEP 7 可以进行用户程序的编写调试、参数组态和各种模块的参数设置等工作。

3. S7-300/400 的存储器包括系统存储器、装载存储器与工作存储器。

4. STEP 7 中可以使用变量表、符号表、用户程序状态功能、参考数据、赋值表等加快用户程序的编写和调试过程。

5. 利用 STEP 7 和 S7-300/400 系列 PLC 的故障诊断功能可以对 PLC 的故障进行诊断。

# 第4章　STEP 7 编程环境及使用

## 【复习思考题】

1. STEP 7 的软件块有几种？各有什么功能？
2. 创建一个 STEP 7 自动化项目解决方案的步骤主要有哪些？
3. STEP 7 项目主要包括哪些内容？
4. STEP 7 硬件组态的主要任务是什么？
5. 简述 STEP 7 中逻辑块的组成。
6. 简述 S7-300/400 中的存储器结构。
7. 简述 S7-300/400 中程序的上载和下传步骤。
8. 请简要说明在 STEP 7 中调试应用程序的步骤。
9. 利用参考数据调试图 4.72 所示的主程序。

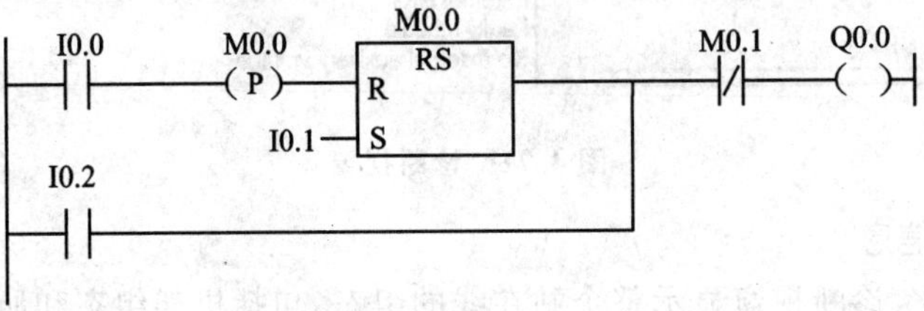

图 4.72　第 7 题图

# 第 5 章

# S7-300/400 的结构化编程

**主要内容：**
- S7-300/400 用户程序的基本结构
- 用户程序中的块
- 线性化编程与结构化编程
- 功能块编程及调用
- 数据块中的数据类型、数据块的生成与使用
- 多重背景功能块及多重背景数据块
- 组织块及应用

**重点和难点：**
- S7-300/400 用户程序的基本结构
- 用户程序中的块及堆栈
- 功能块编程及调用
- 数据块的生成与使用
- 多重背景及使用
- 组织块及应用

## 5.1 S7-300/400 用户程序结构

### 5.1.1 程序中的块

一个系统的控制区功能是由用户程序决定的。为完成特定的控制任务，需要编写用户程序，使得 PLC 能以循环扫描的工作方式执行用户程序。在 STEP 7 中，为了便于阅读和理解，在编程中常常将程序分成若干个部分，每个程序部分具有其技术和功能基础，我们称之为"块"。块是程序中真正有用的部分，包括用户块和系统块，它们在功能、使用方法和结构上各不相同。

## 第5章  S7-300/400 的结构化编程

**1. 程序块**

程序块是提供给用户用于管理用户程序代码和数据的区域。根据过程的要求,可以用不同的选项对程序块进行结构化编程。一些程序块每个扫描周期都执行,而一些程序块只有在需要的时候才被调用执行。根据逻辑功能的不同,程序块可分为组织块(OB)、功能块(FB)、功能(FC)和数据块(DB)。各种软件块的相互关系如图5.1所示。

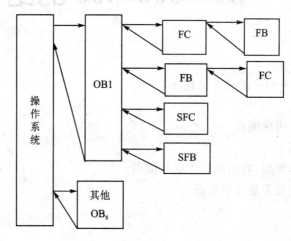

图 5.1  各种软件块的相互关系

**1) 组织块(OB)**

组织块是操作系统和用户程序之间的接口。组织块只能由操作系统来启动。可以把全部程序存在 OB1 中,让其连续不断地循环处理,也可以把程序放在不同的块中,使 OB1 在需要的时候调用这些程序块。除 OB1 外,操作系统根据不同的事件可以调用其他的 OB 块,且具有不同的优先级。

**2) 功能块(FB)**

功能块是通过数据块参数而调用的。它们有一个放在数据块中的变量存储区,而数据块是与其功能块相关联的,称为背景数据块。保存在背景数据块内的数据,当功能块关闭时数据仍保持。然而,每一个功能块可以有不同的数据块。这些数据块虽然具有相同的数据结构,但具体数值可以不同。就像 C 语言中的函数,其形参可以相同,但带入函数的实参却可以不同。

**3) 功能(FC)**

功能是类似于功能块的逻辑操作块,没有指定的数据块,因而不能存储信息。临时变量保存在局部堆栈中,直到功能结束。功能常常用于编制重复发生且复杂的自动化过程。

**注意**:各种块(除了组织块外)的数目和代码的长度是与 CPU 不相关的,而组织块的数目则与 CPU 的操作系统相关。

## 2. 系统块

系统块是储存在 CPU 操作系统中的预定义的功能或功能块。这些块不占用用户的任何存储空间,系统块可以被用户程序调用。这些块在整个系统中具有相同的接口,相同的名称和相同的编号。所以,可以在不同的 CPU 或 PLC 之间转换用户程序。

系统块包含在操作系统中,包括:系统功能(SFC)、系统功能块(SFB)和系统数据块(SDB)。

系统块中包括重要的系统功能函数,如通信功能、操纵 CPU 的内部时钟等。

用户可以调用系统功能和系统功能块,但没有修改的权利。在用户的存储区中,这 2 个块本身不占据程序空间,而系统功能块被调用时,背景数据块占用用户的存储空间。

## 3. 数据块(DB)

数据块是一个永久分配的区域,用于保存其他功能的数据或信息,数据块是可读/写区,并作为用户程序的一部分转入 CPU 中。

在编制数据块中,可以决定数据的类型、格式、次序以及存储在什么块中。

根据使用方式的不同,数据块分为 2 种类型:全局数据块和背景数据块。全局数据块没有被指派给任何代码块,所以又称为为"自由"数据块。而背景数据块,作为块的局部数据,总是与被指定的功能块相关联的。

### 5.1.2 堆 栈

堆栈是 CPU 中的一块特殊的存储区,是一组存放和取出数据的暂存单元,主要用来存放程序的中间运算结果以及指令地址等。其特点是"先进后出、后进先出"。每进行一次进栈操作,新值放入栈顶,堆栈中原有的数据依次向下移动一个位置,栈底的值丢失;而每进行一次出栈操作,栈顶值弹出,堆栈中所有的数据依次上移一个位置。堆栈的这种存取规则与块调用和中断处理正好吻合,因此在计算机中得到了广泛的应用。S7-300/400 中有 3 种不同的堆栈,下面分别加以介绍。

#### 1. 局域数据堆栈(L)

局域数据堆栈用来存储块的局域数据区的临时变量、组织块的启动信息、块和块之间传递参数的信息和梯形图程序的中间结果。局域数据可以按位、字节、字和双字来存取,例如:L0.0,LB9,LW4 和 LD52。

各逻辑块均有自己的局域变量表,局域变量仅在它被创建的逻辑块中有效。CPU 给当前正在处理的块的临时变量(即局域数据)分配的存储器容量的大小与 CPU 的型号有关。每个组织块需要 20 字节的局域数据来存储它的启动信息。

## 第5章　S7-300/400 的结构化编程

**2. 块堆栈(B 堆栈)**

块堆栈在系统存储区,主要用于该块调用别的块或被别的块中断时存储该块执行情况的相关信息,如本块的类型(OB、FB、FC、SFB、SFC)、编号、优先级、返回地址、局域数据堆栈的指针以及本块已经打开的共享数据块和背景数据块的编号等。系统利用这些存储在块堆栈中的数据,可以在中断任务处理完后恢复被中断的块的处理。

CPU 处于 STOP 模式时,可以在 STEP 7 中显示在 B 堆栈中保存的在 CPU 进入 STOP 模式时没有处理完的所有的块,这些块按照它们被处理的顺序排列。

**3. 中断堆栈(I 堆栈)**

中断堆栈也在系统存储区,主要用于程序被更高优先级的组织块中断时保存当前的累加器、地址寄存器、数据块寄存器、局域数据的指针、状态字、MCR 寄存器和 B 堆栈的指针等。新的 OB 执行完后,操作系统从中断堆栈中读取保存的信息返回原先被中断的地方继续执行程序。

当 CPU 处于 STOP 模式时,可以通过 STEP 7 显示 I 堆栈中的数据和 B 堆栈中保存的在进入 STOP 模式时没有处理完的所有的块,这对于查找系统故障非常有帮助。

### 5.1.3　用户程序的编程方式

STEP 7 有三种设计程序的方法,分别是线性化编程、模块化编程和结构化编程。

**1. 线性化编程**

线性化编程是将整个用户程序放在循环控制组织块 OB1 中,在 CPU 循环扫描时执行 OB1 中的全部指令。其特点是结构简单,概念简单,但由于所有指令都在一个块中,程序的某些部分可能并不需要多次执行,而循环扫描则重复扫描所有指令,会造成资源浪费,效率低下。另外,如果在程序中有多个设备,其指令相同,但参数不同,将只能用不同的参数重复编写这段控制程序。再者,由于程序结构不清晰,会造成管理和调试的不方便。所以,在编写大型程序时,一般要避免线性化编程。

**2. 模块化编程**

模块化编程是将程序根据功能分成不同的逻辑块,每一逻辑块完成不同的功能。组织块 OB1 中的指令决定在什么情况下调用哪一个块,其特点是易于分工合作,调试方便。由于逻辑块是有条件的调用,所以可以充分提高 CPU 的利用率。例如,在泵站自动化监控系统中,根据泵站设备操作的具体过程,可以把 PLC 应用程序分为如下 7 个主要模块:① 泵站备用投入模块,其功能是做好机组开机前泵站总体的准备工作;② 主机备用投入模块,其功能是做好机组开机前水泵自身的准备工作;③ 主机开机模块,其功能是开加油阀,主电动机开关接通,检测定子电流等;④ 主机运行模块,主要用于检测和调整主机运行状态;⑤ 主机停机模块,主要包括主机断路器断,冷却水电磁阀断等;⑥ 主机备用退出模块,其功能是关闭防洪门和加油阀;⑦ 站备用退出模块,功能主要是做好停机前泵站的各项准备。

功能和功能块(即子程序)用来完成不同的过程任务。被调用的块执行完成后,返回到 OB1 中程序块的调用点,继续执行 OB1。

### 3. 结构化编程

结构化编程把过程要求中类似或相关的任务进行分类,并试图提供可以用于几个任务的通用解决方案。通过不同的参数调用相同的功能或通过不同的背景数据块调用相同的功能块。例如:传送带系统中所有交流电动机的通用逻辑控制块,装配线机械中所有电磁线圈的通用逻辑控制块,造纸机器中所有驱动装置的通用逻辑控制块等。

在为某项过程控制或某种机器控制进行程序设计时,如果发现部分控制逻辑常常被重复使用,此时可用结构化编程方法设计用户程序,通过编制一些通用的指令块,以便控制一些相似或重复的功能,避免程序设计的重复工作。

结构化编程方法比前两种编程方法先进,适合复杂的控制任务,支持多人协同编写大型用户程序。采用结构化编程还可以使程序结构层次清晰,易于修改,部分程序可以做到通用化、标准化,大大简少了程序的调试和维护工作量。

STEP 7 要求任何被其他块调用的块必须在调用前被设计出来,因此,FB 和 FC 要在 OB1 程序之前设计并存在。

## 5.2 功能块与功能

### 5.2.1 功能块与功能

功能(FC)是用户编写的没有固定存储区的块,其临时变量存储在局域数据堆栈中,功能执行结束后,这些数据就丢失了。可以用共享数据区来存储那些在功能执行结束后需要保存的数据,不能为功能的局域数据分配初始值。

功能块(FB)是用户编写的有自己的存储区(背景数据块)的块,每次调用功能块时需提供各种类型的数据给功能块,功能块也要返回变量给调用它的块。这些数据以静态变量(STAT)的形式存放在指定的背景数据块(DI)中,临时变量存储在局域数据堆栈中。功能块执行完后,背景数据块中的数据不会丢失,但是不会保存局域数据堆栈中的数据。

在编写调用 FB 或系统功能块程序时,必须指定 DI 编号,调用时 DI 被自动打开。在编译 FB 或 SFB 时自动生成背景数据块中的数据。可以在用户程序中或通过 HMI(人机接口)访问这些背景数据。

一个功能块有多个背景数据块,使功能块用于不同的被控对象。

每个逻辑块前部都有一个变量声明表,在变量声明表中定义逻辑块用到的局域数据。局域数据分为参数和局部变量两大类,局部变量又包括静态变量和临时变量。参数是在调用块和被调用块之间传递的数据。静态变量和临时变量是仅供逻辑块本身使用的数据。表5.1给出了局域数据变量声明类型,表中的内容排列顺序是在变量声明表中声明变量的顺序,也是变量在内存中的存储顺序。在逻辑块中不使用的局域数据类型,可以不必在变量声明表中声明。

表 5.1 局域数据类型

| 变量名 | 类 型 | 说 明 |
| --- | --- | --- |
| 输入参数 | IN | 由调用逻辑块的块提供数据,输入给逻辑块的指令 |
| 输出参数 | OUT | 向调用逻辑块的块返回参数,即从逻辑块输出结果数据 |
| I/O参数 | IN_OUT | 参数的值由调用块提供,由被调用的逻辑块处理,然后返回 |
| 静态变量 | STAT | 静态变量存储在背景数据块中,块调用结束后,其内容被保存 |
| 临时变量 | TEMP | 临时变量存储在L堆栈中,块执行结束后,变量的值因被其他内容覆盖而丢掉 |

对于功能块FB,操作系统为参数及静态变量分配的存储空间是背景数据块。这样参数变量在背景数据块中留有运行结果备份。在调用FB时,若没有提供实参,则功能块使用背景数据块中的数值。操作系统在L堆栈中给FB的临时变量分配存储空间。

对于功能FC,操作系统在L堆栈中给FC的临时变量分配存储空间。由于没有背景数据块,因而FC不能使用静态变量。输入、输出、I/O参数以及指向实参的指针存储在操作系统为参数传递而保留的额外空间中。

对于组织块OB来说,其调用是由操作系统管理的,用户不能参与。因此,OB只有定义在L堆栈中的临时变量。

### 5.2.2 功能块与功能的调用

调用功能和功能块时用实参(实际参数)代替形参(形式参数),例如将实参"I0.0"赋值给形参"Start"。形参是实参在逻辑块中的名称,功能不需要背景数据块。功能和功能块用输入(IN)、输出(OUT)和输入/输出(IN-OUT)参数作指针,指向调用它们的逻辑块提供的实参。功能被调用后,可以为调用它们的块提供一个数据类型为RETURN的返回值。

CPU提供块堆栈(B堆栈)来存储与处理被中断的块的有关信息。当发生块调用或有来自更高优先级的中断时,就有相关的块信息存储在B堆栈里。图5.2显示了调用块时B堆栈与L堆栈的变化。图5.3提供了关于STEP 7中的块调用情况。

**1. 功能块的调用**

功能块调用分为条件调用和无条件调用。用梯形图调用块时,块的EN(使能)输入端有能流流入时执行块,反之则不执行。条件调用时EN端受到触点电路的控制。块被正确执行

# 第 5 章　S7-300/400 的结构化编程

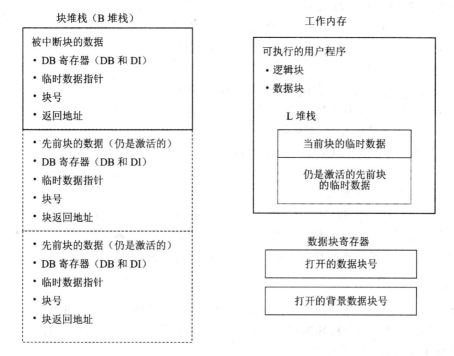

图 5.2　调用块时 B 堆栈与 L 堆栈的变化

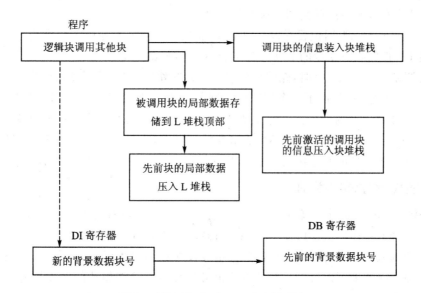

图 5.3　调用指令对 CPU 内存的影响

时 ENO(使能输出端)为 1,反之为 0。

调用功能块之前,应为它生成一个背景数据块。调用时应指定背景数据块的名称。生成背景数据块时应选择数据块的类型为背景数据块,并设置调用它的功能块的名称。

调用功能块时,会有:
- 调用块的地址和返回位置存储在块堆栈中,调用块的临时变量压入 L 堆栈。
- 数据块 DB 寄存器内容与 DI 寄存器内容交换。
- 新的数据块地址装入 DI 寄存器。
- 被调用块的实参装入 DB 和 L 堆栈上部。
- 当功能块 FB 结束时,先前块的现场信息从块堆栈中弹出,临时变量弹出 L 堆栈。
- DB 和 DI 寄存器内容交换。

注:当调用功能块 FB 时,STEP 7 并不一定要求给 FB 形参赋予实参,除非参数是复合数据类型的 I/O 形参或参数类型形参。如果没有给 FB 形参赋予实参,则功能块 FB 就调用背景数据块内的数值。该数值是在功能块的变量声明表内或背景数据块内设置的形参初始数值。

### 2. 功能的调用

功能 FC 没有背景数据块,不能给功能的局域变量分配初值,所以必须给功能分配实参。STEP 7 为功能提供了一个特殊的输出参数——返回值(RET_VAL),调用功能时,可以指定一个地址作为实参来存储返回值。

当调用功能 FC 时,会有:
- 功能 FC 实参的指针存到调用块的 L 堆栈。
- 调用块的地址和返回位置存储在块堆栈,调用块的局域数据压入 L 堆栈。
- 功能 FC 存储临时变量的 L 堆栈区被推入 L 堆栈的上部。
- 当被调用功能 FC 结束时,先前块的信息存储在块堆栈中,临时变量弹出 L 堆栈。

STEP 7 为功能 FC 提供了一个特殊的返回值输出参数(关键字为 RET_VAL)。当在文本文件中创建功能 FC 时,应该在定义功能 FC 命令后输入数据类型(如 BOOL 或 INT),STEP 7 编译时会自动生成 RET_VAL 输出参数。当用 STEP 7 的程序编辑器以增量模式创建功能 FC 时,可在 FC 的变量声明表中声明一个输出参数 RET_VAL,并指明其数据类型。

### 3. 功能块编程调用举例

打开 SIMATIC Manager,新建一个项目,在窗口左边栏中右击 Blocks 文件夹,在出现的右键菜单中选择 Insert New Object→Function Block(或 Function),在出现的功能块属性对话框中为功能块输入名字,选择编程语言等,单击 OK 按钮即可生成一个新的功能块,在窗口左边栏中双击该功能块即可打开。具体方法也可参考"4.4.2 逻辑块的生成与编辑"。

功能块编程分两步进行:首先要定义局部变量表,然后编写程序,编程语言可以用 LAD、FBD、STL、Graph 等。

定义局部变量表主要进行如下工作：
- 定义形参、静态变量和临时变量，如果是 FC，则不包括静态变量。
- 确定各变量的声明类型（Interface）、变量名（Name）、数据类型（Type），还要为变量设置初始值（Initial Value）、添加注释（Comment）等。在增量编程模式下，STEP 7 将自动为产生的局部变量进行地址赋值（Address）。

编写功能块程序时，可以以下两种方式使用局部变量：
- 使用变量名。此时变量名前加前缀"♯"，以区别于在符号表中定义的符号地址。增量方式下，前缀会自动产生。
- 直接使用局部变量的地址。这种方式只对背景数据块和 L 堆栈有效。

在调用 FB 块时，还要指明其使用的背景数据块。背景数据块应在调用前生成，其顺序格式必须与变量声明表保持一致。在增量方式下，调用 FB 块时，STEP 7 会自动提醒并生成背景数据块，同时也为背景数据块设置了当前值（Current Value）。

下面给出一个读模拟量输入功能的编写例子。在很多 S7-300 应用系统中经常使用 8 通道的模拟量输入模块进行信号采集。当模块数量较多时，读模拟输入量程序就很繁琐，为了简化读入的过程，下面给出一个通用程序 FC100，利用它可以很方便地把模拟量读回并顺序存入数据块中，因为模拟量输入模块的起始地址、通道数、存储数据的数据块号及数据在数据块中的存储起始位置均是可变的，在调用 FC100 时可以灵活确定。

(1) FC100 的变量声明表如表 5.2 所列。

表 5.2　FC100 的变量声明表

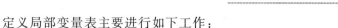

(2) 语句表程序：

```
Network1
        L       #DB_No
        T       LW0
        OPN     DB[LW0]           //打开存储数据块
        L       #PIW_Addr
```

```
            SLD     3                       //形成模入模块的地址指针
            T       LD4                     //在临时本地数据双字 LD4 中存储模入模块地址指针
            L       #DBW_Addr
            SLD     3                       //形成数据块存储地址指针
            T       LD8                     //在临时本地数据双字 LD4 中存储数据块存储地址指针
            L       #CH_LEN                 //以要读入的通道数为循环次数,装入累加器
    NEXT:   T       LW0                     //将累加器 1 的值装入循环次数计数器 LW0
            L       LD4
            LAR1
            L       PIW[AR1,P#0.0]          //读模入模块装入累加器
            T       LW2                     //将累加器 1 的内容暂存入缓冲器 LW2
            L       LD8
            LAR1                            //将数据块存储地址指针装入地址寄存器 1
            L       LW2                     //将数据缓冲器中的内容装入累加器 1
            T       DBW[AR1,P#.00]          //将累加器的内容存入数据块中
            L       LD4                     //AR1 + P#2.0→AR1
            +       L#16                    //ACC1 + (.._0001_0000)
            T       LD4                     //调整模入模块地址指针,指向下一个通道
                                            //Acc1 + bbbbbbbxxx
            L       LD8
            +       L#16
            T       LD8                     //调整数据块存储地址指针,指向下一个存储地址
            L       LW0                     //将循环次数计数器 LW0 的值装入累加器 1
            LOOP    NEXT                    //若循环未结束,将循环次数减 1 继续循环,否则结束
```

在 FC100 中,存储器间接寻址指令 OPN DB[LW0]使用了临时本地数据 LW0,变量表中定义的临时变量虽然也在 L 堆栈中,但不能用于存储器间接寻址,从这里也可以看出临时本地数据与临时变量的区别。程序中 LW2、LD4 和 LD8 可用临时变量代替。

下面举例说明如何使用 FC100。假设在某应用中,机架 0 的 4 号槽上安装了一个 8 通道的模拟量输入模块(地址从 256 开始),若要将本模块的前 6 个通道的信号读回,存入 DB5.DBW10 开始的 6 个字中,可按下列形式调用 FC100:

```
    CALL        FC100
        PIW_Addr: = 256
        CH_LEN: = 6
        DB_No: = 5
        DBW_Addr: = 10
```

## 5.3 数据块与数据结构

数据块用来分类存储用户程序运行所需的大量数据或变量值,同时也是用来实现各逻辑块之间的数据交换、数据传递和共享数据的重要途径。数据块丰富的数据结构有助于提高程序的执行效率和进行数据管理。与逻辑块不同,数据块只有变量声明部分,没有程序指令部分。数据块分为共享数据块与背景数据块。

### 5.3.1 数据块的数据结构与数据类型

STEP 7 中数据块的数据结构形式非常丰富,数据块中的数据既可以是基本数据类型,又可以是复合数据类型。下面分别加以介绍。

**1. 基本数据类型**

基本数据类型包括位(BOOL)、字节(Byte)、字(Word)、双字(Dword)、整数(INT)、双整数(DINT)和浮点数(Float 或实数 Real)等,已在第 3 章中做过介绍,在此不再赘述。

**2. 复合数据类型**

复合数据类型包括日期和时间(DATE_AND_TIME)、字符串(STRING)、数组 AR-RAY)、结构(STRCT)和用户自定义数据类型(UDT)。

1) 日期和时间

日期和时间用 8 字节的 BCD 码来存储。第 0~5 字节分别存储年、月、日、时、分和秒,毫秒存储在字节 6 和字节 7 的高 4 位,星期存放在字节 7 的低 4 位。例如,2004 年 7 月 27 日 12 点 30 分 25.123 秒可以表示为 DT#04-07-27-12:30:25.123。

2) 字符串

字符串长度是可变的,占用的是一个可变的存储空间,通过定义字符串长度可以减少它占用的存储空间,其默认长度为 254 个字符。一个字符串(STRING)最多由 254 个字符(CHAR)和 2 字节头部组成。

3) 数组

数组(ARRAY)是由同一类型的数据组合而成的一个数据集合。

(1) 数组的定义

数组既可以在数据块中定义,也可以在逻辑块的变量声明表中定义。下面介绍在数据块中定义的方法。打开 SIMATIC 管理器并生成一个新项目,选择 Insert→S7 Block→Data Block 命令生成一个新数据块,双击该数据块的图标,打开数据块的声明表显示窗口,在新生成的数据块的声明表的第一行(标有 STRUCT)和最后一行(标有 END_STRUCT)之间即可进行数组和其他数据结构的定义。

## 第5章 S7-300/400 的结构化编程

定义数组时要用关键字 ARRAY 进行声明,指出数组的名称,并用下标(Index)指定数组的维数(最多为6维)和每维的大小。图5.4中的数组 PRESS 是一个二维数组,Type 列方括号中的数字表示每一维的起始元素和结束元素在该维中的编号,可以取 -32768~32767 之间的整数,每一维首尾编号用两个小数点隔开,各维之间的数字用逗号隔开。关键字 ARRAY 下面一行的 INT 用来定义数组元素的类型(此处为整数),INT 所在行的 Address 列中的"*2.0"表示一个数组元素占用2字节,再下边一行 Address 列中的"+12.0"表示该数组的全部元素共占用12字节,Address 列中的数字是 STEP 7 自动生成的,用户无法修改。

| Address | Name | Type | Initial value | Comment |
|---|---|---|---|---|
| 0.0 | | STRUCT | | |
| +0.0 | PRESS | ARRAY[1..2,1..3] | 22, 30, -5, 0, 0 | 2*3数组 |
| *2.0 | | INT | | |
| +12.0 | STACK | STRUCT | | 结构 |
| +0.0 | AMOUNT | INT | 0 | 整数 |
| +2.0 | TEMPRATURE | REAL | 1.024000e+002 | 实数 |
| +6.0 | END | BOOL | FALSE | 布尔值 |
| +8.0 | VOLTAGE | INT | 0 | 整数 |
| =10.0 | | END_STRUCT | | |
| =22.0 | | END_STRUCT | | |

图5.4 STEP 7 中定义数组与结构

图5.4中定义的二维数组 PRESS[1..2,1..3]共有6个整数元素,第一个整数是 PRESS[1,1],第3个为 PRESS[1,3],第4个为 PRESS[2,1],第6个为 PRESS[2,3]。

(2) 数组的初始化

定义数组时可以同时给数组的各元素赋初值,其初值是在 ARRAY 所在行的 Initial value 列中给出的,各元素的初值之间用逗号分开(最后一个后面不要逗号)。图5.4中,PRESS 数组的6个元素 PRESS[1,1]~PRESS[2,3]的初值分别为"22,30,-5,0,0,0"。若初始值中有数值依次相同的元素,写法可以简化,如上例可简写为"22,30,-5,3(0)"。

(3) 数组的访问

访问数组中的元素是通过指定数组所在的数据块号或符号名、数组名以及要访问的元素的下标来完成的。图5.4中声明的数组 PRESS 在 DB1 中,假设 DB1 的符号名为 MOTOR,则使用 MOTOR.PRESS[2,2]就可以访问数组中的第5个元素。

(4) 用数组传递参数

将数组作为参数传递时,要求形式参数和实际参数必须有同样的结构、相同的数据类型,并按相同的顺序排列。

**4) 结 构**

结构(STRUCT)是不同类型的数据元素组合成的一个单元。通过结构用户可以把有关的数据统一组织在一起，作为一个数据单元来使用，为统一处理不同类型的数据，简化程序的编写、调式和维护提供了方便。

结构中的元素可以是基本数据类型、复合数据类型（包括数组和结构，最多可以嵌套 8 层）和用户定义数据类型（UDT），结构的存储形式如图 5.5 所示。

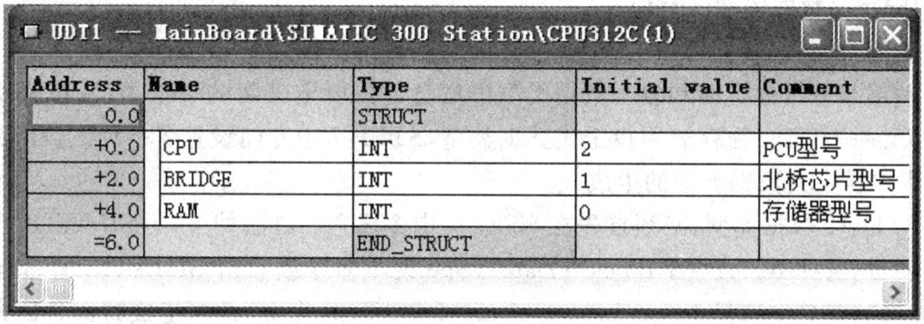
UDT1 -- MainBoard\SIMATIC 300 Station\CPU312C(1)

| Address | Name | Type | Initial value | Comment |
|---|---|---|---|---|
| 0.0 | | STRUCT | | |
| +0.0 | CPU | INT | 2 | PCU型号 |
| +2.0 | BRIDGE | INT | 1 | 北桥芯片型号 |
| +4.0 | RAM | INT | 0 | 存储器型号 |
| =6.0 | | END_STRUCT | | |

**图 5.5　UDT 的数据结构**

（1）结构的定义

结构可以在数据块中定义，也可以在逻辑块的变量声明表中定义，下面介绍在数据块中定义的方法。

定义结构时要在结构的第一行用关键字 STRUCT 进行声明（在 Type 列声明），并指出结构的名称（在 Name 列输入），在结构最后一个元素下面一行的 Type 列输入 END_STRUCT 表示用户结构结束。在 STRUCT 和 END_STRUCT 之间的各行输入结构的元素，其中 Address 列中的地址数字是 STEP 7 自动生成的。

图 5.4 的数据块 DB1 中定义的名为 STACK 的结构由 2 个整数、1 个实数和 1 个布尔数组成。STACK 所在行的 Address 列中的＋12.0 表示结构在数据块中的起始地址为第 12 个字节。结构各元素所在行的 Address 列中的数字表示各元素在结构中的相对地址，END_STRUCT 所在行的"＝10.0"表示该结构一共占用 10 字节。最后一行 Address 列中的"＝22.0"表示表中的数组、结构和变量一共占用 22 字节。

（2）结构的初始化

与数组一样，定义结构时也可以同时给结构中的各元素赋初值，其初值是在各元素所在行的 Initial value 列中给出的，在图 5.4 中给 TEMPRATURE 元素输入初值 102.4 后，被自动转换为科学记数法形式表示的 1.024000e＋002。

（3）结构的访问

访问结构中的数据时，需要指出结构所在的数据块的名称、结构的名称以及结构元素的名称。如在图 5.4 中，使用 MOTOR. STACK. TEMPERATURE 就可以访问 STACK 结构中的 TEMPRATURE 元素。

(4) 用结构传递参数

如果在块的变量声明表中,声明形参的类型为 STRUCT,可以将整个结构作为参数来传递,此时,作为形参和实参的两个结构必须有相同的数据结构、相同数据类型的结构元素和相同的元素排列顺序。

**5) 用户定义数据类型(UDT)**

为方便用户编程,增加程序的灵活性和可读性、可维护性,除上述数据类型外,STEP 7 还允许用户利用基本数据类型和复合数据类型根据自己需要定义新的数据类型,称为用户定义数据类型,又叫 UDT。为存放用户定义数据类型,STEP 7 中专门设置了一种 UDT 数据块。

(1) 用户自定义数据类型的生成

要使用 UDT 数据类型,必须首先在 STEP 7 中生成它。方法如下:用 SIMATIC Manager 打开一个项目,选择 Insert→S7Block→Date Type 菜单命令或右击 SIMATIC 管理器的块工作区,在弹出的菜单中选择 Insert New Object→Data Type 命令,即可生成默认名称为 UDTn 的用户自定义数据块。双击该 UDT 数据块即可打开并在其中输入元素(如图 5.5 所示)。在生成 UDT 的元素时,可以设置它的初值和加上注释。

UDT 定义好后,可以在符号表中为它指定一个符号名,然后就可以在符号表和变量声明表中像普通数据类型一样使用。例如假设如图 5.5 所示已经完成了用户自定义数据类型 UDT1 的定义,则可以在该项目某个块的变量声明表中定义一个名称为 PCBoard 的变量,其数据类型为 UDT1。

(2) 用户自定义数据类型的使用

UDT 可以在逻辑块(FC、FB、OB)的变量声明表中作为数据类型或复合数据类型来使用,或者在数据块(DB)中作为变量的数据类型来使用。

要访问数据块 Computer 中数据类型为 UDT1 的变量 PCBoard 中的元素 CPU,则其符号地址为"Computer". PCboard. CPU。

(3) 结构与用户自定义数据类型的区别

从数据定义过程看,UDT 和结构基本相同,但实际上它们之间是完全不同的。结构(STRUCT)是在数据块的声明表中或在逻辑块的变量声明表中与别的变量一起定义的。而 UDT 必须在名为 UDT 的特殊结构块内单独定义,并单独存放在一个数据块中,UDT 可以像基本数据类型一样用于别的变量定义,而结构则不行。

使用用户定义数据类型时,只需要对它定义一次,就可以用它来产生大量的具有相同数据结构的数据块,可以用这些数据块来输入用于不同目的的实际数据。

用户定义数据类型也可以用来作为生成具有相同数据结构的数据块的模板,使得数据块建立过程方便快捷。在多处使用同样的 UDT 时,这一优点将更加突出。

(4) 使用 UDT 传递参数

可以将具有数据类型为 UDT 的变量作为参数来传递。如果在块的变量声明表中,声明形参的类型为 UDT,在调用块时应使用具有相同结构的 UDT 来传递参数。在调用块时,也可以将某个 UDT 的元素赋值给同一类型的参数。

### 5.3.2 共享数据块与背景数据块

数据块存储在 S7 CPU 存储器中,用户可在存储器中建立一个或多个数据块。每个数据块可大可小,但 CPU 对数据块数量及数据总量是有限制的,如对于 CPU 314,用作数据块的存储器最多为 8 KB,用户定义的数据总量不能超出这个限制。对数据块必须遵循先定义后使用的原则,否则将造成系统错误。与逻辑块不同,数据块只有变量声明部分,没有程序指令部分。

**1. 数据块的分类**

数据块分为共享数据块(DB)和背景数据块(DI)两种。

共享数据块又叫全局数据块,它不附属于任何逻辑块。在共享数据块和符号表中定义的变量都是全局变量。用户程序中所有的逻辑块(FB、FC、OB 等)都可以使用共享数据块和符号表中的数据。

背景数据块是专门指定给某个功能块(FB)或系统功能块(SFB)使用的数据块,它是 FB 或 SFB 运行时的工作存储区。当用户将数据块与某一功能块相连时,该数据块即成为该功能块的背景数据块,功能块的变量声明表决定了它的背景数据块的结构和变量。背景数据块只能通过对应的功能块的变量声明表来修改它,用户不能直接修改。调用 FB 时,必须同时指定一个对应的背景数据块。背景数据块中的数据只有与其对应的 FB 才能访问。

在符号表中,共享数据块的数据类型是它本身,背景数据块的数据类型是对应的功能块。

**2. 数据块的定义**

在编程阶段和程序运行阶段都能定义数据块。大多数数据块是在编程阶段用 STEP 7 软件定义的,定义内容包括数据块号及块中的变量。定义完成后,数据块中变量的顺序及类型决定了数据块的数据结构,变量的数量决定了数据块的大小。数据块在使用前,必须作为用户程序的一部分下载到 CPU 中。

如果确实需要,还可以在程序运行过程中动态定义一个数据块。动态定义时,数据块号是自动产生的,数据块在存储器中的位置是动态分配的。由于要定义的数据块有可能大于 CPU 存储器的剩余空间,因此动态定义过程有可能失败。

下面主要介绍在 STEP 7 中数据块的定义方法。

1) 共享数据块的生成与显示

用 SIMATIC 管理器打开或新建一个项目,选择 Insert→S7 Block→Data Block 命令或右击 SIMATIC 管理器的块工作区,在弹出的右键菜单中选择 Insert New Object→Data Block 命令即可打开生成数据块对话框,在出现的对话框中选择数据块的类型为共享数据块(Shared

DB),然后为数据块输入名称,单击 OK 按钮即可生成一个新的共享数据块。

双击生成的数据块即可打开,共享数据块的显示方式有两种,分别是声明表显示方式和数据显示方式,可以通过数据块窗口的菜单命令 View→Delaration View 和 View→DataView 来选择这两种显示方式。

声明表显示方式用于定义和修改共享数据块中的变量,例如设置变量的名称、类型、初值、注释等。共享数据块中的变量名称只能由字母、数字和下划线组成,地址是 STEP 7 自动指定的。

在数据显示状态,只显示数据块中变量的信息和实际值(Actual Value),用户只能改变数据块中数据的实际值。复合数据类型变量的元素用全名列出。如果用户输入的实际值与变量的数据类型不符,将用红色显示错误的数据。在数据显示状态下,选择菜单命令 Edit→Initialize Data Block 可以恢复变量的初始值。

**2) 背景数据块的生成与显示**

首先需要生成背景数据块对应的功能块,才能在 STEP 7 中生成背景数据块。背景数据块的生成方法与共享数据块基本相似,但显示和修改方式不同。其步骤如下:

打开 SIMATIC 管理器,新建一个项目,选择 Insert→S7 Block→Data Block 菜单命令或右击 SIMATIC 管理器的块工作区,在弹出的右键菜单中选择 Insert New Object→Data Block 命令即可打开生成数据块对话框,在出现的对话框中选择数据块的类型为背景数据块(Instance DB),然后为数据块输入名称,并输入对应的功能块的名称,单击 OK 按钮即可生成一个新的背景数据块。用鼠标双击即可打开背景数据块,但用户只能在数据显示方式下修改其实际值,不能像共享数据块一样在声明表显示方式中增加或删除背景数据块中的变量,因为背景数据块中的数据是操作系统在编译功能块时自动生成的,其变量与对应的功能块的变量声明表中的变量相同。

### 3. 数据块中数据的访问及使用

在用户程序中可能定义了许多数据块,而每个数据块中又有许多不同类型的数据,因此访问时数据块中的数据需要明确数据块号和数据块中的数据类型与位置。一个数据块中数据存储单元的地址由两部分组成,例如:DB5.DBX4.0,DB5 是数据块的名称,DBX4.0 是数据块内第 4 个字节的第 0 位。如果打开了数据块 DB5,可以省略第一个小数点前面的数据块编号。根据数据块号指定方法的不同,可以用以下两种方法访问数据块中的数据。

**1) 访问时直接在指令中写明数据块号**

在指令中同时给出数据块的编号和数据在数据块中的地址。访问时可以使用绝对地址,也可以使用符号地址。例如要将数据块 DB5 中的字 DBW10 中的内容传送到数据块 DB10 中的字 DBW20 中,可以使用如下指令:

```
L    DB5.DBW10        //将 DB5.DBW10 中的数据装入累加器 1
T    DB10.DBW20       //将累加器 1 中的数据传送到 DB10.DBW20
```

这种访问方法不容易出错，建议尽量使用这种方法。

**2）先打开数据块然后再访问**

在访问某数据块中的数据前，先打开这个数据块，也就是将数据块号（数据块的起始地址）装入数据块寄存器。这样存放在数据块中的数据就可利用数据块起始地址加偏移量的方法来访问。

在打开一个新的数据块时，先前打开的数据块会自动关闭（STEP 7 中没有专门的数据块关闭指令）。由于只有两个数据块寄存器（DB 和 DI），因此最多可同时打开两个数据块。一个作为背景数据块，数据块的起始地址存储在 DI 寄存器中；另一个作为共享数据块，数据块的起始地址存储在 DB 寄存器中。在调用功能块 FB 时，背景数据块可以自动打开。如果该功能块调用了其他的块，调用结束后返回该功能块，原来打开的背景数据块不再有效，必须重新打开它。由于调用 FB 时使用 DI 寄存器，因此一般不在 FB 程序中用 OPN DI n 指令打开数据块。

上面的指令可以等效为：

```
OPN   DB5       //打开数据块 DB5
L     DBW10     //将 DB5.DBW10 中的数据装入累加器 1
OPN   DB10      //打开数据块 DB10
T     DBW20     //将累加器 1 中的数据传送到 DBW10.DBW20
```

## 5.4 多重背景及应用

假设一个发动机控制系统分别控制一台汽油机和一台柴油机。由于汽油机和柴油机具有相似的特性和控制方式，所以编程时使用同一个功能块 FB1 来控制汽油机和柴油机，但分别使用了背景数据块 DB1 和 DB2，分别包含了两种发动机的不同数据。如果系统需要控制更多种类的发动机，则需要更多的背景数据块，这在实际应用中显然是比较繁琐的。解决方法就是在用户程序中使用多重背景数据块以减少背景数据块的数量。

在上例中，如果改为使用多重背景数据块，则只需要使用一个背景数据块（如 DB10）即可，但需要增加一个新的、更高级别的功能块（例如 FB10，其背景数据块为 DB10），并在其中调用 FB1 来作为"局域背景"。对于每一次调用，功能块 FB1 将它的数据存储在较高一级的 FB10 的背景数据块 DB10 中。这就意味无需再给 FB1 分配任何数据块，所有的功能块都指向一个数据块（此处是 DB10，DB10 是自动生成的），原来 FB1 的背景数据块 DB1 和 FB2 的背景数据块 DB2 被 DB10 代替，但需要在 DB10 的变量声明表中声明静态局域数据 FB1。使用多重背景后，发动机控制系统的程序结构如图 5.6 所示。

在 STEP 7 中使用多重背景应遵循如下步骤：

① 首先生成在程序中需要多次调用的功能块（如前面例子中的 FB1）；

② 生成管理多重背景的功能块（如前面例子中的 FB10），并将此功能块设置为具有多重

# 第5章  S7-300/400 的结构化编程

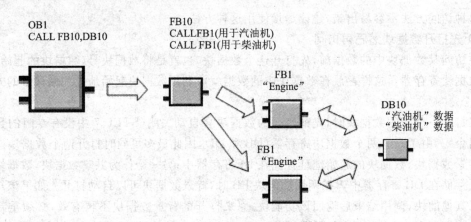

图 5.6  多重背景的程序结构

背景功能；

③ 在管理多重背景的功能块的变量声明表中，为被调用的功能块的每一次调用设置一个静态变量，并以被调用的功能块名（如前面例子中的 FB1）作为这些静态变量的数据类型；

④ 必须为管理多重背景的功能块分配一个背景数据块（如前面例子中的 DB10），此背景数据块中的数据是自动生成的。

在使用多重背景时还需注意以下问题：只有在使用版本 2 以上的 STEP 7 所创建的功能块中才可能对多重背景进行声明，并且必须将背景数据块分配给在其中对多重背景进行声明的功能块，只能将多重背景声明为静态变量（说明类型为"stat"）。

下面以上述发动机控制系统为例来讲解多重背景功能的编程和使用方法。

## 5.4.1  多重背景功能块的创建和编程

① 编程组织块 OB1。双击打开 OB1，在其中输入如下指令表语句：

```
A    "Automatic_On"
S    "Automatic_Mode"
A    "Manual_On"
S    "Manual_Mode"
```

其中，Automatic_On、Automatic_Mode、Manual_On、Manual_Mode 是在项目的符号表中定义的全局共享变量，分别对应自动运行方式输入按钮、自动运行方式状态指示、手动运行方式输入按钮、手动运行方式状态指示。

② 生成作为"局域背景"来调用的功能块 FB1（不需要为其分配背景数据块）。将这个功能块命名为 Engine，并在它的变量表中定义如图 5.9 所示的 7 个变量。然后输入如下 STL 程序：

```
Network1://发动机的启动和停止控制
    A        #Switch_On
    AN       "Automatic_Mode"
    S        #Engine_On
    O        #Switch_Off
    ON       #Failure
    R        #Engine_ON
Network2://发动机的速度监视
    L        #Actual_Speed
    L        #Preset_Speed
    >=I
    =        #Preset_Speed_Reached
```

③ 创建并生成多重背景功能块 FB10。选择 Insert→S7 Block 命令打开新建功能块对话框,在该对话框的块编号文本框中输入块编号"FB10",名称文本框中输入块名称"Engines",并选中 Mul Inst Cap 选项,激活多重背景功能块选项。

FB10 创建完成后,双击打开,在其变量声明表中声明 2 个数据类型为 FB1,名称为 Petrol_Engine(汽油机)和 Diesel_Engine(柴油机)的静态变量(STAT),如图 5.7 所示。图中 Petrol_Engine 和 Diesel_Engine 下面的 7 个子变量不是用户输入的,而是来自 FB1 的变量声明表。生成 FB10 后,Petrol_Engine 和 Diesel_Engine 将出现在程序编辑器编程元件目录的 Multiple Instance(多重背景)文件夹内。

在 FB10 的程序编辑区域用语句表编写如下程序:

```
Network1://汽油机控制程序
    CALL     #Petrol_Engine
    Switch_On             :="起动汽油机"
    Switch_Off            :="关闭汽油机"
    Failure               :="汽油机故障"
    Actual_Speed          :="汽油机转速"
    Engine_ON             :="汽油机运行"
    Preset_Speed_Reached  :=#PE_Preset_Speed_Reached   //汽油机达到预设转速
Network2://柴油机控制程序
    CALL     #Diesel_Engine
    Switch_On             :="起动柴油机"
    Switch_Off            :="关闭柴油机"
    Failure               :="柴油机故障"
    Actual_Speed          :="柴油机转速"
    Engine_ON             :="柴油机运行"
    Preset_Speed_Reached  :=#DE_Preset_Speed_Reached   //柴油机达到预设转速
```

# 第5章 S7-300/400 的结构化编程

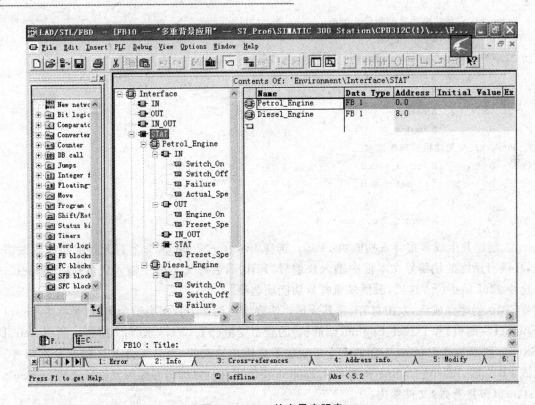

图 5.7 FB10 的变量声明表

```
Network3://两台发动机都达到预定转速
    A       #PE_Preset_Speed_Reached      //汽油机达到预设转速
    A       #DE_Preset_Speed_Reached      //柴油机达到预设转速
    =       #Preset_Speed_Reached         //两台发动机都达到预设转速
```

以上"启动汽油机"、"关闭汽油机"、"汽油机故障"等都是在电动机控制项目的符号表中为全局变量定义的符号。

### 5.4.2 多重背景数据块的创建

使用多重背景后,汽油机和柴油机的数据均存储在多重背景数据块 DB10 中。生成 DB10 时,应将它设置为背景数据块,对应的功能块为 FB10,并将该数据块命名为"Engine_Data"。DB10 中的变量是自动生成的,与 FB10 的变量声明表中的变量相同。

双击打开如图 5.8 所示的 DB10,选择菜单命令 View→Data View,在打开的数据显示窗口中可以修改预置转速的实际值。在 FB10 中出现的原 FB1 中的变量名称是在 FB1 的变量名称前增加了局域背景的名称,且二者之间用"."隔开。例如,在 FB1 变量表中的变量 Switch

_On,对应局域背景 Petrol_Engine 和 Diesel_Engine,分别成了 Petrol_Engine. Switch_On 和 Diesel_Engine. Switch_On。第一行的 Preset_Speed_Reached 不是 FB1 中的变量,而是在 FB10 中定义的输出变量。

| | Address | Declaration | Name | Type | Initial value | Actual value | Comment |
|---|---|---|---|---|---|---|---|
| 1 | 0.0 | out | Preset_Speed_Reached | BOOL | FALSE | FALSE | Both engines have reached the preset speed |
| 2 | 2.0 | stat:in | Petrol_Engine.Switch_On | BOOL | FALSE | FALSE | Switch on engine |
| 3 | 2.1 | stat:in | Petrol_Engine.Switch_Off | BOOL | FALSE | FALSE | Switch off engine |
| 4 | 2.2 | stat:in | Petrol_Engine.Failure | BOOL | FALSE | FALSE | Engine failure, causes the engine to switch off |
| 5 | 4.0 | stat:in | Petrol_Engine.Actual_Speed | INT | 0 | 0 | Actual engine speed |
| 6 | 6.0 | stat:out | Petrol_Engine.Engine_On | BOOL | FALSE | FALSE | Engine is switched on |
| 7 | 6.1 | stat:out | Petrol_Engine.Preset_Speed_Reached | BOOL | FALSE | FALSE | Preset speed reached |
| 8 | 8.0 | stat | Petrol_Engine.Preset_Speed | INT | 1500 | 1500 | Requested engine speed |
| 9 | 10.0 | stat:in | Diesel_Engine.Switch_On | BOOL | FALSE | FALSE | Switch on engine |
| 10 | 10.1 | stat:in | Diesel_Engine.Switch_Off | BOOL | FALSE | FALSE | Switch off engine |
| 11 | 10.2 | stat:in | Diesel_Engine.Failure | BOOL | FALSE | FALSE | Engine failure, causes the engine to switch off |
| 12 | 12.0 | stat:in | Diesel_Engine.Actual_Speed | INT | 0 | 0 | Actual engine speed |
| 13 | 14.0 | stat:out | Diesel_Engine.Engine_On | BOOL | FALSE | FALSE | Engine is switched on |
| 14 | 14.1 | stat:out | Diesel_Engine.Preset_Speed_Reached | BOOL | FALSE | FALSE | Preset speed reached |
| 15 | 16.0 | stat | Diesel_Engine.Preset_Speed | INT | 1500 | 1500 | Requested engine speed |

图 5.8  多重背景数据块 DB10 中的变量

### 5.4.3  OB1 中多重背景的调用

双击 Symbol Table,打开项目的符号表,在符号表中为功能块 FB10 和多重背景数据块 DB10 输入如图 5.9 所示的符号名,保存退出。双击打开 OB1,在其中输入图 5.10 所示的调用多重背景功能块 FB10 的 STL 程序。不使用多重背景数据块时 OB1 对 FB1 的两次调用,被图 5.10 中 OB1 对 FB10(符号名为"Engines")的一次调用所代替。FB10(Engines)的输出信号 Preset_Speed_Reached 被传送给共享数据块中的变量。OB1 中与语句表程序对应的梯形图程序如图 5.11 所示。其中,"S_Data"为全局符号表的符号名。

| Symbol | Address | | Data Type | | Comment |
|---|---|---|---|---|---|
| ... | ... | | ... | | ... |
| Engines | FB | 10 | FB | 10 | Example of multiple instances |
| Engine_Data | DB | 10 | FB | 10 | Instance data block for FB10 10 |
| ... | ... | | ... | | ... |

图 5.9  多重背景调用的符号表

```
CALL  "Engines" , "Engine_Data"
  Preset_Speed_Reached:="S_Data".Preset_Speed_Reached
```

图 5.10  OB1 中多重背景的语句表调用程序

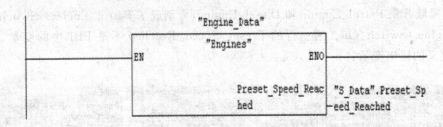

图 5.11 OB1 中多重背景的梯形图调用程序

## 5.5 组织块及应用

### 5.5.1 组织块概述

有人说 STEP 7 难学,并不是指编程语言难学,而是指 S7-300/400 中有许多功能强大的组织块和系统功能难以掌握。组织块和系统功能相当于 S7 提供给用户的子程序,掌握并使用好这些子程序,对于编写实际应用程序无疑是非常有帮助的。本节将主要介绍组织块及其使用方法。

组织块(OB)是操作系统与用户程序之间的接口。S7 提供了各种不同的组织块供用户来创建在特定时间执行的程序和响应特定事件的程序,这些程序大部分是以中断方式执行的。OB 被嵌在用户程序中,根据某个事件的发生,自动调用相应的 OB 进行处理。例如延时中断 OB、外部硬件中断 OB 和错误处理 OB 等。

在 PLC 处于 RUN 状态时,循环处理的主程序 OB1 在每个扫描周期都执行一次。当 OB1 正在执行而操作系统需要调用其他组织块时,OB1 的执行被中断,执行完其他组织块后,再返回 OB1,从断点处开始恢复并继续执行 OB1。当有比当前执行的程序优先级更高的 OB 被调用时,CPU 将终止当前正在运行的程序,转而执行更高优先级的 OB。操作系统为被中断的块在堆栈中保存全部的寄存器内容,当返回被中断的块时,寄存器的信息被恢复。

**1. 组织块的分类及优先级**

组织块只能由操作系统启动,它由变量声明表和用户编写的控制程序组成,主要分为如下几类。

① 启动组织块。启动组织块用于系统初始化。在 CPU 上电或操作模式由 STOP 改为 RUN 时,根据启动的方式不同,分别执行启动程序 OB100～OB102 中的一个。

② 循环执行的组织块。需要连续执行的程序存放在 OB1 中,执行完后又开始新的循环。

③ 定期执行的组织块。包括日期时间中断组织块 OB10～OB17 和循环中断组织块 OB30～OB38。这些组织块可以根据设定的日期时间或时间间隔反复执行。

④ 事件驱动的组织块。延时中断组织块 OB20～OB23 在过程事件出现后延时一定的时

间再执行中断程序；硬件中断组织块OB40～OB47用于需要快速响应的过程事件，事件出现时马上中止循环程序，执行对应的中断程序。异步错误中断组织块OB80～OB87和同步错误中断组织块OB121、OB122用来决定在出现错误时系统如何响应。

组织块的优先级也就是中断的优先级，不同的组织块具有不同的优先级，这是由操作系统定义的。S7-300 CPU（不包括CPU 318）中组织块的优先级是固定的，S7-400 CPU和CPU 318中，下述组织块的优先级可以用STEP 7修改：OB10～OB47（优先级2～23），OB70～OB72（优先级25或28，只适用于H系列CPU）以及在RUN模式下的OB81～OB87（优先级26或28）。同一个优先级可以分配给几个OB，具有相同优先级的OB按启动它们的事件出现的先后顺序处理。被同步错误启动的故障OB的优先级与错误出现时正在执行的OB的优先级相同。S7-300/400中组织块的类型和默认优先级如表5.3所列。

表5.3 STEP 7的组织块资源表及优先级表

| 中断事件 | 组织块号 | 优先级 | 中断事件 | 组织块号 | 优先级 |
|---|---|---|---|---|---|
| 主程序循环 | OB1 | 1 | 硬件中断0 | OB40 | 16 |
| 日期时间中断0 | OB10 | | 硬件中断1 | OB41 | 17 |
| 日期时间中断1 | OB11 | | 硬件中断2 | OB42 | 18 |
| 日期时间中断2 | OB12 | | 硬件中断3 | OB43 | 19 |
| 日期时间中断3 | OB13 | 2 | 硬件中断4 | OB44 | 20 |
| 日期时间中断4 | OB14 | | 硬件中断5 | OB45 | 21 |
| 日期时间中断5 | OB15 | | 硬件中断6 | OB46 | 22 |
| 日期时间中断6 | OB16 | | 硬件中断7 | OB47 | 23 |
| 日期时间中断7 | OB17 | | 状态中断 | OB55 | 2 |
| 延时中断0 | OB20 | 3 | 刷新中断 | OB56 | 2 |
| 延时中断1 | OB21 | 4 | | | |
| 延时中断2 | OB22 | 5 | 制造厂商特殊中断 | OB57 | 2 |
| 延时中断3 | OB23 | 6 | | | |
| 循环中断0 | OB30 | 7 | 多处理器中断 | OB60 | 25 |
| 循环中断1 | OB31 | 8 | 同步循环中断1 | OB61 | |
| 循环中断2 | OB32 | 9 | 同步循环中断2 | OB62 | 25 |
| 循环中断3 | OB33 | 10 | 同步循环中断3 | OB63 | |
| 循环中断4 | OB34 | 11 | 同步循环中断4 | OB64 | |
| 循环中断5 | OB35 | 12 | | | |
| 循环中断6 | OB36 | 13 | I/O冗余故障 | OB70 | 25 |
| 循环中断7 | OB37 | 14 | CPU冗余故障 | OB72 | 28 |
| 循环中断8 | OB38 | 15 | 通信冗余故障OB | OB73 | 25 |

续表 5.3

| 中断事件 | 组织块号 | 优先级 | 中断事件 | 组织块号 | 优先级 |
|---|---|---|---|---|---|
| 时间故障 | | 26 | 背景循环 | OB90 | 0,29 |
| 电源故障 | | 25 | 暖启动故障 | OB100 | |
| 诊断中断 | OB80 | 25 | 热启动故障 | OB101 | 27 |
| 插/拔模板中断 | OB81 | 25 | | | |
| CPU 硬件故障 | OB82 | 25 | 冷启动故障 | OB102 | |
| 程序错误 | OB83 | 25 | | | |
| 扩展机架、DP 主站系统或分布式 I/O 从站故障 | OB84 | 25 | 编程中断 | OB121 | 同引起错误的 OB 优先级 |
| 通信故障 | | 25 | | | |
| 过程故障 | | 28 | I/O 访问错误 | OB122 | |

生成逻辑块 OB,FB 和 FC 时,同时生成临时局域变量数据,CPU 局域数据区按优先级划分。可以用 STEP 7 在"优先级"参数块中改变 S7-400 每个优先级的局域数据区的大小。

**2. 组织块的变量声明表**

组织块(OB)是操作系统调用的,OB 没有背景数据块,也不能为 OB 声明静态变量,因此 OB 的变量声明表中只有临时变量。OB 的临时变量可以是基本数据类型、复合数据类型或数据类型 ANY。

操作系统为所有的 OB 块声明了一个 20 字节的包含 OB 启动信息的变量声明表,它们是只在该块被执行时使用的临时变量,这些信息在 OB 启动时由操作系统提供,包括启动事件、启动日期与时间、错误及诊断事件。将优先级赋值为 0,或分配小于 20 字节的局域数据给某一个优先级,可以取消相应的中断 OB。

变量声明表中变量的具体内容与组织块的类型有关。用户可以通过 OB 的变量声明表获得与启动 OB 的原因有关的信息。OB 的变量声明表见表 5.4。

表 5.4 OB 的变量声明表

| 地址(字节) | 内容 |
|---|---|
| 0 | 事件级别与标识符,例如 OB40 为 B#16#11,表示硬件中断被激活 |
| 1 | 用代码表示与启动 OB 的事件有关的信息 |
| 2 | 优先级,例如 OB40 的优先级为 16 |
| 3 | OB 块号,例如 OB40 的块号为 40 |
| 4~11 | 附加信息,例如 OB40 的第 5 个字节为产生中断的模块的类型,16#54 为输入模块,16#55 为输出模块;第 6,7 字节组成的字为产生中断的模块的起始地址;第 8~11 字节组成的双字为产生中断的通道号 |
| 12~19 | OB 被启动的日期和时间(年、月、日、时、分、秒、毫秒与星期) |

### 3. 中断处理及控制

#### 1) 中断过程

中断处理用来实现对特殊内部事件或外部事件的快速响应。如果没有中断，CPU 循环执行组织块 OB1。因为除背景组织块 OB90 以外，OB1 的中断优先级最低，CPU 检测到中断源的中断请求时，操作系统在执行完当前程序的当前指令（即断点处）后，立即响应中断。CPU 暂停正在执行的程序，调用中断源对应的中断程序。在 S7－300/400 中，中断用组织块（OB）来处理。执行完中断程序后，返回被中断的程序的断点处继续执行原来的程序。

PLC 的中断源可能来自 I/O 模块的硬件中断，或是 CPU 模块内部的软件中断，例如日期时间中断、延时中断、循环中断和编程错误引起的中断。

如果在执行中断程序时，又检测到一个中断请求，CPU 将比较两个中断源的中断优先级。如果优先级相同，按照产生中断请求的先后次序进行处理。如果后者的优先级比正在执行的 OB 的优先级高，将终止当前正在处理的 OB，改为调用较高优先级的 OB。这种处理方式称为中断程序的嵌套调用。

一个 OB 被另一个 OB 调用时，操作系统对现场进行保护。被中断的 OB 的局域数据压入 L 堆栈，被中断的断点处的现场信息保存在 I 堆栈和 B 堆栈中。

中断程序不是由程序块调用，而是在中断事件发生时由操作系统调用。因为不能预知系统何时调用中断程序，中断程序不能改写其他程序中可能正在使用的存储器，应在中断程序中尽可能地使用局域变量。

编写中断程序时，应使中断程序尽量短小，以减小中断程序的执行时间，减少对其他处理的延迟，否则可能引起主程序控制的设备操作异常。设计中断程序时应遵循"越短越好"的原则。

#### 2) 中断优先级

中断的优先级也就是组织块的优先级，较高优先级的组织块可以中断较低优先级的组织块的处理过程。如果同时产生的中断请求不止一个，最先执行优先级最高的 OB，然后按照优先级由高到低的顺序执行其他 OB。

下面是从低到高优先级的排列顺序：背景循环、主程序扫描循环、日期时间中断、时间延时中断、循环中断、硬件中断、多处理器中断、I/O 冗余错误、异步故障、启动和 CPU 冗余。

S7－300 CPU（不包括 CPU 318）中组织块的优先级是固定的，S7－400CPU 和 CPU 318 中，下述组织块的优先级可以用 STEP 7 修改：OB10～OB47（优先级 2～23），OB70～OB72（优先级 25 或 28，只适用于 H 系列 CPU）以及在 RUN 模式下的 OB81～OB87（优先级 26 或 28）。同一个优先级可以分配给几个 OB，具有相同优先级的 OB 按启动它们的事件出现的先后顺序处理。被同步错误启动的故障 OB 的优先级与错误出现时正在执行的 OB 的优先级相同。

生成逻辑块 OB,FB 和 FC 时,同时生成临时局域变量数据,CPU 局域数据区按优先级划分。可以用 STEP 7 在"优先级"参数块中改变 S7-400 每个优先级的局域数据区的大小。

每个组织块的局域数据区都有 20 字节的启动信息,它们是只在该块被执行时使用的临时变量,这些信息在 OB 启动时由操作系统提供,包括启动事件、启动日期与时间、错误及诊断事件。将优先级赋值为 0,或分配小于 20 字节的局域数据给某一个优先级,可以取消相应的中断 OB。

**3) 中断控制**

对于组织块的中断可以由用户编程进行控制。

日期时间中断和延时中断有专用的允许处理中断(或称激活/使能中断)和禁止中断的系统功能(SFC)。

SFC39"DIS_INT"用来禁止中断和异步错误处理,可以禁止所有的中断,有选择地禁止某些优先级范围的中断,或者只禁止指定的某个中断。

SFC40"EN_INT"用来激活新的中断和异步错误处理,可以全部或有选择地允许。

SFC41"DIS_AIRT"可以用来设置延迟处理比当前优先级高的中断和异步错误,直到用 SFC42 允许处理中断或当前的 OB 执行完毕。

SFC42"EN_AIRT"用来允许立即处理被 SFC41 暂时禁止的中断或异步错误,SFC42 和 SFC41 配对使用。

### 5.5.2 循环执行的组织块

循环执行的组织块就是主程序 OB1。

OB1 调用功能块(FB)、系统功能块(SFB),或使用功能调用(FC)和系统功能调用(SFC)的功能。在启动 OB 被处理后(OB100 用于暖启动,或 OB101 用于热启动,或 OB102 用于冷启动),首先执行 OB1。在 OB1 循环结束时,操作系统传送过来映像输出表到输出模板。在 OB1 再开始前,操作系统通过读取当前的输入 I/O 的信号状态来更新过程映像输入表。这个过程连续不断地重复,即"循环执行"。所有被监视运行的 OB 中,OB1 的优先权最低,因此它可以被较高优先权的 OB 中断。

SIMATIC S7 可编程控制器的 CPU 允许监视最大循环时间,这就是处理 OB1 的时间,也可以保证能观察处理 OB1 的最小循环时间。如果已设置最小循环时间,则操作系统将延迟,达到此时间后才开始另一次 OB1。可以在 HW Config 中的 CPU Properties 下设置用于循环监视时间和最小循环时间的参数。关于 OB1 变量声明表的描述见表 5.5。

表 5.5　OB1 的变量声明

| 变　量 | 类　型 | 描　述 |
|---|---|---|
| OB1_EV_CLASS | 字节 | 事件等级和标识码：B#16#11 |
| OB1_SCAN_1 | 字节 | B#16#01：暖启动完成<br>B#16#02：热启动完成<br>B#16#03：自由周期结束 |
| OB1_PRIORITY | 字节 | 优先级 1 |
| OB1_OB_NUMBR | 字节 | OB 号（01） |
| OB1_RESERVED_1 | 字节 | 备用 |
| OB1_RESERVED_2 | 字节 | 备用 |
| OB1_PREV_CYCLE | 整数 | 上一次 OB1 的循环时间（ms） |
| OB1_MIN_CYCLE | 整数 | 自 CPU 启动，最短一次 OB1 的循环（ms） |
| OB1_MAX_CYCLE | 整数 | 自 CPU 启动，最长一次 OB1 的循环（ms） |
| OB1_DATE_TIME | DT | OB 被调用的日期和时间 |

## 5.5.3　定期执行的组织块

### 1. 日期时间中断组织块（OB10～OB17）

在 SIMATIC S7 中，允许用户通过 STEP 7 编程，可在特定日期、时间（如每分钟、给小时、每天、每周、每月、每年）执行一次中断操作，也可从设定的日期时间开始，周期性地重复执行中断操作。8 个日期时间中断具有相同的优先级，CPU 按启动事件发生顺序进行处理。

**1）设置和启动日期时间中断**

为了启动日期时间中断，首先要设置中断参数，然后激活它。可以通过 3 种方法启动日期时间中断。

① 调用系统功能 SFC28"SET_TINI"设置参数，调用 SFC30"ACT_TINI"激活日期时间中断。

② 在 STEP 7 的 HW Config 中，双击 CPU，在 CPU 属性对话框中，单击 Time-Of-Day 标签，设置要产生中断的日期和时间，选中 Actie（激活），在 Exexution 中选择执行方式（不执行、1 次、每分钟、每小时、每天、每周、每月、每年）。完成设置后下装到 CPU 中。

③ 在 STEP 7 的 HW Config 中，双击"CPU"，在 CPU 属性对话框中，单击"Time-Of-Day"标签，设置要产生中断的日期和时间，不选中"Actie（激活）"，而是在用户程序中调用 SFC30"ACT_TINI"激活日期时间中断。

## 第5章 S7-300/400 的结构化编程

**2) 查询日期时间中断**

通过调用系统功能 SFC31"QRY_TINI",可以查询设置了哪些中断参数,或者查询中断状态表。

**3) 禁止日期时间中断**

通过调用系统功能 SFC29"CAN_TINI",可以禁止时间日期中断。

【例 5.1】 从 2005 年 1 月 1 日 8 时起,在 I0.0 的上升沿启动日期时间中断 OB10,每分钟中断一次,每次中断使 MW0 加 1。在 I0.1 为 1 时禁止时间日期中断 OB10。

OB1 中的相应程序为:

```
Network1:  //查询 OB10 的状态
    CALL    SFC31                       //查询日期中断 OB10 的状态
    OB_NR    := 10                      //OB 的编号
    RET_VAL  := MW190                   //保存错误编码
    STAUS    := MW28                    //保存中断的状态字,MB29 为低字节
Network2:  //合并日期时间
    CALL    FC3                         //调用 STEP 7 库中的 IEC 功能 D_TOD_TD
    IN1      := D#2005-1-1               //设置启动中断的日期
    IN2      := TOD#8:0:0.0              //设置启动中断的时间
    RET_VAL  := #OUT_TIME_DATE          //合并日期和时间
Network3:  //在 I0.0 的上升沿设置和激活日期时间中断
    A       I0.0                        //如果 I0.0 的上升沿
    FP      M1.0                        //M1.0 为 1
    AN      M29.2                       //如果中断激活,M29.2 的动触点闭合
    A       M29.4                       //如果装载了时间中断,M29.2 动合触点闭合
    JNB     m001                        //不能同时满足以上 3 个条件跳转
    CALL    SFC28                       //调用 SFC28,设置中断参数
    OB_NR    := 10                      //OB 号
    SDT      := #OUT_TIME_DATE           //启动中断的时间
    PERIOD   := W#16#201                 //每分钟产生一次中断
    RET_VAL  := MW200                    //返回值
    CALL    SFC30                       //调用 SFC30,激活中断参数
    OB_NR    := 10                      //OB 号
    RET_VAL  := MW204                    //保存错误代码
m001:  NOP   0
Network4:                               //在 I0.1 为正时,禁止日期时间中断
    A       I0.1
    FP      M1.1                        //检测 I0.1 的上升沿
    JNB     m002                        //不是 I0.1 的上升沿则跳转
    CALL    SFC29                       //调用 SFC29,禁止日期时间中断
```

```
            OB_NR       :=10              //OB 号
            RET_VAL     :MW210            //保存错误代码
    m002:   NOP         0
            ⋮
    OB10:
            L           MW0
            +           1
            T           MW0
```

## 2. 循环中断组织块(OB30~OB38)

循环中断是 CPU 进入 RUN 后,按一定的间隔时间循环触发的中断,因此用户间隔时间要大于中断服务需要的执行时间。启动循环中断,需要在 STEP 7 参数设置时选中循环中断组织块,并按 1 ms 的整数倍设置间隔时间。如果间隔时间未设置,CPU 则按默认值 100 ms 触发循环中断。

如果两个不同的循环中断 OB 的时间间隔成整数倍,可能造成同时请求中断,为此可定义一个相位偏移(以 ms 为单位)。当间隔时间到时,延迟一定时间后再执行循环中断。

可以用 SFC40 和 SFC39 来激活或禁止循环中断组织块。SFC40"EN_INT"参数 MODE 为 0 时,可激活所有的中断和异步故障;MODE 为 1 时,可激活部分中断;MODE 为 2 时,可激活指定的 OB 编号对应的中断或异步故障。SFC39"DIS_INT"禁止新的中断和异步故障。如果参数 MODE 为 2,可禁止指定的 OB 编号对应的中断和异步故障。MODE 必须要用十六进制来设置。

【例 5.2】 在 I0.0 的上升沿启动 OB35 对应的循环中断,在 I0.1 的上升沿禁止 OB35 对应的循环中断。在 OB35 中使 MW4 加 1。

先将 OB35 的循环周期由默认的 100 ms 改为 1 000 ms,下载到 CPU 中。

```
OB1:
Network1:                               //在 I0.1 的上升沿激活循环中断
        A           I0.0
        FP          M1.1                //在 I0.0 的上升沿,M1.1 为 1
        JNB         m001                //否则跳转
        CALL        SFC40               //激活 OB35 对应的循环中断
        MODE        :=B#16#2            //用 OB 号指定中断
        OB_NR       :=35                //组织块编号
        RET_VAL     :=MW100             //保存错误代码
m001:   NOP         0
Network2:                               //在 I0.1 的上升沿禁止循环中断
        A           I0.1
```

```
        FP      M1.2              //在 I0.1 上升沿,M1.2 为 1
        JNB     m002              //否则跳转
        CALL    SFC39             //禁止 OB35 对应的循环中断
        MODE    :=B#16#2          //用 OB 号指定中断
        OB_NR   :=35              //组织块编号
        RET_VAL :=MW104           //保存错误代码
m002:   NOP     0
OB35:
Network1: L    MW4
          +    1
          T    MW4
```

### 5.5.4 事件驱动组织块

事件驱动的组织块包括延迟中断组织块(OB20~OB23)、硬件中断组织块(OB40~OB47)、异步故障中断组织块(OB80~OB87)和同步故障中断组织块(OB121 和 OB122)。

#### 1. 延迟中断组织块(OB20~OB23)和中断处理

PLC 中普通定时器的定时精度要受到不断变化的扫描周期的影响,使用延迟中断可以达到以 ms 为单位的高精度延迟。

SIMATIC S7 通过系统功能 SFC 32"SRT_DINT",可调用 1~4 个延迟中断组织块 (OB20~OB23),可调用的 OB 个数与 CPU 型号有关。CPU 318 只能使用 OB20 和 OB21,其余的 S7-400 CPU 可以使用的延迟中断 OB 的个数与 CPU 的型号有关。

如果延迟中断已经启动,而延迟时间尚未达到时,可调用系统功能 SFC33"CAN_DINT"取消延迟中断的执行;还可以通过调用系统功能 SFC34"QRY_DINT"查询延迟中断的状态。

如果下列任何一种情况发生,操作系统将会调用异步错误 OB:
- OB 已经被 SFC32 启动,但是没有下载到 CPU;
- 延迟中断 OB 在执行延迟,又有一个延迟中断 OB 被启动。

延迟中断组织块 OB20 的局域变量表如表 5.6 所列。

表 5.6 延迟中断组织块 OB20 的局域变量表

| 参 数 | 数据类型 | 描 述 |
|---|---|---|
| OB20-EV-CLASS | BYTE | 事件级别和标识码,B#16#11:中断已被激活 |
| OB20-STRT-INF | BYTE | B#16#20~B#16#23:OB20~OB23 的启动请求 |
| OB20-FRIORITY | BYTE | 优先级,默认值为 3(OB20)~6(OB23) |
| OB20-O-NUMBR | BYTE | OB 号(20~23) |

续表 5.6

| 参　数 | 数据类型 | 描　述 |
|---|---|---|
| OB20 - RESERVED - 1 | BYTE | 保留 |
| OB20 - RESERVED - 2 | BYTE | 保留 |
| OB20 - SIGN | WORD | 用户号:调用 SFC32(SRT - DINT)时输入的参数标记 |
| OB20 - DTIME | TIME | 以 ms 为单位的延迟时间 |
| OB20DATE - TIME | DATE - AND - TIME | OB 被调用时的日期和时间 |

【例 5.3】 在主程序 OB1 中实现下列功能:在 I0.0 的上升沿用 SFC32 起动延迟中断 OB20,20 s 后 OB20 被调用,在 OB20 中将 Q6.0 置位,并立即输出。

在延迟过程中如果 I1.1 由 0 变为 1,在 OB1 中用 SFC33 取消延迟中断。I1.2 由 0 变为 1 时 Q6.0 被复位。

下面是用 STL 编写的 OB1 程序代码:

```
Network 1:I0.0 的上升沿时启动延迟中断
        A           I0.0
        FP          M1.0
        JNB         m001              //不是 I0.0 的上升沿则跳转
        CALL        SFC 32            //启动延迟中断 OB20
        OB - NO     : = 20             //组织块编号
        DTME        : = T♯20S          //延迟时间为 20 s
        SIGN        : = MW12           //保存延迟中断是否启动的标志
        RET - VAL   : = MW100          //保存执行时可能出现的错误代码,为 0 时无错误
m001:   NOP         0
Network2:查询延迟中断
        CALL        SFC 34            //查询延迟中断 OB20 的状态
        OB - NO     : = 20             //组织块编号
        RET - VAL   : = AM102          //保存执行时可能出现的错误代码,为 0 时无错误
        STATUS      : = MW4            //保存延迟中断的状态字,MB5 为低字节
Network3:I1.1 上升沿时取消延迟中断
        A           I1.1
        FP          M1.1              //I1.1 的上升沿检测
        A           M5.2              //延迟中断未被激活或已完成(状态字第 2 位为 0)时跳转
        JNB         m002
        CALL        SFC 33            //禁止 OB20 延迟中断
        OB - NO     : = 20             //组织块编号
        RET - VAL   : = MW104          //保存执行时可能出现的错误代码,为 0 时无错误
m002:   NOP         0
```

```
    A        I1.2
    R        Q6.0          //I1.2 为 1 时复位 Q5.1
```

下面是用 STL 编写的 OB20 的程序代码：

```
Network1:
    SET
    =        Q6.0          //将 Q6.0 无条件置位
Network2:
    L        QW6           //立即输出 Q6.0
    T        PQW6
```

必须将延迟中断 OB20 作为用户程序的一部分下载到 CPU。只有在 CPU 处于运行状态时才能执行延迟中断 OB20，暖启动或冷启动都会清除延迟中断 OB 的启动事件。

### 2. 硬件中断组织块

硬件中断组织块（OB40～OB47）用于快速响应模块（SM，即输入/输出模块）、通信处理器（CP）和功能模块（FM）的信号变化。具有中断能力的信号模块将中断信号传送到 CPU 时，或者当功能模块产生一个中断信号时，将触发硬件中断。

CPU 318 只能使用 OB40 和 OB41，其余的 S7 - 300 只能使用 OB40。S7 - 400 CPU 可以使用的硬件中断 OB 的个数与 CPU 的型号有关。

用户可以用 STEP 7 的硬件组态功能来决定信号模块哪一个通道在什么条件下产生硬件中断，将执行哪个硬件中断 OB，OB40 被默认用于执行所有的硬件中断。对于 CP 和 FM，可以在对话框中设置相应的参数来启动 OB。

只有用户程序中有相应的组织块，才能执行硬件中断。否则操作系统会向诊断缓冲区中输入错误信息，并执行异步错误处理组织块 OB80。

硬件中断 OB 的默认优先级为 16～23，用户可以设置参数改变优先级。

硬件中断被模块触发后，操作系统将自动识别是哪一个槽的模块和模块中哪一个通道产生的硬件中断。硬件中断 OB 执行完后，将发送通道确认信号。

如果在处理硬件中断的同时，又出现了其他硬件中断事件，新的中断按以下方法识别和处理：如果正在处理某一中断事件，又出现了同一模块同一通道产生的完全相同的中断事件，新的中断事件将丢失，即不处理它。在图 5.12 中数字量模块输入信号的第一个上升沿时触发中断，由于正在用 OB40 处理中断，第 2 个和第 3 个上升沿产生的中断信号丢失。

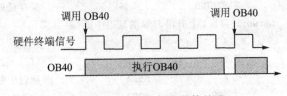

图 5.12 硬件中断信号的处理

如果正在处理某一中断信号时同一模块中其他通道产生了中断事件,新的中断不会被立即触发,但是不会丢失。在当前已激活的硬件中断执行完后,再处理被暂存的中断。如果硬件中断被触发,并且它的 OB 被其他模块中的硬件中断激活,新的请求将被记录,空闲后再执行该中断。用 OB39～OB42 可以禁止、延迟和再次激活硬件中断。硬件中断组织块 OB40 的临时变量见表 5.7。

表 5.7 硬件中断组织块 OB40 的临时变量表

| 参　数 | 数据类型 | 描　　述 |
| --- | --- | --- |
| OB40 - EV - CLASS | BYTE | 事件级别与标识码,B♯16♯11:中断被激活 |
| OB40 - STRT - INF | BYTE | B♯16♯41:通过中断线 1 的中断<br>B♯16♯42～B♯16♯44:通过中断线 2～4(S7 - 400)的中断<br>B♯16♯45:WinAC 通过 PC 触发的中断 |
| OB40 - PRIORITY | BYTE | 优先级,默认值为 16(OB40)～23(OB47) |
| OB40 - OB - NUMBR | BYTE | OB 号(40～47) |
| OB40 - RESERVED - 1 | BYTE | 保留 |
| OB40 - IO - FLAG | BYTE | I/O 标志:输入模块为 B♯16♯54,输出模块为 B♯16♯55 |
| OB40 - MDL - ADDR | WORD | 触发中断的模块的起始字节地址 |
| OB40 - POINT - ADDR | DWORD | 触发中断的模块的起始字节地址,第 0 位对应第一个输入;或模拟量模块超限的通道对应的位域,对于 CP 和 FM 是模块的中断状态(与用户无关) |
| OB40 - DATE - TIME | DATE - AND - TIME | OB 被调用时的日期和时间 |

以 S7 - 300 插在 4 号槽的 16 点数字量输入模块为例,模块的起始地址为 0(IB0),模块内输入点 I0.0～I1.7 的位地址为 0～15。

【例 5.4】 CPU 313C - 2DP 集成的 16 点数字量输入 I124.0～I125.7 可以逐点设置中断特性,通过 OB40 对应的硬件中断,在 I124.0 的上升沿将 CPU 313C - 2DP 集成的数字量输出 Q124.0 置位,在 I124.1 的下降沿将 Q124.0 复位。此外要求在 I0.2 的上升沿时激活 OB40 对应的硬件中断,在 I0.3 的上升沿禁止 OB40 对应的硬件中断。

在 STEP 7 中生成名为"OB40 例程"的项目,选用 CPU 313C - 2DP,在硬件组态工具中打开 CPU 属性的组态窗口,由 Interrupts 选项卡可知在硬件中断中,只能使用 OB40。双击机架中 CPU 313C - 2DP 内的集成 I/O"DI16/DO16"所在的行(见图 4.35),在打开的对话框的 Input 选项卡中,设置在 I124.0 的上升沿和 I124.1 的下降沿产生中断。下面是用 STL 编写的 OB1 的程序代码:

```
Network 1:
    A        I0.2
```

```
            FP      M1.2
            JNB     m001              //不是I0.2的上升沿时则跳转
            CALL    SFC 40            //激活OB40对应的硬件中断
            MODE    :=B#16#2          //用OB编号指定中断
            OB-NO   :=40              //OB编码
            RET-VAL :=AM100           //保存执行时可能出现的错误代码
  m001:     NOP     0
Network 2:在I0.3的上升沿禁止硬件中断
            A       I0.3
            FP      M1.3
            JNB     m002              //不是I0.3的上升沿时则跳转
            CALL    SFC 39            //禁止OB40对应的硬件中断
            MODE    :=B#16#2          //用OB编码指定中断
            OB-NO   :=40              //OB编码
            RET-VA  :=MW104           //保存执行时可能出现的错误代码,为0时无错误
  M002:     NOP     0
```

下面是用STL编写的硬件中断组织块OB40的程序代码,在OB40中通过比较指令"==="判别是哪一个模块和哪一点输入产生的中断。在I124.0的上升沿将Q124.0置位,在I124.1的下降沿将Q124.0复位。

OB40-POINT-ADDR是数字量输入模块内的地址(第0位对应第一输入),或模拟量模块超限的通道对应的位域。对于CP和FM是模块的中断状态(与用户无关)。

```
Network 1:
            L       #OB40-MLD-ADDR
            L       124
            ==I
            =       M0.0              //如果模块起始地址为IB124,则M0.0为1状态
Network 2:
            L       #OB40-POINT-ADDR
            L       1
            ==I
            =       M0.1              //如果是第0位产生的中断,则M0.1为1状态
Network 3:
            L       #OB40-POINT-ADDR
            L       1
            ==I
            =       M0.2              //如果是第1位产生的中断,则M0.2为1状态
Network 4:
            A       M0.0
            A       M0.1
            S       Q124.0            //如果是I124.0产生的中断,将Q124.0置位
```

```
Network 5:
    A    M0.0
    A    M0.2
    R    Q124.0              //如果是I124.1产生的中断,将Q124.0置位
```

### 3. 异步故障中断组织块

#### 1) 故障处理概述

S7-400有很强的故障检测和处理能力。这里所说的错误是CPU内部的功能性错误或编程错误,而不是外部传感器或执行机构的故障。CPU检测到某种故障后,操作系统调用对应的组织块,用户可以在组织块中编程,对发生的故障采取相应的措施。对于大多数故障,如果没有给组织块编程,出现错误时CPU将进入STOP模式。

系统程序可以检测出下列故障:不正确的CPU功能、系统程序执行中的错误、用户程序中的故障和I/O中故障。根据故障类型的不同,CPU被设置为进入STOP模式或调用一个故障处理OB。

当CPU检测到故障时,会调用适当的组织块(见表5.8),如果没有相应的故障处理OB,CPU将进入STOP模式。用户可以在故障处理OB中编写如何处理这种故障的程序,以减小或消除故障的影响。

表5.8 故障处理组织块

| OB号 | 故障类型 | 优先级 |
|---|---|---|
| OB70 | I/O冗余故障(仅H系列CPU) | 25 |
| OB72 | CPU冗余故障(仅H系列CPU) | 28 |
| OB73 | 通信冗余故障(仅H系列CPU) | 35 |
| OB80 | 时间故障 | 26 |
| OB81 | 电源故障 | 26/28 |
| OB82 | 诊断中断 | 26/28 |
| OB83 | 插入/取出模块中断 | 26/28 |
| OB84 | CPU硬件故障 | 26/28 |
| OB85 | 优先级故障 | 26/28 |
| OB86 | 机架故障或分布式I/O的故障 | 26/28 |
| OB87 | 通信故障 | 26/28 |
| OB121 | 编程故障 | 引起错误的OB的优先级 |
| OB122 | I/O访问故障 | 引起错误的OB的优先级 |

为避免发生某种故障时CPU进入停机状态,可以在CPU中建立一个对应的空的组织块。操作系统检测到一个异步故障时,将启动相应的OB。异步故障OB具有最高等级的优先级,如果当前正在执行OB的优先级低于26,异步故障OB的优先级为26,如果当前正在执行

的 OB 的优先级为 27(启动组织块),异步故障 OB 的优先级为 28,其他 OB 不能中断它们。如果同时有多个相同优先级的异步故障 OB 出现,将按出现的顺序处理它们。

用户可以利用 OB 中的变量声明表提供的信息来判别故障的类型,OB 的局域数据中的变量 OB8x-FLT-ID 和 OB12x-SW-FLT 包含有故障代码。它们的具体含义见《S7-300/400 的系统软件和标准功能参考手册》。

**2) 故障分类**

被 S7 CPU 检测到并且用户可以通过组织块对其进行处理的故障分为两个基本类型:

① 异步故障。异步故障是与 PLC 的硬件或操作系统密切相关的故障,与程序执行无关。异步故障的后果一般都比较严重。异步故障对应的组织块为 OB70～OB73 和 OB80～OB87(见表 5.8),有最高的优先级。

② 同步故障。同步故障是与程序执行有关的故障,OB121 和 OB122 用于处理同步故障,它们的优先级与出现故障时被中断的块的优先级相同,即同步故障 OB 中的程序可以访问块被中断时累加器和状态寄存器中的内容。对故障进行适当处理后,可以将处理结果返回被中断的块。

**3) 时间错误中断处理组织块**

CPU 默认的循环扫描的监控时间为 150 ms,如果发生下列情况时会产生时间错误中断:

➤ 实际的循环扫描时间超过设置的循环扫描时间;

➤ 由于向前修改时间而跳过日期时间中断;

➤ 在处理优先级时延迟时间太长。

**4) 电源故障处理组织块(OB81)**

电源故障包括后备电池失效或未安装,以及 S7-400 的 CPU 机架或扩展机架上的 DC 24V 电源故障。电源故障出现和消失时操作系统都要调用 OB81。OB81 的变量声明见表 5.9。

表 5.9 OB81 的变量声明表

| 参数 | 数据类型 | 描述 |
| --- | --- | --- |
| OB81_EV_CLASS | BYTE | 错误级别与标识:B#16#38 为故障消失,B#16#39 为故障产生 |
| OB81_FLT_ID | BYTE | 错误代码:<br>B#16#21:中央机架至少有一个后备电池耗尽/问题排除<br>B#16#22:中央机架后备电压故障/问题排除<br>B#16#23:中央机架 24V 电压故障/问题排除<br>B#16#25:至少一个冗余的中央机架中至少一个后备电池耗尽/问题排除<br>B#16#26:至少一个冗余的中央机架中后备电压故障/问题排除<br>B#16#27:至少一个冗余中央机架 24V 电源故障/问题排除<br>B#16#31:至少一个扩展机架后备电池耗尽/问题排除<br>B#16#32:至少一个扩展机架后备电压故障/问题排除<br>B#16#33:至少一个扩展机架 24V 电源故障/问题排除 |

续表 5.9

| 参　数 | 数据类型 | 描　述 |
|---|---|---|
| OB81_PRIORITY | BYTE | 优先级,可以用 STEP 7 的硬件组态功能设置,RUN 模式的可能值为 2～26 |
| OB81_OB_NUMBR | BYTE | OB 号(81) |
| OB81_RESERVED_1 | BYTE | 保留 |
| OB81_RESERVED_2 | BYTE | 保留 |
| OB_MDL_ADDR | INT | 第 0～2 位为机架号,第 3 位 = 0,1 分别为备用 CPU 和主 CPU,4～7 位为 1111 |
| OB81_RESERVED_3 | BYTE | 只与错误代码 B#16#31,B#16#32,B#16#33 有关 |
| OB81_RESERVED_4 | BYTE | 第 0～5 位为 1 分别表示 16～21 号扩展机架有故障 |
| OB81_RESERVED_5 | BYTE | 第 0～7 位为 1 分别表示 8～15 号扩展机架有故障 |
| OB81_RESERVED_6 | BYTE | 第 1～7 位为 1 分别表示 1～7 号扩展机架有故障 |
| OB81_DATE_TIME | DATE_AND_TIME | OB 被调用时的日期和时间 |

【例 5.5】 在 CPU 机架直流 24 V 电源故障发生时将 Q4.0 置位,该故障消失时将 Q4.0 复位。下面是实现上述要求的 OB81 程序。

```
Network 1://直流 24 V 电源电压消失事件处理
    L     B#16#23           //"直流 24 V 电源故障"代码
    L     #OB81-FLT-ID      //与 OB81 的错误代码比较
    ==I                     //如果相同
    =     M0.1              //M0.1 的位为 1 状态
    L     #OB81-EV-CLASS
    L     B#16#39
    ==I                     //如果是故障刚出现
    =     M0.2              // M0.2 的位为 1 状态
    A     M0.1
    A     M0.2              //"直流 24 V 电源故障"刚出现
    S     Q4.0              //置输出"直流 24 V 电源故障"为 1
Network 2://直流 24 V 电源电压恢复正常的处理
    L     #OB81_EV_CLASS
    L     B#16#38           //故障消失(outgoing event)的代码
    ==I                     //如果是故障刚消失
    =     M0.3              //M0.3 为 1 状态
    A     M0.1
    A     M0.3              //"直流 24 V 电源故障"刚消失
    R     Q4.0              //复位输出"直流 24 V 电源故障"
```

### 5) 诊断中断处理组织块(OB82)

对于有诊断功能的模板,如果已经用 HW Config 定义了诊断报警,则当模板出现断线故障时,或者当模拟量输入模板发生电源故障时,以及输入信号值超过模拟量模板的测量范围时,当故障发生及消失时,都调用 OB82,启动诊断中断处理程序。

当诊断中断被触发时,有问题的模板自动地在 OB82 的启动信息缓冲区存入 4 字节的诊断数据和模板的起始地址,在编写 OB82 的程序时,从 OB82 的启动信息中得到更确切的诊断信息。利用系统功能 SFC51,可读出模板的诊断数据,并将这些信息写入诊断缓冲区。OB82 的变量声明表见表 5.10。

表 5.10  OB82 的变量声明表

| 变量 | 类型 | 描述 |
| --- | --- | --- |
| OB82_EV_CLASS | 字节 | 事件级别和标识:<br>B#16#38:离去事件<br>B#16#39:到来事件 |
| OB82_FLT_ID | 字节 | 故障代码(B#16#42) |
| OB82_PRIORITY | 字节 | 优先级;可通过 STEP 7 选择(硬件组态) |
| OB82_OB_NUMBR | 字节 | OB 号(82) |
| OB82_RESERVED_1 | 字节 | 备用 |
| OB82_IO_FLAG | 字节 | 输入模板:B#16#54<br>输出模板:B#16#55 |
| OB82_MDL_ADDR | 字 | 故障发生处模板的逻辑基地址 |
| OB82_MDL_DEFECT | BOOL | 模板故障 |
| OB82_INT_FAULT | BOOL | 内部故障 |
| OB82_EXT_FAULT | BOOL | 外部故障 |
| OB82_PNT_INFO | BOOL | 通道故障 |
| OB82_EXT_VOLTAGE | BOOL | 外部电压故障 |
| OB82_FLD_CONNCTR | BOOL | 前连接器未插入 |
| OB82_NO_CONFIG | BOOL | 模板未组态 |
| OB82_CONFIG_ERR | BOOL | 模板参数不正确 |
| OB82_MDL_TYPE | 字节 | 位 0~3:模板级别<br>位 4:通道信息存在<br>位 5:用户信息存在<br>位 6:来自替代的诊断中断<br>位 7:备用 |

续表 5.10

| 变 量 | 类 型 | 描 述 |
|---|---|---|
| OB82_SUB_MDL_ERR | BOOL | 子模板丢失或有故障 |
| OB82_COMM_FAULT | BOOL | 通信问题 |
| OB82_MDL_STOP | BOOL | 操作方式(0:RUN;1:STOP) |
| OB82_WTCH_DOG_FLT | BOOL | 看门狗定时器响应 |
| OB82_INT_PS_FLT | BOOL | 内部电源故障 |
| OB82_PRIM_BATT_FLT | BOOL | 整个后备故障 |
| OB82_BCKUP_BATT_FLT | BOOL | 完全后备故障 |
| OB82_RESERVED_2 | BOOL | 备用 |
| OB82_RACK_FLT | BOOL | 扩展机架故障 |
| OB82_PROC_FLT | BOOL | 处理器故障 |
| OB82_EPROM_FLT | BOOL | EPROM 故障 |
| OB82_RAM_FLT | BOOL | RAM 故障 |
| OB82_ADU_FLT | BOOL | ADC/DAC 故障 |
| OB82_FUSE_FLT | BOOL | 熔断器跳闸 |
| OB82_HW_INTR_FLT | BOOL | 硬件中断丢失 |
| OB82_RESERVED_3 | BOOL | 备用 |
| OB82_DATE_TIME | DATE_AND_TIME | OB 被调用时的日期和时间 |

**6) 模板热插拔中断处理组织块(OB83)**

对于 S7-400 系列的 PLC,除了 CPU 模板、电源模板和带适配器的 S5 模板外,允许带电热插拔已经组态的其他模板,此时就会产生模板热插拔中断。此外,用 STEP 7 修改模板的参数后,在 RUN 模式下装到 CPU 中时,也产生模板热插拔中断,调用 OB83,可以用 SFC39~SFC42 来禁止、延迟和激活 OB83。

如果 CPU 正在运行时插入已组态的模板,则 CPU 检查所插入的模板类型是否与组态记录一致。如果一致,则调用 OB83,通过 HW Config 程序,用已组态在 CPU 上的参数集装入该模板。在编写 OB83 的程序时,要根据 OB83 的启动信息,调用 SFC55~SFC59,对新插入模板的参数赋值。OB83 的变量声明表见表 5.11。

如果已组态的模板类型与实际插入的模板类型不一致,由局域变量 OB83_MDL_TYPE 寄存起来。根据写入该变量的故障代码,按具体情况发出下列故障信息之一,见表 5.12。

表 5.11 OB83 的变量声明表

| 变量 | 类型 | 描述 |
|---|---|---|
| OB83_EV_CLASS | 字节 | 事件级别和标识：<br>B#16#32：模板参数赋值结束<br>B#16#33：模板参数赋值启动<br>B#16#38：模板插入<br>B#16#39：拔出的模板或不能被寻址的模板 |
| OB83_FLT_ID | 字节 | 故障代码：可能值 B#16#61, B#16#63, B#1 B#16#65, B#16#67, B#16#68, B#16#84 |
| OB83_PRIORITY | 字节 | 优先级，可通过 STEP 7 选择（硬件组态） |
| OB83_OB_NUMBR | 字节 | OB 号(83) |
| OB83_RESERVED_1 | 字节 | 块模板或接口模板标识 |
| OB83_MDL_TD | 字节 | 范围：<br>B#16#54：外设输入(PI)<br>B#16#55：外设输出(PQ) |
| OB83_MDL_ADDR | 字 | 有关模板的逻辑基地址 |
| OB83_RACK_NUM | 字 | 如果 OB83_RESERVED_1=B#16#A0：接口模板号<br>如果 OB83_RESERVED_1=B#16#C4：机架 DP 站号（低字节）或 DP 主站系统 ID（高字节） |
| OB83_MDL_TYPE | 字 | 有关模板的模板类型：<br>W#16#X5XX：模拟量模板<br>W#16#X8XX：功能模板<br>W#16#XCXX：CP<br>W#16#XFXX：数字量模板<br>X，数值对用户无效 |
| OB83_DATE_TIME | DATE_AND_TIME | OB 被调用时的日期和时间 |

表 5.12 由局域变量 OB83_FLT_ID 报告的故障代码

| OB83_FLT_ID 中的故障代码 | 意 义 |
|---|---|
| B#16#61 | 已插入模板。模板类型正确（对事件级别 B#16#38）<br>已拔出模板或无响应（对事件级别 B#16#39） |
| B#16#63 | 已模板插入但模板类型不正确 |
| B#16#64 | 已模板插入但有问题（读不出模板 ID） |
| B#16#65 | 已模板插入但模板参数赋值故障 |

### 7) CPU 硬件故障处理组织块(OB84)

当 CPU 检测到 MPI 网络的接口故障、通信总线的接口故障或者分布式 I/O 的接口故障时，以及故障消失时，操作系统都调用 OB84。

在编写 OB84 的程序时，要根据 OB84 的启动信息，用系统功能 SFC52 将故障信息写入到诊断缓冲区。

### 8) 优先级错误处理组织块(OB85)

当用户程序调用了一个未被装入的程序块或操作系统调用了一个没有编程的 OB 时，S7 CPU 的操作系统将调用 OB85；当过程映像正被更新时出现了 I/O 存取错误，也调用 OB85；当被组态的用于 DP 从站输入和输出的地址被放在 S7 CPU 的过程映像表时，而此 DP 从站已损坏，也调用 OB85。

在编写 OB85 的程序时，应根据 OB85 的启动信息，判断已损坏或未插入的模板位置。可用 SFC49 查找有关模板所在槽号。OB85(原始结构)的变量声明表见表 5.13。

表 5.13 OB85(原始结构)的变量声明表

| 变量 | 类型 | 描述 |
|---|---|---|
| OB85_EV_CLASS | 字节 | 事件级别和标识：B#16#35<br>B#16#38(仅有故障代码 B#16#B3 和 B#16#B4)<br>B#16#39(仅有故障代码 B#16#B1 和 B#16#B2，B#16#B3 和 B#16#B4) |
| OB85_FLT_ID | 字节 | 故障代码(可能值：B#16#A1，B#16#A2，B#16#A3，B#16#B1，B#16#B2，B#16#B3，B#16#B4) |
| OB85_PRIORITY | 字节 | 优先级，可通过 STEP 7 选择(硬件组态) |
| OB85_OB_NUMBR | 字节 | OB 号(85) |
| OB85_RESERVED_1 | 字节 | 备用 |
| OB85_RESERVED_2 | 字节 | 备用 |
| OB85_RESERVED_3 | 整数 | 备用 |
| OB85_ERR_EV_CLASS | 字节 | 引起故障的事件级别 |
| OB85_ERR_EV_NUM | 字节 | 引起故障的事件号码 |
| OB85_OB_PRIOR | 字节 | 当故障发生时被激活的 OB 的优先级 |
| OB85_OB_NUM | 字节 | 当故障发生时被激活的 OB 的号码 |
| OB85_DATE_TIME | DATE_AND_TIME | OB 被调用时的日期和时间 |

OB85(用于有关故障代码编程)的变量声明表的数据结构见表 5.14，以便用户程序可以评估这些故障代码。当在 S7 系统中使用分布式 I/O 时，OB85_FLT_ID 变量的十六进制故障代码 B1 和 B2 特别重要。

## 第5章 S7-300/400 的结构化编程

**表 5.14　OB85 的变量声明表的数据结构（用于有关故障代码编程）**

| 变　量 | 数据类型 |
|---|---|
| OB85_EV_CLASS | BYTE |
| OB85_FLT_ID | BYTE |
| OB85_PRIORITY | BYTE |
| OB85_OB_NUMBR | BYTE |
| OB85_DKZ23 | BYTE |
| OB85_RESERVED_2 | BYTE |
| OB85_Z1 | WORD |
| OB85_Z23 | DWORD |
| OB85_DATE_TIME | DATE_AND_TIME |

变量 OB85_FLT_ID 报告的故障代码的含义见表 5.15，这些故障代码的含义取决于变量 OB85_DKZ23 和 OB85_Z23 的内容。

**表 5.15　OB85_FLT_ID 故障代码的含义**

| 故障代码 | 含　义 |
|---|---|
| B#16#A1 | 根据 STEP 7 程序，你的程序或操作系统为 OB 产生一个启动事件，但此 OB 未入装到 CPU。 |
| B#16#A2 | 根据 STEP 7 程序，你的程序或操作系统为 OB 产生一个启动事件，但此 OB 未入装到 CPU。<br>变量 OB85_Z1 和 OB85_Z23 提供下列附加信息：<br>　OB85_Z1　引起故障的时间类别和号<br>　OB85_Z23　高字：报告触发时间的类别和号<br>　　　　　　低字：故障时，报告激活的程序层次和激活的 OB |
| B#16#A3 | 当操作系统存取一个块时故障<br>变量 OB85_Z1 和 OB85_Z23 提供下列附加信息：<br>　OB85_Z1　操作系统的详细故障标志符<br>　　高字节　1：集成功能<br>　　　　　　2：IEC 定时器<br>　　低字节　0：无故障分辨能力<br>　　　　　　1：块未装载<br>　　　　　　2：区域长度故障<br>　　　　　　3：写保护故障<br>　OB85_Z23<br>　　高字：块号 |

续表 5.15

| 故障代码 | 含 义 |
|---|---|
| B♯16♯A3 | 低字:引起故障的 MC7 命令的相对地址<br>关于块类型参看局部变量 OB85_DKZ23<br>B♯16♯88=OB<br>B♯16♯8C=FC<br>B♯16♯8E=FB<br>B♯16♯8A=DB |
| B♯16♯B1<br>B♯16♯B2 | 更新过程映像输入表时 I/O 存取故障,给输出模板传送过程映像输出表时 I/O 存取故障<br>变量 OB85_Z1 和 OB85_Z23 提供下列附加信息:<br>OB85_Z1:由 CPU 保留作内部使用占用<br>OB85_Z23:造成 I/O 存取故障(PZF)的 I/O 字节号 |

### 9) 机架故障组织块(OB86)

如果 S7 CPU 的操作系统检测到扩展机架故障、DP 主站系统和 DP 从站的故障,产生机架故障中断,无论是故障的产生还是消失,都将调用组织块 OB86。

在编写 OB86 的程序时,应根据 OB86 的启动信息,判断出故障的机架。可以用 SFC52 将故障信息写入到诊断缓冲区。

OB86(原始结构)的变量声明表见表 5.16。

表 5.16　OB86 的(原始结构)变量声明表

| 变 量 | 类 型 | 描 述 |
|---|---|---|
| OB86_EV_CLASS | 字节 | 事件级别和标识:B♯16♯38:离去事件 B♯16♯39:到来事件 |
| OB86_FLT_ID | 字节 | 故障代码:(可能值 B♯16♯C1,B♯16♯C2,B♯16♯C3,B♯16♯C4,B♯16♯C5,B♯16♯C6,B♯16♯C7,B♯16♯C8) |
| OB86_PRIORITY | 字节 | 优先级,可通过 STEP 7 选择(硬件组态) |
| OB86_OB_NUMBR | 字节 | OB 号(86) |
| OB86_RESERVED_1 | 字节 | 备用 |
| OB86_RESERVED_2 | 字节 | 备用 |
| OB86_MDL_ADDR | 字 | 根据故障代码 |
| OB86_RACKS_FLTD | 布尔矩阵[0..31] | 根据故障代码 |
| OB86_DATE_TIME | DATE_AND_TIME | OB 被调用时的日期和时间 |

OB86(用于有关故障代码编程)的变量声明表的数据结构见表 5.17,以便利用用户程序可以进行一个简单的依据故障代码的评估。当 S7 系统中使用分布式 I/O 时,变量 OB86_FTL_ID 的十六进制故障代码 C3、C4 和 C7 特别重要。

表 5.17 OB86 的（用于有关故障代码编程）变量说明表的数据结构

| 变量 | 类型 | 变量 | 类型 |
|---|---|---|---|
| OB86_EV_CLASS | 字节 | OB86_RESERVED_2 | 字节 |
| OB86_FLT_ID | 字节 | OB86_MDL_ADDR | 字 |
| OB86_PRIORITY | 字节 | OB86_Z23 | 双字 |
| OB86_OB_NUMBR | 字节 | OB86_DATE_TIME | DATE_AND_TIME |
| OB86_RESERVED_1 | 字节 | | |

由变量 OB86_FLT_ID 报告的故障代码的含义见表 5.18，这些故障代码的含义取决于变量 OB86_DKZ23、OB86_Z1 和 OB86_Z32 的内容。

表 5.18 OB86_FLT_ID 故障代码

| 故障代码 | 意 义 |
|---|---|
| B#16#C1 | 扩展机架故障<br>OB86_MDL_ADDR：IM 的逻辑基地址<br>变量 OB86_Z23 提供下列附加信息（每一位(bit)指定给一个可能的扩展机架）：<br>位 0：总为 0<br>位 1：第 1 扩展机架<br>⋮<br>位 21：第 21 扩展机架<br>位 22～29：总为 0<br>位 30：在 SIMATIC S5 区中至少一个扩展机架故障<br>位 31：总为 0 |
| B#16#C2 | 具有标识的扩展机架复位：在设定与实际组态间有偏差的扩展机架的故障已消失<br>OB86_MDL_ADDR：IM 的逻辑基地址<br>由变量 OB86_Z23 提供下列附加信息：对每个可能的扩展机架都包含一位（见故障代码 B#16#C2）。设置位的含义，在受影响的扩展机架上：<br>• 不正确类型 ID 的模板<br>• 存在组态的模板丢失<br>• 至少一块模板有故障 |
| B#16#C3 | 分布式 I/Os：主站系统故障。（仅到来事件引起 OB86 带着故障代码 B#16#C3 启动。离去状态启动 OB86 带有故障代码 B#16#C4 和事件级别 B#16#38。每个 DP 从站恢复启动 OB86）。<br>OB86_MDL_ADDR：DP 主站的逻辑基地址。<br>由变量 OB86_Z23 提供下列附加信息（DP 主站系统 ID 位）：<br>位 0～7：备用<br>位 8～15：DP 主站系统 ID<br>位 16～31：备用 |

续表 5.18

| 故障代码 | 意　义 |
|---|---|
| B#16#C4 | DP 站故障 |
| B#16#C5 | DP 站有问题<br>OB86_MDL_ADDR：DP 主站的逻辑基地址。<br>由变量 OB86_Z23 提供下列附加信息(受影响的 DP 从站地址)：<br>　位 0～7：DP 站号<br>　位 8～15：DP 主站系统 ID<br>　位 16～30：S7 从站的逻辑基地址或标准 DP 从站的诊断地址<br>　位 31：I/O 标识 |
| B#16#C6 | 扩展机架再次运行但模板参数赋值出错<br>OB86_MDL_ADDR：IM 的逻辑基地址<br>由变量 OB86_Z23 提供下列附加信息(含每一可能的扩展机架指定一位)：<br>　位 0：总为 0<br>　位 1：第 1 个扩展机架<br>　　⋮<br>　位 21：第 21 个扩展机架<br>　位 22～30：备用<br>　位 31：总为 0<br>一个设置位的含义，受影响的扩展机架的模板带有：不正确的类型标识、丢失或错误的参数 |
| B#16#C7 | DP 站恢复，但模板参数赋值出错<br>OB86_MDL_ADDR：DP 主站的逻辑基地址。<br>相应由变量 OB86_Z23 提供下列附加信息(受影响的 DP 从站的地址)：<br>　位 0～7：DP 站号<br>　位 8～15：DP 主站系统 ID<br>　位 16～30：DP 从站的逻辑基地址<br>　位 31：I/O 标识 |

**10) 通信故障处理组织块(OB87)**

在使用通信功能块或全局数据(GD)通信时，如果出现下列通信错误，操作系统调用 OB87：

➢ 接收全局数据时，检测到不正确的帧标识符(ID)；

➢ 全局数据通信时的状态信息数据块不存在或太短；

➢ 接收到非法的全局数据包编号。

如果用于全局数据通信状态信息数据块丢失，需要用 OB87 生成该数据块，并将它下装到 CPU 中。

## 4. 同步故障中断组织块（OB121 和 OB122）

同步故障是指与执行用户程序有关的故障，如程序中有错误的地址、错误的编号，操作系统将调用同步故障组织块。

同步故障中断组织块 OB121、OB122 的优先级与检测到出错的块的优先级一致。因此在中断发生时，可以访问累加器和其他寄存器，这样用户程序就可以用这些编号元件来处理故障。

同步故障可以用 SFC 36"MASK_FLT"来屏蔽，使某些同步故障不触发同步故障 OB 的调用，但是 CPU 在错误寄存器中记录发生的被屏蔽的故障。用错误过滤器中的一位来表示某种同步故障是否被屏蔽。错误过滤器分为程序错误过滤器和访问错误过滤器，分别占一个双字。错误过滤器的详细信息见《S7-300/400 的系统软件和标准功能》有关说明。

调用 SFC37"DMSK_FLT"并且在当前优先级被执行完后，将解除被屏蔽的错误，并且清除当前优先级的事件状态寄存器中相应的位。

可以用 SFC38"READ_ERR"读出已经发生的被屏蔽的错误。

对于 S7-300（CPU 318 除外），不管错误是否被屏蔽，错误都会被送入诊断缓冲区，并且 CPU 的"组错误"LED 会被点亮。

**1) 编程错误中断组织块 OB121**

当出现编程错误时，操作系统将调用 OB121，其变量声明表见表 5.19，OB121 的故障代码表见表 5.20。

表 5.19 OB121 的变量声明表

| 参数 | 数据类型 | 描述 |
| --- | --- | --- |
| OB121_EV_CLASS | BYTE | 错误级别与标识：B#16#25 |
| OB121_SW_FLT | BYTE | 错误代码，见表 6.12 |
| OB121_PRIORITY | BYTE | 优先级，与出现错误的 OB 的优先级相同 |
| OB121_OB_NUMBR | BYTE | OB 号（121） |
| OB121_BLK_TYPE | BYTE | S7-400 出错的模块的类型：<br>16#88:OB,16#8A:DB,16#8C:FC,16#8E:FB |
| OB121_RESEERVED_1 | BYTE | 备用 |
| OB121_FLT_REG | WORD | 错误源，例如出错的地址、定时器、计数器和块的编号，出错的存储器区 |
| OB121_BLK_NUM | WORD | 引起错误的 MC7 命令的块的编号，S7-300 未用 |
| OB121_PRG_ADDR | WORD | 引起错误的 MC7 命令的相对地址，S7-300 未用 |
| OB121_DATE_TIME | DATE_AND_TIME | OB 被调用时的日期和时间 |

表5.20 OB121的故障代码表

| 故障代码 | 意　义 |
|---|---|
| B#16#21：<br>OB121_FLT_REG： | BCD转换故障<br>有关的寄存器的ID(W#16#0000：累加器1) |
| B#16#22：<br>B#16#23：<br>B#16#28：<br>B#16#29：<br>OB121_FLT_REG：<br><br>OB121_RESERVED_1： | 当读时区域长度错误<br>当写时区域长度错误<br>用指针读访问字节、字或双字时位地址不为0<br>用指针写访问字节、字或双字时位地址不为0<br>不正确的字节地址。可以从OB121_RESERVED_1中读出数据区和访问类型。位7~4<br>访问类型<br>0：位访问<br>1：字节访问<br>2：字访问<br>3：双字访问<br>位3~0 存储器区：<br>0：I/O区<br>1：过程映像输入表<br>2：过程映像输出表<br>3：位存储器<br>4：全局DB<br>5：背景DB<br>6：自己的局部数据<br>7：调用者的局部数据 |
| B#16#24：<br>B#16#25：<br>OB121_FLT_REG： | 当读时范围故障<br>当写时范围故障<br>在低字节含有非法区的ID(B#16#86 自己的局部数据区) |
| B#16#26：<br>B#16#27：<br>OB121_FLT_REG： | 定时器编号故障<br>计数器编号故障<br>非法的编号 |
| B#16#30：<br>B#16#31：<br>B#16#32：<br>B#16#33：<br>OB121_FLT_REG： | 写访问至写保护的全局DB<br>写访问至写保护的背景DB<br>访问全局DB时DB编号故障<br>访问背景DB时DB编号故障<br>非法的DB编号 |

续表 5.20

| 故障代码 | 意义 |
|---|---|
| B#16#34： | 在 FC 调用时 FC 编号故障 |
| B#16#35： | 在 FB 调用时 FB 编号故障 |
| B#16#3A： | 访问未下装的 DB,DB 编号在允许范围 |
| B#16#3C： | 访问未下装的 FC,FC 编号在允许范围 |
| B#16#3D： | 访问未下装的 SFC,SFC 编号在允许范围 |
| B#16#3E： | 访问未下装的 FB,FB 编号在允许范围 |
| B#16#3F： | 访问未下装的 SFB,SFB 编号在允许范围 |
| OB121_FLT_REG： | 非法编号 |

**2) I/O 存取故障中断组织块(OB122)**

当 STEP 7 指令存取 I/O 模板或 DP 从站的输入/输出数据出现错误时，或者当用户程序存取不存在或有故障的 DP 从站输入/输出数据时，则 S7 CPU 的操作系统调用 OB122。OB122 的变量声明表见表 5.21。

表 5.21  OB122 的变量声明表

| 变量 | 类型 | 描述 |
|---|---|---|
| OB122_EV_CLASS | 字节 | 事件级别和标识：B#16#29 |
| OB122_SW_FLT | 字节 | 故障代码：<br>B#16#42：对 S7-300 和 CPU417 为读访问 I/O 时故障；对所有其他的 S7-400CPU 为在故障出现后的第一次读 I/O 出错<br>B#16#43：对 S7-300 和 CPU417 为写访问 I/O 故障；对所有其他的 S7-400 CPU 为在故障出现之后的第 1 次写 I/O 时出错<br>B#16#44（仅对 S7-400，不包括 CPU417）：在故障出现之后在第 n 次(n>1)读访问 I/O 时出错<br>B#16#45（仅对 S7-400，不包括 CPU417）：在故障出现之后在第 n 次(n>1)写访问 I/O 时出错 |
| OB122_PRIORITY | 字节 | 出现故障的 OB 的优先级 |
| OB122_OB_NUMBR | 字节 | OB 号(122) |
| OB122_BLK_TYPE | 字节 | 故障出现的块的类型：<br>B#16#88：OB,B#16#8A：DB,B#16#8C：FC,B#16#8E：FB<br>对 S7-300 无有效值在这里记录 |

续表 5.21

| 变量 | 类型 | 描述 |
|---|---|---|
| OB122_MEM_AREA | 字节 | 存储器区和访问类型：<br>位 7~4：访问类型<br>0：位访问<br>1：字节访问<br>2：字访问<br>3：双字访问<br>位 3~0：存储器区<br>0：I/O 区<br>1：过程映像输入<br>2：过程映像输出 |
| OB122_MEM_ADDR | 字 | 出现故障的存储器地址 |
| OB122_BLK_NUM | 字 | 引起故障的 MC7 命令的块的号码(S7-300 无效值在这里记录) |
| OB122_PRG_ADDR | 字 | 引起故障的 MC7 命令的相对地址(S7-300 无效值在这里记录) |
| OB122_DATE_TIME | DT | OB 被调用时的日期和时间 |

故障代码 B#16#44 和 B#16#45 表示发生了很严重的故障，如果是因为所访问的模板不存在，可导致多次访问出错，此时应采取停机措施。

对于某些同步故障，可以调用系统功能 SFC44，为 I/O 模板提供一个替代值来代替错误值，使得用户程序能继续运行。如果故障发生在输入模板，可在用户程序中直接替代。如果故障发生在输出模板，输出模板将自动用组态时定义的值替代。尽管替代值不一定能反映真实信号，但是可以避免终止用户程序和进入到 STOP 模式。

### 5.5.5 启动组织块

当 PLC 接通电源以后，CPU 有 3 种启动方式。在设置 CPU 模块属性的对话框中，选择 Startup 选项卡，可以设置启动的各种参数，也可以从热启动(Hot restart)、暖启动(Warm restart)、冷启动(Cold restart)3 种启动方式中选择一种启动方式。不同的 CPU 具有不同的启动方式，如 S7-300 系列除了 CPU 318 可以选择暖启动或者冷启动外，其他的 CPU 只有暖启动的方式；对于 S7-400 系列，根据不同的 CPU 型号，都可以选择热启动，或者选择暖启动、冷启动，但只能选择 1 种启动方式。

**1. 暖启动**

手动暖启动：将 CPU 的模式选择开关扳到 STOP 位置，STOP LED 指示灯亮，然后再扳到 RUN 或者 RUN-P 位置。

自动暖启动：启动时将复位过程映寄存器及非保持存储器，复位定时器和计数器。在 STEP 7 中设置 CPU 的属性时，设置的具有保持功能的器件将保留原数据。重新开始运行程序，执行 OB100 或 OB1。

### 2. 热启动

如果 PLC 在运行期间突然停电，又重新上电，CPU 将执一个初始化程序 OB101，自动完成热启动，从上次 RUN 模式下中断处继续执行，不对计数器复位。

### 3. 冷启动

手动冷启动：将 CPU 模式选择开关扳到 STOP 位置，STOP LED 指示灯亮，再扳到 MRES 位置，STOP 指示灯灭 1 s 亮 1 s，然后常亮，最后将模式开关再扳到 RUN 或者 RUN-P 位置。

自动冷启动：过程映像区所有过程映像数据、位存储器、定时器、计数器、数据块及有保持功能的器件的数据，都被复位为 0。如果用户程序希望在启动后继续使用原有的值也可以选择不将过程映像区清零。

启动用户程序之前，先执行启动 OB。在暖启动、热启动或冷启动时，操作系统分别调用 OB100、OB101 或 OB102，S7-300 和 S7-400H 不能热启动。

用户可以通过在启动组织块 OB100~OB102 中编写程序，来设置 CPU 的初始化操作，例如开始运行的初始值，I/O 模块的起始值等。

启动程序没有长度和时间的限制，因为循环时间监视还没有被激活，在启动程序中不能执行时间中断程序和硬件中断程序。

启动 S7-400 CPU 时，作为默认的设置，将输出过程映像区清零。如果用户希望在启动之后继续在用户程序中使用原有的值，也可以选择不将过程映像区清零。

用户设置组态表的参数时，可以决定是否在组态表中检查模块是否存在，以及模块类型与启动前是否匹配。如果激活模块检查功能，发现组态表与实际的组态不相符时，CPU 将不会启动。

为了在启动时监视是否有错误，用户可以选择以下的监视时间：

> 向模块传递参数的最大允许时间；
> 上电后模块向 CPU 发送"准备好"信号允许的最大时间；
> S7-400 CPU 热启动允许的最大时间，即电源中断的时间或由 STOP 转换为 RUN 的时间。一旦超过监视时间，CPU 将进入停机状态或只能暖启动。如果监控时间为 0，表示不监控。

用户可以在执行用户程序前，先执行启动组织块，设置 CPU 开始运行的初值、I/O 模板的起始值。

启动中断组织块 OB100~OB102 的变量声明表见 5.22。

表 5.22　启动中断组织块的变量声明表

| 变　　量 | 数据类型 | 说　　明 |
|---|---|---|
| OB10x_EV_CLASS | BYTE | 中断类别和标识符：B#16#13,激活 |
| OB10x_STRTUP | BYTE | 启动请求：<br>B#16#81 手动暖启动<br>B#16#82 自动暖启动<br>B#16#83 手动热启动<br>B#16#84 自动热启动<br>B#16#85 手动冷启动<br>B#16#86 自动冷启动<br>B#16#87 主站,手动冷启动<br>B#16#88 主站,自动冷启动<br>B#16#8A 主站,手动暖启动<br>B#16#8B 主站,自动暖启动<br>B#16#8C 备用,手动启动<br>B#16#8D 备用,自动启动 |
| OB10x_PRIORITY | BYTE | 优先级 27 |
| OB10x_OB_NUMBR | BYTE | OB 号 100\101\102 |
| OB10x_RESERVED_1 | BYTE | 保留 |
| OB10x_RESERVED_2 | BYTE | 保留 |
| OB10x_STOP | WORD | 引起 CPU 停机的编号 |
| OB10x_STR_INFO | DWORD | 关于当前启动的进一步信息 |
| OB10x_DATE-TIME | DT | OB 被请求的日期和时间 |

OB100 的变量声明表中的 OB100_STRTUP 用代码表示各种不同的启动方式,OB100_STOP 是引起停机的事件号,OB100_STRT_INFO 是当前启动的更详细的信息。各参数的实际意义参见有关参考手册。

### 5.5.6　背景组织块

CPU 可以监视设置的最小扫描循环时间,如果它比实际的扫描循环时间长,在循环程序结束后 CPU 处于空闲的时间内可以执行背景组织块(OB90)。如果没有对 OB90 编程,CPU 要等到定义的最小扫描循环时间到达为止,再开始下一次循环的操作。用户可以将对运行时间要求不高的操作放在 OB90 中执行,以避免出现等待时间。

背景组织块的优先级为 29,且优先级不能通过参数设置进行修改。由于 OB90 的运行时间不受 CPU 操作系统的监视,用户可以在 OB90 中编写长度不受限制的程序。为确保在背景

## 第 5 章　S7-300/400 的结构化编程

功能块中程序数据的一致性,在编程时应注意如下问题:
- OB90 的清零事件;
- 过程映像的刷新与 OB90 的不同步。

图 5.13 所示为 CPU 中处理主程序循环、背景循环和 OB10 之间的关系。

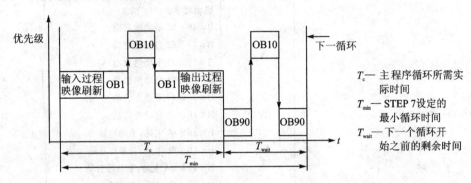

图 5.13　CPU 中处理主程序循环、背景循环和 OB10 之间的关系示意图

## 【本章小结】

STEP 7 有 3 种设计程序的方法,分别是线性化编程、模块化编程和结构化编程。本章主要介绍了 STEP 7 的程序结构以及功能块、数据块和组织块的结构及使用方法。

1. 功能和功能块其实就是一些子程序。功能(FC)是用户编写的没有固定存储区的块,其临时变量存储在局域数据堆栈中,功能执行结束后,这些数据就丢失了,功能不需要背景数据块。功能块(FB)是用户编写的有自己存储区(背景数据块)的块,每次调用功能块时需提供各种类型的数据给功能块,功能块也要返回变量给调用它的块,功能块执行完后,背景数据块中的数据不会丢失,但是不会保存局域数据堆栈中的数据。调用功能和功能块时用实参(实际参数)代替形参(形式参数)。

2. 功能和功能块分为系统功能、系统功能块以及用户自己编写的功能和功能块。S7-300/400 系统中提供大量的系统功能和系统功能块,用户可以直接调用,以简化编程过程。

3. 数据块用来分类存储用户程序运行所需的大量数据或变量值,数据块也是用来实现各逻辑块之间的数据交换、数据传递和共享数据的重要途径。与逻辑块不同,数据块只有变量声明部分,没有程序指令部分。

4. 数据块分为共享数据块(DB)和背景数据块(DI)两种。共享数据块又称为全局数据块,它包含设备或机器所需的值,且不能分配给任何逻辑块。在共享数据块和全局符号表中声明的变量都是全局变量。背景数据块是专门指定给某个功能块(FB)或系统功能块(SFB)使用的数据块,它是 FB 或 SFB 运行时的工作存储区。当用户将数据块与某一功能块相连时,该数据块即成为该功能块的背景数据块。

5. 组织块(OB)是操作系统与用户程序之间的接口,各个组织块(除了OB1)实质上是用于各种中断处理的中断服务程序。不同 CPU 具有的组织块的数量不同。S7 提供了各种不同的组织块,用户通过组织块可以创建在特定的时间执行的程序和响应特定事件的程序等。在OB1 中的用户程序是循环执行的主程序,它可以调用除了其他组织块的任何程序块。

6. 组织块由变量声明表和用户程序组成,组织块的变量声明表中的变量是临时的局域变量,操作系统只为组织块声明了 20 字节的变量声明表,用户还可以在变量声明中继续声明其他的临时变量。对于中断处理组织块的调用,是由操作系统根据中断事件自动调用的,而不能由其他程序调用。编写中断处理组织块的程序时要尽量短。

# 【复习思考题】

1. 简述用户块的分类及作用。
2. 简述系统块的分类及作用。
3. 简述 S7-300 中堆栈的操作过程以及堆栈的分类和每类堆栈的主要功能。
4. 简述 STEP 7 中程序设计方法的主要分类以及每种编程方式的主要特点。
5. 简述功能块和功能调用的主要过程。
6. OB1 与 B100 有什么不同?如何应用?
7. 数据块有哪些?各有什么作用?
8. 使用多重背景编程的优点是什么?
9. 试用 FC 封装风扇控制。要求为:电动机启动(Engine_On)后,启动延时定时器(Timmer_No)延时(Time),之后将风扇启动(Fan_On)。
10. 试用 FB 封装发动机的控制,发动机有 2 种类型:汽油机和柴油机,要求为:输入为启动(Switch_On)、停止(Switch_Off)、故障(Failure)、复位故障(Reset)和转速设置(Actual_Speed);输出为运行(Engine_On)、转速达到设置转速指示灯(Achieve_Speed_L)和故障指示灯(Failure_L)。编程要求启动和停止按钮使运行线圈工作或停止。转速达到给定转速时,显示转速达到预设值的指示灯亮。故障使故障指示灯亮。复位故障后,故障指示灯灭。
11. 将走马灯封装在 FC 中,输入为:起动和停止按钮(Start、Stop),左转和右转按钮(Left、Right),定时器间隔(Time),初始值设置(Initial)以及移位间隔(Interval);输出为 8 位(show)。
12. 组织块分为哪些类型?各类的主要作用是什么?
13. 简述异步组织块的作用。
14. S7-300/400 有几种中断控制组织块?如何使用?
15. 利用循环组织块 OB35 建立振荡电路,周期为 2 s。

# 第 6 章

# 梯形图程序设计方法

**主要内容:**
- 梯形图的经验设计法
- 顺序控制程序设计法与顺序功能图
- 使用起保停电路的顺序控制梯形图编程方法
- 使用置位复位指令实现顺序控制程序设计
- 使用顺序功能图语言 S7 Graph 进行顺序控制程序设计
- 复杂系统梯形图编程

**重点和难点:**
- 顺序控制程序设计法与顺序功能图
- 使用起保停电路的顺序控制梯形图编程方法
- 使用置位复位指令实现顺序控制程序设计
- 使用顺序功能图语言 S7 Graph 进行顺序控制程序设计

## 6.1 梯形图的经验设计法

梯形图的经验设计法是指在已有的一些典型梯形图的基础上,根据被控对象对控制的要求,通过增加中间编程元件和触点,多次反复地调试和修改梯形图,以得到一个较为满意的程序。这种程序设计方法没有普遍的规律可以遵循,具有很大的试探性和随意性,设计的结果往往不很规范,因人而异,设计所用的时间、设计的质量与编程者的经验有很大的关系,所以这种设计方法又叫经验设计法。经验设计法对于一些比较简单程序设计是比较奏效的,可以收到快速、简单的效果。其缺点是考虑不周、设计麻烦、设计周期长,梯形图的可读性差,系统维护困难。

**1) 经验设计法步骤**

① 分析控制要求,选择控制原则;
② 设计主令电气(如启动、停止按钮等)和检测元件,确定输入输出设备;
③ 设计控制程序;
④ 调试、修改和完善程序。

## 第6章 梯形图程序设计方法

**2) 经验设计法举例**

启动、保持、停止电路。启动、保持、停止电路简称起保停电路，是 PLC 梯形图中应用最广泛的基本电路之一，也是实际控制系统中应用最广泛的控制电路之一(如电动机的启动和停止)。启保停电路梯形图如图 6.1 所示。

假设系统的启动按钮和停止按钮分别接到 PLC 的输入点 I0.0 和 I0.1，在这 2 个按钮按下去时，输入信号状态为 1 的时间很短。只按启动按钮，I0.0 的常开触点和 I0.1 的常闭触点均闭合，输出 Q0.1 的线圈"得电"，它的常开触点同时接通。此后，即使放开启动按钮，I0.0 的常开触点断开，"能流"继续经 Q0.1 和 I0.1 的触点流过 Q0.1 的线圈，从而形成"自锁"功能。只按停止按钮，I0.1 的常闭触点断开，使 Q0.1 的线圈"失电"，其常开触点断开，以后即使放开停止按钮，I0.1 的常闭触点恢复接通状态，Q0.1 的线圈仍然断电。

上述启保停电路功能也可以用置位(S)和复位(R)指令来实现，如图 6.2 所示。在实际应用中，启动信号和停止信号也可能是由多个触点组成的串并联电路来提供。

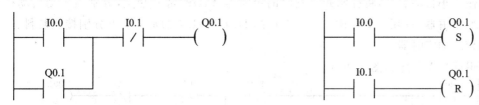

图 6.1 启保停电路梯形图　　　图 6.2 置位复位的启保停电路梯形图

**【例 6.1】** 送料小车自动控制梯形图程序设计

控制要求。如图 6.3 所示，假设小车初始位置停在中间，按启动按钮后，接触器 KM1 得电，先快速左进至限位开关 SQ2 处，然后 KM1 失电，接触器 KM2 得电，慢进至限位开关 SQ1 处 KM2 失电，停止运行，装料。60 s 后装料结束，接触器 KM3 得电，开始快速右行至限位开关 SQ3 处，KM3 失电，接触器 KM4 得电，慢速右行至限位开关 SQ4 处，KM4 失电，停下卸货。60 s 后，KM1 得电，快速右行，如此周而复始，直至按下停止按钮。

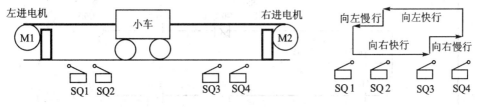

图 6.3 小车运动控制系统

I/O 点分配。假设 SQ1~SQ4 分别接 PLC 的 I1.1~I1.4 作为小车左行和右行的快慢、停止的控制信号，I0.1、I0.2 分别接停止和启动按钮，Q0.1~Q0.4 分别接 KM1~KM4 4 个接触器从而控制小车左行、右行的快慢，小车的装料、卸料分别由 Q0.5、Q0.6 所接的接触器 KM5、

# 第6章 梯形图程序设计方法

KM6控制,则其I/O分配表如表6.1所列。

表6.1 小车运动控制I/O点分配表

| 输入 | | | 输出 | | |
|---|---|---|---|---|---|
| 设备 | | 输入点 | 设备 | | 输出点 |
| 启动按钮 | SB1 | I0.1 | | | |
| 急停按钮 | SB2 | I0.2 | | | |
| 左行限位开关 | SQ1 | I1.1 | 左行接触器 | KM1 | Q0.1 |
| 左快行限位开关 | SQ2 | I1.2 | 左快行接触器 | KM2 | Q0.2 |
| 右快行限位开关 | SQ3 | I1.3 | 右快行接触器 | KM3 | Q0.3 |
| 右行限位开关 | SQ4 | I1.4 | 右行接触器 | KM4 | Q0.4 |
| | | | 装料接触器 | KM5 | Q0.5 |
| | | | 卸料接触器 | KM6 | Q0.6 |

设计思路。为使小车自动停止,将I1.1和I1.4的常闭触点分别与Q0.1和Q0.4的线圈串联。为使小车自动启动,将控制卸料延时的定时器T44的常开触点,分别与手动启动按钮I0.1常开触点并联,并用与2个限位开关对应的I1.1和I1.4的常开触点分别接通装料、卸料电磁阀和相应的定时器。

最后得梯形图程序如图6.4所示。

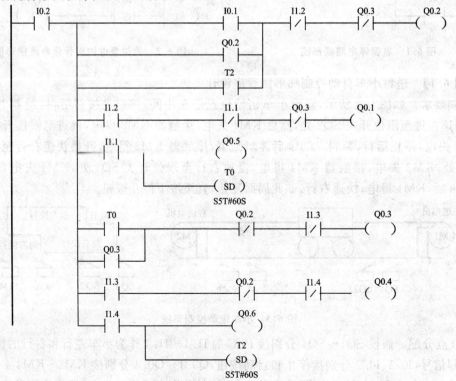

图6.4 小车运动控制梯形图

## 6.2 梯形图的顺序控制设计法与顺序功能图

### 6.2.1 顺序控制设计法

从上节可以看出,在采用经验设计法设计梯形图时,对于不同的控制系统,没有固定的方法和步骤可以遵循,也没有一种通用的容易掌握的设计方法,设计时具有很大的随意性。特别是在设计复杂系统的梯形图时,往往需要用大量的中间单元来完成记忆、连锁和互锁等功能,分析起来非常困难。程序设计出来后,往往需要花费大量的时间和精力进行模拟调试和现场调试,以便发现问题后进行修改,即使是非常有经验的工程师也是如此。再者,用经验设计法设计的梯形图程序很难阅读,给系统的维护和修改带来了很大的困难。

在生产实际中,一个自动控制系统往往可以分解成几个独立的控制动作,且这些动作必须严格按照一定的先后次序执行才能保证生产过程的正常运行,这样的控制系统称为顺序控制系统,也称为步进控制系统。其控制总是一步一步按顺序进行。在工业控制领域中,顺序控制系统的应用很广,尤其在机械行业,几乎无例外地利用顺序控制来实现加工的自动循环。

所谓程序的顺序控制设计法就是针对顺序控制系统的一种专门的设计方法,它主要是按照生产工艺预先规定的顺序,在各输入信号的作用下,根据内部状态和时间的先后顺序,控制生产过程中各个执行机构自动地有秩序地进行操作。这种设计方法很容易被初学者接受,对于有经验的工程师,也会提高设计的效率,程序的调试、修改和阅读也很方便。PLC 的设计者们为顺序控制系统的程序编制提供了大量通用和专用的编程元件,开发了专门供编制顺序控制程序用的功能表图,使这种先进的设计方法成为当前 PLC 程序设计的主要方法。

使用顺序控制设计法时,首先要根据系统的工艺流程画出顺序功能图(Sequential function chart),在一些大中型 PLC 中,顺序功能图本身就是 PLC 的一种编程语言,如果 PLC 没有顺序功能图这种编程语言,还要把顺序功能图转换成梯形图。STEP 7 的 S7 Graph 就是一种顺序功能图语言,在 S7 Graph 中生成顺序功能图后便完成了编程工作。

顺序功能图是描述控制系统的控制过程、功能和特性的一种图形,它是 PLC 顺序控制程序设计的得力工具。顺序功能图并不涉及所描述的控制功能的具体技术,它是一种通用的直观的技术语言。可以供进一步设计和不同专业人员之间进行技术交流。对于熟悉现场设备和生产流程的电气工程师来说,顺序功能图是很容易画出的。

在 IEC 的 PLC 标准 IEC 11631 中,顺序功能图是 PLC 位居首位的编程语言。我国在 1986 年颁布了顺序功能图的国家标准 GB 6988.6—1986。顺序功能图主要由步、动作(或命令)、有向连线、转换条件组成。

## 6.2.2 顺序功能图的组成

### 1. 步的划分及表示

**1) 步的划分**

顺序控制设计法最基本的思想是将系统的一个工作周期划分为若干个顺序相连的阶段，这些阶段称为步(又叫状态)，并且用编程元件(辅助继电器 M 或状态元件 S)来代表各步。步是根据 PLC 输出状态的变化来划分的，在任何一步之内，各输出状态不变，但是相邻步之间输出状态是不同的。步的这种划分方法使代表各步的编程元件与 PLC 各输出状态之间有着极为简单的逻辑关系。

步也可根据被控对象工作状态的变化来划分，但被控对象工作状态的变化应该是由 PLC 输出状态变化引起的。如图 6.5 所示，某液压滑台的整个工作过程可划分为停止(原位)、快进、工进、快退 4 步。但这 4 步的状态改变都必须是由 PLC 输出状态的变化引起的，否则就不能这样划分，假设从快进转为工进与 PLC 输出无关，那么快进和工进只能算一步。

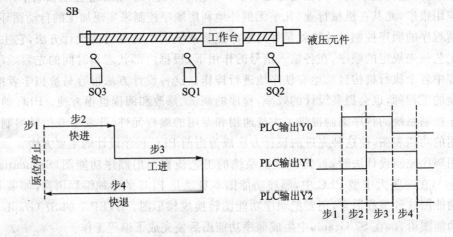

图 6.5 液压滑台顺序功能图中步的划分

**2) 步的表示**

在顺序功能图中步用矩形框表示(如图 6.6(a)、(b)所示)，方框内是该步的编号(n−1、n、n+1 等)。编程时一般用 PLC 内部编程元件或逻辑线圈(如 M)来代表各步。

**3) 初始步**

初始状态一般是系统等待启动命令或相对静止的状态。系统在开始进行自动控制之前，首先应进入规定的初始状态。与系统的初始状态相对应的步称为初始步。初始步用双线方框来表示(如图 6.6(c)所示)，每一个顺序功能图至少应该有一个初始步。

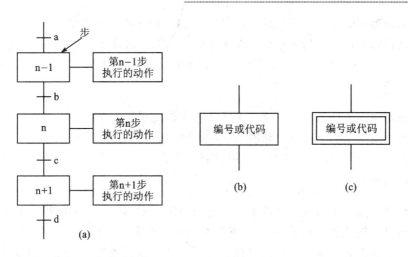

图 6.6 步或状态的表示

## 2. 与步对应的动作或命令

一个控制系统可以划分为被控系统和施控系统。对于被控系统,在某一步中要完成某些"动作";对于施控系统,在某一步中则要向被控系统发出某些"命令",将这些动作或命令简称为动作。动作使用矩形框里边加上文字或符号表示(如图 6.6(a)所示),该矩形框应与相应的步的符号用水平短线相连。

如果某一步有几个动作,可以用如图 6.7 中的两种画法表示,但是并不隐含这些动作之间的任何顺序。

图 6.7 动作的表示

当系统正处于某一步所在的阶段时,该步处于活动状态,称该步为"活动步"。步处于活动状态时,相应的动作被执行。

与某步对应的动作分为保持型动作和非保持型动作。若为保持型动作,则该步不活动时继续执行该动作。若为非保持型动作则指该步不活动时,与其对应的动作也停止执行。

说明:一般在顺序功能图中保持型的动作应该用文字或助记符特别标注,而非保持型动作一般可以不标注。

除了以上基本结构外,使用动作的修饰词可以在一步中完成不同的动作。修饰词允许在不增加逻辑的情况下控制动作。例如,可以使用修饰词 L 来限制某一动作执行的时间。不过在使用动作的修饰词时比较容易出错,除了修饰词 S 和 R(动作的置位/复位)以外,建议初学者使用其他动作修饰词时要特别小心。在顺序控制功能图语言 S7 Graph 中,将动作的修饰词称为动作中的命令,在后面的章节中再作详细的介绍。

### 3. 有向连线

顺序功能图中步的活动状态的进展顺序按有向连线规定的路线和方向进行。活动状态的进展方向习惯上是从上到下或从左至右,在这两个方向有向连线上的箭头可以省略。如果不是上述的方向,应在有向连线上用箭头注明进展方向。

### 4. 转换和转换条件

转换是用有向连线上与有向连线垂直的短划线来表示,转换将相邻两步分隔开。步的活动状态的进展是由转换的实现来完成的,并与控制过程的发展相对应。

使系统由当前步转入下一步的信号称为转换条件。转换条件可能是外部输入信号,如按钮、指令开关、限位开关的接通/断开等,也可能是 PLC 内部产生的信号,如定时器、计数器触点的接通/断开等,转换条件也可能是若干个信号的与、或、非逻辑组合。如图 6.6(a)所示的 a、b、c、d 均为转换条件。转换条件可以用文字语言、布尔代数表达式或图形符号标注在表示转换的短线旁边。

顺序控制设计法用转换条件控制代表各步的编程元件,让它们的状态按一定的顺序变化,然后用代表各步的编程元件去控制各输出继电器。

### 5. 转换实现的基本规则

在顺序功能图中步的活动状态的进展是由转换的实现来完成。转换实现必须同时满足 2 个条件:

① 该转换所有的前级步都是活动步;

② 相应的转换条件得到满足。

### 6. 转换实现应完成的两个操作

转换实现时应完成两个操作,分别是:

① 使所有由有向连线与相应转换条件相连的后续步都变为活动步;

② 使所有由有向连线与相应转换条件相连的前级步都变为不活动步。

转换实现的基本规则是根据顺序功能图设计梯形图的基础,它适用于顺序功能图中的各种基本结构,也是设计各种顺序控制梯形图的方法的基础。

在梯形图中,用编程元件(如位存储器 M)来代表步,当某步为活动步时,该步对应的编程元件状态为 1。当该步之后的转换条件满足时,转换条件对应的触点或电路接通,因此应该将该触点或电路与代表所有前级步的编程元件的常开触点串联,作为与转换实现相关的两个条件同时满足对应的电路。转换完成后,原当前步成为非活动步,其对应的编程元件状态由 1 变为 0，原后级步成为当前活动步，其对应的编程元件状态由 0 为 1。

图 6.8 是一个液压滑台的工作过程时序图及完整的顺序功能图。系统初始时，停在左边呈原位等待状态，此时左限位开关接的 PLC 输入点 I0.3 有输入，当按下启动按钮 I0.0，滑台开始快速向右进给（快进），碰到中间的限位开关 I0.1 后，滑台变为向右按工作速度进给（工进），碰到右限位开关 I0.2 后，暂停一段时间，然后向左快速进给（快退），直至碰到左限位开关 I0.3，又回到原位等待状态，完成一个工作循环。在按下启动按钮 I0.0 后，又按上述过程进行下一个工作循环。

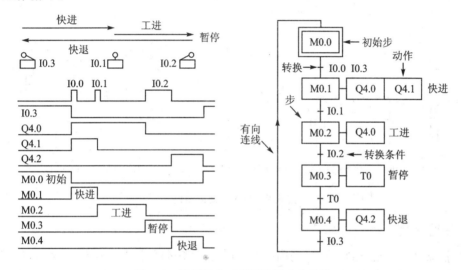

图 6.8　液压滑台时序图及顺序功能图

## 6.2.3　顺序功能图的基本结构

顺序功能图主要有单序列、选择序列、并行序列 3 种基本结构以及由它们组合而成的复杂结构。

### 1. 单序列

单序列由一系列相继激活的步组成，每一步的后面仅接有一个转换，每一个转换的后面只有一个步。在图 6.9(a) 中，为了简单，将各步对应的动作都作了省略。

### 2. 选择序列

一个控制流可能转入多个控制流中的某一个，但不允许多路分支同时执行。实际转入哪一个控制流，取决于控制流前面的转移条件哪一个为真。分支开始处，转换符号只能标在水平线之下，每个分支上必须具有一个或一个以上的转换件。如图 6.9(b) 所示，如果第 2 步当前处于活动状态且条件 e 成立，则第 6 步成为活动步；如果条件 f 成立，则第 9 步成为活动步；如果条件 g 成立，则第 11 步成为活动步，同时第 2 步成为非活动步。

几个选择序列合并成一个公共序列——分支的结束，称为合并。在分支合并处，转换符号只允许画在水平线之上。一般只允许选择一个序列。如图 6.9(c)所示，如果第 5 步是活动步且条件 m 成立，或者第 8 步是活动步且条件 n 成立，或者第 11 步是活动步且条件 p 成立，则第 12 步成为活动步，同时第 5、第 8 或第 11 步成为非活动步。

在选择序列中，允许某一条分支上没有步，但是必须有一个转换，这种结构的选择序列称为"跳步"，见图 6.9(d)。跳步是选择序列的一种特殊情况。

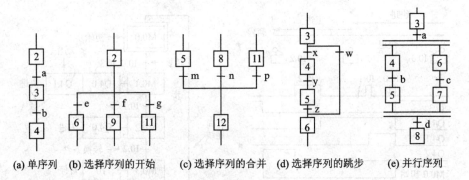

(a) 单序列  (b) 选择序列的开始  (c) 选择序列的合并  (d) 选择序列的跳步  (e) 并行序列

图 6.9 顺序功能图结构

### 3. 并行序列

当转换条件的实现导致几个序列同时激活时，这些序列称为并行序列，如图 6.9(e)所示。为了强调转换的同步实现，水平连线用双线表示，转换符号在水平连线以上。并行序列的结束称为合并，并行序列的结束，转换符号在双水平线以下，当双水平线之上的所有前级都处于活动状态，且转换条件成立时，则下一步被激活，同时所有前级步都变为非活动步。

在图 6.9(e)所示的顺序功能图中，如果第 3 步是活动步，且条件 a 成立，则第 4、第 6 步同时成为活动步，且第 3 步成为非活动步；如果第 5 步和第 7 步都是活动步，且条件 d 成立，则第 8 步成为活动步，第 5 步和第 7 步成为非活动步。

### 4. 复杂结构的顺序功能图

如图 6.10 所示是一个 PLC 控制的专用组合钻床加工系统，主要用来加工圆盘状零件上均匀分布的 6 个孔，上面是钻床的侧视图，下面是工件的俯视图。因为钻床对圆盘零件的加工在时间上是按照预先设定动作的先后次序进行的，所以可以使用顺序控制设计法进行程序设计，图 6.11 是与其对应的顺序功能图。

在进入自动运行之前，系统处于初始状态，两个钻头应在最上面位置，上限位开关 I0.3 和 I0.5 为 ON，计数器 C0 的初始值设定为 3。在图 6.11 的顺序功能图中用存储器位 M 来代表各步。

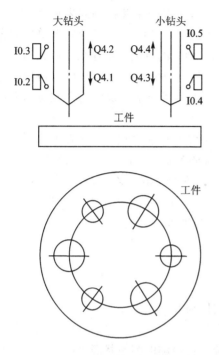

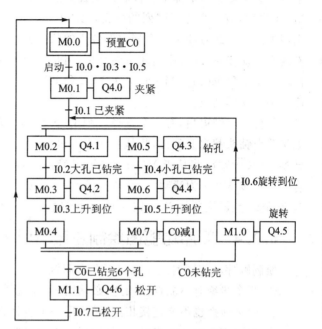

图 6.10 组合钻床示意图　　图 6.11 组合钻床的顺序功能图

该组合钻床加工系统的工作过程如下：操作人员放好工件后，按下启动按钮 I0.0，则系统开始对工件进行加工（为了保证系统确实处于初始状态，在初始步到下一步的转换条件中加上了 I0.3 和 I0.5 这两个条件），此时系统由初始步 M0.0 转到步 M0.1。在 M0.1 这步，Q4.0 有输出，使钻床将待加工的工件夹紧。工件被夹紧后，压力继电器 I0.1 为 ON，由步 M0.1 同时转到步 M0.2 和步 M0.5，并行序列开始。在步 M0.2 和 M0.5 成为活动步后，Q4.1 和 Q4.3 为 ON，钻床的大、小钻头同时向下对工件进行加工。当大钻头加工到由下限位开关 I0.2 设定的深度后，钻头停止向下，转入步 M0.3，Q4.2 为 ON，大钻头开始向上提升，上升到上限位开关 I0.3 时，大钻头停止上升，进入等待步 M0.4。当小钻头加工到由下限位开关 I0.4 设定的深度后，钻头停止向下，转入步 M0.6，Q4.4 为 ON，小钻头开始向上提升，上升到上限位开关 I0.5 时，小钻头停止上升，进入等待步 M0.7，同时计数器 C0 的当前值减 1，因为是加工第一组工件，C0 不为 0，其对应的常开触点闭合，转到步 M1.0。在步 M1.0，Q4.5 有输出，使工件旋转，旋转到 120°时，I0.6 为 ON，工作台停止旋转，又返回到步 M02 和步 M0.5，开始钻第二对孔。3 对孔都钻完后，计数器 C0 的当前值变为 0，其对应的常闭触点闭合，进入步 M1.1，Q4.6 有输出使工件松开。松开到位时，限位开关 I0.7 为 ON，系统返回初始步 M0.0，等待操作人员按启动按钮，进行下一个工作循环。

在图 6.11 所示的顺序功能中，既有单序列，又有选择序列和并行序列。为了加快速度，要求大小两个钻头向下加工工件和向上提升的过程同时进行，所以采用并行序列来描述。在步 M0.1 之后，有一个并行序列的分支，由 M0.2～M0.4 和 M0.5～M0.7 组成的两个单序列分别用来描述。此后两个单序列内部各步的状态转换是相互独立的。两个单序列中的最后一步都成为活动步时，并行序列才可能结束，但是两个钻头一般不会同时提升到位，所以设置了等待步 M0.4 和 M0.7。当限位开关 I0.3 和 I0.5 都为 ON（表示两个钻头都已提升到位），并行序列将会立即结束。

并行序列结束后，有一个选择序列的分支。没有加工完 6 个工件时，转换条件 C0 成立，如果两个钻头都提升到位，将从步 M0.4 和步 M0.7 转到步 M1.0。如果工件全部加工完毕，转换条件 $\overline{C0}$ 成立，将从步 M0.4 和 M0.7 转换到步 M1.1。在步 M0.1 之后，有一选择序列的合并。当步 M0.1 为活动步，且转换条件 I0.1 成立，将转换到步 M0.2 和步 M0.5；当步 M1.0 为活动步，且转换条件 I0.6 成立时，也会转换到步 M0.2 和步 M0.5。

### 6.2.4 顺序功能图绘制注意事项

绘制顺序功能图时应注意以下几个问题：

① 两个步绝对不能直接相连，必须用一个转换将它们隔开。

② 两个转换也不能直接相连，必须用一个步将它们隔开。

③ 功能表图中初始步是必不可少的，一般对应系统等待启动的初始状态。

④ 自动控制系统应具有封闭性，即能多次重复执行同一工艺过程，因此在顺序功能图中一般应有由步和有向连线组成的闭合的环。在自动单周期操作时，完成一次工艺过程的全部操作之后，应从最后一步返回到初始步，系统停留在初始状态；在自动连续循环工作方式时，将从最后一步返回到下一工作周期开始运行的第一步。

⑤ 只有当某一步所有的前级步都是活动步时，该步才有可能变成活动步。PLC 开始进入 RUN 方式时各步均处于 0 状态，因此必须要有初始化信号，将初始步预置为活动步，否则顺序功能图中永远不会出现活动步，系统将无法工作。

对于 S7-300/400 系列 PLC，如果选择有断电保持功能的存储器位（如 M，在硬件组态时，双击 CPU 模块所在的行，就可以打开 CPU 属性设置对话框，选择 Retentive Memory 选项卡，可以设置具有断电保护功能的存储器位的地址范围）来代表顺序功能图中的各步，在电源断电时，可以保存当时的活动步对应的存储器位的状态。系统重新加电后，可以从断电时的工作状态开始继续运行。如果使用没有断电保持功能的存储器位来代表各步，系统重新加电进入运行方式时，所有步均处于非活动状态，所以必须在组织块 OB100 中将初始步预置为活动步，使系统从初始状态重新开始运行，否则系统将无法工作。

### 6.2.5 设计顺序控制梯形图程序的若干注意问题

顺序功能图绘制完毕后，对于某些大中型 PLC，顺序功能图本身就是 PLC 的一种编程语言(如西门子 STEP 7 的 S7 Graph 就是一种顺序功能图语言,在 S7 Graph 中生成顺序功能图后便完成了编程工作),如果 PLC 没有顺序功能图这种编程语言,还要把顺序功能图转换成梯形图。顺序功能图转换为梯形图有多种方法,其中最常用的是使用起保停电路(通用指令)和置位复位指令(以转换为中心)的方法。这两种方法应用范围广,很容易掌握,可以迅速设计出任意复杂的数字量控制系统的梯形图,可以适用于所有厂家生产的各种型号的 PLC。后面将分别加以介绍。

### 1. 程序基本结构

在实际自动控制系统中,除了自动工作模式外,往往还需要设置手动、单步、单周期等工作模式。如果在启动自动控制程序之前,系统的初始状态不满足启动自动控制程序的要求,须利用手动操作模式使系统进入规定的初始状态,然后再回到自动工作模式;再如系统发生硬件故障(如某限位开关故障),造成自动顺控系统中某步的转换条件永远不会成立,从而使整个自动控制系统不能继续进行,在这种情况下,为了保证系统不至于停机,可以进入手动工作模式,对设备进行手动操作控制。

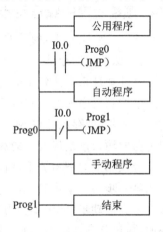

图 6.12 程序基本结构

有自动、手动工作方式的控制系统的典型程序结构如图 6.12 所示。公用程序用于完成自动和手动模式都需要执行的任务,以及两种模式的相互切换等功能。I0.0 是自动/手动切换波段开关,当处于手动方式时,I0.0 为 1,第一条跳转指令条件满足,将跳过自动程序,执行手动程序,否则将直接执行自动程序。

### 2. 自动程序的初始状态

在启动自动控制程序之前,系统必须处于要求的初始状态。如果系统的初始状态不满足启动自动控制程序的要求,须利用手动操作模式使系统进入规定的初始状态,然后再回到自动工作模式。

PLC 开始进入 RUN 方式时各步均处于 0 状态,因此必须要有初始化信号,将初始步预置为活动步,否则顺序功能图中永远不会出现活动步,系统将无法工作。在将初始步置为活动步的同时,一般还应将其余各步对应的存储器位复位为 0 状态,为启动自动系统的运行和转换的实现作好准备。

### 3. 双线圈输出的处理

在图 6.12 的自动部分和手动部分程序中,对 PLC 的同一输出点 Q 都需要进行控制,因此同一输出线圈可能会在程序中出现多次,从而出现双线圈输出现象。

对于双线圈输出,分两种情况讨论。第一种情况是在跳步条件相反的两个程序段中(如图 6.12 中的手动和自动程序),允许出现双线圈,即同一输出线圈可在自动程序和手动程序中各出现一次。因为 CPU 在每一次循环中,只执行自动程序或只执行手动程序,不可能同时执行这两个程序。对于分别出现在这两个程序中的两个相同的线圈,每次循环制处理其中的一个,并不违反不允许出现双线圈的规定。第二种情况是在同一段程序(如在自动或手动程序)中出现双线圈输出,这时就违反了不允许双线圈输出的规定。在这种情况下可以使用置位复位指令来代替出现的线圈,也就是在某步是活动步时,如果需要某个线圈有输出,就用置位指令代替线圈输出指令,转移到后续步后或该步变为非活动步时再用复位指令将该线圈复位,否则程序将会出现问题。

**4. 顺控程序的编程及步的表示**

在 S7-300/400 中,为了便于将顺序功能图转换为梯形图,可以用存储器位(M)来代表步,并将存储器位的地址作为步的代号,用编程元件地址的逻辑代数表达式来标注转换条件,用编程元件地址来标注各步的动作。

顺序控制程序分为控制电路和输出电路两部分。控制电路用 PLC 的输入量来控制代表步的编程元件(即存储器位 M),6.2 节中介绍的转换实现的基本规则是设计控制电路的基础。输出电路的输入量是代表步的编程元件 M,输出量一般是 PLC 的输出位 Q,它们之间是很简单的相等或相或的逻辑关系,所以输出电路是比较容易设计的。

当某一步是活动步时,对应的存储器位 M 为 1,当转换条件成立转换实现时,该转换的后续步应变为活动步,前级步变为非活动步。这种逻辑关系可以用一个串联电路来表示,该电路接通时,应该将该转换所有的后续步对应的存储器位 M 的状态置为 1,将所有的前级步对应的 M 位复位为状态 0。由分析可知,转换实现的两个条件对应的串联电路接通时间只有一个扫描周期,因此应使用带有记忆功能的起保停电路或置位复位指令来控制代表步的存储器位,后面还将重点讨论这两种编程方法。

## 6.2.6 经验设计法与顺序控制设计法比较

经验设计法和顺序控制设计法是两种完全不同的程序设计方法。如图 6.13(a)所示,经验设计法实际上是试图用输入信号 I 直接控制输出信号 Q。如果无法直接控制或为了实现记忆、连锁等功能,只好被动增加很多辅助元件或触点。因为对于不同的控制系统,它们的输出 Q 与输入 I 之间的关系各不相同,相互之间连锁、互锁等要求也是千变万化,所以不可能找出一种简单通用的设计方法。

如图 6.13(b)所示的顺控设计法则是将整个系统分为控制电路和输出电路两大部分。用输入量 I 去控制代表各种系统状态(步)的编程元件(如 M),再用它们去控制输出量 Q。步是根据输出量 Q 的状态划分的,M 与 Q 之间具有简单的对应关系,从而使输出电路的设计变得

图 6.13 经验设计法与顺序控制设计法比较

很简单。对于任何系统来说,代表步的编程元件的控制电路的设计方法都是一样的,很容易掌握,并且控制电路是依次顺序有效的,基本上解决了经验设计法中的记忆、连锁、互锁等问题,所以顺控设计法具有简单、规范、通用的特点。

## 6.3 使用通用指令的顺控梯形图编程方法

所谓使用通用指令的编程方法主要是用启保停电路将顺序功能图转换为梯形图。启保停电路仅仅使用与触点和线圈有关的通用逻辑指令,各种型号 PLC 都有这一类指令,所以这是一种通用的编程方式,适用于各种型号 PLC,它又叫启保停电路的编程方法。

### 6.3.1 单序列的编程方法

下面以图 6.14 所示的液压移动滑台控制系统为例进行说明。

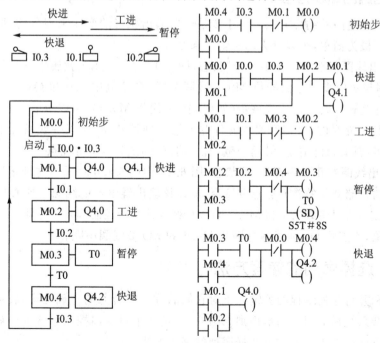

图 6.14 液压移动滑台的顺序功能图及梯形图

**1. 控制电路的编程方法**

设计启保停电路的关键是确定它的启动和停止条件。根据转换实现的基本规则,转换实现的条件是它的前级步为活动步,并且满足相应的转换条件。下面以控制 M0.2 的启保停电路为例作说明。

步 M0.2 变为活动步的条件是 M0.1 为活动步,并且转换条件 I0.1＝1,在梯形图中则应将 M0.1 和 I0.1 的常开触点串联后作为控制 M0.2 的启动电路。又通过分析可知,启保停电路的启动电路只能接通一个扫描周期,因此必须使用有记忆功能的保持电路来保持代表步的存储器位,也即需要将 M0.2 和 M0.1、I0.1 组成的串联电路并联。

当 M0.2 和 I0.2 均为"1"状态时,步 M0.3 变为活动步,这时步 M0.2 应变为非活动步,因此可以将 M0.3＝1 作为控制 M0.2 的停止条件,即将 M0.3 的常闭触点与 M0.2 的线圈串联。

由上述分析可知,M0.2 可用下述逻辑关系式来表示:

$$M0.2 = (M0.1 \cdot I0.1 + M0.2) \overline{M0.3}$$

在这个例子中,可以用 I0.2 的常闭触点来代替 M0.3 的常闭触点。但是当转换条件由多个信号的与或非逻辑运算组合而成时,需要将它们的逻辑表达式求反,经过逻辑代数运算后再将对应的触点串并联电路作为启保停电路的停止电路,不如使用后续步对应的常闭触点简单。

**2. 输出电路的编程方法**

下面介绍输出电路的编程方法。由于步是根据输出状态的变化来划分的,所以梯形图中输出部分的编程极为简单,可以分为两种情况来处理:

① 某一输出线圈仅在某一步中为"1"状态,图 6.14 中的 Q4.1 就属于这种情况。此时可以将 Q4.1 线圈与对应步的存储器位 M0.1 线圈并联,在该例中,T0 和 Q4.2 也属于这种情况。看起来用这些输出线圈来代表该步(如用 Q4.1 代替 M0.1),可以节省一些编程元件,但 PLC 的存储器位是充足的,且多用编程元件并不增加硬件费用,所以一般情况下全部用存储器位来代表各步,具有概念清楚,编程规范,易于阅读、调试和维护等优点。

② 某一输出线圈在几步中都为"1"状态,图 6.14 中的 Q4.0 就属于这种情况。此时应将代表各有关步的存储器位的常开触点并联后,驱动该输出继电器的线圈。如 Q4.0 在快进、工进步均为"1"状态,所以将 M0.1 和 M0.2 的常开触点并联后控制 Q4.0 线圈。注意,为了避免出现双线圈现象,不能将 Q4.0 线圈分别与 M0.1 和 M0.2 线圈串联。

### 6.3.2 选择序列的编程方法

选择序列和并行序列编程的关键在于对它们的分支和合并的正确处理,转换实现的基本规则是设计复杂系统梯形图的基本规则。图 6.15 是一个自动门控制系统的顺序功能图和对应的梯形图。下面以它为例来讲解选择序列的编程方法。

## 1. 选择序列分支的编程方法

如果某一步的后面有一个由 N 条分支组成的选择序列，该步可能转到不同的 N 个步去，应将这 N 个后续步对应的代表步的存储器位的常闭触点与该步的线圈串联，作为结束该步的条件。图 6.15 中的 M0.4 和 M0.5 即是这样的情况。

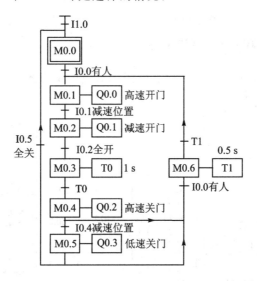

图 6.15 自动门控制系统的顺序功能图和梯形图

## 2. 选择序列合并的编程方法

对于选择序列的合并,如果某一步之前有 N 个转换(即有 N 条分支在该步之前合并后进入该步),则代表该步的存储器位的起动电路由 N 条支路并联而成,各支路由某一前级步对应的存储器位的常开触点与相应转换条件对应的触点或电路串联而成。图 6.15 中的 M0.0 和 M0.1 就是这种情况。

### 6.3.3 并行序列的编程方法

图 6.16 是一个具有并行序列的顺序功能图和对应的梯形图。下面以它为例来讲解并行序列的编程方法。

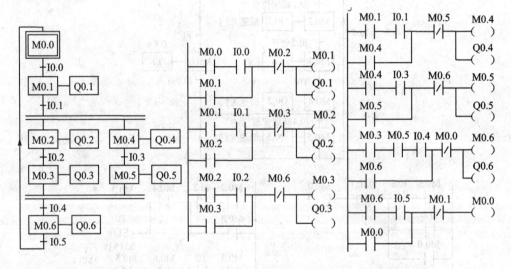

图 6.16 并行序列的顺序功能图和梯形图

## 1. 并行序列分支的编程方法

并行序列中各单序列的第一步应同时变为活动步。图 6.16 中,步 M0.1 之后有一个并行序列的分支,当 M0.1 是活动步且转换条件 I0.1 满足时,步 M0.2 和 M0.4 同时变为活动步,这是通过用 M0.1 和 I0.1 的常开触点组成的串联电路分别作为 M0.2 和 M0.4 的启动电路来实现的;与此同时,步 M0.1 应变为非活动步,因为步 M0.2 和 M0.4 是同时变为活动步的,所以只需将 M0.2 或 M0.4 的常闭触点与 M0.1 的线圈串联即可。

## 2. 并行序列合并的编程方法

图 6.16 中步 M0.6 之前有一个并行序列的合并,该转换实现的条件是所有的前级步(即步 M0.3 和步 M0.5)都是活动步且转换条件 I0.4 满足。由此可知,应将 M0.3、M0.5、I0.4 的常开触点串联,作为控制步 M0.6 的启动电路。步 M0.3 和 M0.5 的线圈都串联了 M0.6 的常

闭触点,使步 M0.3 和 M0.5 在转换实现的同时变为非活动步。

### 6.3.4 仅有 2 步的小闭环的处理

在图 6.17(a)中的顺序功能图中有一个仅由 2 个步 M0.2 和 M0.3 组成的小闭环,对于这种情况,使用启保停电路转换成的梯形图不能正常工作。这是因为步 M0.2 既是 M0.3 的前级步,同时也是 M0.3 的后续步。例如,在 M0.2 和 I0.2 均为 1 时,M0.3 的启动电路接通,但这时与 M0.3 的线圈串联的 M0.2 的常闭触点是断开的,所以 M0.3 的线圈不能"通电"。此时,只要将 6.17(b)中 M0.2 的常闭触点改为转换条件 I0.3 的常闭触点,就不会再出现问题了。

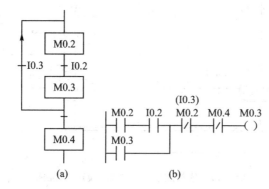

图 6.17 仅有 2 步的小闭环的处理

### 6.3.5 应用举例

图 6.18 所示是某饮料灌装线的控制系统示意图。图 6.19 是其顺序功能图。图 6.20 是用通用指令的编程方法所编写的梯形图程序。饮料灌装线控制系统梯形图程序在传送带上设有灌装工位和封盖工位,能自动完成饮料的灌装及封盖操作,元件分配表如表 6.2 所列。

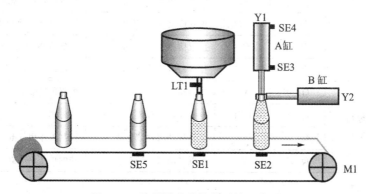

图 6.18 饮料灌装线控制系统示意图

# 第 6 章 梯形图程序设计方法

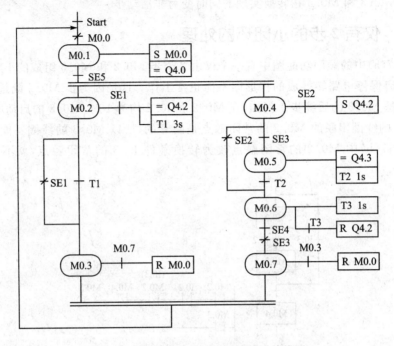

图 6.19 饮料灌装线控制系统顺序功能图

表 6.2 元件分配表

| 编程元件 | 元件地址 | 符 号 | 传感器/执行器 | 说 明 |
|---|---|---|---|---|
| 数字量输入 32×24 V DC | I0.0 | Start | 常开按钮 | 启动按钮 |
| | I0.1 | Stop | 常开按钮 | 停止按钮 |
| | I0.2 | SE1 | 位置检测开关,常开 | 灌装位置有无瓶检测 |
| | I0.3 | SE2 | 位置检测开关,常开 | 封盖位置有无瓶检测 |
| | I0.4 | SE3 | 位置检测开关,常开 | 气缸 A 推出到位检测 |
| | I0.5 | SE4 | 位置检测开关,常开 | 气缸 A 退回到位检测 |
| | I0.6 | SE5 | 位置检测开关,常开 | 传送带定位开关 |
| 数字量输出 32×24 V DC | Q4.0 | M1 | 接触器,"1"有效 | 控制传送带电机 |
| | Q4.1 | LT1 | 电磁阀,"1"有效 | 电磁阀 |
| | Q4.2 | Y1 | 电磁气动阀,"1"有效 | 控制单作用气缸 A |
| | Q4.3 | Y2 | 电磁气动阀,"1"有效 | 控制单作用气缸 B |

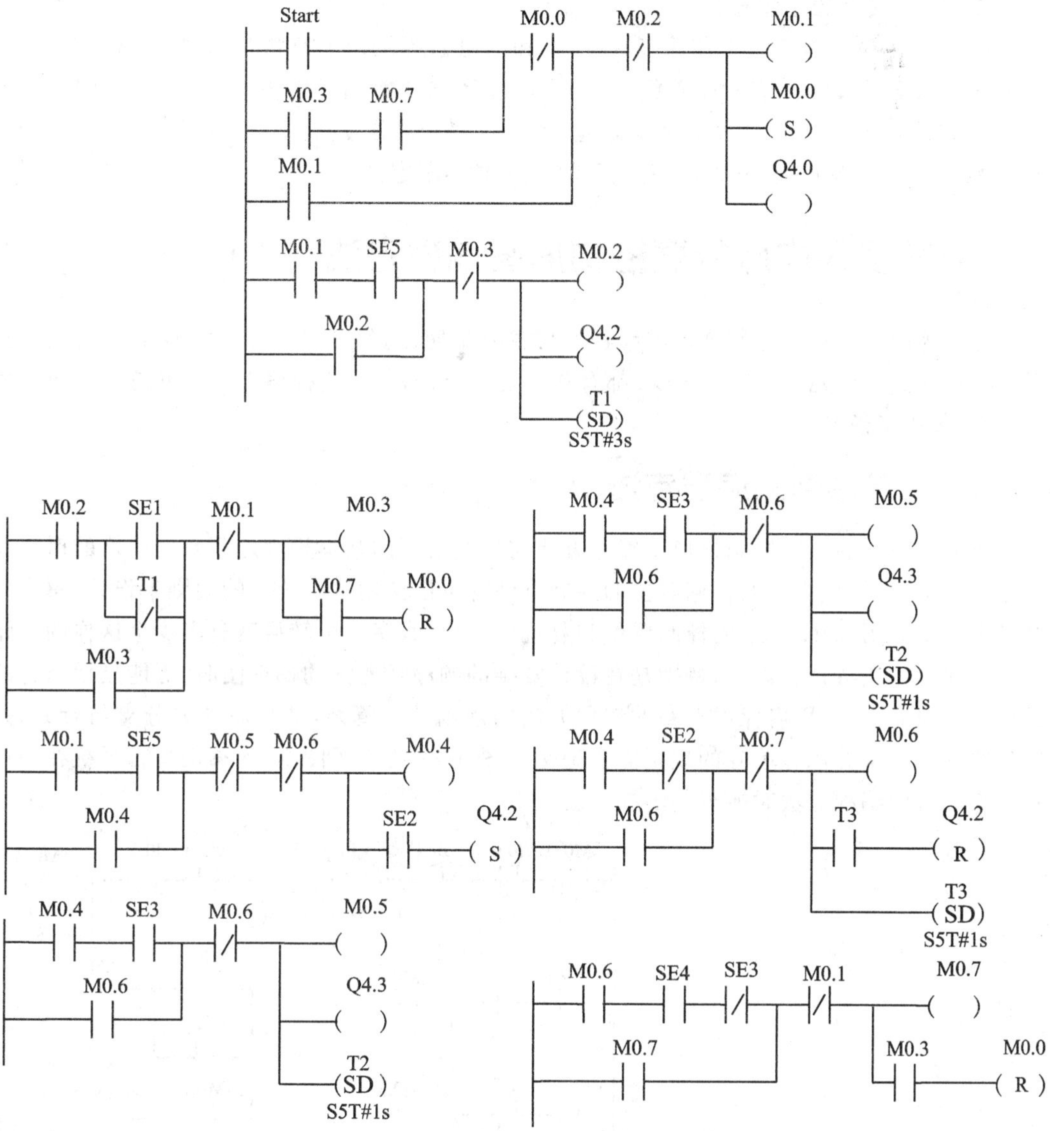

图 6.20 饮料灌装线控制系统梯形图程序

传送带由电动机 M1 驱动,传送带上设有灌装工位工件传感器 SE1、封盖工位工件传感器 SE2 和传送带定位传感器 SE5。

① 按动启动按钮 Start,传送带 M1 开始转动,若定位传感器 SE5 动作,表示饮料瓶已到达一个工位,传送带应立即停止。

② 在灌装工位上部有一个饮料罐,当该工位有饮料瓶时,则由电磁阀 LT1 对饮料瓶进行

## 第6章 梯形图程序设计方法

3 s的定时灌装(传送带已定位)。

③ 在封盖工位上有2个单作用气缸(A缸和B缸),当工位上有饮料瓶时,首先A缸向下推出瓶盖,当SE3动作时,表示瓶盖已推到位,然后B缸开始执行压接,1 s后B缸打开,再经1 s,A缸退回,当SE4动作时表示A缸已退回到位,封盖动作完成。

④ 瓶子的补充及包装,假设使用人工操作,暂时不考虑。

## 6.4 以转换为中心的顺控梯形图编程方法

以转换为中心的顺序控制梯形图编程方法主要是使用置位、复位指令实现顺序功能图到梯形图的转换。目前几乎所有的PLC都有置位复位指令,所以这种编程方法也是一种通用的编程方法,适用于任何PLC。

### 6.4.1 单序列的编程方法

以转换为中心的顺序控制梯形图编程方法与转换实现的基本规则之间有着严格的对应关系。在任何情况下,代表步的存储器位的控制电路都可以使用这一统一的规则来设计,每一个转换对应一个如图6.21所示的控制置位和复位电路块,有多少个转换就有多少个这样的电路块。这种编程方法特别有规律,特别是在设计复杂的顺序功能图的梯形图时,更能显示出它的优越性。相对而言,使用启保停电路的编程方法的规则较为复杂,选择序列的分支与合并、并行序列的分支与合并都有单独的规则需要记忆。图6.22给出了图6.14移动滑台系统在利用以转换为中心的编程方法时所得到的梯形图。

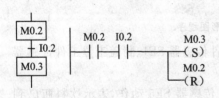

图6.21 以转换为中心的编程方式

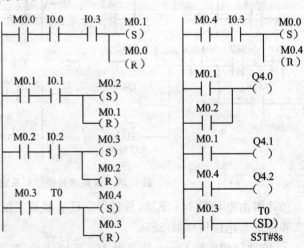

图6.22 以转换为中心的移动滑台的梯形图

使用这种编程方法时一定要注意,不能将输出继电器的线圈与置位和复位指令并联,而应根据顺序功能图,用代表步的存储器位的常开触点或它们的并联电路来驱动输出继电器的线圈。这是因为前级步和转换条件对应的串联电路的接通时间只有一个扫描周期,转换条件满足后,前级步马上被复位,下一个扫描周期该串联电路就会断开,而输出线圈至少应在某一步为活动步时所对应的全部时间内被接通。

## 6.4.2 选择序列的编程方法

如果某一转换与并行序列的分支、合并无关,那么它的前级步和后续步都只有一个,需要置位、复位的存储器位也只有一个,因此对选择序列的分支与合并的编程方法实际上与单序列的编程方法完全相同。

图 6.23 给出了图 6.15 自动门控制系统在利用以转换为中心的编程方法时所得到的梯形图。

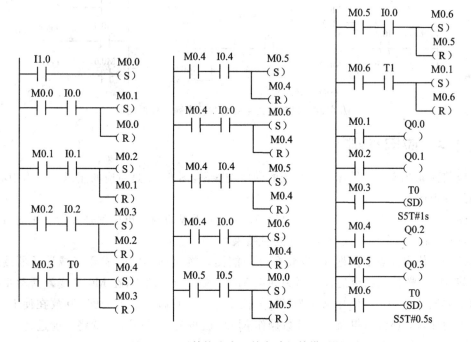

图 6.23 以转换为中心的自动门的梯形图

## 第6章 梯形图程序设计方法

### 6.4.3 并行序列的编程方法

在并行序列的分支时,因为只有所有前级步都是活动步且转换条件成立时,后续步变为活动步,同时所有前级步变为非活动步,所以需要将所有代表前级步的存储器位和转换条件的常开触点串联作为控制电路,在输出中将后续步置位,所有前级步复位。

图6.24给出了图6.16中的顺序功能图在利用以转换为中心的编程方法时所得到的梯形图。

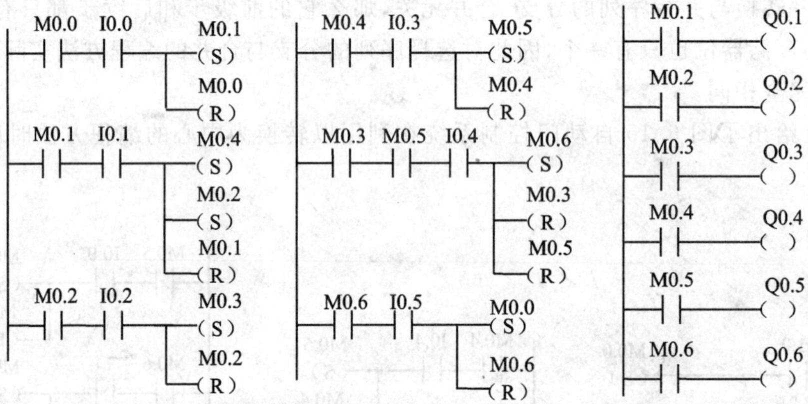

图6.24 以转换为中心的并行序列的梯形图

### 6.4.4 应用举例

对应前面6.2.3组合钻床控制系统的顺序功能图,图6.25是对应的用以转换为中心的方法编制的梯形图。

在图6.25中,由M0.2~M0.4和M0.5~M0.7组成的两个单序列是并行工作的,设计梯形图时,应保证这两个序列同时开始和同时结束。

另外一个值得注意的问题是,在将顺序功能图转换成梯形图时需要将减计数器线圈C0紧跟在使M0.7置位的指令后面。因为如果M0.4先变为活动步,在M0.7变为活动步后,在本次扫描周期的下一个网络中M0.7就被复位了。如果将减计数器线圈C0放在使M0.7复位的指令后面,C0还没来得及作减计数操作M0.7就被复位了,这样C0将不能进行正常计数操作,从而引起系统工作错误。

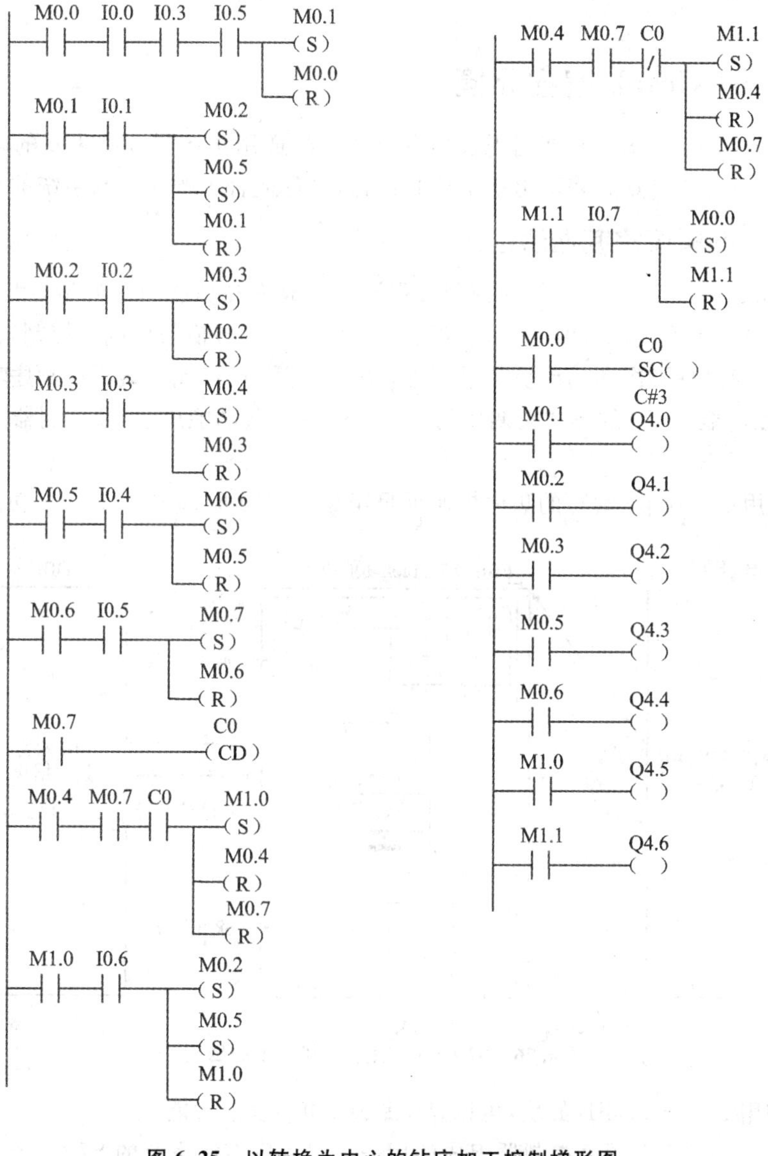

```
M0.0  I0.0  I0.3  I0.5    M0.1              M0.4  M0.7  C0      M1.1
─┤├───┤├───┤├───┤├────────(S)               ─┤├───┤├───┤/├──────(S)
                          M0.0                                  M0.4
                         ─(R)                                  ─(R)
                                                                M0.7
 M0.1  I0.1   M0.2                                             ─(R)
─┤├───┤├─────(S)
              M0.5                           M1.1  I0.7         M0.0
             ─(S)                           ─┤├───┤├────────────(S)
              M0.1                                              M1.1
             ─(R)                                              ─(R)

 M0.2  I0.2   M0.3                           M0.0               C0
─┤├───┤├─────(S)                            ─┤├────────────────SC( )
              M0.2                                              C#3
             ─(R)                            M0.1               Q4.0
                                            ─┤├────────────────( )
 M0.3  I0.3   M0.4
─┤├───┤├─────(S)                             M0.2               Q4.1
              M0.3                          ─┤├────────────────( )
             ─(R)
                                             M0.3               Q4.2
 M0.5  I0.4   M0.6                          ─┤├────────────────( )
─┤├───┤├─────(S)
              M0.5                           M0.5               Q4.3
             ─(R)                           ─┤├────────────────( )

 M0.6  I0.5   M0.7                           M0.6               Q4.4
─┤├───┤├─────(S)                            ─┤├────────────────( )
              M0.6
             ─(R)                            M1.0               Q4.5
                                            ─┤├────────────────( )
 M0.7         C0
─┤├──────────(CD)                            M1.1               Q4.6
                                            ─┤├────────────────( )
 M0.4  M0.7  C0    M1.0
─┤├───┤├───┤├─────(S)
                   M0.4
                  ─(R)
                   M0.7
                  ─(R)

 M1.0  I0.6   M0.2
─┤├───┤├─────(S)
              M0.5
             ─(S)
              M1.0
             ─(R)
```

图 6.25 以转换为中心的钻床加工控制梯形图

## 6.5 使用顺序功能图语言 S7 Graph 进行顺控程序设计

### 6.5.1 S7 Graph 编程环境

西门子的 S7 Graph 语言是西门子公司专门开发的适用于 S7-300/400 的顺序功能图编程语言，它以图形方式直观地表示出整个控制过程，非常适合于顺序控制系统的程序设计。

**1. S7 Graph 顺序控制程序结构**

在 S7 Graph 中，一个控制系统的控制过程被划分成许多功能明确的步，用户编程时为每一步指定要完成的动作或执行的命令，步跟步之间的转换由转换条件进行控制，转换、互锁、连锁、监控等编程通过梯形图和功能块图语言进行编程。用 S7 Graph 编写的顺序功能图程序在 STEP 7 中是以功能块 FB 的形式被调用的，调用 S7 Graph 功能块时，顺控制器从初始步开始启动执行。

一个包含用 S7 Graph 编写的顺序控制项目至少有如图 6.26 所示的 3 个功能块。

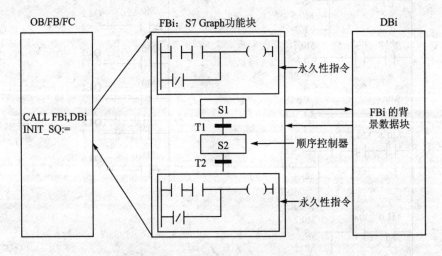

图 6.26 S7 Graph 顺序控制程序的结构

- ➢ 一个调用 S7 Graph FB 的块，可以是组织块、功能块或功能。
- ➢ 一个由一个或多个顺序控制器组成的用来描述顺序控制系统的 S7 Graph FB。
- ➢ 一个与 S7 Graph FB 对应的背景数据块。

一个 S7 Graph 功能块最多可以包含 250 个步和 250 个转换。一个顺序控制器最多可以包含 249 条并行序列分支和 125 条选择序列分支。

## 2. S7 Graph 编程环境

在 STEP 7 V5.3 中，如果不是专业版，则 S7 Graph 编程语言不包含在标准软件包中，而是扩展软件包的一部分，所以 STEP 7 的默认安装是不安装 S7 Graph 的。如果在安装扩展软件包时安装了 S7 Graph，则选择 Start→SIMATIC→STEP 7→S7 - GRAPH 即可打开 S7 Graph 编程环境。在打开的编程环境中，选择菜单命令 File→New 打开如图 6.27 所示的新建文件对话框，在 Object name 中输入文件名称，在 Name 框中选择新建文件所在的项目名称和源程序组，然后单击 OK 按钮即可。图 6.28 是一个打开的 S7 Graph 的编辑器窗口。

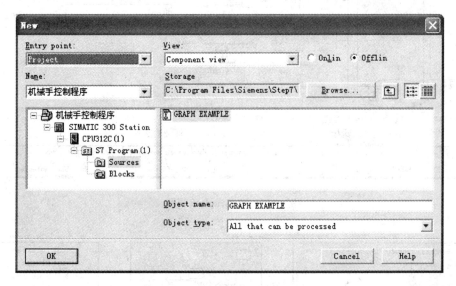

图 6.27 新建源文件对话框

在图 6.28 中，右边的窗口是生成和编辑程序的工作区，左边的窗口是浏览器窗口，共包括 3 个选项卡：图形（Graphics）选项卡、顺序控制器（Sequencers）选项卡和变量（Variables）选项卡。

图 6.29 中显示的是图形（Graphics）选项卡，图形选项卡的中间是顺序控制器，上面和下面是永久性指令（Permanent instructions）；顺序控制器（Sequencers）选项卡（如图 6.30 所示）主要用来浏览顺序控制器的总体结构，或显示顺序控制器的不同部分；变量（Variables）选项卡（如图 6.31 所示）中的变量是编程时可能用到的各种基本元素。在该选项卡可以编辑和修改现有的变量，也可以定义或删除变量，但不能编辑系统变量。

图 6.32 所示是 Sequencer 浮动工具条，通过该工具条上的按钮，可以在程序编辑区域放置步、转换、选择序列和跳步等。图 6.33 所示是 View 浮动工具条。

# 第 6 章 梯形图程序设计方法

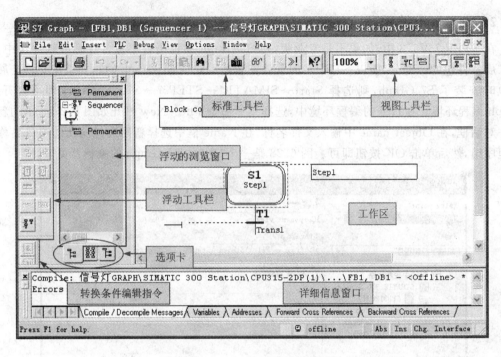

图 6.28 S7 Graph 编辑器

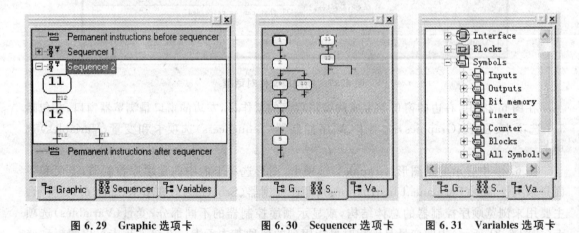

图 6.29 Graphic 选项卡　　图 6.30 Sequencer 选项卡　　图 6.31 Variables 选项卡

### 3. S7 Graph 的编辑模式

在 S7 Graph 中,可以采用两种模式对生成的功能块进行顺控程序的编程及编辑工作。

第一种是直接编辑模式(Direct)。选择菜单命令 Insert→Direct 将进入直接编辑模式。在直接编辑模式下,如果希望在某一元件的后面插入新的元件,首先用鼠标选择该元件,单击

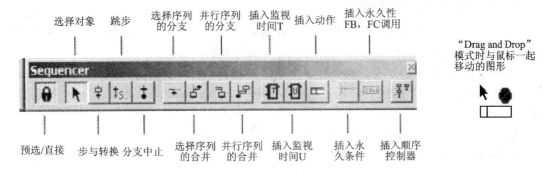

图 6.32　S7 Graph Sequencer 工具条与移动的图形

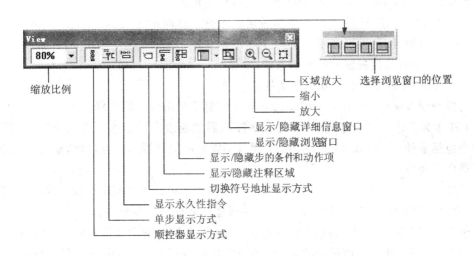

图 6.33　S7 Graph View 工具条

工具条上希望插入的元件对应的按钮，或从 Insert 菜单中选择要插入的元件。

　　第二种是拖放编辑模式（Drag and Drop）。选择菜单命令 Insert→Drag-and-Drop 将进入拖放编辑模式。在拖放编辑模式下，单击工具条上的按钮，或从 Insert 菜单中选择要插入的元件后，鼠标将带着图 6.32 右边被单击的图标移动。如果鼠标附带的图形有禁止（prohibited）信号，则表示该元件不能插在鼠标当前的位置。在允许插入该元件的区域禁止标志将消失，单击鼠标便可以插入一个拖动的元件。插入完同类元件后，在禁止插入的区域单击鼠标，跟随鼠标移动的图标将消失，完成一种元件的插入过程。

　　直接和拖放这两种编辑模式可以通过单击最左边工具条上的 （Preselected/Direct）按钮来进行切换。

### 4. S7 Graph 的显示方式

S7 Graph 在 View 菜单下可以选择顺序控制器(Sequencer)、单步(Single Step)和永久性指令(Permanent Instructions)三种显示方式。下面分别加以说明。

(1) 顺序控制器显示方式。如果有多个顺序控制器,可以用浏览器窗口中的 Graphic 选项卡选择显示哪一个顺序控制器,通过选择 View→Display with 菜单命令,可以选择是否在顺序控制器中显示如下内容:

➢ Symbols,显示符号表中的符号地址;
➢ Comments,显示块和步的注释;
➢ Conditions and Actions,显示转换条件和动作;
➢ Symbol List,在输入地址时显示下拉式符号地址表。

(2) 单步显示方式,只显示一个步和转换的组合。这时除了可以显示在 Sequencer 显示方式中显示的内容外,还可以显示如下内容:

➢ Supervision,监控被显示的步的条件;
➢ Interlock,对被显示的步互锁的条件;
➢ 选择命令 View>Display with> comments 显示和编辑步的注释。

(3) 在永久性指令显示方式,可以对顺序控制器之前或之后的永久性指令进行编程。永久性指令包括条件(Condition)和块调用(Call),不管顺序控制器的状态如何,永久性指令在每个扫描循环都要执行一次。

在顺序控制器中,在不止一处满足的条件可以作为永久性条件集中编程一次,每个永久性条件最多可以使用 32 个梯形图中的元件,条件运算结果存储在线圈内。

在永久性指令区可以永久性地调用 S7 Graph 之外的编程语言(如 STL、LAD、FBD、SCL 语言等)编写的块。在调用块之前,被调用的块必须已经存在,执行完调用的块后,继续执行 S7 Graph 程序编写的功能块。

### 6.5.2 S7 Graph 编程步骤及应用举例

下面以交通信号灯为例说明 S7 Graph 的编程步骤。图 6.34 为十字路口交通信号灯控制系统示意图。信号灯的动作受开关总体控制,按一下起动按钮,信号灯系统开始工作,控制要求和控制流程如图 6.35 所示,图 6.36 为其顺序功能图,元件分配表如表 6.3 所列。

对于该控制系统,使用 S7 Graph 编程步骤如下:

**1. 创建新项目并组态硬件**

打开 SIMATIC Manager,然后选择菜单命令 File→

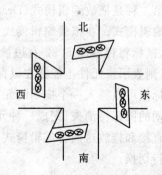

图 6.34 交通信号灯控制系统示意图

# 第6章 梯形图程序设计方法

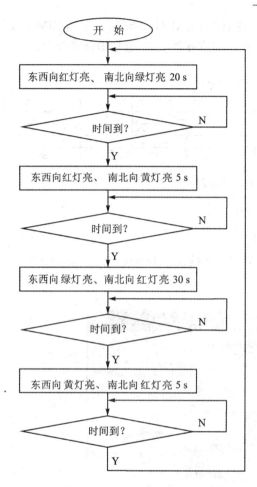

图 6.35 交通信号灯控制流程

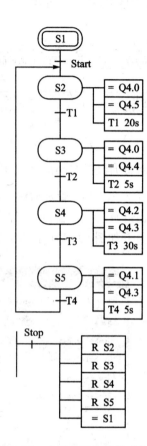

图 6.36 交通信号灯顺序功能图

表 6.3 交通信号灯控制 I/O 分配表

| 编程元件 | 元件地址 | 符号 | 传感器/执行器 | 说明 |
| --- | --- | --- | --- | --- |
| 数字量输入 32×24 V DC | I0.0 | Start | 常开按钮 | 启动按钮 |
|  | I0.1 | Stop | 常用按钮 | 停止按钮 |
| 数字量输出 32×24 V DC | Q4.0 | EW_R | 信号灯 | 东西向红灯 |
|  | Q4.1 | EW_Y | 信号灯 | 东西向黄灯 |
|  | Q4.2 | EW_G | 信号灯 | 东西向绿灯 |
|  | Q4.3 | SN_R | 信号灯 | 南北向红灯 |
|  | Q4.4 | SN_Y | 信号灯 | 南北向黄灯 |
|  | Q4.5 | SN_G | 信号灯 | 南北向绿灯 |

New 创建一个新项目,并命名为"信号灯 Graph"。选择"信号灯 Graph"项目下的 SIMATIC 300 Station 文件夹,进入硬件组态窗口,按图 6.37 所示完成硬件配置,最后编译并保存。

| S... | Module | Order number | Firmware | MPI address | I address | Q address | Comment |
|---|---|---|---|---|---|---|---|
| 1 | PS 307 5A | 6ES7 307-1EA00-0AA0 | | | | | |
| 2 | CPU315-2DP | 6ES7 315-2AG10-0AB0 | V2.0 | 2 | | | |
| X2 | DP | | | | 2047* | | |
| 3 | | | | | | | |
| 4 | DI32xDC24V | 6ES7 321-1BL00-0AA0 | | | 0...3 | | |
| 5 | DO32xDC24V/0.5A | 6ES7 322-1BL00-0AA0 | | | | 4...7 | |

图 6.37 交通信号灯硬件组态

### 2. 创建使用 S7 Graph 作为编程语言的 FB

(1) 打开 SIMATIC 管理器中的 Blocks 文件夹。

(2) 右击屏幕右边的窗口,在弹出的右键快捷菜单中选择命令 Insert New Object→Function Block,打开如图 6.38 所示的新建 FB 对话框。

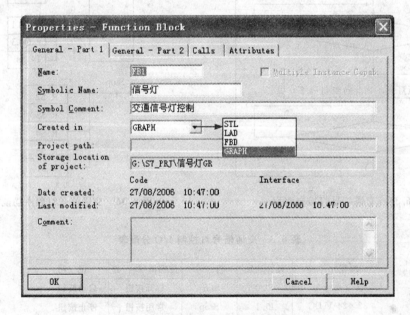

图 6.38 新建 S7 Graph FB 对话框

(3) 在 Properties-Function Block 对话框中选择编程语言为 S7 GRAPH,功能块编号为 FB1。然后,单击 OK 按钮,则会自动打开刚生成的 FB1。

(4) 选择 Options→Symble Table 菜单命令,打开符号表编辑器,按如图 6.39 所示输入并编辑符号表。

Symbol Editor - [S7 Program(1) (Symbols) -- 信号灯GRAP...

Symbol Table  Edit  Insert  View  Options  Window  Help

All Symbols

| | Status | Symbol | Address | Data type | Comment |
|---|---|---|---|---|---|
| 1 | | Cycle Execution | OB 1 | OB 1 | 主程序 |
| 2 | | 信号灯 | FB 1 | FB 1 | 交通信号灯控制 |
| 3 | | Start | I 0.0 | BOOL | 启动按钮 |
| 4 | | STOP | I 0.1 | BOOL | 停止按钮 |
| 5 | | EW_R | Q 4.0 | BOOL | 东西向红灯 |
| 6 | | EW_Y | Q 4.1 | BOOL | 东西向黄灯 |
| 7 | | EW_G | Q 4.2 | BOOL | 东西向绿灯 |
| 8 | | SN_R | Q 4.3 | BOOL | 南北向红灯 |
| 9 | | SN_Y | Q 4.4 | BOOL | 南北向黄灯 |
| 10 | | SN_G | Q 4.5 | BOOL | 南北向绿灯 |
| 11 | | | | | |

Press F1 to get Help.　NUM

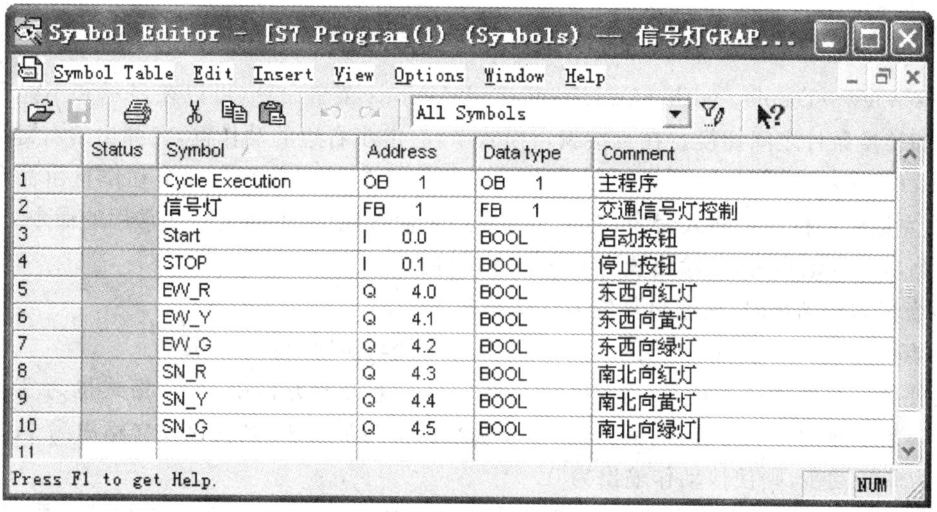

图 6.39　编辑符号表

### 3. 生成顺序控制器

(1) 在 Direct 编辑模式下，单击刚才打开的 FB1 窗口中工作区内初始步下面的转换，则该转换变为浅紫色。单击 3 次步与转换按钮，将自上而下增加 4 个步和 4 个转换。

(2) 单击最下面的转换，再单击工具条中的跳步按钮，输入跳步的目标步 S2。则会在步 S2 上面的有向连线上自动出现一个水平箭头，右边标有转换 T5，相当于生成了一条起于转换 T5、止于步 S2 的有向连线。这样，步 S2～S5 形成了一个闭合的环，如图 6.40 所示。

图 6.40　交通信号灯顺序控制器

(3) 编辑步名称。S7 Graph 顺序控制器表示步的方框内有步的编号(如 S1、S2 等)和步的名称(如 STEP1、STEP2 等)，单击后可以将其修改为一个有意义的名字(不能用汉字作为步和转换的名称)。将步 S1～S5 的名称依次改为 Initial(初始化)、ER_SG(东西向红灯-南北向绿灯)、ER_SY(东西向红灯-南北向黄灯)、EG_SR(东西向绿灯-南北向红灯)、EY_SR(东西向黄灯-南北向红灯)。

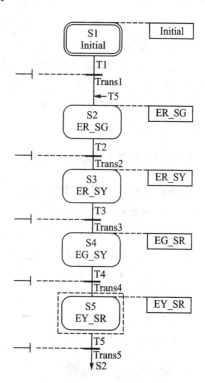

### 4. 动作的编程

选择 View→Display with→Conditions and Actions 菜单命令,可以在显示和不显示各步的动作和转换条件之间切换。在直接编辑模式下,右击步右边的动作框,在弹出的右键菜单中选择 Insert New Element→Action 命令,可以插入一个空的动作行。一个动作行由命令和地址组成,左边的方框用来输入命令,右边的方框用来输入地址,下面是一些常用的命令。

S:当步为活动步时,使输出置为 1 状态并保持。

R:当步为活动步时,使输出复位为 0 状态并保持。

N:当该步为活动步时,输出为 1;当该步变为不活动步时,输出为 0。

D:使某一动作的执行延时,延时时间在该命令右下方的方框中设置,格式也为 T♯n,例如 T♯5s 表示延时 5 s。延时时间到,如果步仍然保持为活动步,则使该动作输出为 1;如果该步已变为非活动步,则使该动作输出为 0。

L:用来产生一定宽度的脉冲。当该步是活动步时,该输出被置为 1 并保持一段时间,该时间由 L 命令下面一行中的时间常数决定。格式也为 T♯n,例如 T♯5s。

以上命令中的地址类型均可以为 Q、I、M、D,且全部为位地址格式。

CALL:用来调用块,当该步为活动步时,调用命令中指定的块。

单击 S2 的动作框线,然后单击动作行工具,插入 3 个动作行;在第 3 个动作行中输入命令 D 回车,第 3 行的右栏自动变为 2 行,在第 3 栏的第 1 行内输入位地址,如 M0.0,然后回车;在第 3 栏的第 2 行内输入时间常数,如 T♯20S(表示延时 20 s),然后回车。按照同样的方法,完成 S3~S5 的命令输入,如图 6.41 所示。

### 5. 转换条件的编程

转换条件可以用梯形图或功能块图来表示,通过选择 View 菜单中的 LAD 或 FBD 命令可以在这两种表示方法之间切换,下面主要介绍用梯形图来生成转换条件的方法。

单击如图 6.41 中所示用虚线和转换相连接的转换条件中要放置元件的位置,在图 6.29 所示窗口的最左边的工具条中单击常开触点 ╂╂、常闭触点 ╂╱╂ 或方块形的比较器 ▯,用它们组成的串并联电路来对转换条件编程,编辑方法同梯形图语言。最后编程完成后的顺序控制器如图 6.41 所示。

在顺序控制器的每一个转换处都标有如 T1、Trans1 的字样,单击 Trans1 后,可以为转换起一个有意义的名字,如 Start。

### 6. 监控功能的编程

顺序控制器的监控功能主要是监控某一步的执行时间是否超时,如果超时,则认为该步出错。双击步 S2 后系统会切换到如图 6.42 所示的单步视图。

第 6 章　梯形图程序设计方法

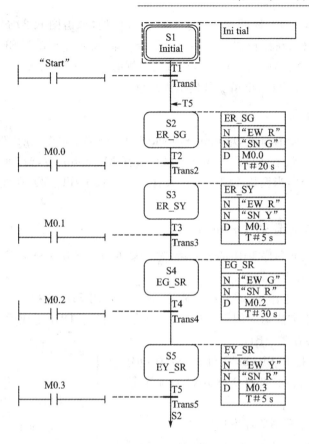

图 6.41　动作与转换的编程

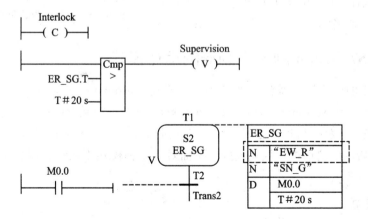

图 6.42　单步显示模式的监控与互锁条件

选中 Supervision(监控)线圈左边的水平线的缺口处，单击图 6.29 最左边的工具条中用方框表示的比较器图标，在比较器左边第一个引脚处输入 ER_SG.T，ER_SG 是第 2 步的名称，在比较器左下面的引脚输入 T♯20S，设置的监视时间为 20 s，则如果该步的执行时间超过 20 s，系统就会认为该步出错，出错步被显示为红色。

### 7. 设置参数模式

在 S7 Graph 编辑器中选择 Options→Block Settings 菜单命令，在出现的块设置对话框中选择 Compile/Save 标签，在 PB Parameters 区域选择 Minimum 单选按钮将 FB1 的参数设为 Minimum(最小)。这样，当调用 FB1 时，它只有一个参数 INIT_SQ，在线模式时可以用这个参数对初始步 S1 置位。

### 8. 在主程序中调用 S7 Graph FB

完成了对 S7 Graph 程序 FB1 的编程后，选择菜单命令 File→Save 保存顺序控制器时，它将被自动编译并指出其中的错误。

要使顺序控制器产生作用，需要在主程序 OB1 中调用 FB1 并指定 FB1 对应的背景数据块(例如 DB1)，其详细方法请参阅第 4 章、第 5 章有关内容。DB1 生成后，即可以按下列步骤在 OB1 中调用顺序控制器 FB1。

(1) 在管理器中打开 Blocks 文件夹，双击 OB1 图标，打开梯形图编辑器。选择 Netwok1 用来放置元件的水平"导线"。

(2) 打开编辑器左侧浏览器窗口中的 FB Blocks 文件夹，双击其中的 FB1 图标，在 OB1 的网络 1 中调用顺序功能图程序 FB1，在模块的上方输入 FB1 的背景数据块 DB1 的名称即可。如图 6.43 所示。

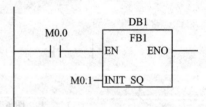

图 6.43 主程序中调用 S7 Graph FB

## 6.5.3 S7 Graph 顺序控制器的运行模式

S7 Graph 中的顺序控制器有 4 种运行模式(自动 Automatic、手动 Manual、单步 Inching、自动或切换到下一步 Automatic or switch to next)，当 PLC 处在 RUN-P 模式时，可以在前 3 种模式之间切换。各种运行模式之间的切换是通过选择 Debug→Control Sequencer 菜单命令打开如图 6.44 所示的对话框设置完成的。下面对这 4 种模式下顺序控制器的特点分别加以说明。

### 1. 自动模式

在自动模式，当转换条件满足时，由当前步自动转换到下一步。

当有错误发生时(如监控错误)，顺序控制器会停留在当前步，即使转换条件满足也不再向

# 第6章 梯形图程序设计方法

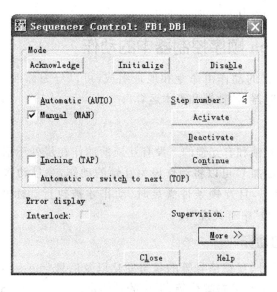

图 6.44 顺序控制器监控设置对话框

下执行,这时通过单击 Acknowledge 按钮可以将被挂起的错误信息进行确认,从而强制性地使顺序控制器转换到下一步。

Initialize(初始化)按钮用于重新启动顺序控制器,使之返回初始步;Disable(禁止)按钮用于使顺序控制器中所有的步变为不活动步。

### 2. 手动模式

与自动模式相反,在手动模式时,转换条件满足并不能转换到后续步,步的活动或不活动状态的控制是通过手动完成的,具体手动操作命令说明如下:

Disable(禁止)按钮用于关闭当前活动步,Activate(激活)或 Unactivate(去活)按钮用于将 Step Number 输入框中输入的步变为活动步或不活动步。因为在单序列顺序控制中,同时只能有1步是活动步,要想激活其他步,必须先把当前的活动步变为不活动步。

### 3. 单步模式

单步模式与自动模式的区别在于它对步与步之间的转换有附加的条件。在此模式下,某一步之后的转换条件即使满足,顺序控制器也不会自动转换到下一步,要想转换到下一步,需要单击 Continue 按钮。

S7 Graph V5.0 以上的版本中才具有单步模式,且 S7 Graph FB 属性选项卡的 Compile/Save 中没有选择 Lock operating mode。

### 4. 自动或切换到下一步模式

在该模式下,如果转换条件满足,将自动转换到下一步;如果转换条件不满足,可以单击

Continue 按钮使顺序控制器从当前步转到下一步。

### 6.5.4 S7 Graph 顺序控制器中的动作

S7 Graph 顺序控制器的动作由命令和地址组成,可以分为标准动作和与事件有关的动作。动作中可以包含定时器、计数器和算术运算。

**1. 标准动作**

标准动作分为没有互锁和有互锁的。没有互锁的动作在步处于活动状态时就会被执行;通过在动作中的命令后面加 C 可以将动作设为互锁的动作,一旦动作被设为互锁,则仅当动作所在的步处于活动状态,且互锁条件满足时,动作才被执行。标准动作中的命令详细见 6.5.2 小节中"动作的编程"中有关说明。

**2. 与事件有关的动作**

事件是指步、监控信号、互锁信号等的状态变化以及信息(message)的确认(acknowledgment)或记录(registration)信号被置位等,事件的具体意义见表 6.4。S7 Graph 顺序控制器中的动作,除了命令 D 和 L 外,其他命令都可以与事件进行逻辑组合,使动作中的命令只能在事件发生的那个循环周期执行。见图 6.45。

表 6.4 控制动作的事件

| 名 称 | 事件意义 | 名 称 | 事件意义 |
| --- | --- | --- | --- |
| S1 | 步变为活动步 | S0 | 步变为不活动步 |
| V1 | 发生监控错误(有干扰) | V0 | 监控错误消失(无干扰) |
| L1 | 互锁条件解除 | L0 | 互锁条件变为 1 |
| A1 | 信息被确认 | R1 | 在输入信号 REG_EF/REG_S 的上升沿,记录信号被置位 |

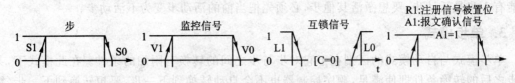

图 6.45 控制动作的事件

**3. ON 命令与 OFF 命令**

ON 命令、OFF 命令主要用于将命令所在步之外的其他步变为活动步或不活动步。

指定的事件发生时,可以将指定的步变为活动步或不活动步。如果命令 OFF 的地址标识符为 S_ALL,将除了命令 S1(V1,L1) OFF 所在的步之外的其他步全部变为非活动步。

例如图 6.46 所示，当 S8 变为活动步后，各动作按下述方式执行：

> 一旦互锁条件满足，命令"S1 RC"使输出 Q4.0 复位为 0 并保持为 0；
> 一旦监控错误发生（出现 V1 事件），除了 S8 外，其他的活动步全部变为非活动步；

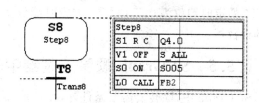

图 6.46 动作中的 ON、OFF 命令

> S8 变为非活动步时（出现事件 S0），将步 S5 变为活动步；
> 只要互锁条件满足（出现 L0 事件），就调用指定的功能块 FB2。

### 4. 动作中的计数器和定时器

**1) 计数器**

动作中的计数器的执行与指定的事件有关。互锁功能可以用于计数器，对于有互锁功能的计数器，只有在互锁条件满足和指定的事件出现时，动作中的计数器才会计数。计数值为 0 时计数器位为 0，计数值非 0 时计数器位为 1。

事件发生时，计数器指令 CS 将初值装入计数器。CS 指令下面一行是要装入的计数器的初值，它可以由 IW、QW、MW、LW、DBW、BIW 来提供，或用常数 C#0～C#999 的形式给出。

事件发生时，CU、CD、CR 指令使计数值分别加 1、减 1 或将计数值复位为 0。计数器指令与互锁组合时，命令后要加上"C"。

**2) 定时器**

动作中的定时器与计数器的使用方法类似，事件出现时定时器被执行。互锁功能也可以用于定时器。动作中与定时器有关的指令及功能如下：

① TL 命令。TL 为扩展的脉冲定时器指令，该命令的下面一行是定时器的定时时间，定时器位没有闭锁功能。一旦事件发生，定时器被启动。启动后定时器将继续定时，而与互锁条件和步是否是活动步无关。

② TD 命令。TD 命令用来实现定时器位有闭锁功能的延迟。一旦事件发生，定时器被起动。互锁条件 C 仅仅在定时器被起动的那一时刻起作用。定时器被启动后将继续定时，而与互锁条件和步的活动性无关。

③ TR 命令。TR 是复位定时器命令，一旦事件发生，定时器停止定时，定时器位与定时值均被复位为 0。

在图 6.47 中，当步 S3 变为活动步，事件 S1 使计数器 C4 的值加 1，事件 S1 使 MW0 的值加 1。另外，当 S3 变为活动步后，T3 开始定

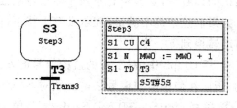

图 6.47 动作中的定时器、计数器

时，T3 的定时器位为 0，5 s 后 T3 的定时器位变为 1 状态。C4 可以用来作为步 S3 变为活动步的计数器。

### 6.5.5　S7 Graph 顺序控制器中的条件

S7 Graph 中，除转换需要条件外，在互锁、监控和永久性指令（Permanent Instructions）中也可能出现条件。S7 Graph 中的条件可以是某个事件的发生（如进入活动步、退出活动步等），也可以是输入、输出状态的改变（如 I2.1、Q0.4 等）。条件由梯形图或功能图中的元件根据布尔逻辑组合而成，逻辑运算的结果可能影响某步个别的动作、整个步甚至整个顺序控制器。

**1. 转换条件**

转换条件使顺序控制器从一步转换到下一步。没有对条件编程的转换称为空转换，空转换相当于无条件转换。

**2. 互锁条件**

互锁条件主要用于步中动作的连锁，若互锁条件的逻辑满足，受互锁控制的动作被执行，例如若互锁条件满足，动作中的命令"L0 CALL FC10"将执行，即调用功能 FC10；若互锁条件不满足，受互锁控制的动作不执行，并发出互锁错误信号（事件 L1）。S7 Graph 中，互锁条件是可编程的条件，其编程是在单步显示模式进行的。

**3. 监控条件**

监控主要用于监视步的执行情况，监控条件可能会影响顺序控制器步与步之间的转换方式。监控条件也（Supervision）是可编程的条件，且监控条件的编程也是在单步显示模式下进行。顺序控制器中的所有步都可以设置监控条件，但只有当步处于活动状态时才被监控。在 S7 Graph 顺序控制器中，若在步的左下角外边有字母"V"（如图 6.42 中的 S2 步），表示该步已对监控编程。

如果监控条件满足，表示有干扰事件 V1 发生，CPU 立即停止对步的活动时间值的定时，且顺序控制器会保持当前步为活动步，即使转换条件满足也不会转换到下一步，直至收到错误被确认的信号后，受影响的序列才能被重新处理。

如果监控条件不满足，表示没有干扰事件发生，如果后续步的转换条件满足，顺序控制器会自动转换到下一步。

在 S7 Graph 中，对于步的监控信号的发出和确认是通过 S7 Graph 块的输入、输出参数进行的，所以在使用监控信号之前必须对 S7 Graph 编辑器进行设置，具体步骤如下：

① 选择 Options→Block Settings 菜单命令，打开 Block Settings 对话框，选择 Compile/Save 选项卡；

② 在该选项卡的 FB Parameters 栏中选择 Standard、Maximum 或 User-Definable，使 S7 Graph 功能块可以用输出参数 ERR_FLT 发出监控错误信号；在 Sequencer Properties 栏中选择 Acknowledge errors，保证在发生监控错误时，S7 Graph 功能块可以用输出参数 ACK_EF 进行确认。

#### 4．S7 Graph 系统信息

在转换、监控、互锁、动作和永久性指令中，可以以地址的方式使用关于步的一些系统信息，这些系统信息的具体含义见表6.5。

表 6.5  S7 Graph 地址

| 地 址 | 意 义 | 应用场合 |
|---|---|---|
| Si.T | 步 i 当前或前一次处于活动状态的时间 | 比较器，设置 |
| Si.U | 步 i 处于活动状态的总时间，不包括干扰时间 | 比较器，设置 |
| Si.X | 指示步 i 是否是活动的 | 常开触点、常闭触点 |
| Transi.TT | 检查转换 i 所有的条件是否满足 | 常开触点、常闭触点 |

系统信息作为地址应用举例。在很多场合需要监视减去干扰出现的时间之后，步处于活动状态的总时间。例如，某物料混合系统需要搅拌50 s，假设搅拌动作是在 S003 这一步执行的，则可以在监控条件中监视地址 S003.U。步 3 被激活的时间（不包括干扰时间）与 50 s 比较，如果步 3 被激活时间大于等于 50 s，条件满足。

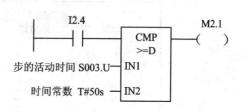

图 6.48  步活动时间的监控

## 6.6  复杂控制系统梯形图编程举例

### 6.6.1  控制要求与系统分析

在实际控制系统中，很多设备要求具有自动、手动等多种控制方式，在自动控制方式中，有可能又包括连续运行、单周期运行、单步运行、自动返回初始状态等工作方式。对于这种设备，与自动和手动工作方式相对应，分别有自动控制程序和手动控制程序。手动控制程序相对简单，一般使用经验设计法，自动控制程序相对比较复杂，所以一般使用顺序程序设计法进行设计。

图 6.49 是某薄型工件存储仓库示意图，图 6.50 是自动存储系统控制面板图。存放薄型工件的仓库是一个圆柱形筒，推料器将一个薄型工件推出至捡取位置，抓取机械手将其吸住，并将薄型工件运送至存放位置。只要仓库中有薄型工件，则推料器始终工作。

# 第6章 梯形图程序设计方法

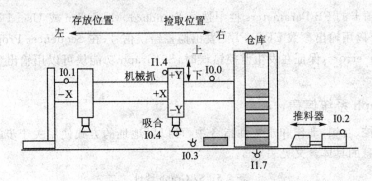

图 6.49 薄型工件自动存储系统示意图

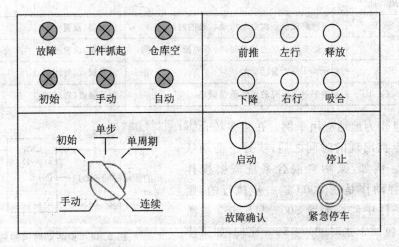

图 6.50 薄型工件自动存储系统控制面板

从控制面板结构可以看出,该系统共有 5 种工作方式,分别是手动、连续运行、单周期运行、单步运行(通常用于调试)和自动返回原点(初始位置),由控制面板上的单刀选择开关设置。为了在紧急情况下能可靠地切断 PLC 的电源以保护设备,设置了交流接触器 KM 加以保护,通过控制面板上的"紧急停车"按钮来控制 KM 的闭合和断开,当遇到紧急事件时,按下"紧急停车"按钮断开电源。

系统功能和运行过程分析如下:

**1) 回初始模式**

在开始进入单周期、连续和单步工作方式之前,系统必须处于初始位置。如果不满足这一条件,则必须将开关扳到初始位置,使系统自动返回到初始位置状态。此例中,初始位置是抓取机械手在上面并在右面。

**2) 手动模式**

在手动模式下,系统的每个动作必须按下相应的按钮才能实现。为了保证系统安全和调试需要,如果抓取机械手不在上位,则抓取机械手不能向左右运动。

对于手动控制,使用经验设计法就可以实现,但在程序中必须加入连锁功能。如限位开关对极限位置的限制,上行与下行、左行与右行之间的互锁。在转换到其他工作模式时,所有的手动操作必须复位。

### 3) 自动模式

在自动模式下,程序自动循环,但前提条件是系统各部件在自己的初始位置上。自动模式下有单周期、单步和连续3种工作方式。这3种方式可用"连续"和"转换允许"标志来区分,这些标志以常开触点的方式串联在电路中。其中,"连续"标志区分单周期方式和连续工作方式,"允许转换"标志区分单步运行方式和连续自动运行方式。这3种运行方式的编程可以按照同一个顺序功能图来实现。

"转换允许"标志可以用位存储器来表示。它主要是为了区分单步运行和连续运行2种工作模式。"转换允许"常开触点接在控制电路程序的每一步中,相当于每一步多加了一个附加转换条件。在一般情况下,状态为0,条件不满足,不允许步与步之间的转换;如果状态为1,则在满足转换条件的前提下,系统向前步进一步。在连续运行模式下,"转换允许"标志必须在启动按钮按下之后始终为高电平,直至停止按钮按下为止。而在单步运行模式下,"转换允许"标志必须为脉冲信号。在启动按钮(点动控制按钮)按下的一个PLC扫描周期,"转换允许"为高电平,按钮再次按下,则又有一个周期的高电平,这样通过不断地按启动按钮,各个步之间就可以单步运行了。

在单周期运行状态下,按一次启动按钮,系统只工作一个周期,所以应该在程序中加入"连续标志"存储器位。当"连续标志"为1时,系统会不断从最后一步返回到第一步,并连续反复工作。而当"连续标志"为0时,系统会从最后一步返回并停留在初始步,完成一个周期的工作。在顺序功能图中表现为选择序列的形式。

表6.6为薄型工件存储仓库的输入/输出分配表和符号表。

首先假设系统的初始状态为:抓取机械手在右边,同时还在上边,并且没有吸住薄型工件;仓库区中有薄型工件,并且送料器在缩回状态,同时在捡取位置没有薄型工件。

系统一个周期的工作过程如下:启动按钮按下,送料器向前推出仓库中的薄型工件→送料器撤回→抓取机械手向下运动→抓取机械手到下方后,吸住薄型工件→抓取机械手向上运动→到达上方后,抓取机械手向左运动→到达左边后,抓取机械手向下运动并放下薄型工件→抓取机械手向上运动→到达上方后,抓取机械手向右运动→到达右方后回到初始状态。

如果在自动运行状态,则系统会按顺序从初始状态开始一个周期接一个周期地连续运行,直至按下停止按钮I1.2后,才在运行完最后一个完整的周期后返回到初始状态停止。经过分析可以得出自动状态下系统的顺序功能图,如图6.51所示。

对于该系统,下面分别介绍使用通用指令、以转换为中心和使用S7 Graph的编程方法。

## 第6章 梯形图程序设计方法

表6.6 薄型工件存储仓库输入/输出分配表和符号表

| 设备 | 输入/输出点 | 说明 | 设备 | 输入/输出点 | 说明 |
|---|---|---|---|---|---|
| B1.0 | I0.0 | 抓取机械手在右边捡取位置 | S20 | I2.0 | 抓取机械手向上按钮 |
| B1.1 | I0.1 | 抓取机械手在左边存储位置 | S21 | I2.1 | 抓取机械手向下按钮 |
| B3.1 | I0.2 | 送料器在缩回位置 | S22 | I2.2 | 抓取机械手向左按钮 |
| B3.2 | I0.3 | 薄型工件在被捡取的位置 | S23 | I2.3 | 抓取机械手向右按钮 |
| B4.1 | I0.4 | 薄型工件在吸合位置 | S24 | I2.4 | 抓取机械手吸合按钮 |
| B5.1 | I1.4 | 抓取机械手在上位 | S25 | I2.5 | 抓取机械手释放按钮 |
| B4.2 | I1.7 | 仓库不空 | S26 | I2.6 | 送料器推出按钮 |
| S1-4 | I1.3 | 急停按钮 | Y1.1a | Q4.0 | 抓取机械手向右运动 |
| S1-1 | I0.5 | 手动选择 | Y1.1b | Q4.1 | 抓取机械手向左运动 |
| S1-2 | I0.6 | 回初始选择 | Y3 | Q4.2 | 送料器前推 |
| S1-3 | I0.7 | 连续选择 | Y4 | Q4.3 | 抓取机械手吸合 |
| S11 | I1.1 | 启动按钮 | Y5 | Q4.4 | 抓取机械手向下运动 |
| S10 | I1.2 | 停止按钮 | ACK | I2.7 | 故障确认 |
| S12 | I1.5 | 单步运行选择 | ERR | Q4.5 | 错误报警 |
| S13 | I1.6 | 单周期运行选择 | | | |

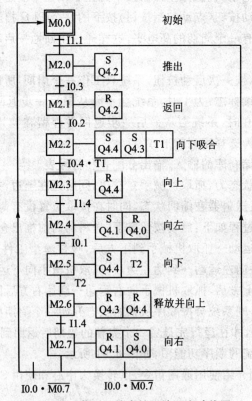

图6.51 薄型工件仓储系统顺序功能图

## 6.6.2 使用通用指令的编程方法

由于系统功能较复杂,所以整个程序采用模块化程序设计,总共划分了4个模块,每个模块对应一个功能(FC),如图6.52主程序OB1所示。

### 1. OB1程序

OB1是主程序循环组织块,它通过在不同条件下调用相应的功能(FC)来实现初始化、手动和自动等各种工作方式的切换。其中,公用程序FC1供各种工作方式公用,是在每个扫描周期都无条件调用的。选择手动方式时调用手动功能程序块FC2,选择回原点时调用回原点功能块程序FC3,选择自动运行方式(包括连续、单周期和单步)时调用自动功能块程序FC4。在PLC进入RUN模式的第一个扫描周期,系统调用组织块OB100进行初始化。

### 2. OB100程序

OB100是S7-300 PLC的暖启动组织块,其程序如图6.53所示。对CPU组态时,代表顺序功能图中各步的M0.0～M2.7存储器位应设置为没有断电保护功能,以保证CPU启动时它们的状态均为0,即所有步均为非活动步。CPU刚进入RUN模式的第一个扫描周期执行组织块OB100中的程序时,如果系统初始位置条件满足,即抓取机械手在上位(B5.1为ON),抓取机械手在右边(B1.0为ON),捡取位置没有薄型工件(B3.2为OFF),仓库中有薄型工件(B4.2为ON),送料器在缩回位置(B3.1为ON),则顺序功能图中的初始步M0.0被置位,为进入自动工作方式做好了准备。

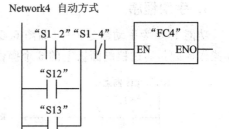

图6.52 主程序OB1

### 3. 公用程序

功能FC1为公用程序,主要用于处理自动和手动工作程序的相互切换,如图6.54所示。在FC1中设定了初始状态及将M0.0设定为ON。这是因为在手动模式下运行系统时,其中的存储器位可能会改变M0.0的状态,此时如果没有公用程序中的M0.0的设定,再返回自动运行模式时,可能会出现系统误动作的情况。另一方面,当系统转为自动运行后,为防止表示自动运行方式的存储器位出现2个以上的活动步,所以需要在此将除初始步以外的步全部置为非活动步(即存储器位清零)。可见,公用程序起运行方式转换的过度和保险作用。

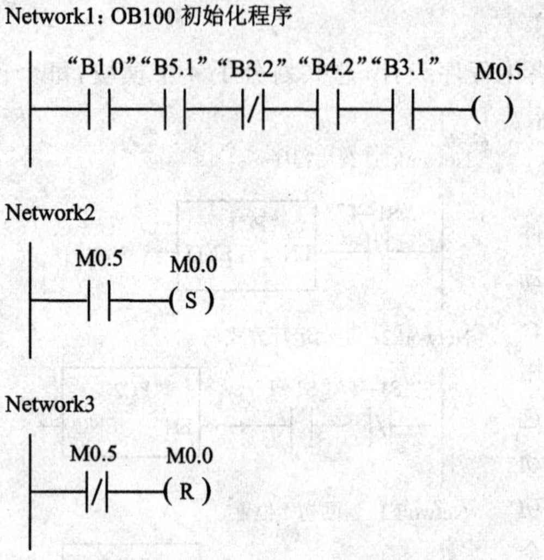

Network1: OB100 初始化程序
"B1.0" "B5.1" "B3.2" "B4.2" "B3.1"
M0.5
( )
Network2
M0.5
M0.0
(S)
Network3
M0.5
M0.0
(R)

图 6.53　OB100 初始化程序

Network1: FC1 公用程序，初始条件
"B1.0" "B5.1" "B3.2" "B4.2" "B3.1"
M0.5
( )
Network2: 手动和回初始位置设置
"S1-1"
M0.5
M0.0
(S)
"S1-2"
M0.5
M0.0
(R)
Network3: 清存储位
"S1-1"
"S1-2"
MOVE
EN
ENO
B#16#0
IN
OUT
MB2

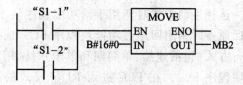

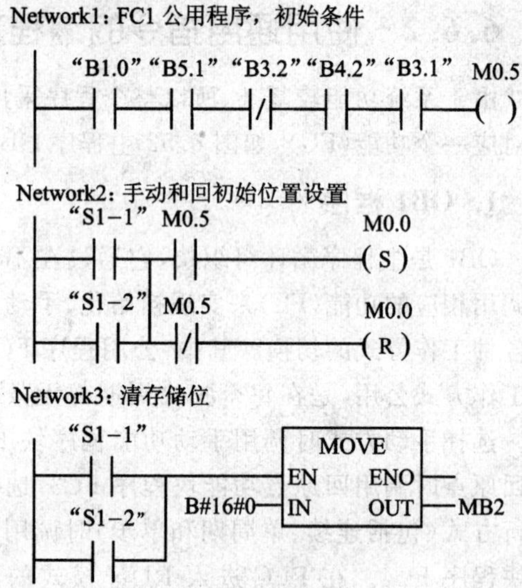

图 6.54　FC1 程序

## 4. 手动程序

功能 FC2 为手动部分程序(如图 6.55 所示),主要用于手动操作控制。抓取机械手的手动操作控制是通过控制面板上的 6 个操作按钮来实现的,这 6 个操作按钮分别为抓取机械手

Network1: 向上
"S20"
"Y5"
(R)
Network2: 向下
"S21"
"Y5"
(S)
Network3: 向左
"S22" "B1.1" "Y1.1a" B5.1 "Y1.1b"
( )
Network4: 向右
"S23" "B1.0" "Y1.1b" B5.1 "Y1.1a"
( )
Network5: 吸合
"S24"
"Y4"
(S)
Network6: 释放
"S25"
"Y4"
(R)
Network7: 送料器推出
"S26"
"B3.1"
"Y3"
(S)
Network8: 送料器缩回
"S26"
"Y3"
(R)

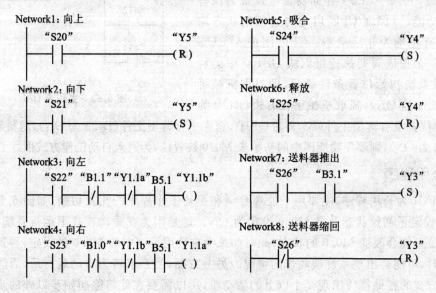

图 6.55　手动程序 FC2

的上升(S20)、下降(S21)、左行(S22)、右行(S23)、吸合工件(S24)、释放工件(S25),分别由输入点 I2.0~I2.5 来控制,另外还有送料器的推出按钮(S26,I2.6 控制)。

为了保证出现系统错误或手动操作错误时的系统安全,程序中进行了必要的连锁、互锁保护设计。如左行和右行进行了互锁设计,对于左行和右行分别通过左、右限位开关进行连锁加以限制,并且抓取机械手的左行和右行必须当机械手在上方时才能进行,以防止位置较低时与别的物体发生碰撞造成损害。

**5. 自动程序**

FC4 为自动程序(如图 6.56 所示),它包括单步方式、单周期方式和全自动运行 3 种方式。图 6.56 是对应的梯形图,采用的是启保停电路这种通用指令的方式进行的编程。

从前面分析可以知道,单步与非单步运行状态的主要区别是某一步运行完成后,是否允许自动转到下一步。考虑到自动运行状态和单步运行状态的不同,在两者的转换条件中加入"转换允许"存储器位 M0.4。在自动运行方式下(S1-3),M0.4 在启动按钮(S11)按下后,始终为高电平。而在单步运行方式下(S12),M0.4 在启动按钮按下后,只出现一个扫描周期的高电平,使程序从当前步转向后一步。

另外,为了区分自动和单周期运行方式,在自动和单周期的转换中加入"连续标志"存储器位 M0.7。在连续标志 M0.7 为 1 时,程序连续自动运行;当 M0.7 为 0 时,程序只工作一个周期,在返回初始状态后停止工作。

当停止按钮按下后,将存储器位清零。

薄型工件系统控制电路的梯形图如图 6.56 所示。

薄型工件系统的输出电路在图 6.56 的后半部分,它们是自动程序 FC3 的一部分。在控制抓取机械手的右行、左行的输出线圈 Y1.1a、Y1.1b 的电路中都串联了右行、左行限位开关的常闭触点,用以控制系统单步运行,以防止在系统处于单步运行方式时,机械手会无限制地朝一个方向运行,造成设备损坏。

需要注意的是,在图 6.56 的梯形图程序中,不能将控制步 M0.0 的启保停电路放在控制步 M2.0 的启保停电路之前。因为如果这样,在单步工作方式时,如果 M2.7 为活动步,按下启动按钮 I1.1 后,从步 M2.7 返回步 M2.0,因为这时 M0.4 为 1,所以系统会立即从 M0.0 转到步 M2.0,在单步工作方式时,这样按一次启动按钮连续跳两步的情况是不允许的。而将控制步 M0.0 的启保停电路放在控制步 M2.0 的启保停电路之后,在步 M2.7 为活动步时按启动按钮 I1.1,M0.4 仅 ON 一个扫描周期,它使 M0.0 变为活动步后,下一个扫描周期处理控制 M2.0 的启保停电路时,M0.4 已变为 0 状态,所以不会使 M2.0 变为活动步。

当系统处于单周期和全自动连续运行这两种自动非单步运行方式时,图 6.56 中梯形图程序的第四个网络中将 M0.4 置为 1,控制后边所有步的启保停电路的启动电路中的 M0.4 触点闭合,允许步与步之间的正常转换。

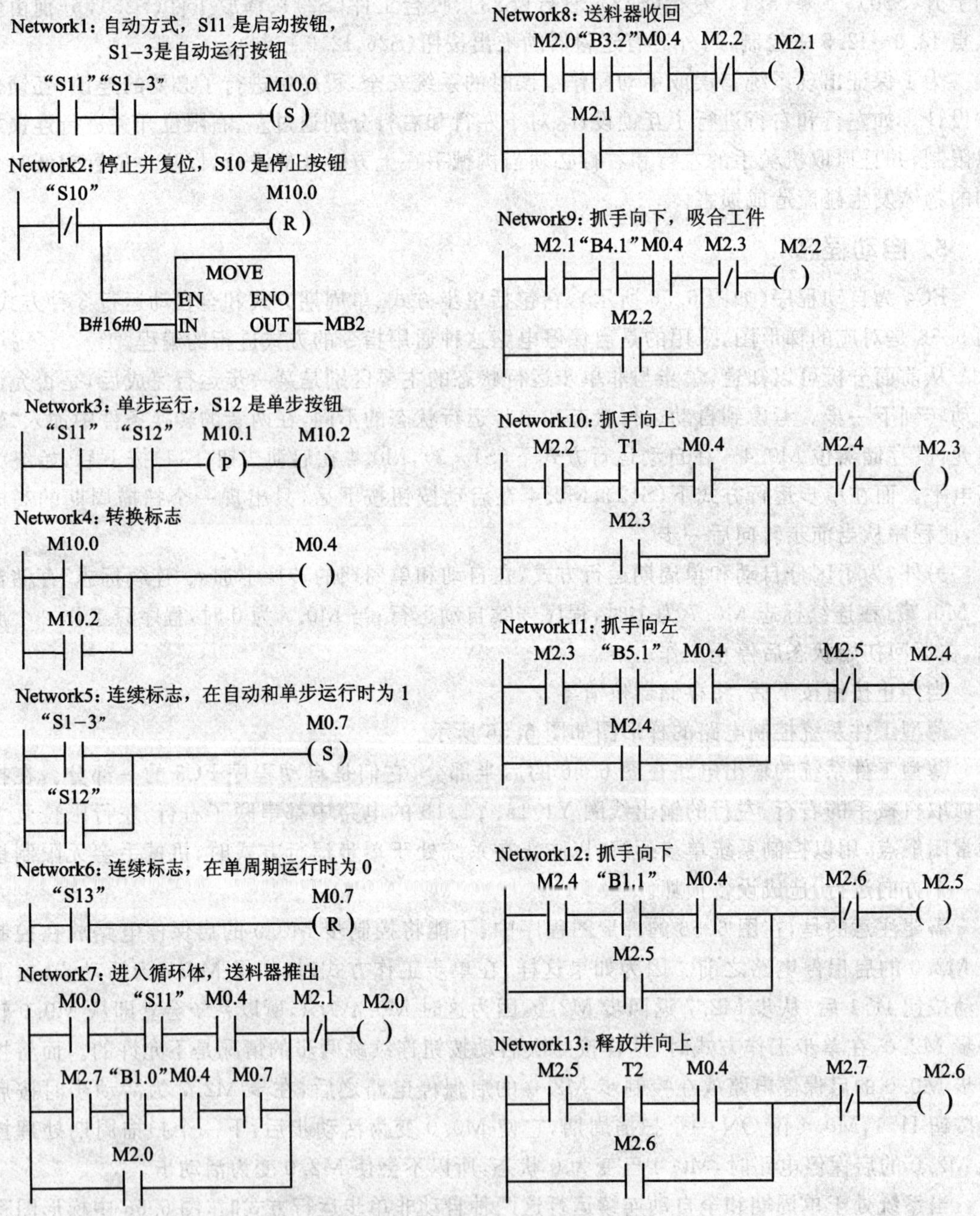

# 第6章 梯形图程序设计方法

Network1：自动方式，S11是启动按钮，S1-3是自动运行按钮
```
"S11"  "S1-3"          M10.0
 ─┤├────┤├──────────────( S )
```

Network2：停止并复位，S10是停止按钮
```
"S10"                   M10.0
 ─┤/├──────────────────( R )

                MOVE
              ┌────────┐
              │EN   ENO│
  B#16#0 ─── IN    OUT├─── MB2
              └────────┘
```

Network3：单步运行，S12是单步按钮
```
"S11"  "S12"   M10.1   M10.2
 ─┤├────┤├─────( P )────( )
```

Network4：转换标志
```
M10.0                   M0.4
 ─┤├───────────────────( )
 ─┤├
M10.2
```

Network5：连续标志，在自动和单步运行时为1
```
"S1-3"                  M0.7
 ─┤├───────────────────( S )
 ─┤├
"S12"
```

Network6：连续标志，在单周期运行时为0
```
"S13"                   M0.7
 ─┤├───────────────────( R )
```

Network7：进入循环体，送料器推出
```
M0.0   "S11"  M0.4   M2.1    M2.0
 ─┤├────┤├────┤├─────┤/├────( )
 ─┤├────┤├────┤├
M2.7  "B1.0" M0.4  M0.7
 ─┤├
M2.0
```

Network8：送料器收回
```
M2.0  "B3.2" M0.4   M2.2    M2.1
 ─┤├────┤├────┤├─────┤/├────( )
 ─┤├
M2.1
```

Network9：抓手向下，吸合工件
```
M2.1  "B4.1" M0.4   M2.3    M2.2
 ─┤├────┤├────┤├─────┤/├────( )
 ─┤├
M2.2
```

Network10：抓手向上
```
M2.2    T1    M0.4   M2.4    M2.3
 ─┤├────┤├────┤├─────┤/├────( )
 ─┤├
M2.3
```

Network11：抓手向左
```
M2.3  "B5.1" M0.4   M2.5    M2.4
 ─┤├────┤├────┤├─────┤/├────( )
 ─┤├
M2.4
```

Network12：抓手向下
```
M2.4  "B1.1" M0.4   M2.6    M2.5
 ─┤├────┤├────┤├─────┤/├────( )
 ─┤├
M2.5
```

Network13：释放并向上
```
M2.5    T2    M0.4   M2.7    M2.6
 ─┤├────┤├────┤├─────┤/├────( )
 ─┤├
M2.6
```

图 6.56 薄型工件仓库系统的梯形图

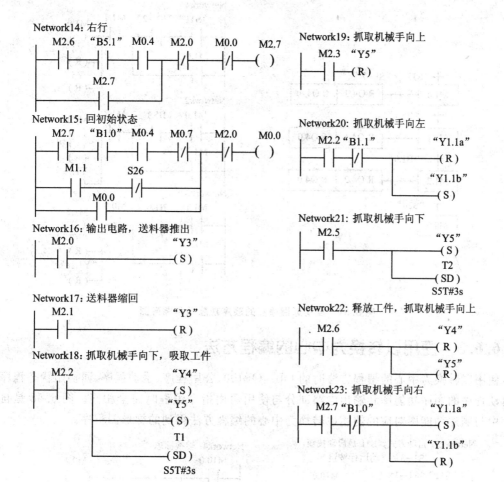

图 6.56 薄型工件仓库系统的梯形图(续)

## 6. 自动返回原点

功能 FC3 是自动返回原点的程序块,它也是采用顺控程序设计法进行程序设计,其顺序功能图和对应的梯形图程序如图 6.57 所示。在自动返回原点的工作方式中,I0.6 为 1 状态,按下起动按钮 I1.1,M1.0 变为 1 状态并保持,抓取机械手上升,升到上限位开关时改为右行,到右限位开关时,I0.0 变为 1 状态,然后判断送料器是否在推出状态,如果在推出状态则收回。原点条件满足,M0.0 变为 1。在公用程序中,FC3 中的初始步 M0.0 被置为 1,为进入自动或单步工作方式做好了准备,因此步 M0.0 也是步 M1.2 的后续步。

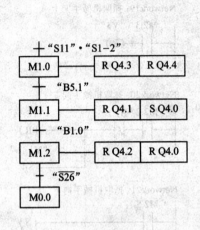
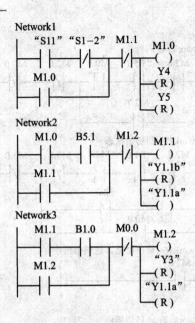

图 6.57 自动返回原点的顺序功能图和梯形图

### 6.6.3 使用以转换为中心的编程方法

使用以转换为中心的编程方法时的 OB1、OB100、公用程序、手动程序、回初始状态程序以及自动程序的顺序功能图和输出电路部分与使用通用指令编程时完全相同。图 6.58 是自动程序中与顺序功能图对应的使用以转换为中心的编程方法得到的梯形图程序。

图 6.58 以转换为中心的薄型工件仓库控制梯形图

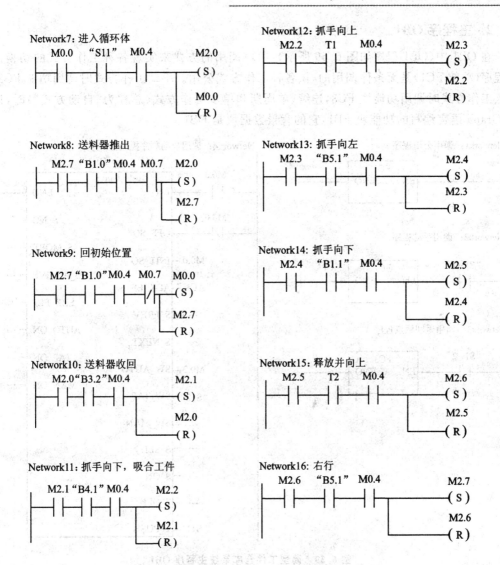

图 6.58 以转换为中心的薄型工件仓库控制梯形图(续)

## 6.6.4 使用 S7 Graph 的编程方法

**1. 初始化程序、手动程序与自动回原点程序**

在 PLC 进入 RUN 模式的第一个扫描周期,系统调用组织块 OB100。OB100 中的初始化程序与 6.6.2 中的图 6.53 所示程序完全相同,手动程序 FC2 与 6.6.2 中的图 6.55 所示程序完全相同。自动返回原点的梯形图程序 FC3 与 6.6.2 中图 6.57 所示程序相同。

## 2. 主程序 OB1

在 OB1 中（OB1 程序如图 6.59 所示），用块调用的方式来实现各种工作方式的切换。公用程序（功能 FC1）是无条件调用的，供各种工作方式公用。手动工作方式时调用功能 FC2，回原点工作方式时调用功能块 FC3，连续、单周期和单步工作方式（总称为"自动方式"）时，调用 S7 Graph 语言编写的功能块 FB1，它的背景数据块是 DB1。

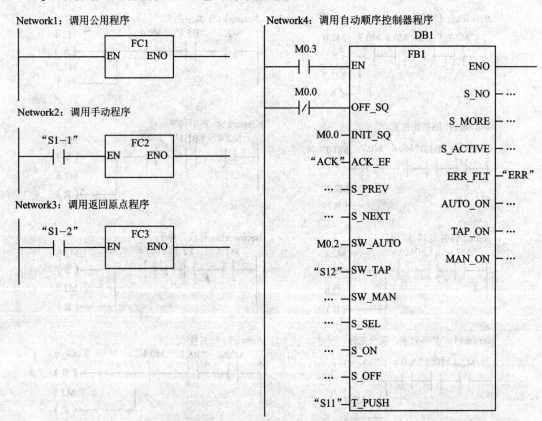

图 6.59 薄型工件仓库系统主程序 OB1

## 3. 公用程序

图 6.60 是公用程序 FC1，在手动方式或自动回原点方式，如果原点条件满足，图中的"自动允许"（M0.0）被置为 1，M0.0 的常开触点闭合，使 FB1 的输入参数 INIT-SQ（激活初始步）为 1，它使初始步变为活动步，为自动程序的执行做好准备。原点条件不满足时，M0.0 被复位为 0，M0.0 的常闭触点使 FB1 的输入信号 OFF-SQ（关闭顺序控制）为 1 状态，将顺序控制器中所有的活动步变为不活动步，禁止自动程序的执行。

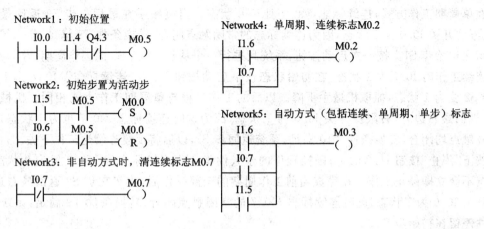

图 6.60 公用程序 FC1

在公用程序中将控制单步、单周期和连续这 3 种工作方式的 I0.7、I1.5 和 I1.6 的常开触点并联用来控制 M0.3，用 M0.3 作为 FB1 的使能输入（EN）信号，即只在这 3 种工作方式调用 FB1。

在公用程序中将控制单周期和连续这两种自动方式的 I1.6 和 I0.7 的常开触点并联，来控制单周期或连续运行的标志 M0.2，它用来为 FB1 提供输入信号 SW−AUTO（自动工作方式）。

在单步工作方式，I1.5 为 1，它的常开触点给 FB1 提供了输入信号 SW−TAP（单步工作方式），启动按钮（I1.1）为 FB1 提供输入信号 T−PUSH。在单步方式，即使转换条件满足，也必须按一下启动按钮 I1.1，才能转换到下一步去。

### 4. 自动程序

自动程序 FB1 是用 S7 Graph 语言编写的，前面已经介绍了怎样用 FB1 的输入参数来区分单步方式和非单步（单周期和连续）方式。单周期和连续方式是用连续标志 M0.7 和顺序控制器中的选择序列来区分的。M0.7 的控制电路放在 FB1 的顺序控制器之前的永久性指令中，如图 6.61 所示，每次扫描都要执行永久性指令。

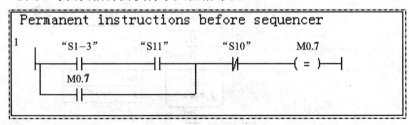

图 6.61 顺序控制器之前的永久性指令

## 第6章 梯形图程序设计方法

在单周期工作方式,连续标志 M0.7 处于 0 状态。当机械手在最后一步 S9 返回最右边时,右限位开关 I0.0 为 1 状态,因为连续标志的常闭触点闭合,转换条件 T9 满足,使系统返回并停留在初始步 S1。按一次启动按钮,系统只进行一个从步 S1 到 S9 的工作周期。

连续工作时 I0.7 为 1 状态,在初始状态按下启动按钮 I1.1,"连续标志"M0.7 为 1 并保持,步 S2 变为 1 状态,抓取机械手下降。以后的工作过程与单周期工作方式相同。机械手在步 S9 返回最右边时,右限位开关 I0.0 为 1 状态,因为这时连续标志 M0.7 也为 1 状态,它们的常开触点均闭合,转换条件 T10 满足,系统返回步 S2,以后将反复连续地工作下去。

按下"停止"按钮 I1.2 后,由顺控程序的永久性指令将连续标志位 M0.7 置为 0 状态,但是系统不会立即停止工作。在完成当前工作周期的全部操作后,小车在步 S9 返回最右边,右限位开关 I0.0 为 1 状态,此时连续标志 M0.7 的常闭触点闭合,转换条件 T9 满足,系统才会返回并停留在初始步 S1。

在单步工作方式,转换条件满足时,操作人员必须按一下启动按钮 I1.1,才会转换到下一步。以步 S6 为例,左限位开关 I0.1 为 1 时,不会马上转到下一步,但是控制左行的电磁阀 Q4.1 应变为 0 状态。为此在编程时双击步 S6,进入单步显示模式。用 I0.1 的常闭触点控制步 S6 的标有大写字母"C"的互锁线圈。同时还应将控制该步的动作 Q4.1 的命令 N 改为 NC,即步 S6 为活动步和互锁条件同时满足(用 I0.1 的常闭触点进行互锁,I0.1=0,I0.1 的常闭触点闭合)时,Q4.1 才为 1 状态。因此在左限位开关动作,I0.1=1,互锁条件步不满足时,该步变为红色,Q4.1 为 0 状态。对其他需要互锁的步的动作,均应作相同的处理,延时命令 D 改为 DC,才能保证在单步工作模式时,转换条件满足后及时停止该步的动作。图 6.62 中,步的左上角标有"C"的,表示这些步均有互锁功能。

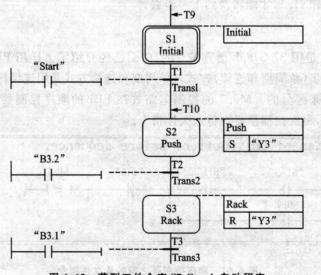

图 6.62 薄型工件仓库 S7 Graph 自动程序

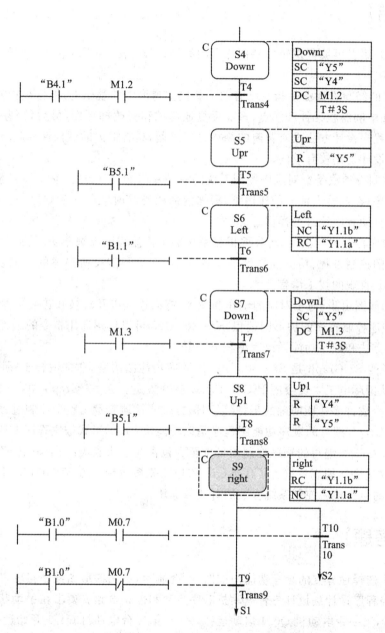

图 6.62 薄型工件仓库 S7 Graph 自动程序(续)

# 第6章 梯形图程序设计方法

## 【本章小结】

本章主要介绍了可编程逻辑控制器梯形图程序设计方法,主要包括经验设计法、顺序控制程序设计法。

1. 梯形图的经验设计法是指在已有的一些典型梯形图的基础上,根据被控对象对控制的要求,通过增加中间编程元件和触点,多次反复地调试和修改梯形图,最后得到一个较为满意的程序。这种程序设计方法没有普遍的规律可以遵循,具有很大的试探性和随意性,对于一些比较简单程序设计是比较有效的。

2. 顺序控制设计法是针对顺序控制系统的一种专门的设计方法,它主要是按照生产工艺预先规定的顺序,在各输入信号的作用下,根据内部状态和时间的先后顺序,控制生产过程中各个执行机构自动有序地进行操作。

3. 使用顺序控制设计法时,首先要根据系统的工艺流程画出顺序功能图。顺序功能图是描述控制系统的控制过程、功能和特性的一种图形,它并不涉及所描述的控制功能的具体技术,是一种通用、直观的技术语言。

4. 顺序功能图由步、与步对应的动作和命令、有向连线以及转换和转换条件组成。

5. 对于顺序控制程序的梯形图编程,S7-300/400 可以使用通用指令的编程方法、以转换为中心的编程方法和顺序功能图语言编程方法等。

6. 西门子的 S7 Graph 是 S7-300/400 的顺序功能图语言,非常适合于顺序控制系统的程序设计,遵从国际电工委员会的 IEC 61131.3 标准规定。在 S7 Graph 中,一个控制系统的控制过程被划分成许多功能明确的步,并以图形方式清楚地表示出整个控制过程的执行情况。

7. 用 S7 Graph 编写的顺序功能图程序是以功能块 FB 的形式被主程序 OB1 调用的。在一个包含用 S7 Graph 编写的顺序控制项目中至少包含 3 个功能块:一个调用 S7 Graph FB 的块;一个用来描述顺序控制系统各子任务(步)和相互关系(转换)的 S7 Graph FB;一个指定给 S7 Graph FB 的包含顺序控制系统参数的背景数据块。

## 【复习思考题】

1. 有一个选择性分支的顺序功能图如图 6.63 所示,试用梯形图程序实现之。

2. 用顺控程序设计法设计三台电动机顺序启动和停止电路。要求在手动状态下,按手动启动按钮 I0.0,第一台电动机 Q0.4 启动运行,5 s 后第二台电动机 Q4.1 开始运行,6 s 后第三台电动机 Q4.2 开始运行。按手动停止按钮 I0.1,则第三台电动机先停,3 s 后第二台停,再过 3 s 后第一台电动机停。要求先设计出顺序控制功能图,再转换成梯形图程序和语句表程序。

3. 用顺控程序设计法设计电动机顺序启动和停止的电路。在自动运行按钮 I0.3 工作状

# 第 6 章 梯形图程序设计方法

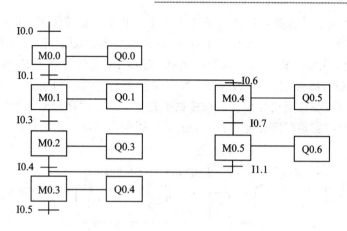

图 6.63　一个选择性分支的顺序功能图

态下，每间隔 5 s，一、二、三台电动机顺序启动；运行 20 s 后，每间隔 5 s，一、二、三台电动机顺序停止，如此循环。在紧急事故状态下(I0.4)，三台电动机同时停止。要求先设计出顺序控制功能图，再转换成梯形图程序和语句表程序。

4. 人行道控制按钮系统工作原理为：人行横道设有红、绿两盏信号灯(Q1.0～Q4.1)，一般是红灯亮。路边设有按钮 SB1(I0.7)，行人横穿街道时需按一下按钮(按钮起作用是在公路信号灯为绿灯时)，4 s 后公路黄灯亮(Q5.1)，而此时人行道绿灯亮，使行人通过。10 s 后，人行道红灯开始亮，再过 4 s 公路红灯亮。再过 4 s，公路绿灯重新亮。试用状态图分析系统，并用语句表实现之。

5. 有一个并行序列的顺序功能图如图 6.64 所示，试用梯形图程序实现之。

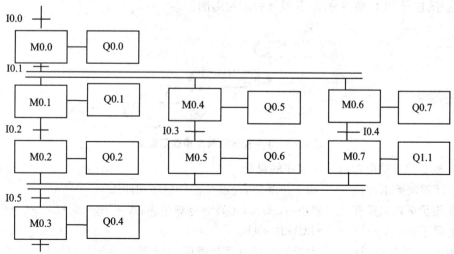

图 6.64　一个并行序列的顺序功能图

# 第6章 梯形图程序设计方法

6. 图 6.65 为大小球分类选择传送装置示意图。其工作原理如下：初始位置为机械臂在上边并在左边，机械臂下降（当磁铁压着大球时，限位开关 SQ6 断开 I0.6 无输入；当压着的是小球时，SQ6 接通，I0.6 有输入）时，如果是大球，则 Q1.1 吸住球并上升，至 SQ3 处右行，至 SQ5 后，下降至 SQ2，释放，之后上升至 SQ3，左移至初始位置。如果是小球，则右行至 SQ4 后，下降，释放，上升，右移至初始位置。试根据工艺要求用顺序功能图和状态图两种方法进行系统设计。用梯形图实现顺序流程图程序，用 STL 语句实现状态图程序。

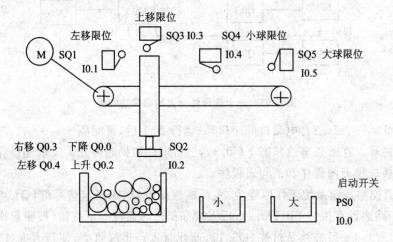

图 6.65 大小球分类选择传送装置示意图

7. 如图 6.66 所示，有 3 条传送带顺序相连，按下启动按钮，3 号传送带开始工作，5 s 后 2 号传送带自动起动，再过 5 s 后 1 号传送带自动启动。停机的顺序与启动的顺序相反，间隔仍然为 5 s。试进行 PLC 端口分配，并设计控制梯形图。

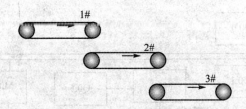

图 6.66 3 条传送带顺序相连示意图

8. 3 相 6 拍步进电动机控制程序的设计。

按下述控制要求画出 PLC 端子接线图，并设计控制顺序功能图。

① 3 相步进电动机有 3 个绕组：A、B、C；正转通电顺序为：A→AB→B→BC→C→CA→A；反转通电顺序为：A→CA→C→BC→B→AB。

② 用 5 个开关控制步进电动机的方向及运行速度：SB1 控制其运行（启/停）；SB2 控制其低速运行（转过一个步距角需 0.5 s）；SB3 控制其中速运行（转过一个步距角 0.1 s）；SB4 控

制其高速运行(转过一个步距角需 0.03 s);SB5 控制其转向(ON 为正转,OFF 为反转)。

9. 设有 5 台电动机作顺序循环控制,控制时序如图 6.67 所示。SB 为运行控制开关,试设计控制顺序功能图。

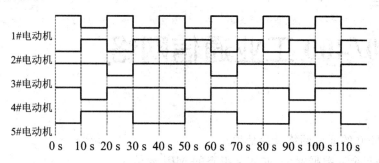

图 6.67　控制时序

10. 一台间歇润滑用油泵,由一台三相交流电动机拖动,其工作情况如图 6.68 所示。按启动按钮 SB1,系统开始工作并自动重复循环,直至按下停止按钮 SB2 系统停止工作。假设采用 PLC 进行控制,请绘出主电路图、PLC 的 I/O 端口分配图、梯形图,以及编写指令程序。

图 6.68　间歇润滑油泵工作情况

# 第 7 章

# S7-300/400 工业通信网络

**主要内容：**
- S7-300/400 的通信网络及通信模块
- MPI 网络与全局数据通信、非连接组态的 MPI 通信
- 西门子工业以太网的网络方案和网络部件
- AS-i 网络的网络结构、寻址模式和通信
- 点对点通信的硬件与协议、用于点对点通信处理器的系统功能块和通信功能块
- Prodave 在点对点通信中的应用

**重点和难点：**
- S7-300/400 的通信网络及通信模块
- MPI 网络与全局数据通信、非连接组态的 MPI 通信
- 西门子工业以太网的网络方案和网络部件
- AS-i 网络的网络结构、寻址模式和通信
- 点对点通信的硬件与协议、用于点对点通信处理器的系统功能块和通信功能块

现代大型企业中，一般采用多级网络的结构形式。国际标准化组织（ISO）对企业自动化系统建立了初步的金字塔模型，如图 7.1 所示。这种金字塔结构模型的优点是：上层负责生产管理，下层负责现场的监测与控制，中间层负责生产过程的监控与优化。

图 7.1 ISO 企业自动化系统金字塔结构模型

在企业自动化系统中,不同PLC生产厂家的网络结构的层数及各层功能分布有所差别,但基本上都是由从上到下的各层在通信基础上相互协调,共同发挥着作用。实际企业一般采用2～4级子网构成复合型结构,而不一定是这6级,各层应采用相应的硬件和通信协议。

## 7.1  S7-300/400工业通信网络概述

### 7.1.1  S7-300/400的工业自动化系统通信网络

**1. 西门子工业自动化系统通信网络结构**

西门子公司对于一个典型的工业自动化系统一般采用如图7.2所示的三级网络结构。

**1) 现场设备层**

现场设备层的主要功能是连接现场设备,如分布式I/O、传感器、执行器和开关设备等,完成现场设备控制。主站(PLC、PC、其他控制器)负责总线通信管理及与从站的通信。西门子的SIMATIC NET网络将传感器和执行器单独分为一层,主要使用AS-i网络进行通信。

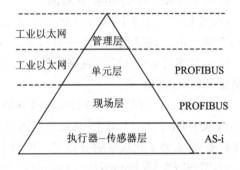

图 7.2  SIMATIC NET 模型

**2) 车间监控层**

车间监控层又称单元层,主要用来完成车间生产设备之间的连接,实现车间级设备的监控。车间级监控包括生产设备状态的在线监控、设备故障报警及维护等。通常本层还具有生产统计、生产调度等车间级生产管理功能。车间监控层网络可采用PROFIBUS-FMS或工业以太网,PROFIBUS-FMS是一个多主网络,在这一级,数据传输速度不是最重要的,但数据传输容量通常较大。

**3) 工厂管理层**

车间操作员工作站可以通过交换机或路由器等与工厂办公管理网连接,将车间生产数据传送到工厂管理层。工厂管理层通常采用复合IEEE 802.3标准的以太网和TCP/IP通信协议。厂区骨干网可以采用以太网,也可以根据工厂实际情况采用FDDI或ATM等网络。

**2. S7-300/400的工业自动化系统通信网络**

西门子的S7-300/400具有很强的通信功能。CPU模块都集成有MPI通信接口(又叫多点接口),有的还集成有PROFIBUS-DP和点对点通信接口,此外还有专门用于PROFIBUS-DP、工业以太网以及点对点通信的通信处理器模块。通过这些接口以及协议可以很方便地组成各种工业通信网络,从而实现自动化系统之间、自动化系统与底层网络之间以及自动化系统与管理层之间的数据通信,以适应不同应用下的通信需求。

SIMATIC S7/C7 提供的通信服务可以通过在用户程序中调用集成在系统中的系统功能和系统功能块来完成,或通过硬件和网络组态由操作系统来自动完成,通信方式灵活多样,下面分别加以简要说明。

**1) 通过多点接口(Multi Point Interface,MPI)的数据通信**

S7-300/400 CPU 都集成了 MPI 通信接口和通信协议,MPI 的物理层是 RS-485,最大数据传输速率可达 12 Mbps。PLC 通过 MPI 接口能同时连接运行 STEP 7 的编程器、计算机以及其他 SIMATIC S7、M7 和 C7 系列 PLC。联网的 PLC 之间可以通过 MPI 接口实现全局数据(GD)通信,周期性地相互交换数据或基于事件驱动(由用户通过程序调用)方式进行数据通信。

**2) 通过 PROFIBUS 的数据通信**

PROFIBUS 是用于现场层和车间级监控的基于主从方式的工业现场总线通信系统。PROFIBUS 的物理层也是 RS-485,可以采用电缆或光纤作为传输介质,最大传输速率 12 Mbps,最多可以与 127 个网络上的节点进行数据交换。PROFIBUS 网络还可以通过串接中继器来延长通信距离。

S7-300/400 PLC 可以通过通信处理器或集成在 CPU 上的 PROFIBUS-DP 接口连接到 PROFIBUS-DP 网络上,且主-从站之间可以实现高速数据通信和方便的分布式 I/O 控制。对于用户来说,处理 DP 从站的分布式 I/O 跟主站的集中式 I/O 完全一样。

**3) 工业以太网(Industrial Ethernet)**

工业以太网主要是用于对时间要求不严格而又需要传送大量数据的工厂管理层和单元层的通信,符合 IEEE 802.3 国际标准。随着技术的发展,目前工业以太网正逐步向自动化系统的现场管理层渗透(如 PROFInet)。工业以太网支持广域网连接,可以通过网关将分布在各地的远程自动化通信网络连接起来。

西门子工业以太网的传输速率为 10/100 Mbps,最多 1 024 个节点,网络覆盖范围可达 150 km。西门子的 S7、S5 系列 PLC 可以通过 CP 通信处理器(如 S7-200 的 CP 243-1、S7-300 的 CP 343-1、S7-400 的 CP443-1 等)利用工业以太网协议进行数据传输和数据交换。S7-300 PLC 最多可以使用 8 个通信处理器,每个通信处理器最多能建立 16 条通信链路。

**4) 工业无线局域网(Industrial Wireless LAN,IWLAN)**

SIMATIC NET 提供与 IEEE 802.11 WLAN 标准兼容的无线数据通信产品。西门子的 SCALANCE W 系列产品就是为以 WLAN 标准扩充而来的工业无线局域网(Industrial Wireless LAN,IWLAN)而开发的。西门子公司的工业无线局域网如图 7.3 所示。

西门子的 SCNLANCE W 系列 IWLAN 产品是针对需要可靠无线通信的苛刻工业应用而专门设计的。完全匹配的产品实现了从现场级通信到办公通信,一直到互联网之外的通信,从有线 PROFIBUS 和工业以太网到无线工业局域网的平滑操作。由于采用了端到端的方式

# 第 7 章 S7-300/400 工业通信网络

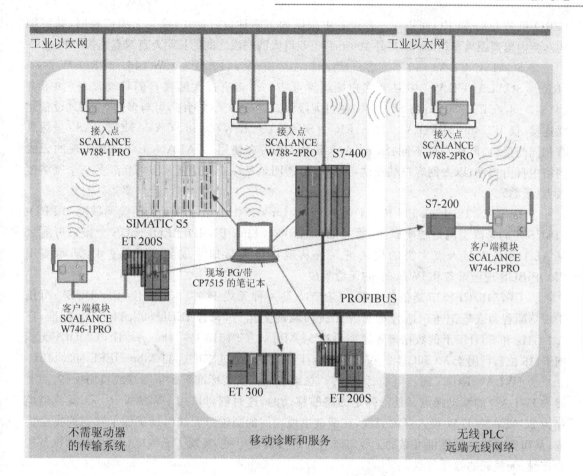

图 7.3 西门子公司的工业无线局域网

使用生产和管理结点与系统,因而大大提高了生产效率和管理水平。

基于工业无线局域网,并通过提供专用的数据传输速率或监控无线电连接,SCALANCE W 可实现端到端的无线通信,将无线射频信号延伸到过去很难或不可能到达的区域。在采用了由无线工业局域网所连接起来的移动设备后,可以大大提高所有过程的效率。无线解决方案的主要优点在于可以方便灵活地利用移动节点或难以访问的节点。

移动通信采用了与自动化设备和工业终端设备的无线通信,有助于实现更高的灵活性,因而在普遍提高竞争力方面具有重要的作用。由此可以简化维护工作,有效降低服务成本和时间。

西门子 SCALANCE W 系列无线局域网网络部件主要包括:

① SCALANCE W 780(主要有 W 788-1PRO/2PRO/1RR/2RR)系列接入点模块,该模块可以方便地把工业无线局域网添加到现有的工业以太网中。其中,SCALANCE W788-

1PRO 和 W788-2PRO 可以在一台设备中提供如下两种运行模式:建立无线广域网(基础架构),室内覆盖距离可达 30 m(户外 100 m);工业以太网网段之间的长距离点对点连接(100 m)。

② SCALANCE W 740 系列客户端组件(主要有 W 744-1PRO、W 746-1PRO、W 747-1RR)。SCALANCE W 740 系列客户端组件可将一个带有以太网接口的移动设备(如带有 CP 343-1 或 ET 200pro 的 S7-300)通过无线方式连接到无线网络,可与多达 8 个 IP 设备建立连接(仅 W 746-1PRO、W 747-1RR)。SCALANCE W740 和 SCALANCE W780 虽然具有相同的接口,但其功能不同:SCALANCE W740 可在使用 SCALANCE W780 实现的无线网络中自由移动,以太网客户端模块可以自动、透明地从一个网络接入点切换到另一个网络接入点(漫游)。

③ IWLAN/PB Link PN IO。IWLAN/PB Link PN IO 是一种工业无线局域网和 PROFIBUS 间的紧凑型网络转换部件,通过 IWLAN/PB Link PN IO,PROFIBUS 主接口可通过 SCALANCE W 接入点之类的模块把系统从现场级灵活地集成到 IWLAN 中,从而实现 PROFIBUS 现场设备和 IWLAN 的无缝集成。

④ CP7515/CP1515 通信处理器。CP7515 是一种无线 PC 网卡(32 位,CardBUS),可用于现场编程器或笔记本。适合在工业无线局域网上运行,符合 IEEE 802.11a/b/g 标准,在 2.4 GHz 和 5 GHz 下的数据传输速率可达 54 Mbps。CP1515 是一种 Type II PCMCIA 无线网卡(16 位),可用于 MOBIC 上。在 2.4 GHz 下的数据传输速率可达 11 Mbps(IEEE 802.11b)。

⑤ IWLAN Rcoax 漏波电缆、天线等。在某些地区安装标准天线很困难或费用很高,而要接入 IWLAN 的移动接点又是沿确定的路线移动的,这时就可以用 IWLAN Rcoax 漏波电缆作为 SCALANCE W 接入点的天线,在漏波电缆四周的圆锥形无线电场确保了数据的安全传输,从而在这些地区提供可靠的无线电连接。通过漏波电缆,实现了无线电信号与移动设备的非接触、无损耗的数据传输。

西门子工业无线局域网具有以下特点:

➤ 所有产品都符合 IEEE 802.11 标准,可以 2.4 GHz 或 5 GHz 运行,数据传输速率高达 54 Mbps。

➤ 可以设置冗余连接,实现了可靠的无线电连接。在与工业以太网的连接中断时,具有自动漫游功能(强制漫游)。能循环监控无线电链路(链路检测)和 IP 连接。

➤ 由于采用了 WPA 和 128 位加密技术(AES),能够防止非法进入,安全性高。

➤ 通过安全向导和在线帮助提供组态支持。

➤ 采用了 C-PLUG(组态插件)技术,发生故障时能够快速更换。

➤ 利用无线连接和漫游功能,可以在工业无线局域网的范围内自由移动,并监控来自不同地点的生产过程。

➤ 无线电链路上可预测的数据通信和确定的相应时间。

➤ 施工速度快,维护方便,节省成本。

➤ 与现有工业通信网络（如工业以太网、PROFIBUS 等）无缝衔接，用户不必承担过多的附加布线成本，即可以访问现有的控制器和生产过程。

**5）点对点串行通信（Point-to-Point Communication，PtP 通信）**

通过点对点串行通信可以连接 2 台 S7/S5 PLC 或将 S7/S5 PLC 与计算机、打印机、扫描仪、条码器、机器人控制系统等非西门子设备连接起来。PtP 通信可以提供的接口有 20 mA（TTY）、RS232-C 和 RS-422A/485，可以使用的通信协议有 ASCII 驱动器、3964(R)、RK 512（适用于部分 CPU）。PtP 通信的数据传输速率可达 115.2 kbps。

西门子 S7-300/400 系列 PLC 可以提供 2 种形式的点对点串行通信接口：一种是使用 CPU（如 CPU 313C-2PtP、CPU 314C-2PtP 等）集成的 PtP 通信接口，对于没有集成 PtP 通信接口的 CPU，可以使用 CP 340、CP 341、CP 441 等用于点对点通信的通信处理器提供的点对点串行通信接口。另外，通过 PLC 的 MPI 接口，使用西门子的 PRODAVE 通信软件，可以很方便地实现 S7-300/400 与计算机之间的通信。

**6）传感器–执行器接口（Actuator-Sensor-Interface，AS-i）**

AS-i 是位于自动控制系统最底层的网络，用来连接具有 AS-i 接口的现场二进制设备，只能传送少量的数据（如开关状态等）。

在将西门子的 S7-300 和 ET 200M 分布式 I/O 连接时，CP 342-2 通信处理器可以使 S7-300 作为 AS-i 主站，它最多可以连接 62 个数字量或 31 个模拟量 AS-i 从站。通过 AS-i 接口，每个通信处理器最多可以访问 248 个数字量输入和 186 个数字量输出。通过内部集成的模拟量处理程序，可以像处理数字量值那样非常方便地处理模拟量值。

## 7.1.2 S7-300/400 的通信方式

西门子 S7 系列 PLC 通信可以分为基本数据通信、全局数据通信和扩展数据通信 3 类。如图 7.4 所示。

图 7.4 S7 通信分类

### 1. 基本数据通信

这种通信可以用于所有的 S7-300/400 CPU，通过 MPI 或站内的背板总线来传送数据。对于 S7 基本数据通信不必进行连接组态，通过在用户程序中调用系统功能（SFC）动态建立通信连接来进行数据传送。

## 第7章 S7-300/400 工业通信网络

用于基本数据通信的 SFC 被划分为两类:一类用于在 S7 CPU 和其他模板间交换数据的 SFC,主要有 SFC72"I_GET"、SFC73"I_PUT"、SFC74"I_ABORT",此时通信对象属于一个 S7 站内(对于内部通信,标有"I")。第二类用于在 S7 CPU 和其他 CPU 模板交换数据的 SFC,主要有 SFC65～SFC69,此时通信对象属于一个 MPI 网络内(对于外部通信,标有"X")。

不能通过 SFC 基本数据通信在不同网络内的站间实现通信。SFC 基本数据通信可运行在 S7-300/400 的 CPU 中,也可以用这些 CPU 去读写 S7-200 CPU 中的变量。

### 2. 全局数据通信

通过全局数据(GD:Global Data)通信,一个 CPU 可以访问另一个 CPU 的数据块、存储器位、定时/计数器、过程映像等。全局数据通信是以全局数据包的形式进行的,通过使用 STEP 7 软件和全局数据表来设置各 CPU 之间需要交换的数据存放的地址区和通信速率等参数,通信组态完成后,各 CPU 之间的全局数据交换是操作系统自动完成的,不需要用户编程。对 S7、M7、C7 系列 PLC 的全局数据通信服务也可以用系统功能来实现。

S7-300 CPU 每次最多可以交换 4 个 GD 包,每个包最多包含 22 字节的数据,最多可以有 4 个 CPU 参与数据交换;S7-400 CPU 每次程序循环最多可以传送 16 个 GD 包,每个包最多包含 54 字节的数据。如果使用 S7-400 PLC 的 CR2 机架,两个 CPU 可以通过内部 K 总线用全局数据包进行通信。

### 3. 扩展数据通信

扩展数据通信是通过在用户程序中调用系统功能块(例如用 SFB15"PUT"和 SFB14"GET"来写出或读入远端 CPU 的数据)来实现的,支持有应答的通信,适用于所有的 S7-300/400 CPU。利用扩展数据通信,通过 MPI、PROFIBUS、工业以太网最多可以传送 64 KB 的数据。

扩展的诵信功能还具有控制功能(例如控制通信对象的启动和停机)。这种通信方式需要用连接表配置连接,被配置的连接在站启动时建立并一直保持。

## 7.2 MPI 网络与数据通信

MPI 是多点接口的简称,其物理层采用 RS-485 标准。西门子 PLC S7-200/300/400 CPU 上都集成了 RS-485 接口,该接口不仅是编程接口,同时也是一个 MPI 的通信接口,通过 MPI 接口,S7-300/400 可以很方便地组成 MPI 网络,在不需要额外硬件投资的情况下,可以实现 PG/OP、全局数据通信以及少量数据交换的 S7 通信等。

### 7.2.1 MPI 网络结构

通过 MPI,PLC 可以同时与多个设备建立通信连接。接入到 MPI 网络的每个设备称为

MPI 的一个节点，MPI 网络上的节点通常包括 S7 PLC、TP/OP、PG/PC、智能型 ET200S 以及 RS-485 中继器等单元。连接到 MPI 网络上的每个 MPI 节点都有自己唯一的地址（编号 0～126），编程设备、HMI、PLC CPU 的默认地址分别为 0、1、2。同时连接的通信对象的个数与 CPU 型号有关。西门子 MPI 网络结构如图 7.5 所示。

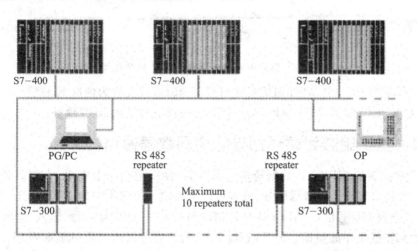

图 7.5　MPI 网络结构

给节点分配 MPI 地址时应遵循如下原则：一个网络中，各节点要设置相同的网络号；各节点 MPI 地址不能重复；为提高 MPI 网络节点通信速度，最高 MPI 地址应当较小。

西门子公司提供两种 MPI 硬件连接器：一种带有编程器接口，另一种没有编程器接口。如果计算机要接入 MPI 网络，应在计算机上插入一块 MPI 卡或使用 PC/MPI 适配器。

MPI 网络的通信速率为 19.2 kbps～12 Mbps，默认数据传输速率为 187.5 kbps 或 1.5 Mbps，只有能够设置为 PROFIBUS 接口的 MPI 网络才支持 12 Mbps 的数据传输速率。两个相邻节点间最大距离为 50 m，加中继器后可达 1000 m，最多可以加 10 个中继器，所以两站点之间最大距离可达 9100 m，但此时两个节点之间不应再有其他节点。如果中继器之间也有 MPI 站点，则每个中继器只能扩展 50 m。MPI 为 RS-485 接口，需要使用 PROFIBUS 总线连接器（带有终端电阻）和 PROFIBUS 电缆（见图 7.6），如果使用其他电缆和接头，则不能保证通信质量和通信距离。MPI 网络最多可以连接 32 个节点，使用中继器扩展网络时，中继器也占用节点数。

通过 MPI 接口，CPU 可以自动广播其数据传输速率等总线参数，然后 CPU 可以自动检索正确的参数，并连接至一个 MPI 子网。每个 MPI 子分支网有一个子分支网号，以区别不同的 MPI 子分支网。

在 S7-300 系列 PLC 中，MPI 总线与 K 总线（通信总线）连接在一起，S7-300 机架上 K 总线的每个节点（功能模块 FM 或通信处理器 CP）也是 MPI 的一个节点，有自己的 MPI 地

# 第 7 章 S7-300/400 工业通信网络

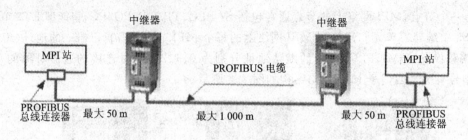

图 7.6 通过 RS-485 中继器扩展 MPI 网络

址；在 S7-400 系列 PLC 中，MPI 通信模式(187.5 kbps)被转换为内部 K 总线(10.5 Mbps)。S7-400 PLC 只有 CPU 有 MPI 地址，其他智能模块没有独立的 MPI 地址。

## 7.2.2 基于组态和循环扫描的全局数据通信

STEP 7 中提供了 MPI 全局数据通信组态功能，使得通信组态简单、方便。联网的 CPU 可以通过 MPI 接口实现全局数据服务，最多可以与在同一个项目中的 15 个 CPU 之间建立全局数据通信。通过 GD 通信，一个 CPU 可以访问另一 CPU 的位存储器、输入/输出映像区、定时器、计数器和数据块中的数据。另外，通过 MPI 网络还可以访问西门子系列 PLC 所有的智能模块(如功能模块)。

全局数据(GD)通信以 MPI 分支网或内部总线为基础，是为循环传送少量数据而设计的。GD 通信方式仅限于同一分支网的 S7 系列 PLC 的 CPU 之间，构成的通信网络简单，但只实现两个或多个 CPU 之间的数据共享。S7 程序中的功能块(FB)、功能(FC)、组织块(OB)都能用绝对地址或符号地址来访问 GD。在一个 MPI 分支网络中，最多有 15 个 CPU 能通过 GD 通信交换数据。

在一个 MPI 分支网上实现全局数据共享的两个或多个 CPU 中，至少有一个是数据的发送方，有一个或多个是数据的接收方。发送或接收的数据称为全局数据(GD)。全局数据包(GD 包)分别定义在发送方和接收方 CPU 的存储器中，定义在发送方 CPU 中的称为发送 GD 包，接收方 CPU 中的称为接收 GD 包。通过 GD 包，相当于为发送方和接收方的存储器建立了映射关系。

在 PLC 操作系统的控制下，发送 CPU 在它的扫描循环的末尾发送 GD 包，接收 CPU 在它的扫描循环的开始接收 GD 包。发送 GD 包中的数据对于接收方来说是透明的，即发送 GD 包中的信号状态会自动影响接收 GD 包，接收方对接收 GD 包的访问相当于对发送 GD 包的访问。

### 1. 全局数据包

全局数据可以由位、字节、字、双字或相关数组组成，它们被称为全局数据的元素。全局数据的元素可以定义在 PLC 的位存储器、输入/输出、定时器、计数器、数据块中(注意，外围设备区 PI、PQ 以及本地数据均不能用于全局数据通信),如 I4.2、QB8、MW20、MD10、MB50:20 (字节相关数组)等都是合法的 GD 元素。MB50:20 称为相关数组,是 GD 元素的简洁表达方式,冒号后面的 20 表示该元素由 MB50、MB51、…、MB69 等连续的 20 个存储字节组成;相关数组也可以由位、字或双字组成。位地址(例如,M 4.1)使用 GD 包中一个字节的净数据。

具有相同发送者和相同接收者的全局数据元素可以组成一个全局数据包(GD Packet)。每个全局数据包由一个或几个 GD 元素组成。一个 GD 包就是一个数据帧,可以"一次性"地从一个 CPU 发送到一个或多个其他 CPU 中。如果希望从一个以上的地址区域发送全局数据,那么必须对所使用的每个附加地址区域,从净数据的最大数目中减去 2 字节。如图 7.7 所示,CPU 315-2DP 发送 4 组数据到 CPU 416-2DP,每组数据就是一个全局数据元素,4 个全局数据元素组成一个全局数据包。对于 S7-300 PLC,由于一个全局数据包最大为 22 字节,在这种情况下每个额外的数据区占用 2 字节,所以全局数据包的数据量最大为 16 字节。

图 7.7 一个数据包里的数据元素数

S7-300 CPU 可以发送和接收的 GD 包的个数与 CPU 型号有关(4 个或 8 个),每个 GD 包最多包含 22 字节的数据。S7-400 CPU 可以发送和接收的 GD 包的个数也与 CPU 型号有关(可以发送 8 个或 16 个;接收 16 个或 32 个),每个 GD 包最多包含 54 字节的数据。S7-400 CPU 具有对全局数据交换的控制功能,支持事件驱动的数据传送方式。

### 2. 全局数据环

所有作为发送方或接收方参与交换通用数据包的 CPU 形成一个 GD 环(GD Circle)。所谓全局数据环,是指全局数据包的一个确切的分布回路。

在一个 MPI 网络中,可以建立多个 GD 环,同一个 GD 环中的 CPU 既能向环中其他 CPU 发送数据,也能接收环中其他 CPU 的数据。在 GD 环上传送的 GD 包都有包编号,GD 包中的变量有变量号。例如,GD1.2.3 是 1 号 GD 环、2 号 GD 包中的 3 号数据。典型的 GD 环有如下两种:

## 第 7 章 S7-300/400 工业通信网络

(1) 由 2 个 CPU 构成的 GD 环。一个 CPU 既能向另一 CPU 发送数据块,又能接收数据块,类似于全双工点对点通信方式。

(2) 由 2 个以上 CPU 构成的 GD 环。一个 CPU 作 GD 包发送方时,其他 CPU 只能是该 GD 包的接收方,这属于一对多的广播通信方式。

S7-300 CPU 最多可以建立 4 个全局数据环,每个环中一个 CPU 一次只能发送和接收一个数据包,每个数据包最多包含 22 个数据字节;S7-400 CPU 可以建立的全局数据环个数与 CPU 的型号有关(如 S7-400 CPU 414-2 DP 最多为 8 个,S7-400 CPU 416-2 DP 最多为 16 个),每个环中一个 CPU 只能发送一个数据包和接收两个数据包,每个数据包最多包含 54 个数据字节。当 GD 表中 GD 环的数目大于系统限制时,虽然 STEP 7 在保存和编译 GD 表时并不报错,但 CPU 不能加载全局数据组态。

**3. MPI 全局数据通信的组态**

利用 STEP 7 可以很方便地对 MPI 通信网络进行组态,其具体步骤(其中步骤③~⑤为 GD 通信的组态)如下:① 生成项目和 PLC 站点;② 配置项目中的每个 CPU,确定其分支网络号、MPI 地址、最大 MPI 地址等参数;③ 生成和填写 GD 表;④ 第一次存储并编译 GD 表;⑤ 设置 GD 包状态双字的地址和扫描速率(可选操作);⑥ 第二次存储并编译 GD 表;⑦ 下载 GD 表。

下面以一个例子来具体介绍对 MPI 通信网络进行组态的方法。

**1) 生成项目、组态 MPI 网络**

在 STEP 7 中生成一个名为"GD"的项目,并在该项目中生成 3 个站,CPU 分别为 CPU 413-1、CPU 313C、CPU 312C。选中 SIMATIC Manager 窗口左边栏中的"GD"项目对象,在右边栏内双击 MPI 图标,打开网络组态工具 NetPro 窗口,在 NetPro 窗口中会出现一条红色的标有 MPI(1)的网络线和 3 个站点的图标。双击某个站点标有 CPU 型号的区域(注意,不能双击小红方块),即可打开 Properties CPUxxx(CPU 属性设置)对话框,在该对话框的 General 选项卡中单击 Interface 区内的 Properties 按钮,则会打开 Properties-MPI Interface 对话框,通过选择 Parameters 选项卡中的 Address 列表框可以设置 MPI 站地址。一般使用系统指定的地址即可,用户可以自定义修改,以保证各站的 MPI 地址互不重复。在 Subnet 显示框中,选择 MPI(1),则该 CPU 就会连到 MPI(1)子网上(如果选择 not networked,将会断开 CPU 与 MPI 子网的连接;单击 Parameters 选项卡中的 New 按钮可以生成一个新的 MPI 子网,如 MPI(2));Delete 按钮用来删除选中的子网,Properties 按钮用来设置选中的子网的属性(如子网名称、子网数据传输速率等)。图 7.8 是在 NetPro 中组态完成的 MPI 网络。

组态完成后,选择 Netwok→Save and Compile 命令编译并保存配置参数,用 PROFIBUS 电缆连接 MPI 网络上的各站点(可以用 STEP 7 的 Accessible Nodes 命令判断一个站点是否连接到了 MPI 网络),用点对点的方式将它们分别下载到各 CPU 中。

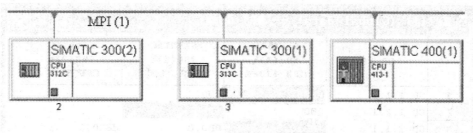

图 7.8  NetPro 中 MPI 网络组态

**2) 生成和填写全局数据表(GD 表)**

全局数据(GD)通信用全局数据表(GD 表)来设置。具体方法如下:

① 打开 GD 表设置窗口。在 STEP 7 的 NetPro 窗口中选中要设置的 MPI 网络线,然后选择 Option→Define Global Data 菜单命令(或右击 MPI 网络线,在弹出的快捷菜单中选择 Define Global Data 命令),则会出现如图 7.9 所示的 GD 表设置窗口,在该窗口中即可对 GD 通信进行配置。

② 选择参与 GD 通信的 CPU。双击 GD ID 右边的空列或右击,在弹出的快捷菜单中选择 CPU…命令(空列总共有 15 列,每列可以放置一个参与全局数据通信的 CPU,这就意味着最多有 15 个 CPU 能够参与全局数据通信),打开 Select CPU 对话框,双击某站的 CPU 图标,该 CPU 便出现在最上面一行指定的方格中(见图 7.9)。将三个 CPU 都放到最上面一行。

③ 填写 GD 表。在 CPU 下面一行生成 1 号 GD 环 1 号 GD 包中的 1 号数据,例如将 CPU 413-1 的 MW0 发送到 CPU 313C 的 QW0。具体步骤是:首先右击 CPU 413-1 下面的方格,在弹出的快捷菜单中选择 Sender 或 Edit→Sender 命令,该方格变为深绿色,同时在单元格中的左侧出现">"符号,表示在该行中 CPU 413-1 为发送站。然后在该方格中输入要发送的全局数据地址 MW0(注意,此处只能输入绝对地址,不能输入符号地址,地址区可以为 DB、M、I、Q 区,S7-300 地址区长度最大为 22 字节,S7-400 地址区长度最大为 54 字节,发送区与接收区的长度必须一致)。包含计数器、定时器地址的单元只能作为发送方,且同一行中各单元中的字节数应该相同。再双击 CPU 313C 下面的单元,输入 QW0,则该格的背景仍然为白色,表示在该行中 CPU 313C 是接收站。

用同样的方法生成图 7.9 全局数据表的其余部分。相关数组、双字、字、字节、位的 GD 元素的输入方法相同。

在图 7.9 的第 1 行和第 2 行中,CPU 413-1 和 CPU 313C 组成 1 号 GD 环,2 个 CPU 向对方发送 GD 包,同时接收对方的 GD 包,相当于全双工点对点通信。

第 3 行是 2 号 GD 环,CPU 413-1 向 CPU 313C 和 CPU 312C 发送 GD 包,相当于 1:N 的广播通信方式。

## 第7章 S7-300/400工业通信网络

| GD ID | SIMATIC 400(1)\ CPU 413-1 | SIMATIC 300(1)\ CPU 313C | SIMATIC 300(2)\ CPU 312C |
|---|---|---|---|
| 1 GD 1.1.1 | >MW0 | QW0 | |
| 2 GD 1.2.1 | QW0 | >IW0 | |
| 3 GD 2.1.1 | >MB10:8 | MB0:8 | MB20:8 |
| 4 GD 3.1.1 | MB20:10 | | >DB2.DBB0:10 |
| 5 GD 3.1.2 | MB30:10 | | >QW0:5 |
| 6 GD | | | |

图7.9 全局数据表

第4行和第5行组成3号GD环,都是CPU 312C向CPU 413-1发送数据,它们属于3号GD环1号GD包中的2组数据。

④ 编译GD表。完成全局数据表的填写后,应选择菜单命令GD Table→Compile,对它进行一次编译,将各单元中的变量组合为GD包,同时生成GD环。

全局数据表在编译时,STEP 7自动打包并分配资源,在每行的GD ID列加上该行数据的环号、包号和数据编号,例如GD 1.1.1和GD1.2.1等。GD 1.1.1表示本行数据属于1号GD环1号数据包的第1组数据,GD1.2.1表示本行数据属于1号GD环2号数据包的第1组数据。

**3) 设置扫描速率和状态双字地址**

扫描速率决定CPU用几个扫描周期发送或接收一次全局数据,发送和接收的扫描速率可以不一致。

① 设置扫描速率。在第一次编译后,选择菜单命令View→Scan Rates,每个GD包将增加标有"SR"的行,如图7.10所示。它们用来设置每个GD包的扫描速率(1~255),扫描速率的单位是CPU的循环扫描周期。S7-300默认扫描速率是8,S7-400是22,用户可以修改默认的扫描速率。如果将S-400的扫描速率设置为0,则表示是事件驱动的GD发送和接收。

为使CPU上的通信负载处于较低水平,发送方的扫描速率设置应该满足下列条件:

对于S7-300 CPU:扫描率×扫描周期 $\geqslant$ 60 ms

对于S7-400 CPU:扫描率×扫描周期 $\geqslant$ 10 ms

为防止丢失GD包,接收方的接收间隔应该高于发送方的发送间隔。即必须满足下式:

扫描率(接收CPU)×扫描周期(接收CPU) $\leqslant$ 扫描率(发送CPU)×扫描周期(发送CPU)

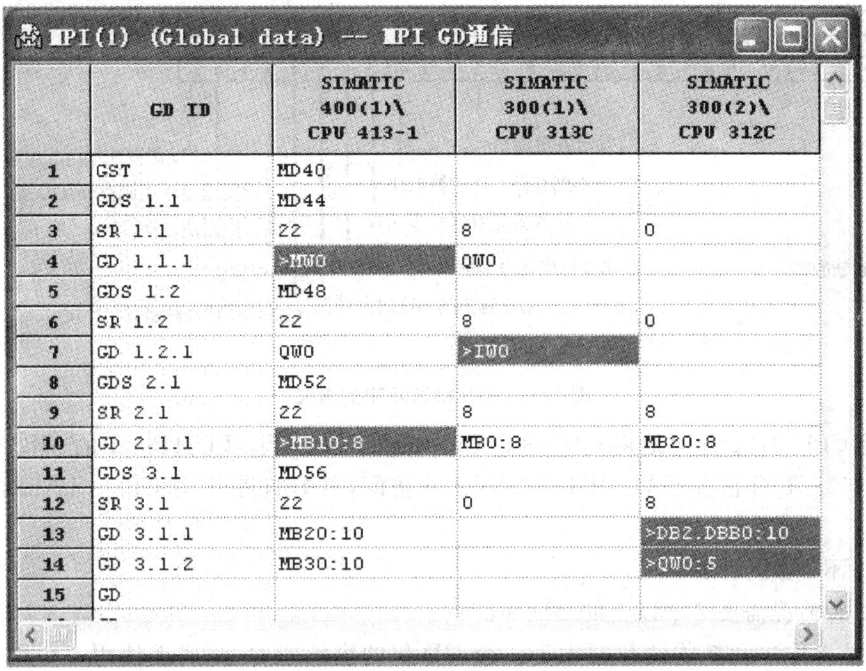

MPI(1) (Global data) -- MPI GD通信

| | GD ID | SIMATIC 400(1)\ CPU 413-1 | SIMATIC 300(1)\ CPU 313C | SIMATIC 300(2)\ CPU 312C |
|---|---|---|---|---|
| 1 | GST | MD40 | | |
| 2 | GDS 1.1 | MD44 | | |
| 3 | SR 1.1 | 22 | 8 | 0 |
| 4 | GD 1.1.1 | >MW0 | QW0 | |
| 5 | GDS 1.2 | MD48 | | |
| 6 | SR 1.2 | 22 | 8 | 0 |
| 7 | GD 1.2.1 | QW0 | >IW0 | |
| 8 | GDS 2.1 | MD52 | | |
| 9 | SR 2.1 | 22 | 8 | 8 |
| 10 | GD 2.1.1 | >MB10:8 | MB0:8 | MB20:8 |
| 11 | GDS 3.1 | MD56 | | |
| 12 | SR 3.1 | 22 | 0 | 8 |
| 13 | GD 3.1.1 | MB20:10 | | >DB2.DBB0:10 |
| 14 | GD 3.1.2 | MB30:10 | | >QW0:5 |
| 15 | GD | | | |

图 7.10　第一次编译后带扫描速率和状态双字的全局数据表

建议在设置扫描速率时使用系统默认的数值，或确保：扫描周期×扫描速率>0.5 s。对于更高的通信要求，应该使用不同的通信机制，例如通过 PROFIBUS-DP 进行连接。如果没有输入任何扫描率，那么使用默认设置。

② 设置状态双字。第一次编译后选择菜单命令 View→GD Status，将增加 GDS(状态双字)的行，如图 7.10 所示，在出现的 GDS 的行中可以给每个数据包指定一个用于状态双字的地址，最上面一行的全局状态双字 GST 是各 GDS 行中的状态双字相与的结果。假设状态双字存储在 MD120 中，则状态双字中各位的具体含义如图 7.11 所示。图中没有说明的位，无确定含义；被置位的位将保持状态不变，直到它被用户程序复位。GD 通信为每一个被传送的 GD 包提供一个 GD 通信的状态双字，该双字被映射在 CPU 的存储器中，使用户能及时了解通信状态，用户可以使用状态双字来检查数据是否被正确传输。

③ 进行第二次编译。设置好扫描速率和状态字的地址后，选择菜单命令 GD Table→Compile 对 GD 表进行第二次编译。完成第二次编译后将配置数据下载到 CPU 中，当 CPU 处于 RUN 模式，各 CPU 之间即会在操作系统的控制下开始自动交换全局数据，整个过程不需要用户干预。全局数据表中处于发送方的 CPU 会自动地、周期性地将指定地址中的数据发送到接收方指定的地址区中。其大概过程如下：在循环周期结束时，发送方的 CPU 发送数据，在循环周期开始时，接收方的 CPU 将接收的数据送到相应的地址区。例如图 7.9 中的第

# 第7章 S7-300/400 工业通信网络

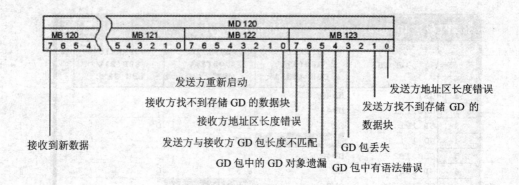

图 7.11 GD 状态双字的含义

5 行意味着 CPU 312C 定时地将 QW0～QW5 中的数据发送到 CPU 413-1 的 MB30～MB39 中。CPU 413-1 对它自己的 MB30～MB39 的访问，就好像在访问 CPU 312C 的 QW0～QW4 一样。

**4）GD 环个数的计算**

以下 2 种情况需要 2 个以上的 GD 环：

① 如果待传送和接收的数据大于一个 GD 包的容纳能力，则要求使用一个附加的 GD 环。例如，下面 GD 表所示情况就需要 2 个 GD 环。

| GD 标识符 | CPU 300(1) | CPU 300(2) | CPU 300(3) |
|---|---|---|---|
| GD 1.1.1 | >MW0:10 | IW0:10 | IW0:10 |
| GD 2.1.1 | >MW100:4 | IW30:4 | IW20:4 |

② 如果发送和接收 CPU 不相同，那么也要求另外 1 个 GD 环，且必须创建 1 个新的 GD 包。例如，下面 GD 表所示情况也需要 2 个 GD 环。

| GD 标识符 | CPU 300(1) | CPU 300(2) | CPU 300(3) | CPU 300(4) |
|---|---|---|---|---|
| GD 1.1.1 | >MW0 | IW0 | IW0 | |
| GD 2.1.1 | >MW100:4 | IW30:4 | IW20:4 | IW30:4 |

为了减少 GD 环的数量，在进行数据表组态时，即便某些 CPU 不需要接收 GD 包，建议也将该 CPU 设置为接收 GD 包。例如在上面所示的 GD 表中，如果将第 4 个 CPU 也设为接收 GD 包的 CPU，则因为 2 个 GD 环的发送和接收 CPU 完全相同，在编译时，STEP 7 会将 2 个 GD 环合并为 1 个，而不是如上面所示的 2 个。

以下 2 种情况可以减少所需要的 GD 环的数量：

① 对于 S7-300，如果 1 个 S7-300 CPU 只将 1 个 GD 包发送给另 1 个 S7-300 CPU，且

该接收 CPU 只将 1 个 GD 包发回发送器 CPU,那么可以只使用 1 个 GD 环。例如,下面 GD 表所示情况只需要 1 个 GD 环。

| GD 标识符 | CPU 300(1) | CPU 300(2) |
|---|---|---|
| GD 1.1.1 | >MW100 | IW2 |
| GD 1.2.1 | IW4:3 | >MW10:3 |

② 对于 S7-400,如果最多有 3 个 CPU 交换 GD 包,并且其中某个 CPU 只将 1 个 GD 包发送给其他 2 个 CPU,那么此时也只需要 1 个 GD 环。例如,下面 GD 表所示情况也只需要 1 个 GD 环。

| GD 标识符 | CPU 300(1) | CPU 300(2) | CPU 300(3) |
|---|---|---|---|
| GD 1.1.1 | >MW0 | IW0 | IW0 |
| GD 1.2.1 | IW2 | IW2 | >MW0 |
| GD 1.3.1 | IW0 | >MW0 | IW2 |

### 7.2.3 基于组态和事件驱动的全局数据通信

对于 S7-400 系列 PLC,还可以使用系统功能 SFC60"GD_SEND"和 SFC61"GD_RCV"以基于事件驱动的方式发送和接收 GD 包,实现全局数据通信。要使用事件驱动的全局数据通信,在全局数据表中,必须对要传送的 GD 包组态,并将扫描速率设置为 0。

利用 SFC60"GD_SND"(全局数据发送),全局数据包收集数据并且将它们按照全局数据表组态时指定的路径发送出去。这些全局数据包必须已经在 STEP 7 中设置好。SFC60"GD_SND"可以在用户程序的任意位置被调用,系统的扫描速率、数据的采集和发送的周期检测不会受到 SFC60 调用的影响。

利用 SFC61"GD_RCV"(全局数据接收),根据全局数据表的定义,指定的数据从一个数据包释放,然后被写入接收的数据包,但是这些设置必须已经在 STEP 7 中设置好了。与 SFC60 一样,SFC61"GD_RCV"也可以在程序的任意位置被调用,且系统的扫描速率、数据的采集和发送的周期检测不会受到 SFC61 调用的影响。

为了保证全局数据交换的连续性,在调用 SFC60 或 SFC61 之前应调用 SFC39"DIS_IRT"或 SFC41"DIS_AIRT"来禁止或延迟更高级的中断和异步错误。SFC60 或 SFC61 执行完后,再调用 SFC40"EN_IRT"或 SFC42"EN_AIRT",重新使能高优先级的中断和异步错误。

下面是一个通过调用 SFC60 发送图 7.9 所示 GD 表中 3 号环 1 号全局数据包的例子。SFC61 的使用方法类似。

Network 1:延迟处理高中断优先级的中断和异步错误

```
        CALL         "DIS_AIRT"        //调用 SFC 41,延迟处理高中断优先级的中断和异步错误
        RET_VAL      :=MW100           //返回的故障信息
Network 2:发送全局数据
        CALL         "GD_SND"          //调用 SFC 60
        CIRCLE_ID    :=B#16#3          //GD 环编号,允许值为 1~16
        BLOCK_ID     :=B#16#1          //GD 包编号,允许值为 1~4
        RET_VAL      :=MW102           //返回的故障信息
Network 2:允许处理高中断优先级的中断和异步错误
        CALL         "EN_AIRT"         //调用 SFC 42,允许处理高中断优先级的中断和异步错误
        RET_VAL      :=MW104           //返回的故障信息
```

在调用 SFC60 时要提供 3 个参数,其中 CIRCLE_ID、BLOCK_ID 分别是要发送的全局数据包的 GD 环和 GD 包的编号(上述编号是在用 STEP 7 组态 GD 数据表时设置的);RET_VAL 是返回的故障信息。在 CPU 312C 的 OB1 中写入上述程序后,则每次循环,CPU 312C 都会将自己 DB2 中从 0 开始的 10 个字节和输出映像存储区从 0 开始的 10 个字节分别发送到 CPU 413-1 中 MB20 和 MB30 开始的 10 个字节中。

### 7.2.4 非通信组态的 MPI 通信

通过系统功能调用,S7 系列 PLC 之间可以不用进行通信组态,直接通过 MPI 网络进行数据通信。这种通信方式可以广泛应用于 S7-300、S7-400 与 S7-200 之间的通信。用于非通信组态的系统功能主要有 SFC65"X_SEND"、SFC66"X_RCV"、SFC67"X_GET"、SFC68"X_PUT"以及 SFC68"X_ABORT"。

通过调用 SFC 实现的 MPI 通信又可分为 2 种方式:双边编程通信方式和单边编程通信方式。双边编程通信方式指通信的双方都需要调用通信块编程,一方调用 SFC65 发送数据,另一方调用 SFC66 接收数据,这种方式只适合于 S7-300/400 PLC 之间的通信。单边编程通信方式只在一边编写程序,即客户机(需要编写程序的 CPU)与服务器(无需编写程序的 CPU)的访问模式,这种通信方式适合于 S7-300/400/200 之间的通信,而且 S7-200 只能作为服务器,编写程序时需要使用系统功能 SFC67 和 SFC68。

**1. 双边编程的 MPI 通信**

下面以 S7-300/400 之间的通信为例说明非通信组态双边编程的 MPI 通信方式。首先建立一个项目,并对有 A、B 两个 PLC 站点的 MPI 网络进行组态,设置 A、B 站的 MPI 地址分别为 2、3。要求:将 A 站 IB20~IB24 中的数据传送到 B 站的 MB30~MB34 中。

实现方法:在 A 站的循环中断组织块 OB35 中调用系统功能 SFC65"X_SEND",将 IB20~IB24 中的数据发送到 B 站。在 B 站的组织块 OB1 中调用系统功能 SFC66"X_RCV",接收 A 站通过 MPI 网络发来的数据并保存在 MB30~MB34 中。

### 1) A 站 OB35 中的发送程序

Network 1:通过 MPI 发送数据
```
    CALL          "X_SEND"
        REQ       : = TRUE              //激活发送请求
        CONT      : = TRUE              //发送完成后保持连接
        DEST_ID   : = W#16#3            //接收方的 MPI 地址
        REQ_ID    : = W#16#1            //任务标识符
        SD        : = P#I20.0 BYTE 5    //本地 PLC 发送数据存放区
        RET_VAL   : = LW0               //返回的故障信息
        BUSY      : = L2.0              // = 1 表示发送未完成
```

### 2) B 站 OB1 中的接收程序

Network 1:通过 MPI 接收数据
```
    CALL          "X_RCV"
        EN_DT     : = TRUE              //将接收到的数据复制到接收区
        RET_VAL   : = LW0               //返回的故障信息,正确 = W#16#7000
        REQ_ID    : = LD2               //SFC65"X_SEND"的任务标识符
        NDA       : = L6.0              //为 0 表示没有新的排队数据,
                                        //为 1 且 EN_DT = 1 表示新数据被复制
        RD        : = P#M30.0 BYTE 5    //本地 PLC 接收数据存放区
```

### 2. 单边编程的 MPI 通信

下面以 S7 - 300/200 之间的通信为例说明非通信组态单边编程的 MPI 通信方式。要求:将 S7 - 300 站(CPU 为 CPU 313C - 2DP)中输入映像存储区的 IB10 发送到 S7 - 200(CPU 为 CPU 226)的输出映像存储区 QB2 中,同时将 S7 - 200 CPU 中输入映像存储区 IB2 中的数据读回本地内部数据存储区 MB0 中。在进行数据传输前,首先使用 STEP 7 对 S7 - 300 进行网络组态,将其 MPI 站地址设为 2,通信速率设为 187.5 kbps;然后使用 MicroWin 4.0 对 S7 - 200 进行参数设置,设定站地址为 4,通信速率为 187.5 kbps。

实现方法如下:在 S7 - 300 站的循环中断组织块 OB35 中调用系统功能 SFC68"X_PUT",将 IB10 中的数据发送到 S7 - 200 站的 QB0。调用系统功能 SFC67"X_GET",将 S7 - 200 站 IB2 中的数据读到本站的 MB0 中。

下面是 S7 - 300 站 OB35 中的程序:

```
Network 1://用 SFC 68 通过 MPI 发送数据
    A     M1.1
    =     L20.0
    BLD   103
    A     M1.2
```

```
            =       L0.1
            BLD     103
            CALL    "X_PUT"
              REQ       :=L20.0
              CONT      :=L20.1
              DEST_ID   :=W#16#4      //接收方的 MPI 地址
              VAR_ADDR  :=QB0         //对方的数据接收区
              SD        :=IB10        //本地的数据发送区
              RET_VAL   :=MW2         //返回的故障信息
              BUSY      :=M1.3        //为 1 发送未完成
Network 2://用 FSC67 通过 MPI 读取对方的数据到本地 PLC 的数据区
            A       M1.4
            =       L21.0
            BLD     103
            A       M1.5
            =       L21.1
            BLD     103
            CALL    "X_GET"
              REQ       :=L21.0
              CONT      :=L21.1
              DEST_ID   :=W#16#4      //对方的 MPI 地址
              VAR_ADDR  :=IB2         //要读取的对方的数据区
              RET_VAL   :=MW4         //返回的故障信息
              BUSY      :=M1.6        //为 1 接收未完成
              RD        :=MB0         //本地的数据接收区
```

在 Network1 中,当 M1.1 为 1 时,将 S7-300 中的输入数据 IB10 发送到 S7-200 的 QB0 中;在 Network2 中,当 M1.4 为 1 时,S7-300 将 S7-200 的输入数据 IB2 读回到本地存储器 MB0 中。

如果上述 SFC 的工作已完成(BUSY=0),调用 SFC69"X_ABORT"后,通信双方的连接资源被释放。

## 7.3 AS-i 网络与数据通信

AS-i 是执行器传感器接口(Actuator Sensor Interface)的英文缩写,是一种控制现场自动化设备(传感器、执行器)之间双向交换信息的总线网络,处于工厂自动化网络的最底层,属于现场总线(Fieldbus)下面底层的监控网络系统,如图 7.12 所示。

AS-i 是一种开放的标准,符合 EN 50295 标准,已被列入 IEC 62026 国际标准的第 2 部

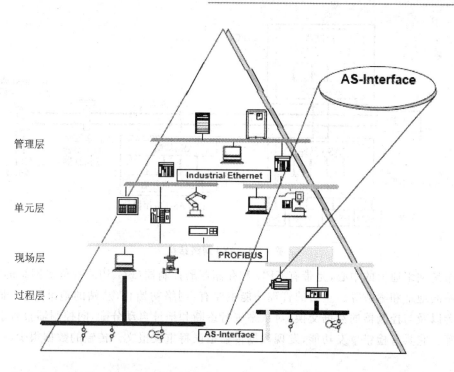

图7.12 AS-i总线在工厂自动化系统中的位置

分,世界上领先的传感器、执行器制造商都支持AS-i。AS-i特别适用于连接需要传送开关量的传感器和执行器(如各种接近开关、光电开关、压力开关以及各种阀门、报警器、继电器、接触器等),通过处理,AS-i也可以传送模拟量数据。

AS-i的一个显著特点是用一根公用的双线电缆来传送数据和辅助电源,借助于一种专门开发的绝缘移动接线法,可在任何位置分接 AS-i 电缆。利用防护等级为 IP20 和 IP65 的链路,可将 AS-i 直接连到 PROFIBUS-DP 网络;利用 DP/AS-i 链路,可将 AS-i 作为 PROFIBUS-DP 的一种子网。

## 7.3.1 AS-i 的网络结构

### 1. AS-i 的网络结构

AS-i 属于单主从式网络如图 7.13 所示,每个 AS-i 总线系统只有 1 个主站,它最多可带 31 个从站。从站的地址为 5 位,可以有 32 个地址,但地址"0"留在"地址自动分配"中作特殊用途。每个从站最多可有 4 个 I/O 口,所以 1 个 AS-i 总线网络最多可连接 124 个传感器/执行器。如果需要,多个 AS-i 总线网络可以组成更大的系统。新一代的 AS-i 主站可以带 62 个从站,也就是最多可连接 248 个传感器和执行器。

# 第7章 S7-300/400 工业通信网络

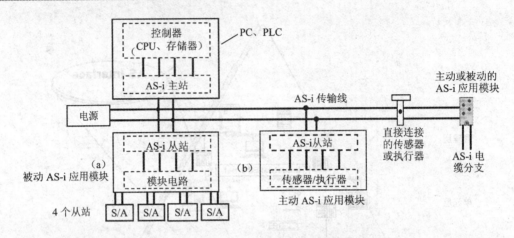

图 7.13 AS-i 网络结构

主站是网络通信的中心,是带有 CPU 和存储器的控制器(PC、PLC),负责网络的初始化,设置从站的地址和参数等。主站的管理功能主要有:网络初始化,从站的地址识别,非周期的参数设置以及与控制器的数据交换,对从站进行诊断和地址自动分配,向控制器报告出现的差错故障等。它具有检错重发功能,发现数据传输错误将重发报文。传输的数据很少,一般只有 4 位。

在通信过程中,主站周期性地呼叫各从站的地址,并接收从站的应答,每个周期为 5 ms。主站也执行非周期的通信功能,完成如"参数设置"、"地址自动分配"等操作。主站内包括 CPU 和存储器,软件已由制造商写好,用户不需要编写执行软件,只要在控制器所提供的界面上进行一些必要的地址和参数设定以及功能组态,就可以确定系统的功能。在所有的操作中,用户只和控制器(PC 和 PLC)打交道,而无须知道通信的细节。

AS-i 从站是 AS-i 系统的输入通道和输出通道,它们仅在被 AS-i 主站访问时才被激活。接到命令时,它们发出动作或将现场信息传送给主站。

从图 7.13 中可以看到,从站的结构可以做成一个单独的 AS-i 的 I/O 接口模块(图 7.13 中的(a)部分),这种模块又叫被动 AS-i 应用模块。这个模块可以和普通的传感器 S 和执行器 A 连接,属于传感器/执行器独立于 AS-i 从站之外的分离型结构。从站也可以是带有 AS-i 接口的智能传感器/执行器,成为集成于 AS-i 从站之中的一体化结构(图 7.13 中的(b)部分),这种模块又叫主动 AS-i 应用模块。此外,传感器或执行器无论是普通型还是智能型,都可以十分方便地和 AS-i 总线网络相连接,成为系统中的从站。从图 7.13 还可以看出,有些传感器或执行器可以不经 AS-i 应用模块而直接连到 AS-i 网络上。

AS-i 所有分支电路的最大总长度为 100 m。可以使用中继器增加传输距离。

另外,AS-i 可以采用总线型、星型、树型等灵活的网络拓扑结构,如图 7.14 中(a)、(b)、(c)所示。采用 AS-i,可以实现安装系统与设备或机器的最佳匹配,在规划、工程和安装进程中,可以节省大量时间。设备和系统的实施过程也可变得更快、更简单。

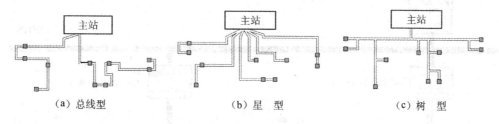

图 7.14 AS-i 网络拓扑结构

## 2. 连接 AS-i 网络

AS-i 网络在与自动化解决方案连接时有直接式和分布式 2 种连接方案。

### 1) AS-i 直接与控制器连接

AS-i 可以极其方便地直接连接到 S7 系列可编程控制器,用可编程控制器作为主站,如图 7.15 所示。此时,AS-i 主站和 AS-i 网络的连接就和连接标准的 S7 I/O 模块一样简单方便。

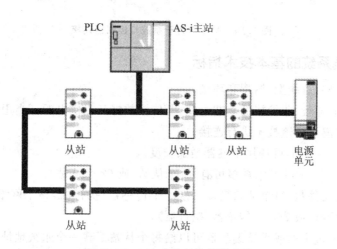

图 7.15 AS-i 直接与控制器连接

### 2) AS-i 作为子系统与控制器连接

除了直接连接以外,AS-i 也可用作上位总线系统(如 PROFIBUS)的子系统,通过上位总线系统再连接到控制器,如图 7.16 所示。这种做法的好处是 AS-i 布线的灵活性使其可以用于更高级的系统,这些系统通常比较刻板。在中央控制器完全编程之前,可以对功能性单元,例如元件等,进行全面组态和调试。为实现以上方案,既可以使用 DP/AS-i 网关连接到 PROFIBUS,也可以使用 ET200X 系统中的 AS-i 主站。

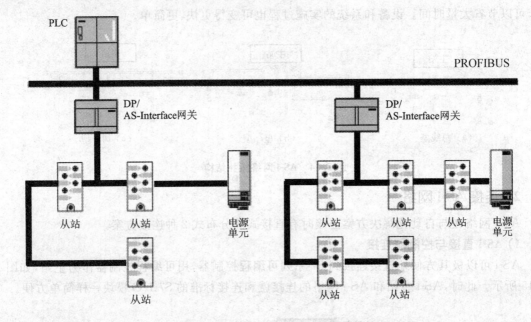

图 7.16 AS-i 作为子系统与控制器连接

### 3. AS-i 总线系统的基本技术指标

- 网络拓扑结构：总线型、树型和环型。
- 传输介质：非屏蔽、非绞接的 2 芯电缆，既传输数据又提供电源。当用扁平电缆时，可使用特殊的分离可穿透技术进行连接。
- 电缆长度：≤100 m，可使用中继器增加长度。
- 从站数量：每个 AS-i 网络最多可有 31 个从站（或 62 个从站）。
- 从站可接的元件数：每个从站最多可接 4 个传感器/执行器，整个网络最多可接 124 个传感器/执行器（或 248 个传感器/执行器）。
- 地址分配：通过主站或手持编程器可以给每个从站下载一个永久地址。
- 通信信息：包括来自主站的寻址呼叫信息和来自从站的应答返回信息。
- 数据位数：每条应答信息的数据位为 4 位。
- 周期时间：31 个从站的周期时间为 5 ms，如果从站数量减少，则周期缩短。
- 差错检测：数据校验，出现差错会重发信息。
- 设备接口：每个从站有 4 个可配置的数据输入/输出口，每个主站有 4 个参数输出口，2 个控制器输入口。
- 主站任务：对所有从站进行周期访问，与控制器（PC、PLC）进行数据交换。
- 主站的管理功能：网络初始化，从站的地址识别，非周期的参数设置以及与控制器的数

# 第 7 章　S7-300/400 工业通信网络

据交换。对从站进行诊断和地址自动分配,向控制器报告出现的差错故障等。

## 7.3.2　AS-i 的通信方式

### 1. AS-i 的寻址模式

AS-i 的寻址是指 AS-i 主站怎样找到网络上特定 AS-i 从站并与之通信的方法,AS-i 的寻址模式可分为标准寻址模式和扩展寻址模式两种。

(1) 标准寻址模式。AS-i 的从站地址为 5 位二进制数,每一个标准从站占一个 AS-i 地址,地址 0 仅在出厂前使用,在实际 AS-i 网络中不能使用,所以最多可以连接 31 个从站。每个标准 AS-i 从站可以接收 4 位数据或发送 4 位数据,故一个 AS-i 主站最多可以操作 124 个二进制输入点和 124 个输出点。主站对 31 个从站的标准轮询时间是 5 ms,所以 AS-i 适用于工业过程中开关量高速输入/输出的场合。

(2) 扩展寻址模式。在 AS-i 的扩展寻址模式中,两个从站分别作为 A 从站和 B 从站,使用相同的地址,这样使可寻址的从站数增加到 62 个。由于地址的扩展,使用扩展寻址模式的从站二进制输出点减少为 3 个,每个从站最多有 4 个输入点和 3 个输出点,此时一个 AS-i 总线网段最多可以连接 248 个输入点和 186 个输出点。使用扩展寻址模式时,主站对从站的最大轮询时间为 10 ms。

### 2. AS-i 的通信方式

AS-i 采用单主从通信方式,一个 AS-i 网段只有一个主站,AS-i 通信处理器作为主站控制现场的通信过程。在正常工作阶段,主站按照从站地址一个接一个地轮流询问每一个从站,询问后等待从站的响应。每个 AS-i 从站的 5 位二进制地址是从站的标识符,可以用专用的地址单元或主站来设置各从站的地址。

一次 AS-i 的通信过程主要包括主站呼叫、主站暂停、从站应答、从站暂停 4 个阶段。

AS-i 使用电流调制技术保证数据传输的可靠性。如果主站检测到传输错误或从站故障,将会发送相应的报文给 PLC,以提醒用户进行处理。在正常运行过程中,增加或减少从站不会影响其他从站的通信。扩展的 AS-i 接口技术规范 V2.1 最多允许连接 62 个从站,主站可以对模拟量进行处理。

AS-i 的报文主要有主站呼叫报文和从站应答报文,都是以帧的格式进行传输的,其帧格式如图 7.17 所示。主站的请求帧由 14 个数据位组成,从站的应答帧由 7 个数据位组成。

帧中各位含义如下:在主站呼叫发送帧中,ST 是起始位,其值为 0;SB 是控制位,为 0 时表示传送的是数据,为 1 时表示传送的是命令;A4~A0 是从站地址;I4~I0 是数据位;PB 是奇偶校验位,AS-i 的帧采用偶校验,不包括结束位 EB 在内的各位中 1 的个数应为偶数;EB 是结束位,其值为 1。在从站应答帧中,ST、PB、EB 的意义与取值和主站呼叫发送报文相同,I3~I0 是数据位。

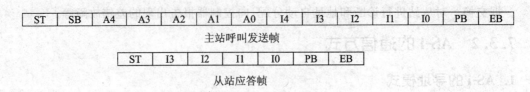

图 7.17　AS-i 的帧格式

在 AS-i 中，主站通过发送呼叫报文，可以完成下列功能。
- 数据交换：主站通过报文把数据或控制指令发送给从站，或让从站把测量数据上传给主站。
- 设置从站参数：如设置从站传感器的测量范围，激活定时器，改变测量方法等。
- 删除从站地址：把呼叫的从站地址暂时改为 0。
- 地址分配：只能对地址为 0 的从站分配地址，从站把新地址存放在 EEPROM 中。
- 复位功能：把被呼叫的从站恢复为初始状态时的地址。
- 读从站的 I/O 配置。
- 读从站的 ID（标识符）代码。
- 状态读取：读取从站的 4 个状态位，以获得在寻址和复位时出现的错误。
- 状态删除：读取从站的状态并删除。

### 3. AS-i 的工作阶段

一个 AS-i 网络要正常工作，需要经过如下 4 个阶段。

**1) 初始化阶段**

初始化为 AS-i 的离线阶段，在此阶段主要完成主站上电后基本状态的设置（即主站组态数据被复制到参数区），所有从站的输入和输出映像被设为 0（未激活状态）。如果主站在运行中被重新初始化，参数区中可能已经变化的值被保持。

**2) 起动阶段**

在起动阶段，主站检测 AS-i 电缆上连接有哪些从站以及它们的型号。各 AS-i 从站的型号在制造时已经被生产厂家永久性地以组态数据的形式保存在从站中，主站可以通过发送请求帧要求从站上传这些数据，上传的组态数据中包含了从站的 I/O 分配情况和从站的类型（ID 代码），主站将检测到的从站信息放到主站的从站表中。

**3) 激活阶段**

在激活阶段，主站检测到 AS-i 从站后，通过发送特殊的呼叫控制报文，激活这些从站。

主站处于组态模式时，所有地址不为 0 的被检测到的从站被激活。在这一模式下，主站可以读取从站实际的组态值并将它们作为组态数据保存。

主站处于保护模式时，只有存储在主站的组态中的从站被激活。如果在网络上发现的实际组态与期望的组态不同,主站将显示出来。主站把激活的从站存入激活从站表。

4) 运行阶段

起动阶段结束后,AS-i 主站切换到正常的轮询运行模式。此阶段主要完成如下功能:
- 数据交换。在正常运行时,主站将周期性地发送报文帧给各从站,并接收它们返回的应答报文帧,如果检测到数据传输错误,主站会要求从站重发报文。
- 管理。主站处理和发送下述可能的控制任务:将 4 个参数位发送给从站,如设置从站门限值;如果从站支持的话,改变从站地址。
- 接入。新加入的从站被接入并存储到已检测的从站表中,如果它们的地址不为 0,将被激活。此时,主站如果处于保护模式,则只有存储在主站的期望组态中的从站被激活。

### 7.3.3 西门子 AS-i 网络部件

西门子 AS-i 网络的基本组成部件有:
- 用于 S5 和 S7 系列 PLC、分布式 I/O ET 200U/M/X 或 PC/PG 中央控制单元的主接口;
- AS-i 异型电缆。本电缆提供机械编码,可以防止极性反置,采用贯穿端子方便安装施工;
- 中继器/扩展器等网络部件;
- 对 AS-i 供电的电源单元。AS-i 专用电源单元产生一个调制的 30 V DC 电源,具有高度的稳定性和低残留波纹,输出电流为 2 A~8 A。它们向网络中的电子设备供电,即向 AS-i 模块和主站以及输入模板上连接的传感器供电。由于集成的数据去耦作用,电源单元将数据和电源分开——因为两者都是沿双导体 AS-i 电缆同步传输的;
- 连接标准执行器/传感器的模块(如 K45、K60 等);
- 用于设定从站地址的编程器;
- 其他部件,如电动机启动器、LOGO!、安全监控器、安全模块等。

下面对主要的网络部件作介绍。

**1. AS-i 主站模块**

1) CP 343 - 2

CP 343 - 2 用于将 S7 - 300 PLC 作为分布式 I/O ET 200 的 AS-i 主站,它支持所有 AS-i 主站的功能,最多可连接 62 个数字量或 31 个模拟量 AS-i 从站。在其前面板上用 LED 显示从站的运行状态、运行准备信息和错误信息,例如 AS-i 电压错误和组态错误等。

通过 AS-i 接口,每个 CP 343 - 2 最多可以访问 248 个数字量输入和 186 个数字量输出,它可以对模拟量值进行处理。CP 343 - 2 占用 PLC 模拟区的 16 个输入字节和 16 个输出字节,通过它们来读写从站的输入数据和设置从站的输出数据。

### 2) CP 243-2

CP 243-2 是 SIMATIC S7-200(CPU 22x)的 AS-i 主站。每台 S7-200 可以最多同时处理 2 个 CP 243-2,每个 CP 243-2 最多可连接 31 个 AS-i 从站,处理 124 个数字量输入和 124 个数字量输出,并具有集成模拟量值传送系统(按照扩展 AS-i 规范,V2.1)。按照扩展 AS-i 规范 V2.1,例如主站类别 M1e,支持所有 AS-i 主站功能。在其前面板上用 LED 显示从站的运行状态、运行准备信息和错误信息(如 AS-i 电压错误和组态错误等)。

在 S7-200 的映像区中,CP 243-2 占用 1 个数字量输入字节作为状态字,1 个数字量输出字节作为控制字。8 个模拟量输入字和 8 个模拟量输出字用于存放 AS-i 从站的数字量/模拟量输入/输出数据、AS-i 的诊断信息、AS-i 的命令与相应数据等。用户通过编程控制状态字节和控制字节来设置 CP 243-2 的动作模式。根据工作模式的不同,CP 243-2 在 S7-200 的模拟量地址区既可以存放 AS-i 从站的 I/O 数据或诊断信息,也可以使能主站调用,例如改变一个从站的地址等。

### 3) CP 142-2

CP 142-2 用于 ET 200X 分布式 I/O 系统,通过连接器与 ET 200X 模块相连,并使用其标准 I/O 范围。AS-i 网络无需组态,CP 142-2 最多可以连接 31 个 AS-i 从站(最多处理 124 个数字量输入和 124 个数字量输出)。

### 4) CP 2413

CP 2413 是用于个人计算机的标准 AS-i 主站,一台 PC 机最多可以安装 4 块 CP 2413。在 PC 中,除安装 CP 2413 外,还可以同时安装工业以太网通信处理器和 PROFIBUS 总线通信处理器接口卡。AS-i 从站提供的数据也可以被其他网络中其他的站使用。SCOPE 是在 PC 机中运行的 AS-i 诊断软件,它可以记录在安装和运行过程中 AS-i 网络中的数据交换。

### 5) DP/AS-i 接口网关模块

DP/AS-i 接口网关模块用来连接 PROFIBUS-DP 和 AS-i 网络。DP/AS-i 20 和 DP/AS-i 20E 可以作 DA/AS-i 的网关,后者具有扩展的 AS-i 功能。DP/AS-i 20E 既是 PROFIBUS-DP 的从站,同时也是 AS-i 的集成主站,它最高以 12 Mbps 的数据传输速率连接 PROFIBUS-DP 和 AS-i,其防护等级为 IP20。DP/AS-i 20E 由 AS-i 电缆供电,系统无需增加另外的 DC 24 V 电源。

## 2. AS-i 从站模块

AS-i 从站所有的功能都集成在一片专用集成电路芯片中,这样 AS-i 从站的连接器可以直接集成在执行器和传感器中。从站 AS-i 专用集成电路包括 4 个可组态的输入/输出以及 4 个参数输出。4 位输入/输出组态用来指定哪根数据线用来作为输入、输出或者双向传输,从站的类型用标识码来描述。使用 AS-i 从站的参数输出,AS-i 主站可以传送参数值,它们用于控制和切换传感器或执行器的内部操作模式,如在不同的运行阶段对标度值进行相应的修改和设置。

AS-i 从站包括以下功能单元:微处理器、电源转换、通信收/发送器、数据输入/输出单元、参数输出单元和 EEPROM 存储器芯片。其中微处理器是实现通信功能的核心,它接收来自主节点的呼叫发送报文,对报文进行解码和错误校验,实现主从站之间的双向通信,把接收到的数据传送给执行器和传感器,并向主站发送相应报文。EEPROM 用于存储运行参数,指定 I/O 的组态数据,描述从站类型的标识码以及从站地址等。

从站可以带电插拔,短路及过载状态不会影响其他站点的正常通信。

### 1) AS-i 从站模块

AS-i 从站模块最多可以连接 4 个传感器/执行器。带有集成 AS-i 连接的传感器和执行器可以直接连到 AS-i 网络上。防护等级为 IP65/67 的从站模块可以直接通过导轨或面板安装在环境恶劣的工业现场。

SlimLine 型、F90 以及其他扁平式 AS-i 模块的防护等级为 IP20,连接时不要求 M12 连接插座,最多可达 16 个输入端。

西门子还提供 K60 等模拟量 AS-i 模块,每个模拟量模块有 2 或 4 个通道,可在本地直接输入或输出模拟量信号。模拟量输入模块可连接多达 4 个电流传感器、电压传感器或热电阻传感器,输出模块可以驱动电流型或电压型执行器。

### 2) 紧凑型 AS-i 从站模块

K45、K60 等是一种具有 IP65/6 防护等级的新一代紧凑型 AS-i 从站模块,包括数字、模拟、气动和 DC 24 V 电动机起动模块。通过一个集成的编址插孔可以对已经安装的模块编址。所有模块都可以通过与 S7 系列 PLC 通信实现参数设置。

### 3) LOGO! 微型控制器

西门子的 LOGO! 是一种微型 PLC,它具有数字量或模拟量的输入和输出、逻辑处理器和实时时钟功能。

通过内置的 AS-i 模块,LOGO! 可以作为 AS-i 网络中具有分布式控制器功能的智能从站。使用 LOGO! 面板上的按键和显示器,可对它进行编程和参数设置。

作为一种微型 PLC,LOGO! 既可用于简单的分布式自动化任务,又可以通过 AS-i 网络接入到高端自动化系统并成为它的一部分。在高端控制系统出现故障时,LOGO! 还可以继续工作。

### 4) 电动机起动器

西门子 AS-i 系列电动机启动器可以作为 AS-i 网络的标准从站,防护等级为 IP65/IP67,可进行可逆起动,启动的异步电动机最大功率可达 7.5 kW。

DC 24 V AS-i 电动机启动器可以驱动功率为 70 W 的电动机,它将 DC 24 V 电动机启动器及其传感器直接连接到 AS-i 总线上,有的还具有制动器和可选的急停功能。

### 5) 气动控制模块

目前西门子主要提供 2 种类型的 AS-i 气动模块,分别是带 2 个集成的 3/2 路阀门的气动用户模块和带 2 个集成 4/2 路阀门的气动紧凑型模块。模块有单稳和双稳 2 种类型,集成了作为气动单元执行器的阀门,接收来自汽缸的位置信号。

### 6) 能源与通信现场安装系统

能源与通信现场安装系统(Energy and Communication Field Installation System,ECOFAST)是一个开放的控制柜系统解决方案,利用 ECOFAST 可以基于 PROFIBUS-DP 或 AS-i 网络把所有的自动化和相应的安装器件应用标准接口将数据和动力的传输有机地连成一体。与 AS-i 有关的下列元器件可以集成到 ECOFAST 中:所有的 I/O 模块、安装在电动机接线盒或电动机附近的可逆电动机启动器或软启动器、集成在电动机上的微型启动器、动力和控制装置、PLC 以及 AS-i 主站的组合装置。

### 7) 接近开关

特殊的感应式、光学和声纳 BERO 接近开关适合直接连到 AS-i 上。它们集成有 AS-i 芯片,除了开关量输出之外,还提供开关范围、线圈故障等信息。通过 AS-i 网络可以对这些智能 BERO 设置参数。

## 7.4 SIMATIC NET 工业以太网

### 7.4.1 工业以太网概述

工业以太网是为工业应用专门设计的,它是遵循 IEEE 802.3 局域网标准,通过网关可以连接远程网络。目前工业以太网已被广泛应用于自动化系统控制网络的高层,并逐渐向自动化系统控制网络的中间层和现场层发展。

为了适应严酷的工业应用环境,确保通信的安全可靠,SIMATIC NET 为工业以太网技术增添了不少重要的性能:

① 与 IEEE 802.3u 标准兼容,10/100 M 自适应传输速率;

② DC 24 V 冗余电源供电;

③ 简单的机柜导轨安装,通过 RJ-45 接口、工业级的 Sub-D 连接技术、专用屏蔽电缆的 Fast Connect 连接技术,确保现场电缆安装及施工工作的快速进行;

④ 能方便地组成星型、环型、总线型网络拓扑结构;

⑤ 高速冗余的网络安全措施,网络最长重构时间小于 300 ms;

⑥ 适用于严酷工作环境的网络部件,全部通过 EMC 测试;

⑦ 符合 SNMP 网络管理标准,使用基于 Web 的网络管理器或使用 VB/VC 及组态软件即可监控管理网络。

## 7.4.2 SIMATIC NET 工业以太网组网方案

以太网使用带冲突检测的载波侦听多路访问（CSMA/CD）介质访问控制协议，各站采用竞争的方式发送数据到总线上，两个或多个站可能会因为同时发送数据而引起冲突。为了正确地检测和处理冲突，保证数据传输的正确性，以太网的规模必须根据一个数据包（在以太网中数据包又叫帧）最大可能的传输延迟时间来加以限制。在传统的 10 Mbps 以太网中，允许的冲突范围为 4520 m。因为传输速率的提高，高速以太网的冲突范围减小为传统以太网的 1/10。在工业以太网中，为了扩展冲突范围，需要使用有中继器功能的网络部件，如工业以太网的光纤链路模块（OLM）和电气链路模块（ELM）。用具有全双工功能的交换模块来构建较大的网络时，不必考虑高速以太网冲突区域的减小。

工业以太网可以使用以下几种组网方案（如图 7.18 所示）。

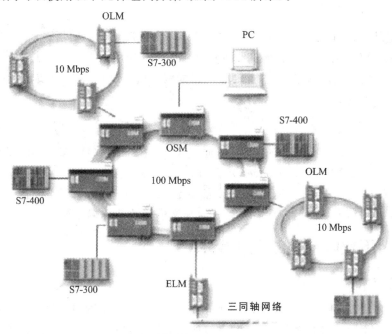

图 7.18 西门子工业以太网网络结构

### 1. 同轴电缆网络

传统的同轴电缆网络已经使用了 20 年左右的时间，因为网络以同轴电缆作为物理传输介质，故名同轴电缆网络。

同轴电缆网络均为总线型拓扑结构，因为采用了无源器件和一次性接地的设计原则，所以它极其坚固耐用。网络最大数据传输速率为 10 Mbps，网络中各设备共享 10 Mbps 带宽。

1个同轴电缆网络由若干条总线段组成,每段的最大长度为 500 m。同轴电缆网络又分别带 1 个或 2 个终端设备接口的收发器,一条总线段上最多可以连接 100 个收发器。中继器用来将最长 500 m 的分支网段接入到网络中,可以通过中继器来延长总线距离,扩展网络范围。

### 2. 双绞线网络和光纤网络

双绞线网络采用 3 类以上屏蔽或非屏蔽双绞线作为传输介质,光纤网络采用单模或多模光纤作为传输介质,它们的数据传输速率都可达 10 Mbps,网络拓扑结构可以是总线型或星型以及它们的组合应用,使用光纤链接模块(OLM)或电气链接模块(ELM)。

OLM 和 ELM 是安装在 DIN 导轨上的中继器,它们遵循 IEEE 802.3 标准,带有 3 个工业双绞线接口,OLM 和 ELM 分别带有 2 个和 1 个 AUI 接口。在一个网络中最多可以级联 11 个 OLM 或 13 个 ELM。

### 3. 快速工业以太网

快速工业以太网的数据传输速率为 100 Mbps,使用光纤交换模块(OSM)或电气交换模块(ESM)。工业以太网和快速工业以太网的帧格式以及使用的电缆等都是相同的,但快速工业以太网一般使用交换技术来构建,此时传统以太网中的 CSMA/CD 介质访问控制方式已不再适用于快速以太网。

### 4. 网络管理

使用 SNMP - OPC 服务器,用户可以通过 OPC 客户端软件(如 SIMATIC NET OPC Scout、WinCC、OPC Client、MS Office OPC Client 等),对支持 SNMP 的网络设备进行远程管理。SNMP - OPC 服务器可以读取网络设备参数(如交换模块的端口状态、端口数据流量等),也可以修改网络设备的状态(如关闭/开启交换模块的某个端口等)。

## 7.4.3 工业以太网的交换技术

### 1. 交换技术

在共享式以太网中,数据通信采用广播方式,所有站点共享网络性能和网络带宽,在同一时间内只能有一个站点发送数据,其他站点只能接收数据,属于半双工通信方式。

在交换式以太网中,每个网段都能达到网络的整体性能和数据传输速率,在多个网段中可以同时传输多个报文。

在交换式以太网中,交换机(或交换模块)是主要的网络互连设备,它是从网桥发展而来。利用数据接收终端的 MAC 地址,交换机可以对数据进行过滤。本地数据通信只能在本网段内进行,只有指定的数据包可以超出本地网段的范围。

交换技术虽然比较复杂,但它具有如下优点:

➢ 交换机能临时地将多个网段两两连接起来,具体连接的网段多少与其具有的接口个数有关；
- 根据终端设备的 MAC 地址对数据通信进行过滤，保证本地数据通信只在本地进行，只有目的是网络其他部分的数据才通过交换机进行转发；
- 可以选择用来构建部分网络或网段；
- 通过数据交换结构，提高了数据吞吐量和网络性能，扩大了可以连接的终端数；
- 网络配置规则简单；
- 可以方便地实现有 50 个电气交换模块（ESM）与光纤交换模块（OSM）的网络拓扑结构，全部扩展传输距离可达 150 km，并且不影响信号的传输时间；
- 通过连接各冲突域/子网络，可以实现网络规模的无限扩展。

**2. 全双工通信模式**

不同于传统以太网的半双工通信模式，交换式以太网工作于全双工（FDX）模式，在这种模式中，一个站能同时发送和接收数据，为了不发生冲突，必须采用将发送和接收通道在传输介质上分开或使用能够存储转发数据包的交换部件。

由于在交换式全双工模式中数据传输不会发生冲突，支持全双工的部件可以同时以额定传输速率发送和接收数据，这意味着数据通信量可以增加到网络标准传输速率 2 倍。

FDX 的另一大优势是它扩大了网络范围。由于不需要进行冲突检测，全双工网络的传输距离仅受它所使用的发送和接收部件的性能限制，对于光纤网络更是如此。

IEEE 802.3 的 100Base-FX 标准规定，在使用 62.5/125 μm 多模光纤时以太网的最大传输距离为 2 km。通过选用高性能发送和接收部件，如采用光纤交换模块（OSM）时，使用 62.5/125 μm 多模光纤的距离可达 3 km，10/125 μm 单模光纤的距离可达 26 km。

### 7.4.4 自适应与冗余网络

**1. 自适应/自协商功能**

自适应功能描述了网络站点（终端设备和网络部件）能够自动检测出双绞线上的信号传输速率（10 Mbps 或 100 Mbps）的特性，并支持自协商功能。自协商是快速以太网的配置协议，基于该协议相关站点在数据传输开始前就能协商并确定它们之间的数据传输速率和工作方式，如是全双工还是半双工等。也可以不使用自协商功能以保证网络站点使用某一特定的传输速率和工作方式。

自适应功能的主要优势在于它能实现所有以太网部件之间的无缝互操作性。不支持自协商功能的传统以太网部件（如工业以太网的 OLM）能通过双绞线与具有自协商功能的快速以太网部件协同工作。

**2. 冗余网络**

西门子的冗余软件包 S7-REDCONNECT 用来将 PC 连接到高可靠性的 SIMATIC S7-

H 系统,S7 冗余系统可以避免设备停机。万一出现子系统故障或断线,系统交换模块会切换到双总线,或者切换到冗余环的后备系统或后备网络,以保证网络的正常运行。

### 3. SIMATIC NET 的高速冗余网络

网络发生故障后的重新配置时间对工业应用是至关重要的,否则网络上连接的终端设备可能因为无法通信而引起工业生产过程的失控,从而造成重大事故和损失。为了达到工业自动控制所要求的快速响应性,SIMATIC NET 采用了专门为此目的开发的高速冗余控制过程。采用这种方法进行网络重构,重新建立通信一般只需要短短的零点几秒时间。例如,在一个包含 50 个 OSM 和 1 个 ORM(光纤冗余管理器)组成的 100 Mbps 环形网络中,发生故障(电缆断路或交换模块失效)后的网络重构时间不超过 0.3 s。如图 7.19 所示。

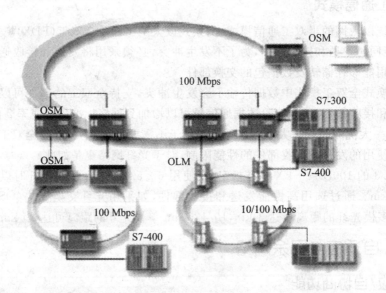

**图 7.19 带 OSM 和冗余光纤环结构的交换式以太网(包含有 10 Mbps 的冗余环结构)**

为了实现工业网络的快速重构,SIMATIC NET 不使用生成树算法的冗余技术,而是采用独特的如下高速冗余网络控制技术:

> ➤ SIMATIC NET 的网络配置不会影响所连接的终端,在所有时间内都保证过程或应用的控制;
> ➤ 除了在 100 M 光纤环中实现高速冗余外,OSM/ESM 为光纤环、环和网络段的高速冗余控制提供所需要的功能;
> ➤ 只要配置 2 个 OSM 或 ESM,OSM/ESM 和工业以太网 OLM 环之间以及任何拓扑结构的网络段之间都可以相互连接。

## 7.4.5 西门子工业以太网网络部件

西门子的工业以太网主要由以下几种网络部件组成：
- 通信介质，可以采用普通双绞线、工业屏蔽双绞线或光纤；
- 连接部件，连接部件通过传输介质将PLC、PC/PG等组成一个完整的工业以太网，主要包括各种收发器/中继器（如Mini OTDE、Mini UTDE RJ-45等）、FC RJ-45插座、电气连接模块（ELM）、光纤连接模块（OLM）、电气交换模块（ESM）、光纤交换模块（OSM）、光纤电气转换模块（MC TP11）等；
- SIMATIC PLC 工业以太网通信处理器，用于将PLC连到工业以太网；
- PG/PC 的工业以太网通信处理器，用于将PG/PC连到工业以太网。

下面主要介绍西门子S7-300/400的工业以太网通信处理器。

### 1. S7-300/400 的工业以太网通信处理器

西门子S7-300/400的工业以太网通信处理器主要用于将S7-300/400系列PLC连接到工业以太网上，主要有如下几种类型：

**1) CP 343-1/ CP 443-1 通信处理器**

CP 343-1/ CP 443-1是分别用于S7-300和S7-400的全双工以太网通信处理器，通信速率为10 Mbps或100 Mbps，采用15针D型插座或RJ-45插座连接工业以太网，允许AUI和双绞线接口之间的自动转换。

CP 343-1/ CP 443-1具有自己单独的处理器，通过它们S7-300/400可以与编程器、计算机、HMI以及其他S7和S5系列PLC进行通信，通信协议可以选择ISO传输协议、带RFC 1006或不带RFC 1006的TCP传输协议以及模块之间通信用的UDP传输协议等。

对CP 343-1/ CP 443-1，可以使用嵌入在STEP 7中的工业以太网软件包NCM S7进行组态，组态后的配置数据存放在CPU中，CPU启动后自动将配置参数传送到CP模块。连接在网络上的S7 PLC可以通过网络进行远程配置和编程。

**2) CP 343-1 IT/ CP 443-1 IT 通信处理器**

CP 343-1 IT/ CP 443-1 IT除了具有CP 343-1/CP 443-1的特性和功能外，还可以实现高优先级的生产通信和IT通信，它有下列IT功能：

① Web服务器。通过CP 343-1 IT/ CP 443-1 IT，可以将S7-300/400 PLC作为Web服务器。这样在任何客户端计算机上使用HTTP协议和标准浏览器，就可以基于B/S模式对生产过程进行监控。

② 标准Web网页和FTP服务器。通过CP 343-1 IT/ CP 443-1 IT，可以将S7-300/400 PLC作为FTP服务器。用户自己可以利用HTML编辑工具来生成Web网页，并用FTP工具传送到模块中。

③ E-mail 功能。通过调用 FC 和 IT 通信网络，用户可以在程序中通过 E-mail 在本地和世界范围内发送事件驱动信息。

**3) CP 444 通信处理器**

CP 444 用于将 S7-400 PLC 连接到工业以太网，根据 MAP 3.0（制造自动化协议）标准提供 MMS（制造业信息规范）服务，包括环境管理（启动、停止、紧急退出等）、VMD（设备监控）以及变量存取服务等，减轻 CPU 的负担，实现深层次的连接。

### 2. PC/PG 的工业以太网通信处理器

主要用于将 PC 机或笔记本电脑以及 PG 连接到 SIMATIC NET 工业以太网。

① CP 1612 PCI/CP1512。CP 1612 是 PCI 接口的以太网卡，适用于 PC/PG；CP 1512 是 PCMCIA 以太网卡，适用于笔记本电脑。二者均使用 RJ-45 接口与以太网连接。可以提供如下通信服务：通过使用 ISO 或 TCP/IP 协议，提供 PG/OP 通信、S7 通信、S5 兼容通信以及 OPC 通信。

② CP 1613。CP1613 是带微处理器的 PCI 以太网卡，使用 15 针的 D 型 AUI/ITP 或 RJ-45 接口，可以将 PC/PG 连到以太网络。除了具有 CP 1612 PCI/CP 1512 的通信服务功能外，利用 CP 1613 还可以实现时钟的网络同步以及冗余通信。

③ CP 1515。CP 1515 是符合 IEEE 802.11b 标准的无线网卡，用于 RLM（无线链路模块）和可移动计算机与无线工业以太网（IWLAN）的连接。

## 7.5 S7-300/400 与串行通信

串行通信是一种基于串行接口的、广泛应用于两台或多台设备之间的数据通信技术。按照收发双方是否同步，串行通信分同步串行通信和异步串行通信。在西门子工业网络技术中，通过串行接口进行的串行通信又叫点对点（Point-to-Point：PtP）通信。通过 PtP 通信，可在 PLC、计算机或带串口的简单设备之间（如打印机、条形码阅读器等）进行数据交换。通过串行通信和 USS 协议还可以连接西门子公司的传动装置。另外，如果一些通信处理器在安装了驱动软件后，可以作为 MODBUS 主站或从站。

串行通信中，数据的传输速率单位为比特率，符号为 bps 或 bit/s，即每秒传送的二进制位数。常用的串行通信的数据传输速率为 300~115 200 bps，目前高速串行数据通信的数据传输速率可达 1 Gbps 甚至更高。

### 7.5.1 S7-300/400 用于串行通信的硬件和协议

**1. S7-300/400 串行通信硬件**

在进行串行通信时，通信设备之间必须采用相同的接口，如果接口不同，可以通过转换器

转换成相同的接口。西门子系列 PLC 串行通信硬件接口通常有下列 3 种:

① RS-232C(V.24)接口。最大通信距离 15 m,只能连接一对设备,使用 DB9 或 DB25 针接口。通过转换器转换为 RS-485 接口后可以连接多个设备。RS-232 DB9 连接器接口定义如表 7.1 所列。串行接口设备之间的连接电缆通常需要焊接,连接方式如图 7.20 所示(以 CP340 连接 CP340/341 为例)。

表 7.1 RS-232 DB9 连接器接口定义

| 引 脚 | 符 号 | 输入/输出 | 说 明 |
| --- | --- | --- | --- |
| 1 | DCD | 输入 | 数据载波检测 |
| 2 | RxD | 输入 | 接收数据 |
| 3 | TxD | 输出 | 发送数据 |
| 4 | DTR | 输出 | 数据终端准备好 |
| 5 | GND | — | 信号地 |
| 6 | DSR | 输入 | 数据设备装备好 |
| 7 | RTS | 输出 | 请求发送 |
| 8 | CTS | 输入 | 允许发送 |
| 9 | RI | 输入 | 振铃指示 |

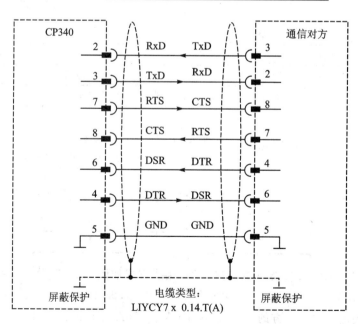

图 7.20 RS-232C 连接电缆 CP340-CP340/341

## 第7章 S7-300/400 工业通信网络

② RS-422/485(X.27)接口。X.27是一种由CCITT开发的串行数据传输标准,它采用平衡驱动器和差分接收器的组合,具有抗共模干扰能力增强,抗噪声干扰性好等特点。在RS-422模式,数据通过4根导线传送(4线操作),2根电缆用于发送数据,2根电缆用于接收数据,所以数据可以同时发送和接收(全双工模式)。在RS-485模式,数据通过2根导线传送(双线操作),2根电缆用于发送数据,2根电缆用于接收数据,所以数据的发送和接收不能同时进行(半双工模式)。在发送操作完成后,立即切换为接收模式(变送器切换为高阻抗)。

RS-422/485的最大通信距离1200 m,使用15针串行口,根据接线的方式可以选择RS-422或RS-485接口,但同时只有一个接口有效。其中RS-422为4线全双工模式,RS-485为2线半双工模式。RS-422串行口只能连接一对设备,RS-485串行口可以连接多个设备。RS-422/485接口定义如表7.2所列。

表7.2 RS-422/485接口引脚定义

| 引脚 | 符号 | 输入/输出 | 说明 |
|---|---|---|---|
| 1 | — | — | — |
| 2 | T(A)— | 输出 | 发送数据(4线模式) |
| 3 | — | — | — |
| 4 | R(A)/T(A)— | 输入<br>输入/输出 | 接收数据(4线模式)<br>接收/发送数据(2线模式) |
| 5 | — | — | — |
| 6 | — | — | — |
| 7 | — | — | — |
| 8 | GND | — | 功能地(隔离) |
| 9 | T(B)+ | 输出 | 发送数据(4线模式) |
| 10 | — | — | — |
| 11 | R(B)/T(B)+ | 输入<br>输入/输出 | 接收数据(4线模式)<br>接收/发送数据(2线模式) |
| 12 | — | — | — |
| 13 | — | — | — |
| 14 | — | — | — |
| 15 | — | — | — |

以CP 340之间RS-422方式的连接为例,接线方式如图7.21所示。采用RS-422接线方式时,CP 340引脚2、9为发送端连接通信方的接收端,即T(A)—R(A)、T(B)—R(B),引脚4、11为接收端连接通信对方的发送端,即R(A)—T(A)、R(B)—T(B)。有的厂商在串行通信接口引脚标注上没有使用R(A)、T(A)、R(B)、T(B),而是使用R—、T—、R+、T+,在这

里 R(A)=R-、R(B)=R+、T(A)=T-、T(B)=T+。在通信过程中,CP340 发送和接收工作可以同时进行,为全双工通信。

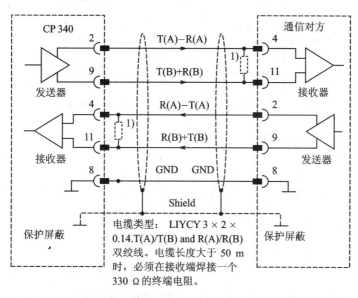

**图 7.21 RS-422 接线方式(4 线制)**

以 CP 340 之间 RS-485 方式的连接为例,接线方式如图 7.22 所示。CP340 选择 RS-485 通信方式时,引脚 2、9 与 4、11 内部短接,引脚 4 为 R(A)或 R-,引脚 11 为 R(B)或 R+,通信双方的连线为 R(A)—R(A)、R(B)—R(B)。在通信过程中,CP340 发送和接收工作不可以同时进行,为半双工通信。

③ 20 mA TTY 接口。最大通信距离 1000 m,只能连接一对设备,接口分为主动型和被动型。主动型的 20 mA 电流回路由本方提供,被动型的 20 mA 电流回路由对方提供。20 mA TTY 接口目前在实际中已很少使用。20 mA TTY 使用 9 针 D 型连接器。以 CP 340 为例,20 mA TTY 接口引脚定义如表 7.3 所列。接线方式如图 7.23 所示。

西门子系列 PLC,有的 CPU 上集成有 PtP 串行通信接口(如 S7-300C),有的没有集成 PtP 串行通信接口。对于没有集成 PtP 串行通信接口的 S7-300,可以使用 CP 340 或 CP 341 通信处理器实现点对点串行通信,S7-400 使用 CP 440 或 CP 441 通信处理器实现点对点串行通信。

(1) S7-300C 集成的串行通信接口

S7-300C 的 CPU 313C-2PtP 和 CPU 314C-2PtP 有一个集成的串行通信接口 X.27 (即 RS-422/RS-485),CPU 313C-2PtP 可以使用 ASCII、3964(R)通信协议,CPU 314C-2PtP 可以使用 ASCII、3964(R)和 RK 512 通信协议。它们都有诊断中断功能。最多传输 1024 个字节。

# 第 7 章　S7-300/400 工业通信网络

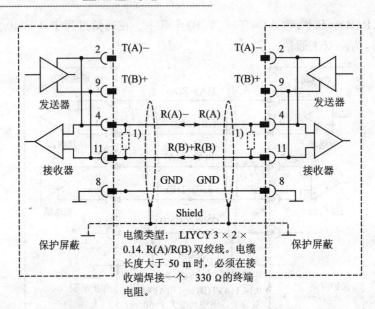

图 7.22　RS-485 接线方式(2 线制)

表 7.3　20 mA TTY D9 连接器接口引脚定义

| 引脚 | 符号 | 输入/输出 | 说明 |
|---|---|---|---|
| 1 | TxD- | 输出 | 发送数据- |
| 2 | 20 mA- | 输入 | 5 V 地 |
| 3 | 20 mA+(I1) | 输出 | 20 mA 电流发生器 1 |
| 4 | 20 mA+(I2) | 输出 | 20 mA 电流发生器 2 |
| 5 | RxD+ | 输入 | 接收数据+ |
| 6 | — |  | — |
| 7 | — |  |  |
| 8 | RxD- | 输出 | 接收数据- |
| 9 | TxD+ | 输入 | 发送数据+ |

　　CPU 31xC-2PtP 的接收缓冲区是一个先入先出(FIFO)的缓冲区,如果有多个报文帧被写入缓冲区,总是第一个接收到的报文帧被最先传送到目标块中。如果想将最后接收的传送到目标块中,必须将缓存的报文帧个数设为 1,并取消改写保护。

　　CPU 31xC-2PtP 中接收缓冲区的容量为 2048 个字节。可以通过参数设置禁止改写缓冲区中的某些数据,还可以规定允许缓冲区接收的报文帧的最大个数(1~10)或使用整个缓冲区,也可以设置在 CPU 从 STOP 切换为 RUN 模式时清除整个接收缓冲区。

　　(2) CP 340 通信处理器

　　CP 340 主要用于 S7-300(作为主站)和 ET 200M 中进行点对点串行通信。可连接 SI-

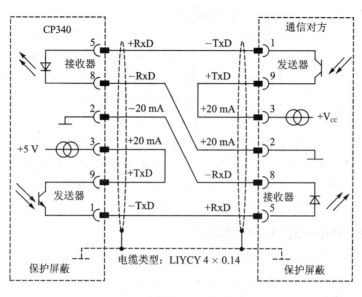

图 7.23　20 mA TTY 接线方式

MATIC S7 和 SIMATIC S5 可编程控制器,以及许多其他制造商的系统。CP 340 有多种不同的型号,都有中断功能,通信物理接口分别为 RS-232C(V.24)、20 mA(TTY)和 RS-422/RS-485(X.27),可以使用 ASCII、3964(R)和打印机驱动软件通信协议,最大传输速率可达 19.2 kbps,最大通信距离 RS-232C(V.24)为 15 m,20 mA(TTY)为 1000 m,RS-422/RS-485(X.27)可达 1200 m。

(3) CP 341 通信处理器

CP 341 主要用于 S7-300(作为主站)和 ET 200M 中的点对点串行通信,通过点对点连接进行高速、高性能的串行数据通信,最高数据传输速率可达 76.8 kbps。

CP 341 有 3 种不同的硬件传输接口:RS-232C(V.24)、20 mA(TTY)和 RS-422/RS-485(X.27)。对于每种接口分别有 2 种类型的模块,一种有中断功能,另一种没有中断功能。RS-232C(V.24)、RS-422/RS-485(X.27)接口的数据传输速率可达 76.8 kbps,20 mA(TTY)接口的数据传输速率可达 19.2 kbps。可以使用的通信协议包括 ASCII,3964(R),RK 512 协议(用于连接计算机)和可装载的驱动程序(包括 MODBUS 主站协议或从站协议,Data Highway(DF1 协议))。

(4) CP 440 通信处理器

CP 440 通信处理器主要用于利用 RS-422/RS-485(X.27)进行的短报文帧的高性能传输场合,其物理传输接口为 RS-422/RS-485 串行接口。最多可以与 31 个其他节点进行通信,数据传输速率最高 115.2 kbps,通信距离为 1200 m,可以使用的通信协议为 ASCII 和 3964(R)。

## 第7章 S7-300/400 工业通信网络

**(5) CP 441-1/ CP 441-2 通信处理器**

CP 441-1 可以插入一块具有不同串行物理接口(RS-232C、20 mA(TTY)或 RS-422/RS-485)的 IF 963 子模块,有 2 种还具有多 CPU 功能,用于简单和廉价的点对点串行连接。可以运行 ASCII、3964(R)、打印机驱动协议及可装载的驱动程序(包括 MODBUS 主站协议或从站协议,Data Highway(DF1 协议)),最大数据传输速率为 38.4 kbps,最长通信距离与 CP 340 相同。

CP 441-2 可以插入 2 块分别带不同物理接口的 IF 963 子模块,用于高性能的点对点串行连接。可以运行 ASCII、3964(R)、RK 512、打印机驱动协议及可装载的驱动程序(包括 MODBUS 主站协议或从站协议,Data Highway(DF1 协议))。有多 CPU 功能和诊断功能,最大数据传输速率为 115.2 kbps,最长通信距离与 CP 340 相同。

**2. S7-300/400 中的串行通信协议**

S7-300/400 的点对点串行通信可以使用的通信协议主要有 ASCII Drive、3964(R)和 RK 512,它们与 ISO/OSI 参考模型的对照关系如图 7.24 所示。表 7.4 列出了 S7-300/400 用于点对点串行通信的通信处理器所支持的通信协议。

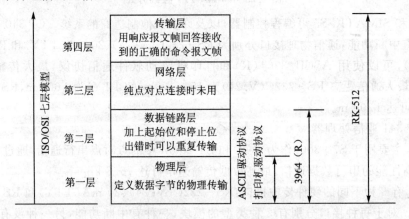

图 7.24 西门子串行通信协议与 ISO/OSI 参考模型对照关系

表 7.4 S7-300/400 通信处理器支持的通信协议表

| 协议<br>处理器 | R3964(R)协议 | RK512 协议 | ASCII 驱动协议 | 打印机驱动协议 | 可装载协议 |
|---|---|---|---|---|---|
| CP 340 | X | — | X | X | — |
| CP 341 | X | X | X | — | X |
| CP 440 | X | — | X | — | — |
| CP 441-1 | X | — | X | X | X |
| CP 441-2 | X | X | X | X | X |

**1) ASCII Driver 通信协议**

ASCII Driver 通信协议用于控制 S7 系列 PLC 的 CPU 和一个通信对象之间的点对点连接的串行数据传输,只牵扯到 OSI 的物理层,协议结构简单,支持半双工和全双工数据通信,数据传输以帧为单位进行,每一帧报文最多包括 1024 字节。使用 ASSII Driver 可以发送和接收所有可以打印的 ASCII 字符。在点对点串行数据通信中,绝大多数实际应用使用 ASCII 通信协议,如连接驱动装置、条码阅读器等。

(1) 报文结束的判断

ASCII Driver 提供一种开放式的报文帧结构,为了保持收发双方的同步,收发双方必须约定一种报文帧结束的判断条件,该结束判断条件定义了何时接收到一个完整的报文帧。在 ASCII Driver 中,可以使用固定报文长度、结束字符、字符延迟时间这三种报文结束判断依据,下面分别加以说明。

① 用固定报文长度判断报文是否结束。接收方接收到约定个数的字符(长度可以从 1~1024 字节)即认为报文帧结束,接收到的数据由 CPU 通过功能块 P-RCV 接管。此时可以设置字符间的最大传输延迟时间作为报文传送监控时间(如图 7.25 所示),如果还未接

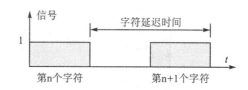

图 7.25 字符延迟时间

收完约定数量的字符,两个字符之间的延迟时间超过报文传送监控时间,则接收方将关闭接收操作,同时产生一个出错报文,并判断接收到的字符长度是否小于约定的帧长度,如果是则将删除报文帧。

② 用结束字符判断报文是否结束。在这种情况下,报文采用 1 个或 2 个由用户定义的结束字符来表示帧结束的条件,帧中传输的数据是非透明的。只要在传输的数据中出现结束字符,报文帧就结束,不管其长度如何,接收到的数据由 CPU 通过功能块 P-RCV 接管。与用固定帧长度作为报文帧结束的判断依据相同,也可以设置字符间的最大传输延迟时间作为报文传送监控时间,处理方式也相同。

③ 用 2 个字符的延迟时间判断报文是否结束。接收方在约定的字符延迟时间内未收到新的字符则认为报文帧结束,接收到的数据由 CPU 通过功能块 P-RCV 接管。如果延迟时间超过所定义的时间,则第 N+1 个字符将被认为是下一报文的开始。有时通信质量不稳定,串行接口经过转换时接收到的信息发生混乱,发送报文的时间间隔可能会大于字符延迟时间。

组态时应合理设置字符之间的传输延迟时间,不能长于 2 个报文帧之间的间隔时间,以免接收方错误地将发送方的报文发送暂停识别为报文帧的结束。

(2) STEP 7 中 ASCII Driver 通信协议的组态

启动 SIMATIC Manager,建立一个名为"点对点串行通信"的项目,在项目中建立站点,并在站点上插入 CPU、通信处理器等部件。在项目中调用 HW Config 硬件组态工具。如果

使用的是 CP 341 或 CP 440 等点对点通信处理器模块,双击通信模块;如果使用的是具有点对点通信功能的 CPU,双击 CPU 模块中 PtP 子模块,打开 Properties(属性)设置对话框,下面以 CPU 31xC-2PtP 为例介绍 ASCII Driver 通信协议在 STEP 7 中的组态方法。

在 PtP 属性设置对话框中(如图 7.26 所示)的 Protocol 选择框中选择通信协议为 ASCII。则会出现 General、Addresses 等 7 个选项卡,在这些选项卡中可以分别对 ASCII Driver 通信协议进行组态。

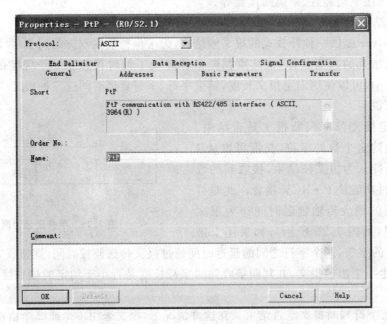

图 7.26　PtP 通信接口参数设置

① 在 Addresses 选项卡中可以定义输入的起始地址,关闭选项卡时自动修改结束地址,系统设置的默认起始地址为 1023。

② 在 Basic Parameters 选项卡中,可以选择是否允许诊断中断和 CPU 进入 STOP 模式时对点对点串行通信是继续(Continue)还是停止(STOP)处理。

③ 在 Transfer 选项卡中共有 Speed、Character Frame、Data Flow Control、FlowControl-Parameters 4 个区域,可以分别设置通信速率、字符帧及校验方式、是否需要数据流控以及需要数据流控时的流控字符(XON/XOFF,默认值分别为十六进制的 11H 和 13H)等。通信双方的通信速率必须一致,数据传输速率要根据通信距离的长短进行选择,通常通信距离越长,速率就越低。在该选项卡还可以设置在发送流控字符 OFF 后等待接收到 XON 字符的时间(20~65 530 ms,以 10 ms 为增量,默认为 20 000 ms)。

④ 在 End Delimiter 选项卡中(如图 7.27 所示)可以选择报文帧如何结束。

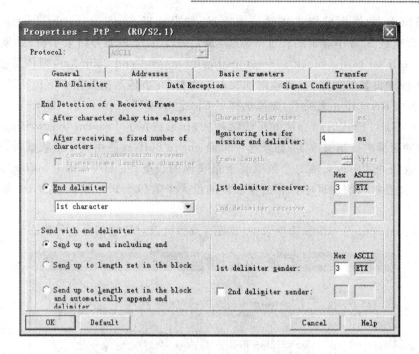

图 7.27 ASCII 的 End Delimiter 选项卡

如果选择 After Character delay time elapses(系统默认的结束判据),即以字符延迟时间作为报文帧结束的条件,延迟时间取值范围为 1~65 530 ms(默认值是 4 ms,最短字符延迟时间与传输速率有关,速率为 398.4 kbps 时为 1 ms)。

如果选择 After receiving a fixed number of characters,即以固定帧长作为报文帧结束的条件。在文本框 Message frame length 中可以输入报文帧的字节数,范围 1~1024 字节,默认 200 字节。

在文本框 Monitoring time for missing end-of-delimiter 中可以设置字符传输延迟的监视时间,默认 4 ms,若超过此时间,则接收方会结束报文帧的接收。若选择 Pause in transmission between frames,则在发送 2 个相邻的报文帧之间将暂停一段时间,以便允许对方识别接收的报文帧,从而使之同步。

如果选择 End delimiter,即以结束字符作为报文帧的结束条件。可以在右侧的 1st delimiter receiver、2nd delimiter receiver 中输入 1~2 个字符作为报文帧的结束字符,结束字符不能出现在报文帧的正文中。

在 Send with end delimiter 选项区域,与 1st delimiter receiver、2nd delimiter receiver 相对应,可以在 1st delimiter sender、2nd delimiter sender 中设置第一个和第二个结束字符;如果选择 Send up to and including end,结束字符包含在被发送的数据中,即使在 SFB 中设置了

较大的数据长度,数据也只能发送到结束字符;如果选择 Send up to the length set in the block,则只发送在 SFB 中规定的长度的数据,最后一个字符必须为结束字符;如果选择 Send up to the length set in the block and automatically append end delimiter,则传送数据长度最大为 SFB 参数中设置的数据,并自动附加文本结束符,在被传送的数据中不包括结束字符。

⑤ 在 Data Reception 选项卡,如果选择了 Clear the CPU Buffer at Start-up,则 CPU 从 STOP 切换到 RUN 模式时将会清除接收缓冲区;如果选择了 Prevent overwriting,则可以防止在接收缓冲区满时数据被改写;如果选中 Use entire buffer(使用整个接收缓冲区)复选框,则保存在接收缓冲区中报文帧的个数取决于报文帧的长度;在 Use entire buffer 复选框未选中时,可以设置在接收缓冲区中保存的报文帧的最大个数(1~10),默认值为 10,如果选择 1,将禁用防止改写功能。

⑥ 在 Signal configuration 选项卡中(见图 7.28)可以对传输信号进行组态。

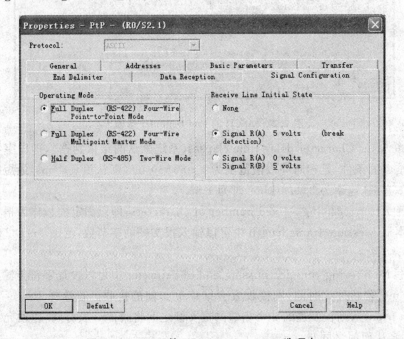

图 7.28 ASCII 的 Signal Configuration 选项卡

在该选项卡的 Operating Mode 区域从上到下可以依次设置 X.27(RS-422/485)接口的全双工 4 线点对点(RS-422)、全双工 4 线多点主站(RS-422)、半双工 2 线(RS-485)3 种运行方式;在 Receive line initial state 区域可以设置接收线的 3 种初始状态,从上到下依次为 R(A)和 R(B)信号线无初始电压(该设置只能用于总线联网的专用驱动器),R(A)和 R(B)信号线为 5 V 和 0 V(该设置能自动进行断线识别,不能用于 RS-422 全双工 4 线多点主站模式或 RS-485 半双工 2 线模式),R(A)和 R(B)信号线为 0 V 和 5 V(表示空闲状态,没有发送站被激活,在该状态不能进行断线识别)。

### 2) 3964(R)通信协议

在 SIMATIC NET 中,3964(R)通信协议用于通信处理器或 CPU 31xC-2PtP 和另一个通信对象之间的点对点数据通信。该协议只能用于 RS-422 4 线操作模式,使用全双工数据通信,RS-232 和 RS-485 接口不支持 3964(R)协议。3964(R)协议包括了 OSI 参考模型中的物理层和数据链路层,海明间距为 3。与 ASCII Driver 相比,增加了数据起始位和停止位等数据控制特性,出错时可以重发报文帧,具有较强的数据完整性。目前,该协议在实际应用中较少,主要用于与 S5 及一些支持 3964(R)协议的串行口设备进行通信,现在这样的设备大多支持 PROFIBUS-DP 通信协议。

(1) 3964(R)通信协议的控制字符与报文帧格式

3964(R)通信协议使用控制字符表示报文帧的开始和结束,通信对象之间通过控制字符来检查被传输数据的正确性和完整性。使用 3964(R)协议可以对所有字符进行透明传送。

3964(R)使用的控制字符如表 7.5 所列。

表 7.5  3964(R)通信协议使用的控制字符

| 控制字符 | ASCII 码值 | 说明 |
| --- | --- | --- |
| STX | 02H | 开始传送数据 |
| DLE | 10H | 数据链路转换(Data Link Escape)或肯定应答 |
| ETX | 03H | 结束数据传送 |
| BCC | | 块校验字符(Block Check Character),只用于 3964(R) |
| NAK | 15H | 否定应答(Negative Acknowledge) |

3964(R)报文帧结构如图 7.29 所示,报文帧的最后是块校验字符(BCC),3964 协议的报文帧中没有块校验字符。BCC 是帧中除 STX 以外的所有字符异或运算的结果。

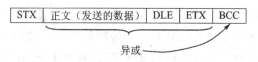

图 7.29  3964(R)报文帧结构

3964 与 3964(R)的区别为前者在数据传输过程中不带有 BCC 校验,而后者带有 BCC 校验。带有 BCC 校验的 3964(R)能大大增强数据传输的完整性。

(2) 3964(R)报文帧的传输过程

3964(R)报文帧的传输过程如图 7.30 所示。通信双方在使用 3964(R)进行数据传输时,首先用控制字符在收发双方建立通信连接,然后再传输用户数据,传输完成后再用控制字符释放通信连接。为了避免接收方将正文中的字符 DLE(10H)误认为是帧结束字符,正文中如果有字符10H,在发送时自动重发一次,接收方在收到两个连续的10H时自动地剔除一个。

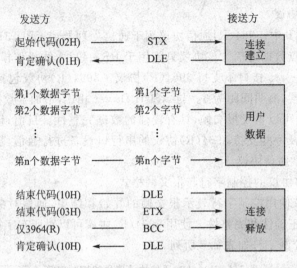

图7.30 3964(R)报文帧的传输过程

① 建立连接

为了建立通信连接,发送方首先发送控制字符STX,如果在"应答延迟时间(ADT)"到来之前,接收到对方发来的控制字符DLE,则表示通信连接已成功地建立,切换到发送模式开始传送用户数据。

如果对方返回NAK或返回除DLE和STX之外的其他控制代码,或应答延迟时间到时没有应答,发送方将再次发送STX,重试建立连接。若约定的重试次数到后仍没能建立通信连接,则程序将放弃建立连接,并发送NAK给对方,同时通过输出参数STATUS向SFB P_SND_RK报告出错。

② 发送数据

通信连接建立后,发送方将使用用户设置的参数,把发送缓冲区中的数据发送给对方。

在数据传输过程中,如果发送方收到对方发送的传输控制代码NAK,则终止传输过程并尝试重新建立连接;如果接收到对方发送的其他字符,也终止传输过程,并延时到"字符延迟时间"后发送NAK字符,将对方置为空闲状态并尝试重新建立连接。

如果发送缓冲区内容传送完毕,发送方自动加上DLE、ETX、BCC(BCC由CP或CPU自动计算)。然后等待接收对方发送的肯定应答信号DLE。如果对方在应答延迟时间内发送了DLE,表示数据块已被正确接收,这样发送方就把发送缓冲区的内容删除并释放通信连接。如果对方返回了NAK、除DLE之外的其他代码,或发送方在应答延迟时间到时仍然没有收到DLE,发送方将发送STX,重新尝试连接。若约定的重试连接次数到仍没有成功建立通信连接,发送方将放弃本次数据传输,并发送NAK信号给对方,同时向SFB P_SND_RK的输出参数 STATUS 报告错误。

③ 接收数据

在空闲状态时,如果收到对方的 STX 建立连接请求时,先查看有没有可用的空接收缓冲区,如果没有将等待 400 ms,400 ms 后如果仍然没有空的接收缓冲区,将发送 NAK 信号给对方,然后进入空闲等待状态,SFB 的 STATUS 输出参数会报告错误;若一开始就有可用的空接收缓冲区或延时后有,将发送 DLE 字符给对方并进入接收状态。

如果在空闲状态接收到除 STX 和 NAK 之外的其他字符,将等到"字符延时时间"到后发送 NAK 字符,同时通过输出参数 STATUS 向 SFB 报告错误。

成功建立连接后,接收到的字符被写入接收缓冲区,如果接收到两个连续的 DLE 字符,将只保留一个到接收缓冲区中。接收方在接收过程中还监控接收到的两个相邻字符之间的时间间隔,该间隔不能超过设置的字符延迟时间,否则将发送一个 NAK 给对方并通过输出参数 STATUS 向 SFB 报告错误。

在接收过程中,如果 3964(R)协议检测到字符串 DLE ETX,就认为报文帧已经发送完毕,最后收下 BCC 后停止接收,计算接收到的数据的校验码,并与所接收的 BCC 进行比较,如果二者一致且没有其他接收错误产生,将发送一个 DLE 给对方并返回到空闲状态。如果 BCC 出错,将发送一个 NAK 给对方,期待对方再次建立连接,重新发送报文。如果在设定的重试次数后还没有正确地接收报文帧,或者在规定的块等待时间内(4 s)通信伙伴没有重发报文帧,则会取消本次接收操作并通过输出参数 STATUS 向 SFB 报告错误。

④ 故障与冲突处理

在通信过程初始化过程中,如果数据通信双方同时发送 STX,就会出现通信冲突,为此通信双方必须设置不同的优先级,谁的优先级高谁将发送 STX,具有低优先级的一方将延迟其发送请求,并向对方发送 DLE 响应代码,使通信得以正常进行。一旦高优先级设备的连接释放,具有低优先级的设备就可以执行其发送请求。

3964(R)协议可以识别传输过程中的错误并反复重试,若在规定的重试次数内仍没有成功进行数据传输或出现了新的错误将取消本次发送或接收过程,并通过 SFB 的输出参数 STATUS 报告识别的第一个错误的错误编号,然后返回空闲状态。

3964(R)具有接收线路断线自动检测功能。如果检测到接收线路中断(BREAK),在 SFB 的 STATUS 中将显示一个出错报文,但不会启动重试操作。在通信线路重新连接后,BREAK 状态将自动复位。

当 PC 机利用 COM 口与 PLC 使用 3964(R)进行通信时,用户需要根据报文传输格式在 PC 机上编写相应的通信处理程序。如果在 PLC 之间通信,两个通信处理器都支持 3964(R)协议,对于用户来说只需考虑用户数据(即图 7.29 中间部分)及通信功能块中的错误信息,不需要考虑连接的建立和释放、错误的产生等细节,这些工作由通信处理器自动完成。

(3) STEP 7 中 3964(R)通信协议的组态

首先建立项目、组态硬件,其过程与 ASCII Driver 相同,CPU 也采用 CPU 31xC-PtP。硬件组态完成后,双击 CPU 中的 PtP 打开 PtP 属性设置对话框(见图 7.31),在 Protocol 选择框中选择通信协议为"3964(R)",则会出现 General、Address 等 6 个选项卡,在这些选项卡中可以分别对 3964(R)通信协议进行组态,其中 Address、Basic Parameters、Data Reception、Signal Configuration 选项卡的参数设置方法与 ASCII Driver 协议基本相同,在此不再赘述。

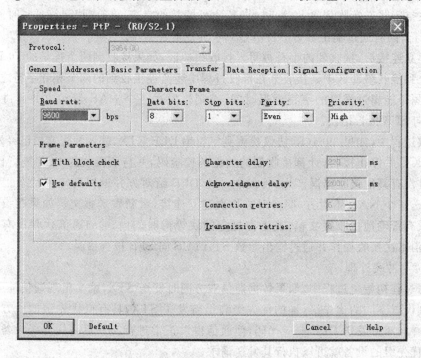

图 7.31　3964(R)的 Transfer 选项卡

在 Transfer 选项卡中(见图 7.31),除了可以像 ASCII Driver 中可以设置通信速率、数据位和结束位的位数、校验位以外,还可以设置如下参数:

① Priority(优先级)。在此选择框内,可以选择 High(高)、Low(低)2 个优先级(默认为 High),必须为通信双方设置不同的优先级。

② With block check(使用块校验)。如果选择使用块校验,则当接收器检测到字符串 DLE ETX BCC 后便会停止接收,然后对接收到的数据进行校验计算并与接收到的 BCC 对比以便检查数据传输的正确性。如果没有选择使用块校验,则当接收器检测到字符串 DLE ETX 后便会停止接收。如果接收没有错误,将发送 DLE 给对方,否则发送 NAK 给对方。

③ Use Defaults(使用默认设置)。如果选择本选项,则在 Protocol Parameters 区域中的各项参数将使用默认设置,用户不能进行修改。

④ Delay time(延迟时间)。该参数定义了 3964(R)的报文中接收相邻 2 个字符之间允许的最大间隔时间(ASCII Driver 中是在 End Delimiter 选项卡中设置的),范围为 20~65530 ms,步进为 10 ms,默认值为 220 ms。

⑤ Acknowledgement delay time(应答延迟时间)。该参数定义了建立或断开连接时通信双方允许的最长应答时间。建立连接时的应答延迟时间是指发送方发送 STX 到对方返回 DLE 应答信号之间的时间;断开连接时的应答延迟时间是指发送方发出 DLE、ETX 到接收器发出 DLE 应答信号之间的时间。范围为 20~65530 ms,步进为 10 ms,默认值为 2 000 ms。

⑥ Connection retries(连接重试次数)。该参数定义了在建立一个连接时的最大尝试次数,范围为 1~255 次,默认 6 次。

⑦ Transmit retries(传输重试次数)。该参数定义了报文帧传输出错时重新传送该报文帧的最大重试次数,范围为 1~255 次(包括首次),默认 6 次。

**3) RK 512 通信协议**

RK 512 也是用于点对点串行通信的数据传输协议,主要用于 S7 - 300/400 系列 PLC 与 S5 PLC 的串口通信。与前两个协议相比,RK 512 包括了 OSI 参考模型的物理层、数据链路层和传输层,海明间距为 4。在西门子 S7 - 300/400 所有点对点串行通信协议中,其实现方式最为复杂,能提供最好的数据完整性和较强的寻址能力。

3964(R)协议是 RK 512 协议的一个子集,3964(R)协议是本方发送数据对方接收数据的通信形式,而 RK 512 协议通信形式更像服务器与客户机之间的通信,客户端通过 FETCH 读出服务器(通信方)的数据,通过 SEND 修改服务器(通信方)的数据。客户端成为主动方,服务器成为被动方。

在 3964(R)协议的基础上,RK 512 要求对方对每一个命令报文都有一个响应报文,这样本方可以知道数据是否无错地传送到对方,或者请求的数据在对方是否有效。RK 512 协议要求数据位必须是 8 位字符格式。RK 512 协议数据传送的控制字符与 3964(R)相同。

(1) RK 512 的报文帧分类及结构

RK 512 的报文帧有命令报文帧、连续报文帧和响应报文帧 3 种,下面分别加以说明。

① 命令报文帧

命令报文帧有 SEND 和 FETCH 2 种报文帧。

SEND 帧:SEND 帧用来将本方的数据传送到在报文中指定的通信对方的数据区中,然后等待对方的响应报文。操作完成后,对方返回一个不带用户数据的响应报文帧。

如果自己编写 PC 的通信程序,如 PC 与 PLC 串行通信的程序,则 SEND 命令报文中的报文头数据格式必须按要求填写,如果 PLC 作为主动站,报文头中的部分参数将在通信功能块中填写。

FETCH 帧:FETCH 帧用来读取对方的数据区。操作完成后,对方返回一个带用户数据的响应报文帧。

同样，如果自己编写 PC 的通信程序，如 PC 与 PLC 串行通信的程序，则 FETCH 命令报文中的报文头数据格式也必须按要求填写，如果 PLC 作为主动站，报文头中的部分参数将在通信功能块中填写。

RK 512 协议的每个报文帧都有一个带有 10 个字节的报文头（Header）。它包括帧标识符（ID）、数据源和数据目的地址信息以及错误编号等。RK 512 对数据源和数据目的地的寻址以字为单位，在 SIMATIC S7 中，被自动转换为字节地址。字节 3 和字节 4 为 ASCII 字符。

命令报文帧的帧头结构如表 7.6 所列。

表 7.6 命令报文帧的帧头结构

| 字 节 | 说 明 |
| --- | --- |
| 1 | 报文帧 ID，命令报文帧为 00H，如果发送数据超过 128 字节，连续报文帧为 FFH |
| 2 | 报文帧 ID(00H) |
| 3 | 'A'(41H)：SEND 请求的目的地址为 DB<br>'O'(4FH)：SEND 请求的目的地址为 DX<br>'E'(45H)：FETCH 请求 |
| 4 | 被传送的数据源（为"SEND"命令时只有'D'有效）<br>'D'(44H)：DB 区；'X'(58H)：DX 区；'E'(45H)：I 区；'A'(41H)：Q 区；'M'(4DH)：M 区；<br>'T'(54H)：计数器存储区；'Z'(5AH)：计数器存储区 |
| 5,6 | SEND 请求的数据目标或 FETCH 请求的数据源。数据区为 DB 或 DX 时，字节 5 为数据块的 DB 号，字节 6 为数据块 DW 的起始地址 |
| 7,8 | 传送的数据长度：以字节或字（取决于数据类型）为单位传送数据的长度，字节 7 中存放长度的高 8 位，字节 8 中存放长度的低 8 位 |
| 9 | 处理器通信标志位的字节编号。如果没有指定处理器通信标志位，输入数值 FFH |
| 10 | 位 0～3，处理器通信标志位的位编号。如果没有指定处理器通信标志位，数值为 FH<br>位 4～7：CPU 编号（1～4）。如果没有设置 CPU 编号（值为 0），但是设置了处理器通信标志位，数值为 0H；如果没有设置 CPU 编号和处理器通信标志位，数值为 FH |

② 连续报文帧

如果被传输数据的长度超过 128 字节，发送的报文帧将自动分为 SEND（或 FETCH）帧和连续报文帧，连续报文帧的帧头仅由表 7.6 中的字节 1～4 组成。

③ 响应报文帧

RK 512 用响应报文帧来响应正确接收到的命令帧。在发送完命令报文帧后，RK 512 在设定的监控时间内，等待通信对方的响应报文帧。监控时间的长短取决于数据传输速率，300 bps～76.8 kbps 时为 10 s。响应报文帧头由 4 个字节组成（见表 7.7），包含处理请求的信息。根据响应报文帧中的错误编号，将自动生成 SFB 的输出参数 STATUS 中的事件编号。

表 7.7  响应报文帧头的结构

| 字 节 | 说 明 |
| --- | --- |
| 1 | 报文帧 ID,响应报文帧为 00H,连续响应报文帧为 FFH |
| 2 | 报文帧 ID(00H) |
| 3 | 00H |
| 4 | 出错代码:00H 表示传输过程没有出现错误,>00H 时有错 |

(2) 使用 RK 512 协议发送数据的过程

① SEND 报文帧的传输

RK512 使用 SEND 命令发送数据的传输过程如图 7.32 所示。由图 7.32 可以看出,

图 7.32  SEND 报文帧传输过程

图 7.33  连续 SEND 报文帧传输过程

SEND 报文帧的发送按下述顺序执行：主动通信方(Active partner)发送一个 SEND 报文帧，包括帧头和包含的数据；被动通信方(Passive partner)接收报文帧，检查帧头和数据，并在数据写入目标块后，使用一个响应报文帧进行响应；主动通信方接收响应报文帧，如果用户数据长度超过 128 字节，将发送连续 SEND 报文帧；被动通信方接收连续 SEND 报文帧，检查帧头和数据，并在数据写入目标块后，使用一个连续响应报文帧进行响应(如果接收到一个错误的 SEND 报文帧，或者在报文帧的头部出现错误，被动通信方将在响应报文帧的第 4 个字节中放入错误编号)。

② 连续 SEND 报文帧的传输

如果用户数据长度超过 128 字节，则主动通信方在发送完一个 SEND 报文帧后。将启动一个连续 SEND 报文帧，连续 SEND 报文帧的传送过程如图 7.33 所示，其处理方法与 SEND 报文帧基本相同。用户数据如果在一个连续 SEND 报文帧中还不能发送完成，则多余的字节将自动地在多个连续 SEND 报文帧中发送，直至完成。

(3) 使用 RK 512 协议读取数据的过程

图 7.34 给出了 RK 512 协议使用 FETCH 命令读取数据的传输过程。

FETCH 请求按下面的顺序执行：

① 主动通信方(Active partner)发送一个包含帧头的 FETCH 报文帧。

② 被动通信方(Passive partner)接收报文帧，检查帧头，从 CPU 中读取数据，并用一个带数据的响应报文帧进行响应。

③ 主动通信方接收响应报文帧，检查帧头和数据。如果用户数据长度超过 128 字节，将发送一个连续 FETCH 报文帧，该报文帧只包含帧头的 1~4 字节。

④ 被动通信方接收连续 FETCH 报文帧，检查帧头，从 CPU 中读取数据，并用一个或多个包括剩余数据的连续响应报文帧进行响应。

如果在连续响应报文帧的第 4 字节中有出错编号(不等于 0)，响应报文帧中就不会包含任何数据。

如果错误的 FETCH 报文帧被 CPU 接收，或者在报文帧的帧头中出现错误，通信伙伴可以在响应报文帧的第 4 个字节中放入错误代码。

图 7.35 为使用连续响应报文帧读取数据的传输过程。

(4) STEP 7 中 RK 512 通信协议的组态

3964(R)协议是 RK 512 协议的一个子集，所以 RK 512 协议的参数与 3964(R)协议的参数基本相同。二者主要区别是：RK 512 的字符固定为 8 位，不能像 3964(R)一样选择 7 位，且没有接收缓冲区，所以也没有接收数据的参数，故必须在使用的 SFB 中规定目标数据和源数据的参数。

图 7.34 FETCH 报文帧传输过程

图 7.35 连续 FETCH 报文帧传输过程

## 7.5.2 利用具有点对点串行通信接口的 CPU 进行数据通信

在 CPU 31xC-2PtP 中,点对点串行通信是通过调用专用的系统功能块(SFB)来实现的。其中,SFB60~SFB62 用于 ASCII/3964(R)通信协议,SFB63~SFB65 用于 RK 512 协议。这些系统功能块在程序编辑器指令树窗口中的 Libraries→Standard Library→System Function Blocks 文件夹中。表 7.8 列出了 CPU 31xC-2PtP 用于 PtP 通信的 SFB。

在用户程序中调用这些功能块时,需要背景数据块,如 CALL SFB60,DB20。因为 SFB 处理所需的状态存储在该背景数据块中,所以在用户程序中调用 SFB 时必须总是用同一背景数据块，且不允许直接访问背景数据块中的数据。

表 7.8 CPU 31xC-2PtP 用于 PtP 通信的 SFB

| SFB | | 功能说明 |
|---|---|---|
| SFB60 | SEND_PTP | 将自己的整个数据块或数据块的部分区域发送给通信伙伴 |
| SFB61 | RCV_PTP | 从通信伙伴接收数据，并将它们保存在自己的数据块中 |
| SFB62 | RES_RCVB | 复位 CPU 的接收缓冲区 |
| SFB63 | SEND_RK | 将整个数据块或部分数据块区发送给一个通信伙伴的指定存储区域中 |
| SFB64 | FETCH_RK | 从通信伙伴的指定存储区域中读取数据，并保存在自己的数据块中 |
| SFB65 | SERVE_RK | 从通信伙伴处接收数据，并保存自己的数据块中；为通信伙伴提供数据 |

SFB 是异步执行的，所以必须在程序中经常调用 SFB，直到它被关闭。SFB 不能中断本身，所以如果已经在用户程序中编程了一个系统功能块，就不能再在另外的程序段中使用其他的优先级调用相同的系统功能块。另外 SFB 没有参数检查，如果编程不正确，CPU 可能会转到 STOP 模式。

**1. 用于 ASCII Driver/3964(R)通信协议的 SFB**

SFB60～SFB62 的梯形图指令如图 7.36 所示；表 7.9 列出了 SFB60～SFB62 的主要参数。其参数分为控制参数、状态参数、发送参数和接收参数。

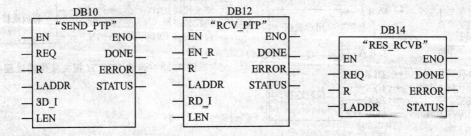

图 7.36 SFB60～SFB62 的梯形图指令

表 7.9 SFB60～SFB62 的参数

| 参数名称 | 声明 | 数据类型 | 说明 |
|---|---|---|---|
| REQ | IN | BOOL | 操作请求。在信号上升沿激活操作（控制参数） |
| R | IN | BOOL | 操作复位。信号有效终止操作（控制参数） |
| LADDR | IN | WORD | 在 HW Config 的 Address 中指定的子模块 I/O 地址 |
| DONE | OUT | BOOL | 完成标志（状态参数，只在 1 次调用期间置位）。为 1 表示请求已经正确完成，为 0 表示请求还未启动或还未完成 |

续表 7.9

| 参数名称 | 声明 | 数据类型 | 功能说明 |
|---|---|---|---|
| ERROR | OUT | BOOL | 错误标志(状态参数,只在1次调用期间置位)。为1表示请求完成,但出错 |
| STATUS | OUT | WORD | 状态指示(状态参数,只在1次调用期间置位)。根据 ERROR 位的不同,STATUS 具有下列含义：<br>　　ERROR=0,STATUS=0000H;没有报警和错误<br>　　ERROR=0,STATUS≠0000H;有报警,STATUS 提供与错误有关的详细信息<br>　　ERROR=1;有错误,STATUS 提供与错误有关的详细信息 |
| SD_1 | IN_OUT | ANY | 发送参数。用于设置存放发送数据的 DB 编号和起始数据字节编号 |
| LEN | IN_OUT | INT | 指定被传输的数据块的字节长度(1~1024) |
| EN_R | IN | BOOL | 允许接收(控制参数) |
| NDR | OUT | BOOL | 已经准备好接收新的数据(状态参数)。为0表示请求还没有启动或正在执行,为1表示请求已经正确完成 |
| RD_1 | IN_OUT | ANY | 设置存放接收到的数据的 DB 编号和起始数据字节编号(接收参数) |

**1) 使用 SFB60"SEND_PTP"发送数据(ASCII Driver/3964(R)协议)**

块被调用后,在控制输入端 REQ 的脉冲上升沿发送数据。SD_1 为发送数据区(数据块编号和起始地址),LEN 是要发送的数据块的长度。

用参数 LADDR 声明在 HW Config(硬件组态)中指定的子模块的 I/O 地址。在控制输入 R 的脉冲上升沿,当前数据发送被取消,SFB 被复位。被取消的请求用一个出错报文(STATUS 输出)结束。为了使系统功块正常工作,在用户程序中进行调用时必须保证 R 为 FAULSE(即为0)。

如果块执行过程中没有出现错误,则在块执行完成后,DONE 被置为1状态,CPU 的二进制结果位 BR 也将被置为1状态;如果出错,ERROR 被置为1状态,STATUS 将输出相应的出错编码,同时 CPU 的二进制结果位 BR 将被复位。

需要注意的是,如果块被正确执行,DONE 为1后,只能表示数据被传送给通信伙伴,但是不能保证被对方正确地接收,也不能保证数据被传送给对方的 CPU。

SFB60 一次最多只能发送 206 个连续的字节。必须在参数 DONE 被置为1后,才能向 SD_1 指定的发送区写入新的数据。

**2) 用 SFB61"RCV_PTP"接收数据(ASCII Driver/3964(R)协议)**

SFB61 用来接收数据,并将它们保存到一个数据块中。

在控制输入 EN_R 的值为 TRUE 的情况下调用块之后,该块就处于准备接收数据的状态。可以通过将参数 EN_R 上的信号状态置为 FALSE 来取消当前传输。被取消的请求结束时带有错误消息(STATUS 输出)。只要参数 EN_R 的信号状态为 FALSE,接收就被锁定。

接收区在 RD_1 中声明(DB 号和起始地址),数据块长度在 LEN 中声明。

必须在 R(复位)= FALSE 时调用 SFB,以使其能处理请求。在控制输入 R 的正跳沿,当前传输被取消,SFB 复位到基本状态。被取消的请求结束,并带有错误消息(STATUS 输出)。

在 LADDR 中,声明在 HW Config 的"ADDRESS"中指定的子模块 I/O 地址。

如果请求关闭且无错,则 NDR 被设置为 TRUE,或者,如果因出错而终止,则 ERROR 被设置为 TRUE。

如果出现错误或警告,STATUS 显示对应的事件 ID。如果 SFB 复位(R = TRUE)(参数 LEN = 16#00),还会输出 NDR 或 ERROR/STATUS。如果出现错误,将复位二进制结果 BR。如果块结束且无错,则二进制结果的状态是 TRUE。

接收的连续性数据被限制在 206 个字节之内。对于传输超过 206 个字节的数据,应注意以下几点:除非已接收所有数据(NDR=TRUE),否则不要访问接收 DB。之后,锁定接收 DB(令 EN_R = FALSE),直到数据处理完毕。

3) 用 SFB62"RES_RCVB"清空接收缓冲区(ASCII Driver/3964(R)协议)

SFB62 用于清空 CPU 的整个接收缓冲区,所有存储的报文帧都将被删除。在调用 SFB62 时接收到的报文帧将被保存。

在块调用后,在控制输入 REQ 的正跳沿激活发送过程。请求的运行可以跨多个调用(程序周期)。

必须在 R(复位)= FALSE 时调用 SFB,以使其能处理请求。在控制输入 R 的正跳沿,清除过程被取消,SFB 设置为基本状态,被取消的请求结束时带有错误消息(STATUS 输出)。

在 LADDR 中,声明在 HW Config 中指定的子模块 I/O 地址。

如果请求关闭且没有出错,则 DONE 被设置为 TRUE,或者,如果请求关闭且出现错误,则 ERROR 被设置为 TRUE。

如果出现错误或警告,则 STATUS 显示对应的事件 ID。如果 SFB 复位(R = TRUE),还会输出 DONE 或 ERROR/STATUS。如果出现错误,则复位二进制结果 BR。如果块结束且无错,则二进制结果的状态是 TRUE。

### 2. 用于 RK 512 通信协议的 SFB

在用户程序中,不能同时激活 SEND/FETCH 请求。例如,如果 SEND 请求尚未关闭,则不能启动 FETCH 请求。

为了在设置时初始化,以及同步 SFB 之间的操作,用于 RK 512 通信的所有 SFB 需要一个公共数据区。通过参数 SYNC_DB 确定 DB 号。DB 号对于用户程序中的所有 SFB 都必须相同。DB 最小长度必须为 240 字节。

SFB"SERVE_RK"(SFB 65)支持 SIMATIC S5 中的处理器通信标志位的功能,以便在

CPU 中能够协调处理数据,以及接收数据或提供数据时实现异步改写功能。

S7-300 中用于 RK 512 通信协议的系统功能块有 SFB63～SFB65,其梯形图指令如图 7.37 所示。

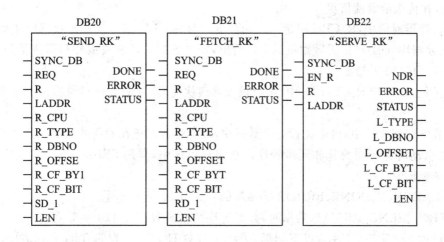

图 7.37 用于 RK 512 通信协议的 SFB

**1) 使用 SFB63"SEND_RK"发送数据**

使用该系统功能块,将整个或部分数据块发送到通信伙伴处。SFB63～SFB64 主要参数如表 7.10 所列。

表 7.10 SFB63～SFB64 主要参数

| 参数名称 | 声明 | 数据类型 | 说明 | 取值范围 | 默认值 |
|---|---|---|---|---|---|
| SYNC_DB | IN | INT | 保存 RK SFB 同步的公共数据的 DB 编号(最小长度为 240 字节) | 与 CPU 有关,不为 0 | 0 |
| R_CPU | IN | INT | 通信伙伴 CPU 编号(只用于多处理器模式) | 0～4 | 1 |
| R_TYPE | IN | CHAR | 通信伙伴 CPU 的地址类型(只使用大写字母)'D'= 数据块;'X' = 扩展的数据块 | 'D','X' | 'D' |
| R_DBNO | IN | INT | 通信伙伴 CPU 的数据块编号 | 0～255 | 0 |
| R_OFFSET | IN | INT | 通信伙伴 CPU 数据块内的偏移量,即起始数据字节编号(只用偶数值) | 0～510 | 0 |
| R_CF_BYT | IN | INT | 通信伙伴 CPU 的处理器通信标志字节(255 是指没有处理器通信标志) | 0～255 | 255 |
| R_CF_BIT | IN | INT | 通信伙伴 CPU 的处理器通信标志位 | 0～7 | 0 |

块被调用后,在控制输入 REQ 的脉冲上升沿激活数据传输。该数据区在 SD_1(数据块编号和起始地址)中声明,数据块长度在 LEN 中声明。

使用该系统功能块,还可以规定通信伙伴的数据接收区。该信息可以在报文帧的头中由 CPU 输入,并传送给通信伙伴。

在多处理器通信中,R_CPU 指定了发送数据的目标 CPU 编号。发送数据的数据类型由 R_TYPE(数据块(DB)和扩展数据块(DX))给出,发送数据的数据块编号和偏移量分别由 R_DBNO 和 R_OFFSET 给出。

在 R_CF_BYT 和 R_CF_BIT 中,可以设置通信伙伴 CPU 的处理器通信标志位字节和标志位。

在参数 SYNC_DB 中,可以设置一个数据块,以保存所有正在使用的系统功能块的公共数据,以便在启动时进行初始化和同步程序。在用户程序中,调用 SFB63~SFB65 时该数据块的编号必须相同。

其余 LADDR、R、DONE、ERROR 等参数的意义与 SFB60 相同。

用 SFB63 "SEND_RK"发送数据时,数据的连续性被限制在 128 字节之内。如果发送的连续数据超过 128 字节,应注意以下问题:当状态参数 DONE 被置为 TRUE 时,在传输过程结束之前,禁止写入当前正在使用的发送区 SD_1。

用 SFB63 "SEND_RK"发送数据时应注意以下问题:

① RK 512 协议只允许传输数据长度为偶数的数据。如果在 LEN 中设置了一个奇数数据长度,一个额外的"0"将被附加到所传送的数据中。

② RK 512 协议只允许设置偶数偏移量。如果设置了奇数偏移量,通信伙伴将使用小于奇数的最大偶数偏移量。例如,若设置的偏移量为 7,则数据将从字节 6 开始存放。

表 7.11 列出了 RK 512 报文帧头中的有关命令。

表 7.11 RK 512 报文帧头中的命令

| S7 系统中本地 CPU 的数据源 | 通信伙伴 CPU 的目标数据区 | 报文帧头 | | |
|---|---|---|---|---|
| | | 字节 3、4:命令类型 | 字节 5、6: D_DBNR/D_OFFSET | 字节 7、8:数量 |
| 数据块 | 数据块 | A:发送;D:数据块 | DB/DW | 字 |
| 数据块 | 扩展数据块 | A:发送;D:数据块 | DB/DW | 字 |

D-DBNR:目的数据块编号;D-OFFSET:目的起始地址;DW:偏移量,单位为"字"。

**2) 使用 SFB64 "FETCH_RK"发送数据**

使用该系统功能块可以从一个通信伙伴中读取指定区域(该信息在报文帧的头中由 CPU 输入并传送给通信伙伴)的数据,并将它们保存在自己的数据块中。

SFB64 "FETCH_RK"的参数 REQ、R、LADDR、ERROR、STATUS、RD_1、LEN 的意义

与取值范围与表 7.9 所列相同。

参数 SYNC_DB、R_CPU、R_DBNO、R_OFFSET、R_CF_BYT、R_CF_BIT 的意义和取值范围见表 7.10。

R_TYPE 是要读取的通信伙伴 CPU 中数据源的数据类型,其含义如表 7.12 所列。

表 7.12 RK 512 协议通信伙伴 CPU 数据源参数(R_TYPE)

| 通信伙伴 CPU 中的数据源 | R_TYPE | R_DBNO | R_OFFSET(以字节为单位,由对方 CPU 设置) |
|---|---|---|---|
| 数据块 | 'D' | 0～255 | 0～510(只能为偶数) |
| 扩展数据块 | 'X' | 0～255 | 0～510(只能为偶数) |
| 存储器位 | 'M' | 无关 | 0～255 |
| 输入 | 'E' | 无关 | 0～255 |
| 输出 | 'A' | 无关 | 0～255 |
| 计数器 | 'Z' | 无关 | 0～255 |
| 定时器 | 'T' | 无关 | 0～255 |

SFB64 对于数据的连续性要求与 SFB63 相同,从数据块和扩展数据块中读取数据时应注意的问题也与 SFB63 类似。在读取对方的定时器和计数器时,每个定时器和计数器占 2 个字节。

SFB64 报文帧头中的命令如表 7.13 所列。

表 7.13 RK 512 报文帧头中的命令

| 通信伙伴 CPU 的数据源 | S7 系统中本地 CPU 的目标数据区 | 报文帧头 | | |
|---|---|---|---|---|
| | | 字节 3、4:命令类型 | 字节 5、6:S_DBNR/S_OFFSET | 字节 7、8:数量 |
| 数据块 | 数据块 | E,D | DB/DW | 字 |
| 扩展数据块 | 数据块 | E,X | DB/DW | 字 |
| 存储器位 | 数据块 | E,M | 字节地址 | 字节 |
| 输入 | 数据块 | E,E | 字节地址 | 字节 |
| 输出 | 数据块 | E,A | 字节地址 | 字节 |
| 计数器 | 数据块 | E,Z | 计数器号 | 字 |
| 定时器 | 数据块 | E,T | 定时器号 | 字 |

字节 3 中的'E'表示 FETCH;字节 4 中的字符表示数据源类型;S-DBNR 为源数据块编号;S-OFFSET 为源起始地址;DW 偏移量,单位为"字"。

3) 使用 SFB65 "SERVE_RK" 接收和提供数据

该系统功能块可以实现如下功能:

① 接收数据。数据被存储在由对方在 RK 512 报文帧头中指定的数据区内。当通信伙伴执行"发送数据"请求(SEND 请求)时,需要调用该 SFB。

② 提供数据:从对方在 RK 512 报文帧头中指定的数据区中获取数据。当通信伙伴执行"获取数据"请求(FETCH 请求)时,需要调用该 SFB。

当控制输入端 EN_R 上的值为 TRUE,调用块之后,该块就处于准备好状态。可以通过参数 EN_R 上的信号状态为 FALSE 来取消当前传输。被取消的请求结束时带有错误消息(STATUS 输出)。只要参数 EN_R 的信号状态为 FALSE,接收操作就被锁定。在用户程序中,调用 SFB63~SFB65 时用 SYNC_DB 指定的数据块编号必须相同。

SFB65 的部分参数如表 7.14 所列。SFB65 "SERVE_RK"的参数 REQ、R、LADDR、ERROR、STATUS、LEN 的意义与取值范围与表 7.9 所列相同。

表 7.14  SFB65 的部分参数

| 参数名称 | 声明 | 数据类型 | 说明 | 取值范围 | 默认值 |
| --- | --- | --- | --- | --- | --- |
| SYNC_DB | IN | INT | 在其中存储用于 RK SFB 同步的公用数据的 DB 编号(最小长度为 240 字节) | 与 CPU 有关,不为 0 | 0 |
| EN_R | IN | BOOL | 控制参数"启用接收":启用请求 | 0~1 | 0 |
| L_TYPE | OUT | CHAR | 本地 CPU 的源或目的数据区类型(只使用大写字母)。'D' = 数据块,'M' = 存储器位,'E' = 输入,'A' = 输出,'Z' = 计数器,'T' = 定时器 | 'D'、'M'、'E'、'A'、'Z'、'T' | 'D' |
| L_DBNO | OUT | INT | 本地 CPU 的数据块编号 | CPU 设定 | 0 |
| L_OFFSET | OUT | INT | 本地 CPU 的数据字节编号(只用偶数值) | 0~510 | 0 |
| L_CF_BYT | OUT | INT | 本地 CPU 的处理器通信标志字节(255 表示没有处理器通信标志) | 0~255 | 0 |
| L_CF_BIT | OUT | INT | 本地 CPU 的处理器通信标志位 | 0~7 | 0 |

在一次调用期间,若 NDR=TRUE,用参数 L_TYPE、L_DBNO 和 L_OFFSET 指明获取或存储数据的区域。此外,在一次调用期间,相关参数还有 L_CF_BYT、L_CF_BIT 以及请求的长度 LEN。

**4) 处理器通信标志位在 RK 512 协议中的应用**

在 SFB63~SFB65 中可以使用处理器通信标志位启用或关闭通信伙伴的 SEND 和 FETCH 请求,以防止改写或读取还没有处理的数据。可以为每个请求单独指定处理器通信标志位。RK 512 协议通信处理过程示意图如图 7.38 所示。

处理器通信标志位应用举例:通信伙伴使用 SFB65 "SEND_RK"将数据发送到本地 CPU 的 DB101 中。

① 在本地 CPU 上,将处理器通信标志位 100.6 设置为 FALSE(0)。

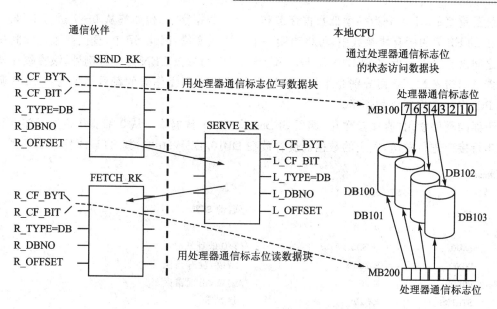

图 7.38　RK 512 协议通信处理过程

② 在通信伙伴处,针对 SEND 请求指定处理器通信标志位 100.6(参数 R_CF_BYT、R_CF_BIT)。该处理器通信标志位将以 RK 512 消息帧头的形式发送到本地 CPU。

处理该请求之前,本地 CPU 将检查 RK 512 消息帧头中指定的处理器通信标志位。仅当本地 CPU 上的处理器通信标志位状态为 FALSE 时,才处理该请求。如果处理器通信标志状态为 TRUE,则以响应报文帧的形式向通信伙伴返回十六进制的错误消息"32h"。

数据被传送到 DB101 之后,SFB 65 "SERVE_RK" 将本地 CPU 上的处理器通信标志位 100.6 的状态设置为 TRUE。如果 NDR = TRUE,在 SFB 65 上将输出持续一次调用时间的标志字节和标志位。

③ 通过在本地用户程序中判断处理器通信标志位 100.6 为 TRUE 时,可以认定请求已完成,发送的数据已准备好用于处理。

④ 在用户程序中处理完数据之后,必须将处理器通信标志位 100.6 复位为 FALSE,以便通信伙伴能重复执行请求而不会产生错误。

传送的连续数据被限定在 128 字节之内。对于传输超过 128 字节的数据,应注意以下问题:使用处理器通信标志位功能,在未发送完所有数据前不要访问数据(通过为此请求指定的处理器通信标志位来判断;如果 NDR = TRUE,则在一次调用期间内,SFB 的处理器通信标志位处于激活状态)。在未处理完数据前不要将处理器通信标志位状态复位为 FALSE。

### 3. 利用 CPU 31xC-2PtP 进行点对点串行通信编程举例

在 STEP 7 中,数据块中的操作数是一个字节一个字节地寻址的,并且 STEP 7 中的数据字地址是重复的,不再分为一个低数据字节和一个高数据字节,位始终从 0~7 进行编号。

在 STEP 7 的所有块参数中,可以声明一个常数或变量,因此 S7 中,直接参数化和间接参数化之间没有区别。但在 SFB60、SFB63 和 SFB64 中的参数 LEN 是一种例外,该参数在调用时只能是间接参数。下面分别介绍使用直接参数化和实际操作数的符号地址通过 SFB 调用进行 PtP 串行数据通信的例子。

下面的程序使用"直接参数化"调用 SFB60 将 DB11 数据块中从 0 字节开始的一部分数据通过串行接口进行发送,发送的数据长度存放在 DB10.DBW20 中,其 STL 源程序如下:

```
Network 1:
  CALL      SFB 60, DB10
    REQ     := M 0.6              //启动 SEND
    R       := M 5.0              //启动 RESET
    LADDR   := +336               //I/O 地址
    DONE    := M 26.0             //结束,没有错误
    ERROR   := M 26.1             //结束,出现错误
    STATUS  := MW 27              //状态字
    SD_1    := P#DB11.DBX0.0      //数据块 DB 11,自数据字节 DBB 0 开始
    LEN     := DB10.DBW20         //长度是间接分配的参数
```

对应上面的程序,使用"实际操作数的符号地址"调用 SFB60 进行数据发送的 STL 程序如下:

```
Network 1:
  CALL      SFB 60, DB10
    REQ     := SEND_REQ           //启动 SEND
    R       := SEND_R             //启动 RESET
    LADDR   := BGADR              //I/O 地址
    DONE    := SEND_DONE          //结束,没有错误
    ERROR   := SEND_ERROR         //结束,出现错误
    STATUS  := SEND_STATUS        //状态字
    SD_1    := QUELLZEIGER        //指向目标区域的 ANY 指针
    LEN     := CPU_DB.SEND_LAE    //消息帧长度
```

### 7.5.3 利用具有点对点串行通信接口的通信处理器进行数据通信

S7-300 用于点对点串行通信的通信处理器主要有 CP 340 和 CP 341,S7-400 用于点对点串行通信的通信处理器主要有 CP 440 和 CP 441。

在默认安装完了 STEP 7 的计算机中,还需要专门安装针对通信处理器的点对点串行通信软件包,才能通过软件控制通信处理器实现点对点通信功能。当安装完 PtP 通信软件后,

在 STEP 7 中将会增加点对点通信处理器的组态信息和表 7.15 所列的通信功能块。PtP 通信功能块如图 7.39 所示。这些通信功能块是 CPU 与通信处理器的接口,由它们负责建立并控制 CPU 与 CP 的数据交换,它们在 STEP 7 指令树的 Liabraries\CP PtP 文件夹中。PtP 通信软件安装时,还会自动安装 zXX21_01_PtP_Com_CP34x、zXX21_02_PtP_Com_CP440、zXX21_03_PtP_Com_CP441 等点对点通信处理器例程。用户在使用时,可以直接将用到的功能块复制到用户程序中。

使用上述通信功能块进行一次通信通常需要多个循环周期,在用户程序中,这些功能块必须被无条件地连续调用以便进行周期性或定时程序控制的数据传输。

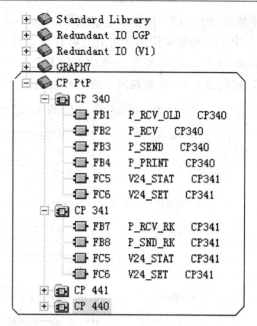

图 7.39 PtP 通信功能块位置

表 7.15 用于点对点串行通信的通信处理器功能块

| FB/FC | | 功　能 | 通信协议 |
| --- | --- | --- | --- |
| FB2 | "P_RCV" | 接收通信伙伴发来的数据,并将其存储在相应的数据块中 | ASCII,3964(R) |
| FB3 | "P_SEND" | 将数据块中的部分或全部数据发送给通信伙伴 | ASCII,3964(R) |
| FB4 | "P_PRINT" | 将最多包含 4 个变量的报文文本输出给打印机 | 打印机驱动 |
| FC5 | "V24_STAT" | 读取 CP 341 RS-232C 模块的 RS-232C 接口信号状态 | ASCII |
| FC6 | "V24_SET" | 置位/复位 CP 341 RS-232C 模块的 RS-232C 接口的输出 | ASCII |
| FB7 | "P_RCV_RK" | 接收通信伙伴的数据,存储在数据块中,或准备传输给通信伙伴的数据 | ASCII,3964(R),RK 512 |
| FB8 | "P_SND_RK" | 将数据块中的部分或全部数据发送给通信伙伴或从通信伙伴读取数据 | ASCII,3964(R),RK 512 |

## 1. CP 340 通信处理器的通信功能及通信实现

### 1) CP 340 通信处理器的通信功能

CP 340 有 RS-232C、RS-422/485 和 20 mA TTY 3 种硬件接口类型,可以使用 ASCII Driver、3964(R) 和打印机驱动 3 种通信协议,其中打印机驱动属于单向通信,3964(R) 属于半双工通信,ASCII Driver 可以是单向通信或双向通信。如果硬件接口是 RS-422/485,则可以

## 第 7 章 S7-300/400 工业通信网络

在半双工(RS-485)操作和全双工操作(RS-422)之间进行选择。

CP 340 和通信伙伴之间通过串行接口以 10 位或 11 位字符帧进行数据传输,不论是 10 位还是 11 位字符帧都可以使用 STEP 7 中 CP 340 的组态功能设置为 3 种数据格式之一。图 7.40 和图 7.41 分别列出了这 3 种数据格式的示意图。

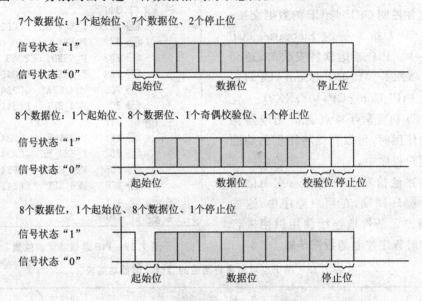

图 7.40　10 位字符帧的 3 种可能数据格式

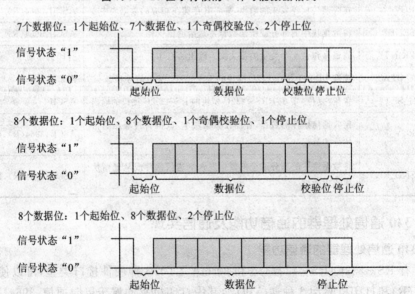

图 7.41　11 位字符帧的 3 种可能数据格式

CP 340 有停止(STOP)、重新参数化(Reparameterization)和运行(RUN)3 种工作模式。

在停止模式下,所有通信协议的驱动均未激活,CPU 的所有发送和接收请求均被回答为 NAK 信号。在引起 CP 340 进入停止模式的原因(如中断、无效参数等)消除以前,CP 340 会一直处于停止模式。

在重新参数化模式下,通信协议驱动程序被初始化,SF LED 灯亮。在此阶段,CP 340 仍然不能进行数据的收发,保存在 CP 340 中的消息帧被丢弃。重新参数化完成后,CP 340 处于 RUN 模式,准备发送和接收数据。

在运行阶段,CP 340 处理 CPU 的发送请求,向 CPU 提供从通信伙伴处接收到的 CPU 需要读取的消息报文。

CP 340 的启动分为初始化(Power ON 模式下的 CP 340)和参数化 2 个阶段。一旦 CP 340 加电,即进入初始化阶段,它会立即为串行接口提供模块出厂时设置的默认参数。默认情况下,一旦初始化完成,CP 340 将通过带有块检查的 3964(R)驱动程序立即自动启动,操作准备就绪。在参数化阶段,CP 340 接收分配给当前的模块参数(这些参数是使用 STEP 7 组态时生成的)并执行重新参数化操作,将默认参数用新设置的模块参数改写。

CP 340 启动后,所有数据都将通过功能块在 CPU 和 CP 340 之间进行交换。当 CPU 处于 STOP 模式时,不能通过 S7 背板总线进行通信,所有激活的 CP–CPU 数据传输被终止,并重新建立连接。如果参数化时没有流量控制,则使用 ASCII Driver 和打印机驱动程序进行的数据传输继续在 CP 340–RS–232C 的 RS–232C 接口处进行,直至当前的发送请求完成。如果使用 ASCII Driver,将继续对接收消息帧进行接收,直至接收缓冲区满。当 CPU 处于启动阶段时,CPU 将发送 STEP 7 组态时生成的参数给 CP 340,但仅当参数改变时 CP 340 才执行重新参数化工作。通过适当组态和参数赋值,可以在 CPU 启动时自动删除 CP 340 上的接收缓冲区。当 CPU 处于 RUN 模式时,发送和接收不受限制。在 CPU 重新启动的前几个 FB 调用周期中,CP 340 和相应的 FB 是同步的。该操作完成之后,才会执行新的功能块。需要注意的是,只有在 CP 340 接收到 CPU 的所有数据后,才会向通信伙伴发送数据。

**2) CP 340 的组态和参数设置**

可以在 STEP 7 中对 CP 340 进行组态和参数设置。其具体方法是在 STEP 7 的 HW Config 窗口中双击 CP 340 所在的行,出现如图 7.42 所示的属性对话框。在该对话框的 Addresses 选项卡列出了 CP 340 的输入输出地址,该地址由系统根据 CP340 所在的槽位自动设置,用户无法更改;在 Basic Parameters 选项卡,可以设置是否允许 CP 340 产生中断以及 CPU 停止时 CP 340 的反应。

在属性对话框中单击 Parameter 按钮,将会出现如图 7.43 所示的点对点连接的参数设置对话框。在 Protocol 列表框中可以选择 3694(R)、ASCII、PRINTER 协议。如果选择 3694(R)、ASCII 协议,则界面如图 7.43 所示,双击 Protocol 就会进入相应的协议参数设置对话框,在里边可以对通信所需的各种参数进行设置,各参数的含义及使用方法与 7.5.2 小节所讲

# 第7章 S7-300/400 工业通信网络

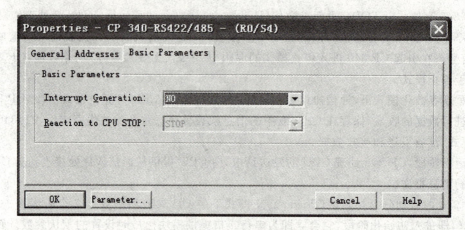

图 7.42 CP 340 属性设置对话框

的协议的组态方法基本一致,在此不再赘述。PRINTER 协议的组态见本节后面的内容。

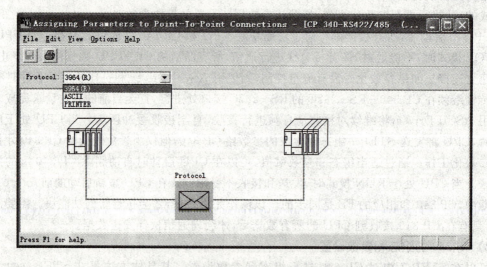

图 7.43 CP 340 通信协议参数设置对话框

### 3) 用于 CP 340 通信处理器的通信功能块

S7-300 PLC 提供了 5 个用于 CP 340 通信处理器的通信功能块,它们分别是:发送功能块 FB3 "P_SEND"、接收功能块 FB2 "P_RCV"、发送文本报文给打印机的功能块 FB4 "P_PRINT"、读 RS-232C 接口信号状态功能块 FC5 "V24_STAT"和设置 RS-232C 接口信号状态的功能块 FC6 "V24_SET"。这些功能块形成了 CPU 和 CP 340 之间的软件接口,通过在用户程序中循环调用这些功能块,可以控制 CPU 和 CP 340 通信处理器之间的通信。通过 CP340 进行协议转换,可以使 S7-300 与所有支持标准协议(如 3964(R)、ASCII Drive、打印机驱动程序等)的通信伙伴进行通信。各功能块的梯形图指令如图 7.44 所示。

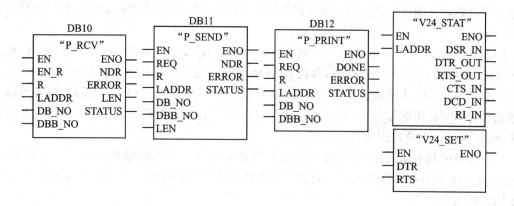

图 7.44 用于 CP 340 的通信功能块

**4) 发送功能块 FB3"P_SEND"**

发送功能块 FB3 的主要功能是把 CPU 数据块中的数据写入通信处理器 CP 340 的发送缓冲区,再由后者发送给通信伙伴,同时它还检测并返回 CP 340 的发送情况。FB3 完成一次数据发送可能需要多个 CPU 的循环周期,因此,在用户程序中必须连续在多个扫描周期中都调用 FB3,使其在每个循环都得到执行,以免出现消息帧的发送中断。表 7.16 列出了发送功能块 FB3 的用法及参数说明。FB3 运行需要大小为 40 字节的背景数据块。

表 7.16 FB2"P_RCV"和 FB3"P_SEND"的参数

| 参数名称 | 声明 | 数据类型 | 说明 |
|---|---|---|---|
| REQ | IN | BOOL | 发送请求,上升沿有效 |
| R | IN | BOOL | 放弃当前的发送,终止操作 |
| LADDR | IN | INT | CP 340 的地址,取决于模块在机架中的安装位置 |
| DB_NO | IN | INT | 发送数据的数据块编号,由 CPU 指定,不能为 0 |
| DBB_NO | IN | INT | 发送数据在数据块中的起始字节编号(0~8190) |
| LEN | IN | INT | 以字节为单位的发送数据的长度,受发送缓冲区大小限制,1≤LEN≤1024 |
| DONE | OUT | BOOL | 为 1 表示发送请求正确完成,此时 STATUS=0,只保持 1 个 CPU 的循环周期 |
| ERROR | OUT | BOOL | 为 1 表示发送请求完成,但有错误 |
| STATUS | OUT | WORD | 状态字,如果 ERROR=1,STATUS 提供错误的详细信息 |
| EN_R | IN | BOOL | 允许读数据 |
| NDR | OUT | BOOL | 为 1 表示请求正确完成,CP 接收到数据,此时 STATUS=0 |

FB3 只能将数据块中连续存放的数据发送给 CP 340，为此需要在传送时指明将要传送的数据所在的数据块编号(DB_NO)、数据在数据块中的起始字节号(DBB_NO)以及传送数据的长度(LEN)。

FB3"P_SEND"有空闲和发送 2 种状态。如果输入 REQ 有上升沿，则 FB3 就由空闲转入发送状态，开始向 CP 340 传送数据，并由 CP 340 将数据发送给接收方。在发送期间，REQ 不必始终为 1。CP 340 发送过程结束后，FB3 从发送转为空闲状态。从 FB3 的输出信号可以得知数据发送的完成情况如何，正确完成时，输出 DONE 为 1，STATUS=0；否则，输出 ERROR 为 1，STATUS 中存放错误的具体内容。

在发送期间如果输入 R 为 1，则 FB3 放弃发送并将自己置为初始状态(复位)。但是，已经传入 CP 340 的数据将继续发送给对方。如果传输无错误，则输出 DONE 为 1；有错误，则输出 ERROR 为 1。

FB3 功能块无参数检查功能，如果出现无效参数，则 CPU 将切换到 STOP 模式。必须先完成功能块的 CP-CPU 启动机制，则 CPU 从 STOP 切换到 RUN 模式后，CP 340 才能处理激活的请求。在此期间启动的任何请求都不会丢失，启动协调完成后，这些请求将被发送到 CP 340。

如果在 CPU 向 CP 传送数据期间 CPU 切换到 STOP 模式，则重新启动之后，P_SNED FB 将报告错误"由于断路/重新启动/重设，当前程序已中断、请求已终止"。

**5) 接收功能块 FB2"P_RCV"**

接收功能块 FB2"P_RCV"的主要功能是将 CP 340 接收缓冲区里的数据读出并存入编号为 DB_NO 的数据块的中，数据块中起始字节的地址为 DBB_NO，数据长度为 LEN，且数据是连续存放的。FB2 的运行情况类似于 FB3，执行时一般也需要多个 CPU 扫描周期，其主要参数及用法见表 7.16。FB2 的运行也需要 40 字节的背景数据块。

FB2"P_RCV"有空闲、查询和接收 3 种状态。如果 EN_R 为 1，则 FB2 将由空闲状态转为查询状态，查询 CP 340 的接收缓冲区是否有数据，若有则转入接收状态。CP 340 的数据接收完成后，转为查询状态。通过 FB2"P_RCV"的输出信号可知读回的数据是否完整。在查询和接收期间，EN_R 必须始终为 1；若 RN_R 为 0，则 FB2 将终止正在进行的接收工作，将 ERROR 变为 1 状态，并由 STATUS 给出错误信息。

如果数据接收请求正确完成，FB2 的输出信号 NDR 为 1 状态，STATUS 值为 0，CPU 的二进制结果位 BR 值为 1。如果出现错误，输出 ERROR 为 1 状态，LEN 的值为 0，STSTUS 中为错误代码，CPU 的二进制结果位 BR 被复位。

如果输入 R 变为 1 状态，FB2"P_RCV"将被复位(置为初始状态)，接收请求被中止；如果 R 重新变为 0，则从头重新开始接收被中止的报文。

FB2 功能块无参数检查功能，如果出现无效参数，则 CPU 将切换到 STOP 模式。必须先完成功能块的 CP-CPU 启动机制，当 CPU 从 STOP 切换到 RUN 模式后，CP 340 才能接收请求。

如果在 CP 340 向 CPU 传送数据期间 CPU 切换到 STOP 模式,则 CPU 重新启动之后,P_RCV FB 将报告错误"由于断路/重新启动/重设,当前程序已中断、请求已终止"。此时,如果 CP 340 参数设置为 delete CP receive buffer at start - up = no(即 CPU 启动时不删除 CP 340 接收缓冲区的内容),则先前由于 CPU 切换到 STOP 模式而被中断传送的消息帧将重新从 CP 340 传送到 CPU。

**6) 向打印机输出消息文本功能块 FB4"P_PRINT"**

CP 340 的打印机驱动器(Print Driver)通信协议用于向打印机输出带日期和时间的消息文本。这一功能可用于打印错误和故障信息或向操作人员发布命令等。

使用 FB4"P_PRINT"可以将 CPU 中最多包含 4 个变量的文本消息发送给 CP 340,再由 CP 340 发送到打印机上打印出来。FB4 运行需要占用 39 字节的背景数据块。

可以用变量和格式化语句(如加粗、斜体、下划线等)来组态和格式化消息文本。组态时,每一消息文本被指定一个编号。在 FB4 的格式字符串中指定报文文本编号,对应的消息文本将被打印出来,应在数据块的头中存储格式字符串和变量。

下面具体说明 FB4 的组态过程。

先生成一个名为"点对点串行打印机"的项目,在项目中插入一个 S7-300 站点,然后对该站点进行硬件组态,插入电源、CPU 313,在第 4 槽插入 CP 340 模块,双击 CP 340 所在的行,在出现的属性对话框的 General 选项卡中单击 Parameter 按钮,将会出现点对点连接的参数设置对话框。在 Protocol 列表框中选择 PRINTER(打印机),则会出现如图 7.45 所示的窗口。

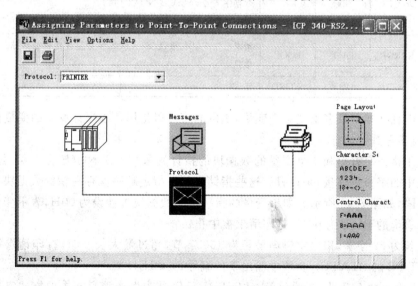

图 7.45 打印机通信协议组态对话框

双击图 7.45 中的 Protocol 框就会出现打印机协议通信参数设置对话框,在其中可以设置通信速率、字符帧格式以及流控方式等。

双击图 7.45 中 Message 框可以以系统数据块方式编辑消息内容和设置消息格式(如下划线、斜体、粗体等),也可以选择事先做好的带有消息内容和消息格式的系统数据块文本文件(.PtP 文件),该文本文件可以由记事本等文本编辑器编辑生成,也可以是在 Message 对话框中组态完成然后保存的;双击 Page Layout 框,可以设置页眉、页脚、页边距等页面参数;如果为了获得在某种语言中需要的特殊字符,可以双击 Character Set 框修改打印机的字符集,STEP 7 用字符转换表将 ANSI 字符集转换为打印机的字符集。

双击图 7.45 中的 Control Characters(控制字符)框,在控制字符表中可以修改打印的消息文本中的格式化语句,例如启动或停止加粗、放大、缩小、斜体、下划线等。

FB4 参数如表 7.17 所列。

表 7.17　FB4"P_PRINT"参数

| 名 称 | 类 型 | 数据类型 | 说 明 |
| --- | --- | --- | --- |
| REQ | IN | BOOL | 发送请求,上升沿有效 |
| R | IN | BOOL | 取消激活的作业,终止请求 |
| LADDR | IN | INT | CP 340 的基地址,从 STEP 7 中获得 |
| DB_NO | IN | INT | 数据块号,指向指针 DB 的指针,指向变量和格式字符串的指针以固定顺序存储在指针 DB 中 |
| DBB_NO | IN | INT | 数据字节号,0≤DBB_NO≤8 162 |
| DONE | OUT | BOOL | 请求已完成并且没有错误,STATUS 参数=16#00 |
| ERROR | OUT | BOOL | 请求已完成但有错误,STATUS 参数包含错误的详细信息 |
| STATUS | OUT | WORD | 错误信息 |

在一个消息文本中最多出现 4 个变量,变量的值可以是用户程序计算出的变量的值、日期和时间、字符串等其他信息。

指向用于格式字符串和 4 个变量的数据块的指针用参数 DB_NO(数据块编号)和 DBB_NO(数据块中的字节偏移量)来设置。这些指针必须按特定顺序保存在指针数据块中,应相互之间没有间隔,如图 7.46 所示。如果变量的指针中的数据块号被设为 00H,表示变量不存在。如果格式字符串的 DB 号为 00H,打印请求被中止。

变量最长为 32 字节,格式字符串最长为 150 字节,超过最大长度时,打印请求被中止,并在 P_PRINT FB 的 STATUS 参数中输出事件编号 16#1E41。

在 REQ 输入的上升沿,初始化 FB4"P_PRINT",首先发送消息文本的格式字符串,然后是 1~4 号变量。数据传输可能占用多个扫描周期。

## 第7章 S7-300/400 工业通信网络

```
┌─────────┬──────────┐
│ DB号    │ (DBWn)   │
├─────────┼──────────┤  ─ 指向第1个变量的指针
│ DBB号   │ (DBWn+2) │
├─────────┼──────────┤
│ 长度    │ (DBWn+4) │
└─────────┴──────────┘

┌─────────┬───────────┐
│ DB号    │ (DBWn+18) │
├─────────┼───────────┤  ─ 指向第4个变量的指针
│ DBB号   │ (DBWn+20) │
├─────────┼───────────┤
│ 长度    │ (DBWn+22) │
└─────────┴───────────┘

┌─────────┬───────────┐
│ DB号    │ (DBWn+24) │
├─────────┼───────────┤  ─ 指向格式字符串的指针
│ DBB号   │ (DBWn+26) │
├─────────┼───────────┤
│ 长度    │ (DBWn+28) │
└─────────┴───────────┘
```

**图7.46 FB4 P_PRINT 的指针 DB 的结构**

如果输入 R 为 1 状态，FB4"P_PRINT"将被置为初始状态，CP 340 的数据传输被中止。若 R 重新变为 0 状态，则会从头开始重新接收被中止的消息。已经被 CP 340 接收的数据将发送到打印机。如果 R 的输入一直为 1，打印请求被禁止。LADDR、DONE、ERROR、STATUS 的意义与 FB2 相同。

**7) 读取和控制 RS-232C 接口信号状态的功能块**

通信处理器上提供的 RS-232C 接口，除了有发送和接收信号外，还有如下辅助信号：
- DCD(Data carrier detect,输入),数据载波检测。
- DTR(Data terminal ready,输出),数据终端(CP)准备好。
- DSR(Data set ready,输入),数据设备(通信伙伴)准备好。
- RTS(Request to send,输出),CP 已准备好，请求发送。
- CTS(Clear to send,输入),清除发送。通信伙伴可以从 CP 340 接收数据,通信伙伴对 CP 340 信号线 RTS 为 1 状态的响应。
- RI(Ring indicator,输入),振铃指示,指示一个输入调用。

在遇到下列情况时使用 RS-232C 接口的辅助信号：
- 设置为自动使用 RS-232C 接口的辅助信号，此时不能使用 RTS/CTS 数据流控制,也不能使用 FC6 "V24_SET"进行 RTS 和 DTR 控制；
- 设置为 RTS/CTS 数据流控制,此时不能使用 FC6 "V24_SET"进行 RTS 控制；
- 在任何情况下都可以使用"V24_STAT"功能读取所有的 RS-232C 接口的辅助信号。

如果设置为自动使用 RS-232C 接口的辅助信号,则 CP 340 通过使用 RS-232C 接口进行通信时,通信过程具有如下：
- 一旦 CP 340 通过参数设置切换到使用 RS-232C 辅助信号的运行模式,它将 RTS 线置为 OFF,将 DTR 置为 ON,CP 340 准备好使用。

- 在DTR线被置为ON之前,不能发送和接收报文帧。DTR为OFF时,不能通过RS-232C接收数据。如果有发送请求,它将被中止并出现错误信息。
- 有发送请求时,RTS变为ON,在设置的数据输出等待时间到达时,如果CTS也变为ON,数据通过RS-232C接口发送,如图7.47所示。

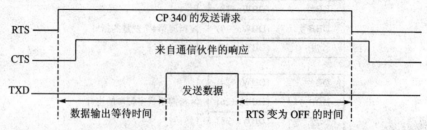

图7.47  RS-232C接口辅助信号时序图

- 在数据输出等待时间内,如果CTS没有变为ON,或者在传输期间CTS变为OFF,发送请求被中止,同时生成错误信息。
- 数据发送完成后,经过设置的时间,RTS线被置为OFF。CP 340并不等待CTS变为OFF。
- 只要DSR线为ON,RS-232C接口就可以接收数据。如果CP 340的接收缓冲区有可能溢出,CP 340不会响应。
- 如果DSR线由ON变为OFF,发送请求或接收过程将被中止,并产生一个错误信息。在CP 340的诊断缓冲区中将会出现信息"DSR=OFF"。

在S7-300中,用于读取和控制RS-232C接口的辅助信号的功能包括用于检查接口状态的FC5"V24_STAT"和用于设置/重设接口输出的功能FC6"V24_SET"。功能FC5和FC6参数的对应关系在表7.18中列出,它的梯形图指令如图7.44所示。

表7.18  FC5和FC6的参数

| 参数名称 | 声明 | 数据类型 | RS-232C名 | 说明 |
| --- | --- | --- | --- | --- |
| LADDR | IN | INT | | CP 340的地址 |
| DTR_OUT | OUT | BOOL | DTR | 数据终端准备好,CP准备操作,CP的输出 |
| DSR_IN | OUT | BOOL | DSR | 数据设备准备好,通信伙伴准备操作,CP的输入 |
| RTS_OUT | OUT | BOOL | RTS | CP准备好,请求发送,CP的输出 |
| CTS_IN | OUT | BOOL | CTS | 清除发送,通信伙伴可以从CP接收数据,CP的输入 |
| DCD_IN | OUT | BOOL | DCD | 数据载波检测,CP的输入 |
| RI_IN | OUT | BOOL | RI | 振铃指示,CP的输入 |
| RTS | IN | BOOL | RTS | CP准备好,请求发送,控制CP的输出 |
| DTR | IN | BOOL | DTR | 数据终端准备好,CP请求输出,控制CP的输出 |

FC5"V24_STAT"用于 CPU 从 CP 340 中读取 RS-232C 接口的辅助信号状态,并使这些信号在块参数中为用户所用。在循环中或在时间控制的程序中静态(无条件)地调用该功能以进行数据传输。

通过在用户程序中调用功能 FC6"V24_SET",可以置位或复位 RS-232C 的输出信号。

功能每次被调用时(循环轮询),RS-232C 的辅助信号被刷新。CP 340 每 20 ms 刷新一次输入/输出的状态。执行 FC5 和 FC6 这 2 个功能时,二进制结果 BR 位不受影响,功能不会产生错误信息,FC5 不占用数据区。

### 2. 用于 CP 341 通信处理器的功能块

#### 1) CP 341 通信处理器的通信功能

CP 341 通信处理器的通信功能与 CP 340 基本相同,读者可参考 7.5.3 小节中"CP 340 通信处理器的通信功能及通信实现",在此不再赘述。二者的不同点是,CP 341 支持 ASCII、3694(R)和 RK512 协议,不支持打印机驱动。

CPU 和 CP 341 之间一次最多只能用块传输 32 字节的连续数据。满足下述条件时允许超过 32 字节。

① 使用 3964(R)或 RK 512 协议时,在数据传送结束(DONE=1)之前,发送方不访问发送 DB。

② 使用 3964(R)协议时,接收方不访问接收 DB,除非已经接收完全部数据(NDR=1)后,EN_R 为 0,关闭接收 DB,直到数据被处理完。

③ 使用 RK 512 协议接收数据时使用了处理器通信标志位,接收方不访问接收 DB,除非已经接收到全部数据,在 NDR=1 时处理器通信标志位被置位 1 个循环周期。在处理完接收的数据之前不要将处理器通信标志位复位。

④ 使用 RK 512 协议准备数据时使用了处理器通信标志位,准备方不访问准备的数据,除非全部数据被通信伙伴取走,在 NDR=1 时处理器通信标志位被置位 1 个循环周期。在被取走的数据被处理完之前不要将通信标志位复位。

#### 2) CP 341 的组态和参数设置

先生成一个名为"CP341 点对点串通信"的项目,在项目中插入一个 S7-300 站点,然后对该站点进行硬件组态,插入电源、CPU 313、在第 4 槽插入 CP 341 模块,双击 CP 341 所在的行,出现如图 7.48 所示的属性对话框。在该对话框的 Address 选项卡列出了 CP 341 的输入输出地址,该地址由系统根据 CP 341 所在的槽位自动设置,用户无法更改;在 Basic Parameters 选项卡,可以设置是否允许 CP 341 产生中断以及 CPU 停止时 CP 341 的反应。

在属性对话框中单击 Parameter 按钮,将会出现如图 7.49 所示的点对点连接的参数设置对话框。在 Protocol 列表框中可以选择 3694(R)、ASCII Driver、RK 512 协议。选择协议后,

## 第7章 S7-300/400 工业通信网络

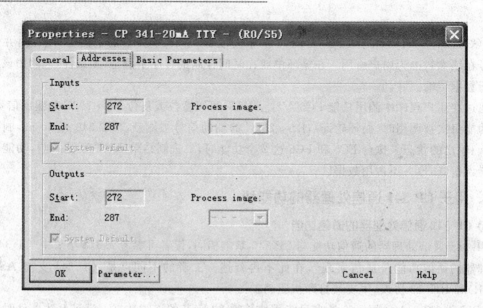

图 7.48 CP 341 属性设置对话框

双击 Protocol 就会进入相应的协议参数设置对话框,在其中可以对通信的各种参数进行设置,各参数的含义及使用方法与 7.5.2 小节所讲的协议的组态方法基本一致。

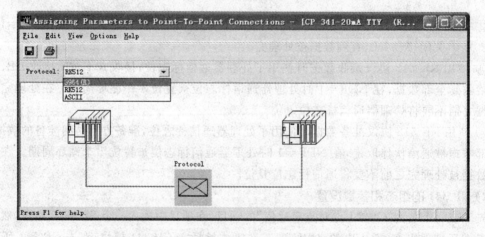

图 7.49 CP 341 通信协议参数设置对话框

3) 用于 CP 341 通信处理器的通信功能块

CPU 使用功能块 FB7"P_RCV_RK"从 CP 341 接收数据,用 FB8"P_SND_RK"向 CP 341 发送数据,可以使用的通信协议有 ASCII Driver、3964(R)和 RK 512。CPU 还可以使用功能 FC5"V24_STAT"和 FC6"V24_SET"读取和设置 CP 341 RS-232C 接口的辅助信号。FB7

和 FB8 的梯形图指令如图 7.50 所示，其中 DB20 和 DB21 分别是 FB7 和 FB8 的背景数据块。FB7 和 FB8 不做参数检查，如果参数设置出错，CPU 将进入 STOP 模式。

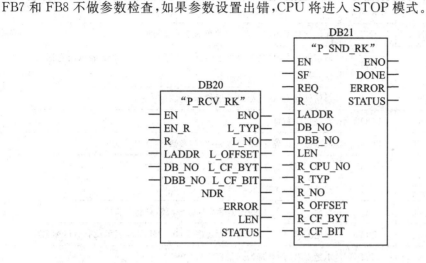

**图 7.50　用于 CP 341 的通信功能块**

FB7 和 FB8 的参数如表 7.19 所列，其中，3964(R) 不使用参数 R_CPU_NO、R_TYP、R_NO、R_OFFSET、R_CF_BYT 与 R_CF_BIT。

**表 7.19　FB7 和 FB8 的参数表**

| 参数名称 | 声明 | 数据类型 | 说明 |
|---|---|---|---|
| SF | IN | CHAR | 为'S'时发送数据，为'F'时读取数据 |
| REQ | IN | BOOL | 在该输入的上升沿初始化请求 |
| R | IN | BOOL | 取消请求，中止操作 |
| LADDR | IN | INT | STEP 7 中 CP 模块的基地址 |
| DB_NO | IN | INT | 由 CPU 指定的数据块编号，不能为 0 |
| DBB_NO | IN | INT | 数据块内的数据字节起始编号(0～8190) |
| LEN | IN | INT | 以字节为单位的要发送的数据长度(1～1024)，应为偶数 |
| DONE | OUT | BOOL | 请求正确完成，参数 STATUS=0，只保持 1 个 CPU 循环周期 |
| ERROR | OUT | BOOL | 请求完成但有错误 |
| STATUS | OUT | WORD | 如果 ERROR 为 1，STATUS 提供错误的详细信息 |
| R_CPU_NO | IN | INT | 通信伙伴的 CPU 编号(0～4)，仅用于多 CPU 模式，默认值为 1 |
| R_TYP | IN | CHAR | 通信伙伴 CPU 的地址类型，'D'为数据块，'X'为扩展数据块 |
| R_NO | IN | INT | 通信伙伴 CPU 的数据块编号(0～255) |

续表 7.19

| 参数名称 | 声明 | 数据类型 | 说明 |
|---|---|---|---|
| R_OFFSET | IN | INT | 通信伙伴 CPU 数据块内的数据字节起始编号 |
| R_CF_BYT | IN | INT | 通信伙伴 CPU 的处理器通信标志字节(0～255,255 表示没有通信标志) |
| R_CF_BIT | IN | INT | 通信伙伴 CPU 的处理器通信标志位(0～7) |
| EN_R | IN | BOOL | 允许接收数据 |
| NDR | OUT | BOOL | 请求已经正确完成,接收到数据,参数 STATUS 为 0 |
| L_TYP | OUT | CHAR | 本地 CPU(目的)的地址类型,'D'为数据块 |
| L_NO | OUT | INT | 本地 CPU(目的)的数据块编号(0～255) |
| L_OFFSET | OUT | INT | 本地 CPU(目的)的数据字节号(0～510,只能为偶数) |
| L_CF_BYT | IN | INT | 本地 CPU 的处理器通信标志字节(0～255,255 表示没有通信标志) |
| L_CF_BIT | IN | INT | 本地 CPU 的处理器通信标志位(0～7) |

**4) 用 FB8"P_SND_RK"和 3964(R)协议发送数据**

FB8 "P_SND_RK"将 CPU 数据块中的数据传送给 CP 341 通信处理器,在该功能块的参数中需要设置存放要发送数据的数据块编号 DB_NO、数据块中起始字节的地址 DBB_NO 和数据的长度 LEN。FB8 应该被无条件调用,调用语句可以在循环中或基于时间驱动的程序中。FB8 的执行需要一个 62 字节的背景数据块。

在输入信号 REQ 的上升沿,数据发送操作被激活,根据发送数据量的多少,发送过程可能需要几个循环周期。在发送期间,如果输入 R 为 1,将中止发送,并将 FB8"P_SND_RK"置为初始状态,但是已经传入 CP 341 的数据将继续发送给通信伙伴。如果 R 一直为 1 状态,不能激活发送操作。

LADDR 用来设置 CP 341 的起始地址。发送过程结束后,如果正确完成发送任务,DONE 为 1,输出 STATUS 的值为 0,否则输出 ERROR 为 1,STATUS 中为错误信息。

FB8 执行出错时,二进制结果位 BR 被复位,反之 BR 为 1。

**5) 用 FB7"P_RCV_RK"和 3964(R)协议接收数据**

FB7"P_RCV_RK"将 CP 341 接收缓冲区中的数据连续存放在指定的数据块中,在该功能块的参数中需要设置存放接收数据的数据块编号 DB_NO、数据块中起始字节的地址 DBB_NO 和数据的长度 LEN。FB7 的运行需要一个 60 字节的背景数据块。

如果输入信号 EN_R 为 1,软件查询是否可以从 CP 341 的接收缓冲区读取数据。EN_R 如果为 0,将中止正在进行的接收工作,且 ERROR 变为 1,并用 STATUS 给出错误信息。数据传输过程可能需要几个 CPU 的循环周期。

如果输入 R 为 1，FB7"P_RCV_RK"将被复位（置为初始状态），接收请求被中止，若 R 重新变为 0，从头开始接收被终止的报文。

如果数据接收操作正确完成，输出信号 NDR 为 1，且 STATUS 为 0，否则 ERROR 为 1，并由 STATUS 给出错误代码。

6) 用 FB8"P_SND_RK"和 RK 512 协议读取和发送数据（主动请求）

FB8"P_SND_RK"功能块可以通过将参数 SF 设置为"F"从远端通信伙伴处读取数据并放到由程序指定的 S7 数据存储区域中（相当于 CPU 31xC 的 SFB64"FETCH_RK"）；如果将参数 SF 设置为 S，则可以将本地 CPU 数据块中数据发送给 CP 341（相当于 CPU 31xC 的 SFB63"SEND_RK"）。

数据传输操作在输入 REQ 的上升沿启动，根据数据量的大小，数据传输操作可能会持续几个扫描周期。参数 LADDR 用来存放 CP 341 的地址，通信伙伴的地址由参数 R_CPU_NO 指定，R_TYP 参数指出了将要读取或发送的通信伙伴的数据类型，它们可以是数据块、扩展数据块、标志位、输入/输出存储区、定时器和计数器（发送时只能是数据块、扩展数据块）。R_NO 参数存放数据块编号，R_OFFSET 存放数据在数据块中的起始地址，R_CF_BYT 和 R_CF_BIT 定义了处理器内部通信标志位在通信伙伴 CPU 中的字节和位编号。取出或发送的数据在本地 CPU 存放的数据块和在数据块中的起始地址由 DB_NO 和 DBB_NO 参数定义。

FB8"P_SND_RK"的 DB_NO、DBB_NO 的作用与 SFB63"SEND_RK"的 SD_1 和 SFB64"FETCH_RK"的 RD_1 的相同。

用 FB8 和 RK 512 协议发送和读取数据的具体过程和参数设置请参阅 7.5.2 小节中"用于 RK 512 通信协议的 SFB"相关部分，在此不再详述。

7) 用 FB7"P_RCV_RK"和 RK 512 协议接收数据（被动请求）

FB7"P_RCV_RK"通过被动请求的方式将通信伙伴发送到 CP 341 接收缓冲区中的数据存放在指定的数据区中，通信伙伴是主动的。EN_R、LADDR、R、NDR、ERROR 和 STATUS 意义与使用 3964(R)协议时相同。

如果通信伙伴指定了目的数据块，接收到的数据将存放在由通信伙伴在 RK 512 报文帧头中指定的目的数据区。数据被存放时，本地 CPU 中目的数据区的类型 L_TYP、编号 L_NO、偏移量 L_OFFSET 和长度 LEN 出现 1 个循环周期。

如果通信伙伴指定了目的地址"DX"，接收到的数据将存放在参数 DB_NO 和 DBB_NO 指定的数据块中。

在接收数据之前，FB7 检查在 RK 512 报文帧头中指定的处理器通信标志位。只有该标志为 0，才传输数据。传输结束后，FB7 将该标志位置为 1，并使输出 NDR 保持一个循环周期的 1 状态。

在本地用户程序中检查处理器通信标志位以确定是否可以处理数据传输。一旦数据被处理完成，用户必须将处理器通信标志位复位为 0 状态，以便下一次发送请求可以被通信伙伴启动。

**8) 用FB7"P_RCV_RK"准备数据(被动请求)**

如果通信伙伴执行了FETCH请求,就没有必要调用FB7。FB7"P_RCV_RK"主要是在S7数据区准备传送到CP 341中的数据。

若输入信号RN_R为1状态,软件查询是否已为CP 341准备好数据。EN_R如果为0,将中止正在进行的主动传输,数据传输过程可能需要几个CPU的循环周期。

L_TYP、L_NO、L_OFFSET和LEN 分别是本地CPU中准备的源数据块的类型、编号、偏移量和长度,它们由第一个RK 512报文帧决定。FB7 "P_RCV_RK"功能块通过分析该报文帧中的信息,将请求的数据传送给CP 341。此时参数DB_NO和DBB_NO对于FB7没有意义。LADDR、R、NDR的意义和用法与使用3964(R)协议接收数据时相同。源数据被取走时,L_TYP、L_NO、L_OFFSET、L_CF_BYT、L_CF_BIT出现1个CPU循环周期。

在接收到数据帧之后,功能块检查在RK 512报文帧头中的处理器通信标志位。该标志位的状态为0,表示数据已经准备好。传输结束之后,功能块将处理器通信标志位置为1,并使输出NDR在一个循环周期内为1状态。

在本地用户程序中检查处理器通信标志位,确定要传输的数据是否可以访问。一旦数据被处理,用户必须将处理器通信标志位复位为0状态,为通信伙伴下一次读取数据的请求做好准备。

**9) 应用举例**

(1) 利用FETCH命令读取通信伙伴数据到本地CPU中

下面以两个CPU 341 RS-232C接口通信为例,介绍通信处理器应用RK512协议进行数据传输的具体实现。本例中使用FB8"P_SND_RK"读取通信方MB20~29的数据,然后存放到本地CPU的DB1.DBB0~19中。

系统所需硬件:S7-300 CPU 315-2DP两块,CP341 RS-232C接口两块,RS-232C电缆一根。系统所需软件:STEP 7 V5.3、点到点组态软件(随CP341包装,也可从网上下载)。本系统连接配置示意图如图7.51所示。

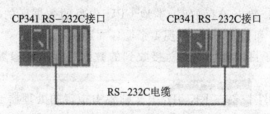

图7.51 系统连接配置示意图

将硬件按图连接,如果RS-232C电缆没有连接好,则CP341报警灯亮,在模块信息中可以诊断出断线故障。

首先新建一个项目,取名为 CP341_Serial_RK512,插入两个 S7-300 站,一个命名为 RK512_Active,作为主动站,另一个命名为 RK512_Passive,作为被动站。

组态 RK512_Active 主动站,依次插入机架、电源、CPU、CP341,接着就可以组态串行通信模块参数。在硬件组态窗口中,双击 CP341 所在的栏,在弹出的窗口中单击 Parameters 按钮,进入协议选择界面,选择协议 RK512,双击 Protocol 图标进入 RK512 参数设置窗口。在该窗口的 RK512 选项卡的 Protocol 栏中选择块校验报文中带有 BCC 校验,协议参数选择默认。在 Speed 栏中选择传输速率为 9 600 bps。在 Character 栏中选择数据位为 8 位、停止位 1 位、无校验、高优先级别,其他按默认设置。

用同样的方法组态 RK512_Passive 被动站,除了优先级设为低优先级外,其他参数的设置与 RK512_Active 主动站相同。

硬件和协议组态完成后,就可以进行软件编程工作了。在 CPU 中调用通信功能块,按组态的串行通信协议发送和接收数据。通信处理器不同,调用的通信功能块也是不一样的,如 CPU 31x PtP 分别是 SFB63 和 SFB64。在本例中使用的是 CP341,需要调用 FB8、FB7 作为发送和接收的通信功能块。

在主动站 RK512_Active 的 OB1 中调用 FB8 发送读取数据命令,语句表指令如下:

```
CALL    "P_SND_RK",DB8
    SF          := 'F'
    REQ         := M1.1
    R           :=
    LADDR       := 256
    DB_NO       := 1
    DBB_NO      := 0
    LEN         := 20
    R_CPU_NO    :=
    R_TYP       := 'M'
    R_NO        :=
    R_OFFSET    := 20
    R_CF_BYT    :=
    R_CF_BIT    :=
    DONE        := M1.2
    ERROR       := M1.3
    STATUS      := MW2
```

在发送通信功能块中只需要对下列参数进行设置。
SF:命令类型,S 为 SEND 命令,F 为 FETCH 命令。
REQ:发送请求,每个上升沿发送一帧数据。
LADDR:CP341 的逻辑地址。

DB_NO、DBB_NO:指定数据接收区域(FETCH 得到的数据存放到本地哪一个 DB 块中以及在该块中放置的起始字节)。

LEN:发送或读取数据的长度。

R_CPU_NO:需要读取(FETCH)对方第几个 CPU 的数据。S5-135、S7-400 一个机架上最多可以插 4 个 CPU,默认为。

R_TYP:FETCH 对方数据的类型,参考报文头第 4 个字节。

R_NO:FETCH 对方的 DB 块号。当 R_TYP 为'D'或'X'有效。

R_OFFSET:数据的偏移量或起始地址

R_CF_BYT:处理器通信标志位的字节号,M 区。

R_CF_BIT:处理器通信标志位的位号。例如,如果 R_CF_BYT=100,R_CF_BIT=4,则 FETCH 命令发送后,通信方 M100.4 被置位,用户必须复位后下一个 FETCH 命令发送才有效,默认没有通信标志位。

DONE:发送完成输出一个脉冲。

ERROR:发送失败,输出 1。

STATUS:状态字,存放功能块执行后的状态,如果 ERROR=1,则存放出错代码。

被动站接收到 FETCH 命令后,将准备命令中指定的数据,在被动站中必须调用接收通信功能块 FB7,被动站的语句表程序如下:

```
CALL   "P_RCV_RK",DB7
    ENR        :=TRUE
    R          :=
    LADDR      :=256
    DB_NO      :=
    DBB_NO     :=
    L_TYP      :=
    L_NO       :=
    L_OFFSET   :=
    L_CF_BYT   :=
    L_CF_BIT   :=
    NDR        :=
    ERROR      :=
    LEN        :=
    STATUS     :=
```

在接收通信功能功能块中,需要对下列参数进行赋值:RN_R,接受使能;LADDR,CP341 的逻辑地址;NDR,接受新数据输出一个脉冲;ERROR,接收失败,输出 1;LEN,输出接收字节的长度。

参数 DB_NO、DBB_NO 在此处没有实际意义,如果用户需要,在参数 L_X 中可以读出 FETCH 命令中指定的数据区,L_X 参数只是在接收到命令时输出一个扫描周期,用户需要编程才能捕捉到。

这样在主动站中,M1.1 产生一个上升沿时,将被动从站中 MB20 开始的 20 个连续字节读到本地数据块 DB1.DBB0 开始的 20 个字节中。

(2) 利用 SEND 命令发送本地 CPU 数据到通信伙伴的数据区

上例介绍了 FB7、FB8 FETCH 命令的使用方法,下面举例说明调用 FB7、FB8 的 SEND 命令把数据写到对方的缓冲区中的方法。硬件组态与上例相同,只是在发送接收的通信块中参数定义不同。本例要求传送主动站中 DB1.DBB0 开始的 20 个字节到被动站 DB1.DBB0 开始的 20 个字节中。

主动站中发送数据的语句表程序如下:

```
CALL  "P_SND_RK",DB8
    SF           :='S'
    REQ          :=M1.1
    R            :=
    LADDR        :=256
    DB_NO        :=1
    DBB_NO       :=0
    LEN          :=20
    R_CPU_NO     :=
    R_TYP        :='D'
    R_NO         :=1
    R_OFFSET     :=0
    R_CF_BYT     :=
    R_CF_BIT     :=
    DONE         :=M1.2
    ERROR        :=M1.3
    STATUS       :=MW2
```

在被动站接收数据需要调用 FB7,FB7 的作用就是响应 SEND 命令,将 CP 341 接收到的数据传送到 CPU 中,其语句表程序如下:

```
CALL  "P_RCV_RK",DB7
    ENR          :=TRUE
    R            :=
    LADDR        :=256
    DB_NO        :=
    DBB_NO       :=
```

## 第7章 S7-300/400工业通信网络

```
L_TYP       : =
L_NO        : =
L_OFFSET    : =
L_CF_BYT    : =
L_CF_BIT    : =
NDR         : =
ERROR       : =
LEN         : =
STATUS      : =
```

如果在SEND命令中指定通信伙伴的接收数据类型为X时,在参数DB_NO、DBB_NO中需要定义接收DI的块号和起始地址。可以在参数L_X中读出SEND命令中指定的数据区,L_X参数只是在接收到命令(NDR输出一个脉冲)时输出一个扫描周期,用户需要编程才能捕捉到。

主动站中,M1.1产生一个上升沿脉冲,则主动站将DB1.DBB0开始的20个字节的数据传送到被动站DB1.DBB0开始的20个字节中去。

由上述例子可以看出,在RK 512协议的应用中,CP 341的FETCH和SEND命令都需要通信伙伴调用接收功能块响应,不同的通信处理器接收响应的功能块不同,例如在S7-300C PtP CPU中专门利用SFB 65(SERVE_RK)来定义服务器端亦即被动站的数据来响应不同的命令。上面介绍的SEND和FETCH例子描述了利用RK 512协议进行数据通信的过程,在应用其他通信处理器进行基于RK 512协议的数据通信时,其过程是相同的。

### 3. 用于CP 440和CPU 441通信处理器的功能块

在S7-400中,用于点对点通信处理器的通信功能块如表7.20所列,其详细功能和使用方法请参阅西门子关于CP 440和CP 441的技术手册,在此不再详述。

表7.20 用于S7-400点对点通信处理器的通信功能块

| FB名称 | 功能说明 | CP类型 | 使用协议 |
| --- | --- | --- | --- |
| FB9 "RECV_440" | 接收通信伙伴的数据并存储在数据块中 | CP 440 | ASCII Driver/3964(R) |
| FB10 "SEND_440" | 将数据块中的部分或全部数据发送给通信伙伴 | CP 440 | ASCII Driver/3964(R) |
| FB11 "RES_RECV" | 复位CP 440的接收缓冲区 | CP 440 | ASCII Driver/3964(R) |
| SFB12 "BSEND" | 从S7数据区将数据发送到固定的通信伙伴目的区 | CP 441 | ASCII Driver/3964(R) |
| SFB13 "BRCV" | 从通信伙伴接收数据并发送到S7数据区 | CP 441 | ASCII Driver/3964(R) |
| SFB14 "GET" | 从通信伙伴读取数据 | CP 441 | RK 512 |
| SFB15 "PUT" | 用动态可变的目的区将数据发送到通信伙伴 | CP 441 | RK 512 |
| SFB16 "PRINT" | 将最多包含4个变量的报文文本输出到打印机 | CP 441 | PRINT Driver |
| SFB22 "STATUS" | 查询通信伙伴的设备状态 | CP 441 | |

## 7.6 PRODAVE 通信软件包及其应用

西门子的 PRODAVE(Process Data Traffic,过程数据交换)是用于 PC 与西门子的 S7 系列 PLC 通信的二次开发软件包,提供了大量的基于 Windows 操作系统的用于与 S7 系列 PLC 通信的 DLL 函数,用户可以在计算机的 VB、VC 等编程环境中调用这些函数,以解决 PC 和 PLC 之间的数据交换和数据处理问题。

在工厂自动化系统中,PLC 一般被安置在生产现场执行控制任务,但是其人机接口功能较差,而计算机(PC)可以使用各种各样的编程环境(如 VB、VC、Delphi 等)开发出基于 Windows 操作系统的相当精美和形象的图形人机界面(如现在各种组态软件),以及具有较强的联网通信功能,所以通过通信接口,将 PLC 和计算机连接起来,用计算机作为上位机,PLC 作为下位机,从而实现系统监控、人机接口、与上级网络的通信等功能,可以有效地使二者相互取长补短,组成功能强、可靠性高、成本低的控制系统。因此在工业控制系统中,PLC 与 PC 之间的通信是最常见和最重要的通信方式之一。西门子的 PRODAVE 就是为解决上述问题而研制的二次开发通信软件包。使用 PRODAVE,编程人员不需要熟悉复杂的通信协议,不用编写 PLC 一侧的通信程序,通过调用 PRODAVE 提供的动态链接库(DLL)中的函数就可以实现通信。另外,PC/MPI 适配器或 PC 的通信处理器同时可以兼作编程软件与 PLC 的通信接口。

### 7.6.1 PRODAVE 硬件配置

PRODAVE 可以用于 S7-200、S7-300/400、M7 和 C7 等西门子 S7 系列 PLC。通过下列硬件可以很方便地在 PLC 与 PC 之间建立数据链接(见图 7.52):

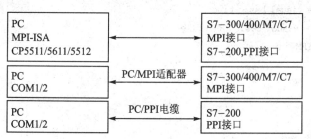

图 7.52 PC 与 PLC 的连接方式

- 用于 PC 的 MPI 通信处理器,如 CP 5411、CP 5511、CP 5611 等,通信速率可达 12 Mbps。
- 用于 S7-300/400 的 PC/MPI 适配器。
- 用于 S7-200 的 PPI 电缆。

## 7.6.2　PRODAVE 软件安装和参数设置

在 Windows 95/NT 下，PRODAVE 的安装过程与普通 Windows 应用程序的安装过程完全相同。成功安装完成后，如下 PRODAVE 组件都是可用的：

```
SIEMENS\PRODAVE\INCLUDE\
    W95_S7.H    = header file for PRODAVE - DLL
    KOMFORT.H   = header file for PRODAVE - DLL
    W95_S7.DEF  = definition file for PRODAVE - DLL
    KOMFORT.DEF = definition file for PRODAVE - DLL
SIEMENS\PRODAVE\LIB\
    W95_S7.LIB  = import library for PRODAVE - DLL
    KOMFORT.LIB = import library for PRODAVE - DLL
SIEMENS\PRODAVE\SAMPLE_VC\
    DEMO.EXE    = demo program
    DEMO.C      = source code demo program
    ICON1.ICO   = 32 x 32 icon
    DEMO.RC     = resource code demo program
    ERROR.DAT   = file with German error texts
    RESOURCE.H  = header file demo program
SIEMENS\PRODAVE\SAMPLE_VB\
    VBDEMO.MAK  = visual basic makefile
    ERROR.DAT   = file with German error texts
    VBDEMO.EXE  = visual basic demo program
    VBDEMO.BAS  = visual basic file
    VBDEMO.FRM  = visual basic FRM - file
    DBBUCH_FRM.FRM
    ERROR.FRM
    FLAG.FRM
    INFO.FRM
    LOAD.FRM
    READ_FRM.FRM
    STATUS.FRM
    TS_FRM.FRM
    TSINFO_FRM.FRM
    WRITE_FRM.FRM
WINDOWS\SYSTEM\
    W95_S7.DLL  = PRODAVE - DLL
    KOMFORT.DLL = enhanced - DLL
```

在安装完了 PRODAVE 软件包后,要实现 PLC 与 PC 的连接,还需要设置 PG-PC 的接口参数。假设使用 PC/MPI 适配器,则配置步骤如下:

(1) 选择菜单命令"开始"→"程序"→PRODAVE_S7→PGPC Interface,或在 SIMATIC Manager 中选择 Options→Set PG/PC Interface 菜单命令打开如图 7.53 所示额的接口参数设置对话框。

图 7.53　PG/PC 接口参数设置对话框

(2) 在 Interface Parameter Assignment 列表框中选择 PC Adapter(MPI),在 Access Point of the Application(应用程序访问点)列表框内选择 S7ONLINE(STEP 7)。

(3) 单击 Properties...(属性)按钮,打开属性对话框。将 MPI 栏中的 Transmission Rate (波特率)设置为 187.5 kbps,其他参数可以采用默认的设置。在 Local Connection 选项卡的 COM Port 选择框中设置实际使用的 PC 串口的编号,波特率可以设置为 19.2 kbps。

(4) 单击 OK 按钮完成设置。

## 7.6.3　PRODAVE 中与数据通信有关的函数

上述步骤完成后,就可以使用 PRODAVE 函数在 PC 上编写用户程序与 PLC 进行通信了。PRODAVE 提供两类数据通信函数,一类用于 S7-200,一类用于 S7-300/400,本节主要介绍用于 S7-300/400 的函数。用于 S7-200 的数据通信函数用法与 S7-300/400 的函数类似。

PRODAVE 的函数分为数据通信函数、数据处理函数和电话服务函数。数据通信函数用于建立、断开和激活 PC 与 PLC 的连接以及读、写 PLC 中的各种数据。数据处理函数用于 PC 中用户数据的转换和处理。电话服务函数用于将 PC 通过调制解调器和电话线与 PLC 建立远程连接(此书不介绍,具体请参阅附录中西门子 PRODAVE 用户手册)。

本节主要介绍在 VB 环境中调用 PRODAVE 函数的方法。

### 1. 与建立和断开连接有关的函数

与建立与断开连接有关的函数主要有以下 3 个:

load_tool(ByVal nr As Byte, ByVal dev As String, adr As plcadrtype) As Long:该函数用来初始化适配器,检查是否已经装载驱动器,初始化连接的地址,激活选定的接口。

new_ss(ByVal nr AS Long) As Long:该函数用来激活 PLC 和 PC 的连接,例如 new_ss(2) 表示激活 PC 与 MPI 地址为 2 的 PLC 的连接,也可以用它来重新建立已经关闭的连接。如果只有一个连接,可以不使用 new_ss 函数。

unload_tool():该函数用来断开 PC 与 PLC 的连接。

在 PC 和 PLC 通信之前,首先要用 load_tool 函数建立作为上位机的 PC 与作为下位机的 PLC 之间的连接。通信结束时必须用 unload_tool 函数断开 PC 与 PLC 的连接。

下面以具体例子来说明 PC 与 PLC 连接的建立与断开的编程方法。

举例:首先建立 PC 与 MPI 站地址编号为 2 的 PLC 之间的连接,然后从 PLC 的数据块 DB11 的 DBW10 开始读取 10 个连续字节到 PC 的 buffer 数组中。

在 VB 中调用 DLL 函数之前,必须在模块中用 Declare 语句声明程序中要使用的 DLL 函数,以便 Windows 能找到该函数。在声明 DLL 函数前,首先要声明 load_tool 中使用的用户自定义的数据类型 plcadrtype:

```
Type plcadrtype
    ADDRESS As Byte        //站地址,默认值为 2
    SEGMENTID As Byte      //段标识符,默认值为 0
    SLOTNO As Byte         //槽的编号,默认值为 2
    RACKNO As Byte         //机架号,默认值为 0
End Type
```

下面是程序中使用的库函数的声明:

```
Declare Function load_tool Lib "w95_s7.dll" (ByVal nr As Byte, ByVal dev As String, adr As
                                   plcadrtype) As Long    //建立连接
Decalre Function new_ss Lib "w95_s7.dll" (ByVal nr AS Long) As Long   //激活连接或重新建立已经关
                                                                       //闭的连接
Declare Function d_field_read Lib "w95_s7.dll" (ByVal db as Long, ByVal no As Long, ByVal amount As
Long, value As Byte) As Long    //从 db 数据块 no 字节开始读取 amount 字节数据,存放到 PC 的 value 数组中
```

```
Declare Function unload_tool Lib "w95_s7.dll" () As Long    //断开连接
```

nr 是 PC 要激活的连接的个数(1~32 个),dev 是用户驱动设备的名称(对于 MPI 驱动器,dev 为"S7ONLINE"),adr 是连接的地址列表。d_field_read 中的 db 是要读取的输出字节所在的数据块编号,no 是要读取的输出字节的起始地址,amount 是字节数,value 是计算机中保存读取的数据的数组变量。因为适配器不检查数据区的大小,所以从 PLC 中读取数据到 PC 时,PC 中存放读取数据的数据区必须足够大。

实现上述功能的程序代码如下:

```
Dim buffer(10) As Byte
Dim plcadr (2) As plcadrtype
plcadr(0).ADDRESS = 2
plcadr(0).SEGMENTID = 0
plcadr(0).SLOTNO = 2
plcadr(0).RACKNO = 0
plcadr(1).ADDRESS = 0                              //为 0 表示地址列表结束
res = load_tool (1,"S7ONLINE", plcadr)             //初始化 1 个连接,MPI 驱动器,plcadr 为地址列表
res = d_field_read (11,10, 10, buffer(0))          //读取 DB11 中从 DBW10 开始的 10 个字节
res = unload_tool()                                //断开连接
```

## 2. 读 PLC 字节的函数

函数:X_field_read (ByVal no As Long, ByVal amount As Long, value As Byte) As Long。

X 可取 e(输入映像存储区 I)、a(输出映像存储区 Q)或 m(位存储器 M),e 和 a 是德语的缩写。这些函数用来读取 PLC 的 X 地址区中从地址 no 开始的 amount 个字节的数据,存放在 PC 的数组变量 value 中。

例如,从已经建立的连接中,读取 PLC 中的 QB0、QB1 并保存在 VB 数组 buffer 中,省略声明部分、连接建立部分后的程序代码如下:

```
Dim buffer(2) As Byte                              //定义数组变量
error = a_field_read(0,2,buffer(0))                //读取 PLC 中的输出字节 QB0、QB1
If error<>0 then                                   //如果出错,显示错误信息
    TxtShow.Text = "a_field_read error: " & Hex(error)    //显示错误信息
Else
    TxtShow.Text = "Output Value: " & Hex(buffer(0)) & " " & Hex(buffer(0))  //操作正确,显示读取
                                                                            //的数据
End If
```

### 3. 写 PLC 字节的函数

函数：X_field_write (ByVal no As Long, ByVal amount As Long, value As Byte) As Long。

这其中包括 2 个函数，该类函数用来将存放在 PC 中的数组变量 value 中的数据写入 PLC 的 X 地址区从地址 no 开始的 amount 个字节中，X 可取 a 和 m。

### 4. 读/写数据块中的字节的函数

函数：d_field_read/write (ByVal db As Long, ByVal no As Long, ByVal amount As Long, value As Byte) As Long。

d_field_read 函数的主要功能是读取 PLC 编号为 db 的数据块中从地址 no 开始的 amount 个字节的数据，存放在 PC 的数组变量 value 中。d_field_write 将存放在 PC 的数组变量 value 中的 amount 个字节的数据，写入 PLC 编号为 db 的数据块中从地址 no 开始的区域。

### 5. 读/写数据块中的字的函数

函数：db_read/write (ByVal dbno As Long, ByVal dwno As Long, amount As Long, value As Integer) As Long。

函数中各变量的意义与 d_field_read/write 的类似，区别在于 amount 以字为单位。

### 6. 读定时器/计数器字的函数

函数：X_field_read (ByVal no As Long, ByVal amount As Long, value As Integer) As Long。

X 的取值可以为 t(定时器) 或 z(计数器)。这类函数从 PLC 的 X 地址区中读取从 no 开始的 amount 个定时器或计数器的当前值并存放在 PC 的数组变量 value 中。

举例：通过 PC 机读取 PLC 中 C0~C5 的当前值，存放到数组 buffer 中。

首先在 VB 的 Module 中声明该函数：

```
Declare Function t_field_read Lib "w95_s7.dll" (ByVal no As Long, ByVal amount As Long, value As Integer) As Long
```

程序代码如下：

```
Dim buffer(6) As Integer
Dim res As Long
res = z_field_read(0,6,buffer)
```

### 7. 写计数器字的函数

函数：z_field_write (ByVal no As Long, ByVal amount As Long, value As Integer)

As Long。

该函数将存放在 PC 中的数组变量 value 中的 amount 个字的数据写入 PLC 从地址编号为 no 开始的计数器区,改写的是计数器的当前值。

### 8. 标志位状态测试的函数

函数:mb_bittest （ByVal no As Long，ByVal bitno As Long，value As Boolean）As Long。

mb_bittest 检测地址为 no 的标志字节(即位存储器字节 MB)中的第 bitno 位。返回值 value 与该位的 0/1 状态相同。

### 9. 置位/复位标志位的函数

函数:mb_setbit/resetbit （ByVal no As Long，ByVal bitno As Long）As Long。

mb_setbit 和 mb_resetbit 分别将 PLC 中地址为 no 的标志字节(MB)的第 bitno 位置位和复位。这 2 个函数在使用时并不检查该标志位在 PLC 中是否存在。

### 10. 读混合数据的函数

函数:mix_read(data As mixdatatype, buffer As Byte) As Long。

该函数将 mixdatatype 指定的 PLC 的数据读入到 PC 的 buffer 缓冲区中,可以读下列数据类型:输入字节(E)、输出字节(A)、标志字节(M)、定时器字(T)、计数器字(Z)和数据块中的数据(D)。该函数一次最多从 PLC 中读取 20 个数据。若数据类型为 a、e、m,数据长度可以为字(w)或字节(b);若数据类型为 t、z、d,数据长度只能为字(w)。读取的数据按指定的结构和顺序存放。

举例:用 mix_read 函数读取输入字节 IB0、输出字节 QB1 以及数据块 DB11 的数据字 DW6,并将它们存放在 e、a、d 中。

首先在 VB 的 Module 中声明用户定义的数据类型 mixatatype,然后再声明该函数:

```
Type mixdatatype
    Type As byte              //数据类型,type = 0 表示列表结束
    size As Byte              //数据单位:字节'b'或字'w'
    dbno As Integer           //数据块编号,不访问数据块时,无此项
    no As Integer             //数据起始地址
End Type
Declare Function mix_read Lib "w95_s7.dll"( data As mixdatatype, buffer As Byte) As Long
```

程序代码如下:

```
Dim buffer(20)   As Byte
    Dim e,a As Byte
    Dim d As Integer
```

```
Dim data(10) As mixdatatype
Data(0).type = e : data(0).size = b : data(0).no = 0           //读 IB0 的参数
Data(1).type = a : data(1).size = b : data(1).no = 1           //读 QB1 的参数
Data(2).type = d : data(2).size = w : data(2).dbno = 11 : data(2).no = 6    //读 DB11 的参数
Data(3).type = 0                                               //为 0 表示序列结束
error = mix_read(data(0),buffer(0))                            //读混合参数
If error<>0 Then                                               //如果读数据出错
    TxtShow.Text = "mix_read error:" & Hex(error)              //显示错误信息
Else                                                           //否则,显示读取数据
    e = buffer(0) : a = buffer(1)
    d = CByte(buffer(2)) * 256 + CByte(buffer(3))              //buffer(2)中为 DBW6 高字节
    TxtShow.Text = "e = " & e & "a = " & a & "d = " & d
End If
```

### 11. 写混合数据的函数

函数 mix_write(data As mixdatatype,buffer As Byte)将 PC 中保存在 buffer 缓冲区中的数据写入 mixdatatype 指定的 PLC 的混合地址区中。数据类型 mixdatatype 与函数 mix_read 相同,该函数一次最多可以写 20 个数据。

### 12. 其他通信函数

ag_info (value As infotyp)用于读取 PLC 的信息(如 PLC 的软件版本号、PG 接口以及 PLC 的产品订货号等,该信息为一串以 0 为终止符的 ASCII 字符串)并将这些信息存储在 PC 的存储区中。

ag_zustand (value As Byte)用于读取 PLC 的状态。如果 PLC 处于 RUN 模式,则 value 为 0;若处于 STOP 模式,则 value 的值为非 0。

db_buch (value As Integer)用于检测某数据块是否存在。调用该函数需要预先设置至少 512 个字的缓冲区 buffer(512)。检测后,如果 buffer(x)不为 0,则数据块 DBx 存在,否则数据块 DBx 不存在,x 为 0~511 之间的常数。

## 7.6.4 PRODAVE 中与数据处理有关的函数

为了方便用户,PRODAVE 在 komfort.dll 中还提供了一些数据处理函数。常用的有位数据与字节数据的转换函数、浮点数格式转换函数、高低字节交换函数、位测试函数和错误信息函数等。

### 1. 位数据与字节数据的转换函数

函数 boolean_byte 可以将 8 位逻辑值转换为 1 字节的数据,byte_boolean 作相反的转换。

## 2. 浮点数格式转换函数

函数 gp_to_float 将 S7 的浮点数转换为 IEEE 格式的浮点数；float_to_gp 作相反的转换。

## 3. 高低字节交换函数

函数 kf_integer 交换一个 16 位整数变量的高字节与低字节的位置。

## 4. 位测试函数

函数 testbit 对字节变量的指定位进行测试，判断该位是否为 1。

## 5. 错误信息函数

函数 error_message 根据错误代码给出相应的错误信息文本。第一次调用该指令时读取存放错误文本的 ERROR.TXT 文件。

若传送的错误代码为 0，被装载的错误文本文件的文件名被传送到 buffer 缓冲区。如果没有有效的文件名，或者传送的是一个 ZERO(0) 指针，就从当前的目录读取 ERROR.DAT 文件。因此应保证 ERROR.DAT 文件存在并且与监控程序在相同的子目录中，否则不能读出与错误有关的文本信息。ERROR.DAT 最多可以存储 100 个错误文本。

error_message 函数执行正确时返回值为 0；执行错误时，返回值为非 0。

错误文本文件的结构为：

[错误代码(十六进制的 ASCII 码形式)]:[错误文本]

例如，0207：data segment can not be disable。

## 7.6.5 PRODAVE 应用实例

图 7.54 是水轮发电动机组监控系统组成示意图，图 7.55 是一个水轮机组 LCU（Local Control Unit，现地控制单元）的结构示意图。在水电站综合自动监控系统中，机组管理计算机（通常为工控机）是机组 LCU 的核心设备，它通过以太网与站级监控计算机系统连接，通过 RS-232 接口和 MPI 适配器与 PLC 连接，通过 CAN 总线等与发电动机保护单元、发电动机监控单元以及温度巡检仪等相连，形成三级或更多级的网络结构。用 VB 或 VC 编写机组管理计算机与 PLC 的通信程序，通过调用 PRODAVE 中的函数实现与 PLC 通信。站级监控管理计算机发出询问和控制指令后，先经过以太网传送到机组管理计算机，再由机组管理计算机与 PLC 通信，将站级监控管理计算机发出的询问和控制指令传送到 PLC，PLC 收到命令后自动响应，从而实现水轮发电动机组的自动监控过程。

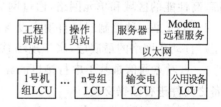

图 7.54 水轮发电机组监控系统

# 第 7 章　S7-300/400 工业通信网络

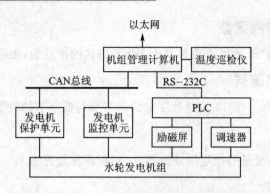

图 7.55　LCU(现地控制单元)结构

## 【本章小结】

西门子具有自己的与国际标准兼容的工业通信网络,以适应工业现场控制的需要。S7-300/400 系列 PLC 具有很强的网络通信能力,具有多种网络通信的硬件和与之相适应的软件,能满足各种工业控制环境下的联网要求。

1. S7-300/400 具有基本通信、全局数据通信和扩展通信三种方式,每种通信方式又可分为多种类型。

2. MPI 物理层采用 RS-485 标准。通过 MPI,S7-300/400 可以同时与多个设备建立通信连接。MPI 采用全局数据(Global Data,GD)通信模式,可以在 PLC 之间周期性地相互交换少量数据。

3. 西门子工业以太网是为工业应用专门设计的,遵循 IEEE 8023.3 标准的开放式、多供应商、高性能的区域和单元网络,通过网关可以连接远程网络。

4. As-i 是一种控制现场自动化设备(传感器、执行器)之间双向交换信息的总线网络,处于工厂自动化网络的最底层,属于现场总线(Fieldbus)下面底层的监控网络系统。

5. 点对点通信是基于串行接口的异步数据通信,使用 PtP 通信可在 PLC、计算机或简单设备之间件进行数据交换。

6. PRODAVE 是用于 PC 机及西门子的 S7 系列 PLC 通信的软件包,提供了大量的基于 Windows 操作系统的用于与 S7 系列 PLC 和 PC 通信的 DLL 函数和库函数,用户可以在计算机的 VB、VC 等编程环境中调用这些函数,以解决 PC 和 PLC 之间的数据交换和数据处理等问题。

**【复习思考题】**

1. 简述西门子工厂自动化系统的网络结构。
2. 西门子的 S7-300/400 可以提供哪些通信服务？主要通过什么方式来实现？
3. 西门子 S7-300/400 系列 PLC 通信可以分为哪几类？每类的特点和功能如何？
4. S7-300/400 PLC 的通信功能块有哪些？各有什么作用？
5. 简述如何组建 MPI 网络。
6. 简述 MPI 通信的全局数据通信的组态步骤。
7. 西门子工业以太网网络部件主要有哪些？
8. 简述 AS-i 的网络结构。
9. 西门子 AS-i 网络的基本组成部件主要有哪些？
10. 简述西门子 AS-i 网络的工作阶段。
11. S7-300/400 用于点对点通信的通信处理器的通信功能块主要有哪些？

# 第 8 章

# S7-300/400 与 PROFIBUS 现场总线

**主要内容：**
- PROFIBUS 的组成、结构、设备分类以及 S7-300/400 与 PROFIBUS 有关的硬件
- PROFIBUS 的数据链路层通信协议、PROFIBUS-DP/PA/FMS 以及 S7-300/400 PROFIBUS 网络配置方案
- 基于组态的 PROFIBUS 通信：主站与智能从站主从通信方式的组态、直接数据交换通信方式的组态
- 用于 PROFIBUS 通信的系统功能与系统功能块
- PROFINet 通信标准、网络结构及应用

**重点和难点：**
- PROFIBUS 的组成、结构、设备分类以及 S7-300/400 与 PROFIBUS 有关的硬件
- PROFIBUS 的数据链路层通信协议、PROFIBUS-DP/PA/FMS 以及 S7-300/400 PROFIBUS 网络配置方案
- 基于组态的 PROFIBUS 通信：主站与智能从站主从通信方式的组态、直接数据交换通信方式的组态
- 用于 PROFIBUS 通信的系统功能与系统功能块

PROFIBUS 是 Process Fieldbus 的缩写，是一种国际性的开放式现场总线标准，也是目前国际上最通用、最成功的现场总线之一。所谓现场总线是指安装在生产过程区域的现场设备/仪表与控制室内的自动控制装置/系统之间的一种串行、数字式、多点通信的数据总线。其中，"生产过程"包括断续生产过程和连续生产过程两类。或者，现场总线是以单个分散、数字化、智能化的测量和控制设备作为网络节点，用总线相连接，实现相互交换信息，共同完成自动控制功能的网络系统与控制系统。

同时，PROFIBUS 又是一个工业控制系统用现场总线，主要用于过程控制和制造业的分布式控制，其数据传输速率和网络规模可按使用场合不同而灵活调整，各种各样的自动化设备均可以通过同样的接口交换信息。由于其独特的技术特点、严格的认证规范、开放的标准，推出后不久即得到众多厂商和标准协会的支持。PROFIBUS 既可用于有实时要求的高速数据通信，也可用于大范围的复杂通信场合，目前已被广泛应用于加工制造、过程和楼宇自动化、

PLC 和基于 PC 的自动化系统。PROFIBUS 已被纳入现场总线的国际标准 IEC 1158（即 IEC 61158）和欧洲标准 EN50170，并于 2001 年被定为我国的国家标准 JB/T 10308.3—2001。PROFIBUS 在 1999 年通过的 IEC 61158 中称为 Type 3，后来新增的 PROFINet 规范作为 IEC 11658 的 Type 10。

## 8.1 PROFIBUS 的组成及结构

PROFIBUS 可以采用主-主、主-从或混合通信方式。主站决定总线的数据通信，当主站得到总线控制权（令牌）时，没有外界请求也可以主动发送信息，故主站也称为主动站。从站为外围设备，典型从站包括：输入/输出装置、阀门、驱动器、测量发送器等。它们没有总线控制权，仅对收到的信息给与确认或当主站发出请求时向主站发送信息，故从站也称为被动站。由于从站只需总线协议的一小部分，所以实施起来特别经济。

PROFIBUS 由三部分组成（见图 8.1），分别是：PROFIBUS-DP（Decentralized Periphery，分布式外围设备）、PROFIBUS-PA（Process Automation，过程自动化）和 PROFIBUS-FMS（Fieldbus Message Specification，现场总线报文规范）。

图 8.1 PROFIBUS 组成

PROFIBUS 网络体系结构及与 OSI 7 层对应关系如图 8.2 所示。

### 1) PROFIBUS-FMS

在工业现场通信中，这是最通用的模块，用于完成以中等传输速度进行的循环或非循环通信任务。PROFIBUS-FMS 定义了主站和从站之间的通信模型，它使用了 OSI 7 层参考模型的第 1、2、7 层。第 7 层（应用层）包括现场总线信息规范 FMS 和底层接口 LLI（Low Layer Interface）。FMS 包含应用层协议和向用户提供的通信服务。LLI 建立各种类型的通信关系，并给 FMS 提供不依赖于具体设备和硬件的第 2 层访问接口。第 2 层（总线数据链路层）提供总线访问控制和保证数据传输的可靠性和完整性。

FMS 主要用于在系统级和车间级的不同供应商的自动化系统之间进行数据通信，处理单元级（PLC 和 PC）的数据通信。功能强大的 FMS 服务可在广泛的应用领域内使用，并为解决

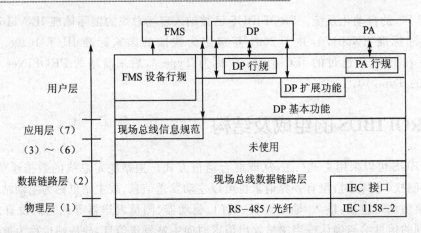

图 8.2 PROFIBUS 网络体系结构及与 OSI 7 层模型的对应关系

复杂通信任务提供了很大的灵活性。

**2) PROFIBUS-DP**

是一种经过优化的高速而便宜的通信模块,专用于对时间有苛刻要求的自动化系统中单元级控制设备与分布式 I/O 之间的通信,属于多主通信方式。使用 PROFIBUS-DP 可取代价格昂贵的 24 V 或 4～20 mA 的模拟信号传输。

PROFIBUS-DP 使用第 1 层、第 2 层和用户接口层,第 3～7 层未用,这种精简的结构确保了数据传输的高速性。直接数据链路映像 DDLM 提供对第 2 层的访问,用户接口规定了设备的应用功能、PROFIBUS-DP 系统和设备的行为特性。

PROFIBUS-DP 和 PROFIBUS-FMS 使用相同的传输技术(RS-485 或光纤)和统一的总线访问协议,因而这两套系统可在同一根电缆上同时进行操作。

PROFIBUS-DP 特别适合于 PLC 和现场分布式 I/O 设备(如西门子公司的 ET200)之间的通信。主站之间的通信为令牌方式,主站与从站之间的通信为主从方式以及令牌和主从方式的混合。

S7-300/400 系列 PLC 有的配有集成 PROFIBUS-DP 接口,也可以通过通信处理模块(CP)连接到 PROFIBUS-DP 网络。

**3) PROFIBUS-PA**

这是西门子公司专为过程自动化而设计的主要用于过程自动化的现场传感器和执行器的低速数据传输。它使用扩展的 PROFIBUS-DP 协议进行数据传输,此外还执行规定现场设备特性的 PA 设备行规。传输技术符合 IEC1158.2 标准,确保了本质安全和通过总线对现场设备供电,可以用于防爆区域的传感器和执行器与中央控制系统的通信。使用 DP/PA 耦合器和 DP/PA LINK 可以很容易地将 PA 设备集成到 PROFIBUS-DP 网络中。

PROFIBUS-PA 使用屏蔽双绞线电缆,由总线提供电源。在危险区域每个 DP/PA 链路可以连接15个现场设备,在非常危险区域每个DP/PA链路可以连接31个现场设备。此外基于PROFIBUS,还推出了用于运动控制的总线驱动技术PROFI-drive和故障安全通信技术PROFI-safe。

另外,对于西门子PLC系统,PROFIBUS提供2种更为优化的通信方式:S7通信和S5兼容通信。PROFIBUS-S7(PG/OP通信)使用了第1层、第2层和第7层,特别适合于S7 PLC与HMI(PC)或编程器之间的通信,也可以用于S7-300和S7-400之间的通信。PROFIBUS-FDL(与S5兼容通信)使用了第1层和第2层,数据传输速度快,特别适合于S7-300、S7-400和S5 PLC相互之间的通信。

**4) 采用PROFIBUS的S7 PLC特点**

采用现场总线PROFIBUS,由SIMATIC S7 PLC构成的系统具有以下特点:
- PLC、I/O模块、智能化现场总线设备可通过现场总线连接;
- I/O模块可安装在传感器和执行器附近;
- 过程信号可就地转换和处理;
- 编程可采用传统的组态方式;
- 用于车间级和现场级的国际标准,数据传输速率最大为12 Mbps,响应时间的典型值为1 ms,当PROFIBUS网络的传输速率大于1.5 Mbps时,需要其他部件;
- 最多可接127个从站。

## 8.2 PROFIBUS的物理层

### 8.2.1 PROFIBUS物理层概述

物理层是ISO/OSI参考模型的第1层,它为通信提供物理信道。该层主要涉及建立保持和拆除物理链路所需的机械特性、电气特性、功能特性和过程特性,如通信所采用的介质类型、信号电平大小与波形以及传输速率等。物理层是通信网上各设备之间的物理接口,它负责把数据以某种信号形式从一台设备直接传送到另一台设备。物理层协议主要规定了以下4个特性:

① 机械特性。规定了连接器和插件的规格、安装方式等,例如RS-232C在该层规定使用25芯或9芯连接器。

② 电气特性。规定了传输线上传输信号的电平、传输距离、传输速率等。

③ 功能特性。规定了连接器内各插脚的功能。例如,对于RS-232C,在实际应用中可根据需要选用有关的接口线,但其中常用的三条线是用来发送数据、接收数据和信号地线。

④ 过程特性。规定了信号之间的时序关系,以便正确地发送和接收数据。

PROFIBUS可以使用多种通信介质(电、光、红外线以及混合方式),数据传输速率为

# 第8章 S7-300/400 与 PROFIBUS 现场总线

9.6 kbps~12 Mbps。使用屏蔽双绞线电缆时,最长通信距离为 9.6 km,使用光缆时,最长通信距离为 90 km,最多可以接 127 个从站。另外 PROFIBUS 可以使用灵活的拓扑结构,支持总线型、树型、环型结构以及冗余通信模式,支持基于总线的驱动技术和符合 IEC 61508 的总线安全通信技术。

PROFIBUS 的物理层主要提供了三种数据传输型式:用于 PROFIBUS-DP/FMS 的 RS-485 和光纤传输,用于 PROFIBUS-PA 的 IEC 1157.2 传输。下面分别加以介绍。

## 8.2.2 PROFIBUS-DP/FMS 的物理层

PROFIBUS 标准对于不同的传输技术定义了唯一的介质访问协议。PROFIBUS-DP/FMS 使用相同的传输技术和统一的总线访问协议,可以在一根电缆上同时运行,广泛应用于制造业、智能大厦、设备驱动等领域。下面介绍用于 PROFIBUS-DP/FMS 的 RS-485 传输(电缆传输)和光纤传输。

### 1. DP/FMS 的 RS-485 传输(电缆传输)

DP/FMS 物理层符合 EIA RS-485 标准(也称为 H2),可采用价格便宜的屏蔽双绞线电缆,当电磁干扰较小时也可以采用非屏蔽双绞线电缆。一个总线段的两端各有一套有源的总线终端匹配器(见图 8.3),数据传输速率为 9.6 kbps~12 Mbps。早期有些设备只支持到 1.5 Mbps,现在大多数设备可以达到 12 Mbps。所选的传输速率应适用于连接到总线段上的所有设备。一个总线段最多带 32 个站,加中继器最多可有 127 个站,串联的中继器一般不超过 3 个,如图 8.4 所示。

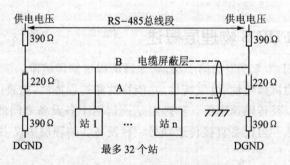

图 8.3 PROFIBUS-DP/FMS 单总线段结构

利用中继器可以延长网络距离,增加接入网络的设备数量,并且提供了一个隔离不同网络段的方法。在数据传输速率是 9600 bps 时,PROFIBUS 允许一个网络段最多有 32 个设备,最长距离 1200 m。总线长度与传输速率有关,速率越高,总线长度越短。每个中继器允许网络增加另外的 32 个设备。每个中继器都为网络提供偏置和终端匹配。中继器没有站地址,但是被计算在每段的最大站数中。

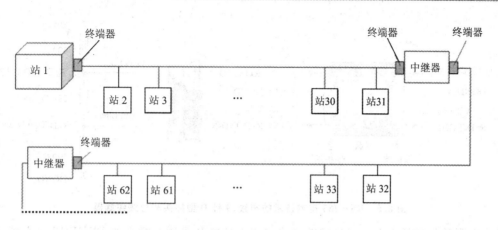

图 8.4　PROFIBUS-DP/FMS 多总线段结构

PROFIBUS 标准对 DP/FMS 的 RS-485 传输推荐总线站与总线使用 9 针 D 型连接器进行连接。D 型连接器的插座与总线站相连,而 D 型连接器的插头与总线电缆连接。连接器接线如表 8.1 所列。RS-485 传输技术的布线、9 针 D 型插头和总线终端器如图 8.5 所示。

表 8.1　RS-485 D 型连接器引脚功能

| 引脚号 | 信号名称 | 说　明 |
| --- | --- | --- |
| 1 | SHIELD | 屏蔽或功能地 |
| 2 | M24 | 24 V 辅助电源输出的地 |
| 3 | RXD/TXD-P | 接收/发送数据正端,B 线 |
| 4 | CNTR-P | 方向控制信号正端 |
| 5 | DGND | 数据基准电位(信号地) |
| 6 | VP | 供电电压正端 |
| 7 | P24 | 24 V 辅助电源输出正端 |
| 8 | RXD/TXD-N | 接收/发送数据负端,A 线 |
| 9 | CNTR-N | 方向控制信号负端 |

RS-485 采用半双工、异步数据传输方式,以帧为数据传输的基本单位,一个数据帧由 8 个数据位、1 个起始位、1 个停止位和 1 个奇偶校验位共 11 位组成。

在数据传输期间,A、B 线上的波形相反。信号为 1 时,B 线为高电平,A 线为低电平。各报文间的空闲状态对应于二进制信号"1"。

在数据线 A、B 两端均应加接总线终端匹配器(见图 8.5)。总线终端匹配器的下拉电阻与数据基准电位 DGND 相连,上拉电阻与供电正电压 VP 相连。总线上没有站发送数据时,

## 第8章 S7-300/400 与 PROFIBUS 现场总线

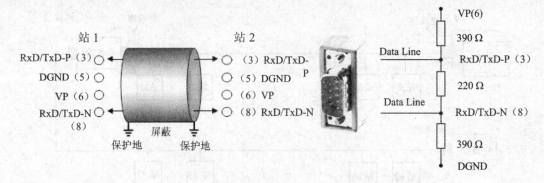

图 8.5 RS-485 传输技术的布线、9 针 D 型插头和总线终端器

这两个电阻确保总线上有一个确定的总线空闲电位。几乎所有标准的 PROFIBUS 总线连接器上都集成了总线终端匹配器，可以由跳线或开关来选择是否使用它。

当 RS-485 总线上数据传输速率大于 1.5 Mbps 时，由于连接的站的电容性负载引起导线反射信号，因此必须使用附加有轴向电感的总线连接插头。

表 8.2 列出了 PROFIBUS 网络电缆的规范。PROFIBUS 网络电缆的最大长度取决于通信速率和电缆类型。如果使用屏蔽编织线或屏蔽箔时，应在电缆两端与保护地连接，数据线必须与高压线隔离。表 8.3 列出了传输速率和网络段最大电缆长度之间的关系。

表 8.2 PROFIBUS 网络电缆规范

| 通用特性 | 规范 |
|---|---|
| 类型 | 屏蔽双绞线 |
| 导体面积 | ≥24AWG(0.22 mm²) |
| 电缆电容 | <60 pF/m |
| 阻抗 | 100～120 Ω |

表 8.3 PROFIBUS 中网络段的最大电缆长度

| 传输速率 | 最大电缆长度/m |
|---|---|
| 9.6～93.75 kbps | 1 200 |
| 187.5 kbps | 1 000 |
| 500 kbps | 400 |
| 1～1.5 Mbps | 200 |
| 3～12 Mbps | 100 |

### 2. DP/FMS 的光纤传输

对于长距离或电磁干扰严重的恶劣环境中通过 PROFIBUS 网络进行数据传输，这时 RS-485 网络往往不能满足要求，需要考虑使用光纤作为传输介质。利用光纤作为传输介质时，西门子 PLC 接入 PROFIBUS 网络可以采用两种方式：一是使用集成于模板上的光纤接口，二是利用 OLM(光纤链路模块)扩展 PROFIBUS 的电气接口。

1) 利用集成于模板上的 PROFIBUS 光纤接口组成的光纤网络

集成光纤接口的主要是一些应用 PROFIBUS-DP 协议的模块和通信卡，如 IM467 FO、IM153-2 FO、CP 342-5 FO 等。这些模块连接的光纤为塑料光纤和 PCF 光纤。使用塑料光纤时,两个站点的最大距离为 50 m,PFC 光纤从 50 m~300 m 有 7 档可选。如果普通的 PROFIBUS 站点设备只有电气口,没有光纤接口,可以通过 OBT(Optical Bus Terminal)连接一个电气接口设备到光纤网上。OBT 是一个有源元件,在网段里也占一个站点。

**2) 利用 OLM 组成的 PROFIBUS 光纤网络**

在实际中,应用最多和最常见的光纤网络是利用 OLM(Optical Link Module)模块将电气信号转换为光信号,然后再组成光纤网络。OLM 光纤模块按连接的介质不同可分为 3 种:OLM/P11、OLM/P12 连接塑料光纤(传输距离 80 m)和 PFC 光纤(传输距离 300 m);OLM/G11、OLM/G12 连接波长为 850 nm 的多模玻璃光纤(传输距离 10 km);OLM/G11-1300、OLM/G12-1300 连接波长为 1300 nm 的单模或多模玻璃光纤(传输距离 15 km)。G11 表示一个 RS485 电气接口和一个光纤接口,由于只有一个光纤接口,因此不能扩展,只能用于总线头尾两端设备;G12 表示一个 RS-485 电气接口和两个光纤接口,可以扩展并用于总线上任何地点。OLM 是一个有源元件,在网段里也占一个站点。

PROFIBUS-DP/FMS 利用 OLM 进行组网,可以有总线型、星型和双光纤冗余的环型三种网络拓扑结构。在单光纤环中,OLM 通过单工光纤相互连接,如果光纤断线或 OLM 出现故障,整个环路将会崩溃。在冗余双光纤环中,OLM 通过 2 根光纤双工连接,如果 2 根光纤中的一根出现故障,总线系统将自动切换为线性结构。光纤故障排除后,总线系统即返回到正常的冗余环状态。

**3. DP/FMS 的其他传输方式**

除了电气接口和光纤接口外,其他一些厂商符合 PROFIBUS 规约的网络接入设备也可以扩展 PROFIBUS 网络,例如利用红外线接口和激光接口。这些设备都有相同的特点,就是带有 RS-485 电气接口和相应的其他通信介质接口,如西门子公司的网络元件 ILM 和 PRB 等。

ILM(Infrared Link Module)通过红外线进行数据通信,适用于通信设备之间短距离的前后左右移动,电缆敷设不方便的场合。PBR(Power Rail Booster)用于固定 PROFIBUS 站点与在滑轨上移动的站点之间的数据交换。

## 8.2.3 PROFIBUS-PA 的物理层

根据 IEC 500.1 中的定义,在线路中的本质安全型设备,在正常或故障条件下,不可能释放出足够的电能或热能使一个特定环境的混合物点燃。本质安全的实现技术主要包括采取电气和机械隔离、电流和电压限制等措施。在对本质安全有要求的系统中,一般要求在供电电源和供电电源末端端子之间加装安全栅。

PROFIBUS-PA 采用符合 IEC 1158.2 标准的传输技术,这种技术可以确保本质安全,并通过总线直接给现场设备供电,以满足石油化工等对本质安全型设备的要求。IEC 1158.2 传输技术是一种位同步协议,数据传输使用非直流传输的曼彻斯特编码协议(也称 H1 编码)。

使用曼彻斯特编码传输数据时,从 0(−9 mA)到 1(+9 mA)的上升沿发送二进制数"0",从 1 到 0 的下降沿发送二进制数据"1",数据传输速率为 31.25 kbps。传输介质为屏蔽或非屏蔽双绞线,允许使用线型、树型和星型网络。总线段的两端用一个无源的 RC 线终端器来终止(100 Ω电阻与 1 μF 电容的串联电路)。在一个 PA 总线段上,最多可以连接 32 个站,加中继器后,总数最多为 126 个,最多可以扩展 4 台中继器。最大总线段长度取决于供电装置、导线类型和所连接站的电流消耗。

为了增加系统的可靠性,总线段可以用冗余总线段作备份。段耦合器或 DP/PA 连接器用于 PA 总线段与 DP 总线段的连接。

IEC 1158.2 传输技术的特性如表 8.4 所列。

表 8.4 IEC 1158.2 传输技术特性

| 数据传输 | 数字式,位同步,曼彻斯特编码 |
|---|---|
| 传输速率 | 31.25 kbps,电压式 |
| 数据可靠性 | 预兆性,避免误差采用起始和停止限定符 |
| 传输介质 | 双绞线(屏蔽或非屏蔽) |
| 远程电源 | 可选附件,通过数据线 |
| 防暴型 | 可进行本质和非本质安全操作 |
| 拓扑结构 | 线型、树型、星型 |
| 站数量 | 每段最多 32 个,总数最多 126 个 |
| 中继器 | 可扩展至最多 4 台 |

### 8.2.4 PROFIBUS-DP 设备分类

PROFIBUS-DP 设备可以分为以下三种类型:

**1) 第 1 类主站(DPM1)**

DP-1 类主设备(DPM1)可构成 DP-1 类主站。这类设备是一种在给定的信息循环中与分布式站点(DP 从站)交换信息,并对总线通信进行控制和管理的中央控制器。DPM1 可以发送参数给从站,读取 DP 从站的诊断信息。此外,它还可以将控制命令发送给个别从站或从站组,以实现输出数据和输入数据的同步。典型的 DPM1 设备有:可编程控制器(PLC)、微机数值控制(CNC)或计算机(PC)等,如带有集成了 DP 接口的 CPU(CPU 315-2 DP、CPU 313C-2 DP 等)、没有集成 DP 接口的 CPU 加上支持 DP 主站功能的通信处理器(CP)、插有 PROFIBUS 网卡(如 CP 5411、CP 5511 网卡)的 PC 可以用软件功能选择作第 1 类主站或作编程监控的第 2 类主站、ET200 S/ET200 X 的主站模块等。

**2) 第 2 类主站(DPM2)**

DP-2 类主设备(DPM2)可构成 DP-2 类主站。这类设备在 DP 系统初始化时用来生成系统配置,是 DP 系统中组态或监视工程的工具。除了具有 1 类主站的功能外,可以读取 DP 从站的输入/输出数据和当前的组态数据,可以给 DP 从站分配新的总线地址。属于这一类的装置包括编程器、组态装置和诊断装置、上位机等,如插有 PROFIBUS 网卡(如 CP 5411、CP 5511 网卡)的 PC 可以用软件功能选择作第 1 类主站或作编程监控的第 2 类主站、操作员面板/触摸屏(OP/TP)等。

### 3) DP 从站

DP-从设备可构成 DP 从站。这类设备是 DP 系统中直接连接 I/O 信号的外围设备。典型 DP-从设备有分布式 I/O、ET200、变频器、驱动器、阀、操作面板等。在 DP 网络中,一个从站只能被一个主站所控制,这个主站是该从站的 1 类主站;如果网络上还有编程器和操作面板控制从站,这个编程器和操作面板是该从站的 2 类主站。另外一种情况,在多主网络中,一个从站只有一个 1 类主站,1 类主站可以对从站执行发送和接收数据操作,其他主站只能可选择地接收从站发给 1 类主站的数据,这样的主站也是从站的 2 类主站,它不直接控制该从站。

根据它们的用途和配置,可将 DP 从站设备分为以下几种:

① 紧凑型 DP 从站。紧凑型 DP 从站具有不可更改的固定结构输入和输出区域。一般没有程序存储器,不能执行程序控制,只能通过通信适配器接收主站的命令,按主站指令驱动 I/O,并将 I/O 输入及故障诊断信息返回给主站。通常分布式 I/O 由主站统一编址,对主站来说,使用分布式 I/O 与使用本地 I/O 没有什么区别。西门子的 ET200B 分布式 I/O 就是紧凑型 DP 从站。它们都有 PROFIBUS-DP 通信接口,可以作 DP 网络的从站。

② 模块式 DP 从站。模块式 DP 从站具有可变的输入和输出区域,可以用 SIMATIC Manager 的 HW config 工具进行组态。ET200M 是模块式 DP 从站的典型代表,可使用 S7-300 全系列模块,最多可有 8 个 I/O 模块,连接 256 个 I/O 通道。ET200M 需要一个 ET 200M 接口模块(IM 153)与 DP 主站连接。

③ 智能型 I/O。在 PROFIBUS-DP 系统中,某些带有集成 DP 接口的 CPU,或 CP 342-5 通信处理器可用作智能 DP 从站。它们有自己的 CPU,可以存储和执行用户程序,在 PLC 的存储器中有一片特定区域作为与主站通信的共享数据区,主站通过通信间接地控制从站的 I/O。

从站提供给 DP 主站的输入/输出区域不是实际 I/O 模式下用的 I/O 区域,而是从站 CPU 专门用于通信的输入/输出映像区,必须用 STEP 7 组态软件 HW Config 来定义。

④ 具有 PROFIBUS-DP 接口的其他现场设备。如西门子的 SITRANS 现场仪表、MicroMaster 变频器、SINUMERIK 数控系统、SIMOREG DC-MASTER 直流传动装置,其他公司支持 DP 接口的输入/输出模块或设备、传感器、执行器,以及其他智能设备等,都有 PROFIBUS-DP 接口或可选的 DP 接口,可以作 DP 从站接入 PROFIBUS-DP 网络。

### 8.2.5　S7-300/400 PROFIBUS 网络部件

S7-300/400 有很多与 PROFIBUS 通信有关的通信处理器,使用户可以很方便地将 S7-300/400 与 PROFIBUS 网络连接。S7-300 中与 PROFIBUS 有关的通信处理器主要有 CP 342-5(FO)、CP 343-5;S7-400 中与 PROFIBUS 有关的通信处理器主要有 CP 443-5。此外,S7-300/400 中还有 CP 5613(FO)、CP 5614(FO)、CP 5611 等专门用于将 PC/PG 和 PROFIBUS 进行连接的网卡。

**1. CP 342-5 通信处理器**

CP 342-5 通信处理器(外形见图 8.6)是将 SIMATIC S7-300 系列 PLC 连接到 PROFIBUS-DP 总线系统的低成本的 DP 主/从站接口模块。它具有自己的 CPU,通过 PROFIBUS 进行配置和编程,通过 FOC 接口可以直接连接到光纤 PROFIBUS 网络,最高通信速率 12 Mbps。通过 IM 360/361 接口模块,CP 342-5 也可以工作在扩展机架上。

CP 342-5 作为 DP 主站自动处理数据传输,通过它可以将 DP 从站(例如 ET 200)连接到 S7-300。CP 342-5 提供同步(SYNC)、锁定(FREEZE)和共享输入/输出功能。CP 342-5 也可以作为 DP 从站,允许 S7-300 与其他 PROFIBUS 主站交换数据。这样可以进行 S5/S7、PC、ET 200 和其他现场设备的混合配置。

CP 342-5 的通信功能用于在 S7 系列 PLC 之间、PLC 与计算机和人机接口(操作员面板)之间通信。通过 CP 342-5 可以对所有连接到网络上的 S7 站进行远程编程和组态。

CP 342-5 使用嵌入到 STEP 7 的 NCM S7 软件进行配置,模块的配置数据存放在 CPU 中,CPU 启动后自动将配置参数传到 CP 模块。

图 8.6　CP 342-5 外形

CP 342-5 FO 是带光纤接口的 PROFIBUS-DP 主站或从站,用于将 S7-300 和 C7 通过光纤接口连接到 PROFIBUS 中,最高传输速率为 12 Mbps。该模块的其他性能与 CP 342-5 相同。

通过 CP 342-5 FO,S7-300 和 C7 可以直接与带集成光纤接口的 ET 200 I/O、带 CP 5613 FO/5614 FO 的 PC 等部件进行通信。通过使用 IM 467 FO 和 CP 325-5 FO 可以进行 S7-300 和 S7-400 之间的通信,通过使用光纤总线端子(OBT)可以与其他 FROFIBUS 节点通信。

**2. CP 343-5 通信处理器**

CP 343-5 是用于连接 S7-300 和 PROFIBUS-FMS 的接口模块,通过 PROFIBUS 进行简单的配置和编程,支持 PROFIBUS-FMS、S7 通信功能及 PG、OP 通信协议,数据传输速率为 9.6 kbps~1.5 Mbps，主要用于和操作员站的连接。

### 3. CP 443-5 通信处理器

CP 443-5 是用于 S7-400 与 PROFIBUS-DP 总线连接的通信处理器，分基本型和扩展型。它提供下列通信服务：S7 通信、S5 兼容通信、PG/OP 通信、PROFIBUS-FMS 通信。可以通过 PROFIBUS 进行配置和远程编程，实现时钟同步，在 H 系列中实现冗余的 S7 通信或 DP 主站通信，通过 S7 路由器在网络间进行通信。扩展型 CP 443-5 作为主站运行时，支持 SYNC、FREEZE 功能、从站到从站的直接通信和通过 PROFIBUS-DP 发送数据记录等。

### 4. 用于 PC/PG 的通信处理器

用于 PC/PG 的通信处理器主要有 3 种，具体分类和用途见表 8.5。通过这些通信处理器可以将 PC/PG 连接到 PROFIBUS 网络中，支持标准 S7 通信、S5 兼容通信、PG/OP 通信和 PROFIBUS-FMS。

表 8.5 用于 PC/PG 的通信处理器

|  | CP 5613/CP 5613 FO | CP 5614/CP 5614 FO | CP 5611 |
| --- | --- | --- | --- |
| 可以连接的 DP 从站数 | 122 | 122 | 60 |
| 可以并行处理的 FDL 任务数 | 120 | 120 | 100 |
| PC/PG 和 S7 的连接数 | 50 | 50 | 8 |
| FMS 的连接数 | 40 | 40 | — |

- CP 5613 是带微处理器的 PCI 卡，用于将 PC 机连接到 PROFIBUS，有一个 PROFIBUS 接口，仅支持 DP 主站功能。
- CP 5614 用于将工控机连接到 PROFIBUS，有两个 PROFIBUS 接口，可以将两个 PROFIBUS 网络连接到 PC，网络间可以交换数据，可以作 DP 主站或从站。
- CP 5611 用于将带 PCMCIA 插槽的笔记本电脑连接到 PROFIBUS 和 S7 的 MPI，有一个 PROFIBUS 接口，可以作 DP 主站或从站。

## 8.3 PROFIBUS 的高层协议

### 8.3.1 总线访问控制协议及数据链路层报文格式

#### 1. 总线访问控制协议

根据 OSI 参考模型，数据链路层规定总线访问控制、数据可靠性以及传输协议和报文处理等。3 种 PROFIBUS(FMS、DP、PA)使用一致的总线访问控制协议。在 PROFIBUS 中，第

2 层称为现场总线数据链路层（Fieldbus Data Link，FDL），由介质访问控制（Media Access Control，MAC）来具体控制数据传输程序。MAC 必须确保在任何时刻只能有一个站点发送数据。

PROFIBUS 的设计必须满足 MAC 的 2 个基本要求：

① 在复杂的自动化系统（即主站）间的通信，必须保证在确切限定的时间间隔内，任何一个站点要有足够的时间来完成通信；

② 在复杂的控制器和简单的 I/O 设备（即从站）间通信，应尽可能快速又简单地完成数据的实时传输。

使用上述总线介质存取访问方式可以实现的系统配置有纯主-从系统（单主站）、纯主-主系统（多主站）和混合系统（多主-多从）3 种系统配置。

纯主-从系统（单主站）：可实现最短的总线循环时间。以 PROFIBUS - DP 系统为例，一个单主系统由一个 DP-1 类主站和 1～125 个 DP-从站组成。典型系统如图 8.7(a)所示。

纯主-主系统（多主站）：若干个主站可以用读功能访问一个从站。以 PROFIBUS - DP 系统为例，多主系统由多个主设备（1 类或 2 类）和 1～124 个 DP-从设备组成。典型系统如图 8.7(b)所示。

混合系统（多主-多从）：采用混合的总线访问机制，通信分为主站之间的令牌（Token）传递方式和主站（Master）与从站（Slave）之间的主从方式。典型系统如图 8.7(c)所示。

在 PROFIBUS 中，主站之间是基于令牌环网的方式来决定总线访问控制权，令牌只在各主站之间通信时使用。令牌其实是一种特殊的报文，它在所有主站之间循环一周的最长时间是事先规定的。令牌传递程序保证了每个主站在一个确切规定的时间内得到总线访问控制权。当某主站得到令牌后，该主站可以在一定时间内执行通信工作。在这段时间内，它可以按照主-从通信关系表与所有从站通信，也可以按照主-主通信关系表与所有主站通信。各主站令牌具体保持时间取决于为该令牌配置的循环时间和该主站通信量的大小。

令牌环是按照主站地址构成的逻辑环。逻辑环是在总线初始化阶段，由主站介质访问控制（MAC）通过辨认主站来建立的。令牌在规定的时间内按照地址的升序在各主站中依次传递。令牌经过所有主站轮转一次所需的时间称为令牌轮转时间，该时间是可以调整的。

在总线运行期间，MAC 负责把断电或损坏的主站从环中去除，将新上电的主站加入到逻辑环中。此外，PROFIBUS MAC 还包括检测传输介质及收发器是否损坏，检查站点地址是否出错（如地址重复）以及令牌错误（如多个令牌或令牌丢失等）等功能。

主站与从站之间基于主从通信方式。主从方式允许主站在得到总线访问令牌时可与从站通信。此时，主站按主-从通信关系表依次访问从站，主站与从站间的通信由主站发出的请求帧和从站返回的有关应答帧组成。

### 2. 数据链路层报文格式

PROFIBUS 现场总线数据链路层（FDL）的另一个重要任务是保证数据的完整性。它可

# 第8章 S7-300/400 与 PROFIBUS 现场总线

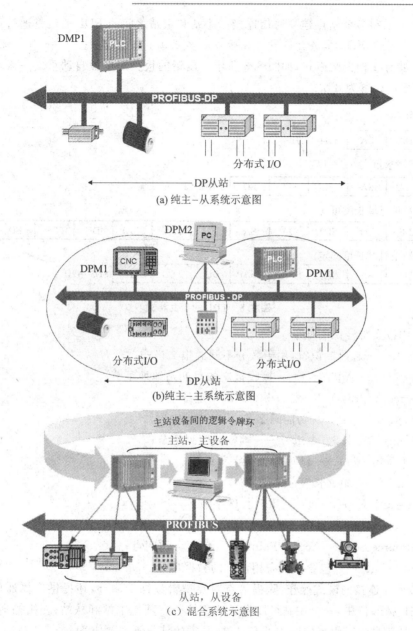

图 8.7  PROFIBUS 系统配置

以提供高等级的数据传输安全保证,能有效地检测出错位,所有报文的海明间距为 4(即在数据报文中,可以检查出最多 3 个同时出错的位),发送方和接收方能同时触发发送和接收响应。PROFIBUS FDL 的每一个站点都具有令牌功能,通信以令牌环的方式进行数据交换,每一个

# 第8章 S7-300/400 与 PROFIBUS 现场总线

FDL 站点都可以和多个站点建立通信连接。主站和主站之间的 FDL 通信是通过调用发送和接收功能块实现的,FDL 服务允许发送和接收最多 240 字节的数据。

FDL 主要有 4 种报文格式,如图 8.8 所示。出错的报文至少被自动重发一次,在 FDL 中重发次数最多可设置为 8 次。

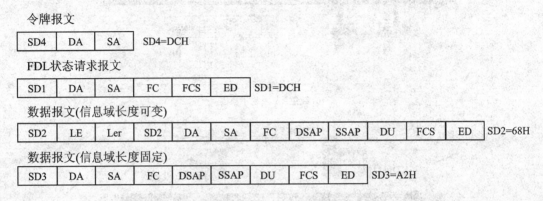

图 8.8 FDL 的报文格式

图 8.8 中报文符号说明如下:

SD1~SD4——起始标识符,用于区分不同的报文格式;

DA(Destination Address)——接收报文的目的站地址字节;

SA(Source Address)——发送报文的源站地址字节;

FC(Function Code)——功能码字节;

FCS(Frame Check Sepuence)——帧校验序列字节;

ED(End Delimiter)——结束分界符字节;

LE(Length)——报文长度字节;

LER(Length Repeated)——重复长度字节;

DSAP(Destination Service Access Point)——目的服务访问点;

SSAP(Source Service Access Point)——源服务访问点;

DU(Data Unit)——包含报文有用信息的数据单元。

FDL 按照非连接的模式操作,除提供点对点逻辑数据传输外,还提供广播通信及组播通信功能。在广播通信中,一个主站可以发送信息给所有其他主站和从站;在组播通信中,一个主站可以发送信息给一组特定的主站和从站,数据的接收不需要应答。

在 PROFIBUS-FMS、DP 和 PA 中,分别使用了第 2 层服务的不同子集,上层通过第 2 层的服务访问点(SAP,分为源服务访问点 SSAP 和目标服务访问点 DSAP)来调用这些服务。在 PROFIBUS-FMS 中,这些服务访问点用来建立逻辑通信地址的关系表;在 PROFIBUS-DP 和 PA 中,每个服务访问点都分配一个明确的功能。

## 8.3.2 PROFIBUS-DP 功能及 PROFIBUS 行规

在 PROFIBUS 现场总线中，PROFIBUS-DP 应用最广。PROFIBUS-DP 主要用于中央控制器(如 PLC)同分散的现场设备(如分布式 I/O、驱动器、阀门等)间的高速数据传输。此外，PROFIBUS-DP 还负责智能化现场设备与中央控制器进行非周期性通信，以进行配置、诊断和报警等处理。典型的 DP 配置是单主站结构，也可以是多主站结构。

PROFIBUS-DP 的功能经过不断发展，目前共有 3 个版本：DP-V0、DP-V1、DP-V2。

### 1. PROFIBUS-DP 的基本功能(DP-V0)

中央控制器周期性地读取从设备输入的信息并周期性地向从设备发送信息，总线循环时间应小于中央控制器的循环时间(约 10 ms)。除周期性用户数据传输外，PROFIBUS-DP 还提供了强有力的诊断和配置功能。

PROFIBUS-DP 的基本功能如下：

**1) 总线访问**

各主站间为令牌传送，主站与从站间为主-从循环数据传送；支持单主站或多主站系统，总线上最多 126 个站。

**2) 通  信**

可以采用点对点(用户数据传送)或广播(控制指令)方式实现循环主-从用户数据通信及主-主之间数据通信。

① 循环主-从用户数据通信。可以实现中央控制器(PLC、PC 或过程控制系统等 DPM1)和分布式现场设备(从站，如 I/O、阀门、变送器等)之间的高速循环数据交换。主站发出请求报文，从站收到后返回响应报文。

循环主-从用户数据传送是由 DPM1 按照确定的递归顺序自动进行的。总线循环时间与网络中站点的数量和传输速率有关，应小于中央控制器的循环时间(约 10 ms)。每个从站可以传送 224 字节的输入或输出数据。在对总线系统进行组态时，用户定义 DP 从站与 DPM1 的关系，确定哪些从站被纳入信息交换的循环，哪些被排除在外。

② 主-主数据通信。PROFIBUS-DP 允许主站之间的数据交换，即 DPM1 和 DPM2(系统配置、诊断、管理设备)之间的数据交换。该功能可使配置和诊断设备通过总线对系统进行配置组态，如改变 DPM1 的操作方式，动态地允许或禁止 DPM1 与某些从站之间的数据交换等。

**3) 诊断功能**

PROFIBUS-DP 的诊断功能可以对站级(本站设备一般操作状态的诊断)、模块级(站点内某个具体 I/O 模块的故障诊断)、通道级(模块内的某个输入/输出通道的故障诊断)3 级故障进行诊断和快速定位。

#### 4) 基于 PROFIBUS 网络的组态和控制功能

基于 PROFIBUS 网络的组态和控制功能主要有:动态激活或关闭从站,对 DP 主站进行配置,设置站点的数目、DP 从站地址和输入/输出数据格式、诊断报文的格式,检查从站的组态等。控制命令可以同时发送给所有从站(广播)或部分从站(组播)。

#### 5) 可靠性和保护功能

所有信息都按海明距离 HD=4 进行传输。

DP 主站对每个从站都用单独的监控定时器监视与从站的通信,在规定的监控时间内,如果没有执行用户数据传送,将会使监控定时器超时。此时,如果参数 Auto_Clear 为 1,DPM1 将退出运行模式,并将有关的从站的输出置于安全故障状态,然后进入 Clear(清除)状态。

DP 从站用看门狗定时器(WatchDog Timer)检测与主站的数据传输,如果在设定的时间内没有完成数据通信,从站自动地将输出切换到故障安全状态。

在多主站系统中,对 DP 从站的输出进行存取保护,只有授权的主站才能直接访问,其他站可以读但是不能写。

#### 6) 输出同步与输入锁定功能

输出同步(SYNC)是指主站可以发送同步命令给一个或一组从站,使这些从站的输出被锁定在当前状态,在这之后的用户数据传输中,输出数据存储在从站,但是它的输出状态保持不变。同步模式用"UNSYNC"命令来解除。

输入锁定(FREEZE)是指主站发送锁定命令使指定的一组从站的输入数据锁定在当前状态,直到主站发送下一个锁定命令时才可以刷新。锁定模式用"UNFREEZE"命令来解除。

#### 7) 运行模式

PROFIBUS-DP 规范包括了对系统行为的详细描述以保证设备的互换性,系统行为主要取决于 DPM1 的操作状态,这些状态由本地或总线上的配置设备(DPM2)所控制,主要有以下 3 种状态:

> 运行状态。输入和输出数据的循环传送,DPM1 由从站读取输入信息并向从站写入输出信息。

> 清除状态。DPM1 读取从站输入信息,并使输出信息保持为故障-安全状态。

> 停止状态。只能进行主-主数据传输,DPM1 和 DP 从站之间没有数据传送。

DPM1 设备在一个预先设定的时间间隔内,以有选择的广播方式将它的状态周期性地发送到每个指定的 DP 从站。如果在 DPM1 的数据传输过程中发生错误(例如一个 DP 从站有故障,且 DPM1 的组态参数"Auto_Clear"为 1),DPM1 立即将所有有关的 DP 从站的输出数据转入清除状态,DP 从站将不再发送用户数据,然后 DPM1 转入清除状态。如果该参数为 0,在 DP 从站出现错误时,DPM1 仍停留在运行状态,由用户进行处理。

#### 8) GSD 组态

在工业自动化中,由于历史原因,GSD(General Station Data,电子设备数据文件)文件使用较多,它适用于较简单的应用,主要用于不同 PROFIBUS 设备简单的即插即用配置。PROFIBUS 设备的特性均在电子设备数据库文件(GSD)中具体说明,标准化的 GSD 数据将通信扩大到操作员控制级。使用基于 GSD 的组态工具可将不同厂商生产的设备集成在同一总线系统中,既简单又对用户友好。

GSD 文件可以分为 3 个部分:

① 一般规范,这部分包括生产厂商和设备的名称,硬件和软件的版本状况,支持的波特率,可能的监视时间间隔以及总线插头的信号分配等;

② 与 DP 主站有关的规范,这部分包括只运用于 DP 主站的各项参数(如连接从站的最大个数,上载/下装选项等),对从站没有规定;

③ 与 DP 从站有关的规范,这部分包括与从站有关的规范(如输入/输出通道的数量和类型、中断测试的规范以及输入/输出数据一致性的信息等)。

GSD 文件是 ASCⅡ文件,可以用任何一种 ASCⅡ编辑器(如计事本、UltraEdit 等)编辑,也可使用 PROFIBUS 用户组织提供的编辑程序 GSDEdit 编辑。GSD 文件由若干行组成,每行都用一个关键字开头,包括关键字和参数(无符号数或字符串)两部分。GSD 文件中的关键字可以是标准关键字(在 PROFIBUS 标准中定义)或自定义关键字。标准关键字可以被 PROFIBUS 的任何组态工具所识别,而自定义关键字只能被特定的组态工具识别。

下面是一个 GSD 文件的内容:

```
#Profibus DP                         ;DP 设备的 GSD 文件均以此关键字存在
GSD Revision = 1                     ;GSD 文件版本
VendorName = "Meglev"                ;设备制造商
Model Name = "DP Slave"              ;产品名称,产品版本
Revision = "Version 01"              ;产品版本号(可选)
RevisionNumber = 01                  ;产品识别号
IdemNumber = 0x01
Protocol Ident = 0                   ;协议类型(表示 DP)
StationType = 0                      ;站类型(0 表示从站)
FMS Supp = 0?                        ;不支持 FMS,纯 DP 从站
Hardware Realease = "HW1.0"          ;硬件版本
Software Realease = "SW1.0"          ;软件版本
9.6 supp = 1                         ;支持 9.6 kbps 波特率
19.2 supp = l                        ;支持 19.2 kbps 波特率
MaxTsdr 9.6 = 60                     ;9.6 kbps 时最大延迟时间
MaxTsdrl9.2 = 60                     ;19.2 kbps 时最大延迟时间
RepeaterCtrl sig = 0                 ;不提供 RTS 信号
24VPins = 0                          ;不提供 24 V 电压
Implementation Type = "SPC3"         ;采用的解决方案
```

```
FreezeMode Supp = 0              ;不支持锁定模式
SyncMode Supp = 0                ;不支持同步模式
AutoBaud Supp = 1                ;支持自动波特率检测
Set SlaveAdd Supp = 0            ;不支持改变从站地址
Fail Safe = 0                    ;故障安全模式类型
MaxUser PrmDataLen = 0           ;最大用户参数数据长度(0～237)
Usel prmDataLen = 0              ;用户参数长度
Min Slave Imervall = 22          ;最小从站响应循环间隔
Modular Station = 1              ;是否为模块站
MaxModule = 1                    ;从站最大模块数
MaxInput Len = 8                 ;最大输入数据长度
MaxOutput Len = 8                ;最大输出数据长度
MaxData Len = 16                 ;最大数据的长度(输入输出之和)
MaxDiagData Len = 6              ;最大诊断数据长度(6～244)Slave
Family = 3                       ;从站类型
Module = "Module1"0x23,0x13      ;模块1,输入输出各4字节
EndModule
Module = "Module2"0x27,0x17;     ;模块2,输入输出各8字节
EndModule
```

### 2. PROFIBUS-DP 的扩展功能

DP 的扩展功能可选,且与基本功能兼容,能满足某些复杂场合的应用要求。DP 扩展功能通常通过软件更新的办法来实现。DP 的扩展功能分为 DP-V1 和 DP-V2 两种。

**1) DP-V1 扩展功能**

(1) DPM1、DPM2 与 DP 从站间的非循环数据交换

除了 DP-V0 的功能外,DP-V1 最主要的特征是具有主站与从站间的非循环数据交换功能,它可以用来进行参数设置、诊断和报警处理等。非循环数据交换和循环数据交换是并行执行的,但是优先级较低。

DPM1 可以通过非循环数据通信读写从站的数据块,以组态从站,设置从站参数等。DPM1 与 DP 从站间的非循环通信功能是通过附加的服务存取点 51 来执行的。在服务序列中,DPM1 与从站建立的连接称为 MSAC-C1,它与 DPM1 和从站之间的循环数据传送连接 MSCY-C1 紧密联系在一起。连接建立成功后,DPM1 与从站之间通过 MSCY-C1 连接进行循环数据传输,通过 MSAC-C1 连接进行非循环数据交换。

DP 扩展功能允许 DPM2 对 DP 从站的任何数据块进行非循环读/写服务。DPM2 与从站建立的连接称为 MSAC-C2。一个从站可以同时保持几个活动的 MSAC-C2 连接,连接建立后,通过 DDLM 读写服务进行用户数据传送。在传送用户数据过程中,允许任何长度的间歇。需要的话,DPM2 在这些间歇中可以自动插入监视报文(IDLE-PDUs),如果检测到故

障,将自动终止主站和从站的连接。

DPM1 和 DPM2 与从站的非循环数据交换都是通过对从站数据块的读写进行的。对数据块寻址时,PROFIBUS 假设从站的物理结构是模块化的(即从站由被称为"模块"的逻辑单元构成)。在 DP 基本功能中,这种模型也用于数据的循环传送。每一模块的输入/输出字节为常数,在用户数据报文中按固定的位置来传送。

数据块寻址过程是基于标识符的,标识符用来标识模块的类型,包括输入或输出、数据字节等,从站的所有标识符报文组成从站的配置,并在启动时由 DPM1 进行检查。

所有能被访问的数据块都被认为属于某个模块,它们可以通过槽号和索引来寻址。槽号用来确定模块地址,索引用来确定指定模块的数据块地址,每个数据块最多 244 字节。数据块读写寻址如图 8.9 所示。

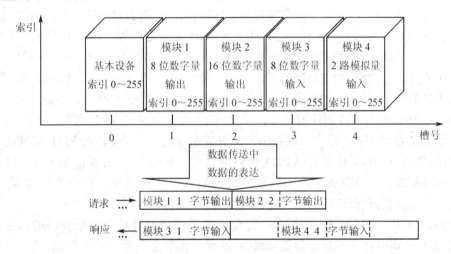

图 8.9 数据块读写寻址示意图

对于模块化的设备,模块被指定槽号,从 1 号槽开始,槽号按顺序递增,0 号槽留给设备本身。紧凑型设备被视为虚拟模块的一个单元,也用槽号和索引来寻址。在数据块读写过程中,可以通过长度信息对数据块的一部分进行读写。如果数据块读写成功,则 DP 从站发送正常的读写响应,否则 DP 从站发送否定应答,并对问题进行分类。

(2) 工程内部集成的 EDD 和 FDT

随着新一代分布式系统和智能仪表的迅速发展,工业生产现场的各类仪器仪表越来越多且越来越复杂。在这种情况下使用 GSD 组建和维护一个控制系统需要用到多种配置设备的工具,使得系统的配置费时费力,而且工程技术人员必须到现场直接操作;另外,设备生产厂商也要开发和维护自己的配置工具,增加设备开发成本,并且不同厂家的设备之间不可互操作。基于这种状况,20 世纪 90 年代初人们在 HART 技术中引入了 EDD(Electronic Device Description,电子设备描述)技术。

EDD技术把设备的属性从配置工具的软件代码中转移到一个数据集合中,并利用EDDL(Electronic Device Description Language,电子设备描述语言)描述设备的属性,存储在现场设备中或安装在主机的组态软件中,通过通信协议(如FF、HART等)在现场设备和控制系统之间交互。

EDD描述了设备的组态维护和功能。它包含了一个自动控制系统构成部件的所有设备参数。设备厂商提供的设备的EDD一般包含的信息有:设备参数的描述、参数相关性的描述、设备参数的逻辑分组、选择和执行设备支持的功能、所传送的数据集的描述等。

EDD的最大优点是它能用统一规范的描述语言描述来自不同生产厂商的不同种类设备的属性,能方便快捷地构建分布式控制系统,降低了设备生产商的成本;并能实现远程配置、调试、校准、诊断设备。此外,它还具有易于更新、易于存储、支持多语言等优点。但EDD技术在对复杂设备的描述,设备信息的可视化描述等方面都存在一定的局限性。现在,由于现场设备越来越复杂,EDD作为一种简单的描述性语言在处理复杂的设备时越来越显出了它的局限性。在这种情况下,ZVEI(德国电工器材工会)最早提出了FDT(Field Device Tool)技术。它是一种软件接口描述技术,一方面提供了与主机系统的接口,使得以FDT标准开发的软件工具能集成到基于Windows的主机系统中;另一方面提供了设备生产商开发设备描述DTM(Device Type Manager)软件组件的接口。

FDT的核心技术DTM是现场设备生产商开发的软件组件,安装在FDT框架应用程序中,并利用微软的ActiveX技术访问FDT提供的服务。利用FDT提供的服务,DTM可提供对所有现场设备的访问。设备生产商需要实现的功能和信息以程序代码的形式写入DTM中,如警告、配置信息、设备描述文档、参数的有效检测、诊断功能等。

由于FDT采用COM技术,设备生产商和软件工具开发者可以根据自己的需要开发软件,例如设备生产商可以开发自己的驱动程序,设计设备信息显示的图形界面,引入专家诊断系统等,然后以DLL(动态链接库)的方式把开发的软件组件集成到FDT应用框架中,这样设备生产商可以通过软件的方式扩展设备的功能,以自己的风格描述设备在控制过程中的信息。

(3) 故障安全通信 PROFI-safe

PROFI-safe定义了与故障安全有关的操作和信息,以及故障安全设备怎样用故障安全控制器在FROFIBUS上进行通信。PROFI-safe考虑了在串行总线通信中可能发生的故障,例如,数据的延迟、丢失、重复、损坏以及错误的时序、地址等。针对以上故障,PROFI-safe采取的安全措施有:输入报文帧的超时及确认机制;发送与接收之间的口令以及附加的数据通信安全措施(如采用CRC校验等)。

(4) 扩展的诊断报警功能

DP从站通过诊断报文将报警信息传送给主站,主站收到后发送确认报文给从站。从站收到后只能发送新的报警信息,这样可以防止多次重复发送同一报警报文。状态报文由从站发送给主站,不需要主站确认。

## 2) DP-V2 扩展功能

(1) 从站与从站之间的通信

在 PROFIBUS-DP V2 中,广播式通信实现了从站和从站之间的数据传输。一个从站作为出版者(Publisher)可以不经过主站直接将信息发送给另一个作为预订者(Subscriber)的从站,这种方式可以有效减少总线响应时间。

(2) 等时同步操作

通过"全局控制"广播报文,等时同步操作功能可以使从站保持与主站之间的同步,总线上所有相关设备被周期性地同步到主站的循环时间上。

(3) 时钟同步与时间标记(time stamp)

通过用于时钟同步的连接,实时时间主站将时间标记发送给所有的从站,将从站的时钟同步到系统时间。该功能可以用于实现高精度的事件追踪。

(4) DP 上的 HART 协议

HART(Highway Addressable Remote Transducer,可寻址远程传感器高速通道的开放通信协议)协议是美国 Rosemen 公司于 1985 年推出的一种用于现场智能仪表和控制室设备之间的通信协议。在 HART 通信协议中,主要的变量和控制信息是以 FSK 方式叠加在原有的 4~20 mA 模拟信号上的,因此可以直接联入现有的 DCS 系统中而不需要重新组态。DP 上的 HART 协议将 HART 的客户机-主站-服务器模型映射到 PROFIBUS,HART 协议位于 DP 主站和从站的第 7 层之上。HART-CLIENT(客户)功能集成在 PROFIBUS 的主站中,HART 的主站集成在 PROFIBUS 的从站中。为了传送 HART 报文,PROFIBUS-DP 专门定义了独立的通信通道。DP 上 HART 协议如图 8.10 所示。

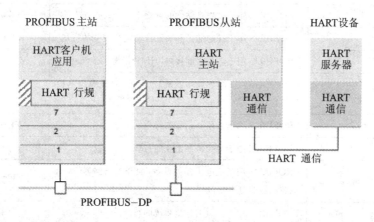

图 8.10 在 PROFIBUS 上运行 HART 设备

(5) 分段上载/下载

该功能允许用户使用少量的命令装载任意现场设备中任意大小的数据。

(6) 从站冗余

在很多应用场合要求现场设备(从站)的通信具有冗余功能。冗余的从站有 2 个 PROFIBUS 接口,一个是主接口,一个是备用接口。这些设备有两个带有特殊的冗余扩展的独立的协议栈,冗余通信在两个协议栈之间进行,可能是在一个设备内部,也可能是在两个设备之间。

正常情况下,数据不但发送给被组态的主从站,也发送给备用从站。主站监视所有的从站,主从站出现故障时,主站立即发送诊断报文给备用从站,以实现主备从站之间的切换。

### 3. PROFIBUS 应用行规

为了推广应用,PROFIBUS 制定了许多行规。所谓行规(PROFILE),是由制造商和用户制定的有关设备和系统的特征、功能特性和行为的规范。由于"行规一致性"的开发,使总线上设备的可互操作性变得容易和可互换性成为可能。行规考虑了现场设备、控制和集成方法(工程)的应用和专用类型特殊性能。行规分 2 种:通用应用行规,是独立于设备制造商的规范,它们描述与应用无关的功能和特性,如 PROFI - safe 行规、冗余行规、时间标记(time stamp)行规等;专用应用行规,它是为特定的应用而开发,也独立于设备制造商的技术规范,描述在应用中典型和普遍的功能和特性,如制造工业行规、流程工业行规等。现有的及正在制定 PROFIBUS 专用应用行规见表 8.6。

表 8.6 PROFIBUS 专用应用行规

| 名 称 | 行规内容 | 版本现状 |
| --- | --- | --- |
| PROFIdrive | PROFIBUS 用于各种电气传动的行规 | V2 3.072<br>V3 3.172 |
| PA Devices | PROFIBUS 用于过程自动化的行规 | V3.0 3.042 |
| Robots/NC | PROFIBUS 用于控制加工和装配自动机械设备的行规 | V1.0 3.052 |
| Panel Devices | PROFIBUS 用于人机界面接口(HMI)行规 | V1.0D 3.082 |
| Encoders | PROFIBUS 用于单圈或多圈旋转、角度、直线编码器接口的行规 | V1.0 3.062 |
| Fluid Power | PROFIBUS 用于液压驱动器的行规 | V1.5 3.112 |
| SEMI | PROFIBUS 用于半导体制造业的行规 | 3.152 |
| Low - VoltageSwitchgear | PROFIBUS 用于低电压开关设备(如开关断路器、电动机驱动器的等)的行规 | 3.122 |
| Dosing/Weighing | PROFIBUS 用于称重与计量系统的行规 | 3.162 |
| Ident Systems | PROFIBUS 用于识别用途(如条形码等)的行规 | 3.142 |
| Liquid Pumps | PROFIBUS 用于液压泵驱动的行规 | 3.172 |
| Remote I/O for PA Devices | PA 设备的远程 I/O 行规 | 3.132 |

## 8.3.3　PROFIBUS-PA 协议及行规

### 1. PROFIBUS-PA 特点

PROFIBUS-PA 是 PROFIBUS 用于过程自动化系统的解决方案。PA 将自动化系统与带有现场设备（如压力、温度和液位变送器）的过程控制系统连接起来，PA 用于取代 4～20 mA 的模拟信号传输技术。与 4～20 mA 的模拟技术相比，PA 在现场设备的规划、电缆敷设、调试、投入运行和维护等方面可节省大量成本并提供很高的安全性。PA 具有如下特性：

① 适合过程自动化应用，使不同厂家生产的现场设备具有互换性和互操作性；
② 在本质安全区增加和去除站点不会影响到其他站点；
③ 使用 DP/PA 耦合器或 DP/PA LINK 可以很容易地将 PA 设备集成到 PROFIBUS-DP 网络之中，以实现两者之间的透明数据传输；
④ 在爆炸危险区可以使用防爆型"本质安全"或"非本质安全"功能；
⑤ 使用 IEC 1158.2 传输技术，采用双绞线即可同时完成远程供电和数据传输。

### 2. PROFIBUS-PA 传输协议

PROFIBUA-PA 的物理层采用 IEC 1158.2 的两线供电和传输技术，采用 PROFIBUS-DP 基本功能来传送数据，并用扩展 PROFIBUS-DP 功能对现场设备设进行操作和设置参数。

### 3. PROFIBUS-PA 应用行规

PROFIBUS-PA 行规的任务是为现场设备类型选择实际需要的通信功能，并为这些设备功能和设备行为提供所需要的规格说明。它包括适用于所有设备类型的一般要求和用于各种设备类型组态信息的数据表。

PA 行规使用功能块模型，已对所有通用的测量变送器和其他一些设备类型作了具体规定，这些设备主要包括压力、温度、液位、流量变送器，数字量输入/输出、模拟量输入/输出以及阀门和定位器等。

## 8.3.4　PROFIBUS-FMS 协议及行规

PROFIBUS-FMS 是 ISO 9506 制造信息规范（MMS）服务的子集在现场总线应用中的优化，主要用于解决车间监控级通信。在这一层，中央控制器（如 PLC、PC 等）之间需要比现场层更大的数据传输量，但通信的实时性往往要低于现场层。其实，早期的 PROFIBUS 有 FMS，但到 2003 年就由工业以太网取代，目前又由 PROFINET 来代替。PROFIBUS 是基于总线的技术，而 PROFINET 则是基于网络的技术，采用了工业以太网和实时工业以太网。但到目前为止，仍然有很多系统是基于 PROFIBUS-FMS 的，所以还是需要知道 FMS 的有关知识。

　　FMS 服务在 MMS 服务子集的基础上增加了通信对象管理和网络管理功能。网络管理功能由现场总线管理层来实现，其主要功能有上下关系管理、配置管理、故障管理等。

　　PROFIBUS-FMS 提供了大量的管理和服务，满足了不同设备对通信提出的广泛需求，服务项目的选用取决于特定的应用领域，具体应用领域在 FMS 行规中规定。

### 1. PROFIBUS-FMS 的应用层

　　PROFIBUS-FMS 应用层提供了用户可以使用的通信服务，包括变量访问、程序传递、事件控制等。PROFIBUS-PA 的应用层包括以下两部分：

　　① 现场总线报文规范 FMS(Fieldbus Message Specification)，描述了通信对象和应用服务。

　　② 低层接口 LLI(Low Layer Interface)，FMS 服务到第二层的接口。LLI 解决第 7 层到第 2 层服务的映射，其主要任务包括数据流控制和连接监视等。

### 2. PROFIBUS-FMS 的通信模型

　　PROFIBUS-FMS 利用通信将分散的应用过程统一到一个共用的过程。在应用过程中，现场设备用来通信的那部分应用过程称为虚拟现场设备(Virtual Field Device, VFD)。在实际现场设备与 VFD 之间设立一个通信关系表，如图 8.11 所示。该图是 VFD 通信变量的集合，如元件数、故障和停机时间等，VFD 通过通信关系表完成与实际现场设备的通信。

　　FMS 面向对象通信，它有 5 种静态通信对象，分别是简单变量、数组、记录、域和事件；此外，FMS 还有 2 种动态通信对象，分别是程序调用和变量列表。

　　每个 FMS 设备的所有通信对象都填入对象字典(OD)。对于简单设备，OD 可以预定义；对于复杂设备，OD 可以本地或远程通过组态加到设备中去。对象字典包括描述、结构和数据类型以及通信对象的内部设备地址和它们在总线上的标志(索引/名称)之间的关系。对象字典只有在设备实际支持这些功能时才提供。

　　静态通信对象进入静态对象字典，它们可由设备制造者预定义或在总线系统组态时指定。动态通信对象进入动态通信字典，它们可由 FMS 服务预定义、删除或改变。

　　逻辑寻址是 FMS 通信对象寻址的优选方法，用一个 16 位无符号数短地址(索引)进行存取。每个通信对象均有一个唯一的索引，作为选项，通信对象可以用名称或物理地址寻址。

　　为避免非法存取，每个通信对象可选用存取保护，只有用指定的口令才能对一个对象进行存取或对其设备组存取。在对象字典中，每个设备可分别指定口令或设备组。此外，还可对通信对象的服务进行限制(如只读)。

### 3. PROFIBUS-FMS 行为行规

　　FMS 提供了广泛的功能来保证它的普遍应用。在不同的应用领域中，具体功能必须与具

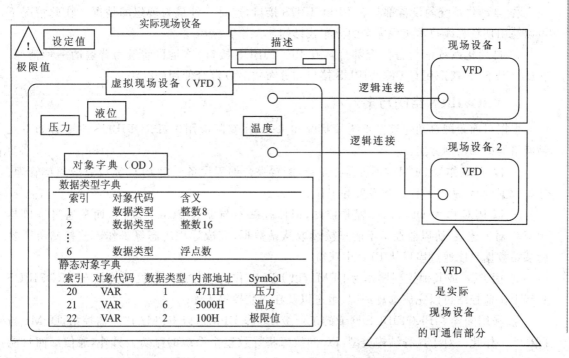

图 8.11 虚拟现场设备(VFD)与通信对象字典

体应用要求相适应,设备的功能必须结合应用来定义。FMS 行规提供了设备的可互换性和互操作性,保证了不同厂商生产的设备具有相同的通信功能。FMS 对行规做了如下规定(括号中的数字是文件编号):

① 控制器间的通信(3.002),定义了用于 PLC 之间的 FMS 服务,根据控制器的等级对 PLC 必须支持的服务、参数和数据类型等作了规定;

② 楼宇自动化(3.011),描述了怎样通过 FMS 来处理监视、开闭环控制、操作员控制、报警和楼宇服务自动化系统的归档等;

③ 低压开关设备(3.032),规定了适用 FMS 进行数据通信时低压开关设备的特性。

## 8.3.5 PROFIBUS 组网方案

### 1. 自动化系统设备分类

根据组成自动化系统的设备是否具有 PROFIBUS 接口,可以分为 3 种类型:

① 自动化系统的设备没有 PROFIBUS 接口,采用分布式 I/O 作为总线接口,但这些设备可以分为相对集中的若干个组。在此情况下可采用 PROFIBUS 技术进行改造,能更好地发挥现场总线技术的优点。

② 自动化系统的设备都具有 PROFIBUS 接口，这是一种最为理想的情况。在此情况下可以使用现场总线技术实现完全的分布式结构。

③ 自动化系统的设备只有部分具有 PROFIBUS 接口，这是目前最为普遍的一种情况。在此情况下，一般采用有 PROFIBUS 接口和分布式 I/O 混合使用的办法。

**2. PROFIBUS 组网方案**

根据目前我国自动化控制系统的状况和水平，在实际应用中，PROFIBUS 主要有如下几种网络架构和组网方案：

① 以 PLC 作为 DPM1，不设监控站点，配置一台编程设备。由 PLC 完成总线通信管理、从站数据读写、从站远程参数设置等工作。

② 以 PLC 作为 DPM1，设置监控站，但监控站不与 PROFIBUS 联网，而是通过串口与 PLC 一对一连接，所以监控站不能直接读取从站数据，完成远程组态等工作。监控站所需要的从站数据只能通过串口从 PLC 中获得。

③ 用 PLC 或其他控制器作为 DPM1，以 DPM2 作为监控站。监控站连接在 PROFIBUS 总线上。监控站可以完成远程编程、组态以及在线监控等工作。

④ 采用配置了 PROFIBUS 网卡的工业级 PC 作 DPM1，以 DPM2 作为监控站，DPM1 与 DPM2 一体化。对于这种结构类型，PC 的故障将导致整个系统的瘫痪。另外，通信厂商只能提供模块的驱动程序，其他功能（如总线控制、从站控制、监控等程序）要由用户自己开发，所以用户工作量较大。

⑤ 工业控制 PC＋PROFIBUS 网卡＋SOFT PLC 的结构形式。SOFT PLC 即软件 PLC，是近年来出现的一种新技术。它是由软件控制将通用计算机改造成的一台 PLC。这种软件将符合 IEC 61131 标准的 PLC 编程、应用程序运行、操作员图形监控站和在线监控等功能集成到一台 PC 上，从而形成一个 PLC 与监控站一体化的控制器工作站。

# 8.4 利用 STEP 7 的组态进行 PROFIBUS 通信

本节通过实例介绍如何应用 STEP 7 建立和组态使用基于 PROFIBUS-DP 网络的自动化系统的通信过程。

## 8.4.1 利用 CPU 集成 PROFIBUS-DP 接口连接远程 ET200M 从站

ET200M 系列是远程 I/O 站，为减少信号电缆的敷设，可以在设备附近根据不同的要求放置不同类型的 I/O 站，如 ET200M、ET200B、ET200X、ET200S 等。ET200M 适合在远程站点 I/O 数量较多的情况下使用，下面以 ET200M 为例介绍远程 I/O 的配置，主站为集成 DP 接口的 S7-400 系列 CPU 416-2DP，从站为 ET200M 接口模块 IM153-2 及输入输出模块，

MPI 网卡 CP5611,PROFIBUS 总线连接器及电缆。

网络组态及参数设置步骤如下:

① 连接 CPU 416-2DP 集成的 DP 接口和 ET200M 的 PROFIBUS-DP 接口,用 MPI 电缆将 MPI 网卡 CP 5611 连接到 CPU 416-2DP 的 MPI 接口,对 CPU416 进行初始化。

② 打开 STEP 7,新建一个名为 S7 400-ET200M 的项目,插入一个 S7-400 站点,然后双击窗口右边栏的 Hardware 进入 HW Config 窗口,在 S7-400 站中依次插入机架、电源、CPU 等进行组态。

③ 在插入 CPU 时会自动弹出如图 8.12 所示的 PROFIBUS 属性设置窗口。单击 New 按钮新建 PROFIBUS(1),设置 PROFIBUS 站地址为 2,单击 Properties 按钮组态网络属性,选择 Network Settings 选项卡进行网络设置,界面如图 8.13 所示。

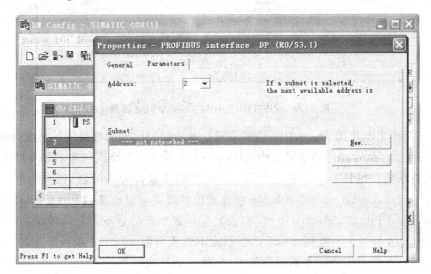

图 8.12　CPU 416-2DP PROFIBUS-DP 网络配置

如果总线上有 OLM、OBT 或 RS-485 中继器,可单击 Options 按钮来加入,Bus Parameters 按钮用于设置访问总线参数。设置数据传输速率(Transmission Rate)为 1.5 Mbps,总线行规(Profile)为 DP,传输速率和总线行规将用于整个 PROFIBUS 子网络。在图 8.13 所示的对话框中,最高站地址(Highest PROFIBUS Address)用来优化多主站总线访问控制(令牌管理),单主站可以使用默认值 126。单击 OK 按钮确认,返回到 HW Config 窗口,出现 PROFI-BUS 网络。

为方便用户,STEP 7 中已经为不同的行业应用提供了一些 PROFIBUS 总线行规(Profile),每个总线行规包含一个 PROFIBUS 总线参数集,为行业应用提供基准参数(也即默认设置)。这些参数由 STEP 7 程序计算和设置,并考虑了特殊的配置、行规和数据传输速率。这些总线参数一经选用,将应用于整个总线和连接在该 PROFIBUS 子网络中的所有站点。

# 第8章 S7-300/400 与 PROFIBUS 现场总线

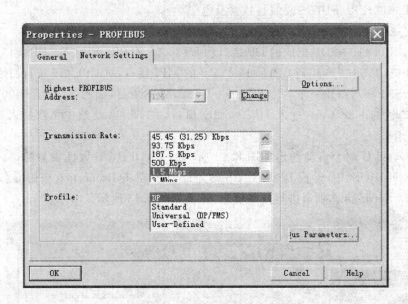

图 8.13 PROFIBUS-DP 的 Networking 设置

STEP 7 对于 PROFIBUS-DP 网络的不同行业应用和硬件配置提供的总线行规如下：

(a) DP 行规。此行规适用于纯 PROFIBUS-DP 单主站系统或包含 SIMATIC S7 和 M7 装置的多主站系统。这些节点必须是 STEP 7 项目的组成部分，并且已经被组态。符合 EN 50170 Volume 2/3，Part 8-2 PROFIBUS 欧洲标准的设备可以连接到 PROFIBUS 子网上，这些设备包括 SIMATIC S7、M7、C7 和 S5，以及其他厂家生产的分布式 I/O 模块。

(b) Standard 行规。不能用 STEP 7 组态或不属于当前 STEP 7 项目处理的总线节点可以选用此行规。此行规的总线参数根据简单、非优化的算法计算。

(c) Universal(DP/FMS)(通用)行规。对于个别使用 PROFIBUS-FMS 服务的 PROFIBUS 子网节点以及 S7 系列的 CP 343-5、CP 343-2、S5 系列的 CP 5431 和其他厂家生产的 PROFIBUS-FMS 设备，可以选择 Universal 行规。

(d) User-Defined(用户定义)行规。此行规主要适用于特殊应用，可以由用户自己定义专用行规。在实际应用中，应首先选用 DP、Standard 或 Universal(DP/FMS)行规的总线参数设置作为用户定义的行规，然后根据需要修改它们。

④ 在右边的 Profile 下拉列表框中选择 Standard，打开其中的 PROFIBUS-DP 选项，再打开 ET200M 文件夹，选择其中的接口模块 IM 153-2 并双击将会自动添加到 PROFIBUS 网络上。在添加过程中，会自动弹出如图 8.14 所示的 IM 153-2 属性设置对话框。在该对话框中将 IM 153-2 站地址设置为 4。注意组态的站地址必须与 IM 153-2 上拨码开关设定的地址相同。插入 IM 153-2 后的系统如图 8.15 所示。

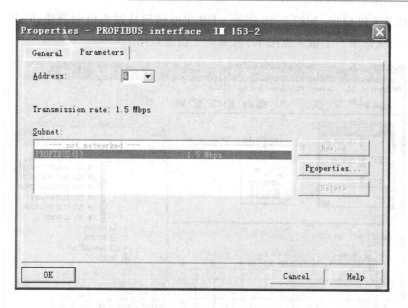

图 8.14　IM 153-2 属性设置对话框

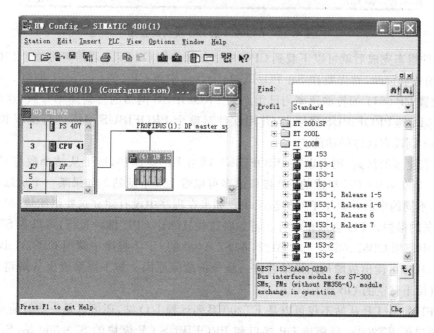

图 8.15　PROFIBUS-DP 的 ET200M 配置

⑤ 组态 ET200M 上的 I/O 模块,设定 I/O 点的地址,ET200M 的 I/O 地址区与 S7-400 的地址区一致,不能冲突。本例中 ET200M 上组态了 8 点输入和 8 点输出。开始地址为 0,访

问这些点时用 I 区和 Q 区,如图 8.16 所示。DP 主站访问从站 I/O 时就像访问自身本地 I/O 一样,例如访问从站第一个输入点用 I0.0,第一个输出点用 Q0.0。

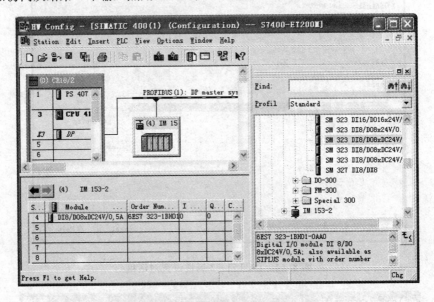

图 8.16 ET200M 的 I/O 模块配置图

⑥ 硬件组态完成后就可以下载到 CPU 中。如果要用 CP 5611 通信卡对整个 PROFIBUS 网络进行编程和诊断,首先要在 Set PG/PC Interface 中将 CP 5611 的 MPI 改为 PROFIBUS 接口,并设置 CP 5611 的传输速率与已组态的 PROFIBUS 网络的传输速率一致,这样就可以连接 CP 5611 到 PROFIBUS 网络上,并用软件对整个 PROFIBUS 网络进行编程和诊断,而 PC Adapter 则没有这样的功能。

⑦ 若有更多的从站,则可以在 PROFIBUS 网络上继续添加,所带从站个数与 CPU 类型有关。S7-300/400 CPU 集成的 DP 接口最多可以带 125 个从站。如果某一个从站掉电或损坏,将产生不同的中断并调用不同的组织块。如果在程序中没有建立这些组织块,出于对设备和人身安全的保护,CPU 会停止运行。若忽略这些故障让 CPU 继续运行,可以在 S7-300 的 CPU 程序中调用 OB82、OB86 和 OB122,在 S7-400 的 CPU 程序中调用 OB82、OB85、OB86 和 OB122,从中可读出故障从站地址并进一步分析故障原因。如不需要读出从站错误原因信息,可以直接下载空的 OB 到 CPU 中。

PROFIBUS-DP 从站不仅可以是 ET200 系列远程 I/O 站,还可以是一些智能从站,如带有 CPU 接口的 ET200S、带集成 DP 接口和 PROFIBUS CP 模块的 S7-300 站、S7-400 站 (CPU V3.0 以上)等都可以作为 DP 从站,下面将介绍通过 PROFIBUS 连接智能从站的应用。

## 8.4.2 通过 PROFIBUS-DP 连接智能从站

DP 主站能像访问主站自身的输入/输出区域一样直接访问像 ET200B 紧凑型 DP 从站和 ET200M 模块式 DP 从站等"标准"DP 从站的输入/输出区域。但是 DP 主站不能直接访问智能 DP 从站的输入/输出地址区,而是只能访问智能 DP 从站的 CPU 专门用于通信的输入/输出地址空间的传输区,由智能从站的 CPU 实现该地址区与实际输入/输出地址区之间的数据交换。智能从站的输入/输出映像区必须用 STEP 7 组态软件 HW Config 来定义。组态时,为主站和从站之间交换数据而指定的输入/输出映像区不能占用从站 I/O 模块的物理地址区。

用户对主站和智能从站之间的通信连接和数据交换区组态完成后,主站和从站之间的数据交换就由 PLC 的操作系统自动完成,不再需要用户编程。这种通信方式称为主从(Master Slave)方式,简称 MS 方式。

下面以具体例子讲述怎样在 STEP 7 中组态主站和智能从站的数据交换区的方法。

系统由一个 DP 主站和一个智能 DP 从站构成。主站和从站均由 S7-300 CPU 315-2DP 和 SM323 DI8/DO8 24 VDC 0.5 A 组成。要求主站和从站 SM323 模块上的输入点数据能输出到对方的输出点上。

首先把 CPU 315-2DP 主站集成的 DP 接口和 CPU 315-2DP 从站集成的 DP 接口按图 8.17 连接。在对两个 CPU 主-从通信组态配置时,原则上要先组态从站。

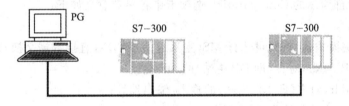

图 8.17 通过 PROFIBUS-DP 连接系统配置图

### 1. 建立并组态智能从站

打开 SIMATIC Manager,创建一个新项目,并命名为"双集成 DP 通信"。插入 2 个 S7-300 站,分别命名为 S7-300_Master 和 S7_300_Slave,如图 8.18 所示。

进行硬件组态。选中 S7_300_Slave 站,单击 Hardware 进入 HW Config 硬件组态窗口,按硬件安装次序依次插入机架、电源、CPU 和 SM323 DI8/DO8 24VDC 0.5A 等完成硬件组态。

组态从站的网络属性。在插入 CPU 时,会自动弹出 PROFIBUS-DP 属性设置对话框。单击 New 按钮新建 PROFIBUS(1),将 PROFIBUS 站地址设为 3,然后单击 Properties 按钮组态网络属性,选择 Netwok Settings 选项卡进行网络参数设置,本例设置传输速率为

# 第8章 S7-300/400 与 PROFIBUS 现场总线

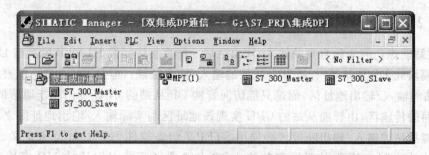

图 8.18　创建新项目

1.5 Mbps，行规为 DP。单击 OK 按钮确认，返回 HW Config 窗口，出现 PROFIBUS 网络。

　　进行 DP 模式选择。选中机架中 DP 所在行并双击，进入 DP 属性对话框，选择 Operating Mode 选项卡，激活 DP Slave 操作模式。如果 Test，commissioning，routing 选项被激活，则意味着这个接口既可以作为 DP 从站，同时还可以用来监控程序。

　　定义从站通信接口区。在 DP 属性对话框中，选择 Configuration 选项卡，打开 I/O 通信接口区属性设置窗口，单击 New 按钮新建一行通信接口区，如图 8.19 所示，可以看到当前组态模式为 Master-slave configuration。注意，此时只能对本地(从站)进行通信数据区的配置。在进行本地(从站)通信数据接口区组态时要注意，因为 IB0 和 QB0 已经被 SM323 DI8/DO8 占用，所以在此不能将通信接口区的地址设置为 0，应设置为 20。

　　图 8.19 左上部所示的 Configuration 选项卡中各参数意义如下：
- Row，行编号；
- Mode，通信模式，组态时可选择 MS(主从通信)和 DX(直接数据交换)2 种方式；
- Partner DP Addr，对方(即 DP 主站)的 DP 地址；
- Partner Addr，对方(即 DP 主站)的输入/输出地址；
- Local Addr，本站的输入/输出地址；
- Length，连续的输入/输出地址区的长度；
- Consistency，数据的连续性。

　　在图 8.19 中定义 S7-300 的从站的通信接口区。
　　Address type：选择为 Input 对应 I 区，Output 对应 Q 区；
　　Length：设置通信区域的大小，最多 32 字节；
　　Unit：选择是按字节还是字来通信；
　　Consistency：选择 Unit，则是按在 Unit 中定义的数据格式发送，即按字节或字发送；选择 All 表示是打包发送，每包最多 32 字节。

　　设置完成后，单击 Apply 按钮确认，可再加入若干行通信数据。通信区的大小与 CPU 型号有关，最大为 224 字节。图 8.19 中主站接口区是未激活的，不能进行设置和操作，等到组态

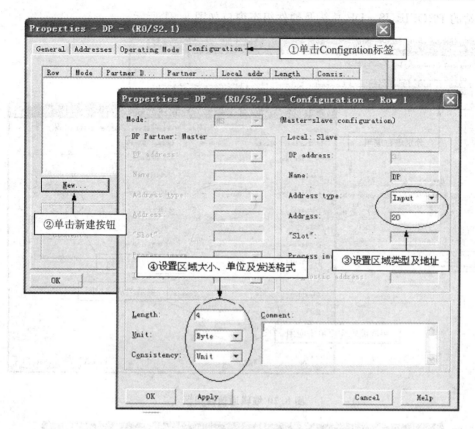

图 8.19　定义从站通信接口区

主站时,主站接口区被激活,可以对主站通信参数进行设置。

在本例中分别设置一个 Input 区和一个 Output 区,其长度均设置为 4 字节。设置完成后,在 Configuration 选项卡中会看到这两个通信接口区,如图 8.20 左上部所示。

## 2. 组态主站

进行硬件组态。选中 S7_300_Master 站,单击 Hardware 进入 HW Config 硬件组态窗口,按硬件安装次序依次插入机架、电源、CPU 和 SM323 DI8/DO8 24VDC 0.5 A 等完成硬件组态。

组态主站的网络属性。在插入 CPU 时,会自动弹出 PROFIBUS-DP 属性设置对话框。在 Parameters 选项卡,将 PROFIBUS 站地址设为 2,选择 PROFIBUS(1)子网。然后单击 Properties 按钮组态网络属性,选择 Netwok Settings 选项卡进行网络参数设置,本例设置传输速率为 1.5 Mbps,行规为 DP。单击 OK 按钮确认,返回 HW Config 窗口。

进行 DP 模式选择。选中机架中 DP 所在行并双击,进入 DP 属性对话框,选择 Operating Mode 选项卡,激活 DP master 操作模式。

## 第8章 S7-300/400 与 PROFIBUS 现场总线

主站的 PROFIBUS-DP 总线及硬件组态窗口如图 8.21 所示。

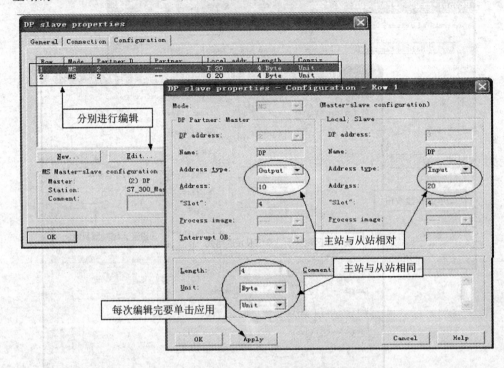

图 8.20 编辑通信接口区

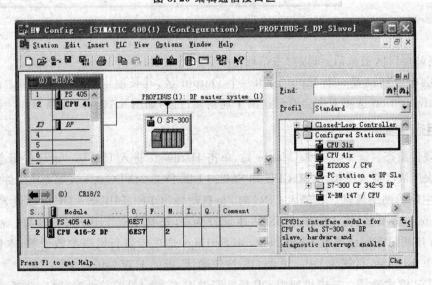

图 8.21 主站的 PROFIBUS-DP 总线及硬件组态窗口

## 3. 连接智能从站

为了将 S7-300 作为智能从站连接到 DP 网络，首先打开如图 8.21 所示的 S7-300 主站的硬件组态窗口，然后在右边的硬件目录中打开\PROFIBUS-DP\Configured Stations 文件夹，选择 CPU 31x 并将其拖到窗口左上方的 PROFIBUS 网络线上。DP Slave Properties 对话框被自动打开。在其中的 Connection 选项卡中选择已经组态过的从站，上面已经组态完成的 S7-300 从站可在列表中看到，单击 Connect 按钮将其连接至网络。如图 8.22 所示。如果有多个从站时，要一个一个将它们连接到 PROFIBUS 网络线上。

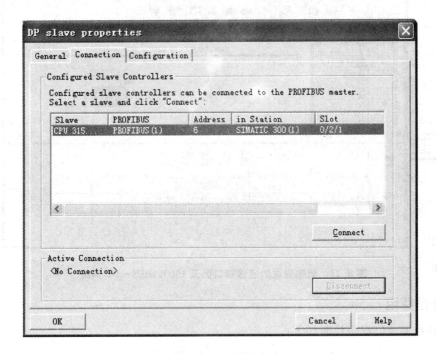

图 8.22 S7-300 智能从站的连接

## 4. 定义通信接口区

在 DP Slave Properties 对话框中，选择 Configuration 选项卡，可以看到里边已经列出了从站已定义的 2 行用于 PROFIBUS 通信的接口区，如图 8.20 左上角所示窗口。双击第 1 行，出现如图 8.20 所示的右下角窗口。在此窗口中，可以定义主站和从站的通信接口区。对应前边从站设置的通信接口区，相应设置主站通信接口区。设置时要注意从站的输出区与主站的输入区对应，从站的输入区与主站的输出区对应。设置完成后单击 Apply 按钮应用所选设置。在 DP Partner:Master 区域的 Address 框中输入 10，表示主站用 QB10 输出数据给从站，放到从站的 IB20 中。设置完成后的主从站通信接口区及 PROFIBUS-DP 网络如图 8.23

所示。

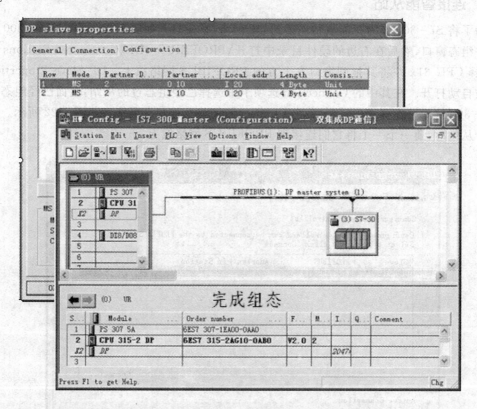

图 8.23 组态完成的通信接口区及 PROFIBUS—DP 网络

### 5. 编程使用

主站的数据通信程序片断如下：

| L | IB0  | //读本地输入到累加器 |
| T | QB10 | //将累加器 1 中的数据送到主站通信输出映像区 |
| L | IB10 | //从主站通信输入映像区读数据到累加器 1 |
| T | QB0  | //将累加器 1 中的数据送到本地输出端口 |

从站的数据通信程序片断如下：

| L | IB0  | //读本地输入到累加器 |
| T | QB20 | //将累加器 1 中的数据送到从站通信输出映像区 |
| L | IB20 | //从从站通信输入映像区读数据到累加器 1 |
| T | QB0  | //将累加器 1 中的数据送到本地输出端口 |

## 8.4.3 通过 PROFIBUS-DP 连接的直接数据交换通信组态

### 1. 直接数据交换通信原理及通信方式

直接数据交换（Direct Data Exchange，DX）通信又叫交叉通信。在该通信组态中，智能 DP 从站或 DP 主站的本地输入地址区被指定为 DP 通信伙伴的输入地址区。智能 DP 从站或 DP 主站通过 PROFIBUS-DP 网络使用这些分配的输入地址区域来接收通信伙伴发送的通信数据（DP 主站的输入数据）。在 PLC 选型时需注意并不是所有型号的 S7-300/400 CPU 都具备 DX 通信功能，具体可以参阅相应 CPU 的手册。

PROFIBUS-DP DX 通信原理为：PROFIBUS-DP 通信是一个主站依次轮询的从站的通信方式，该方式称为 MS 方式；基于 PROFIBUS-DP 协议的 DX 通信模式则是在主站轮询从站时，从站除了将数据发送给主站，同时还将数据发送给在 STEP 7 中组态的其他从站。

直接数据交换通信可分为以下几种方式：

**1) 单主站系统中 DP 从站发送数据到智能从站**

该方式中，PROFIBUS-DP 网络只有一个 DP 主站，DP 从站直接发送数据到智能 DP 从站，其组网方式如图 8.24 所示。采用这种数据通信方式时，从 DP 从站来的输入数据可以迅速传送到 PROFIBUS-DP 子网的智能从站。所有 DP 从站或其他智能从站原则上都能提供用于 DP 从站之间直接数据交换的数据，但只有智能从站才能接收这些数据。

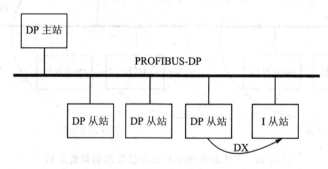

图 8.24 单主站系统中 DP 从站发送数据到智能从站

**2) 多主站系统中 DP 从站发送数据到其他主站**

同一个物理 PROFIBUS-DP 子网中有多个 DP 主站的系统称为多主站系统，这种通信方式又叫"共享输入"。在此种通信方式中，来自 DP 从站（包括智能 DP 从站和其他从站）的输入数据，可以被同一物理 PROFIBUS-DP 子网中不同的 DP 主站系统的主站直接读取，其组网方式如图 8.25 所示。

**3) 多主站系统中 DP 从站发送数据到智能从站**

来自 DP 从站的数据可以被同一 PROFIBUS 子网的智能从站读取，这个智能从站可以与

## 第8章 S7-300/400 与 PROFIBUS 现场总线

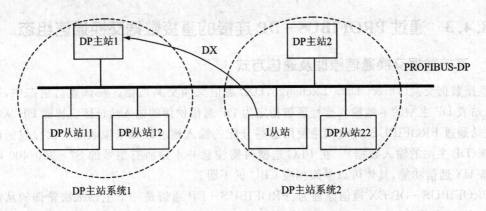

图 8.25 多主站系统中从站发送数据到其他主站

该 DP 从站在一个主站系统或不同的主站系统中,来自不同主站系统的 DP 从站的数据可以直接传送到智能 DP 从站的输入数据区,其组网方式如图 8.26 所示。原则上所有 DP 从站都可以提供用于 DP 从站之间进行直接数据交换的输入数据,这些输入数据只能被智能 DP 从站接收使用。

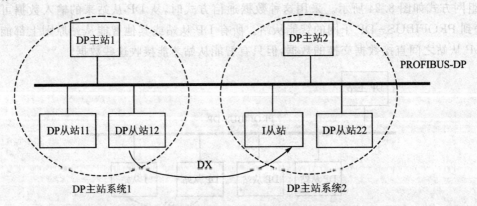

图 8.26 多主站系统中从站发送数据到智能从站

下面以例子具体说明直接数据交换通信方式的组态方法。

**2. 基于 PROFIBUS-DP 总线的从站之间直接数据交换通信方式组态**

对于基于 PROFIBUS-DP 网络的从站之间的 DX 通信,从站之间相互通信的必要条件是:首先从站要有数据发送给主站,即从站要有输出区对应主站的输入区;其次从站必须是智能从站,如 S7-300/400 站、带有 CPU 的 ET200S 站和 ET200X 站等,旧版本的从站或主站 CPU 不支持 DX 功能。

本例为从站之间的 DX 通信,网络配置如图 8.27(a)所示。S7-400(CPU 为 CPU 414-3DP,站地址为 2)作为主站,2 个 S7-300(CPU 分别为 CPU 315-2DP 和 CPU 314C-2DP,

站地址分别为 3 和 4)作为从站。先用 CP 5611 通过 MPI 接口对所有 CPU 进行初始化,然后用 PROFIBUS 电缆将 S7-300 和 S7-400 CPU 的 DP 相连,如图 8.27(b)所示。

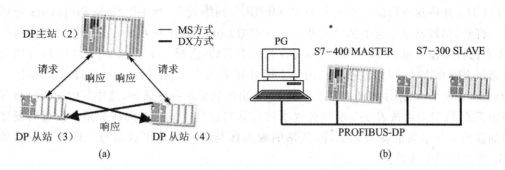

图 8.27　PROFIBUS-DP DX 通信网络配置图

通信要求如下:4 号从站发送连续的 10 字节到主站,3 号站发送连续的 10 字节到主站,3 号从站利用直接数据交换功能发送 6 字节到 4 号从站。

**1) 组态 S7-300 从站**

新建名为 PROFIBUS-DP-DX 的项目,插入 S7-300 站点,双击 Hardware 进入 HW Config 硬件组态窗口,依次插入机架、电源、CPU 等进行硬件组态。在插入 CPU 时会弹出 PROFIBUS 组态界面,单击 New 按钮新建 PROFIBUS(1),组态 PROFIBUS 地址为 3,单击 Properties 按钮组态网络属性,选择 Network settings 选项卡进行网络参数设置,传输速率设为 1.5 Mbps,行规为 DP,最后单击 OK 按钮确认并返回 HW Config 窗口。

在机架中双击 DP 所在行进行操作模式和从站通信接口区的组态。在 Operating Mode 选项卡中选择 DP Slave。如果使用如 CP5611 等网卡编程,则可以激活从站的编程功能,这样在 PROFIBUS 网络上可以同时对主站和从站进行编程,诊断地址选用默认值即可。

选择 Configuration 选项卡对从站通信接口区进行编程。单击 New 按钮,新增一栏通信区,每栏通信区最大数据长度为 32 字节,在本例中分别增加一栏输入区和一栏输出区各 10 个字节,开始地址为 0。在 Consistency 中选择 Unit,如果选 All,则主站、从站都需要调用 SFC14、SFC15 对通信数据进行打包和解包。以上参数组态可参考 8.4.2 相关内容。

以同样的方式组态另一个从站,使两个从站在同一条 PROFIBUS-DP 网络上,设置 PROFIBUS 站地址为 4。

**2) 组态 S7-400 主站**

在项目中插入 S7-400 主站,双击 Hardware 进入 HW Config 窗口,依次插入机架、电源、CPU 等进行硬件组态。插入 CPU 时会弹出 PROFIBUS 组态界面,选择与从站相同的 PROFIBUS 网络,并设置站地址参数为 2。完成组态后单击 OK 按钮确认,返回 HW Config 硬件组态窗口。

## 第8章 S7-300/400 与 PROFIBUS 现场总线

### 3) 将从站连接到 PROFIBUS 网络上

在 HW Config 右边的硬件目录中打开\PROFIBUS-DP\Configured Stations 文件夹,选择 CPU 31x 并将其拖到窗口左上方的 PROFIBUS 网络线上,则 DP Slave Properties 对话框被自动打开,出现已经组态的两个从站。在其中的 Connection 选项卡中选择已经组态过的从站,上面已经组态完成的 S7-300 从站可在列表中看到,选择一个 CPU,单击 Connect 按钮将其连接至 PROFIBUS 网络。若要从网络上断开相关站点,选择 Disconnect 即可。单击 Configuration 选项卡,则刚才组态的从站的输入/输出区就显示在界面中,选中其中的某一行双击或单击 Edit 按钮即可按表 8.7 所列设置主站与从站通信接口区的对应关系。设置时要注意从站的输出区与主站的输入区对应,从站的输入区与主站的输出区对应。设置完成后单击 Apply 按钮应用所选设置。

表 8.7 主站、从站的输入/输出对应关系表

| 主站 CPU 414-2DP(2) | 从站 CPU 315-2DP(3) | 从站 CPU 314C-2DP(4) |
|---|---|---|
| IB0~IB9 | QB0~QB9 | |
| QB0~QB9 | IB0~IB9 | |
| IB10~IB19 | | QB0~QB9 |
| QB10~QB19 | | IB0~IB9 |

然后用同样的方法连接另一个从站,并设置该从站的输入/输出区与主站的对应关系。上述步骤可参考 4.4.2 小节相关内容。

组态完成后,S7-400 主站的硬件组态窗口如图 8.28 所示。

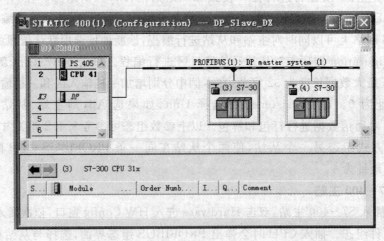

图 8.28 MS 通信组态完成后的 HW Config 窗口

### 4) 组态 DX 通信区

上面的组态过程仅仅完成了 MS 通信方式的组态，接下来介绍 DX 通信方式的组态。在前面讲述 DP 扩展功能时讲过，主站轮询从站读取数据时，从站发送数据给主站和指定的从站，则这个从站成为"Publisher"，接收数据的从站成为"Recipient"。下面以 3 号从站作为"Publisher"，4 号从站作为"Recipient"讲解组态过程。

双击图 8.28 中的 4 号从站，出现如图 8.22 所示的 PROFIBUS - DP 主从通信窗口。单击 New 按钮新建一栏通信数据，在 Mode 下选 DX 模式，出现如图 8.29 所示的 DX 通信组态窗口，在 Publisher 地址中会出现 3 号站，如果还有其他的智能从站在同一条 PROFIBUS 总线上，也会出现这些站的地址，因为本例中只有两个从站，所以 4 号从站的 Publisher 只有 3 号从站。在下面的选择中要注意，Publisher 的 Address type 为 Input，Address 可选择，这里都是指 Publisher 对应主站的 Address type 和 Input。从通信地址的对应关系上可以看出，3 号站发送给主站的数据对应主站的接收区为 IB0～IB9。如果在 Input 区选择 0，则 Recipient 4 号从站将接收主站地址 IB0～IB9，也就是 3 号从站 Publisher 的 QB0～QB9 的数据；如果选择 4，则接收 3 号从站 QB4～QB9 的数据，即 Recipient 可以有选择地接收 Publisher 的数据。

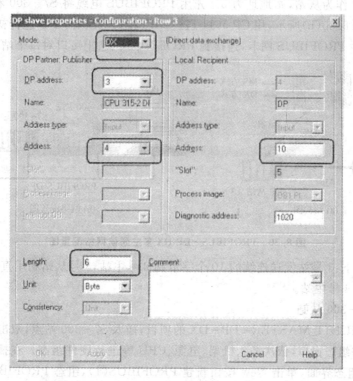

图 8.29 DX 通信组态窗口

## 第8章 S7-300/400 与 PROFIBUS 现场总线

从上面的对应关系可以看到,当主站轮询 3 号从站时,3 号从站发送 QB0~QB9 中的数据到主站的 QB0~QB9 中,同时发送 QB4~QB9 中的数据到 4 号从站 IB10~IB15 中。此处很容易混淆的地方就是 Publisher 的地址区,一定要注意站地址是从站地址区,通信区是主站的。

如果数据的连续性参数选择 All,Publisher 从站发送的数据是以数据包的形式发送的,即使 Recipient 从站选择接收 Publisher 从站 1 字节的数据也必须调用 SFC14 进行解包。

在上面例子中,3 号从站和 4 号从站都可以同时作为 Publisher 和 Recipient。

### 3. 基于 PROFIBUS-DP 总线和直接数据交换的多主通信方式的组态

用 PROFIBUS 连接的多主站之间的 DX 通信,其结构如图 8.30(a)所示,网络配置如图 8.30(b)所示。从图 8.30 中可以看出,3 号从站的一类主站为 2 号站,4 号站为同一 PROFIBUS 网络上其他从站的主站。当 2 号主站轮询 3 号从站时,3 号从站在将数据发送到 2 号主站的同时,还可以发送给 4 号主站,4 号主站可以有选择地接收 3 号从站的数据。

CPU 414-3DP 作为一类主站,站地址为 2;CPU 315-2DP 作为 4 号主站,站地址为 4;CPU 314C-2DP 作为从站,站地址为 3。先用 PROFIBUS 电缆将 S7-300 和 S7-400 CPU 的 DP 相连,如图 8.30(b)所示,用 CP 5611 通过 MPI 接口对所有 CPU 进行初始化,然后修改 CP5611 参数成为 PROFIBUS 网卡,连接到 PROFIBUS 网络上可以对每个站进行编程。

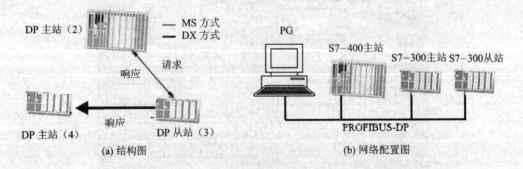

图 8.30 PROFIBUS-DP DX 多主通信网络配置图

通信要求如下:3 号站发送连续的 10 个字节到 2 号主站,3 号从站利用直接数据交换功能发送 6 个字节到 4 号主站。

#### 1) 组态 S7-300 从站

新建名为 MULTI_MASTER-DP-DX 的项目,插入 S7-300 站点,双击 Hardware 进入 HW Config 硬件组态窗口,依次插入机架、电源、CPU 等进行硬件组态。在插入 CPU 时会弹出 PROFIBUS 组态界面,单击 New 按钮新建 PROFIBUS(1),组态 PROFIBUS 站地址为 3,单击 Properties 按钮组态网络属性,选择 Network settings 选项卡进行网络参数设置,传输速率设为 1.5 Mbps,行规为 DP,最后单击 OK 按钮确认并返回 HW Config 窗口。

在机架中双击 DP 所在行进行操作模式和从站通信接口区的组态。在 Operating Mode 选项卡中选择 DP Slave。选择 Configuration 选项卡对从站通信接口区进行编程。单击 New 按钮,分别增加一栏输入区和一栏输出区各 10 个字节,开始地址为 0。以上参数组态可参考 8.4.2 小节相关内容。

### 2) 组态 S7-400 主站

以同样的方式组态 S7-400 主站,站地址设为 2,与从站在同一 PROFIBUS 网络上。在 S7-400 的 HW Config 窗口的硬件列表中选择 PROFIBUS-DP→Configured Stations→CPU 31x,并将其拖拽到左侧的 PROFIBUS(1)总线上,在弹出的 DP Slave properties 对话框中,出现已组态的从站,选择 CPU,单击 Connect 按钮将其连接到 PROFIBUS 网络上。连接完成后,再为 S7-300 从站设置对应主站的输入输出接口区地址,将主站的 IB0~IB9 对应从站的 QB0~QB9,主站的 QB0~QB9 对应从站的 IB0~IB9。

### 3) 组态 S7-300 主站

同组态 2 号主站过程一样组态 S7-300 主站,站地址为 4,与上两个站在同一 PROFIBUS 网络上。在 S7-300 主站的 HW Config 窗口的机架上双击 DP 所在的行,打开 DP Slave properties 对话框,选择操作模式为 Master,选择 Configuration 选项卡,单击 New 按钮,组态 4 号主站与 3 号从站的通信接口区。与从站之间的 DX 通信一样,通信模式应选 DX 模式,主站轮询从站读取数据时,从站广播数据给其一类主站和其他主站,则这个从站称为 Publisher,接收数据的其他主站为 Recipient。在本例中,3 号从站为 Publisher,4 号主站为 Recipient。

在上面的选择中要注意,Publisher 的 Address type 为 Input,这里都是指 Publisher 对应主站的 Address type 和 Input。从通信地址的对应关系上可以看出 3 号从站发送给主站的数据对应主站的接收区为 IB0~IB9。如果在 Input 区选择 0,则 Recipient 4 号主站接收地址为 IB0~IB9,也就是 3 号从站 Publisher 的 QB0~QB9 的数据;如果选择 4,则接收 3 号从站 QB4~QB9 的数据,即作为 Recipient 的主站可以有选择地接收 Publisher 的数据。

在上面的例子中,Publisher 为智能从站,Recipient 可以有多个。多主通信时,只有一类主站可以发送数据给其从站,其他主站不能给作为 Publisher 从站发送数据,只能接收数据。即 4 号主站不能发送数据给 3 号从站,而 2 号主站则可以。

## 8.4.4 与支持 PROFIBUS-DP 的第三方设备通信的组态

PROFIBUS-DP 是一种开放的通信标准,一些符合 PROFIBUS-DP 规约的第三方设备也可以加入到 PROFIBUS 网上作为主站或从站。如果第三方设备作为主站,相关组态软件由第三方设备提供;如果第三方设备作为从站,S7 设备作为主站,组态软件是 STEP 7 和 SIMATIC NET。支持 PROFIBUS-DP 的从站设备都会有 GSD 文件,GSD 文件是对设备一般性的描述,通常以 *.GSD 或 *.GSE 文件名出现,将此文件加入到主站组态软件中,就可以组态从站的通信接口。现在以 S7-400 CPU 416-2DP 作为主站,S7-200 PROFIBUS-DP 接口模块 EM 277 作为从站为例介绍怎样导入 GSD 文件,组态从站通信接口区进而建立通信的过程。

### 1. 组态主站

参照 4.2.2 小节的介绍组态主站,站地址为 6,通信速率为 1.5 Mbps,行规为 DP。

### 2. 安装 GSD 文件

在硬件组态窗口,退出所有应用程序,选择菜单命令 Options→Install new GSD,在如图 8.31 所示的 Install new GSD 对话框中输入第三方设备提供的 GSD 文件(可以用查找功能查找),然后单击 Open 按钮安装新的 GSD 文件。安装完成后,选择菜单命令 Options→Update catalog,更新画面。这时在硬件设备的 Additional Field Devices 目录下可以找到 EM 227 设备,如图 8.32 所示。

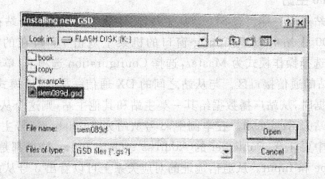

图 8.31 Install new GSD 对话框

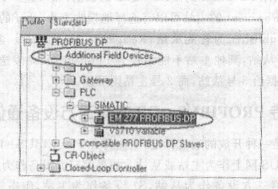

图 8.32 硬件列表中的 EM277

一般情况下,新安装的 GSD 设备都在这个目录下,只有部分 PA 仪表除外。

## 3. 配置从站

打开主站硬件组态窗口,在 PROFIBUS 网络上添加 EM 277 从站设备并组态通信接口区,如图 8.33 所示。

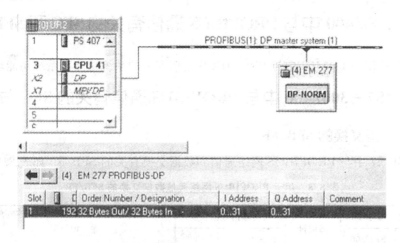

图 8.33　EM 277 与 PROFIBUS 的连接及通信接口区的组态

在进行组态时,EM 277 PROFIBUS 站地址要与实际 EM 277 上的拨码开关设定的地址相一致,通信接口区大小为 32 字节输入和 32 字节输出,图 8.33 中对应的地址为主站的通信地址,输入区域为 IB0～IB31,输出区域为 QB0～QB31。对应于 S7－200 的通信接口区为 V区,占用 64 个字节,其中前 32 个字节为接收区,后 32 个字节为发送区,V 区的偏移量可以根据 S7－200 的要求相应修改。在主站硬件组态中双击 EM 277,按图 8.34 所示设置 V 区偏移量为 100,则组态完成后,S7－400 主站和 S7－200 从站通信接口的对应关系为:主站的 QB0～QB31 对应从站的 VB100～VB131,主站的 IB0～IB31 对应从站的 VB132～VB163。

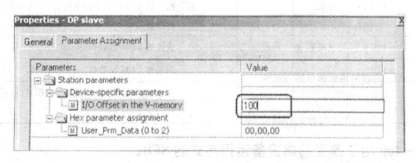

图 8.34　从站通信接口区偏移量的设置

S7－300/400 在与支持 PROFIBUS－DP 的第三方设备进行通信时,第三方设备除了要提供电子设备数据文件(GSD 文件),还需提供通信数据内容的详细定义。另外,在修改运行设备的组态参数时,如果有源程序,在装有STEP 7 V5.1以上的编程器中打开项目时会自动导入GSD文件,参数修改后下载不会造成CPU故障;如果编程器上没有集成所需的GSD文件,从CPU上载的组态信息将不完整,修改参数后若重新下载到CPU中,会造成CPU故障。

## 8.5 S7-300/400中与PROFIBUS通信有关的SFC和SFB及应用

本节给出了S7-300/400中与PROFIBUS通信有关的系统功能和系统功能块及其应用。

### 8.5.1 S7-300/400中与PROFIBUS通信有关的SFC与SFB

**1. 用于数据交换的SFB/FB**

SIMATIC S7中与PROFIBUS网络通信和数据交换有关的SFB/FB如表8.8所列。

表8.8 用于PROFIBUS网络通信数据交换的SFB/FB

| SFB/FB 编号 | | 助记符 | 可传输的数据长度 | | 说明 |
| --- | --- | --- | --- | --- | --- |
| S7-400 | S7-300 | | S7-400 | S7-300 | |
| SFB8 | FB8 | U_SEND | 440 B | 160 B | 非对等发送数据给远端通信伙伴,不需要对方的应答 |
| SFB9 | FB9 | U_RCV | | | 非对等接收数据,异步接收对方用U_SEND发送的数据 |
| SFB12 | FB12 | B_SEND | 64 KB | 32 KB | 段数据发送:要发送的数据区域被划分为若干个段,各段被单独发送,对方接收到最后一个段后返回应答 |
| SFB13 | FB13 | B_RCV | | | 段数据接收:接收对方调用B_SEND发送的数据。接收到每一个数据段后,发送一个应答,同时参数接收到的数据长度LEN被刷新 |
| SFB14 | FB14 | GET | 400 B | 160 B | 从远端CPU读数据 |
| SFB15 | FB15 | PUT | | | 向远端CPU写数据 |
| SFB16 | FB16 | PRINT | | | 发送数据和指令格式到远端打印机(仅用于S7-400) |

**2. S7-400用于改变远端设备运行方式的SFB**

SFB19"START":对远端设备实施暖启动或冷启动。远端CPU应处于STOP状态,CPU的钥匙开关应在RUN或RUN-P位置。如远端设备为容错系统,再启动效果由参数PI_NAME的设定来决定启动请求是对该系统的一个CPU还是所有CPU执行。启动完成后,远端设备发送肯定的执行应答。如果发生错误，将在 ERROR 和 STATUS 上指示出来。

SFB20"STOP"：将远端设备切换到停止状态。远端设备应处于 RUN、HOLD 或 STARTUP 状态。如远端设备为容错系统，再启动效果由参数 PI_NAME 的设定来决定启动请求是对该系统的一个 CPU 还是所有 CPU 执行。操作成功后，远端设备发送肯定的执行应答。如果发生错误，将在 ERROR 和 STATUS 上指示出来。

SFB21"RESUME"：在远端设备上实施热启动。远端 CPU 应处于 STOP 状态，CPU 的钥匙开关应在 RUN 或 RUN-P 位置，用 STEP7 组态时应设置为手动启动模式，且没有任何阻止热启动的条件。启动完成后，远端设备发送肯定的执行应答；如果发生错误，将在 ERROR 和 STATUS 上指示出来。当前面的热启动完成后，一个重启动可在该远端设备上再次被激活。

### 3. 用于查询远端设备状态的 SFB

SFB22"STATUS"：查询远端设备的状态。要求对方返回应答帧并依此来判断它是否有错误发生。如无错误，接收到的状态被保存。

SFB23"USTATUS"：接收远端设备的状态。如在对方 STEP 7 中对其进行组态定义时，其状态发生了改变，则对方应无条件地发送其状态，接收到的状态被保存。

### 4. 用于查询连接状态的 SFC/FC

SFC62"CONTROL"：查询 S7-400 本地通信 SFB 的背景数据块的连接状态。

FC62"C_CNTRL"：通过连接 ID 查询 S7-300 的连接状态。

### 5. 用于分布式 I/O 的 SFC

① SFC7"DP_PRAL"：智能从站通过 PROFIBUS 网络在 DP 主站上触发硬件中断。在智能从站的用户程序中调用 SFC7，可以触发 DP 主站上的硬件中断，DP 主站通过执行 OB40 来响应中断事件中用户编写的中断程序。

② SFC11"DPSYC_FR"：同步一个或一组 DP 从站。SFC11 可以同步激活多个从站的输出信号或锁定多个从站中同一时刻的输入信号。此功能包括发送下述的一条命令或多个命令的组合到指定的从站组：

- SYNC——同步一组 DP 从站输出，并保持这些输出的状态；
- UNSYNC——取消 SYNC 控制命令；
- FREEZE——锁定一组 DP 从站的输入状态，使主站可以同时读取各从站的输入状态；
- UNFREEZE——取消 FREEZE 控制命令。

③ SFC12"D_ACT_DP"：激活或取消从站。在 SIMATIC STEP 7 中，DP 从站一经配置，即使后来某些从站不存在或暂时不需要了，主站 CPU 还是会定时地去访问它们。用 SFC12 取消这样的从站后，主站 CPU 就会停止对它们的访问，这样可以有效缩短总线循环时间，

并且禁止有关的报警信息。当然，在需要时也可以随时用 SFC12 重新激活被取消的 DP 从站。

当利用 SFC12 取消了一个 DP 从站后，此从站的输出将被置成配置的替换值或者"0"值（安全状态），此时 CPU 或者 DP 主站也不认为这个从站有故障或丢失，因此没有相应的错误 LED 显示。取消的 DP 从站的输入过程映像区被刷新成"0"，即此时这个从站的状态如同一个故障的 DP 从站。

如果用户程序访问了已经被取消的 DP 从站的数据，则会出现 I/O 访问错误，系统会自动调用 OB122，并且相应的事件信息会存储在 CPU 的故障缓冲区内。取消的 DP 从站不会启动错误组织块 OB85，取消 DP 从站也不会启动机架错误组织块 OB86，在诊断缓冲区内也不会有故障记录。

若希望取消在交叉数据通信中作为发送方（Publisher）的 DP 从站，建议首先取消掉接收方 DP 从站（Recipient）。即接收从站检测发送方输送到 DP 主站上的输入数据，只有进行完以上的步骤才能取消操作为发送者的 DP 从站。如果想激活参与交叉通信的 DP 从站，建议先激活发送方，然后激活接收方。

④ SFC13"DPNRM_DG"：读 DP 从站的诊断数据（进行从站诊断），其格式遵照 EN 50170 第二卷 PROFIBUS。被读区的数据将无误地被传送到 RECORD 所指定的目标区。当标准从站的诊断数据在 241～244 字节之间时，应注意以下 2 点：

➤ 如果 RECORD 指定的长度小于 240 字节，则数据被放弃并在 RET_VAL 中返回故障代码。

➤ 如果 RECORD 指定的长度大于或等于 240 字节，则前 240 字节的标准诊断数据被传送到目的区并且数据中的溢出位被置位。

⑤ SFC14/SFC15"DPRD_DAT"/"DPWR_DAT"：读取标准 DP 从站的连续数据/向标准 DP 从站写连续数据。如果使用装载指令（L 指令）或传送指令（T 指令）访问 I/O 或输入/输出映像区，最多只能读/写 4 个连续的字节。使用上面的两个系统功能则可以访问 DP 从站中的连续数据，最大长度与 CPU 的型号有关。如果在数据传送中没有出现错误，则读出的数据被存放在由 RECORD 指定的目的区。数据传送是同步的，也就是说 SFC 结束时，读写工作也结束。如果 DP 标准从站是模块化设计，SFC14/SFC15 一次只能访问一个 DP 从站模板。

### 6. 用于全局数据通信的 SFC

**1) SFC60"GD_SND"——传送全局数据包**

全局数据包收集数据并将它们按照全局数据包中指定的路径发送出去。这些全局数据包必须已经在 STEP 7 中设置好。

SFC60"GD_SND"可以在用户程序的任意位置被调用。系统的扫描速率、数据的采集和发送的周期检测不会受到 SFC60 调用的影响。

CPU 所发送的全局数据包数据结构不能够保证所采集数据的连续性。例如,当数据包由一个字节型的矩阵构成或数据包中的字节数量超出了 CPU 所允许的最大长度范围时,要保证一个完整全局数据包连贯性,在程序中的应遵照以下步骤进行:

① 利用 SFC39"DIS_IRT"或者 SFC 41"DIS_AIR T"取消或延迟高优先级的中断和同步故障;

② 调用 SFC60"GD_SND";

③ 利用 S40"EN_IRT"或者 SFC 42"EN_ AIRT"再次确认高优先级的中断和同步故障。

**2) SFC61"GD_RCV"——接收全局数据包**

根据全局数据表中定义的指定的数据从一个数据包释放,然后被写入接收的数据包。这些全局数据包必须已经在 STEP 7 中设置好。

SFC61"GD_RCV"可以在程序的任意位置被调用。系统的扫描速率、数据的采集和发送周期不会影响 SFC61 调用的影响。

接收端 CPU 中的全局数据包不能够自己识别其原始数据是来自同一个或者其他的数据表,如果要保证一个完整的全局数据包的连贯性,在程序中请遵照以下步骤:

① 利用 SFC39"DIS_IRT" 或者 SFC41"DIS_AIR T"取消或延迟高优先级的中断和同步错误;

② 调用 SFC60"GD_SND";

③ 利用 S40"EN_IRT"或者 SFC42"EN_ AIRT"再次确认高优先级的中断和同步故障。

以上介绍了 S7-300/400 用于 PROFIBUS 网络通信的系统功能与系统功能块,下面以实例具体讲解这些系统功能与系统功能块在 PROFIBUS 网络通信中的应用。

## 8.5.2 SFC14 和 SFC15 应用

在进行 PROFIBUS-DP 通信组态时,常常会见到如图 8.19 所示的参数 Consistency(数据一致性)。如果选则 Unit,则数据将以在参数中定义的字或字节格式来发送或接收。例如,如果主站以字节格式发送 20 字节的数据到从站,则从站将一个字节一个字节地接收和处理这些数据。若数据到达从站接收区不在同一时刻,从站肯定不在一个循环周期处理接收区的数据。如果想保持数据的一致性,在一个周期处理这些数据,就要选择参数 All(某些版本是 Total length),此时发送方要调用 SFC15 将数据打包,接收方要调用 SFC14 对数据解包。

SFC14 的参数如表 8.9 所列。

如果从站是模块式结构,则 SFC14 一次只能访问一个模块中的连续数据区域,不能跨模块进行连续数据传输。

SFC15 的参数如表 8.10 所列。

如果从站是模块式结构或有几个 DP 标识符,每次调用 SFC14 或 SFC15 只能访问一个模块或一个 DP 标识符。数据传送是同步的,即 SFC 执行结束时,数据传送工作也结束。

## 第8章 S7-300/400 与 PROFIBUS 现场总线

表 8.9 SFC14 参数表

| 参数 | 声明 | 数据类型 | 存储区域 | 说明 |
|---|---|---|---|---|
| LADDR | INPUT | WORD | I,Q,M,D,L,常数 | 模板输入区中接收数据的起始地址<br>注意:地址必须以十六进制格式输入。例如,如果地址为 100,则 LADDR:=16#16#64 |
| RET_VAL | OUTPUT | INT | I,Q,M,D,L | 如果功能执行出现错误,则返回故障代码 |
| RECORD | OUTPUT | BYTE | I,Q,M,D,L | 接收数据存放的源数据区。只能使用 BYTE 数据类型 |

表 8.10 SFC15 参数表

| 参数 | 声明 | 数据类型 | 存储区域 | 说明 |
|---|---|---|---|---|
| LADDR | INPUT | WORD | I,Q,M,D,L,常数 | 模板输出区中将被传送的数据的起始地址<br>注意:地址必须以十六进制格式输入。例如,如果地址为 100,则 LADDR:=16#16#64 |
| RET_VAL | OUTPUT | INT | I,Q,M,D,L | 如果功能执行出现错误,返回故障代码 |
| RECORD | OUTPUT | BYTE | I,Q,M,D,L | 输出数据存放的目的区。只能使用 BYTE 数据类型 |

下面以举例介绍 SFC14 和 SFC15 的应用,本例中以 S7-400(CPU 为 CPU 416-2DP)作为主站,站地址为 2,S7-300(CPU 为 CPU 315-2DP)作为从站,站地址为 6。

(1) 硬件和网络组态

首先利用 STEP 7 按 8.4.2 小节中步骤对所需硬件和 PROFIBUS 网络进行组态。组态完成后下载到 CPU 416-2DP 和 CPU 315-2DP 中。

(2) 软件编程

在主站 CPU 416-2DP 的 OB1 中编写如下程序:

```
CALL  "DPRD_DAT"
    LADDR    :=W#16#0
    RET_VAL  :=MW2
    RECORD   :=P#DB1.DBX0.0 BYTE 10
CALL  "DPWR_DAT"
    LADDR    :=W#16#0
    RECORD   :=P#DB2.DBX0.0 BYTE 10
    RET_VAL  :=MW4
```

SFC14 解开从站发来的存放在主站 IB0~IB9 中的数据包并存放到 DB1.DBB0~DB1.DBB9 中。

SFC15 将存放在主站 DB2.DBB0~DB2.DBB9 中的数据打包,并通过 QB0~QB9 发送给从站。

在从站 CPU315-2DP 的 OB1 中编写如下程序：

```
CALL  "DPRD_DAT"
      LADDR    :=W#16#0
      RET_VAL  :=MW2
      RECORD   :=P#DB1.DBX0.0 BYTE 10
CALL  "DPWR_DAT"
      LADDR    :=W#16#0
      RECORD   :=P#DB2.DBX0.0 BYTE 10
      RET_VAL  :=MW4
```

SFC14 解开主站发来的存放在从站 IB0～IB9 中的数据包并存放到 DB1.DBB0～DB1.DBB9 中。

SFC15 将存放在从站 DB2.DBB0～DB2.DBB9 中的数据打包，并通过 QB0～QB9 发送给主站。

S7-400 系统除了使用 CPU 集成的 DP 接口外，还可以利用 IM467、CP 443-5 Extend 模块扩展 S7-400 系统的 PROFIBUS-DP 接口作为主站，此时的组态方法与 CPU 集成的 DP 接口一样。对从站的访问都是占用主站的 I 区和 Q 区。S7-300 系统可以使用 CP 342-5 扩展，对从站的访问是占用主站虚拟的 I 区和 Q 区。

有的设备用于通信的数据区很小，如 ET 200S CPU 的通信区只有 64 字节，如果想扩展通信区，可以使用 SFC14 和 SFC15 把数据分成若干个数据包，然后给每个数据包自定义一个识别符，为了数据的完整性，可以作异或校验，结果放在数据包的最后，然后发送方、接收方分别识别每包数据的识别符，再作异或校验。如果异或结果与接收到的异或结果相同，说明数据传输正确。

## 8.5.3 智能 DP 从站触发 DP 主站上的硬件中断

在 PROFIBUS 网络中，支持中断处理的 DP 从站或 DP 从站中的某个模块可以与本地中央机架或扩展机架中的 I/O 一样产生硬件中断，又叫过程中断。例如，当 DP 从站中的某个具有硬件中断功能的模拟量输入模块的输入值超出测量限定值时，就可以通过调用 SFC 7"DP_PRAL"触发硬件中断。当接收到中断后，主站 CPU 终止当前正在执行的用户程序，并调用相应的中断组织块（如 OB40）来处理硬件中断。

### 1. 用 SFC 7 触发 DP 主站上的过程中断

在智能从站调用 SFC 7"DP_PRAL"，在它的输入信号 REQ 的脉冲上升沿，触发 DP 主站的硬件中断，使 DP 主站执行一次 OB40 中的程序。硬件中断执行过程如图 8.35 所示。

SFC 7"DP_PRAL"参数如表 8.11 所列。

# 第8章 S7-300/400 与 PROFIBUS 现场总线

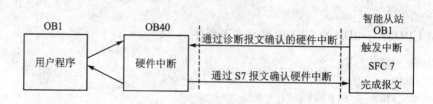

图 8.35 硬件中断执行过程

表 8.11 SFC 7"DP_PRAL"参数表

| 参数 | 声明 | 数据类型 | 说明 |
| --- | --- | --- | --- |
| REQ | IN | BOOL | REQ 为 1 时从站触发主站的硬件中断 |
| IOID | IN | WORD | DP 从站发送存储器地址区的标识符 |
| LADDR | IN | WORD | DP 从站发送存储器地址区的起始地址 |
| AL_INFO | IN | DWORD | 中断标识符,传递给 DP 主站上的 OB40 中的变量 OB40_POINT_ADDR |
| RET_VAL | OUT | INT | SFC 7 的返回值,如果执行过程中出现错误,返回故障代码 |
| BUSY | OUT | BOOL | BUSY 为 1 表示从站触发的硬件中断还未被 DP 主站确认 |

IOID = B#16#54 时,为外设输入(PI)地址区;IOID = B#16#55 时,为外设输出(PQ)地址区。对于既有输入又有输出的混合模块,区域标识符为两个地址中较低的那一个。若两个地址相同,则指定为 B#16#54。IOID 和 LADDR 唯一确定了被请求的硬件中断。SFC 7 是异步执行的,需要执行多个 SFC 调用周期。

SFC 7 的执行状态由输出参数 RET_VAL 和 BUSY 提供。当主站中的 OB40 执行结束时,SFC 7 的任务完成。如果 DP 从站是标准从站,则只要主站得到诊断帧,从站触发的硬件中断就完成。如果 SFC 7 还未被 DP 主站确认,则 BUSY=1,SFC 7 的执行过程中发生错误,返回的故障代码在输出参数 RET_VAL 中。

### 2. 应用实例

下面的实例中智能从站为 CPU 315-2DP,主站为 S7-400 CPU 416-2DP。智能从站中起始地址为 1000 的输出模块触发一个硬件中断。智能从站触发硬件中断后,发送两条附加信息给 DP 主站:在 SFC 7 的双字输入参数 AL_INFO(中断标识符)的前半部分,传送 SFC 7 的中断 ID"W#16#ABCD",参数 AL_INFO 的后半部分(MW106)是中断次数计数器,每中断一次,计数器的值加 1。与此同时,中断 ID 被作为硬件中断报文发送给主站。DP 主站处理中断组织块 OB40 时,通过局部变量 OB40_POINT_ADDR 可以获得中断 ID。

**1) 从站触发硬件中断的程序**

为了更好地测试中断过程,需要在智能从站上循环地触发硬件中断。在从站的 CPU 的

OB1 中程序如下：

```
L       W#16#ABCD       //预设置的中断标识符
T       MW104
CALL    "DP_PRAL"
  REQ       :=M100.0    //为1时触发主站的硬件中断
  IOID      :=W#16#55   //模块的地址区域标识符，即外设输出(PQ)地址区
  LADDR     :=W#16#3E8  //模块的起始地址，即十进制数1000
  AL_INFO   :=MD104     //与应用有关的中断 ID
  RET_VAL   :=MW102     //返回的故障代码
  BUSY      :=M100.1    //主站未确认时，从站 BUSY 标志为1
A       M 100.1         //如果主站未确认
BEC                     //结束对 OB1 的执行
=       M 100.0         //否则触发新的硬件中断
L       MW106
+ 1                     //中断计数器加1
T       MW106
```

BEC 为块结束指令，如果主站未确认，即 BUSY 为1时，结束对 OB1 的执行，不执行后面的程序。如果主站确认了，BUSY 为0时，执行 BEC 指令后面的程序。

**2) S7-400 DP 主站处理硬件中断的程序**

由智能从站触发并通过 PROFIBUS 网络传送的硬件中断被 DP 主站识别后，主站的操作系统终止当前用户程序的执行，并调用硬件中断组织块 OB40 进行中断处理。

OB40 的局部数据包含产生中断的模块的逻辑基准地址等有关中断源的信息。对于复杂的模块，OB40 的局部数据还包含中断标识符和状态等信息。在 OB40 执行结束后，DP 主站的 CPU 自动发送一个确认信号给触发此中断的智能从站，使从站中系统功能 SFC 7 的输出参数 BUSY 的状态由1变为0。

DP 主站 S7-400 的组织块 OB40 中的程序如下：

```
L   #OB40_MDL_ADDR      //保存触发中断的模块的逻辑基准地址
T   MW10
L   #OB40_POINT_ADDR    //保存智能从站发送的中断ID(即 W#16#ABCD)
T   MD12
```

装载(L)与传送(T)指令将产生中断的 I/O 模块的基地址复制到 MW10 存储器字中，将用户的中断 ID 复制到 MD12 存储器双字中。

### 8.5.4　PROFIBUS-DP 输出同步与输入锁定

DP 主站通过调用系统功能 SFC 11 "DPSYC_FR"，使用全局广播控制报文将控制命令

SYNC(同步输出)、UNSYNC(解除同步)、FREEZE(锁定输入)和 UNFREEZE(解除锁定)发送给一个或多个 DP 从站,从而实现一组 DP 从站的同步输出或同时锁定它们的输入。

在用 SFC 11 发送上述控制命令之前,应使用 STEP 7 的硬件组态工具将有关的 DP 从站组合到 SYNC/FREEZE DP 组中,一个主站系统最多可以建立 8 个 SYNC/FREEZE DP 组。

### 1. 同步输出与解除

一般情况下,DP 主站周期性地将输出数据发送到 DP 从站的输出模块上。用 SFC 11 发送 SYNC 控制命令将可以将一组指定的 DP 从站切换到同步输出方式。DP 主站发送当前的输出数据,并命令 DP 从站锁定它们的输出,保持输出状态不变。每执行一次 SYNC 控制命令,该组从站将主站发来的新的输出数据发送到输出模块上。

用 SFC 11 发送 UNSYNC 控制命令可以取消从站组的 SYNC 模式,使从站返回到正常的循环数据传送状态。此时,DP 主站发送的数据被立即传送到从站的输出上。

### 2. 输入信号的锁定与解除

一般情况下,DP 主站按照事先设定的时间周期性地读取 DP 从站的输入数据,供主站 CPU 使用。如果主站想得到一组指定 DP 从站上在某同一时刻的输入数据,可以通过 SFC11 发送 FREEZE 控制命令到该 DP 从站组,则组内所有的 DP 从站的输入模块上的信号被锁定,以便 DP 主站来读取这些信号。接收到下一个 FREEZE 命令时,DP 从站重新更新和锁定它们输入模块上的信号。

用 SFC 11 发送 UNFREEZE 命令或者 DP 从站重新启动后,可以取消所寻址的 DP 从站的输入锁定模式,使它们恢复与 DP 主站之间的正常循环数据传送。此后 DP 主站又能接收到周期性刷新的 DP 从站的输入信号。

SFC11"DPSYC_FR"参数如表 8.12 所列。

表 8.12  SFC11"DPSYC_FR"的参数

| 参数 | 声明 | 数据类型 | 说明 |
|---|---|---|---|
| REQ | IN | BOOL | REQ=1 时触发或解除 SYNC 或 FREEZE 操作 |
| LADDR | IN | BYTE | DP 主站的逻辑地址 |
| GROUP | IN | BYTE | 用于选择组,第 0 位~第 7 位为 1,分别表示选择第 1 组~第 8 组 |
| MODE | IN | BYTE | SYNC/FREEZE 操作的标识符,见表 8.13 |
| RET_VAL | OUT | INT | SFC 11 的返回值,如果执行过程中出现错误,返回故障代码 |
| BUSY | OUT | BOOL | BUSY 为 1 表示 SYNC/FREEZE 操作未完成 |

输入参数 GROUP 用来指定哪一组将被 SFC11 寻址。例如,如果要寻址第 4 组和第 5 组,则只要 GROUP 的第 3 位和第 4 位为 1 即可,此时 SFC11 的输入信号 GROUP=B#16#18。

SFC11 是异步执行的,需要执行多个 SFC 调用周期。通过 REQ=1 调用 SFC11 来执行同步和锁定操作。在同一时间只能初始化一条 SYNC / UNSYNC 命令或一条 FREEZE / UNFREEZE 命令。

SFC11 用输入参数 MODE 的不同值来指定不同的控制命令,控制命令的组合及对应的 MODE 的不同值见表 8.13。

**表 8.13 SFC11 控制命令的组合**

| 位号 | 7 | 6 | 5 | 4 | 3 | 2 | 1 | 0 | 取值 |
|---|---|---|---|---|---|---|---|---|---|
| MODE | | | | UNSYNC | | | | | B#16#10 |
| | | | | UNSYNC | | UNFREEZE | | | B#16#14 |
| | | | | UNSYNC | FREEZE | | | | B#16#18 |
| | | | SYNC | | | | | | B#16#20 |
| | | | SYNC | | | UNFREEZE | | | B#16#24 |
| | | | SYNC | | FREEZE | | | | B#16#28 |
| | | | | | | UNFREEZE | | | B#16#04 |
| | | | | | FREEZE | | | | B#16#08 |

若使用了 SFC15"DPWR_DAT"(写 DP 数据),在发送 SYNC 给有关的输出之前,SFC15 必须执行完毕。若使用了 SFC14"DPRD_DAT"(读 DP 数据),在发送 FREEZE 给有关的输入之前,SFC14 必须执行完毕。

在用户程序启动时,若需要在 SYNC 模式下对一组或多组 DP 从站进行输出操作,必须在启动组织块 OB100 中调用 SFC11 发送 SYNC 控制命令;若需要在 FREEZE 模式下对一组或多组 DP 从站进行输入操作,也必须在启动组织块 OB100 中调用 SFC11 发送 FREEZE 控制命令。

### 3. 应用实例

DP 主站为 S7-400,CPU 为 416-1,通过 IM467 将 S7-400 连接到 PROFIBUS-DP 总线上作为 DP 主站。DP 主站通过发送 SYNC/FREEZE 命令锁定输入或同步输出 3 个 ET-200B 分布式 I/O 从站上的输入/输出。

**1) 组态 DP 主站**

打开 SIMATIC Manager,生成一个"输出同步与输入锁定"项目,在项目中添加一个 S7-400 站点,并对该站进行组态,机架选择"UR2",电源模块选择"PS 407 10A"并放在 1 号槽,CPU 选择支持 SYNC 和 FREEZE 功能的 CPU 416-1 并放在 3 号槽,在 IM 400 目录中 IM 467 模块并放在 4 号槽。当将 IM 467 插入机架时,会自动打开 Properties-PROFIBUS interface IM 467 对话框,在 Parameters 选项卡上单击 New 按钮,并用 OK 按钮确认默认参数,就建立了一个新的PROFIBUS(1)子网络。在Addresses选项卡中设置IM 467模块的地址为512(即W♯16♯200),站地址为2,单击OK按钮关闭此对话框。最后得到如图8.36所示网络组态。

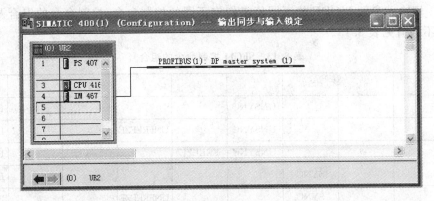

图8.36　PROFIBUS子网络

**2) 组态支持SYNC和FREEZE控制命令的ET200 DP从站**

在HW Config窗口中,打开硬件目录PROFIBUS DP,在子文件夹ET200中将B-16DI/16DO DP拖到图8-34中IM467的DP主站系统网络线上,并在自动打开的Properties-PROFIBUS interface B-16DI/16DO DP对话框中将该从站地址设置为3。同理,将另一个B-16DI/16DO DP组态到DP主站系统中,默认的从站地址为4。将B-16 DI DP组态到DP主站系统中,默认的从站地址为5。组态完成后的网络如图8.37所示。

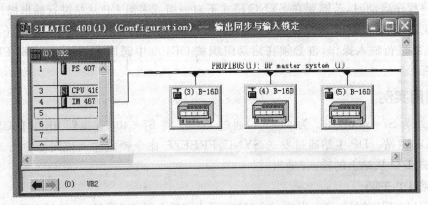

图8.37　增加支持SYNC和FREEZE控制命令的ET200从站

**3) 设置SYNC/FREEZE功能**

双击图8.37中的PROFIBUS(1):DP master system (1)网络线,出现如图8.38所示的Properties-DP master system对话框。选择Group Properties标签页,用Properties下面的

复选框设置要指定给各组的特性。定义组 1 为 FREEZE 组,组 2 为 SYNC 组,其他组也可类似设置,如图 8.38 所示。在 Comment 列可以为各组附加注释或标志。组特性设置完成后,再用如图 8.39 所示的 Group Assignment 标签页为各 DP 从站分配组。列表框中每一行对应一个 DP 从站,列表框的上面给出了每一组的属性,"—"表示本组不具有此属性,"x"表示本组具有该属性。将 3 号从站设置为属于第 1 组和第 2 组,4 号设置为属于第 2 组,5 号从站设置为属于第 1 组。设置完成后,单击 OK 按钮退出对话框,选择菜单命令 Station→Save and Compile 保存。将 S7 - 400 切换到 STOP 模式并将硬件组态下载到 CPU。S7 - 400 站的实际硬件结构必须与 HW Config 中的组态相同。

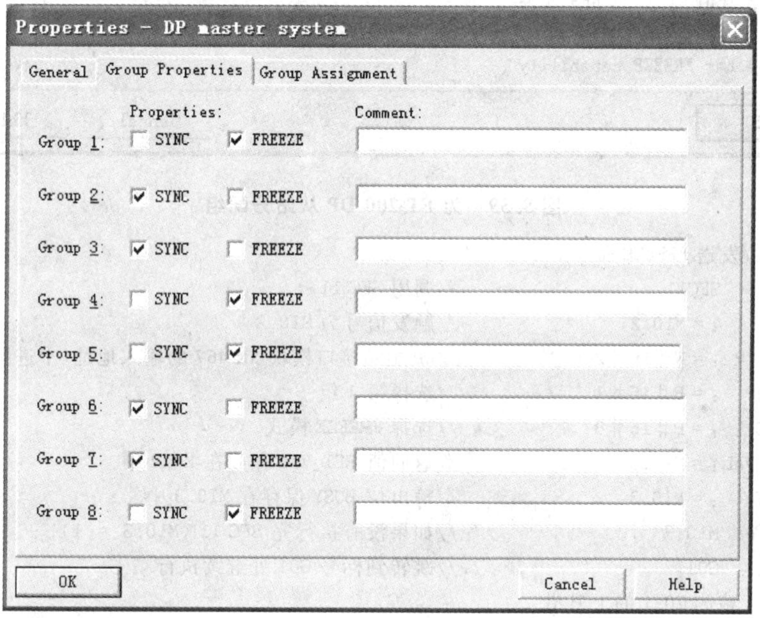

图 8.38 设置组属性

**4) 测试 SYNC/FREEZE 功能**

用 PROFIBUS 电缆连接 IM 467 和 3 个 ET200B 模块,并将 CPU 416 - 1 切换到 RUN - P 模式。

打开主站(CPU 416 - 1)的 Blocks 文件夹中的 OB1 组织块,编好下面的程序并保存在 OB1 中。启动 DP 总线后,主站将与各从站循环地传送数据。

```
Network 1://检测 I0.0 的上升沿
    A       I0.0
    FP      M10.1         //在 I0.0 的脉冲上升沿
    =       M10.2         //M10.2 在一个循环周期为 1 状态,启动 SFC 11
```

# 第8章 S7-300/400 与 PROFIBUS 现场总线

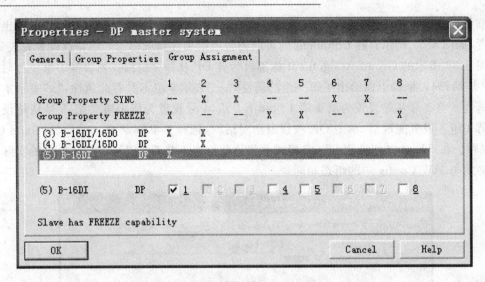

图 8.39 为 ET 200 DP 从站分配组

```
Network 2://发送 FREEZE 命令
G01: CALL    SFC11                    //调用 SFC 11
     REQ    := M10.2                  //触发信号为 M10.2
     LADDER := W#16#200               //DP 主站接口模块 IM 467 的输入地址（十进制数 512）
     GROUP  := B#16#1                 //选择第 1 组
     MODE   := B#16#8                 //选择 FREEZE 模式
     RET_VAL:= MW12                   //返回值 RET_VAL 存放在 MW12 中
     BUSY   := M10.3                  //输出位 BUSY 保存在 M10.3 中
     A        M10.3                   //如果没有执行完 SFC 11 (M10.3 = 1)
     JC       G01                     //跳转到标号 G01 处继续执行
Network 3://检测 I0.1 的上升沿
     A        I0.1
     FP       M10.5                   //在 I0.1 的脉冲上升沿
     =        M10.6                   //M10.6 在一个循环周期为 1 状态,启动 SFC 11
Network 4://发送 SYNC 命令
G02: CALL    SFC 11                   //调用 SFC 11
     REQ    := M10.6                  //在 I0.1 的脉冲上升沿触发同步操作
     LADDER := W#16#200               //IM467 的输入地址
     GROUP  := B#16#2                 //选择组 2
     MODE   := B#16#20                //选择 SYNC 模式
     RET_VAL:= MW14                   //RET_VAL 存放在 MW14 中
     BUSY   := M10.7                  //输出位 BUSY 保存在 M10.7
     A        M10.7                   //如果没有执行完 SFC11 (M10.7 = 1)
     JC       G02                     //则跳转到标号 G02 处继续执行
```

在变量表中监视 QB4、IB4、I0.0 和 I0.1 等。通过上述程序可以看出，QB4 是 3 号站 ET200B-16DI/16DO 模块的第 1 个输出字节，IB4 是 3 号站 ET 200B/16DI 模块的第 1 个输入字节。I0.0 用来触发 FREEZE 组的操作，I0.1 用来触发 SYNC 组的操作。

将 I0.0 置为 1 状态，SFC11 发送 FREEZE 控制命令，使 3 号站和 5 号站的输入处于 FREEZE 模式。改变 3 号站实际的输入信号的状态，因为处于锁定模式，这些变化不会传送给主站的 CPU。

将 I0.1 置为 1 状态时，SFC11 发送 SYNC 命令，使 3 号站和 4 号站的输出处于 SYNC 模式。在变量表中修改 QB4 的值后，不能传送到 3 号站 ET200B-16DI/16DO 的输出模块。

在 I0.0 的下一次上升沿，将重新发送 FREEZE 命令，读取 3 号站和 5 号站当前的输入数据。在 I0.1 的下一次上升沿，将重新发送 SYNC 命令，把设置好的数据传送到 3 号站和 4 号站的输出。

## 8.6 PROFInet 通信网络

### 8.6.1 PROFInet 概述

PROFInet(Process Field Net)是由 PROFIBUS 国际组织（PROFIBUS International）推出的基于工业以太网技术的新一代工业自动化通信标准，它包括一整套完整的、高性能并可升级的解决方案，可以为 PROFIBUS 及其他各种现场总线网络提供以太网移植服务。PROFInet 标准的开放性保证了其长远的兼容性与扩展性，从而可以保护用户的投资与利益。PROFInet 可以使工程与组态、试运行、操作和维护更为便捷，并且能够与 PROFIBUS 以及其他现场总线网络实现无缝集成与连接。工程实践证明，在组建企业工控网络时采用 PROFInet 通信技术可以节省近 15% 的硬件投资。

PROFInet 解决方案囊括了诸如实时以太网、运动控制、分布式自动化、故障安全以及网络安全等当前自动化领域的热点技术，并且完全兼容工业以太网和现有的现场总线（如 PROFIBUS）技术。因此，PROFInet 技术的出现，将为工业自动化领域提供一种全新的通信解决方案，即将整个工厂使用一个网络连接在一起。

### 8.6.2 PROFInet 通信标准

过去的十几年间，在工厂自动化和过程自动化领域，现场总线一直是现场级通信系统中的主流解决方案。不过，随着技术的不断进步和发展，传统现场总线越来越多地表现出了其本身的局限性。一方面，随着现场设备智能程度的不断提高，控制变得越来越分散，分布在工厂各处的智能设备之间以及智能设备和工厂控制层之间需要连续地交换控制数据，导致现场设备之间数据的交换量飞速增长；另一方面，随着计算机技术的发展，企业希望能够将底层的生产

# 第8章 S7-300/400 与 PROFIBUS 现场总线

信息整合到统一的全厂信息管理系统当中,于是企业的信息管理系统需要读取现场的生产数据,并通过工业通信网络实现远程服务和维护,因此纵向一致性成为热门的话题,客户希望管理层和现场级能够使用统一的、与办公自动化技术兼容的通信方案,这样可以大大简化工厂控制系统的结构,节约系统实施和维护的成本。

正是基于这样的需求,以太网技术开始逐渐从工厂和企业的信息管理层向底层渗透,并开始广泛应用于工厂的控制级通信。在自动化世界中使用以太网解决方案有几个显著的优势:统一的架构、集成的通信以及强大的服务和诊断功能。从目前工业自动化控制领域的情况来看,以太网技术取代现场总线是工业控制网络发展的必然趋势。

PROFInet 可以提供办公室和自动化领域开放的、一致的连接。PROFInet 方案覆盖了分散自动化系统的所有运行阶段,它主要包含以下方面:

① 高度分散自动化系统的开放对象模型(结构模型);
② 基于 Ethernet 的开放的、面向对象的运行期通信方案(功能单元间的通信关系);
③ 独立于制造商的工程设计方案(应用开发)。

PROFInet 方案可以用一条等式简单而明了地描述:PROFInet = PROFIBUS + 具有 PROFIBUS 和 IT Ethernet 标准的开放的、一致的通信。

**1. PROFInet 设备的软件结构**

PROFInet 设备的软件覆盖了现场设备的整个运行期通信,基于模块化设计的软件包含若干通信层,每层都与系统环境一致。PROFInet 软件主要包括一个 RPC(Remote Procedure Call)层、一个 DCOM(Distributed Component Object Mode)层和一个专为 PROFInet 对象定义的层。PROFInet 对象可以是 ACCO(Active Connection Control Object)设备、RT auto(Runtime Automation)设备、物理设备或逻辑设备。软件中定义的实时数据通道提供 PROFInet 对象与以太网间的实时通信服务。PROFInet 通过系统接口连接到操作系统(如 WinCE),通过应用接口连接到控制器(如 PLC)。

PROFInet 的运行期软件位于一个目录固定的结构中,可以分为核心目录和系统应用目录。若通信开始而核心目录中的文件未改变,则系统应用目录中的部分文件必须重建。所有的系统应用都指向系统接口和应用接口,实现 PROFInet 设备的各项功能。PROFInet 设备的软件结构可以用图 8.40 描述。

PROFInet 设备的软件结构决定了 PROFInet 设备可以从企业管理层到现场层直接、透明地访问,并且提供对 TCP/IP 协议的绝对支持。PROFInet 技术使企业用户能够方便地对现有系统进行扩展和集成,是一种优化的工业以太网通信标准。

**2. PROFInet 在现场设备上的移植**

作为一种开放的资源,PROFInet 软件可以通过移植到 TCP/IP 协议栈来完成在其他设备制造商的产品中快速而简单地实现。具体过程为:首先将开放资源的 RPC 接口连接到

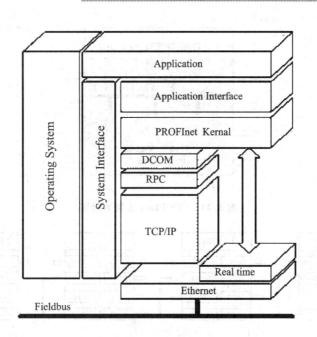

图 8.40 PROFInet 设备软件结构

TCP/IP 协议栈和设备操作系统中的系统集成;然后再将 PROFInet 协议栈的 DCOM(Discrete Component Object Module)机制集成到设备的操作系统中;最后实现物理设备和逻辑设备对象、运行期对象和活动控制连接对象的设备专用的 DCOM 应用。为单个部件组装 PROFInet 设备时还必须用 XML 创建相应的描述。一个 PROFInet 设备的 XML 文件中应包括下列数据:

① PROFInet 设备的名称和 ID 号;
② PROFInet 设备的 IP 地址,诊断数据的访问方式和设备连接方式;
③ PROFInet 设备的硬件分配,设备接口以及为各接口定义的变量、数据类型与格式;
④ PROFInet 设备在整个工程中的保存地址。

PROFInet 设备将它的所有功能封装到其软件中,并提供变量接口与其他的 PROFInet 设备相连。变量接口的每个变量都代表一个确定的子功能,包括运行、输入/输出使能、复位、结束、停机、启动和错误。一个 PROFInet 设备中封装的可以是一个控制器、一个执行器甚至是一个控制网络。图 8.41 所示的 PROFInet 设备中封装了一个 PROFIBUS-DP 控制网络。

PROFInet 设备之间通过 DCOM 模块进行通信。在 PROFInet 设备连接编辑器的图形界面中可以方便地实现各 PROFInet 设备间的连接。一个具有冲洗、灌装、封口和包装 4 个环节的饮料生产厂家的生产流程可以用 4 个 PROFInet 设备串连连接实现(见图 8.42)。

# 第8章 S7-300/400 与 PROFIBUS 现场总线

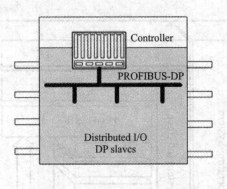

图 8.41 PROFInet 设备的封装

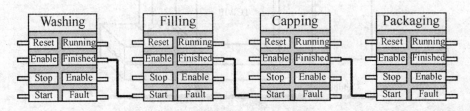

图 8.42 PROFInet 设备的连接

所有设备的接口都在 PROFInet 中做了一致的定义,因此都能够灵活地组合和重新使用,用户不必考虑各设备的内部运行机制。此外,PROFInet 还集成了故障安全通信标准行规 PROFIsafe,满足对人员、设备和环境的全面安全的需求,可用于故障安全应用。

### 8.6.3 PROFInet 通信功能的实现

PROFInet 设备通信功能的实现是基于传统的 Ethernet 通信机制,同时又采用 RPC 和 DCOM 机制进行加强。DCOM 可视为用于基于 RPC 分布式应用的 COM 技术的扩展,可以采用优化的实时通信机制应用于对实时性要求苛刻的应用领域。在运行期间,PROFInet 设备以 DCOM 对象的形式映像,通过对象协议机制确保了 DCOM 对象的通信。COM 对象作为 PDU 以 DCOM 协议定义的形式出现在通信总线上。通过 DCOM 布线协议 DCOM 定义了对象的标识和具有有关接口和参数的方法,这样就可以在通信总线上进行标准化的 DCOM 信息包的传输。对于更高层次上的通信,PROFInet 可以采用集成 OPC(OLE for Process Control) 接口技术的方式。

#### 1. PROFInet 的通信方式

PROFInet 根据不同的应用场合定义了三种不同的通信方式:使用 TCP/IP 的标准通信、实时 RT(Real-time)通信和同步实时 IRT 通信。PROFInet 设备能够根据通信要求选择合适的通信方式。

PROFInet 使用以太网和 TCP/IP 协议作为通信基础，在任何场合下都提供对 TCP/IP 通信的绝对支持。不过，将以太网技术应用于工厂的生产控制过程中并不是一个简单的移植过程。在将以太网技术引入到控制级通信的过程中，为了满足工业控制系统的特殊需求，如现场环境、拓扑结构、可靠性等要求，对普通的办公室以太网作出了许多重要的调整和补充，以保证以太网技术在工业现场应用的可靠性，即常说的工业以太网。目前，在控制级通信网络领域中，工业以太网解决方案已经得到了广泛的认可和接受，企业和工厂也充分享受到了高性能的通信网络带来的便利和收益。尽管如此，工业以太网技术在向最底层的现场级控制系统渗透时遇到了难以克服的障碍——通信的实时性和确定性。

与普通的办公室网络和控制级的工业以太网不同，在现场级网络中传输的往往都是工业现场的 I/O 信号以及控制信号，从控制安全的角度来说，系统对这些来自于现场传感器的 I/O 信号要能够及时获取，并及时作出相应的响应，将控制信号及时准确地传递到相应的动作单元中。因此，现场级通信网络对通信的实时性和确定性都有极高的要求，这也正是目前普通的工业以太网技术在现场级通信网络中难以和现场总线技术抗衡的重要原因。

在现场级通信网络中，传输时间是十分重要的衡量因素。为了保证通信的实时性，需要对信号的传输时间作精确的计算。当然，不同的现场应用对通信系统的实时性有不同的要求，在衡量系统实时性的时候，一般使用响应时间作为系统实时性的一个标尺。

根据响应时间的不同，PROFInet 支持下列三种通信方式：

**1) TCP/IP 标准通信**

PROFInet 基于工业以太网技术，使用 TCP/IP 标准。TCP/IP 是 IT 领域关于通信协议方面事实上的标准，尽管其响应时间大概在 100 ms 的量级，不过，对于工厂控制级的应用来说，这个响应时间就足够了。

**2) 实时(RT)通信**

对于传感器和执行器设备之间的数据交换，系统对响应时间的要求更为严格，因此，PROFInet 提供了一个优化的、基于以太网第二层(Layer2)的实时通信通道，通过该实时通道，极大地减少了数据在通信栈中的处理时间，PROFInet 实时通信(RT)的典型响应时间是 5~10 ms。

网络节点也包含在网络的同步过程之中，即交换机。同步的交换机在 PROFInet 概念中占有十分重要的位置，在传统的交换机中，要传递的信息必定在交换机中延迟一段时间，直到交换机翻译出信息的目的地址并转发该信息为止。这种基于地址的信息转发机制会对数据的传送时间产生不利的影响。为了解决这个问题，PROFInet 在实时通道中使用一种优化的机制来实现信息的转发。

**3) 等时同步实时(IRT)通信**

在现场级通信中，对通信实时性要求最高的是运动控制(Motion Control)，如图 8.43 所示。PROFInet 的等时同步实时(Isochronous Real-Time，IRT)技术可以满足运动控制的高速通信需求,在 100 个节点下,其响应时间要小于 1 ms,抖动误差要小于 1 μs,以此来保证及时、确定的响应。

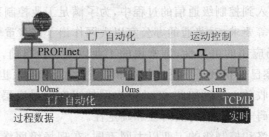

图 8.43 PROFInet 适用于工厂的各种实时要求

PROFInet 的等时同步实时技术。对于 PROFInet 网络,为了保证高质量的等时通信,所有的网络节点必须很好地实现同步。这样才能保证数据在精确相等的时间间隔内被传输,网络上的所有站点必须通过精确的时钟同步以实现同步实时以太网。例如,通过规律的同步数据实现通信循环的同步,其精度可以达到微秒级。这个同步过程可以精确地记录其所控制的系统的所有时间参数,因此能够在每个循环的开始实现非常精确的时间同步。这么高的同步水平单纯靠软件是无法实现的,想要获得这么高精度的同步实时,必须依靠网络第二层中硬件的支持,如西门子公司 IRT 等时实时 ASIC 芯片。

PROFInet 等时同步实时通信的每个通信周期被分成两个不同的部分,如图 8.44 所示。一个是循环的、确定的部分,称之为实时通道;另外一个是标准通道,标准的 TCP/IP 数据通过这个通道传输。

在实时通道中,为实时数据预留了固定循环间隔的时间窗,而实时数据总是按固定的次序插入,因此,实时数据就在固定的间隔被传送,循环周期中剩余的时间用来传递

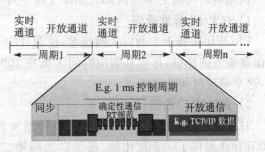

图 8.44 等时同步实时通信的通信周期

标准的 TCP/IP 数据。两种不同类型的数据就可以同时在 PROFInet 上传递,而且不会互相干扰,实现了 PROFInet 技术对以太网技术的兼容。基于普通以太网技术的各种网络服务功能,如 SNMP、HTML 等,也同样可以在 PROFInet 上运行。用户在获得高性能的实时网络的同时,还可以享受以太网技术和 IT 技术带来的便利。

由于实时数据在确定的时刻以确定的顺序发送,因此,在交换机中建立一个时间表格,通过该时间表格,交换机就可以知道在什么时间来传送实时信息,信息的转发几乎没有延时。如果有发生冲突的危险,标准的 TCP/IP 信息就暂时保存在交换机中,在下个开放通信周期再发送。通过使用这种机制,很好地保证了系统响应时间。例如,使用 PROFInet 构建的实时通信

网络可以在 1 ms 的时间周期内,实现对 100 多个节点的控制,其抖动误差小于 1 μs,很好地满足了运动控制对通信实时性的要求。

### 2. PROFInet 与 OPC 的集成

由于 PROFInet 与 OPC 均采用了 DCOM 通信机制,因此 PROFInet 通信技术可以很容易地与 OPC 接口技术集成,以实现数据在更高通信层次上的交换。OPC 接口设备在工控领域的应用十分广泛,OPC 接口技术定义了 OPC DA(Data Access) 与 OPC DX(Data Exchange) 两个通信标准,分别应用于传输实时数据和实现异类控制网络间数据的交换。在 PROFInet 中集成 OPC DX 接口可以实现一个开放的连接至其他系统,集成机制如下:

① 基于 PROFInet 的实时通信机制,每个 PROFInet 节点可以作为一个 OPC 服务器被寻址。

② 每个 OPC 服务器可以通过标准接口而作为一个 PROFInet 节点被操作。PROFInet 的功能性远比 OPC 优越,PROFInet 技术与 OPC 接口技术的集成不仅可以实现自动化领域对实时通信的要求,还可以实现系统之间在更高层次上的交互。

## 8.6.4 PROFInet 在自动化领域的应用

PROFInet 是一种优越的通信技术,并已成功地应用于分布式智能控制。PROFInet 为分布式自动化系统结构的实现开辟了新的前景,可以实现全厂工程彻底模块化,包括机械部件、电气/电子部件和应用软件。PROFInet 支持各种形式的网络结构,使接线费用最小化,并保证高度的可用性。此外,特别设计的工业电缆和耐用的连接器满足 EMC 和温度要求并形成标准,保证了不同制造设备之间的兼容性。

PROFInet 不仅可以应用于分布式智能控制,而且还逐渐进入到过程自动化领域。在过程自动化领域,PROFInet 针对工业以太网总线供电以及以太网本质在安全领域应用的问题正在形成标准或解决方案,采用 PROFInet 集成的 PROFIBUS 现场总线可以为过程自动化工业提供优越的解决方案(见图 8.45)。

采用 PROFInet 通信技术,不仅可以集成 PROFIBUS 现场设备,还可以通过代理服务器(Proxy)实现其他种类的现场总线网络的集成。PROFInet 通信功能如表 8.14 所列。采用这种统一的面对未来的设计概念,工厂内各部件都可以作为独立模块预先组装测试,然后在整个系统中轻松组装或在其他项目中重复使用。譬如对于一个汽车生产企业而言,PROFInet 支持的实时解决方案完全可以满足车体车间、喷漆车间和组装部门等对响应时间的要求,在机械工程及发动机和变速箱生产环节中的车床同步等方面则可使用 PROFInet 的等时同步实时功能。

作为国际标准 IEC 61158 的重要组成部分,PROFInet 是完全开放的协议,而且,PROFInet 和标准以太网完全兼容,集成 IRT 功能的交换机和一个普通交换机在平时工作起来是完

# 第8章 S7-300/400 与 PROFIBUS 现场总线

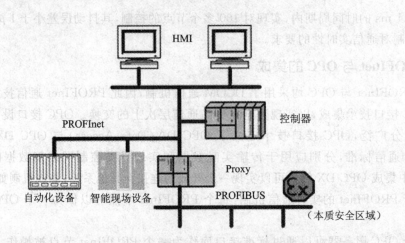

图 8.45 PROFInet 在过程自动化领域中的应用

全一样的,也就是说,IRT 交换机可以和普通交换机一样使用。即使在使用实时通道时,它同样可以在它的开放通道使用其他标准功能。因此,根据环境的需求,自动化组件之间可以通过相同网络、相同的连接建立不同的通信链路,为用户的使用提供了极大的方便。

表 8.14 PROFInet 通信功能

| 功 能 | 信息集成或过程自动化 | 工厂自动化 | 运动控制 |
| --- | --- | --- | --- |
| 通信技术 | DCOM | PROFInet I/O | PROFInet IRT |
| 通信周期/ms | ≥100 | 10 | <10 |
| OSI 层 3~4 | TCP/IP | TCP/IP+RT protocols | TCP/IP+IRT protocols |
| OSI 层 1~2 | Standard Ethernet | Standard Ethernet | SpecializedIC |

鉴于 PROFInet 通信技术的优越性,目前已经有部分生产厂家(如西门子,施奈德等)开始为他们生产的设备提供 PROFInet 接口。作为新一代的工业以太网通信标准,PROFInet 正在以前所未有的速度进入现场级的应用。

# 【本章小结】

PROFIBUS 是一种国际性的开放式现场总线标准,是一个工业控制系统用现场总线,也是目前国际上最通用、最成功的现场总线之一。主要用于过程控制和制造业的分布式控制,其数据传输速率和网络规模可按使用场合不同而灵活调整,各种各样的自动化设备均可以通过同样的接口交换信息。PROFIBUS 既可用于有实时要求的高速数据通信,也可用于大范围的复杂通信场合,目前已被广泛应用于加工制造、过程和楼宇自动化、PLC 和基于 PC 的自动化系统。

1. PROFIBUS 采用主-主、主-从或混合通信方式。主站决定总线的数据通信,从站为外围设备,没有总线控制权。PROFIBUS 由三部分组成:PROFIBUS-DP、PROFIBUS-PA 和 PROFIBUS-FMS。

2. PROFIBUS-DP/FMS 的物理层可以采用 RS-485 或光纤传输。PROFIBUS-DP 设备分为 1 类主站、2 类主站、DP 从站、DP 组合设备和 PROFIBUS 网络部件。

3. S7-300/400 中开发了很多与 PROFIBUS 通信有关的通信处理模块,使用户可以很方便地将 S7-300/400 与 PROFIBUS 网络连接或组成 PROFIBUS 通信网。

4. 三种 PROFIBUS(FMS、DP、PA)的数据链路层使用一致的总线访问控制协议。在 PROFIBUS 中,第 2 层称为现场总线数据链路层(Fieldbus Data Link,FDL),由介质访问控制来具体控制数据传输程序,确保在任何时刻只能有一个站点发送数据。

5. 利用 STEP 7 可以建立和组态使用基于 SIMSTIC S7 PROFIBUS-DP 网络的自动化系统的过程,实现基于 PROFIBUS 网络的多种多样的通信。

6. SIMATIC S7 中有专门用于 PROFIBUS 网络通信的系统功能和系统功能块。通过对这些功能和功能块的调用,可以实现 PLC 之间基于 PROFIBUS 网络的多种通信方式和通信控制。

7. PROFInet 是新一代基于工业以太网技术的工业自动化通信标准,完全兼容工业以太网和现有的现场总线(如 PROFIBUS)技术,可以为 PROFIBUS 及其他各种现场总线网络提供以太网移植服务。PROFInet 解决方案囊括了诸如实时以太网、运动控制、分布式自动化、故障安全以及网络安全等当前自动化领域的热点应用。

# 【复习思考题】

1. 什么是现场总线?现场总线主要有哪些特点?
2. 三种 PROFIBUS-DP 系统各是什么?各有什么特点?
3. 简述 PROFIBUS-DP 的设备分类。
4. 简述 S7-300/400 PROFIBUS 通信处理模块。
5. 简述 PROFIBUS-DP 的基本功能和扩展功能。
6. 简述 PROFIBUS 的主要网络结构和配置方案。
7. 简述在 STEP 7 中 PROFIBUS-DP 的网络组态步骤。
8. 试采用 PROFIBUS 直接数据交换通信方式,完成两个 300 站之间的通信(利用 MOV 指令)。
9. 简述带 DP 接口的 PROFIBUS-DP 系统设计方法。

# 第 9 章

# S7-300/400 与闭环控制系统

**主要内容：**
- 闭环控制系统的组成、特点及主要性能指标
- PID 控制器的数字化
- S7-300/400 的闭环控制功能
- 连续 PID 控制器 SFB41 的使用方法
- 脉冲发生器 SFB43 的使用方法
- 步进 PI 控制器 SFB42 的使用方法
- PID 控制器的参数整定方法

**重点和难点：**
- 连续 PID 控制器 SFB41 的使用方法
- 脉冲发生器 SFB43 的使用方法
- 步进 PI 控制器 SFB42 的使用方法

在现代企业的生产管理中，大量的物理量、工艺参数、特性参数、生产过程和生产设备需要进行实时检测、监督管理和自动控制，这是现代化生产必不可少的基本手段。从简单的直接监督控制到分布式、网络化、智能化的集中控制和管理于一体的控制系统，正在各行各业得到越来越普遍的应用。因此，在我国现代化过程中，自动控制技术起着及其重要的作用。

## 9.1 闭环控制系统概述

任何机器、设备或生产过程都必须按照规定的要求运行。例如，要使发电机正常发电，必须使发电机的输出电压保持在额定值，尽量不受负载变化和原动机转速波动的影响；要想使退火炉加工出合格的产品，就要使退火炉的温度在不同的时刻达到规定的要求；要想使电冰箱能够冷冻食品，就要使电冰箱冰室温度达到用户设定的温度，尽量不受环境温度或冰室中冷冻物品数量变化的影响。

在上述例子中，发电机、退火炉、电冰箱都是机器设备；电压、炉温、冰室温度是表征这些机器设备工作状态的物理量；而额定电压、规定的炉温、冰室设定温度就是机器设备在运行过程

中对这些状态参量的要求。所谓的自动控制就是在没有人直接参与的前提下,应用控制装置自动地、有目的地控制或操纵机器设备或生产过程,使它们具有一定的状态或性能。所以,如果能够设计出某种装置,能自动地使发电动机的输出稳定在额定电压,使退火炉的温度在要求的时间达到规定的温度,使电冰箱的冰室温度稳定在用户的设定温度上,则这些设备就是发电机、退火炉以及电冰箱的自动控制系统。

各种自动控制系统的具体任务和实现方式虽然不同,但究其实质却不外乎是对被控对象的某些物理量进行控制,自动保持其应有的规律。自动控制系统,从输出是否反馈回输入端来分,可以分为开环控制系统和闭环控制系统。下面就重点讲述闭环控制系统。

### 9.1.1 闭环控制系统的组成及特点

#### 1. 闭环控制系统的工作原理和特点

首先,以蒸汽加热器为例来说明闭环控制系统的一些基本概念。

图9.1是一个蒸汽加热器自动控制系统示意图。冷流体从左端流入加热器,被蒸汽加热后的热流体从右端流出供下一道工序使用。图中 TT 是温度变送器,SP 是设定的热流体温度,TC 是温度控制器。

设该系统已经处在平衡状态,热流体的出口温度已经稳定在设定值。但是在该系统中会有许多因素影响出口温度,这些因素称为干扰。现在,假设由于某种原因,使输入的冷流体流量突然增加,由于加热蒸汽的流量不可能同时增加,热流体的出口温度必然会降低,温度变送器将该温度值检测出来后送给温度控制器,温度控制器将其与设定温度 SP 进行比较,发现出口温度低于设定温度,此时温度控制器就可按照某种预先约定的控制算法计算出调节阀的控制量,使调节阀的开度增大,从而使输入的蒸汽流量增加,使出口温度得以提高。经过一段时间后,出口温度恢复到设定温度,达到了自动控制的目的。该系统的工作过程如图9.2所示。

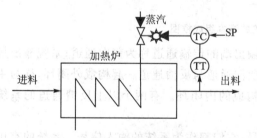

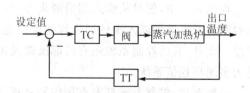

图9.1 蒸汽加热器自动控制系统示意图　　图9.2 蒸汽加热器自动控制系统方框图

在图9.2所示的控制系统中,系统的输出量即加热炉的出口温度,由温度变送器反馈到系统的输入端,由控制器将设定值和反馈信号进行比较,求得实际输出信号和设定值之间的偏差,再根据偏差的大小去调节执行机构,由执行机构的输出(称为操纵变量)去影响被控制量,达到减小或消除偏差的目的,最后使系统又恢复到原先的平衡状态。这种系统的输出量反馈到输入端与设定值进行比较,故称为反馈控制系统。加入了反馈之后,整个系统构成一个闭合回路,所以反馈控制系统又称为闭环控制系统。加入反馈的目的是为了检测偏差,而控制器的作用是纠正偏差,所以闭环控制系统的工作原理就是检测偏差和纠正偏差。

### 2. 闭环控制系统的组成

尽管闭环控制系统的功能不同,但相同的工作原理决定了它们具有类似的结构。一般来说,一个闭环控制系统主要由以下基本元件或装置组成:

- 被控对象,自动控制系统需要进行控制的机器、设备或生产过程。
- 被控变量,被控对象内要求实现自动控制的物理量。
- 检测元件,对系统输出量进行测量的装置。
- 比较元件,对系统的输出量和输入量进行比较,给出偏差信号。
- 放大元件,对微弱偏差信号或控制器的输出信号进行放大,使之可输出足够的功率。
- 控制器,将偏差信号进行控制运算的部件,产生控制信号操纵执行元件改善系统性能。是闭环控制系统的核心。
- 执行元件,根据控制器的输出,改变操纵变量的大小,使被控制的输出量与给定值一致。

典型闭环控制系统的基本组成可用图 9.3 来表示,"一"表示两个量相减,即负反馈。

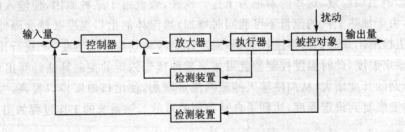

图 9.3 闭环控制系统的基本组成框图

在图 9.3 中,信号从输入端沿箭头方向到达输出端的传输通道称为前向通道;系统输出量由检测装置反馈到输入端的通道称为反馈通道;前向通道与反馈通道一起构成外闭环,称为主回路。此外,有的控制系统还有局部反馈及由它构成的内闭环。有两个以上反馈通道的系统称为多闭环控信系统。

一般来说,控制系统都有有用信号和扰动信号,它们都作为系统的输入信号。系统的有用信号决定系统输出量的变化规律;而扰动信号是系统不希望有的外作用,它破坏有用信号对系统输出量的控制。但在实际系统中,扰动是不可避免的,如电源电压的波动、工件数量的变化、冷流体流量的变化、负载大小的变化等都是实际存在的扰动。

### 3. 闭环控制系统反馈极性的确定

闭环控制必须保证系统是负反馈(误差=给定值-反馈值),而不是正反馈(误差=给定值+反馈值)。如果系统接成了正反馈,被控量将会向单一方向增大或减小,从而使系统失控。

闭环控制的反馈极性与很多因素有关,如因接线改变了变送器输出电流或电压极性,PID 控制程序中改变了误差计算公式,改变了某些直线或转角位移传感器的安装方向,都会相应地改变反馈的极性。

在实际工程应用中,可以采用如下方法来判断反馈的极性:在调试时断开 D/A 转换器与执行机构之间的连线,在开环状态下运行 PID 控制程序。如果控制器中有积分环节,因为前向通道被断开了,不能消除误差,所以 D/A 转换器的输出会向一个方向变化。这时如果接上执行机构,能减小误差的则为负反馈,反之为正反馈。

## 9.1.2 闭环控制系统的主要性能指标

### 1. 控制系统的过渡过程

实际物理系统一般都含有储能元件或惯性元件,因而系统的输出量和反馈量总是迟后于输入量的变化。因此,当输入量发生变化时,输出量从原平衡状态变化到新的平衡状态总是要经历一定时间。在输入量的作用下,系统的输出变量由初始状态达到最终稳态的中间变化过程称过渡过程,又称瞬态过程。过渡过程结束后的输出响应称为稳态过程。系统的输出响应由过渡过程和稳态过程组成。

许多控制系统受到单位阶跃信号作用时,系统可能的过渡过程响应曲线如图 9.4 所示。如果系统输出随着时间推移趋向于稳定(曲线 1、曲线 2),则称这类系统是稳定的。反之,如果系统的输出随着时间的推移而发散(曲线 3、曲线 4、曲线 5),此时系统不可能达到平衡状态,这类系统就称为不稳定的。显然,不稳定系统在实际中是不能应用的。

### 2. 闭环控制系统的性能指标

不同的控制对象、不同的工作方式和控制任务,对控制系统的性能指标要求往往也不相同。一般说来,对系统性能指标的基本要求可以归纳为三个字:稳、准、快。

稳是指系统的稳定性。稳定性是系统重新恢复平衡状态的能力。任何一个能够正常工作的控制系统,首先必须是稳定的。稳定是对自动控制系统的最基本要求,不稳定的系统是无法使用的,系统激烈而持久的振荡会导致功率元件过载,甚至使设备损坏而发生事故,这是绝不允许的。

准是指系统的准确性,是对系统稳态(静态)性能的要求。对一个稳定的系统而言,过渡过程结束后,系统输出量的实际值与期望值之差称为稳态误差,它是衡量系统控制精度的重要指标。稳态误差越小,表示系统的准确性越好,控制精度越高。

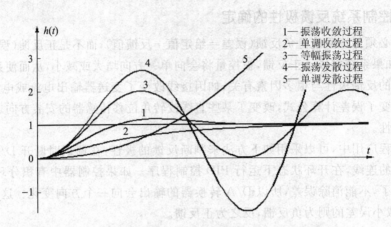

图 9.4 控制系统的过渡过程响应曲线

快是指系统反应的快速性,是对系统动态性能(过渡过程性能)的要求。描述系统动态性能可以用平稳性和快速性加以衡量。平稳指系统由初始状态运动到新的平衡状态时,具有较小的过调和振荡性;快速指系统运动到新的平衡状态所需要的调节时间较短。动态性能是衡量系统质量高低的重要指标。

由于被控对象的具体情况不同,各种系统对三项性能指标的要求应有所侧重。例如,恒值系统一般对稳态性能限制比较严格,随动系统一般对动态性能要求较高。

同一个系统,上述三项性能指标之间往往是相互制约的。比如提高过渡过程的快速性,可能会引起系统强烈振荡;改善了平稳性,控制过程又可能很迟缓,甚至使最终精度也很差。既然如此,那么怎样来衡量一个闭环控制系统性能的好坏呢?能不能用一些具体的量化值来衡量一个闭环控制系统的性能到底如何呢?答案是肯定的。下面主要从稳态性能指标、动态性能指标、综合指标三个方面来进行说明。

**1) 闭环控制系统的稳态性能指标**

衡量一个闭环控制系统稳态性能好坏的重要指标就是前面讲的稳态误差。控制系统的稳态误差是系统控制精度的一种度量,是系统的稳态性能指标。由于系统自身的结构参数、外作用的类型(控制量或扰动量)以及外作用的形式(阶跃、斜坡或加速度等)不同,控制系统的稳态输出不可能在任意情况下都与输入量(希望的输出)一致,因而会产生原理性稳态误差。此外,系统中存在的不灵敏区、间隙、零漂等非线性因素也会造成附加的稳态误差。控制系统设计的任务之一,就是尽量减小系统的稳态误差。

**2) 闭环控制系统的动态性能指标**

在单位阶跃信号作用下,控制系统的单位阶跃响应曲线如图 9.5 所示。

为了评价系统的动态性能,特规定如下指标。

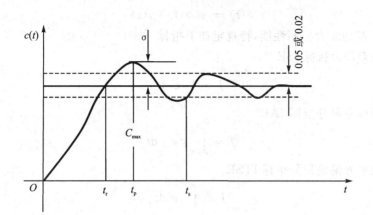

图 9.5 控制系统的单位阶跃响应曲线

(1) 最大超调量或超调量 $\sigma$

用下式定义控制系统的最大超调量,即:

$$\sigma = \frac{c(t_p) - c(\infty)}{c(\infty)} \times 100\% \tag{9.1}$$

式中,$c(t_p)$ 为过渡过程曲线第一次达到的最大输出值,$c(\infty)$ 为过渡过程曲线的稳态值。一般情况下,要求 $\sigma$ 在 5%~35% 之间。过渡过程曲线第一次到达第一个峰值所需要的时间,称为峰值时间 $t_p$。

(2) 上升时间 $t_r$

上升时间是指过渡过程曲线从 0 到第一次达到稳态值的时间。对于无振荡的系统,则将过渡过程曲线由稳态值的 10% 上升到 20% 的时间称为上升时间。

(3) 调节时间或过渡过程时间 $t_s$

调节时间是指输出量 $c(t)$ 与稳态值 $c(\infty)$ 之间的偏差达到允许范围(一般 5% 或 2%)并维持在此允许范围内所需要的时间。

(4) 振荡次数 $N$

振荡次数是指在调节时间 $t_s$ 内输出值偏离稳态值的振荡次数。

上述几项指标中,上升时间 $t_r$ 和调节时间 $t_s$ 标志着系统的快速性,而超调量 $\sigma$ 及振荡次数 $N$ 标志着系统的稳定性,且上述指标都是从某一个侧面反映了控制系统的性能,要全面、综合地衡量一个控制系统的好坏,需要用到闭环控制系统的综合控制指标。

3) 闭环控制系统的综合指标

假设闭环控制系统希望的输出和实际输出分别为 $x(t)$ 和 $y(t)$,则定义误差为:

$$e(t) = x(t) - y(t) \tag{9.2}$$

当系统有余差时可定义为:

$$e(t) = y(\infty) - y(t) \tag{9.3}$$

为了评价系统的综合控制性能,特规定如下指标。

(1) 平方偏差积分指标 ISE

$$J = \int_0^\infty e^2 \, dt \tag{9.4}$$

(2) 绝对值偏差积分指标 IAE

$$J = \int_0^\infty |e| \, dt \tag{9.5}$$

(3) 时间乘平方偏差积分指标 ITSE

$$J = \int_0^\infty t e^2 \, dt \tag{9.6}$$

(4) 时间乘绝对值偏差积分指标 ITAE

$$J = \int_0^\infty t |e| \, dt \tag{9.7}$$

对于有余差的系统,存 $e(\infty)$,三种形式的偏差积分指标值 $J$ 都趋于无穷大,无法判定系统的控制质量,因此可用 $e(t) - e(\infty)$ 作为动态偏差项代入。

闭环控制系统控制质量的好坏取决于组成控制系统的各个环节,特别是被控对象的特性。自动控制装置应按被控对象的特性进行适当的选择和调整,才能达到预期的控制效果和控制质量。如果被控对象和自动控制装置两者配合不当,或在控制系统运行过程中自动控制装置的性能或被控对象的特性发生变化,都会影响到自动控制系统的控制质量,这些问题在控制系统的设计和运行过程中都应充分注意。

## 9.2 PID 控制器

### 9.2.1 PID 控制的概念

在工程实际中,应用最为广泛的调节器控制规律为比例控制、积分控制、微分控制,简称 PID 控制,又称 PID 调节。PID 是比例(Proportional)+积分(Integral)+微分(Derivative)首字母的缩写,PID 控制是连续控制系统中技术最成熟、应用最广泛的控制方式。

PID 控制器问世至今已有近 70 年历史,它以结构简单、稳定性好、工作可靠、调整方便而成为工业控制的主要技术之一。当被控对象的结构和参数不能完全掌握,或得不到精确的数学模型,控制理论的其他技术难以采用时,系统控制器的结构和参数必须依靠经验和现场调试来确定,这时应用 PID 控制技术最为方便。即当我们不完全了解一个系统和被控对象,或不能通过有效的测量手段来获得系统参数时,最适合用 PID 控制技术。PID 控制器就是根据系统的误差,利用比例、积分、微分计算出控制量进行控制的。下面对这三种控制规律分别加以说明。

### 1. 比例控制(Proportional Action)

比例控制是一种非常直观的控制规律。其基本思想是,在一定的界限内,控制作用的变化量与偏差的大小成正比,即

$$\Delta u = u - u_0 = K_p e(t) \tag{9.8}$$

式中,$u$ 为控制器的输出,$u_0$ 为偏差为 0 时 $u$ 的初值,$e(t)$ 为偏差,$K_p$ 为比例增益。

### 2. 积分控制(Integral Action)

所谓积分控制,是指控制作用的变化量与偏差对时间的积分成正比,即:

$$\Delta u = u - u_0 = K_i \int_0^t e(t) \mathrm{d}t \tag{9.9}$$

式中,$u$、$u_0$、$e(t)$ 的意义同式 9.8,$K_i$ 为积分常数。

积分控制的作用是:只要系统存在误差,积分控制就不断积累并输出控制量以消除误差,因此只要有足够的时间,积分控制作用将能完全消除误差。但是积分控制作用太强会使系统超调加大,甚至使系统出现振荡,加剧系统的不稳定性。积分控制虽然可以单独使用,但事实上与比例控制结合再加上微分控制的应用更多,这就是所谓的 PI 控制或 PID 控制。

### 3. 微分控制(Derivative Action)

所谓微分控制,是指控制作用的变化量与偏差的变化速度(偏差对时间的导数)成正比,即:

$$\Delta u = u - u_0 = K_d \frac{\mathrm{d}e(t)}{\mathrm{d}t} \tag{9.10}$$

式中,$u$、$u_0$、$e(t)$ 的意义同式 9.8,$K_d$ 为微分常数。

微分控制作用是依据偏差的变化趋势动作的,较之单纯依据偏差本身的数值进行控制在时间上和相位上有超前作用。微分控制可以减少超调量,克服振荡,使系统的稳定性提高,同时加快系统的动态响应速度,减少调整时间,改善系统的动态性能。但是,偏差的变化一旦停止,微分作用就不复存在,所以微分控制不能单独使用,通常与比例控制结合或再加上积分控制,组成 PD 控制或 PID 控制。

### 4. PID 控制

所谓 PID 控制就是 P+I+D 控制,所以相应的控制算式为:

$$\begin{aligned} u &= K_p e(t) + K_i \int_0^t e(t) \mathrm{d}t + K_d \frac{\mathrm{d}e(t)}{\mathrm{d}t} + u_0 \\ &= K_p \left[ e(t) + \frac{1}{T_i} \int_0^t e(t) \mathrm{d}t + T_d \frac{\mathrm{d}e(t)}{\mathrm{d}t} \right] + u_0 \end{aligned} \tag{9.11}$$

式中,$u$、$u_0$、$e(t)$ 的意义同式 9.8,$K_p$ 为比例增益,$T_i$ 为积分时间常数,$T_d$ 为微分时间常数。

## 9.2.2 PID 控制的特点

PID 控制具有结构简单、稳定性好、工作可靠、调整方便等特点,是连续控制系统中技术最成熟、应用最广泛的控制方式,在工农业生产中得到了广泛应用。相当多的控制系统都利用 PID 控制,并且都取得了较为满意的控制效果。但是,PID 控制器在参数 $K_p$、$K_i$ 和 $K_d$ 整定结束后的整个控制过程中固定不变,当系统状态或参数发生变化时,原控制系统往往很难再达到最佳的控制效果。

随着计算机技术和数字化技术的发展,PLC 和计算机进入控制领域后,虽然相继出现了一批复杂的控制算法,但计算机控制系统主要还是实现 PID 控制或以 PID 控制为基础对被控对象进行控制。

用 PLC 或计算机实现 PID 控制,不只是简单地把 PID 控制规律数字化,而是进一步与 PLC 和计算机强大的运算能力、存储能力和逻辑判断能力结合起来,使 PID 控制更加灵活多样,可以将 PID 算法修改得更加合理,参数的整定和修改更为方便,更能满足控制系统提出的各种各样的要求。除了实现控制任务外,PLC 和计算机还能实现数据处理、显示、打印、报警等功能,减轻操作人员的劳动强度,提高生产效率。下面重点介绍 PID 控制器的数字化问题。

## 9.2.3 PID 控制器的数字化

### 1. 位置式 PID 算式

PID 控制器的数字化就是根据被控对象和系统要求,选择合适的 PID 模型,将其进行离散化处理,编出计算机程序由微处理器实现。计算机控制系统大多数是采样-数据控制系统,时间上连续的模拟量信号,必须经过采样和量化,变成数字量后,方能进入计算机的存贮器和寄存器,从而在计算机中进行计算和处理。所以,连续 PID 控制数字化后,不论是积分还是微分,只能用数值计算去逼近。当采样周期相当短时,可以用内接矩形面积求和(式 9.12)代替式(9.11)中的积分项,用一阶向后差分(式 9.13)代替式(9.11)中的微分项,从而使连续 PID 算式离散化,最后再确定 $K_p$、$T_i$、$T_d$ 和 $T$($T$ 为采样周期)。

$$\int_0^t e(t)dt = \sum_{j=0}^{k} Te(j) \tag{9.12}$$

$$\frac{de(t)}{dt} = K_d = K_p \frac{T_d}{T} \tag{9.13}$$

式中,$T$ 为采样周期,$k$ 为采样序号,将式(9.12)、(9.13)代入(9.11),可实现式(9.11)的 PID 算式的数字化,得:

$$u_k = K_p \left[ e_k + \frac{T}{T_i} \sum_{j=0}^{k} e_j + \frac{T_d}{T}(e_k - e_{k-1}) \right] + u_0 \tag{9.14}$$

式中,$u_k$ 和 $e_k$ 分别表示 $u(k)$ 和 $e(k)$。式(9.14)得到的控制量 $u_k$ 表示第 $k$ 时刻执行机构所应到达的位置,当执行机构是阀门时,相当于阀门的开度,所以式(9.14)称为位置式 PID 算式。

### 2. 增量式 PID 算式

根据式(9.14)可得:

$$\Delta u_k = u_k - u_{k-1} = K_p(e_k - e_{k-1}) + K_i e_k + K_d(e_k - 2e_{k-1} + e_{k-2}) \quad (9.15)$$

式中,$K_i = K_p \dfrac{T}{T_i}$,称为积分系数;$K_d = K_p \dfrac{T_d}{T}$ 称为微分系数。由式(9.15)所计算的结果,反映了控制器第 $k$ 次和第 $k-1$ 次输出之间的增量,所以称为增量式 PID 算式。利用增量算式控制执行机构,执行机构每次只增加或减少一个增量,因此执行机构起了累加的作用。在数字控制系统中,通常采用步进电动机或多圈电位器作为执行机构来实现这种功能。

对于整个闭环控制系统来说,位置和增量两种算式并无本质区别,只是将原来全部由计算机完成的工作分出一部分交给其他部件去完成。然而,虽然增量算式只是算法上的一点改变,但却带来了很多优点:

① 由于计算机输出增量,所以误动作影响小,必要时可用逻辑判断去掉过大的增量;

② 由于这种算式不进行累加,所以不会引起误差积累;

③ 使用位置式算法时,为了实现手动到自动的无扰动切换,必须首先使计算机的输出等于执行器(如阀门)的原始开度,即 $u_0$,这将给程序设计带来困难。但是增量算法只输出本次的增量,与执行机构的原始位置无关,因而增量算法有利于实现手动到自动的无扰动切换。

## 9.3  S7-300/400 的闭环控制功能

输入信号和输出信号均为模拟量的闭环控制系统称为模拟量闭环控制系统。过程控制系统是指被控制量为温度、压力、流量、液位、成分等这一类慢连续变化的模拟量控制系统。图 9.6 为典型的模拟量闭环控制系统结构框图。

图 9.6  典型模拟量闭环控制系统的结构框图

图 9.6 中,虚线部分可由 PLC 的基本单元加上模拟量输入输出扩展单元来承担。即由 PLC 自动采样来自检测装置或变送器的模拟输入信号,同时将采样的信号转换为数字量,存在指定的数据寄存器中,经过运算处理后输出给执行机构去执行。因此,要将 PLC 应用于模拟量闭环控制系统中,首先要求 PLC 必须具有 A/D 和 D/A 转换功能,能对现场的模拟量信号与 PLC 内部的数字量信号进行转换;其次 PLC 必须具有数据处理能力,特别是应具有较强

## 第 9 章 S7-300/400 与闭环控制系统

的算术运算功能,能根据控制算法对数据进行处理,以实现控制目的;同时还要求 PLC 有较高的运行速度和较大的用户程序存储容量。

虽然 PLC 是在开关量控制的基础上发展起来的工业控制装置,但为了适应现代工业控制系统的需要,其功能在不断增强,第二代 PLC 就能实现模拟量控制功能。现在的 PLC 一般都有 A/D 和 D/A 模块,许多 PLC 还设有 PID 功能指令,在大、中型 PLC 中还配有专门的 PID 过程控制模块。西门子的 S7-300/400 属于第四代 PLC,增加了许多模拟量处理和控制功能,完全能胜任各种复杂的模拟控制任务。近年来西门子的 S7-300/400 在模拟量控制系统中的应用也越来越广泛,已成功地应用于冶金、化工、机械等行业的模拟量控制系统中。

西门子的 S7-300/400 的模拟量闭环控制功能主要包括硬件和软件两部分。

(1) 硬 件

S7-300/400 与模拟量闭环控制有关的硬件主要是闭环控制模块。S7-300 的 FM355 和 S7-400 的 FM455 是专为闭环控制开发的智能化 4 路、16 路控制模块,可以用于化工等过程控制,模块上带有 A/D、D/A 转换器。

(2) 软 件

除了专用的闭环控制模块外,S7-300/400 还具有闭环控制用的系统功能块和闭环控制软件包。闭环控制用的系统功能块主要是 PID 控制功能块,用来实现 PID 控制,此时系统需要配置模拟量输入/输出模块或数字量输出模块。连续控制器通过模拟量输出模块输出模拟量数值,步进控制器输出数字量(例如,二级控制器和三级控制器用数字量模块输出宽度可调的方波脉冲信号)。

系统功能块 SFB41～SFB43 是 S7-300/400 用于闭环控制的功能块。SFB41"CONT_C"用于连续控制,SFB42"CONT_S"用于步进控制,SFB43"PULSEGEN"用于脉宽调制(PWM)。

在安装了标准 PID 闭环控制软件包(Standard PID Controller)后,文件夹\Libraries\Standard Library\PID Controller 中的 SFB41～SFB43 用于 PID 控制,FB58 和 FB59 用于 PID 温度控制,FB41～FB43 与没有安装软件包前的 SFB41～SFB43 兼容。

系统功能块 SFB41～SFB43 内有大量的可组态单元,除了用于创建 PID 控制器以外,还可以处理设定值、过程反馈值以及对控制器的输出值进行后处理。定期计算所需要的数据保存在制定的背景数据块中,允许多次调用 SFB。SFB43"PULSEGEN"和 SFB41"CONT_C"组合使用,可以组成脉冲输出控制器,用途广泛,如用于加热和冷却装置。

SFB41～SFB43 可以在程序编辑器左边的指令树"\Library\Standard Library\System Function Blocks"文件夹中找到。

PID 自整定(PID Self Tuner)软件包可以提供控制优化支持。模糊控制软件包主要用于模糊控制,适合于对象模型难以建立,过程特性缺乏一致性,具有非线性,但是可以总结出操作经验的系统。

PID 控制器的处理速度与 CPU 的性能有关,必须在控制器的数量和计算频率(采样周期之间折衷处理。采样频率越高,单位时间的计算量越大,能使用的控制器数量就越少。PID控制器可以控制变化较慢的系统,如温度、料位等,也可以控制变化较快的系统,如流量、速度等。

(3) 使用系统功能块实现闭环控制的程序结构

在程序中通过系统功能块的调用实现闭环控制功能时,应在启动时执行的组织块OB100中和在定时执行的组织块(如OB35)中调用SFB41~43。执行定时执行的组织块的时间间隔就是PID控制器的采样周期,可以在CPU属性设置对话框的循环中断选项卡中设置。调用系统功能块时应指定相应的背景数据块(如CALL SFB42,DB20),系统功能块的参数保存在背景数据块中。

## 9.4 连续PID控制器SFB41/FB41"CONT_C"

### 9.4.1 连续PID控制器SFB41/FB41的功能与结构

连续控制器SFB41/FB41的结构如图9.7所示,它的输出为连续的模拟量。可以用SFB41/FB41"CONT_C"作为定值PID控制器,或在多闭环控制中实现级联控制、比例控制、混合控制等。根据需要,SFB41/FB41"CONT_C"可以用SFB43/FB43进行扩展,产生PWM输出信号,来控制带比例执行机构的二级或三级控制器。

### 9.4.2 SFB41/FB41的PID控制算法

#### 1. PID控制器

SFB41/FB41 PID控制器采用位置式PID算法。从图9.7可以看出,SFB41/FB41的比例控制、积分控制、微分控制三部分并联。这三种控制方式可以分别设置为激活或取消,所以可以将控制器组态为P、PI、PD、PID控制器。扰动变量DISV可以实现前馈控制,GAIN为比例增益或比例系数,TI、TD分别为积分时间常数和微分时间常数,TM_LAG为微分延迟时间,一般取TD/5。P_SEL、I_SEL、D_SEL分别控制比列、积分、微分控制作用的激活或取消,为1时激活,反之禁止,其初始值分别为1、1、0。LMN_P、LMN_I、LMN_D分别是控制器输出的比例、积分、微分分量。

#### 2. 积分控制的初始化

SFB41/FB41有一个初始化程序,在输入参数COM_RST(完全重新启动)=TUUE时该程序被执行。在初始化程序执行过程中,如果积分初始化作用I_ITL_ON=TRUE,则将输入I_ITLVAL作为积分控制的初始值。INT_HOLD=TRUE时,积分输出被"冻结"并保持。

## 第9章 S7-300/400 与闭环控制系统

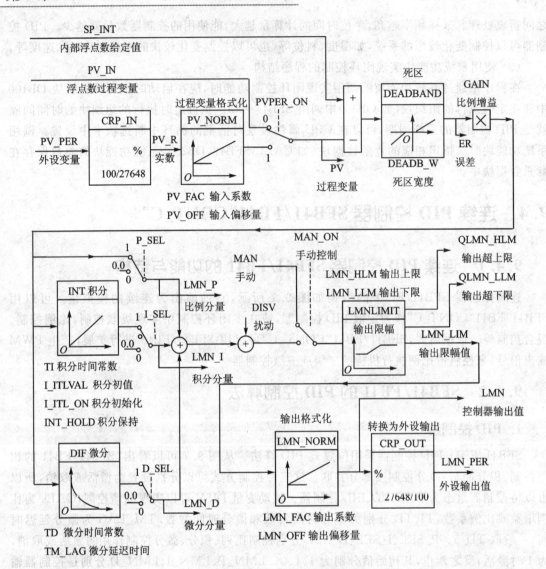

图 9.7 SFB41/FB41 组成框图

### 9.4.3 SFB41/FB41 对输入变量的处理

SFB41/FB41 的输入变量主要包括设定值与过程变量。下面分别加以说明。

**1. 设定值**

设定值(Setpoint)采用浮点数格式,由变量 SP_INT 输入。

## 2. 过程变量

过程变量即反馈值,可以采用如下两种方式进行输入:

① 用 PV_IN(过程输入变量)输入浮点格式的过程变量,此时开关量 PVPER_ON(控制外围设备过程变量的开关量)应为 0 状态。

② 用 PV_PER(外围设备过程变量)输入外围设备(I/O)格式的过程变量,即用模拟量输入模块输出的数字值作为 PID 控制的过程变量,此时开关量 PVPER_ON 应为 1 状态。

因为外围设备(即模拟量输入模块)正常范围最大输出值为 27 648(100%),CRP_IN 功能将外围设备输入值转换为 $-100\% \sim +100\%$ 之间的浮点数格式的数值,CRP_IN 输出 PV_R 用下式计算:

$$PV\_R = PV\_PER \times 100/27\,648 \tag{9.16}$$

## 3. 外围设备过程变量的格式化

外围设备过程变量的格式化通过 PV_NORM 功能进行,PV_NORM 功能通过下面的公式将 CRP_IN 的输出 PV_R 格式化:

$$PV\_NORM\ 的输出 = CRP\_IN\ 的输出(PV\_R) \times PV\_FAC + PV\_OFF \tag{9.17}$$

式(9.17)中,PV_FAC 为过程变量系数,默认值为 1;PV_OFF 为过程变量偏移量,默认值为 0.0。PV_FAC 和 PV_OFF 用来调节过程输入范围。如果设定值有物理意义,实际值(即反馈值)也可以转换为该物理值。图 9.7 中的 PV 值(过程变量)为 SFB41 输出的中间变量。

## 4. 误差信号处理

设定值 SP_INT 与过程变量(反馈值)PV 之间的差值叫误差信号,为了抑制由于控制器输出量的量化造成的连续的较小的振荡(如用 PULSEGEN 进行脉宽调制时可能出现的振荡),为误差信号设置了一个死区(DEADBAND),死区宽度由参数 DEAD_W 来定义,如果 DEAD_W=0,死区被关闭。图 9.7 中的 ER 即为误差,是 SFB41 输出的中间变量。

## 9.4.4 SFB41/FB41 对输出值的处理

### 1. 手动操作模式和自动操作模式

参数 MAN_ON 可以控制在自动和手动模式之间进行切换,MAN_ON=TRUE 时为手动模式,MAN_ON=FALSE 时为自动模式。在手动模式下,控制器的输出值(即被控变量)被设定为 MAN 值,此时如果将积分器设置成 LMN-LMN_P-DISV,微分器设置为 0,则可以实现手动到自动的无扰切换。

### 2. 输出限幅

控制器的输出值可以被 LMNLIMIT 功能限制在一定值范围内。LMNLIMIT 功能的输

## 第 9 章 S7-300/400 与闭环控制系统

入量超出控制器输出值的上限 LMN_HLM 时,信号位 QLMN_HLM 变为 1,信号实际输出值 LMN_LIM 被限制为 LMN_HLM;小于下限值 LMN_LLM 时,信号位 QLMN_LLM 变为 1,信号实际输出值 LMN_LIM 被限制为 LMN_LLM。

### 3. 输出量的格式化

LMN_NORM(输出量格式化)功能使用下述公式将 LMNLIMIT 功能的输出 LMN_LIM 格式化:

$$LMN = LMN\_LIM \times LMN\_FAC + LMN\_OFF \tag{9.18}$$

式中,LMN 是格式化后浮点数格式的控制器的输出值;LMN_FAC(输出系数,默认值为 1)和 LMN_OFF(输出偏移量,默认值为 0)用来调整控制器输出值的范围。

### 4. 输出量转换为外围设备格式

控制器格式化后的输出值是一个数字量,在送给执行器以前一般还要通过模拟量输出模块中的 D/A 转换器转换成模拟量,此时就要用到 CPR_OUT 功能将格式化后的输出值转换为外围设备格式的变量 LMN_PER。转换公式为:

$$LMN\_PER = LMN \times 27\,648/100 \tag{9.19}$$

### 9.4.5 SFB41/FB41 的参数

SFB41/FB41 用到的输入参数、输出参数如表 9.1 和表 9.2 所列。

表 9.1 SFB41/FB41 输入参数

| 参数名称 | 数据类型 | 地 址 | 数值范围 | 默认值 | 说 明 |
|---|---|---|---|---|---|
| COM_RST | BOOL | 0.0 | | FALSE | COMPLETE RESTART(完全再启动),该位置位,执行初始化过程 |
| MAN_ON | BOOL | 0.1 | | TRUE | MANUAL VALUE ON(手动数值接通),该位置位,则闭环控制被中断,被控值被置为手动值 |
| PVPER_ON | BOOL | 0.2 | | FALSE | PROCESS VARIABLE PERIPHERAL ON(外围设备输入过程变量接通),如果过程变量从 I/O 读入,则输入端 PV_PER 必须接到 I/O 上,且 PVPER_ON 必须被置位 |
| P_SEL | BOOL | 0.3 | | TRUE | PROPORTIONAL ACTION ON(比例分量接通),当该位置位时,比例分量被激活接通 |
| I_SEL | BOOL | 0.4 | | TRUE | INTEGRAL ACTION ON(积分分量初始化接通),当该位置位时,积分分量被激活接通 |

续表9.1

| 参数名称 | 数据类型 | 地址 | 数值范围 | 默认值 | 说明 |
|---|---|---|---|---|---|
| INT_HOLD | BOOL | 0.5 | | FALSE | INTEGRAL ACTION HOLD（积分作用保持），当该位置位时，积分输出被"冻结"并保持 |
| I_ITL_ON | BOOL | 0.6 | | FALSE | INITIALIZATION OF THE INTEGRAL（积分作用初始化接通），当该位置位时，将输入I_ITLVAL作为积分器的初值 |
| D_SEL | BOOL | 0.7 | | TRUE | DERIVATIVE ACTION ON（微分分量接通），当该位置位时，微分分量被激活接通 |
| CYCLE | TIME | 2 | ≥1 ms | T#1s | SAMPLE TIME（采样周期），两次块调用之间的时间 |
| SP_INT | REAL | 6 | −100%～+100%或物理值 | 0.0 | INTERNAL SETPOINT（内部设定值），该输入端用于确定设定值 |
| PV_IN | REAL | 10 | −100%～+100%或物理值 | 0.0 | PROCESS VARIABLE IN（过程变量输入），浮点数格式的过程变量输入 |
| PV_PER | WORD | 14 | | 16#0000 | PROCESS VARIABLE PERIPHERAL（外围设备过程变量），外部设备输入的I/O格式的过程变量 |
| MAN | REAL | 16 | −100%～+100%或物理值 | 0.0 | MANUAL VALUE（手动值），通过操作员接口输入的手动值 |
| GAIN | REAL | 20 | | 2.0 | PROPORTIONAL GAIN（比例增益），用于确定控制器的比例系数 |
| TI | TIME | 24 | ≥CYCLE | T#20s | RESET TIME（积分时间），积分时间常数 |
| TD | TIME | 28 | ≥CYCLE | T#10s | DERIVATIVE TIME（微分时间），微分时间常数 |
| TM_LAG | TIME | 32 | ≥CYCLE/2 | T#2s | TIME LAG OF THE DERIVATIVE ACTION（微分作用的延迟时间），微分分量算法包括一个滞后时间，可以赋到该参数上 |
| DEAD_W | REAL | 36 | ≥0.0或物理值 | 0.0 | DEAD BAND WIDTH（死区宽度），误差变量死区带的大小 |
| LMN_HLM | REAL | 40 | LMN_LLM～100(%)或物理值 | 100.0 | MANIPULATED VALUE HIGH LIMIT（被控量上限），用于确定控制器输出上限值 |
| LMN_LLM | REAL | 44 | −100～LMN_HLM(%)或物理值 | 0.0 | MANIPULATED VALUE LOW LIMIT（被控量下限），用于确定控制器输出下限值 |

续表 9.1

| 参数名称 | 数据类型 | 地址 | 数值范围 | 默认值 | 说明 |
|---|---|---|---|---|---|
| PV_FAC | REAL | 48 | | 1.0 | PROCRESS VARIABLE FACTOR（过程变量系数），该参数与过程变量相乘，用于匹配过程变量范围 |
| PV_OFF | REAL | 52 | | 0.0 | PROCRESS VARIABLE OFFSET（过程变量偏移量），该参数与过程变量相加，用于匹配过程变量范围 |
| LMN_FAC | REAL | 56 | | 1.0 | MANIPULATED VALUE FACTOR（被控量或控制器输出量系数），该参数与被控量（即控制器输出量）相乘，用于匹配被控量范围 |
| LMN_OFF | REAL | 60 | | 0.0 | MANIPULATED VALUE OFFSET（被控量或控制器输出量偏移量），该参数与被控量（即控制器输出量）相加，用于匹配被控量范围 |
| I_ITLVAL | REAL | 64 | －100%～＋100% 或物理值 | 0.0 | INITIALIZATION VALUE OF THE INTEGRAL ACTION（积分分量初始值），积分器的输出可以用输入端 I_ITL_ON 设置，初始值被设置成"积分分量初始值" |
| DISV | REAL | 68 | －100%～＋100% 或物理值 | 0.0 | DISTURBANCE VARIABLE（干扰变量），前馈控制中的扰动输入变量 |

表 9.2 SFB41/FB41 输出参数

| 参数名称 | 数据类型 | 地址 | 默认值 | 说明 |
|---|---|---|---|---|
| LMN | REAL | 72 | 0.0 | PROCESS VARIABLE（被控制量），浮点数格式的控制器输出值 |
| LMN_PER | WORD | 76 | 16#0000 | MANIPULATED VALUE PERIPHERY（I/O 格式的被控制量），I/O 格式的控制器输出值 |
| QLMN_HLM | BOOL | 78.0 | FALSE | HIGH LIMIT OF MANIPULATRED VALUE REACHED（被控量上限值到达），该位为 TRUE，表示控制器输出超过上限值 |
| QLMN_LLM | BOOL | 78.1 | FALSE | LOW LIMIT OF MANIPULATRED VALUE REACHED（被控量下限值到达），该位为 TRUE，表示控制器输出超过下限值 |
| LMN_P | REAL | 80 | 0.0 | PROPORTIONAL COMPONENT（比例分量），控制器输出值中的比例分量 |

续表 9.2

| 参数名称 | 数据类型 | 地址 | 默认值 | 说　明 |
|---|---|---|---|---|
| LMN_I | REAL | 84 | 0.0 | INTEGRAL COMPONENT（积分分量），控制器输出值中的积分分量 |
| LMN_D | REAL | 88 | 0.0 | DERIVATIVE COMPONENT（微分分量），控制器输出值中的微分分量 |
| PV | REAL | 92 | 0.0 | PROCESS VARIABLE（过程变量），格式化的过程变量输出 |
| ER | REAL | 96 | 0.0 | ERROR SIGNAL（误差信号），死区处理后的误差信号输出 |

## 9.5　步进控制器 SFB42/FB42"CONT_S"

### 9.5.1　步进控制器 SFB42/FB42 功能与结构

步进控制器 SFB42/FB42"CONT_S"结构如图 9.8 所示，它用数字量输出信号控制增量式执行机构。只要给该功能赋适当的参数就可以激活或取消步进控制器的子功能，从而使控制器与过程匹配，满足被控系统的要求。该控制器可以作为固定设定值的 PI 控制器，还可以作为串级控制系统的第二级控制器、比例控制器和混合控制器，但不能作为串级控制系统的主控制器。控制器功能基于采样控制器的 PI 控制算法，如果令积分时间常数 TI=T♯0ms，将关闭控制器的积分作用，作为纯比例 P 控制器使用。

由于步进控制器没有位置反馈信号，所以使用限位停止信号作为限制脉冲输出的信号。

步进控制器 SFB42/FB42 对设定值通道、过程变量通道、外围设备过程变量的格式化、死区的作用、误差信号的计算和处理与 SFB41 完全相同。下面重点分析步进控制器特有的功能及使用方法。

**1. PI 步进控制算法**

SFB42/FB42 没有位置反馈信号，所以对 PI 控制算法中的积分分量和对假设的位置反馈信号使用同一个积分器（INT）进行计算，并将积分器的计算结果与 P 分量进行比较，比较的差值送给三级元件（THREE STEP）和脉冲发生器（PULSEOUT）。

脉冲发生器产生驱动执行机构的脉冲。它通过最小脉冲时间 PULSE_TM 和最小断开时间 BREAK_TM 来控制脉冲产生方式，输出脉冲 QLMNUP 和 QLMNDN 的宽度应大于 PULSE_TM，2 个脉冲之间断开的时间应大于 BREAK_TM。控制器的开关频率可以通过调整三级元件的阈值来调节。

# 第9章 S7-300/400 与闭环控制系统

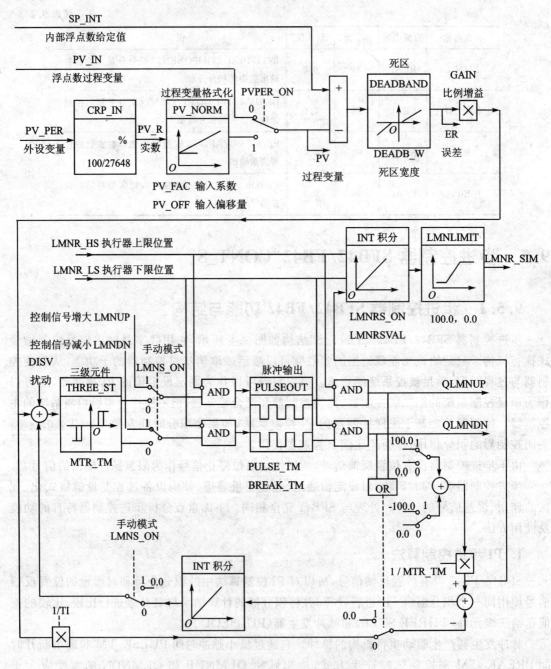

图 9.8  SFB42/FB42 组成框图

## 2. 手动操作模式和自动操作模式

LMNS_ON 为 1 时,系统处于手动操作模式,此时三级元件后面的 2 个开关切换到上面标有 1 的触点位置,开关量输出信号 QLMNUP 和 QLMNDN 受手动输入信号 LMNUP 和 LMNDN 的控制。LMNS_ON 为 0 时,控制开关返回到自动操作模式,手动操作与自动操作切换过程是平滑进行的。

## 3. 极限保护

被控对象全部打开时,上限位开关动作,LMNR_HS 信号为 1,通过图 9.8 中上面 2 个与门封锁输出量 QLMNUP,执行机构停止动作。被控对象全部关闭时,下限位开关动作,LMNR_LS 为 1,通过下面 2 个与门封锁输出量 QLMNDN,执行机构也停止动作。

## 4. 初始化和前馈控制

SFB42/FB42 有一个初始化过程,当输入参数 COM_RST=TRUE 时执行该过程,所有其他输出都被置为默认值。对于前馈控制,干扰变量连接到"DIS_V"端。

## 9.5.2 SFB42/FB42 的参数

SFB42/FB42 用到的输入参数、输出参数如表 9.3、9.4 所列。

表 9.3 SFB42/FB42 输入参数

| 参数名称 | 数据类型 | 地址 | 数值范围 | 默认值 | 说明 |
|---|---|---|---|---|---|
| COM_RST | BOOL | 0.0 | | FALSE | COMPLETE RESTART(完全再启动),该位置位,执行初始化过程;该位复位,控制器运行 |
| LMNR_HS | BOOL | 0.1 | | FALSE | HIGH LIMIT OF POSITION FEEDBACK SIGNAL(位置反馈信号上限),该位为 TRUE,表示执行器到达上限停止位置 |
| LMNR_LS | BOOL | 0.2 | | FALSE | LOW LIMIT OF POSITION FEEDBACK SIGNAL(位置反馈信号下限),该位为 TRUE,表示执行器到达下限停止位置 |
| LMNS_ON | BOOL | 0.3 | | TRUE | MANUAL ACTUATING SIGNALS ON(手动操作模式接通),该位为 TRUE,切换到手动模式 |
| LMNUP | BOOL | 0.4 | | FALSE | MANUAL ACTUATING SIGNALS UP(手动操作信号上升),该位置位,输出信号 QLMNUP 受 LMNUP 控制 |
| LMNDN | BOOL | 0.5 | | FALSE | MANUAL ACTUATING SIGNALS DOWN(手动操作信号下降),该位置位,输出信号 QLMNDN 受 LMNDN 控制 |

**续表 9.3**

| 参数名称 | 数据类型 | 地 址 | 数值范围 | 默认值 | 说 明 |
|---|---|---|---|---|---|
| PVPER_ON | BOOL | 0.6 | | FALSE | PROCESS VARIABLE PERIPHERAL ON(外围设备输入过程变量接通),如果过程变量从 I/O 读入,则输入端 PV_PER 必须接到 I/O 上,且 PVPER_ON 必须被置位 |
| CYCLE | TIME | 2 | ≥1 ms | T#1s | SAMPLE TIME(采样周期),2 次块调用之间的时间 |
| SP_INT | REAL | 6 | −100%～+100% 或物理值 | 0.0 | INTERNAL SETPOINT(内部设定值),该输入端用于确定设定值 |
| PV_IN | REAL | 10 | −100%～+100% 或物理值 | 0.0 | PROCESS VARIABLE IN(过程变量输入),浮点数格式的过程变量输入 |
| PV_PER | WORD | 14 | | 16#0000 | PROCESS VARIABLE PERIPHERAL(外围设备过程变量),外部设备输入的 I/O 格式的过程变量 |
| GAIN | REAL | 16 | | 2.0 | PROPORTIONAL GAIN(比例增益),用于确定控制器的比例系数 |
| TI | TIME | 20 | ≥CYCLE | T#20s | RESET TIME(积分时间),积分时间常数 |
| DEAD_W | REAL | 24 | 0.0%～100.0% 或物理值 | 1.0 | DEAD BAND WIDTH(死区宽度),误差变量死区带的大小 |
| PV_FAC | REAL | 28 | | 1.0 | PROCESS VARIABLE FACTOR(过程变量系数),该参数与过程变量相乘,用于匹配过程变量范围 |
| PV_OFF | REAL | 32 | | 0.0 | PROCRESS VARIABLE OFFSET(过程变量偏移量),该参数与过程变量相加,用于匹配过程变量范围 |
| PULSE_TM | TIME | 36 | ≥CYCLE | T#3s | MINIMUM PULSE TIME(最小脉冲时间),该参数用于设置最小脉冲持续时间 |
| PULSE_TM | TIME | 36 | ≥CYCLE | T#3s | MINIMUM PULSE TIME(最小脉冲时间),该参数用于设置最小脉冲持续时间 |
| BREAK_TM | TIME | 40 | ≥CYCLE | T#3s | MINIMUM BREAK TIME(最小脉冲间隔时间),该参数用于设置最小脉冲间隔时间 |
| MTR_TM | TIME | 44 | ≥CYCLE | T#30s | MOTOR ACTUATING TIME(电动执行时间),执行机构从一个限位位置移到另一个限位位置所需要的时间 |
| DISV | REAL | 48 | −100%～+100% 或物理值 | 0.0 | DISTURBANCE VARIABLE(干扰变量),前馈控制中的扰动输入变量 |

表 9.4 SFB42/FB42 输出参数

| 参数名称 | 数据类型 | 地址 | 数值范围 | 默认值 | 说明 |
|---|---|---|---|---|---|
| QLMNUP | BOOL | 52.0 | | FALSE | MANIPULATED SIGNAL UP(控制信号上升),该位为 TRUE 时,表示控制信号增大 |
| QLMNDN | BOOL | 52.1 | | FALSE | MANIPULATED SIGNAL DOWN(控制信号减小),该位为 TRUE 时,表示控制信号减小 |
| PV | REAL | 54 | | 0.0 | PROCESS VARIABLE(过程变量),格式化的过程变量输出 |
| ER | REAL | 58 | | 0.0 | ERROR SIGNAL (误差信号),死区处理后的误差信号输出 |

## 9.6 脉冲发生器 SFB43/FB43 "PULSEGEN"

### 9.6.1 脉冲发生器的功能与结构

**1. 功　能**

脉冲发生器 SFB43/FB43 一般与连续 PID 控制器"COUNT_C"一起使用,放在 SFB41/FB41 的后面,与 PID 控制器一起构成一个用于控制比例执行器的脉冲输出(见图 9.9)。使用该功能,可以组成带脉宽调制的二级或三级 PID 控制器。

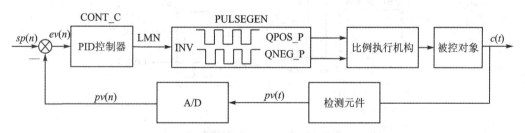

图 9.9　比例执行机构的 PLC 闭环控制系统框图

PULSEGREN 功能通过调制脉冲宽度,将输入变量 INV(=PID 控制器的输出量 LMN)转换为具有固定周期的脉冲序列,该脉冲序列的周期取决于输入变量刷新时间(即周期时间)PER_TM,且 PER_TM 应与 CONT_C 的采样周期 CYCLE 相同。每个周期输出的脉冲宽度与输入变量 INV 成正比,PER_TM 一般是 PULSEGREN 处理周期的若干倍(见图 9.10)。每个 PER_TM 周期调用 PULSEGREN 的次数是衡量脉宽调制精度的依据,最小控制值取决于参数 P_B_TM。

# 第9章 S7-300/400 与闭环控制系统

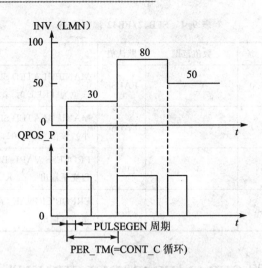

图 9.10 PULSEGEN 脉宽调制波形图

### 2. SFB/FB43 "PULSEGEN" 结构

SFB/FB43 "PULSEGEN" 结构如图 9.11 所示。

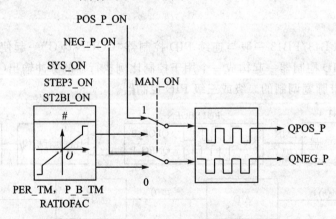

图 9.11 PULSEGEN 结构框图

### 3. 脉宽调制

设每个 PER_TM 周期调用 10 次 SFB43/FB43 PULSEGEN,如果输入变量 INV 为最大值的 30%,则前 3 次调用(10 次调用的 30%)时正脉冲输出 QPOS_P 为 1 状态,其余 7 次调用时 QPOS_P 为 0 状态。

### 4. 被控量的精度

如果采样比率（该项必须由用户编程设定，是"CONT_C"调用次数与"PULSEGEN"调用次数之比）为 1:10，则此时被控量的精度被限定在 10%。换句话说，设定的输入数值 INV 只能在 QPOS_P 输出端上以 10%的步长转换成脉冲宽度。

只有在调用 CONT_C 的一个周期内调用 PULSEGEN 的次数增加时，才能提高精度。例如，如果每个 CONT_C 调用中 PULSEGEN 的调用次数为 100 时，被控量的分辨率将达到 1%（建议分辨率≤5%）。

### 5. 自动同步

使用可以刷新 PULSEGEN 输入变量 INV 的功能块（如 CONT_C），可以使 PULSEGEN 的脉冲输出实现自动同步，从而保证输入变量的变化能尽快地以脉冲的形式输出。脉冲发生器以 PER_TM 设置的时间间隔为周期，将输入值 INV 转换为对应宽度的脉冲信号。但是，由于 INV 一般在较慢的循环中断中计算，所以脉冲发生器应在 INV 刷新后尽可能快地将具体离散值转换为输出脉冲信号。为此，功能块使用下述方法对输出脉冲周期的起点进行同步。

如果 INV 发生变化，并且对 SFB43/FB43 块的调用不在输出脉冲的第 1 个或最后 2 个调用周期中，则功能块将进行自同步操作。即：重新计算脉冲宽度，并在下一个周期中输出 1 个新的脉冲，如图 9.12 所示。

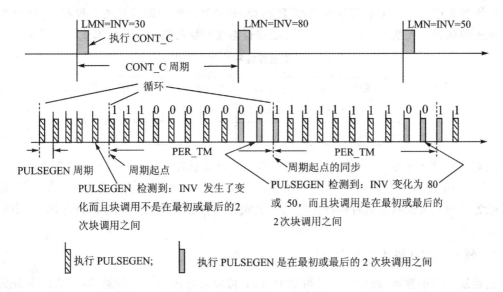

图 9.12 自动同步示意图

如果令输入量 SYN_ON = FALSE，则可以关闭自动同步功能。

### 6. 初始化

在输入参数 COM_RST=TRUE 时,PULSEGEN 执行初始化程序,所有信号输出都被置为 0。通过参数赋值工具可以进行参数检查。

### 7. 工作模式

根据参数的设置不同,脉冲发生器可以组态为三级输出、双极性二级输出、单极性二级输出、手动控制等几种工作模式。表 9.5 列出了可能的工作模式及参数设置。

表 9.5 工作模式参数设置

| 工作模式 | MAN_ON | STEP3_ON | ST2BI_ON |
| --- | --- | --- | --- |
| 三级控制 | FALSE | TRUE | ANY |
| 双极性二级控制,范围—100%～100% | FALSE | FALSE | TRUE |
| 单极性二级控制,范围 0%～100% | FALSE | FALSE | FALSE |
| 手动控制模式 | TRUE | ANY | ANY |

## 9.6.2 三级控制器

### 1. 三级控制

三级控制用 2 个开关量信号 QPOS_P 和 QNEG_P 产生控制信号的 3 种状态,用来控制执行机构的状态。表 9.6 列出了用三级控制进行温度控制的输出信号状态表。

表 9.6 三级温度控制输出信号状态

| 开关量输出信号 | 加 热 | 执行器关闭 | 制 冷 |
| --- | --- | --- | --- |
| QPOS_P | TRUE | FALSE | FALSE |
| QNEG_P | FALSE | FALSE | TRUE |

PLC 根据输入变量 INV 的大小,通过特性曲线计算脉冲宽度。特性曲线的形状取决于最小脉冲/最小中断时间 P_B_TM 和比例系数 RATIOFAC。比例系数通常为 1。图 9.13 是比例系数为 1 的三级控制器的对称特性曲线。曲线中的"拐点"是由于最小脉冲时间/最小中断时间造成的。

### 2. 最小脉冲/最小中断时间

正确设置最小脉冲/最小中断时间 P_B_TM,可以防止因短促的接通/断开而降低开关元件和执行机构的使用寿命。

正、负脉冲宽度可以用输入变量 INV(单位"%")和周期时间相乘进行计算。即:

$$脉冲周期 = INV/100 \times PER\_TM \qquad (9.20)$$

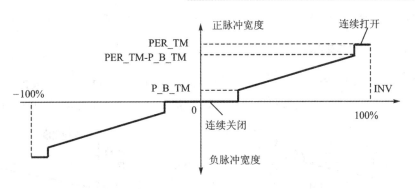

图 9.13 三级控制器的对称特性曲线（RATIOFAC=1）

如果输入值 INV 过大,可能使脉冲宽度大于 PER_TM 与 P_B_TM 的差值,在这种情况下,应将它限幅为 100% 或 -100%。

### 3. 比例系数

使用比例系数 RATIOFAC 可以改变正脉冲宽度和负脉冲宽度之比。例如,对于热处理,可使用不同的时间常数来进行加热和冷却。同时,比例系数也会影响最小脉冲/中断周期。

当比例系数 < 1 时,三级控制器脉冲宽度计算公式为：

$$正脉冲宽度 = INV \times PER\_TM/100 \tag{9.21a}$$

$$负脉冲宽度 = INV \times PER\_TM \times RATIOFAC/100 \tag{9.21b}$$

由式 9.21 可知,比例系数小于 1 将会减小负脉冲的输出宽度,图 9.14 为比例系数为 0.5 的三级控制器不对称曲线。

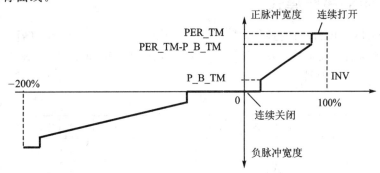

图 9.14 三级控制器的不对称特性曲线（RATIOFAC=0.5）

当比例系数 > 1 时,三级控制器脉冲宽度计算公式为：

$$正脉冲宽度 = INV \times PER\_TM/(100 \times RATIOFAC) \tag{9.22a}$$

$$负脉冲宽度 = INV \times PER\_TM/100 \tag{9.22b}$$

由式 9.22 可知,比例系数大于 1 将会减小正脉冲的输出宽度,图 9.14 为比例系数为 0.5 的三级控制器不对称曲线。

### 9.6.3 二级控制器

二级控制器只用 PULSEGEN 的正脉冲输出 QPOS_P 控制执行机构。二级控制器按控制值 INV 的输入范围分为双极性控制器和单极性控制器，其示意图分别如图 9.15 和 9.16 所示。

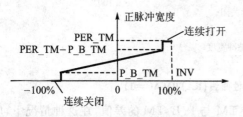 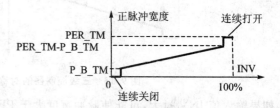

图 9.15　双极性输入控制值的二级控制器　　　图 9.16　单极性输入控制值的二级控制器

如果在闭环控制中要求二级控制器连接的执行器需要逻辑状态相反的信号，可以从 QNEG_P 端输出取反的信号（见表 9.7）。

表 9.7　二级控制输出信号状态

| 开关量输出信号 | 执行器打开 | 执行器关闭 |
| --- | --- | --- |
| QPOS_P | TRUE | FALSE |
| QNEG_P | FALSE | TRUE |

### 9.6.4 手动操作模式

在 MAN_ON=TRUE 时，控制器处于手动操作模式。从图 9.11 可以看出，此时三级控制器或二级控制器的开关量输出由 POS_P_ON 和 NEG_P_ON 来设置，与输入量 INV 无关，输入输出关系如表 9.8 所列。

表 9.8　手动模式输出信号

|  | POS_P_ON | NEG_P_ON | QPOS_P | QNEG_P |
| --- | --- | --- | --- | --- |
| 二级控制 | FALSE | ANY | FALSE | FALSE |
|  | TRUE | ANY | TRUE | FALSE |
| 三级控制 | FALSE | FALSE | FALSE | FALSE |
|  | TRUE | FALSE | TRUE | FALSE |
|  | FALSE | TRUE | FALSE | TRUE |
|  | TRUE | TRUE | FALSE | FALSE |

## 9.6.5 SFB43/FB43 的参数

SFB43/FB43 在使用过程中的具体参数说明如表 9.9 和表 9.10 所列。

表 9.9 SFB43/FB43 输入参数

| 参数名称 | 数据类型 | 地 址 | 数值范围 | 默认值 | 说 明 |
|---|---|---|---|---|---|
| INV | REAL | 0 | -100%~100% | 0.0 | INPUT VARIABLE(输入变量),CONT_C 输出的模拟量控制值 |
| PER_TM | TIME | 4 | ≥20×CYCLE | T#1s | PERIOD TIME(周期时间),脉宽调制的恒定周期,对应于 PID 控制器的采样时间。脉冲发生器的处理周期和控制器的采样周期之比决定了脉宽调制的精度 |
| P_B_TM | TIME | 8 | ≥CYCLE | T#50ms | MINIMUM PULSE/BREAK TIME(z 最小脉冲/间隔时间) |
| RATIOFAC | REAL | 12 | 0.1~10.0 | 1.0 | RATIO FACTOR(比例系数),用于改变正负脉冲宽度之比 |
| STEP3_ON | BOOL | 16.0 | | TRUE | THREE STEP CONTROL ON(三级控制打开),该位置位,三级控制被打开;在三级控制中,2 路输出信号都有效 |
| ST2BI_ON | BOOL | 16.1 | | FALSE | TWO STEP CONTROL FOR BIPOLAR MANIPULATED VALUE RANGE ON(双极性控制值的二级控制打开),用来选择双极性控制值或单极性控制值二级控制模式 |
| MAN_ON | BOOL | 16.2 | | FALSE | MANUAL MODE ON(手动操作模式打开),可以手动控制输出信号 |
| POS_P_ON | BOOL | 16.3 | | FALSE | POSITIVE PULSE ON(正脉冲打开),在三级控制的手动模式下,用来控制 QPOS_P;在二级控制的手动模式下,QNEG_P 和 QPOS_P 必须设置为相反 |
| NEG_P_ON | BOOL | 16.4 | | FALSE | NEGTIVE PULSE ON(负脉冲打开),在三级控制的手动模式下,用来控制 QNEG_P;在二级控制的手动模式下,QNEG_P 和 QPOS_P 必须设置为相反。 |
| SYN_ON | BOOL | 16.5 | | TRUE | SYNCHRONIZATION ON(同步打开),可以用刷新输入变量 INV 的块进行自同步操作,以保证输入变量的变化能尽可能快地在输出端的输出脉冲上反映出来 |
| COM_RST | BOOL | 16.6 | | FALSE | COMPLETE RESTART(完全重启动),如果该位置位,启动时执行块的初始化过程,否则控制器运行 |
| CYCLE | TIME | 18 | ≥1 ms | T#10ms | SAMPLING TIME(采样周期),规定了相邻 2 次块调用之间的时间间隔 |

表 9.10　SFB 43/FB43 输出参数

| 参数名称 | 数据类型 | 地址 | 数值范围 | 默认值 | 说明 |
|---|---|---|---|---|---|
| QPOS_P | BOOL | 22.0 | | FALSE | OUTPUT POSITIVE PULSE（输出正脉冲），如果有脉冲输出，则该位被置位；在三级控制中总有正脉冲输出，二级控制时必须与 QNEG_P 相反 |
| QNEG_P | BOOL | 22.1 | | FALSE | OUTPUT NEGTIVE PULSE（输出负脉冲），如果有脉冲输出，则该位被置位；在三级控制中总有负脉冲输出，二级控制时必须与 QPOS_P 相反 |

## 9.7　PID 控制器的参数整定

数字 PID 控制器有 4 个主要参数需要确定，它们分别是采样周期 $T$、比例系数 $K_p$、积分时间常数 $T_i$、微分时间常数 $T_d$，这些参数的取值不同对控制系统的性能影响非常大，所以在使用之前，必须确定合适的参数，系统才能正常工作。在将参数整定之前，需要先了解一下各参数与系统性能之间的关系。

### 9.7.1　PID 控制器的参数与控制系统性能的关系

在 P、I、D 三种控制作用中，比例部分与误差信号在时间上是同步的。只要误差一出现，比例部分就能及时地产生与误差成正比的调节作用，具有调节及时的特点。比例系数 $K_p$ 越大，比例调节作用越强，系统反应速度越快，系统的稳态误差越小，精度越高；但 $K_p$ 过大，会使系统输出振荡加剧，稳定性降低，甚至会使系统无法工作。

PID 控制器中的积分作用与当前误差及历史误差都有关系，只要系统存在误差，积分控制就不断积累并输出控制量以消除误差。因此从理论上讲，只要有足够的时间，积分控制作用将能完全消除误差，提高控制精度，但是积分作用的动作缓慢。积分时间常数 $T_i$ 增大，积分作用减弱，系统的动态性能（稳定性）会有所改善，但是消除误差的速度慢；积分时间常数 $T_i$ 减小，积分控制作用增强，会使系统超调加大，甚至使系统出现振荡，加剧系统的不稳定性。

PID 控制器中的微分作用根据误差变化的速度（即误差变化率）提前给出较大的调节作用。微分部分反映了系统的变化趋势，它较比例调节更及时，是基于未来的一种调节作用，具有超前和预测的特点。微分时间常数 $T_d$ 增大，超调量减小，系统动态性能得到改善，但是抑制高频干扰的能力下降。如果 $T_d$ 过大，系统输出量可能会出现频率较高的振荡。

### 9.7.2　PID 控制器参数的整定方法

生产过程多数是定值系统，一般要求调节过程具有较大的衰减度，超调量要小些，调整时间越短越好,没有静态误差,并且控制量又不要太大。但实际上很难同时满足上述诸方面的要求,因此以照顾主要矛盾为主而兼顾其他。实践中发现,在很多情况下,若选择衰减度为 1/4 左右(即后一次超调为前一次的 1/4),则过渡过程能兼顾到其他一些要求,即稳定性和快速性都较好,在经过了一个半波的振荡后,波动就已经很小,当使用积分形式的控制规律后,又总能消除静态误差。而且这样的过渡过程还便于观察,所以称这样的过渡过程为典型最佳调节过程。

为了使系统达到或接近最佳调节过程,要选择适当的控制规律并整定其参数。在整定 PID 参数时,首先要确定控制器参数的初始值,如果预选的参数初始值与理想参数相差甚大,将会给系统调试带来很大困难。因此,如何选择一组较好的 PID 参数初始值是 PID 参数整定和系统调试的关键。要整定参数,首先要确定系统的采样周期。

### 1. 采样周期的确定

香农采样定理给出了采样周期的上限。根据采样定理,采样周期应满足:

$$T_{\max} \leqslant \frac{\pi}{\omega_{\max}} \tag{9.23}$$

其中,$\omega_{\max}$ 为被采样信号的上限角频率。采样周期的下限 $T_{\min}$ 为计算机执行控制程序和输入输出所耗费的时间,系统的采样周期只能在 $T_{\min}$ 与 $T_{\max}$ 之间选择,既不能太大也不能太小。$T$ 太小,一方面增加了 CPU 的负担,另一方面,2 次采样之间的偏差变化太小,数字控制器的输出值变化也很小;$T$ 太大,又不能满足采样定理,系统输出不能及时反映现场输入量的变化,造成系统控制效果太差。因此,采样周期应满足下式:

$$T_{\min} \leqslant T \leqslant T_{\max} \tag{9.24}$$

其次,在选择采样周期时,还应考虑以下因素:

① 给定值的变化率。加到被控对象上的给定值变化频率越高,采样频率也应越高。这样给定值的改变可以迅速得到反映。

② 被控对象的特性。若被控对象是慢速的热工或化工对象时,采样周期一般取得较大;若被控对象是流量、压力等较快速的系统时,采样周期应取得较小。

③ 执行机构的类型。执行机构动作惯性大,采样周期也应大一些,否则执行机构来不及反映数字控制器输出的变化。

④ 控制算法的类型。当采用 PID 算法时,积分作用、微分作用与采样周期 $T$ 的选择有关。选择采样周期 $T$ 太小,将使积分微分作用不明显。因为当 $T$ 小到一定程度后,由于受计算精度的限制,偏差始终很小或为 0。另外,各种控制算法也需要时间。

⑤ 控制的回路数。控制的回路数 $n$ 与采样周期 $T$ 有如下关系:

$$T \geqslant \sum_{j=1}^{n} T_j \tag{9.25}$$

式(9.25)中,$T_j$ 指第 $j$ 回路控制程序执行时间和输入输出时间。

## 2. PID 控制器参数整定

在连续控制系统中,模拟调节器的参数整定方法有很多种,既可以用理论法,也可以用实验法。用理论方法整定 PID 控制器参数的前提是要有被控对象的精确模型,这在工业过程中一般较难做到。即使花了很大代价进行系统辨识,所得到的模型也只是近似的,加上系统的结构和参数都在随着时间变化,在近似模型基础上设计的最优控制器在实际过程中就很难说是最优的。因此在工程上,PID 控制器的参数常常通过实验来确定,或者通过实验结合经验来确定。下面介绍两种常用的数字 PID 控制器参数整定方法。

### 1) 扩充临界比例度法

扩充临界比例度法是对模拟调节器中使用的临界比例度法的扩充,用来整定数字 PID 算式中的 $T$、$K_p$、$T_i$、$T_d$。这种方法不需要知道被控对象的特性,下面叙述用它来整定数字 PID 控制器参数的步骤。

① 选择一个足够短的采样周期,一般来说 $T_{min}$ 为被控对象纯滞后时间的 1/10 以下。

② 将数字控制器设为纯比例控制,从小到大改变比例系数 $K_p$,直到系统的阶跃响应持续 4~5 次为止。此时认为系统已达到临界振荡状态。设这时的比例系数为临界比例系数 $K_r$。来回振荡一次,即从振荡的第一个顶点到第二个顶点的时间为临界振荡周期 $T_r$。

③ 选定控制度

$$控制度 = \frac{\int_0^\infty e^2 dt (数字控制)}{\int_0^\infty e^2 dt (模拟控制)} \tag{9.26}$$

控制度以误差的平方积作为评价函数,反映了数字控制效果对模拟控制效果相当的程度。实际应用中并不需要计算出两个误差的平方积,控制度仅表示控制效果的物理概念。当控制度为 1.05 时,通常认为数字控制的效果和模拟控制相当;当控制度为 2.0 时,通常认为数字控制的效果比模拟控制效果差。

④ 根据选定的控制度,查表 9.11,求出 $T$、$K_p$、$T_i$、$T_d$ 的值。

表 9.11 扩充临界比例度法整定参数表

| 控制度 | 控制规律 | $T$ | $K_p$ | $T_i$ | $T_d$ |
|---|---|---|---|---|---|
| 1.05 | PI | $0.03T_r$ | $0.53K_r$ | $0.88T_r$ | |
| | PID | $0.014T_r$ | $0.63K_r$ | $0.49T_r$ | $0.14T_r$ |
| 1.2 | PI | $0.05T_r$ | $0.49K_r$ | $0.91T_r$ | |
| | PID | $0.043T_r$ | $0.47K_r$ | $0.47T_r$ | $0.16T_r$ |
| 1.5 | PI | $0.14T_r$ | $0.42K_r$ | $0.99T_r$ | |
| | PID | $0.09T_r$ | $0.34K_r$ | $0.43T_r$ | $0.2T_r$ |
| 2.0 | PI | $0.22T_r$ | $0.36K_r$ | $1.05T_r$ | |
| | PID | $0.16T_r$ | $0.27K_r$ | $0.4T_r$ | $0.22T_r$ |

⑤ 使 PID 控制器按求得的参数运行,并观察控制效果。如果系统的稳定性不够,可适当加大控制度,再重复步骤④和⑤,直到获得满意的控制效果。

**2) 扩充响应曲线法**

在模拟控制系统中,可用响应曲线法代替临界比例度法,在数字控制系统中,也可以用扩充响应曲线法代替扩充临界比例度法。用扩充响应曲线法整定参数 $T$、$K_p$、$T_i$、$T_d$ 的步骤如下:

① 数字控制器不接入控制系统,让系统处于手动操作状态下,将被控量调节到给定值附近,并使之稳定下来;然后突然改变给定值,给被控对象一个阶跃输入信号。

② 用记录仪表记录被控量在阶跃输入下的整个变化过程曲线,假设如图 9.17 所示。

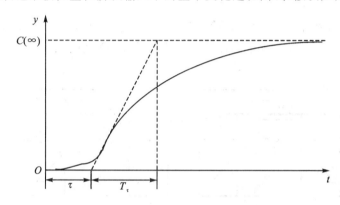

**图 9.17 被控量在阶跃输入下的过渡过程响应曲线**

③ 在曲线最大斜率处做切线,求得滞后时间 $\tau$,被控对象时间常数 $T_\tau$,以及它们的比值 $T_\tau/\tau$。

④ 根据选定的控制度,查表 9.12,求出 $T$、$K_p$、$T_i$、$T_d$ 的值。

**表 9.12 扩充响应曲线法整定参数表**

| 控制度 | 控制规律 | $T$ | $K_p$ | $T_i$ | $T_d$ |
|---|---|---|---|---|---|
| 1.05 | PI | $0.1\tau$ | $0.84T\tau/\tau$ | $3.4\tau$ | |
| | PID | $0.05\tau$ | $1.15T\tau/\tau$ | $2.0\tau$ | $0.45\tau$ |
| 1.2 | PI | $0.2\tau$ | $0.78T\tau/\tau$ | $3.6\tau$ | |
| | PID | $0.16\tau$ | $1.0T\tau/\tau$ | $1.9\tau$ | $0.55\tau$ |
| 1.5 | PI | $0.5\tau$ | $0.68T\tau/\tau$ | $3.9\tau$ | |
| | PID | $0.34\tau$ | $0.85T\tau/\tau$ | $1.62\tau$ | $0.65\tau$ |
| 2.0 | PI | $0.8\tau$ | $0.57T\tau/\tau$ | $4.2\tau$ | |
| | PID | $0.6\tau$ | $0.6T\tau/\tau$ | $1.5\tau$ | $0.82\tau$ |

⑤ 将数字控制器接入控制系统,使 PID 控制器按求得的参数运行,并观察控制效果。如果系统的稳定性不够,可适当加大控制度,再重复步骤④和⑤,直到获得满意的控制效果。

## 9.8 闭环控制应用举例

利用连续控制器 CONT_C 和脉冲发生器 PULSEGEN 实现一个带有固定设定值,用于比例执行器的开关量输出的控制器。

### 1. 系统组成

系统组成框图如图 9.18 所示。连续控制器 CONT_C 产生被控制量 LMN,然后被控制量被脉冲发生器 PULSEGEN 转换成脉冲信号 QPOS_P 或 QNEG_P 输出,驱动比例执行机构工作。

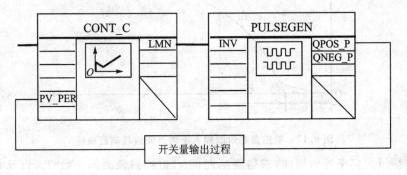

图 9.18 系统组成框图

### 2. 块的调用和连接

带有开关量输出(用于比例调节器)的固定设定值控制器功能块 PULS_CTR 由 CONT_C 和 PULSEGEN 组成。执行块调用,使 CONT_C 每 2 s(=CYCLE×RED_FAC)调用 1 次,PULSEGEN 每 10 ms(=CYCLE)调用 1 次。OB35 的循环时间设置为 10 ms,其连接和调用关系如图 9.19 所示。

在冷启动过程中,功能块 PULS_CTR 在 OB100 中调用,且输入端 COM_RST 被置成 TRUE。

### 3. 地址分配

FB PLUS_CTR 的地址分配如表 9.13 所列。

# 第9章 S7-300/400与闭环控制系统

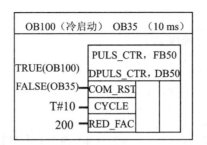

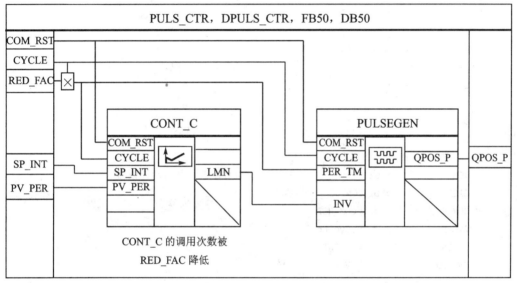

**图 9.19 块连接和调用关系框图**

**表 9.13 地址分配表**

| 变量名称 | 变量类型 | 地 址 | 数据类型 | 说 明 |
|---|---|---|---|---|
| SP_INT | in | 0.0 | REAL | 设定值 |
| PV_PER | in | 4.0 | WORD | 外围设备过程变量 |
| RED_FAC | in | 6.0 | INT | 调用次数降低系数 |
| COM_RST | in | 8.0 | BOOL | 完全重启动 |
| CYCLE | in | 10.0 | TIME | 采样周期 |
| QPOS_P | out | 14.0 | BOOL | 执行信号 |
| DI_CONT_C | stat | 16.0 | FB-CONT_C | 计数器 |
| DI_PULSEGEN | stat | 142.0 | FB-PULSEGEN | 计数器 |
| sCount | stat | 176.0 | INT | 计数器 |
| tCycCtr | temp | 178.0 | TIME | 控制器采样时间 |

### 4. STL 程序

PULS_CTR 功能块的 STL 程序如下：

```
        A         #COM_RST           //初始化过程
        JCN       M001
        L         0
        T         #sCount
M001:   L         #CYCLE             //计算控制器采样时间
        L         #RED_FAC
        *D
        T         #tCycCtr
        L         #sCount            //减计数并与 0 比较
        L         1
        -I
        T         #sCount
        L         0
        <=I
        JCN       M002               //有条件块调用并启动计数器
        CALL      #DI_CONT_C
        COM_RST   >= #COM_RST
        CYCLE     >= #tCycCtr
        SP_INT    >= #SP_INT
        PV_PER    >= #PV_PER
        L         RED_FAC
        T         #sCount
M002:   L         #DI_CONT_C.LMN
        T         #DI_PULSEGEN.INV
        CALL      #DI_PULSEGEN
        PER_TM    >= #tCycCtr
        COM_RST   >= #COM_RST
        CYCLE     >= #tCycCtr
        QPOS_P    >= #QPOS_P
        BE
```

## 【本章小结】

闭环控制系统又称为反馈控制系统，其工作原理就是检测偏差和纠正偏差。PID 控制是连续控制系统中技术最成熟、应用最广泛的闭环控制方式，西门子的 S7-300/400 的模拟量闭环控制功能主要包括硬件和软件两部分。硬件主要包括专用的 PID 闭环控制模块,软件主要是闭环控制用的系统功能块和闭环控制软件包。

1. PID 控制器是连续控制系统中技术最成熟、应用最广泛的工业控制方式之一。被控对象的结构和参数不能完全掌握或得不到精确的数学模型时应用 PID 控制技术最为方便。

2. S7-300/400 还具有闭环控制用的系统功能块和闭环控制软件包。闭环控制用的系统功能块主要是 PID 控制功能块,用来实现 PID 控制。系统功能块 SFB41~SFB43 用于 CPU31xC 的闭环控制。SFB41"CONT_C"用于连续控制,SFB42"CONT_S"用于步进控制,SFB43"PULSEGEN"用于脉宽调制(PWM)。

3. PID 控制器的参数主要有采样周期 $T$、比例系数 $K_p$、积分系数 $K_i$ 和微分系数 $K_d$。

4. PID 控制器的参数整定方法主要有扩充临界比例度法和扩充响应曲线法等。

## 【复习思考题】

1. 简述闭环控制系统的工作原理和特点。
2. 闭环控制系统主要由哪些部分组成。
3. 闭环控制系统的主要性能指标有哪些?
4. PID 控制器数字化有哪些主要方法?
5. 简述 S7-300/400 系列 PLC 的主要闭环控制功能。
6. 数字 PID 控制器参数的整定方法主要有哪些?整定步骤如何?

# 第 10 章

# PLC 应用系统设计

**主要内容：**
- PLC 控制系统的总体设计
- PLC 应用系统的硬件设计
- PLC 应用系统的软件设计
- 减少 PLC 输入输出点的方法

**重点和难点：**
- PLC 控制系统设计的基本原则、基本内容和基本步骤
- PLC 应用系统总体方案设计、选型、I/O 模块的选择
- PLC 供电设计、安全回路和接地设计
- PLC 应用系统软件设计步骤
- 文档设计

学习 PLC 的最终目的是将其应用到实际的工业控制系统中。对于初学者来讲，看到市场上种类繁多的 PLC 设备及与之配套的各种模块，往往显得手足无措。本章将以西门子公司 S7-300/400 可编程控制器为例，介绍如何将前面所讲的有关 PLC 的知识应用到实际控制系统中，从而设计出经济实用的 PLC 应用系统。

## 10.1 PLC 应用系统的总体设计

应用 PLC 组成控制系统时，首先应该明确应用系统设计的基本原则、基本内容以及设计的基本步骤。虽然设计 PLC 应用系统的方法不是一成不变的，它与设计人员遵循的设计习惯及实践经验有关，但还是有章可循的，按照规范的设计步骤进行设计可以有效地提高工作效率，因为所有设计方法要解决的基本问题是相同的，即：① 进行 PLC 系统的功能设计；② 进行 PLC 系统的分析；③ 根据系统功能设计和分析结果，确定 PLC 的机型和系统的具体配置；④ 最后进行 PLC 的软件设计。以上每一步都要有详细的技术文档。

## 10.1.1 系统设计的基本原则

任何一种电气控制系统都要满足被控对象(生产设备、生产过程等)的工艺要求,以提高生产效率和产品质量。因此在设计 PLC 控制系统时,应遵循以下基本原则:

① 最大限度地满足被控对象的控制要求。设计前,应深入现场进行实地考查,搜集资料,并与相关设计人员和实际操作人员一起共同拟定控制方案,协同解决设计中出现的问题。

② 在满足控制要求的前提下,尽量使控制系统简单、经济,使用及维修方便。

③ 保证控制系统工作安全可靠。

④ 充分考虑到以后生产发展和工艺改进,在设计容量时,应适当留有余量。

## 10.1.2 系统设计的基本内容

PLC 控制系统是由 PLC 与系统输入、输出设备连接而成的。因此,PLC 控制系统设计应包括以下基本内容:

① 拟定控制系统设计的技术条件。技术条件一般以设计任务书的形式来确定,它是整个系统设计的依据。

② 确定系统运行方式和控制方式。PLC 可构成各种各样的控制系统,如单机控制系统、集中控制系统等。在进行应用系统设计时,要确定系统的构成形式。

③ 选择系统输入设备(按钮、限位开关、传感器等)、输出设备(继电器、接触器、等)以及由输出设备驱动的控制对象(电动机、电磁阀等执行机构)。

④ PLC 型号的选择。PLC 是控制系统的核心,正确选择 PLC 对于保证整个控制系统的经济技术指标起着重要的作用。选择 PLC 主要包括机型选择、容量选择、I/O 模块选择、电源模块选择等。

⑤ 编制 PLC 的输入/输出分配表,绘制输入/输出端子接线图。

⑥ 设计操作台、电气柜及非标准电路元器件。

⑦ 设计控制程序。控制程序是保证系统正常、安全、可靠工作的关键。因此控制程序应经过反复调试、修改,直到满足要求为止。

⑧ 编制控制系统的技术文档。技术文档主要包括设计说明书、使用说明书、电器原理图及电气元件明细表、I/O 连接图、I/O 地址分配表和控制软件等。

## 10.1.3 系统设计的基本步骤

一项 PLC 应用系统设计包括硬件设计、软件设计、系统调试、编写文档四大部分,其主要步骤如图 10.1 所示。

**1. 深入了解和分析被控对象的工艺条件和控制要求,确定控制方案**

在进行系统设计之前,要深入控制现场,熟悉被控对象,全面了解被控对象的机械工作性

# 第10章 PLC应用系统设计

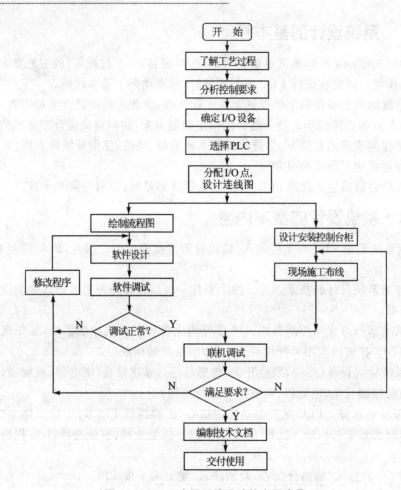

**图10.1　PLC应用系统设计的主要步骤**

能、结构特点、生产流程和生产工艺等。在此基础上,分析确定系统的控制要求,例如需要完成的动作(动作顺序、动作条件、必要的保护和连锁等)、操作方式(手动、自动、连续、单周期、单步等)等。

在分析被控对象的基础上,根据PLC的技术特点,与继电接触器控制系统、DCS系统、微机控制系统进行比较,优选控制方案。

在一个PLC应用系统中,控制对象和控制范围的确定是十分重要的问题,下面分别加以说明。

工业控制系统往往是一个综合控制系统。系统中有的功能可由机械装置实现,也可由电气控制装置实现。在电气控制中,有的功能用继电器-接触器系统实现,有的功能用电子电路实现,有的功能用计算机类控制设备实现。因而在电气控制设计之初,首先要详细分析被控对象、控制过程、工艺流程,并列出控制系统的所有功能和指标要求,然后在机械控制、继电器控制系统和工业控制计算机系统中作出分工及选择。如果控制对象的工作环境较差,而安全性、可靠性要求又特别高,系统工艺复杂,常规的继电器、接触器难以实现,或控制对象的工艺流程要经常变动,选用 PLC 作为主要控制设备是合适的。

控制对象确定后,PLC 的控制范围还要进一步确定。一般而言,能够反映生产过程的运行情况、能用传感器进行直接测量的参数,用人工控制工作量大,操作复杂,容易出错,或者操作过于频繁、人工操作不容易满足工艺要求的,往往由 PLC 控制。另外一些情况,如紧急停车,是由 PLC 控制还是手动控制,可由具体情况决定,不同控制方式和硬件设计与编程关系密切。

## 2. 确定输入/输出设备和 PLC 的 I/O 端子数

根据被控对象对 PLC 控制系统的技术指标和要求,确定用户所需的输入、输出设备,据此确定 PLC 的 I/O 端子数。常用的输入设备有按钮、选择开关、行程开关、传感器等,常用的输出设备有继电器、接触器、指示灯、电磁阀等。

在估算系统的 I/O 端子数时,要全面考虑 I/O 信号的个数以及信号类型(数字量/模拟量)、电流、电压等级、是否有其他特殊控制要求等因素。在具体确定 PLC I/O 端子数时还要按系统实际 I/O 端子数再附加 20%~30%的余量。

## 3. 选择合适的 PLC 机型

根据已确定的用户 I/O 设备以及 I/O 信号的端子数,选择合适的 PLC,包括机型选择、容量选择、I/O 模块选择、电源模块选择等。

## 4. 分配 I/O 地址

列出输入、输出设备和 PLC 的 I/O 端子对照表,画出输入、输出端子的接线图,同时可进行控制台柜或操作台的设计。

## 5. 设计 PLC 应用系统电气图纸

PLC 应用系统电气线路图主要包括电动机的主电路、PLC 外部 I/O 电路图、系统电源供电线路、电器元件清单以及电气控制柜或操作台内的电器元件安装位置图、电气安装接线图等工艺设计。

## 6. 程序设计

PLC 的程序设计就是以生产工艺和现场信号与 PLC 编程元件的对照表为依据,绘出程序流程图,然后以编程指令为基础,写出控制程序及注释。

## 7. 软件调试

由于程序在设计过程中难免会有疏漏,因此 PLC 连到现场设备之前,必须进行软件调试,

## 第10章 PLC应用系统设计

以排除程序中的错误，同时也为整体调试打下基础。

### 8. 应用系统联机调试

在 PLC 软硬件设计和控制台柜及现场施工完成后，就可以进行整个系统的联机调试。如果控制系统是由几个部分组成，则应先做局部调试，然后再进行整体调试；如果控制程序的步骤较多，则可先进行分段调试。然后再连接起来总调。调试中发现的问题要逐一排除，直至调试成功。

### 9. 编制技术文档

系统技术文档主要包括功能说明书、用户使用维护说明书、电气原理图、电器元件明细表、电气元件布置图、程序清单、元器件参数计算公式、系统参数指标等。

功能说明书是在对系统各部分进行分析的基础上，把各部分必须具有的功能、实现方法、所要求的输入条件和输出结果等以书面形式描述出来。在有了各部分的功能说明之后，即可整理出系统的总体技术要求。因此，功能说明书是进行 PLC 设备选型、硬件配置、程序设计、系统调试的重要技术依据。在创建功能说明书时，还可以发现过程分解中的不合理点并予以纠正。

在对每个分过程进行功能描述时，主要包括：① 动作功能描述；② I/O 端子数及其电气特性；③ I/O 逻辑状态与物理状态（电气或机械状态）的对应关系；④ 与其他处理过程或设备的连接互锁等相互依赖的逻辑关系；⑤ 与操作站的接口关系。

根据分过程功能要求，可以得出对 PLC 系统的总体功能要求：① 数字量输入、输出总点数及分类点数；② 模拟量输入、输出通道总数及分类通道数；③ 特殊功能总数及类型；④ 系统中各 PLC 的分布与距离；⑤ 对通信能力的要求及通信距离。

## 10.2 PLC 应用系统的硬件设计

目前用于工业控制的可编程控制器种类繁多，性能各异，在实际工程应用中怎样进行系统硬件设计，机型选择时应考虑哪些性能指标，怎样选择各种控制/信号模板等，都是比较重要的问题。另外，在完成了系统硬件选型设计后，还要进行系统供电和接地设计。

### 10.2.1 应用系统总体方案设计

在利用 PLC 构成应用系统时，首先要明确对控制对象的要求，然后根据实际需要确定控制系统类型和系统的运行方式。

#### 1. PLC 控制系统类型

一般来说，由 PLC 构成的控制系统可以分为以下四种类型：

① 由PLC构成的单机控制系统。这种系统的被控对象往往是一台机器或一条生产流水线,其控制是由一台PLC来完成的。这种系统对PLC的输入输出点数要求较少,对存储器的容量要求较小,控制系统的构成简单明了。对于此种系统,在选用PLC时,不宜将功能、I/O点数、存储器容量选得过大,以免造成浪费。但设计时应考虑将来是否有通信联网需求,以备以后系统功能的扩展。图10.2是典型的单机控制系统示意图。

图10.2 单机控制系统示意图　　图10.3 集中控制系统示意图

② 由PLC构成的集中控制系统。这种系统的被控对象通常是由数台机器或流水线组成,每个被控对象与PLC的指定I/O相连接。该控制系统多用于控制对象所处的地理位置比较近,且相互之间的动作有一定联系的场合。图10.3是典型的集中控制系统示意图。

③ 由PLC构成的分布式控制系统。这类系统的被控对象比较多,它们分布在一个较大的区域内,相互之间的距离较远,且各被控对象之间要求经常地交换数据和信息。这种系统的控制通常由若干个相互之间具有通信联网功能的PLC构成,系统的上位机可采用PLC,也可以采用计算机。分布式控制系统如图10.4所示。

在分布式控制系统中,每一台PLC控制一个或几个被控对象,各控制器之间可通过信号传递进行内部连锁、响应或发令等,或由上位机通过数

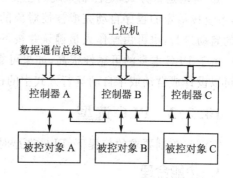

图10.4 分布式控制系统示意图

据总线进行通信。分布式控制系统多用于多台机械生产线的控制。由于各被控对象都有自己的PLC,当某一台PLC停运时,其他PLC一般仍可正常运行。当此系统与集中控制系统相比具有相同的I/O点数时,虽然多用了PLC,导致系统总价偏高,但从维护、可靠性、可扩展性等方面看,其灵活性要大得多。

④ 由PLC构成远程I/O控制系统。远程控制系统就是I/O模块不与PLC放在一起,而是远距离地放在被控设备附近,它实际上是集中式控制系统的特殊情况。远程I/O控制系统如图10.5所示。远程I/O控制系统适用于被控对象远离集中控制室的场合。一个控制系统需要设置多少个I/O通道,要视被控对象的分散程度和距离而定,同时受所选PLC能驱动I/O通道的数量限制。

远程I/O通道与PLC之间通过一定的传输介质(如双绞线、同轴电缆等)和通信协议连

接。由于不同厂家、不同型号的 PLC 所能驱动的传输介质长度不同,因此必须按照控制系统的需要选用。

### 2. PLC 控制系统的运行方式

一个 PLC 控制系统有三种运行方式:手动、半自动、自动。

① 手动运行方式。这种方式不是控制系统的主要运行方式,一般是用于设备调试、系统调整以及一些特殊情况(如系统在故障情况下运行),它是其他两种运行方式的一种辅助方式和补充。

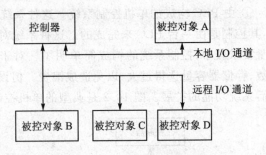

图 10.5 远程 I/O 控制系统示意图

② 半自动运行方式。这种运行方式的特点是系统在启动和运行过程中的某些步骤需要人工干预才能进行下去。半自动方式多用于检测手段不完善、需要人工判断,或某些设备不具备自控条件、需要人工干涉的场合。

③ 自动运行方式,是控制系统的主要运行方式。这种运行方式的主要特点是在工作过程中,系统按给定的程序自动完成被控对象的动作,不需要人工干预。系统的启动可由 PLC 本身的启动进行,也可由操作人员确认并按下启动按钮后,PLC 自动启动系统。

由于 PLC 本身的可靠性很高,如果可靠性设计措施有效,控制系统设计合理,应用控制系统可以设计成自动或半自动运行方式中的任意一种。

### 10.2.2 PLC 选型

在满足控制要求的前提下,PLC 选型时应选择最佳的性能价格比,重点考虑以下几点。

#### 1. 功能合理

对于开关量控制的应用系统,当对控制速度要求不高时,可选用小型 PLC(如西门子公司的 S7-200 或欧姆龙公司的 CPM1A/CPM2A 等)就能满足要求,如对小型泵的顺序控制、单台机械的自动控制等。

对于以开关量为主、带有部分模拟量控制的应用系统,应选用带 A/D 转换的模拟量输出模块和带 D/A 转换的模拟量输出模块,配置相应的传感器、变送器和驱动装置,并且选择运算功能较强的中小型 PLC,如西门子的 S7-300/S7-200 或欧姆龙的 COM1(H)等。

对于比较复杂的中大型控制系统,如闭环控制、PID 调节、通信联网等,可选用中大型 PLC(如西门子的 S7-300/S7-400 或欧姆龙的 C200HE/C200HG/C200HX 等)。当系统的各个控制对象分布在不同的地域时,应根据各部分的具体要求来选择 PLC,以组成一个分布式的控制系统。

## 2. 结构合理

从结构上看，PLC 分为整体式和模块式。对于工艺过程比较固定、环境条件较好（维修量小）的场合，可选用整体式 PLC；其他情况则应考虑选用模块式结构的 PLC。

## 3. CPU 功能

CPU 是 PLC 的控制中枢，体现了 PLC 最重要的性能指标，也是机型选择首要考虑的问题之一。它在系统监控程序的控制下工作，将外部输入信号的状态写入输入映像寄存器区域，然后执行用户程序，再将处理结果传送到输出映像寄存器区域。CPU 常用的微处理器有通用型微处理器、单片机、位片式计算机等。小型 PLC 的 CPU 多采用单片机或专用 CPU，大型 PLC 的 CPU 多用位片式结构，具有高速数据处理能力。具体可从以下几个方面进行考虑：

① CPU 存储器性能。PLC 存储器由只读存储器 ROM 和随机存储器 RAM 两大部分构成，是存放用户程序和数据的地方。ROM 用以存放系统程序，中间运算数据存放在 RAM 中，用户程序也放在 RAM 中。掉电时，保存在 EEPROM 或由高能电池支持的 RAM 中。存储器性能指标主要包括存储器的最大容量、可扩展性、存储器的种类等。存储器的最大容量将限制用户程序和数据的多少，一般来讲应根据内存容量估算并留有一定余量。存储器种类和扩展性，则体现了系统构成的方便性和灵活性。

② 中间标志、计数器、定时器能力。这些性能实际上体现了软件功能。中间标志的数量与种类与系统的使用性能有一定关系。如果构成的系统庞大，控制功能复杂，就需要较多的中间标志。对于计数器和定时器，不但要知道它们的多少，还要知道它们的定时和计数范围。

③ 其他性能参数：包括速度、功率、工作环境、寿命等。

## 4. I/O 端子数

I/O 端子数是 PLC 机型选择时必须考虑的一个重要参数，在选择时要注意以下几个问题：

① 产品手册上给出的最大 I/O 端子数的确切含义。由于各公司习惯不同，所给出的最大 I/O 端子数含义并不完全一样。有的给出的是输入和输出端子数之和，有的则分别给出最大输入/输出端子数。

② 分清模拟量 I/O 端子数和数字量 I/O 端子数的关系。有的产品模拟量 I/O 端子数要占数字量 I/O 的端子数，有的产品则分别独立给出且互不影响。

③ 远程 I/O 的考虑。对于一个较大的控制系统，被控对象较为分散，此时一般都要采用远程 I/O。在选择机型时，要注意 PLC 是否具有远程 I/O 能力。

## 5. 指令系统

由于 PLC 应用的广泛性，各种机型所具备的指令系统也不完全相同。但从整体上看，指令系统都是面向工程技术人员的语言，其差异主要表现在指令的表达方式和指令的完整性上。

在选择机型时应注意指令系统的种类及总语句数、指令系统的表达方式以及应用软件的程序结构等。

### 6. 机型统一

因为同一机型的 PLC,其模块和外部设备一般可以通用,便于备品备件的采购和管理;同一机型的 PLC,其功能和编程方法统一,有利于技术力量的培训和功能的开发;同一机型的 PLC,便于不同 PLC 间的联网通信,组成多级分布式控制系统。所以,对于规模较大的控制系统中的 PLC 机型应尽量统一。

### 7. 是否在线编程

PLC 的特点之一是使用灵活。当被控对象的工艺过程改变时,只需要重新修改程序就能满足新的控制要求,给生产带来很大的方便。

PLC 的编程分为在线编程和离线编程。离线编程的 PLC,其特点是主机和编程器共用一个 CPU,在编程器上有一个"编程/运行"选择开关或按键,选择编程状态时,PLC 将失去对现场的控制,这就是离线编程。此类 PLC 由于编程器和主机共用一个 CPU,因此节省了成本,价格便宜,中小型 PLC 多采用离线编程。

在线编程的 PLC,其特点是主机和编程器各有一个 CPU,编程器的 CPU 可以随时处理由输入设备输入的各种编程命令,主机的 CPU 则完成对现场的控制,并在一个扫描周期的末尾和编程器通信,编程器把编好或改好的程序发送给主机。在下一个扫描周期,主机将按照新的程序进行现场控制,这就是在线编程。此类 PLC 由于增加了硬件和软件,故价格高,但它们可以在不失去对现场控制(即不停机)的情况下进行程序和功能的更改,所以应用领域宽。大型 PLC 多采用在线编程方式。

是否需要在线编程,应根据被控对象的工艺要求来决定。对于产品定型的和工艺不常变动的,应选用离线编程的 PLC;反之,可以考虑选用在线编程的 PLC。

## 10.2.3 PLC 容量估算

PLC 容量主要包括两个方面:I/O 端子数和用户存储器容量。

### 1. I/O 端子数的估算

根据功能说明书,可确定系统的开关量 I/O 端子数及模拟量 I/O 通道数,以及开关量和模拟量的信号类型。考虑到设计中 I/O 端子数可能有疏漏、使用中 I/O 端口的分组情况以及以后的扩充和调整需要,实际使用的 PLC 的 I/O 端子数应在统计后得出的 I/O 总端子数的基础上再增加 20%~30% 的余量。考虑余量后的 I/O 总端子数即为 I/O 端子数估算值,该估算值是 PLC 选型的主要技术依据。

在 PLC 应用系统中,系统对可编程控制器 I/O 端子数的要求与接入的输入、输出设备的类型有关，表 10.1 列出了各种常见输入、输出设备与 PLC 的 I/O 端子数对应关系。该表在实际估算控制对象所需 I/O 端子数时有一定参考价值。

表 10.1 常见输入、输出设备与 PLC 的 I/O 端子数对应表

| 序 号 | 输入、输出设备 | 输入端子数 | 输出端子数 | I/O 总端子数 |
| --- | --- | --- | --- | --- |
| 1 | 行程开关 | 1 | — | 1 |
| 2 | 接近开关 | 1 | — | 1 |
| 3 | 位置开关 | 2 | — | 2 |
| 4 | 4 拨码开关 | 4 | — | 4 |
| 5 | 三档波段开关 | 3 | — | 3 |
| 6 | 按钮 | 1 | — | 1 |
| 7 | 光电开关 | 2 | — | 2 |
| 8 | 信号灯 | — | 1 | 1 |
| 9 | 抱闸 | — | 1 | 1 |
| 10 | 风机 | — | 1 | 1 |
| 11 | 比例阀 | 3 | 5 | 8 |
| 12 | 单控电磁阀 | 2 | 1 | 3 |
| 13 | 双控电磁阀 | 3 | 2 | 5 |
| 14 | Y-△启动的笼型电动机 | 4 | 3 | 7 |
| 15 | 单向运行的笼型电动机 | 4 | 1 | 5 |
| 16 | 可逆运行的笼型电动机 | 5 | 2 | 7 |
| 17 | 单向变极电动机 | 5 | 3 | 8 |
| 18 | 可逆变极电动机 | 6 | 4 | 10 |
| 19 | 单向运行的直流电动机 | 9 | 6 | 15 |
| 20 | 可逆运行的直流电动机 | 12 | 8 | 20 |

作为一种资源，I/O 端子需要节约使用。有许多不增加 PLC 硬件规模扩展 PLC 的 I/O 端子的方法，具体可参考 10.2.5 小节。

**2．存储容量的估算**

用户应用程序占用多少内存与 I/O 端子数、控制要求、运算处理量、程序结构等多因素有关，因此在程序设计之前只能粗略地估算。根据经验，每个 I/O 端子及有关功能器件占用的内存大致如下：

开关量输入所需存储器字数＝输入端子数×10；

开关量输出所需存储器字数＝输出端子数×10；
定时/计数器所需存储器字数＝定时器/计数器数量×2；
模拟量所需存储器字数＝模拟量通道数×100；
通信接口所需存储器字数＝接口个数×300。

存储器总字数再加上一个备用余量即为存储器容量。作为一般应用下的经验公式为：

所需存储器容量(KB)＝(1～1.25)×(DI×10＋DO×8＋AI/O×100＋CP×300)/1024

其中：DI 为开关量输入总端子数；DO 为开关量输出总端子数；AI/AO 为模拟量 I/O 通道总数；CP 为通信接口总数。

根据上面的经验公式得到的存储器容量估算值只具有参考价值，在需要明确对 PLC 要求容量时，还应依据其他因素对其进行修正。修正时需要考虑的因素主要有：① 经验公式仅是对一般应用系统，而且主要是针对设备的直接控制功能而言，特殊的应用或功能可能需要更大的存储器容量；② 不同型号的 PLC 对存储器的使用规模与管理方式的差异，会影响存储器的需求量；③ 程序编写水平对存储器的需求量有较大影响。由于存储器容量估算时不确定因素较多，因此很难进行准确估算。工程实践中大多采用粗略估算，加大余量，实际选型时应参考此值采用就高不就低的原则进行。

### 10.2.4　I/O 模块的选择

可编程控制器与工业生产过程的联系是通过各种 I/O 模块实现的。通过 I/O 接口模块，PLC 检测到所需的过程信息，然后将处理结果输出给外部过程，驱动各种执行机构，实现工业生产过程的控制。在可编程控制器构成的控制系统中，需要最多的就是各种 I/O 模块。为了适应各种各样的过程信号，相应地有许多种 I/O 模块。它们包括开关量输入/输出模块、模拟量输入/输出模块以及各种智能模块等。这些模块包含了各种信号电平。下面从应用角度出发，讨论各种 I/O 模块的选择原则及注意事项。

**1. 开关量输入模块的选择**

开关量输入模块用来检测外部过程的数字量信号并将其转换成 PLC 内部的信号电平，然后传送到系统总线上。开关量输入模块按输入端子数分，常用的有 8 点、12 点、16 点、32 点等；按工作电压分，常用的有直流 5 V、12 V、24 V，交流 110 V、220 V 等；按外部接线方式又可分为汇点输入、分隔输入等。

选择输入模块主要考虑以下几点：

① 根据现场输入信号（如按钮、行程开关等）与 PLC 输入模块距离的远近来选择电压的高低。一般情况下，24 V 以下属低电平，其传输距离不宜太远。如 12 V 电压模块一般不超过 10 m，距离较远的设备选用较高电压模块比较可靠。

② 高密度输入模块，如 32 点输入模块，允许同时接通的点数取决于输入电压和环境温

度。一般情况下，同时接通的端子数不得超过总输入端子数的 60%。

③ 为了提高系统的稳定性，必须考虑门槛（接通电平与关断电平之差）电平的大小。门槛电平越大，抗干扰能力越强，传输距离也就越远。

### 2. 开关量输出模块的选择

开关量输出模块的任务是将 PLC 内部低电平的控制信号转换为外部所需电平的输出信号，驱动外部负载。开关量输出模块有三种输出方式：继电器输出、晶体管输出和晶闸管输出。

① 输出方式的选择。继电器输出适用于交流和直流负载，价格便宜，适用电压范围广，导通压降小，承受瞬间过电压和过电流的能力强。但继电器属于机械触点，寿命短，响应速度慢，适用于动作不频繁的情况。当驱动感性负载时，最大开关频率不得超过 1 Hz。晶闸管输出（适用于交流负载）和晶体管输出（适用于直流负载）都属于无触点开关，适用于频繁通断的场合。对于开关频率高、电感性、低功率因数的负载，推荐使用晶闸管输出模块。在带感性负载时，感性负载断开瞬间会产生较高的电压，必须采取保护措施。

② 输出电流的选择。模块的输出电流必须大于负载电流的额定值。如果负载电流较大，输出模块不能直接驱动，则应增加中间放大环节。对于电容性负载、热敏电阻负载，考虑到接通时有冲击电流，故要留有足够的余量。

③ 允许同时接通的输出端子数。在选用输出模块时，不但要看一个输出点的驱动能力，还要看整个输出模块的满负荷能力，输出模块同时接通的点数的总电流值不能超过模块规定的最大允许电流。如欧姆龙公司的 CQM1-OC222 是 16 点的输出模块，每个点允许通过电流 2 A(AC 250 V/DC 24 V)，但整个模块允许通过的最大电流仅 8 A。

### 3. 模拟量输入模块的选择

一般大中规模的 PLC 都具有模拟量输入/输出模块。随着 PLC 应用领域的不断扩大和本身技术的发展，现在有些小型 PLC 也具备了模拟量输入/输出模块。在实际应用中，模拟量输入输出模块也得到了大量应用。模拟量输入模块的功能是将外部过程的模拟信号转换为 PLC 内部的数字信号。在选择模拟量输入模块时要注意模拟量值的输入范围、对应数字量的位数、采样循环时间、外部连接方式以及抗干扰措施等。

### 4. 模拟量输出模块的选择

模拟量输出模块将 PLC 内部的数字结果转换成模拟量信号输出，用以驱动执行机构。与模拟量输入模块一样，它也包括各种输出范围的模块。无论什么类型的模拟量输出模块，在应用时都要注意输出范围、输出类型、模拟量值的表示方法以及对负载的要求等。

### 5. 特殊功能 I/O 模块的选择

随着可编程控制器技术的发展，各个生产厂家都在大力开发各种特殊功能的 I/O 模块。这些特殊功能的 I/O 模块不同于一般的 I/O 模块，它自身带有 CPU、系统程序、存储器，通过

# 第10章 PLC应用系统设计

系统总线与PLC的CPU模块相连,并在CPU模块的协调管理下独立工作,这样既完善了PLC的功能,又减轻了PLC的负担,提高了处理速度,便于应用。特殊功能的I/O模块主要包括通信处理模块、高速计数器模块、带PID调解器的模拟量控制模块、中断控制模块等。

① 通信处理模块。在实际的控制系统中,由于被控对象的增加,控制功能的复杂,因此有时要采用两台及以上PLC组成复杂控制系统。在有些场合下,也需要由PLC和其他计算机组成控制系统。通信处理模块就是实现PLC之间、PLC和其他计算机控制系统之间的数据交换,从而完成整个控制系统的通信功能。

在选择通信处理模块时,主要考虑通信协议、通信速率、通信距离、抗干扰能力、应用软件编制方法以及系统的自诊断功能等。

② 高速计数器模块。高速计数器模块可用于脉冲和方波计数器、实时时钟、脉冲发生器、图形码盘译码、机电开关等信号处理过程。它可满足快速变化过程和准确定位的需要,为高速计数、时序控制、采样控制等提供了强有力的工具。如轧钢生产线上的飞剪都采用高速计数模块实现启停控制。在选择高速计数模块时,要注意对脉冲源的要求、计数频率和范围以及计数方式等。计数频率一般给出最高值,计数范围给出每一个通道的最大值。

高速计数模块一般有很多种工作方式。最基本的计数方式应包括加计数、减计数、内部信号计数、外部信号计数、上升沿计数、下降沿计数、电平计数等。选择模块时要注意各种型号在计数方式方面的差别。

③ PID闭环控制模块。为了适应数字闭环控制系统的需要,许多厂家开发了适用于PLC的PID闭环控制模块。PID闭环控制系统可应用在各种回路控制中,在软件控制下可分别实现P、PI、PD、PID控制功能。在选择PID闭环控制模块时,主要考虑PID算法、操作方式、控制的回路数以及控制精度等因素。

## 10.2.5 减少输入/输出端子数的方法

在实际应用中,经常会遇到I/O端子数不够的问题,可以通过增加扩展单元或扩展模块的方法解决,也可以通过对输入信号和输出信号进行处理,减少实际所需I/O端子数的方法解决。

### 1. 减少输入端子数的方法

① 分时分组输入。一般系统中设有"自动"和"手动"两种工作方式,两种方式不会同时执行。将两种方式的输入分组,从而减少实际输入点,如图10.6所示。PLC通过I1.0识别"手动"和"自动",从而执行手动程序或自动程序。图中的二极管用来切断寄生电路。若图中没有二极管,转换开关

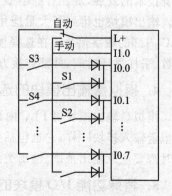

图10.6 分时分组输入

在"自动",S1、S2、S3 闭合,S4 断开,这时电流从 L+端子流出,经 S3、S1、S2 形成的寄生回路电流流入 I0.1,使 I0.1 错误的变为 ON。各开关串如入二极管后就切断了寄生回路。

② 硬件编码,PLC 内部软件译码,如图 10.7 所示。

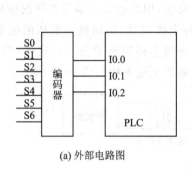

(a) 外部电路图

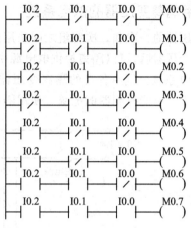

(b) 内部译码梯形图

**图 10.7 编码输入方式**

③ 输入端子合并。将功能相同的常闭触点串联或将常开触点并联,就只占用一个输入端子。一般多点操作的启动停止按钮、保护、报警信号可采用这种方式,如图 10.8 所示。

④ 将系统中的某些输入信号设置在 PLC 之外。系统中某些功能单一的输入信号,如一些手动操作按钮、热继电器的常闭触点就没有必要作为 PLC 的输入信号,可直接将其设置在输出驱动回路中。

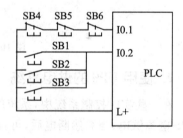

**图 10.8 输入端子合并**

### 2. 减少输出端子数的方法

① 在可编程控制器输出功率允许的条件下,可将通断状态完全相同的负载并联共用一个输出点。

② 负载多功能化。一个负载实现多种用途,如在 PLC 控制中,通过编程可以实现一个指示灯的平光和闪烁,这样一个指示灯可以表示两种不同的信息,节省了输出端子。

## 10.2.6 供电系统设计

PLC 控制系统的供电设计包括系统上电启动、连锁保护、紧急停车处理等一系列问题。一个完整的供电系统,其总电源来自三相电网,经过系统供电总开关送入系统。由 PLC 组成

## 第10章 PLC应用系统设计

的控制系统一般都是以交流220 V为基本工作电源,电源开关一般选择两相闸刀开关,然后通过隔离变压器和交流稳压器或UPS电源进入PLC的电源模块供电,同时还可以为现场检测元件、执行机构供电。

### 1. 使用隔离变压器的供电系统

隔离变压器的一次和二次绕组之间采用隔离屏蔽层,用漆包线或铜等非导磁性材料绕成。采用了隔离变压器后,可以隔离掉供电电源中的各种干扰信号,从而提高系统的抗干扰性能。控制器和I/O系统分别由各自的隔离变压器供电,并与主回路电源分开。这样,当输入输出供电中断时不会影响控制器的电源。使用隔离变压器的供电系统如图10.9所示。

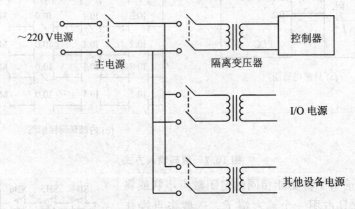

图10.9 使用隔离变压器的供电系统

### 2. 使用UPS的供电系统

在一些实时控制系统中,系统的突然断电会造成严重的后果,此时就要在供电系统中加入UPS电源供电,当突然断电后,可自动切换到UPS供电,以使生产设备处于安全状态。在选择UPS电源时,要注意所需的UPS功率应大于系统的总功率。根据UPS后备电池的容量,在交流失电后可继续向系统供电几十分钟到几小时不等。因此,对于非长时间停电的系统,其效果是非常好的。采用UPS的供电系统如图10.10所示。

### 3. 双路供电系统

为了提高供电系统的可靠性,交流供电最好采用双路电源且分别引自不同的变电所。当一路供电出现故障时,能自动切换到另一路供电。图10.11为双路供电系统示意图。

### 4. PLC电源模块的选择

可编程控制器的CPU模块、I/O模块以及通信模块等其他模块所需要的工作电源一般都由PLC控制器本身的电源模块供给,所以在实际应用中要注意电源模块的选择,在选择电源模块时,一般应考虑电源模块的输入电压、输出功率等因素。

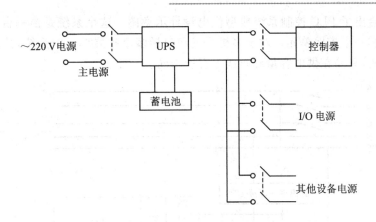

图 10.10 使用 UPS 的供电系统

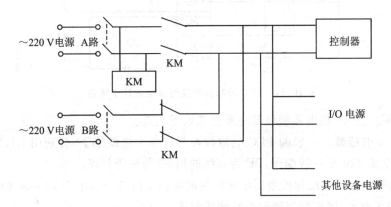

图 10.11 双路供电系统示意图

可编程控制器电源模块一般包括各种各样的输入电压,有交流 220 V 和 110 V、直流 24 V 等,在实际应用中要根据具体情况选择。此时要注意,确定了输入电压后,也就确定了系统供电电源的输出电压。电源模块的额定输出功率必须大于 CPU 模块、所有 I/O 模块、各种特殊功能模块等总的消耗功率之和,并且要留有 30% 左右的余量。

选定了电源模块后,还要确定电源模块的接线端子和连接方式,以便正确进行系统供电设计。一般电源模块的输入电压是通过接线端子与供电电源相连接的,而输出信号一般通过总线插座与 PLC 的总线连接。

### 5. PLC 控制部分供电设计

控制部分供电设计主要包括 PLC 的 CPU 工作电源、各种 I/O 模块的控制回路工作电源、各种通信模块等的工作电源。这些工作电源都是由 PLC 的电源模块供电,所以系统供电电源设计就是针对可编程控制器的电源模块而言。

图 10.12 给出了 PLC 控制系统典型供电设计示意图。这个系统是由一台 PLC 组成,包括一个主单元和一个扩展单元。对于多机系统和包括多个扩展单元的系统,其设计原理和方法是完全一样的,只是在供电容量和布线上有所不同。

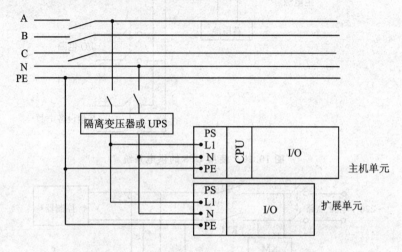

图 10.12　PLC 控制系统典型供电设计示意图

在工程实际应用中,供电系统设计还要注意以下几点:

① 电源模块的接线。一般的 PLC 电源模块都有 3 个进线端子,分别用 L1、N、PE 表示。其中 L1、N 为交流 220 V 进线端子,PE 为系统的地,并与机壳相连。

② 系统地线连接。可编程控制器电源模块的接地端应选择不小于 10 $mm^2$ 的铜导体并尽可能短地与 UPS 电源、隔离变压器和系统地线相连。

③ 要注意 PLC 电源模块的输入电压。大部分产品包括交流 220 V、110 V 和直流 24 V 3 种输入电压。在我国多使用交流 220 V,但为了保证不间断供电,也有使用 24 V 直流的情况。如果电源模块输入为 24 V 直流,供电系统的设计就要在 220 V 交流和电源模块之间加入直流稳压电源和 24 V 蓄电池,且直流稳压电源容量的选择也要考虑全部所需容量。

**6. I/O 模块供电电源设计**

I/O 模块供电电源设计是指系统中传感器、执行器、各种负载与 I/O 模块之间的供电电源设计。在实际使用中,普遍使用的 I/O 模块基本上是采用直流 24 V 供电电源和交流 220 V 供电电源。

对于工业控制过程来说,输入元件包括各种接近开关、按钮、拨码开关等,输出元件包括各种中间继电器、电磁阀、显示灯等。要使系统可靠工作,I/O 模块和现场传感器、负载之间的供电设计必须安全可靠。

I/O 模块的供电电源是指 PLC 中与工业过程相连的 I/O 模块和现场直接相连回路的工

作电源。它主要是依据现场传感器和执行机构(负载)实际情况而定,这部分的工作情况并不影响可编程控制器 CPU 的工作。

24 V 稳压电源的容量选择主要是依据输入模块的输入信号为"1"时的输入电流和输出模块的输出信号为"1"时负载的工作电流而定。在计算时应考虑所有输入/输出点同时为"1"的情况,并留有一定余量。

在实际工业过程中,除了直流 24 V 模块外,还广泛使用 220 V 交流模块。在前面 24 V 直流 I/O 模块供电设计的基础上,只要去掉 24 V 直流稳压电源,并将直流 24 V 输入/输出模块换成交流 220 V 输入/输出模块就实现了 220 V 交流 I/O 模块的供电设计。

其他 I/O 模块包括模拟量 I/O 模块、各种智能 I/O 模块和特殊功能模块,由于它们各自用途不同,在供电设计上也不完全一样。对于模拟量输入/输出模块,一般来说模块本身需要工作电源,现场传感器和执行机构有时也需要工作电源,此时只能根据实际情况确定供电方案。

### 10.2.7 安全回路和接地设计

#### 1. 安全回路设计

安全回路起保护人身安全和设备安全的作用,对于 PLC 控制系统的安全运行起着重要的作用。安全回路应独立于 PLC 工作,并采用非半导体的机电元件以硬接线方式构成。

设计对人身和设备安全至关重要的安全回路,在很多国家和国际组织发表的技术标准中均有明确的规定。例如,美国国家电气制造商协会(NEMA)的 ICS3.304 可编程控制器标准中对确保操作人员人身安全的推荐意见为:应考虑使用独立于可编程控制器的紧急停机功能。在操作人员易受伤害的地方,如在装卸机器工具时或者机器自动转动的地方,应考虑使用一个机电式过载器或其他独立于可编程控制器的冗余工具,用于启动和终止转动。

确保系统安全的硬接线回路,在以下几种情况下将发挥安全保护作用:
① PLC 或机电元件检测到设备发生紧急异常状态时;
② PLC 失控时;
③ 操作人员需要紧急干预时。

安全回路的典型设计是将每个执行器均连接到一个特别紧急停止区域构成矩阵结构,该矩阵即为设计硬件安全回路的基础。设计安全回路的任务主要包括以下内容:
① 确定控制回路之间逻辑和操作上的互锁关系;
② 设计硬件回路以提供对过程中重要设备的手动安全性干预;
③ 确定其他与安全和完善运行有关的要求;
④ 为 PLC 定义故障形式和重新启动特性。

## 2. 接地设计

在实际控制系统中,接地是抑制干扰、确保安全可靠工作的主要方法。在设计中如能把接地和屏蔽正确结合起来使用,可以解决大部分干扰问题。

接地设计有两个基本目的:一是消除各路电流流经公共地线阻抗所产生的噪声电压,避免磁场和电位差的影响,使其不形成地环路(如果接地方式不好就会形成地环路,造成噪声耦合);二是有效地保护设备和人身安全。

正确接地是个重要而又复杂的问题,理想情况是一个系统的所有接地点与大地之间的阻抗为 0,但这在现实中是不可能做到的。在实际接地中总存在接地电阻和分散电容,所以如果地线不佳或接地点不当,都会对系统接地质量造成影响。为保证接地质量,在一般接地过程中要求接地电阻在要求的范围内。对于可编程控制器组成的控制系统中,接地电阻一般应小于 4 Ω,同时要保证足够的机械强度,并具有耐腐蚀及防腐处理。在整个工厂中,可编程控制器组成的控制系统要单独设计接地系统。

在上述要求中,关键是接地电阻。另外应尽量减少接地线的长度以降低接地电阻和分布电容。为了正确接地,除了正确进行接地设计、安装外,还要对各种不同的接地进行正确处理。在 PLC 组成的控制系统中,主要有以下几种地线:

① 数字地,也叫逻辑地,是各种开关量(数字量)信号的零电位。
② 模拟地,是各种模拟量信号的零电位。
③ 信号地,通常是指传感器的地。
④ 交流地,交流供电电源的地线,它通常也是产生噪声和干扰的地。
⑤ 直流地,直流供电电源的地。
⑥ 屏蔽地,也叫机壳地。为防止静电感应、系统漏电而设计。

以上这些地线如何处理是可编程控制器系统设计、安装、调试过程中的一个重要问题。一般情况下,高频电路应就近多点接地,低频电路应单点接地。根据这个原则,可编程控制器组成的控制系统一般都采用单点接地。交流地与信号地不能共用,必须加以隔离。

### 10.2.8 电缆设计

一般工业现场的环境都比较恶劣。如现场的各种动力线会通过电磁耦合产生干扰;电焊机、切割机和电动机等会产生高频电火花造成干扰;高速电子开关的接通和关断会产生高次谐波,从而造成高频干扰;大功率机械设备的启停、负载的变化会引起电网电压的波动,产生低频干扰。这些都会通过与现场设备相连的电缆引入 PLC 控制系统中,从而影响系统安全可靠地工作。所以,合理设计、选择、敷设电缆在可编程控制系统设计中尤为重要。

## 1. 电缆的选择

对于可编程控制器组成的控制系统而言,既包括供电系统的动力线,又包括各种开关量、模拟量、高速脉冲、远程通信等信号的信号线。对于各种不同用途的信号线和动力线要选择不同的电缆。对于开关量信号可选用一般电缆;当信号的传输距离较远时,可选用线径粗一点的屏蔽电缆;模拟量信号应选用双层屏蔽电缆;高速脉冲信号应选择屏蔽电缆;电源供电系统一般可按常规的供电系统选择电缆。系统中还有一些特殊要求的设备一般由厂家直接提供,以保证实现正确的连接和安全可靠地工作。

### 2. 电缆的敷设施工

传输线之间的相互干扰是数字调节系统中较难解决的问题。这些干扰主要来自传输导线间的分布电容、电磁耦合等。防止这种干扰的有效方法是使信号线远离动力线或电网以及采用屏蔽电缆或光纤等,将动力线、控制线、信号线严格分开,分别布线。电缆的敷设、施工包括两部分:一部分是可编程控制器本身控制柜内的电缆敷设、接线;另一部分是控制柜与现场设备之间的电缆连接。

在可编程控制器控制柜内的接线应注意以下几点:
① 模拟信号线与开关量信号线最好在不同的线槽内走线,模拟信号线要采用屏蔽线。
② 直流信号线、模拟信号线不能与交流电压信号线在同槽内走线。
③ 系统供电电源线不能与信号线在同一线槽内走线。
④ 控制柜内引入或引出的屏蔽线缆必须接地。
⑤ 控制柜内端子应按开关量信号线、模拟量信号线、通信线和电源线分开设计。

控制柜与现场设备之间的电缆要注意以下事项:
① 要绝对避免信号线与电源线合用一股电缆。
② 屏蔽信号线的屏蔽层要一端接地,同时要避免多点接地。
③ 信号线的敷设要尽量远离干扰源,如避免敷设在大容量变压器、电动机等电器设备的附近。如果有条件,将信号线单独穿管配线,在电缆沟内从上到下依次敷设信号电缆、直流电源电缆、交流低压电缆、交流高压电缆。表10.2列出了信号线和交流电力线之间最小距离,供布线时参考。

表10.2 信号线和电力线之间的最小距离

| 电力线容量 | | 信号线和电力线的最小距离/cm |
|---|---|---|
| 电压/V | 电流/A | |
| 125 | 10 | 12 |
| 250 | 50 | 18 |
| 440 | 200 | 24 |
| 5 000 | 800 | >48 |

## 10.2.9 硬件设计文档

根据前面的介绍,系统硬件设计内容就基本完成了,此时另一项重要内容就是编写整理系统硬件设计文档。一般系统硬件设计文档应包括系统硬件配置图、模块统计表、PLC I/O 硬件接口图和 I/O 地址表、控制台柜电气原理图、供电系统、安全回路和接地系统、电缆敷设等。

## 第10章 PLC应用系统设计

### 1. 系统硬件配置图

系统硬件配置图应完整地给出整个系统的硬件组成,主要包括系统构成级别(设备控制级和过程控制级)、系统联网情况、网上可编程控制器的站数、每个可编程控制器站上的中心单元和扩展单元构成情况、每个可编程控制器中的各种模块构成情况等。

### 2. 模块统计表

由系统硬件配置图可得知系统所需各种模块的数量。为了便于了解系统硬件设备状况和硬件设备投资计算,应做出模块统计表。模块统计表应包括名称、模块类型、模块订货号、所需模块个数等内容。

### 3. I/O硬件接口图和I/O地址表

I/O硬件接口图是系统设计的一部分,它反映的是PLC输入/输出模块与现场设备的连接。在系统设计中还要把输入/输出列成表,给出相应的地址和名称,以备软件编程和系统调试时使用。这种表称为I/O地址表,也叫输入/输出表。

### 4. 控制台柜电气原理图

一般的PLC控制系统,为了便于操作,都有专门设计的控制台柜,所以应提供控制台柜设计的电气原理图、元器件清单等,以便组织生产施工和日后维护。

### 5. 供电系统

供电系统应给出系统使用的供电方式(如是直流还是交流,是否双路供电,是否需要UPS电源等)、电源指标(电压等级、电源容量等),以便于进行电源施工。

### 6. 安全回路和接地系统

给出安全回路设计电气原理图和器件清单、接地系统图、地线对地电阻要求等指标参数。

### 7. 电缆敷设

给出系统所用电缆型号、距离、敷设要求等,必要时图示说明,以便于进行现场施工布线。

## 10.3 PLC应用系统的软件设计

从应用角度看,运用PLC技术进行PLC应用系统的软件设计与开发,需要两个方面的知识和技能:一是学会PLC硬件系统的配置,二是掌握编程技术。在熟悉PLC指令系统后,就可以进行简单的PLC编程,但这还很不够,对于一个较为复杂的控制系统,设计者还必须具备相当的软件设计知识,这样才能开发出有实际应用价值的PLC应用系统。为此,本节对PLC应用软件的设计内容、设计方法以及设计步骤等进行较全面的介绍。

## 10.3.1 PLC 应用系统软件设计的内容

PLC 应用软件的设计是一项十分复杂的工作，它要求设计人员既要有 PLC、计算机程序设计的基础，又要有自动控制技术的相关知识，还要有一定的现场实践经验。

首先，设计人员必须深入现场了解并熟悉被控对象的控制要求，明确 PLC 控制系统必须具备的功能，为应用软件的编制提出明确的要求和技术指标，并形成软件需求说明书。再在此基础上进行总体设计，将整个软件根据功能要求分成若干个相对独立的部分，分析它们之间在逻辑上、时间上的相互关系，使设计出的软件在总体上结构清晰、简洁，流程合理，保证后续的各个开发阶段及其软件设计规格说明书的完整性和一致性。然后在软件规格说明书的基础上，选择适当的编程语言进行程序设计。因此，一个实用的 PLC 软件工程设计通常涉及以下几个方面的内容：

① PLC 软件功能的分析与设计；
② 软件需求说明书的编制；
③ I/O 信号及数据结构分析与设计；
④ 程序结构分析与设计；
⑤ 软件设计规格说明书的编制；
⑥ 用编程语言和指令进行程序设计；
⑦ 软件测试；
⑧ 编制程序使用说明书。

## 10.3.2 PLC 应用系统软件设计步骤

根据 PLC 系统硬件结构和生产工艺要求，在软件规格说明书的基础上，用相应的编程语言指令，编制、调试实际应用程序并形成程序使用说明书的过程就是应用系统的软件设计。可编程控制器应用系统的软件设计过程如图 10.13 所示。

**1. 制定设备运行方案**

制定方案就是根据生产工艺的要求，分析输入、输出与各种操作之间的逻辑关系，确定需要检测的量和控制方法，并设计出系统中各设备的操作内容和操作顺序，据此便可画出控制流程图。

**2. 画出控制流程图**

对于较复杂的应用系统，需要绘制系统控制流程图，以便清楚地表明动作的顺序和条件。

**3. 制定系统的抗干扰措施**

根据现场工作环境、干扰源的性质等因素，综合制定系统的软件和硬件抗干扰措施，如硬

# 第 10 章　PLC 应用系统设计

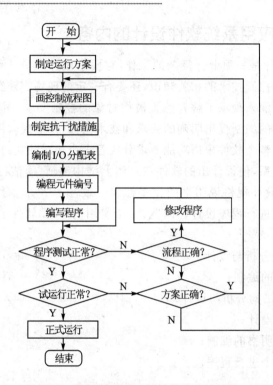

图 10.13　PLC 应用系统软件设计过程

件上的电源隔离、信号滤波、软件滤波等。

### 4. 编写程序

根据被控对象的输入/输出信号及所选定的 PLC 型号分配 PLC 的硬件资源，为梯形图的各种继电器或节点进行编号，再按照软件规格说明书，用梯形图等编程语言进行编程。

### 5. 软件测试

刚编写好的程序难免有缺陷或错误，为了及时发现和消除错误，减少系统现场调试的工作量，确保系统在各种正常和异常情况时都能做出正确的响应，需要对程序进行离线调试。经调试、排错、修改及仿真运行后，才能正式投入现场调试和运行。程序调试时，重点应注意下列问题：

① 程序能否按设计要求运行；
② 各种必要的功能是否具备；
③ 发生意外事故时能否做出正确的响应；
④ 对现场干扰等环境因素适应能力如何。

经过调试、排错和修改后，程序基本正确，下一步就可到控制现场与硬件进行联合调试，联合调试通过后即可投入试运行,进一步查看系统整体效果。经过一段时间试运行后,证明系统性能稳定,工作可靠,已达到设计要求,就可正式投入运行。

### 6. 编制程序说明书

当一项软件工程完成后,为了便于用户和现场调试人员使用,应对所编制的程序进行说明。程序使用说明书通常包括程序设计的依据、结构、功能、流程图以及各项功能单元的分析、PLC 的 I/O 信号、软件程序操作使用的步骤、注意事项等,对程序中需要测试的环节可进行注释。软件使用说明书实际上就是一份软件综合说明的存档文件。

## 10.4 PLC 应用系统设计实例

### 1. 工艺过程

图 10.14(a)为一工业搅拌机系统示意图,10.14(b)为控制台示意图。其功能是将送入搅拌机的两种液料搅拌混合,然后经排料阀送出。两种液料的输送分别由进料阀、出料阀和送料泵完成。搅拌电动机实现液料的混合搅拌,混合后的液料由排料阀送出。搅拌桶内安装三个液位开关,分别用来检测罐内液面位置(满、低、空)。

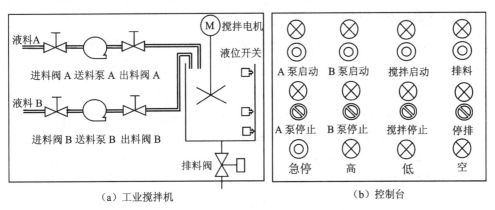

图 10.14 工业搅拌机控制系统示意图

### 2. 控制要求

#### 1) 送料泵 A(B)

送料泵 A(B)满足以下条件才允许工作:进料阀 A(B)已开;出料阀 A(B)已开;搅拌罐排料阀已关;搅拌罐未满;泵电动机无故障;急停按钮没有动作。在满足"允许"条件下,操作人员按启动、停止按钮指挥送料泵工作。泵电动机启动时,在规定时间内无反馈信号(其启动辅助触点未动作),则认为泵电动机故障。泵的运行和停止状态由指示灯显示。

# 第10章 PLC应用系统设计

### 2) 搅拌电动机

搅拌电动机满足以下条件才允许工作:搅拌罐排料阀关闭;搅拌罐未空;搅拌电动机无故障;急停按钮没有动作。在满足"允许"条件下,操作人员按启动、停止按钮指挥搅拌电动机工作。搅拌电动机启动时,在规定时间内无反馈信号(其启动辅助触点未动作),则认为搅拌电动机故障。搅拌电动机的运行和停止状态由指示灯显示。

### 3) 排料电磁阀

排料电磁阀满足以下条件才允许打开:搅拌罐未空;搅拌电动机已停;急停按钮没有动作。在满足"允许"条件下,操作人员按排料、停排按钮指挥排料阀的开、关(排料阀为带有返回弹簧的单线圈)。排料阀的开启、关闭由指示灯显示。

### 4) 搅拌罐液位开关

设置液面满、低、空三个传感器并用指示灯显示状态,让操作人员了解罐内液位情况。液位满和空信号还作为送料泵、搅拌电动机、排料阀的工作连锁条件。

## 3. 控制台设计

本系统比较简单,根据控制要求只需设置一个按钮站,其上设有控制启动、停止的按钮和相应的指示灯及急停按钮。急停按钮用红色带自锁的蘑菇头按钮,特别强调的是,它一般要放在容易按、又不容易按错的地方。

## 4. 安全回路设计

本搅拌机系统采取了如下安全措施:急停按钮在电路外部可直接切断A、B送料泵电动机,搅拌电动机和排放电磁阀电源;急停按钮信号送入PLC进行软件连锁。

## 5. 硬件配置

根据控制要求、控制台及安全回路设计描述可以看出,本系统对PLC的I/O总要求为:19个开关量输入点,15个开关量输出点。综合考虑各方面因素及进一步发展的要求,设计选择西门子S7-300系列PLC为控制核心,CPU模块可选用CPU 314,具体配置如表10.3所列。由于本系统只有0号机架,因此无需通信接口模块。

表10.3 PLC系统配置表

| 序号 | 名称 | 型号 | 规格 | 数量 | 槽号 |
|---|---|---|---|---|---|
| 1 | 电源模块 | 6ES7 307-1EA00-0AA0 | PS307;5 A | 1 | 1 |
| 2 | CPU模块 | 6ES7 314-1AE01-0AB0 | CPU 314 | 1 | 2 |
| 3 | 开关量输入模块 | 6ES7 321-1BH00-0AA0 | SM321;16点DI,24 V(DC) | 2 | 4、5 |
| 4 | 开关量输出模块 | 6ES7 322-1HH00-0AA0 | SM322;16点DO,继电器输出 | 1 | 6 |
| 5 | 前连接器 | 6ES7 392-1AJ00-0AA0 | 20针螺钉型 | 3 | |
| 6 | 导轨 | 6ES7 390-1AF30-0AA0 | 530 cm | 1 | |

## 6. I/O 地址分配

开关量输入/输出模块的位置，决定了接入系统中模块 I/O 端子的物理地址，用户应进行地址分配，以便于程序设计。本系统的 I/O 地址分配如表 10.4 所列。

表 10.4　I/O 地址分配表

| 模　块 | 输入端子号 | 输出端子号 | 地　址 | 信号名称 | 符号名 |
|---|---|---|---|---|---|
| SM321(1) | 1 | | I0.0 | A 送料泵启动辅助触点 | Ina_Mtr_Fbk |
| | 2 | | I0.1 | A 进料阀打开 | Ina_Ivlv_Opn |
| | 3 | | I0.2 | A 出料阀打开 | Ina_Fvlv_Opn |
| | 4 | | I0.3 | A 电机启动按钮 | Ina_Start_PB |
| | 5 | | I0.4 | A 电机停止按钮 | Ina_Stop_PB |
| | 9 | | I1.0 | B 送料泵启动辅助触点 | Inb_Mtr_Fbk |
| | 10 | | I1.1 | B 进料阀打开 | Inb_Ivlv_Opn |
| | 11 | | I1.2 | B 出料阀打开 | Inb_Fvlv_Opn |
| | 12 | | I1.3 | B 电机启动按钮 | Inb_Start_PB |
| | 13 | | I1.4 | B 电机停止按钮 | Inb_Stop_PB |
| SM321(2) | 1 | | I4.0 | 搅拌电机启动辅助触点 | A_Mtr_Fbk |
| | 2 | | I4.1 | 搅拌电机启动按钮 | A_Mtr_Start_PB |
| | 3 | | I4.2 | 搅拌电机结束按钮 | A_Mtr_Stop_PB |
| | 4 | | I4.3 | 打开排料阀按钮 | Drn_Opn_PB |
| | 5 | | I4.4 | 关闭排料阀按钮 | Drn_Cls_PB |
| | 9 | | I5.0 | 搅拌罐液位低传感器 | Tank_Low |
| | 10 | | I5.1 | 搅拌罐液位空传感器 | Tank_Empty |
| | 11 | | I5.2 | 搅拌罐液位满传感器 | Tank_Full |
| | 12 | | I5.3 | 急停按钮 | E_Stop_Off |
| SM322 | | 1 | Q8.0 | A 送料泵电机启动线圈 | Ina_Mtr_Coil |
| | | 2 | Q8.1 | A 送料泵电机启动指示灯 | Ina_Start_Lt |
| | | 3 | Q8.2 | A 送料泵电机停止指示灯 | Ina_Stop_Lt |
| | | 4 | Q8.3 | B 送料泵电机启动线圈 | Inb_Mtr_Coil |
| | | 5 | Q8.4 | B 送料泵电机启动指示灯 | Inb_Start_Lt |
| | | 6 | Q8.5 | B 送料泵电机停止指示灯 | Inb_Stop_Lt |

## 第 10 章 PLC 应用系统设计

续表 10.4

| 模　块 | 输入端子号 | 输出端子号 | 地　址 | 信号名称 | 符号名 |
|---|---|---|---|---|---|
|  |  | 7 | Q8.6 | 搅拌电机启动指示灯 | A_Mtr_Start_Lt |
|  |  | 8 | Q8.7 | 搅拌电机停止指示灯 | A_Mtr_Stop_Lt |
|  |  | 9 | Q9.0 | 搅拌电机启动线圈 | A_Mtr_Coil |
|  |  | 10 | Q9.1 | 排料阀螺线管 | Drn_Sol |
|  |  | 11 | Q9.2 | 打开排料阀指示灯 | Drn_Open_Lt |
|  |  | 12 | Q9.3 | 关闭排料阀指示灯 | Drn_Cls_Lt |
|  |  | 13 | Q9.4 | 搅拌罐液位满指示灯 | Tank_Full_Lt |
|  |  | 14 | Q9.5 | 搅拌罐液位低指示灯 | Tank_Low_Lt |
|  |  | 15 | Q9.6 | 搅拌罐液位空指示灯 | Tank_Empty_Lt |
|  |  |  | M10.0 | A 电机故障 | Ina_Mtr_Fault |
|  |  |  | M10.1 | B 电机故障 | Inb_Mtr_Fault |
|  |  |  | M10.2 | 搅拌电机故障 | A_Mtr_Fault |
|  |  |  | FB1 | 控制泵和搅拌电机的 FB | Motor |
|  |  |  | FC1 | 控制排料阀的 FC | Drain |
|  |  |  | DB1 | 泵 A 的背景数据块 | Ina_Data |
|  |  |  | DB2 | 泵 B 的背景数据块 | Inb_Data |
|  |  |  | DB3 | 搅拌电机的背景数据块 | M_Data |

### 7. 搅拌机程序设计

应用程序是 PLC 控制系统设计的关键环节之一。对于一个较复杂的控制系统,在具体设计应用程序之前,一般先要选择合理的程序结构。合理的程序结构,不但能使编程工作简化,程序执行效率高、可读性强、可维护性好,而且还能起到事半功倍的效果。西门子公司的 STEP 7 编程环境支持线性程序结构、分块程序结构和结构化程序结构等编程方式,程序员可以针对具体控制系统,灵活选择应用。下面针对搅拌机控制系统的程序结构进行讨论。

线性化程序结构。这种程序结构是小型、简单控制系统最常使用的结构,其特点是整个控制程序都放在组织块 OB1 中。

分块程序结构。对于大中小型控制系统都适用的一种程序结构,其特点是编程时将整个控制系统分成不同的部分,每一部分就是一个块,一个块编成一个功能(FC)。这种功能块不传递参数,也不接收参数。其编程方法除分成块外,与一般编程方法相差不多。在本搅拌机控制系统中,根据工艺和过程要求可以分成对送料泵 A 的控制、对送料泵 B 的控制、对搅拌电动机的控制以及对排料电磁阀的控制等四个部分,然后由组织块 OB1 中指令调用。

结构化程序结构。对于大中小型控制系统都适用的一种程序结构,其特点是对系统中控制逻辑和控制方法相同,具体条件不同的部分统一编成一个功能块,然后由组织块 OB1 在调用时传递不同的参数给该功能块,从而实现不同的控制。这样不但能使程序结构更加清晰,而且也给调试带来了很大的方便。在本搅拌机控制系统中,从控制要求可以看出,送料泵 A、B 和搅拌电动机的控制方法是相同的,只是具体条件不同,可以采用结构化设计编成一个电动机控制功能块。采用结构化编程方式的程序结构如图 10.15 所示。

下面以结构化编程方法为例对本搅拌机控制系统程序设计进行介绍。

(1) 创建符号表

用 STEP 7 符号表定义搅拌机的全局变量(共享符号),已在表 10.4 中定义。

(2) 创建基础功能块

STEP 7 要求任何被其他块调用的块,必须在调用前被创建,根据图 10.15 可知,在创建 OB1 程序前,必须把其他基础功能块建好,然后再通过 OB1 调用这些基础功能块就构成了完整的系统控制程序。下面对所要创建的功能块进行说明。

① 创建电动机控制功能块 FB1

功能块 FB1 的功能是实现对送料泵 A、送料泵 B 和搅拌电动机的控制,在程序中必须为 FB1 定义通用的输入、输出形参名。根据前面对控制要求的描述,FB1 应有如下输入、输出参数:泵或电动机的启动和停止输入信号;泵或电动机启动正常(启动辅助触点动作)的反馈输入信号;启动的故障检测需要用到定时器,所以需要输入定时器号和定时器的预置值;需要输出控制信号,以打开或关闭控制台上相关的启动和停止运行指示灯;需要有泵或电动机故障信号输出;需要有泵或电动机的输出驱动信号。

综上所述,可以得到如图 10.16 所示的功能块 FB1 的输入、输出图。然后再为 FB1 定义局部变量,即填写局部变量表,如表 10.5 所列。

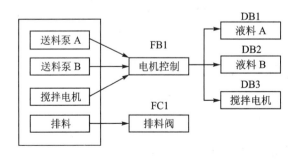

图 10.15 搅拌机系统程序结构图

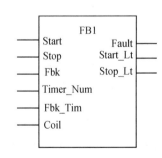

图 10.16 FB1 的输入、输出图

## 第 10 章 PLC 应用系统设计

表 10.5 FB1 的变量声明表

| 地 址 | 声 明 | 名 称 | 数据类型 | 初始值 |
|---|---|---|---|---|
| 0.0 | In | Start | BOOL | Faulse |
| 0.1 | In | Stop | BOOL | Faulse |
| 0.2 | In | Fbk | BOOL | Faulse |
| 2 | In | Timer_num | Timer | W#16#0000 |
| 4 | In | Fbk_Tim | S5Timer | S5T#0ms |
| 6.0 | Out | Fault | BOOL | Faulse |
| 6.1 | Out | Start_Lt | BOOL | Faulse |
| 6.2 | Out | Stop_Lt | BOOL | Faulse |
| 8.0 | In_Out | Coil | BOOL | Faulse |
| 10 | Stat | Cur_Tim_Bin | Word | W#16#0000 |
| 12 | Stat | Cur_Tim_Bcd | Word | W#16#0000 |

FB1 块的梯形图程序如图 10.17 所示。

Network 1: Permissives

Network 2: Motor Control

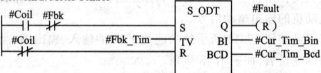

Network 3: Start Light

Network 4: Stop Light

图 10.17 电动机控制功能块 FB1 中的梯形图程序

② 创建 FB1 的背景数据块 DB1、DB2、DB3

电动机控制功能块的 FB1 用于对送料泵 A、送料泵 B、搅拌电动机进行控制，由于这三个电动机的启动、停止等条件各不相同，所以必须生成相应的三个背景数据块 DB1、DB2、DB3 供 OB1 调用 FB1 时使用。功能块 FB1 的变量声明表决定了其背景数据块的结构，也就是变量的顺序、类型、多少，生成背景数据块的方法在 5.3 节已作介绍，在此不再赘述。DB1、DB2、DB3 的结构与表 10.5 相同。

③ 创建排料功能 FC1

功能 FC1 要实现排料电磁阀的开启、关闭和相应的状态显示，所以 FC1 的参数主要有使排料阀开启和关闭的输入信号、控制打开和关闭排料指示灯的输出信号以及驱动排料电磁阀的输出信号。由以上分析可得如图 10.18 所示 FC1 的输入、输出图，并为 FC1 填写局部变量表，如表 10.6 所列。

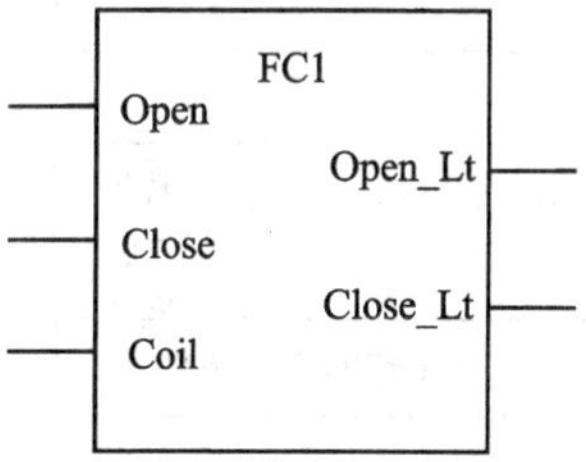

表 10.6　FC1 的变量声明表

| 地　址 | 声　明 | 名　称 | 数据类型 | 初始值 |
| --- | --- | --- | --- | --- |
| 0.0 | In | Open | BOOL | Faulse |
| 0.1 | In | Close | BOOL | Faulse |
| 0.2 | Out | Open_Lt | BOOL | Faulse |
| 2 | Out | Close_Lt | BOOL | Faulse |
| 4 | In_Out | Coil | BOOL | Faulse |

图 10.18　FC1 的输入、输出图

FC1 程序中还包括搅拌罐液位的空、低、满指示灯显示程序，其梯形图程序如图 10.19 所示。

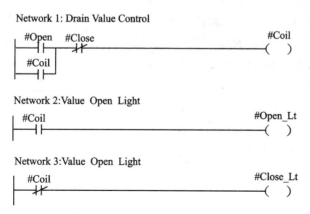

图 10.19　排料功能 FC1 程序

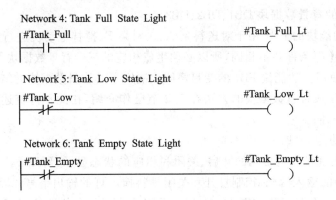

图 10.19 排料功能 FC1 程序(续)

(3) 创建组织块 OB1

搅拌机控制系统的主程序放在组织块 OB1 中,它包括所有运行逻辑关系。另外,它还有一个相应的变量声明表。下面对主程序做简要设计说明。

在设计 FB1 时,考虑到 FB1 需要适用于三个对象,且三个对象的允许工作条件各不相同,另外 FC1 也有一个允许工作条件,设计时也未包括在 FC1 块内,这些允许条件都放在 OB1 中编程。送料泵 A、送料泵 B、搅拌电动机和排料阀的允许标志分别存储在 OB1 的临时变量 Permit_A、Permit_B、Permit_M、Permit_Dr 中。OB1 程序中有四次对功能块的调用执行,功能块在被调用执行时有无错误的标志分别存储在 OB1 的临时变量 A_Done、B_Done、M_Done、Dr_Done 中。

搅拌机控制系统主程序循环块 OB1 中的主程序调用顺序如图 10.20 所示,变量声明表如表 10.7 所列,梯形图程序如图 10.21 所示。

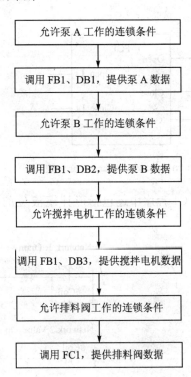

图 10.20 OB1 中主程序调用顺序

## 第 10 章　PLC 应用系统设计

表 10.7　OB1 的变量声明表

| 地　址 | 声　明 | 名　称 | 数据类型 |
|---|---|---|---|
| 0 | TEMP | OB1 – EV – CLASS | BYTE |
| 1 | TEMP | OB1 – SCAN1 | BYTE |
| 2 | TEMP | OB1 – PRIORITY | BYTE |
| 3 | TEMP | OB1 – OB – NUMBR | BYTE |
| 4 | TEMP | OB1 – RESERVED – 1 | BYTE |
| 5 | TEMP | OB1 – RESERVED – 2 | BYTE |
| 6 | TEMP | OB1 – PREV – CYCLE | INT |
| 8 | TEMP | OB1 – MIN – CYCLE | INT |
| 10 | TEMP | OB1 – MAX – CYCLE | INT |
| 12 | TEMP | OB1 – DATE – TIME | DATE – AND – TIME |
| 20.0 | TEMP | Peremit – A | Bool |
| 20.1 | TEMP | Peremit – B | Bool |
| 20.2 | TEMP | Peremit – Dr | Bool |
| 20.3 | TEMP | Peremit – M | Bool |
| 20.4 | TEMP | M – Done | Bool |
| 20.5 | TEMP | B – Done | Bool |
| 20.6 | TEMP | A – Done | Bool |
| 20.7 | TEMP | Dr – Done | Bool |
| 21.0 | TEMP | Start – Condition | Bool |
| 21.1 | TEMP | Stop – Condition | Bool |

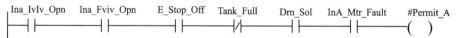

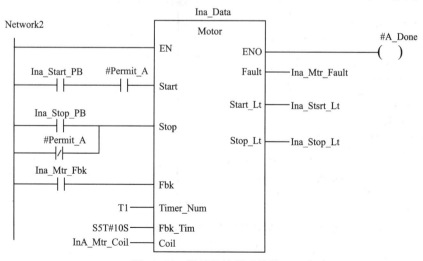

图 10.21　搅拌机控制系统的 OB1 程序

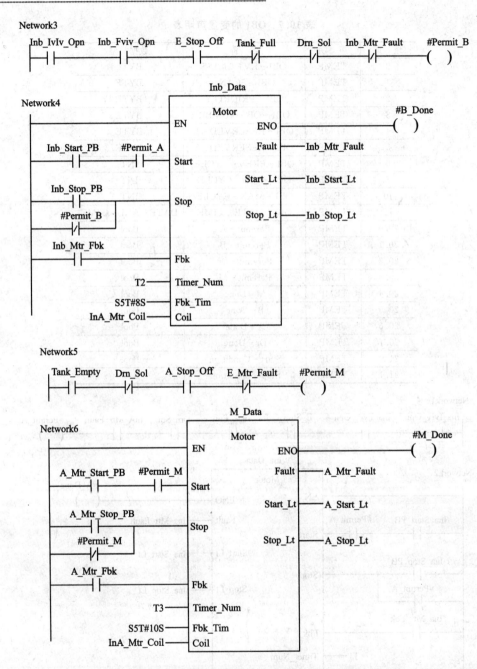

图 10.21 搅拌机控制系统的 OB1 程序(续)

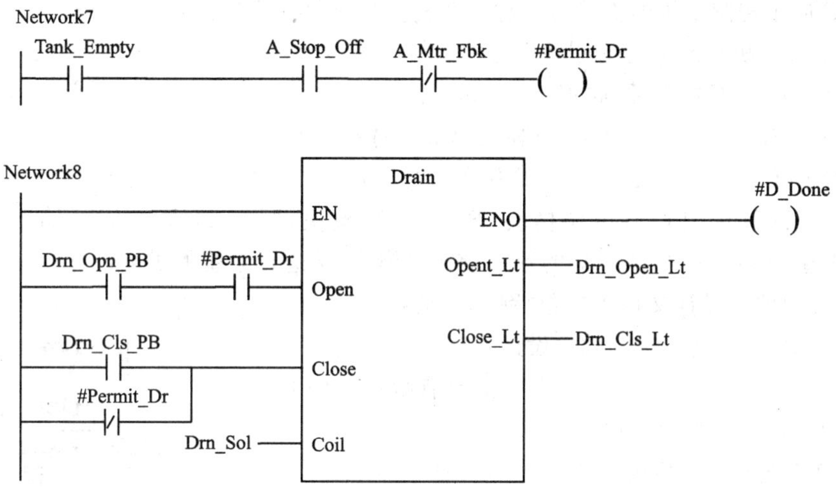

图 10.21 搅拌机控制系统的 OB1 程序(续)

## 【本章小结】

在 PLC 控制系统中,首先应该明确应用系统设计的基本原则、基本内容以及设计的基本步骤。虽然设计 PLC 应用系统的方法不是一成不变的,它与设计人员遵循的设计习惯及实践经验有关,但是按照规范的设计步骤进行设计可以有效地提高工作效率。

1. 一项 PLC 应用系统设计包括硬件设计、软件设计、系统调试、编写文档四部分。

2. 在设计 PLC 应用系统硬件时,首先要根据现场需要选择机型和各种控制/信号模板等。另外,在完成了系统硬件选型设计后,还要进行系统供电、接地和抗干扰设计。

3. 在进行软件设计时,首先必须深入现场了解并熟悉被控对象的控制要求,明确 PLC 控制系统必须具备的功能,为应用软件的编制提出明确的要求和技术指标,并形成软件需求说明书。再在此基础上将整个软件根据功能要求分成若干个相对独立的部分,分析它们之间在逻辑上、时序上的相互关系,保证各个开发阶段及其软件设计规格说明书的完整性和一致性。然后在软件规格说明书的基础上,选择适当的编程语言进行程序设计。

## 【复习思考题】

1. PLC 控制系统设计的基本原则和设计内容是什么?
2. 简述 PLC 控制系统的设计步骤?
3. 试用一工程控制系统例子来分析系统的工作过程与功能要求。

4. PLC 应用控制系统的类型有几种？其构成特点是什么？

5. 选 PLC 机型时应考虑哪些内容？

6. 一个实际 PLC 控制系统的容量是如何估算的？

7. 在一个 PLC 控制系统中，I/O 模块是如何选择的？

8. 一般 PLC 控制系统的供电方式有哪几类？如何实现？

9. 某系统选用的 PLC 有电源模块(PS)、CPU 模块、两个 24 V 数字量输入模块、一个 48 V 数字量输出模块、一个 220 V 的数字量输出模块，试进行系统的供电设计。

10. 系统硬件的设计文档主要包括哪些内容？

11. 简述 PLC 控制系统的软件设计步骤。

12. PLC 应用系统软件设计的内容主要有哪些？PLC 应用系统软件设计一般遵循哪些步骤？

13. I/O 接线时应注意哪些事项？PLC 如何接地？

14. 用 PLC 构成液体混合控制系统，如图 10.22 所示。控制要求如下：按下启动按钮，电磁阀 Y1 闭合，开始注入液体 A，按 L2 表示液体到了 L2 的高度，停止注入液体 A。同时电磁阀 Y2 闭合，注入液体 B，按 L1 表示液体到了 L1 的高度，停止注入液体 B，开启搅拌机 M，搅拌 4 s，停止搅拌。同时 Y3 为 ON，开始放出液体至液体高度为 L3，再经 2 s 停止放出液体。同时液体 A 注入。开始循环。按停止按扭，所有操作都停止，须重新启动。要求列出 I/O 分配表，编写梯形图程序并上机调试程序。

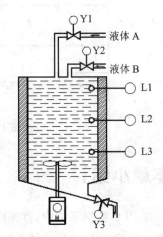

图 10.22 液体混合模拟控制系统

15. 用 PLC 构成四节传送带控制系统，如图 10.23 所示。控制要求如下：启动后，先启动最末的皮带机，1 s 后再依次启动其他皮带机；停止时，先停止最初的皮带机，1 s 后再依次停止其他皮带机；当某条皮带机发生故障时，该机及前面的应立即停止，以后的每隔 1 s 顺序停止；当某条皮带机有重物时，该皮带机前面的应立即停止，该皮带机运行 1 s 后停止，再 1 s 后接下去的一台停止，以此类推。要求列出 I/O 分配表，编写四节传送带系统控制梯形图程序并上机调试程序。

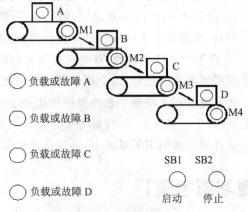

图 10.23 四节传送带控制系统

附录 A

# S7-300/400 语句表指令一览表

S7-300/400 语句表指令一览表如表 A.1 所列。

表 A.1  S7-300/400 语句表指令一览表

| 英文助记符 | 程序元素分类 | 说　明 |
| --- | --- | --- |
| + | 整数算术运算指令 | 加上 1 个整数常数(16 位,32 位) |
| = | 位逻辑指令 | 赋值 |
| ) | 位逻辑指令 | 嵌套闭合 |
| +AR1 | 累加器指令 | AR1 加累加器 1 至地址寄存器 1 |
| +AR2 | 累加器指令 | AR2 加累加器 1 至地址寄存器 2 |
| +D | 整数算术运算指令 | 作为双整数(32 位),将累加器 1 和累加器 2 中的内容相加 |
| -D | 整数算术运算指令 | 作为双整数(32 位),将累加器 2 中的内容减去累加器 1 中的内容 |
| *D | 整数算术运算指令 | 作为双整数(32 位),将累加器 1 和累加器 2 中的内容相乘 |
| /D | 整数算术运算指令 | 作为双整数(32 位),将累加器 2 中的内容除以累加器 1 中的内容 |
| ?D | 比较指令 | 双整数(32 位)比较 ==,<>,>,<,>=,<= |
| +I | 整数算术运算指令 | 作为整数(16 位),将累加器 1 和累加器 2 中的内容相加 |
| -I | 整数算术运算指令 | 作为整数(16 位),将累加器 2 中的内容减去累加器 1 中的内容 |
| *I | 整数算术运算指令 | 作为整数(16 位),将累加器 1 和累加器 2 中的内容相乘 |
| /I | 整数算术运算指令 | 作为整数(16 位),将累加器 2 中的内容除以累加器 1 中的内容 |
| ?I | 比较指令 | 整数(16 位)比较 ==,<>,>,<,>=,<= |
| +R | 浮点算术运算指令 | 作为浮点数(32 位,IEEE-FP),将累加器 1 和累加器 2 中的内容相加 |
| -R | 浮点算术运算指令 | 作为浮点数(32 位,IEEE-FP),将累加器 2 中的内容减去累加器 1 中的内容 |
| *R | 浮点算术运算指令 | 作为浮点数(32 位,IEEE-FP),将累加器 1 和累加器 2 中的内容相乘 |
| /R | 浮点算术运算指令 | 作为浮点数(32 位,IEEE-FP),将累加器 2 中的内容除以累加器 1 中的内容 |
| ?R | 比较指令 | 比较 2 个浮点数(32 位)==,<>,>,<,>=,<= |
| A | 位逻辑指令 | "与" |

## 附录A　S7-300/400 语句表指令一览表

续表 A.1

| 英文助记符 | 程序元素分类 | 说　明 |
|---|---|---|
| A( | 位逻辑指令 | "与"操作嵌套开始 |
| ABS | 浮点算术运算指令 | 浮点数取绝对值(32位,IEEE-FP) |
| ACOS | 浮点算术运算指令 | 浮点数反余弦运算(32位) |
| AD | 字逻辑指令 | 双字"与"(32位) |
| AN | 位逻辑指令 | "与非" |
| AN( | 位逻辑指令 | "与非"操作嵌套开始 |
| ASIN | 浮点算术运算指令 | 浮点数反正弦运算(32位) |
| ATAN | 浮点算术运算指令 | 浮点数反正切运算(32位) |
| AW | 字逻辑指令 | 字"与"(16位) |
| BE | 程序控制指令 | 块结束 |
| BEC | 程序控制指令 | 条件块结束 |
| BEU | 程序控制指令 | 无条件块结束 |
| BLD | 程序控制指令 | 程序显示指令(空) |
| BTD | 转换指令 | BCD转成整数(32位) |
| BTI | 转换指令 | BCD转成整数(16位) |
| CAD | 转换指令 | 将累加器1四字节顺序交换 |
| CALL | 程序控制指令 | 块调用 |
| CALL | 程序控制指令 | 从库中调用块 |
| CAR | 装入/传送指令 | 交换地址寄存器1和地址寄存器2的内容 |
| CAW | 转换指令 | 将累加器1低2字节交换 |
| CC | 程序控制指令 | 条件调用 |
| CD | 计数器指令 | 减计数器 |
| CDB | 转换指令 | 交换共享数据块和背景数据块 |
| CLR | 位逻辑指令 | RLO清零(=0) |
| COS | 浮点算术运算指令 | 浮点数余弦运算(32位) |
| CU | 计数器指令 | 加计数器 |
| DEC | 累加器指令 | 累加器1的最低字节减8位常数 |
| DTB | 转换指令 | 双整数(32位)转成BCD |
| DTR | 转换指令 | 双整数(32位)转成浮点数(32位,IEEE-FP) |

## 附录 A  S7-300/400 语句表指令一览表

续表 A.1

| 英文助记符 | 程序元素分类 | 说明 |
|---|---|---|
| ENT | 累加器指令 | 进入累加器栈 |
| EXP | 浮点算术运算指令 | 浮点数指数运算(32位) |
| FN | 位逻辑指令 | 脉冲下降沿 |
| FP | 位逻辑指令 | 脉冲上升沿 |
| FR | 计数器指令 | 使能计数器(任意)(任意,FR C 0-C 255) |
| FR | 定时器指令 | 使能定时器(任意) |
| INC | 累加器指令 | 累加器1的最低字节加8位常数 |
| INVD | 转换指令 | 对双整数求反码(32位) |
| INVI | 转换指令 | 对整数求反码(16位) |
| ITB | 转换指令 | 整数(16位)转成BCD |
| ITD | 转换指令 | 整数(16位)转成双整数(32位) |
| JBI | 跳转指令 | 若BR=1,则跳转 |
| JC | 跳转指令 | 若RLO=1,则跳转 |
| JCB | 跳转指令 | 若RLO=1且BR=1,则跳转 |
| JCN | 跳转指令 | 若RLO=0,则跳转 |
| JL | 跳转指令 | 跳转到标号 |
| JM | 跳转指令 | 若负,则跳转 |
| JMZ | 跳转指令 | 若负或0,则跳转 |
| JN | 跳转指令 | 若非0,则跳转 |
| JNB | 跳转指令 | 若RLO=0且BR=1,则跳转 |
| JNBI | 跳转指令 | 若BR=0,则跳转 |
| JO | 跳转指令 | 若OV=1,则跳转 |
| JOS | 跳转指令 | 若OS=1,则跳转 |
| JP | 跳转指令 | 若正,则跳转 |
| JPZ | 跳转指令 | 若正或0,则跳转 |
| JU | 跳转指令 | 无条件跳转 |
| JUO | 跳转指令 | 若无效数,则跳转 |
| JZ | 跳转指令 | 若0,则跳转 |
| L | 装入/传送指令 | 装入 |

## 附录 A  S7-300/400 语句表指令一览表

续表 A.1

| 英文助记符 | 程序元素分类 | 说明 |
|---|---|---|
| L DBLG | 装入/传送指令 | 将共享数据块的长度装入累加器 1 中 |
| L DBNO | 装入/传送指令 | 将共享数据块的块号装入累加器 1 中 |
| L DILG | 装入/传送指令 | 将背景数据块的长度装入累加器 1 中 |
| L DINO | 装入/传送指令 | 将背景数据块的块号装入累加器 1 中 |
| L STW | 装入/传送指令 | 将状态字装入累加器 1 |
| L | 定时器指令 | 将当前定时值作为整数装入累加器 1(当前定时值可以是 0~255 之间的 1 个数字,例如 L T 32) |
| L | 计数器指令 | 将当前计数值装入累加器 1(当前计数值可以是 0~255 之间的 1 个数字,例如 L C15) |
| LAR1 | 装入/传送指令 | 将累加器 1 中的内容装入地址寄存器 1 |
| LAR1 &lt;D&gt; | 装入/传送指令 | 将 2 个双整数(32 位指针)装入地址寄存器 1 |
| LAR1 AR2 | 装入/传送指令 | 将地址寄存器 2 的内容装入地址寄存器 1 |
| LAR2 | 装入/传送指令 | 将累加器 2 中的内容装入地址寄存器 1 |
| LAR2 &lt;D&gt; | 装入/传送指令 | 将 2 个双整数(32 位指针)装入地址寄存器 2 |
| LC | 计数器指令 | 将当前计数值作为 BCD 码装入累加器 1(当前计数值可以是 0~255 之间的 1 个数字,例如 LC C15) |
| LC | 定时器指令 | 将当前定时值作为 BCD 码装入累加器 1(当前定时值可以是 0~255 之间的 1 个数字,例如 LC T32) |
| LEAVE | 累加器指令 | 离开累加器栈 |
| LN | 浮点算术运算指令 | 浮点数自然对数运算(32 位) |
| LOOP | 跳转指令 | 循环 |
| MCR( | 程序控制指令 | 将 RLO 存入 MCR 堆栈,开始 MCR |
| )MCR | 程序控制指令 | 结束 MCR |
| MCRA | 程序控制指令 | 激活 MCR 区域 |
| MCRD | 程序控制指令 | 去活 MCR 区域 |
| MOD | 整数算术运算指令 | 双整数形式的除法,其结果为余数(32 位) |
| NEGD | 转换指令 | 对双整数求补码(32 位) |
| NEGI | 转换指令 | 对整数求补码(16 位) |
| NEGR | 转换指令 | 对浮点数求反(32 位,IEEE-FP) |

## 附录 A  S7－300/400 语句表指令一览表

**续表 A.1**

| 英文助记符 | 程序元素分类 | 说　明 |
|---|---|---|
| NOP 0 | 累加器指令 | 空指令 |
| NOP 1 | 累加器指令 | 空指令 |
| NOT | 位逻辑指令 | RLO 取反 |
| O | 位逻辑指令 | "或" |
| O( | 位逻辑指令 | "或"操作嵌套开始 |
| OD | 字逻辑指令 | 双字"或"(32 位) |
| ON | 位逻辑指令 | "或非" |
| ON( | 位逻辑指令 | "或非"操作嵌套开始 |
| OPN | 数据块调用指令 | 打开数据块 |
| OW | 字逻辑指令 | 字"或"(16 位) |
| POP | 累加器指令 | POP |
| POP | 累加器指令 | 带有 2 个累加器的 CPU |
| POP | 累加器指令 | 带有 4 个累加器的 CPU |
| PUSH | 累加器指令 | 带有 2 个累加器的 CPU |
| PUSH | 累加器指令 | 带有 4 个累加器的 CPU |
| R | 位逻辑指令 | 复位 |
| R | 计数器指令 | 复位计数器(当前计数值可以是 0～255 之间的 1 个数字,例如 R C15) |
| R | 定时器指令 | 复位定时器(当前定时值可以是 0～255 之间的 1 个数字,例如 R T32) |
| RLD | 移位和循环移位指令 | 双字循环左移(32 位) |
| RLDA | 移位和循环移位指令 | 通过 CC 1 累加器 1 循环左移(32 位) |
| RND | 转换指令 | 取整 |
| RND− | 转换指令 | 向下舍入为双整数 |
| RND+ | 转换指令 | 向上舍入为双整数 |
| RRD | 移位和循环移位指令 | 双字循环右移(32 位) |
| RRDA | 移位和循环移位指令 | 通过 CC 1 累加器 1 循环右移(32 位) |
| S | 位逻辑指令 | 置位 |
| S | 计数器指令 | 置位计数器(当前计数值可以是 0～255 之间的 1 个数字,例如 S C15) |
| SAVE | 位逻辑指令 | 把 RLO 存入 BR 寄存器 |
| SD | 定时器指令 | 延时接通定时器 |

## 附录 A  S7-300/400 语句表指令一览表

续表 A.1

| 英文助记符 | 程序元素分类 | 说明 |
|---|---|---|
| SE | 定时器指令 | 延时脉冲定时器 |
| SET | 位逻辑指令 | 置位 |
| SF | 定时器指令 | 延时断开定时器 |
| SIN | 浮点算术运算指令 | 浮点数正弦运算(32位) |
| SLD | 移位和循环移位指令 | 双字左移(32位) |
| SLW | 移位和循环移位指令 | 字左移(16位) |
| SP | 定时器指令 | 脉冲定时器 |
| SQR | 浮点算术运算指令 | 浮点数平方运算(32位) |
| SQRT | 浮点算术运算指令 | 浮点数平方根运算(32位) |
| SRD | 移位和循环移位指令 | 双字右移(32位) |
| SRW | 移位和循环移位指令 | 字右移(16位) |
| SS | 定时器指令 | 保持型延时接通定时器 |
| SSD | 移位和循环移位指令 | 移位有符号双整数(32位) |
| SSI | 移位和循环移位指令 | 移位有符号整数(16位) |
| T | 装入/传送指令 | 传送 |
| T STW | 装入/传送指令 | 将累加器1中的内容传送到状态字 |
| TAK | 累加器指令 | 累加器1与累加器2进行互换 |
| TAN | 浮点算术运算指令 | 浮点数正切运算(32位) |
| TAR1 | 装入/传送指令 | 将地址寄存器1中的内容传送到累加器1 |
| TAR1 | 装入/传送指令 | 将地址寄存器1的内容传送到目的地(32位指针) |
| TAR1 | 装入/传送指令 | 将地址寄存器1的内容传送到地址寄存器2 |
| TAR2 | 装入/传送指令 | 将地址寄存器2中的内容传送到累加器1 |
| TAR2 | 装入/传送指令 | 将地址寄存器2的内容传送到目的地(32位指针) |
| TRUNC | 转换指令 | 截尾取整 |
| UC | 程序控制指令 | 无条件调用 |
| X | 位逻辑指令 | "异或" |
| X( | 位逻辑指令 | "异或"操作嵌套开始 |
| XN | 位逻辑指令 | "异或非" |
| XN( | 位逻辑指令 | "异或非"操作嵌套开始 |
| XOD | 字逻辑指令 | 双字"异或"(32位) |
| XOW | 字逻辑指令 | 字"异或"(16位) |

# 附录 B

# 组织块、系统功能与功能块一览表

组织块一览表如表 B.1 所列。系统功能及系统功能块如表 B.2 和表 B.3 所列。

表 B.1 组织块一览表

| OB 编号 | 启动事件 | 默认优先级 | 说明 |
| --- | --- | --- | --- |
| OB1 | 启动或上一次循环结束时执行 OB1 | 1 | 主程序循环 |
| OB10~OB17 | 日期时间中断 | 2 | 在设置的日期和时间启动 |
| OB20~OB23 | 时间延迟中断 | 3~6 | 延时后启动 |
| OB30~OB38 | 循环中断 0~8，默认时间间隔为 5 s、2 s、1 s、500 ms、200 ms、100 ms、50 ms、10 ms | 7~15 | 以设定的时间为周期运行 |
| OB40~OB47 | 硬件中断 0~7 | 16~23 | 检测到来自外部模块的中断请求时启动 |
| OB55 | 状态中断 | 2 | DPV1 中断（PROFIBUS-DP 中断） |
| OB56 | 刷新中断 | 2 | |
| OB57 | 制造厂商特殊中断 | 2 | |
| OB60 | 多处理器中断，调用 SFC35 时启动 | 25 | 多处理器中断的同步操作 |
| OB61~OB64 | 同步循环中断 1~4 | 25 | 同步循环中断 |
| OB70 | I/O 冗余错误 | 25 | 冗余故障中断，只用于 H 系列 CPU |
| OB72 | CPU 冗余错误 | 28 | |
| OB73 | 通信冗余错误 | 25 | |
| OB80 | 时间错误 | 26 启动时为 28 | 异步中断错误 |
| OB81 | 电源故障 | | |
| OB82 | 诊断中断 | | |
| OB83 | 插入/拔出模块中断 | | |
| OB84 | CPU 硬件故障 | | |
| OB85 | 优先级错误 | | |
| OB86 | 扩展机架、DP 主站系统或分布式 I/O 站故障 | | |
| OB87 | 通信故障 | | |

## 附录 B  组织块、系统功能与功能块一览表

续表 B.1

| OB 编号 | 启动事件 | 默认优先级 | 说 明 |
|---|---|---|---|
| OB88 | 过程中断 | 28 | 异步中断错误 |
| OB90 | 冷热启动，删除块或背景循环 | 29 | 背景循环 |
| OB100 | 暖启动 | 27 | 启动 |
| OB101 | 热启动 | | |
| OB102 | 冷启动 | | |
| OB121 | 编程错误 | 与引起中断的 OB 有相同的优先级 | 同步中断错误 |
| OB122 | I/O 访问错误（读/写） | | |

表 B.2  系统功能一览表

| 编 号 | 名 称 | 功能说明 |
|---|---|---|
| SFC0 | SET_CLK | 设系统时钟 |
| SFC1 | READ_CLK | 读系统时钟 |
| SFC2 | SET_RTM | 运行时间计时器设定 |
| SFC3 | CTRL_RTM | 运行时间计时器启/停 |
| SFC4 | READ_RTM | 运行时间计时器读取 |
| SFC5 | GADR_LGC | 查询模板的逻辑起始地址 |
| SFC6 | RD_SINFO | 读 OB 起动信息 |
| SFC7 | DP_PRAL | 在 DP 主站上触发硬件中断 |
| SFC9 | EN_MSG | 使能块相关，符号相关和组状态的信息 |
| SFC10 | DIS_MSG | 封锁块相关，符号相关和组状态的信息 |
| SFC11 | DPSYC_FR | 同步 DP 从站组 |
| SFC12 | D_ACT_DP | 取消和激活 DP 从站 |
| SFC13 | DPNRM_DG | 读 DP 从站的诊断数据（从站诊断） |
| SFC14 | DPRD_DAT | 读标准 DP 从站的连续数据 |
| SFC15 | DPWR_DAT | 写标准 DP 从站的连续数据 |
| SFC17 | ALARM_SQ | 生成可应答的块相关信息 |
| SFC18 | ALARM_S | 生成恒定可应答的块相关信息 |
| SFC19 | ALARM_SC | 查询最后的 ALARM_SQ 到来状态信息的应答状态 |
| SFC20 | BLKMOV | 复制变量 |
| SFC21 | FILL | 初始化存储区 |
| SFC22 | CREAT_DB | 生成 DB |

续表 B.2

| 编号 | 名称 | 功能说明 |
| --- | --- | --- |
| SFC23 | DEL_DB | 删除 DB |
| SFC24 | TEST_DB | 测试 DB |
| SFC25 | COMPRESS | 压缩用户内存 |
| SFC26 | UPDAT_PI | 刷新过程映像更新表 |
| SFC27 | UPDAT_PO | 刷新过程映像输出表 |
| SFC28 | SET_TINT | 设置日时钟中断 |
| SFC29 | CAN_TINT | 取消日时钟中断 |
| SFC30 | ACT_TINT | 激活日时钟中断 |
| SFC31 | QRY_TINT | 查询日时钟中断 |
| SFC32 | SRT_DINT | 启动延时中断 |
| SFC33 | CAN_DINT | 取消延时中断 |
| SFC34 | QRY_DINT | 查询延时中断 |
| SFC35 | MP_ALM | 触发多 CPU 中断 |
| SFC36 | MSK_FLT | 屏蔽同步故障 |
| SFC37 | DMSK_FLT | 解除同步故障屏蔽 |
| SFC38 | READ_ERR | 读故障寄存器 |
| SFC39 | DIS_IRT | 封锁新中断和非同步故障 |
| SFC40 | EN_IRT | 使能新中断和非同步故障 |
| SFC41 | DIS_AIRT | 延迟高优先级中断和非同步故障 |
| SFC42 | EN_AIRT | 使能高优先级中断和非同步故障 |
| SFC43 | RE_TRIGR | 再触发循环时间监控 |
| SFC44 | REPL_VAL | 传送替代值到累加器 1 |
| SFC46 | STP | 使 CPU 进入停机状态 |
| SFC47 | WAIT | 延迟用户程序的执行 |
| SFC48 | SNC_RTCB | 同步子时钟 |
| SFC49 | LGC_GADR | 查询一个逻辑地址的模块槽位的属性 |
| SFC50 | RD_LGADR | 查询一个模块的全部逻辑地址 |
| SFC51 | RDSYSST | 读系统状态表或部分表 |
| SFC52 | WR_USMSG | 向诊断缓冲区写用户定义的诊断事件 |
| SFC54 | RD_PARM | 读取定义参数 |
| SFC55 | WR_PARM | 写动态参数 |
| SFC56 | WR_DPARM | 写默认参数 |
| SFC57 | PARM_MOD | 为模块指派参数 |
| SFC58 | WR_REC | 写数据记录 |
| SFC59 | RD_REC | 读数据记录 |

## 附录 B  组织块、系统功能与功能块一览表

**续表 B.2**

| 编号 | 名称 | 功能说明 |
|---|---|---|
| SFC60 | GD_SND | 全局数据包发送 |
| SFC61 | GD_RCV | 全局数据包接收 |
| SFC62 | CONTROL | 查询通信 SFB 所属的连接状态 |
| SFC63 * | AB_CALL | 汇编代码块 |
| SFC64 | TIME_TCK | 读系统时间 |
| SFC65 | X_SEND | 向局域 S7 站之外的通信伙伴发送数据 |
| SFC66 | X_RCV | 接收局域 S7 站之外的通信伙伴发来的数据 |
| SFC67 | X_GET | 读取局域 S7 站之外的通信伙伴的数据 |
| SFC68 | X_PUT | 写数据到局域 S7 站之外的通信伙伴 |
| SFC69 | X_ABORT | 中止现存的与局域 S7 站之外的通信伙伴的连接 |
| SFC72 | I_GET | 读取局域 S7 站内的通信伙伴 |
| SFC73 | I_PUT | 写数据到局域 S7 站内的通信伙伴 |
| SFC74 | I_ABORT | 中止现存的与局域 S7 站内通信伙伴的连接 |
| SFC78 | OB_RT | 决定 OB 的程序运行时间 |
| SFC79 | SET | 置位输出范围 |
| SFC80 | RSET | 复位输出范围 |
| SFC81 | UBLKMOV | 不可中断复制变量 |
| SFC82 | CREA_DBL | 在装载存储器中生成 DB 块 |
| SFC83 | READ_DBL | 读装载存储器中的 DB 块 |
| SFC84 | WRIT_DBL | 写装载存储器中的 DB 块 |
| SFC87 | C_DIAG | 实际连接状态的诊断 |
| SFC90 | H_CTRLH | 系统中的控制操作 |
| SFC100 | SET_CLKS | 设日期时间和日期时间状态 |
| SFC101 | RTM | 处理时间计时器 |
| SFC102 | RD_DPARA | 读取预定义参数(重新定义参数) |
| SFC103 | DP_TOPOL | 识别 DP 主系统中总线的拓扑 |
| SFC104 | CiR | 控制 CiR |
| SFC105 | READ_SI | 读动态系统资源 |
| SFC106 | DEL_SI | 删除动态系统资源 |
| SFC107 | ALARM_DQ | 生成可应答的块相关信息 |
| SFC108 | ALARM_D | 生成恒定可应答的块相关信息 |
| SFC126 | SYNC_PI | 同步刷新过程映像区输入表 |
| SFC127 | SYNC_PO | 同步刷新过程映像区输出表 |

\* SFC63 "AB_CALL" 仅在 CPU 614 中存在。详细说明可参考相应的手册。

## 附录 B 组织块、系统功能与功能块一览表

**表 B.3 系统功能块一览表**

| 编号 | 名称 | 功能说明 |
|---|---|---|
| SFB0 | CTU | 增计数 |
| SFB1 | CTD | 减计数 |
| SFB2 | CTUD | 增/减计数 |
| SFB3 | TP | 脉冲定时 |
| SFB4 | TON | 延时接通 |
| SFB5 | TOF | 延时断开 |
| SFB8 | USEND | 非协调数据发送 |
| SFB9 | URCV | 非协调数据接收 |
| SFB12 | BSEND | 段数据发送 |
| SFB13 | BRCV | 段数据接收 |
| SFB14 | GET | 向远程 CPU 写数据 |
| SFB15 | PUT | 从远程 CPU 读数据 |
| SFB16 | PRINT | 向打印机发送数据 |
| SFB19 | START | 在远程装置上实施暖启动或冷启动 |
| SFB20 | STOP | 将远程装置变为停止状态 |
| SFB21 | RESUME | 在远程装置上实施热启动 |
| SFB22 | STATUS | 查询远程装置的状态 |
| SFB23 | USTATUS | 接收远程装置的状态 |
| SFB29 * | HS_COUNT | 计数器(高速计数器,集成功能) |
| SFB30 * | FREQ_MES | 频率计(频率计,集成功能) |
| SFB31 | NOTIFY_8P | 生成不带应答显示的块相关信息 |
| SFB32 | DRUM | 执行顺序器 |
| SFB33 | ALARM | 生成带应答显示的块相关信息 |
| SFB34 | ALARM_8 | 生成带不带 8 个信号值的块相关信息 |
| SFB35 | ALARM_8P | 生成带 8 个信号值的块相关信息 |
| SFB36 | NOTIFY | 生成不带应答显示的块相关信息 |
| SFB37 | AR_SEND | 发送归档数据 |
| SFB38 * | HSC_A_B | 计数器 A/B(集成功能) |

## 附录 B  组织块、系统功能与功能块一览表

续表 B.3

| 编号 | 名称 | 功能说明 |
|---|---|---|
| SFB39 * | POS | 定位（集成功能） |
| SFB41 | CONT_C ① | 连续调节器 |
| SFB42 | CONT_S ① | 步进调节器 |
| SFB43 | PULSEGEN ① | 脉冲发生器 |
| SFB44 | ANALOG ② | 带模拟输出的定位 |
| SFB46 | DIGITAL ② | 带数字输出的定位 |
| SFB47 | COUNT ② | 计数器控制 |
| SFB48 | FREQUENC ② | 频率计控制 |
| SFB49 | PULSE ② | 脉冲宽度控制 |
| SFB52 | RDREC | 读来自 DP 从站的数据记录 |
| SFB53 | WRREC | 向 DP 从站写数据记录 |
| SFB54 | RALRM | 接收来自 DP 从站的中断 |
| SFB60 | SEND_PTP ② | 发送数据（ASCII,3964(R)） |
| SFB61 | RCV_PTP ② | 接收数据（ASCII,3964(R)） |
| SFB62 | RES_RCVB ② | 清除接收缓冲区（ASCII,3964(R)） |
| SFB63 | SEND_RK ② | 发送数据（RK 512） |
| SFB64 | FETCH_RK ② | 获取数据（RK 512） |
| SFB65 | SERVE_RK ② | 接收和提供数据（RK512） |
| SFB75 | SALRM | 向 DP 从站发送中断 |

\* SFB29"HS_COUNT"和 SFB30"FREQ_MES"仅在 CPU 313 IFM 和 CPU 314 IFM 中存在，SF38"HSC_A_B"和 39"POS"仅在 CPU 314 IFM 中存在。

① SFB41"CONT_C",42"CONT_S"和 43"PULSEGEN"仅在 CPU 314 IFM 中存在。

② SFB44～49 和 SFB60～65 仅在 S7-300C CPU 中存在。

# 附录 C

# S7-PLCSIM 仿真软件及使用

## C.1 S7-PLCSIM V5.3 概述

STEP 7 专业版包含 S7-PLCSIM,在安装 STEP 7 专业版的同时也安装了 S7-PLCSIM。对于标准版的 STEP 7,在安装好 STEP 7 后再安装 S7-PLCSIM,S7-PLCSIM 将会自动嵌入到 STEP 7 中。

### 1. 简　介

S7-PLCSIM 软件可以在计算机或编程设备(如 PG 740)上模拟一个 S7 PLC,从而运行并完成用户程序的测试工作。因为 S7-PLCSIM 软件完全和 STEP 7 集成在一起,所以使用 S7-PLCSIM 后,STEP 7 软件不需要连接任何 S7 硬件(如 CPU、I/O 模块等)即可完成用户程序的调试。在 S7-PLCSIM 仿真的 S7 PLC 中,使用者可以调试运行于 S7-300/400 CPU 上的用户程序以及 WinAC 程序。

S7-PLCSIM 提供了一个简洁的界面供用户监控和修改程序中用到的各种参数,当在仿真 PLC 上运行程序时,同样可以使用在 STEP 7 软件中的各种应用,如允许用户使用诸如变量表(VAT)等工具来监控和修改变量等。

### 2. S7-PLCSIM 的功能、特点

S7-PLCSIM 仿真一个 S7 控制器,它能仿真如表 C.1 所列的 S7 控制器的存储区域。

表 C.1　S7-PLCSIM 存储区域仿真表

| 存储区域 | 描　述 | 存储区域 | 描　述 |
| --- | --- | --- | --- |
| 定时器 | T0~T511 | M 存储区域 | 131 072 bits(16 KB) |
| I/O 存储区域 | 131 072 bits(16 KB) | 程序过程映像 | 最大:131 072 bits(16 KB)<br>默认:8 192 bits(1 024 B) |
| 局部变量存储区 | 最大:64 KB<br>默认:32 KB | 逻辑块和数据块 | 2 048 个功能块(FBs)和功能(FCs)<br>4 095 个数据块(DBs) |

## 附录C  S7-PLCSIM 仿真软件及使用

续表 C.1

| 存储区域 | 描述 | 存储区域 | 描述 |
| --- | --- | --- | --- |
| 系统功能块 (SFBs) | SFB0，SFB1，SFB2，SFB3，SFB4，SFB5，SFB8，SFB9，SFB12，SFB13，SFB14，SFB15，SFB16，SFB19，SFB20，SFB21，SFB22，SFB23，SFB32，SFB33，SFB34，SFB35，SFB36，SFB37 注意：SFB12，SFB13，SFB14，SFB15，SFB16，SFB19，SFB20，SFB21，SFB22，SFB23 是 NOPs(空操作)，不能对空操作程序进行修改 | 系统功能(SFCs) | SFC0，SFC1，SFC2，SFC3，SFC4，SFC5，SFC6，SFC7，SFC9 SFC10，SFC11，SFC13，SFC14，SFC15，SFC17，SFC18，SFC19，SFC20，SFC21，SFC22，SFC23，SFC24，SFC25，SFC26，SFC27，SFC28，SFC29，SFC30，SFC31，SFC32，SFC33，SFC34，SFC35，SFC36，SFC37，SFC38，SFC39，SFC40，SFC41，SFC42，SFC43，SFC44，SFC46，SFC47，SFC48，SFC49，SFC50，SFC51，SFC52，SFC54，SFC55，SFC56，SFC57，SFC58，SFC59，SFC60，SFC61，SFC62，SFC64，SFC65，SFC66，SFC67，SFC68，SFC69，SFC79，SFC80，SFC81，SFC90 注意：① 对于 SFC26 和 SFC27，S7-PLCSIM 只支持参数 0；② SFC7，SFC11，SFC25，SFC35，SFC36，SFC37，SFC38，SFC48，SFC60，SFC61，SFC62，SFC65，SFC66，SFC67，SFC68，SFC69，SFC81 是 NOPs(空操作)，不能对空操作程序进行修改 |
| 组织块(OBs) | OB1(自由扫描周期) OB10~OB17(时间中断) OB20~OB23(延时中断) OB30~OB38(循环中断) OB40~OB47(硬件中断) OB70(I/O 冗余错误) OB72(CPU 冗余错误) OB73(通信错误) OB80(时间错误) OB82(诊断中断) OB83(插入/移除中断) | 组织块(OBs) | OB81(电源错误) OB84(CPU 硬件错误) OB85(优先级分类错误) OB86(机架错误) OB87(通信错误) OB90(背景块) OB100(暖启动) OB101(热启动) OB102(冷启动) OB121(编程错误) OB122(I/O 访问错误) 注意：OB81，OB84，OB87，OB90 是 NOPs(空操作)，不能对空操作程序进行修改 |

除此之外，S7-PLCSIM 还具有如下功能：

① 在 SIMATIC 管理器中有一个可以打开或关闭 S7-PLCSIM 仿真器的按钮▨。当 S7-PLCSIM 运行后，任何新建连接都自动连接到仿真 PLC 上。

② S7-PLCSIM 可以仿真 S7-300 或 S7-400 CPU 运行用户程序。

③ 用户可以生成"视图对象"以便访问仿真 PLC 的 I/O 存储区、累加器、寄存器，也可以通过符号表访问存储区。

④ 用户可以选择让定时器自动运行或者手动置位和复位定时器。用户还可以一次复位单个定时器或一次复位全部定时器。

⑤ 用户可以像控制真正的 CPU 一样改变 CPU 的运行方式（如停止 STOP、运行 RUN、在线编程 RUN-P 等）。另外，S7-PLCSIM 还提供了暂停功能，允许在不改变程序状态的同时暂时中止 CPU 的运行。

⑥ 用户在仿真 PLC 上可以使用组织块中断以验证程序的行为。

⑦ 用户可以记录 PLC 的一系列动作（如对 I/O 存储区、位存储区、定时器、计数器等的操作）并回放以进行程序自动测试。

⑧ 用户可以使用所有 STEP 7 工具监控、仿真 PLC 的动作和行为，并且调试用户程序。虽然仿真 PLC 是全软件的，但 STEP 7 却像使用真正的硬件 PLC 一样工作，二者几乎没有差别。

## C.2 开始使用 S7-PLCSIM

从 SIMATIC 管理器程序组中可以直接进入仿真模式而不需要连接到任何真正的 PLC 上。具体可以遵循以下步骤开始使用。

① 打开 SIMATIC 管理器程序组。

② 单击▨或选择菜单命令 Options→Simulate Modules，打开 S7-PLCSIM 应用程序，同时打开一个 CPU 视图对象（该 CPU 默认 MPI 地址为 2）。

③ 从 SIMATIC 管理器中找到 S7_ZEBRA 例子项目，该项目提供了 STEP 7 V 5.x 或更高版本的程序（项目文件名为 ZEN01_09_STEP7_Zebra）。

④ 在 S7_ZEBRA 例子项目中，找到 Blocks 对象（具体参见 SIMATIC 管理器在线帮助中的 STEP 7 对象）。

⑤ 从 SIMATIC 管理器中单击▨或者选择菜单命令 PLC→Download 下载该 Blocks 对象到仿真 PLC 中。

⑥ 在 Do you want to load the system data? 提示框中，选择 NO（如果不想下载硬件配置到仿真 PLC 中）或 YES（如果想下载硬件配置到仿真 PLC 中）。

⑦ 在 S7-PLCSIM 应用程序中，生成一个额外的"视图对象"以便监控仿真 PLC 的信息：

(a) 单击■或选择菜单命令 Insert→Input Variable 产生一个视图对象,会显示 IB0。
(b) 单击■或选择菜单命令 Insert→Output Variable 插入第二个视图对象 QB0。
(c) 单击■或选择菜单命令 Insert→Timer 插入第三个定时器视图对象。分别在对应的文本框中键入 2、3、4(分别对应定时器 T2、T3、T4),每键入一个数据按 Enter(回车)键。
⑧ 选择 PLC 菜单命令,保证选中其中的 Power On(选项旁边有一个圆点"·")。
⑨ 选择菜单命令 Execute→Scan Mode,保证选中期中的 Continuous Scan(选项旁边有一个圆点"·")。
⑩ 通过单击 RUN 或 RUN-P 复选框将 PLC 设为运行状态。
⑪ 单击 IB0 的第 0 位使其有输入,观察定时器和 QB0 的变化。
⑫ 单击■或选择菜单命令 File→Save PLC As,保存当前仿真 PLC 状态为一个新文件。

### 1. 使用 STEP 7 来监控调试程序

用户还能使用 STEP 7 工具按如下步骤来监控调试用户程序的执行。
① 当按如上步骤新建了一个 STEP 7 视图对象后,回到 SIMATIC 管理器。
② 单击■或选择菜单命令 View→Online 切换到联机方式。
③ 在 ZEBRA 例子项目中找到 Blocks 对象,打开 FC1。这个操作将切换到 LAD/STL/FBD 程序编辑状态。
④ 当仿真 CPU 处于运行状态且已经将 IB0 的第 0 位设为有输入(上边的第 11 步)时,切换到 LAD/STL/FBD 应用程序窗口,选择菜单命令 Debug→Monitor 即可以观察程序的变化。

### 2. 仿真 PLC 与实际 PLC 的区别

仿真 PLC 特有的功能:
➢ 暂停命令能够暂时停止仿真 CPU 和重新使 CPU 从程序暂停指令处继续执行。
➢ 可以像真正 PLC 的 CPU 一样改变 PLC 的运行模式(RUN, RUN-P, STOP)。但与真正 CPU 不一样的是,仿真 CPU 在停止模式时不影响输出的状态。
➢ 对于视图对象的任何改变会立即改变存储区域的内容而不用等到一个扫描周期的开始或结束。
➢ 通过程序执行控制选项可以选择 CPU 运行用户程序的方式。
　· 允许用户以单扫描周期的方式执行程序。
　· 连续执行程序方式与真正的 CPU 执行方式一样。
➢ 允许定时器自动运行或手动输入定时器的值,也可以单个或全部复位定时器。
➢ 可以手动触发如下组织块的中断:OB40~OB4(硬件中断)、OB70(I/O 冗余错误)、OB72(CPU 冗余错误)、OB73(通信冗余错误)、OB80(时间错误)、OB82(诊断中断)、OB83(插入/删除模块)、OB85(程序错误)、OB86(机架连接失败)。

➤ 过程映像存储区和外部输入/输出存储区。当在视图对象中改变过程映像的输入值时，S7-PLCSIM 会立即改变相应的输入存储区。这样，当输入点的值写入到过程映像寄存器后，在下一个扫描周期的开始这个值仍然不会丢失。相应地，当在视图对象中改变过程映像的输出值时，S7-PLCSIM 会立即改变相应的输出存储区。自由扫描周期如图 C.1 所示。

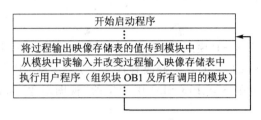

**图 C.1  自由扫描周期**

仿真 PLC 与实际 PLC 还有以下区别：
➤ 诊断缓冲区。S7-PLCSIM 不支持将所有的错误信息写到诊断缓冲区。例如，CPU 电源错误或 EEPROM 错误不能被仿真。但多数 I/O 错误和程序错误都能被仿真。
➤ PLC 工作方式的转变（如从 RUN 转到 STOP）并不会将 I/O 改变到"安全"状态。
➤ 仿真 PLC 不支持功能模块（FMs）。
➤ 仿真 PLC 不支持对等通信（如在同 1 个机架中的 2 个 S7-400 CPU 之间的通信）。
➤ S7-PLCSIM 像 S7-400 CPU 一样支持 4 个累加器。在某些特殊情况下，在有 4 个累加器的 S7-PLCSIM 上运行的程序与在有 2 个累加器的 S7-300 CPU 上运行时会有不同的表现和行为。

仿真 PLC 与实际 PLC 在 I/O 上的区别：
在 S7-300 系列的多数 CPU 中能自动配置 I/O：一旦 1 个 I/O 模块插入到机架中，它就能被 CPU 自动识别，在仿真 PLC 中就不会出现这种情况。如果从自动配置 I/O 的 S7-300 CPU 中将程序下载到 S7-PLCSIM 中，系统数据中不会包括 I/O 配置。因此，当使用 S7-PLCSIM 运行 S7-300 程序时，必须首先下载硬件配置。

为了下载硬件配置到 S7-PLCSIM，首先要生成 1 个没有自动配置 I/O 的 S7-300 CPU 项目（如 S7-315-2DP，S7-316-2DP 或者 S7-318-2），然后将硬件配置复制 1 份放到项目中，最后下载硬件配置到 S7-PLCSIM 中。完成上述工作后，就可以从任何 S7 项目中下载程序块到 S7-PLCSIM。

### 3. S7-PLCSIM 主窗口

S7-PLCSIM 主窗口包括工作空间、标题栏、状态栏、窗口控件、菜单、工具栏。
在工作空间里可以显示各种视图对象，以便监控和修改仿真 PLC 中的数据。打开仿真

## 附录C  S7-PLCSIM 仿真软件及使用

PLC,单击 SIMATIC 管理器工具栏上的 Simulation On/Off 按钮(菜单命令为 Options→Simulate),S7-PLCSIM 便开始执行并装载仿真 PLC 的 CPU 视图。用户也可以生成一个新的仿真 PLC 或者打开一个以前保存的仿真 PLC。要产生一个新的仿真 PLC,选择菜单命令 File→New PLC;要打开一个以前保存的 PLC,选择菜单命令 File→Open PLC。

要想开始熟悉 S7-PLCSIM,参考开始使用 S7-PLCSIM 中的相关步骤。

### 4. CPU 运行模式

RUN-P 模式。在 RUN-P 模式下,CPU 可以运行用户程序,也可以修改程序和参数。为了在程序运行时使用 STEP 7 工具来修改程序参数,必须将 CPU 设置为 RUN-P 模式。在此模式下,仍然可以使用在 S7-PLCSIM 中产生的"视图对象"来修改程序中用到的任何数据。

RUN 模式。在此模式下,CPU 运行用户程序,读输入点的值,执行用户程序,修改输出点的值。在此模式下,用户不能下载程序或者使用 STEP 7 工具来修改参数(如输入点的值),但可以使用在 S7-PLCSIM 中产生的"视图对象"来修改程序中用到的任何数据。

STOP 模式。在此模式下,CPU 不运行用户程序。与真正 CPU 的 STOP 模式不同,输出不会设为预定义值但会保持 CPU 切换到 STOP 模式前的状态。此时,用户可以下载程序到 CPU 中。从 STOP 模式切换到 RUN 模式使 CPU 从第一条指令开始运行用户程序。

CPU 运行模式和状态指示以及存储器清除/复位按钮都在 CPU 视图对象中显示出来。可以使用位置切换开关设置 CPU 的运行模式,也可以在 CPU 处于 RUN 或 RUN-P 模式下停止程序的执行。

### 5. CPU 的状态指示

CPU 视图对象能提供与真正 CPU 的状态指示灯一样的各种指示。
- SF(系统错误)指示灯表示 CPU 遇到系统错误,并会引起运行模式的改变。
- DP(分布式外围接口或远程 I/O)指示灯表示正在与分布式外围接口或远程 I/O 通信。
- DC(电源)指示灯表示 CPU 电源的开关。
- RUN 指示灯表示 CPU 处于 RUN 状态。
- STOP 指示灯表示 CPU 处于 STOP 状态。

### 6. 存储器

用户可以通过指定地址访问存储器中的数据。下列存储区域具有特别功能:
- PI(外设输入):提供对输入模块的直接访问。
- I(输入):提供对输入过程映像存储区的访问。
- PQ(外设输出):提供对输出模块的直接访问。
- Q(输出):提供对输出映像存储区的访问。

- M(位存储区)：存储程序中用到的数据。
- T(定时器)：定时器存储区域。
- C(计数器)：计数器存储区域。

用户还可以访问存储在数据块(DBs)中的数据。

## C.3　S7 – PLCSIM 基本使用方法

### 1. 启动 S7 – PLCSIM

以下几种方法可以启动 S7 – PLCSIM：

- 单击 Windows 的 Start 菜单，选择菜单命令 Simatic→STEP 7→S7 – PLCSIM 仿真模块。
- 在 SIMATIC 管理器的工具栏上单击 Simulation On/Off 按钮▦或者选择菜单 Options→Simulate。
- 从安装盘的\Siemens\PLCSIM\s7wsi\s7wsvapx.exe 位置产生一个快捷方式。

当按钮▦处于 ON 状态后，任何新的连接会自动连到仿真 PLC 上。如果仿真 PLC 的 MPI 地址和 STEP 7 项目中程序所包含的地址匹配，所有程序的下载也都会下载到仿真 PLC 中。如果单击可访问节点按钮，可访问节点窗口就显示仿真 PLC 的节点地址。

当▦按钮处于 OFF 状态后，任何新的连接会自动连到真正的 PLC 上。此时，如果单击可访问节点按钮，可访问节点窗口就显示真正的 PLC 网络。

当启动 S7 – PLCSIM 后，就可以打开一个仿真 PLC 或监控仿真程序，并可以一直使用直至结束。

**注意**：如果现在正连到一个真正的 PLC 上，则仿真模式不能使用，并且同一时间只能有一个活动的仿真 PLC。

### 2. 打开仿真 PLC

当启动了 S7 – PLCSIM 后，就会打开一个新的仿真 PLC。如果是第一次使用 S7 – PLCSIM，只能出现一个 CPU 视图，否则，会出现上一次使用的视图。

此时，可以有两种选择：使用新建的仿真 PLC 在 S7 – PLCSIM 中工作。也可以选择 File→Recent Simulation 命令或 File→Open PLC 命令选择需要的 PLC 文件。

对 PLC 的操作(如下载程序或硬件配置以及通过视图指定值等)都会被保存在仿真文件中。当再次打开仿真程序时，就不需要重复这些步骤。

当决定了是使用新的还是已有的仿真 CPU 工作后，就可以增加或修改 S7 – PLCSIM 中的视图。当打开 S7 – PLCSIM 后已经有视图显示，可以先关闭它，然后可以使用工具栏或视图中的插入菜单来增加新的视图对象。可以选择菜单命令 File→Open Layout 来选择不同的布局。布局的改变只影响显示方式,并不影响用户程序。

### 3. 打开布局

打开一个已经保存的 S7-PLCSIM 视图对象的布局,请选择菜单命令 File→Open Layout。

布局是视图对象的布置,换句话说,.LAY 文件只是用于保存视图对象的数据格式和位置,视图对象中的数据值并不保存在布局文件中。

当在 S7-PLCSIM 中工作时,可以同时打开.PLC 文件和.LAY 文件,两者并不矛盾。但是,在打开.LAY 文件之前打开.PLC 文件,效率会更高些。因为当打开.PLC 文件时,会自动关闭已打开的.LAY 文件。

.PLC 文件和.LAY 文件的区别..PLC 文件用于保存 CPU 视图对象的工作信息,同时记录了对数据的修改。例如,如果用视图对象给存储区域赋值,这种改变会保存在.PLC 文件中..LAY 文件用于保存 S7-PLCSIM 中工作空间的物理布局。如果想依某种次序保存视图对象并且想在以后使用,在关闭 S7-PLCSIM 之前保存布局。但是,如果新建或打开一个仿真 PLC 文件,S7-PLCSIM 将自动关闭布局。如果想重新使用,只要重新打开.LAY 文件即可。

### 4. 保存布局

要保存 S7-PLCSIM 的当前布局,选择菜单命令 File→Save Layout。可以同时保存布局(.LAY 文件)和仿真 PLC(.PLC 文件),它们并不是互斥的。

### 5. 保存仿真 PLC

要保存仿真 PLC 的当前状态可以采用如下方法:
- 选择菜单命令 File→Save PLC 保存 PLC 的配置到当前 PLC 文件中。
- 选择菜单命令 File→Save PLC As 保存 PLC 的配置到一个新的.PLC 文件中。

当保存仿真 PLC 时,以下信息会一起保存下来:
- 程序;
- 硬件配置;
- CPU 视图对象中 CPU 的运行方式指示复选框,即 RUN-P,RUN 或 STOP 状态;
- 程序运行方式控制选项(连续运行或但周期运行);
- I/O 状态;
- 定时器的值(T 存储区);
- 符号地址;
- 电源开/关设置。

当打开一个新的或已保存过的仿真 PLC 时,仿真 PLC 都处于 STOP 状态。如果在保存仿真 PLC 时 PLC 处于 RUN 或 RUN-P 状态,在打开该文件时,CPU 视图对象显示保存前的状态,但 CPU 状态指示灯显示此时 PLC 实际运行模式是 STOP 状态。要想恢复 PLC 到 RUN 或 RUN-P 状态,必须在 CPU 视图对象中重新选择 RUN 或 RUN-P 复选框,或者选择菜单命令 Execute→Key Switch Position,让仿真 PLC 先处于 STOP 状态,然后再回到 RUN 或 RUN-P 状态。

如果定义了符号地址,则在保存仿真 PLC 时,符号地址被一起保存。当重新打开这个仿真 PLC 文件时,符号地址在默认设置下并不显示。要想显示符号地址,选择 Tools→Options→Show Symbols 命令。

### 6. 关闭仿真 PLC

选择 File→Close PLC 命令关闭仿真程序。这个命令关闭所有打开的视图对象。关闭仿真程序时,会引起正在连接到仿真器上的应用程序出现错误。关闭仿真 PLC 不会结束仿真会话。

### 7. 结束仿真会话

当保存了仿真 PLC 或布局后,使用以下方法之一可以退出 S7-PLCSIM 应用程序:
➢ 关闭包含仿真应用程序的 STEP 7 应用程序。
➢ 选择菜单命令 File→Exit。
像关闭仿真 PLC 一样,退出 S7-PLCSIM 会引起连接到仿真器上的应用程序出现错误。

### 8. 选择扫描方式

S7-PLCSIM 提供程序不同运行方式的选择:

① 单周期运行。CPU 运行一个扫描周期,然后等待从头开始进行下一个扫描周期。每个扫描周期由读外部输入、运行用户程序、写外部输出组成。然后 CPU 等待运行下一个扫描周期(选择菜单命令 Execute→Next 或按工具栏的 按钮启动下一个扫描周期)。

② 连续运行。CPU 执行完一个完整的扫描周期后,接着执行下一个扫描周期。每个扫描周期也是由读外部输入、运行用户程序、写外部输出组成。

要选择单周期运行,可单击 按钮或选择菜单命令 Execute→Scan Mode→Single Scan。一个扫描周期只执行一遍程序可以更清楚地看出每周期的变化。真正 CPU 的运行速度却比数据显示速度快得多,所以通过 S7-PLCSIM 的单周期运行方式可以允许"冻结"每个扫描周期的程序状态,从而便于程序的调试。

要选择连续运行方式,单击 按钮或选择菜单命令 Execute→Scan Mode→Continuous Scan(默认设置是连续运行)。

### 9. 改变 CPU 工作方式

可以改变 CPU 工作方式,仿真 PLC 能像真正 PLC 一样对工作方式的改变做出响应。仿真 PLC 视图对象中的复选框显示出了当前 CPU 的工作方式。要改变工作方式,单击相应的复选框或选择菜单命令 Execute→Key Switch Position→[mode]。

仿真 PLC 工作方式的改变像使用真正 CPU 上的工作方式切换开关一样。如果使用 STEP 7 工具改变 CPU 的工作方式或者 CPU 自动改变工作方式(如遇到错误引起 CPU 从 RUN 切换到 STOP)后,PLC 工作状态指示灯会变化,但仿真 PLC 中 CPU 视图对象的复选框不会改变,开关位置也不会改变。

### 10. 仿真 PLC 中的程序监控

在仿真 PLC 中可以用不同的方式显示各种类型的视图对象,并且允许监控和修改程序。下面 7 个视图对象可以从 Insert 菜单中进行选择。

- 输入变量:允许访问存储在输入变量映像存储区中(I)的数据。默认地址是第 0 字节(IB0)。
- 输出变量:允许访问存储在输出变量映像存储区中(Q)的数据。默认地址是第 0 字节(QB0)。
- 位存储区:允许访问存储在位存储区中(M)的数据。默认地址是第 0 字节(MB0)。
- 定时器:允许程序访问定时器。默认定时器是 T0。
- 计数器:允许程序访问计数器。默认计数器是 C0。
- 通用存储区:允许访问仿真 CPU 的所有存储区域,包括程序中的数据块(DBs)。
- 垂直位:允许查看每一位的绝对地址或符号地址,并且能监视和修改数据。垂直位变量视图对象能显示外部输入输出变量、过程映像存储区输入输出变量、位存储区和数据块的每一位。

如下 3 种视图对象可以从 View 菜单中激活。

- 累加器:允许在仿真 CPU 中显示不同累加器、状态字及地址寄存器中的数据。视图对象能显示 4 个累加器区域对应 S7-400 CPU 的 4 个累加器。S7-400 CPU 只用 2 个累加器。
- 块寄存器:允许显示仿真 CPU 中数据块地址寄存器中的数值,同时它还显示当前正在执行的和以前的逻辑块个数以及当前正在执行的指令条数(SAC)。
- 堆栈:允许显示存储在嵌套堆栈和主控继电器(MCR)堆栈中的数据。

在仿真 PLC 中,还可以同时对用 STEP 7"LAD/STL/FBD"编写的应用程序进行监控:

① 在 SIMATIC 管理器中,单击 ![icon] 或选择 View→Online 切换到在线调试方式。

② 定位到 S7_ZEBRA 例子项目的 Blocks 对象,打开 FC1。

③ 正在仿真 PLC 中运行的 LAD/STL/FBD 应用程序就会显示出来,使用菜单命令就能查看指令状态。

## C.4 使用 S7-PLCSIM 调试程序

S7-PLCSIM 提供如下功能帮助用户调试应用程序：
- 暂停命令能立即停止仿真 PLC 的运行并且允许从停止处的指令重新运行程序。
- 对视图对象所作的任何更改，CPU 不会等到扫描周期的开始或结束就立即改变相应存储区的内容。
- 执行控制选项允许选择 CPU 运行程序的方式。
  - 单周期方式程序只执行一个扫描周期，然后等待用户启动下一个扫描周期。
  - 连续运行方式就像真正 PLC 一样运行。在此种方式下，当前一个扫描周期结束，立即启动下一个扫描周期。

### 1. 在程序中使用中断组织块

可以使用 S7-PLCSIM 来测试程序对各种不同中断组织块（OBs）的处理。S7-PLCSIM 支持如下中断组织块：
- OB40～OB47　硬件中断；
- OB70　I/O 冗余错误（只对 417-H 系统）；
- OB72　CPU 冗余错误（只对 417-H 系统）；
- OB73　通信冗余错误（只对 417-H 系统）；
- OB80　时间错误；
- OB82　诊断中断；
- OB83　插入/删除扩展模块；
- OB85　优先级错误；
- OB86　机架失败。

在 S7-PLCSIM 中，先选择菜单命令 Execute→Trigger Error OB 来选择特定组织块，然后在对话框中输入标题信息，再按 OK 或 Apply 按钮，仿真 PLC 就会在关联的组织块（OBs）中运行程序。在触发错误组织块菜单中能被有效触发的组织块的多少取决于仿真 PLC 的 I/O 配置。

### 2. 输入/输出配置

如果项目符合下列条件之一，必须修改和下载硬件配置到 S7-PLCSIM 中：
- 一个基于 S7-300 的项目，除下述 CPU 之外：CPU 315-2 DP，CPU 316-2 DP，CPU 318-2。
- 一个基于 S7-400 的项目，使用带 CP 的 DP I/O 代替支持 DP I/O 的 CPU 模块。

为了仿真中断组织块，必须下载包含 I/O 的硬件配置到仿真 PLC 中。在某些情况下，

## 附录 C  S7-PLCSIM 仿真软件及使用

STEP 7 在下载程序到仿真 PLC 时，I/O 硬件配置会自动包含在下载的系统数据中；在另外一些情况下，必须手动修改配置。

**1) S7-300 CPU**

对于 S7-315-2DP、S7-316-2DP、S7-318-2 等不能进行自动 I/O 配置的 CPU，必须将硬件配置数据复制到项目中并下载此 I/O 配置到 CPU 中，而其他的 S7-300 CPU 能根据安装在机架中的 I/O 物理模块的位置自动进行 I/O 配置。当从项目中下载 I/O 配置时，在 S7-PLCSIM 中可以仿真中断组织块并且能够检测到用户程序中的 I/O 错误。

**2) S7-400 CPU**

如果使用带 PROFIBUS-DP I/O 的 CP，不能下载该 I/O 配置并用它来仿真中断组织块。但可以复制 I/O 配置到另一个项目中，并用支持 DP 的 S7-400 CPU 模块(如 CPU 416-DP)代替前一个项目中的 CPU。一旦从第二个项目下载硬件配置到 S7-PLCSIM，就可以仿真中断组织块，并检测相关 I/O 错误。

**3. 更改硬件配置**

为了仿真用户程序对中断组织块的处理情况，I/O 配置必须使用能直接支持 DP I/O 的 CPU，这样的 CPU 有 CPU 315-2DP，CPU 316-2DP，CPU 318-2 或者 S7-400 CPU。S7-PLCSIM 支持只有一个主 DP 的系统，不能使用多于一个主 DP 系统的硬件配置。如果 CPU 不是上面提到的类型，可以用如下步骤产生并修改生成一份合适的硬件配置：

① 插入一个能适应硬件配置的新 SIMATIC 站点，并为该站点起一个类似于 SIM_IO 等易于描述的名字。

② 定位到需要产生硬件配置的站点上。

③ 打开该站点的硬件配置。

④ 从硬件配置中复制(不是剪切)与中央机架有关的配置。

⑤ 重新回到刚才产生的 SIM_IO 站点上并打开其硬件配置。

⑥ 粘贴中央机架的配置到 SIM_IO 站点。

⑦ 在 SIM_IO 站点的配置中，修改已有的 CPU 类型。如果已有 CPU 类型为 S7-300，用 CPU 315-2DP，CPU 316-2DP 或 CPU 318-2 替换。如果已有 CPU 类型为 S7-400，用能直接支持 DP 的 CPU 类型替换。

**注意**：当在主机架中插入一个新的 CPU 时，STEP 7 软件会发出一系列信息提示为 CPU 指定一个网络。如果原先的项目不需要联网，回答"No"即可。这时，STEP 7 软件会显示 "Cannot assign a PROFIBUS network to the DP master."信息，因为不需要联入 PROFIBUS 网络，这条信息不用理会。

⑧ 如果先前的配置中包含了使用 DP 通信的 CP，在 SIM_IO 配置中删去 CP。在配置中使用了带 DP 的 CPU 后，CP 就不需要了。

⑨ 如果先前的配置中包含了扩展机架或者 PROFIBUS 从站,把它们复制到 SIM_IO 配置中。
⑩ 仔细检查一下 STEP 7 指派给 SIM_IO 站点中的模块地址,如果需要的话,改动之。
⑪ 保存并关闭 SIM_IO 配置窗口。
⑫ 关闭原先的配置窗口。

需要的改动完成后,就可以下载更改后的配置到 S7-PLCSIM 中去了。

### 4. 下载更改后的硬件配置

当产生了一个用于 S7-PLCSIM 的 I/O 配置后,就可以作为系统数据下载到仿真 PLC 中。
① 在 SIMATIC 管理器窗口中,定位到 SIM_IO 项目,打开块对象,系统数据对象和一个 OB1 组织块就会显示出来。
② 在 SIM_IO 项目中删除 OB1 组织块,以防止无意识地下载空 OB1 到 S7-PLCSIM 中。
③ 下载硬件配置到 S7-PLCSIM 中。

**注意**:下载程序块和下载 SIM_IO 硬件配置的先后次序没有严格的规定。需要注意的是,如果在下载完硬件配置后再下载程序块,当出现"Do you want to load the system data?"时,要回答"No",如果不小心从原先的项目中下载了系统数据,则 SIM_IO 项目的硬件配置会被改变。

### 5. 清除 CPU 存储器

要想复位仿真 CPU 的存储器,选择 PLC→Clear/Reset 或单击 CPU 视图对象中的 MRES 按钮,这个操作会复位存储区域并删除程序块和硬件配置。当执行清除存储器命令时,CPU 自动转到 STOP 状态。

### 6. 复位定时器

复位定时器对话框允许复位任何或所有程序中的定时器到默认值。单击工具栏上的 ![T=0] 按钮可以复位程序中所有定时器;选中特定定时器视图对象,单击 ![T=0] 按钮可以复位该定时器。

### 7. 使用符号地址

在仿真程序中使用符号地址采用如下方法:
① 选择菜单命令 Tools→Options→Attach Symbols,然后会出现一个对话框。
② 在对话框中,打开将被引用的 STEP 7 符号表。
③ 单击 OK 按钮。
④ 生成一个新的将被用符号地址代替的变量。
⑤ 选择菜单命令 Tools→Options→Show Symbols,将在所有视图对象中启用该符号地址,再单击一次将隐藏该符号地址。

对于垂直位视图对象,位的值是垂直显示的,位对应的符号地址或绝对地址显示在每一个位的边上;对于其他视图对象,符号地址工具提示符会显示在地址字段内,将鼠标指向该字段,则对应的符号地址和注释(二者用冒号隔开)就会在自动弹出的工具提示对话框中显示出来。

### 8. 配置组态 MPI 地址

使用 MPI 地址对话框(选择菜单命令 PLC→MPI Address)为仿真 PLC 指定一个网络节点地址,当使用 Save PLC 或 Save PLC As... 菜单保存为.PLC 文件时,新地址会保存在仿真 PLC 配置中。必须确保离线程序中的节点地址和仿真 PLC 中程序的节点地址匹配。

当仿真开关按钮 ▨ 在开(ON)位置时,单击可访问节点按钮以查看 PLC 仿真确实已经打开。

注意:在使用 STEP 7 进行程序监控时,不能改变仿真 PLC 的节点地址,要想改变节点地址,必须先退出监控状态。

### 9. 监控扫描周期

扫描周期监控对话框允许设置扫描周期监控(看门狗定时器)是否有效并且能设置仿真 PLC 扫描周期的最长时间。最长扫描周期时间是指允许处理器执行完 OB1 中的 S7 用户程序和更新相关输入/输出所需要的时间。如果超过这个时间,仿真 PLC 就会转到 STOP 状态。

因为程序在 S7-PLCSIM 中的执行速度可能要比在真正 PLC 中的执行速度明显慢(特别是其他应用程序以高优先级运行时),所以很可能会碰到烦人的扫描周期超时问题。扫描周期监控对话框就可以通过延长最长扫描周期时间或者禁用扫描周期监控等方式来解决这个问题。如果"Enable Scan Cycle Monitoring"被选中,可以设置扫描周期时间为从 1 s~1 min 之间的任何一个值。默认扫描周期时间是 2 000 ms。

需要注意的是,本对话框设置只影响仿真 PLC,对硬件配置中的监控时间设置没有任何影响。

## C.5 视图对象

### 1. S7-PLCSIM 的视图对象

S7-PLCSIM 提供一系列视图对象以便用户监控和修改各种仿真 PLC 的组态。这些视图对象主要包括:CPU 视图对象、累加器和状态字视图对象、块寄存器视图对象、堆栈视图对象、输入变量视图对象、输出变量视图对象、位存储区视图对象、定时器视图对象、计数器视图对象、通用变量视图对象、垂直变量视图对象。

### 2. CPU 视图对象

当在 S7-PLCSIM 中打开一个新的仿真时,CPU 视图对象是默认打开的。它允许查看和改变仿真 CPU 的运行方式。CPU 视图对象像实际 CPU 一样可以改变运行方式:如果使用 STEP 7 工具改变 CPU 的运行方式,或者 CPU 自动改变运行方式(例如,PLC 遇到错误引起 CPU 从 RUN 状态切换到 STOP 状态),RUN/STOP 指示灯会相应地改变,但工作方式切换开关状态并不会改变。

MRES 按钮允许清除存储器内容并删除仿真 PLC 的块和硬件配置。

### 3. 累加器和状态字视图对象

要增加累加器和状态字视图对象到仿真器中,可以选用如下操作之一:
- 选择菜单命令 View→Accumulators;
- 单击 CPU Accumulators 按钮。

本视图对象允许监控 CPU 在运行程序时的一些信息:
- 累加器。监控 CPU 累加器中的内容。对于 S7 - 400 CPU,能显示 4 组累加器字段;对于 S7 - 300 CPU,只用到 2 个累加器。
- 状态字。监控状态字中的位。
- 地址寄存器。监控 2 个地址寄存器(AR1 和 AR2)中的内容。地址寄存器主要用于间接寻址。

### 4. 块寄存器视图对象

按照如下方法之一增加块寄存器视图对象到 S7 - PLCSIM:
- 选择菜单命令 View→Block Registers。
- 单击 按钮。

这个视图对象允许监控数据块地址寄存器(DB1 and DB2)的内容,它还能显示当前和先前逻辑块的数量以及每个块的指令的数量(步地址计数器 SAC)。

### 5. 堆栈视图对象

可以用如下方法之一增加该视图对象到 S7 - PLCSIM:
- 选择菜单命令 View→Stacks。
- 单击 按钮。

本视图对象允许监控存储在 CPU 中的嵌套堆栈或主控继电器堆栈的信息。
- 嵌套堆栈。嵌套堆栈可以到 7 层,每 1 层堆栈存储了逻辑操作类指令 RLO 位的状态。这些指令是:And (A)、And Not (AN)、Or (O)、Or Not (ON)、Exclusive Or (X) 和 Exclusive Or Not (XN)。
- 主控继电器(MCR)堆栈。主控继电器堆栈可以到 8 层,每 1 层都存储了主控继电器指令 RLO 位的状态。

### 6. 输入变量视图对象

可以用如下方法之一增加该视图对象到 S7 - PLCSIM：
- 选择菜单命令 Insert→Input Variable。
- 单击插入输入变量按钮 ▣。

本视图对象可以用于监控和修改如下数据：
- 外围设备输入变量。可以访问 CPU 的外围输入(PI)变量存储区。对应 F 类型 CPU 的外围输入变量存储区,S7 - PLCSIM 显示黄背景。
- 过程映像输入变量。可以访问 CPU 的输入(I)变量存储区。默认情况下,CPU 会在每个扫描周期的开始用外围输入(PI)变量存储区覆盖输入(I)变量存储区。如果改变了输入(I)变量存储区的值,仿真器会立即复制到外围输入(PI)变量存储区。这样更改的值就不会在下一个扫描周期丢失。

CPU 能对本视图对象的任何改动立即做出反应。(对 STEP 7 变量表的任何更改都会在 CPU 扫描过程的适当时间产生作用:在扫描周期的开始读输入,在扫描周期的结束写输出。)

用户可以选择输入变量的数据格式,如果定义了符号,也可以使用符号地址,还可以使用垂直位视图对象查看输入变量。

### 7. 输出变量视图对象

可以用如下方法之一增加该视图对象到 S7 - PLCSIM：
- 选择菜单命令 Insert→Output Variable。
- 单击插入输出变量按钮 ▣。

本视图对象可以用于监控和修改如下数据：
- 外围设备输出变量。可以访问 CPU 的外围输出(PQ)变量存储区。对应 F 类型 CPU 的外围输出变量存储区,S7 - PLCSIM 显示黄背景。
- 过程映像输出变量。可以访问 CPU 的输出(Q)变量存储区。在每个扫描周期中,用户程序计算输出变量并替换过程映像输出表中的值。在每个扫描周期的结束,操作系统会从过程映像输出表中读这个值并送到输出点上。

CPU 会在每个扫描周期的开始用外围输入(PI)变量存储区覆盖输入(I)变量存储区。如果改变了输入(I)变量存储区的值,仿真器会立即复制到外围输入(PI)变量存储区。这样更改的值就不会在下一个扫描周期丢失。过程映像输出表保存外围设备输出存储区域的前 512 个字节(随 CPU 的不同会有所不同)。

CPU 能对本视图对象的任何改动立即做出反应。(对 STEP 7 变量表的任何更改都会在 CPU 扫描过程的适当时间产生作用:在扫描周期的开始读输入,在扫描周期的结束写输出。)

用户可以选择输出变量的数据格式,如果定义了符号,也可以使用符号地址,还可以使用垂直位视图对象查看输出变量。

### 8. 位存储区视图对象

可以用如下方法之一增加该视图对象到 S7 - PLCSIM：

- 选择菜单命令 Insert→Bit Memory。
- 单击插入位存储区按钮。

本视图对象可以用于监控和修改位存储区数据：访问存储在 CPU 位存储区中的变量。

位存储区提供了存储程序中间计算结果的一块存储区域，由用户指定该存储区域存储和访问的数据类型。

用户可以选择位存储区的数据格式，如果定义了符号，也可以使用符号地址，还可以使用垂直位视图对象查看位存储区。

### 9. 定时器视图对象

可以用如下方法之一增加该视图对象到 S7 - PLCSIM：

- 选择菜单命令 Insert→Timer。
- 单击插入定时器按钮。

该视图对象可以用于监视和修改程序中用到的定时器。它可以显示定时器名、定时器的当前值和定时器的时基。

**注意**：如果改变了定时器的时基，定时器的实际定时时间也会改变，但显示值不会改变。因为定时器的实际定时时间是显示值和时基之积。例如，如果 T 0 定时器的显示值是 600，时基是 10 ms，定时时间是 6 s。如果时基改为 100 ms，则实际定时时间变为 60 s。

要复位程序中所有的定时器，使用工具栏中的复位定时器按钮。要复位程序中的单个定时器，先在视图对象中选中该定时器，然后单击按钮。

如果给定时器定义了符号，可以使用符号地址，还可以从命令或运行菜单中设置定时器为自动或手动控制。

### 10. 计数器视图对象

可以用如下方法之一增加该视图对象到 S7 - PLCSIM：

- 选择菜单命令 Insert→Counter。
- 单击插入计数器按钮。

该视图对象可以用于监视和修改程序中用到的计数器，默认打开的是计数器 C0，还可以设置计数器的数据格式。如果给计数器定义了符号，可以使用符号地址。

### 11. 通用变量视图对象

可以用如下方法之一增加该视图对象到 S7 - PLCSIM：

- 选择菜单命令 Insert→Generic。

> 单击插入通用变量按钮 ▣。

该视图对象可以监视和修改如下数据：

> 外部输入/输出变量。可以访问 CPU 的外部输入（PI）和外部输出（PQ）存储区域。如果是 F 系列 PLC 的变量地址，则 S7 - PLCSIM 显示黄背景的视图对象。
> 过程映像输入/输出变量。可以访问 CPU 的输入（I）和输出（Q）存储区域。默认情况下，CPU 会在每个扫描周期的开始，根据 PI 存储区域内容重写 I 存储区域中的内容。如果改变了 I 存储区域的值，S7 - PLCSIM 会立即复制此值到外部设备存储区域。
> 位存储区域。可以访问存储在 CPU 位存储区中的变量。
> 定时器和计数器。访问程序中用到的定时器和计数器。
> 数据块。访问程序存储在数据块中的数据。例如，DB1. DBX 0.0 或 DB1. DBW 0。

### 12. 垂直位变量视图对象

可以用如下方法之一增加该视图对象到 S7 - PLCSIM：

> 选择菜单命令 Insert→Vertical Bits。
> 单击插入垂直位变量按钮 ▣。

可以按照位或字节地址来使用垂直位视图对象。该对象能显示位的符号地址或绝对地址，并且能对如下数据进行监视和修改：

> 外部输入/输出变量。可以访问 CPU 的外部输入（PI）和外部输出（PQ）存储区域。如果是 F 系列 PLC 的变量地址，则 S7 - PLCSIM 显示黄背景的视图对象。
> 过程映像输入/输出变量。可以访问 CPU 的输入（I）和输出（Q）存储区域。默认情况下，CPU 会在每个扫描周期的开始，根据 PI 存储区域内容重写 I 存储区域中的内容。如果改变了 I 存储区域的值，S7 - PLCSIM 会立即复制此值到外部设备存储区域。
> 位存储区域。可以访问存储在 CPU 位存储区中的变量。
> 数据块。访问程序存储在数据块中的数据。

## C.6 错误和中断组织块

S7 - PLCSIM 支持如下中断和错误组织块：

> OB40～OB47　硬件中断；
> OB70　I/O 冗余错误（只对 417 - H 系统有效）；
> OB72　CPU 冗余错误（只对 417 - H 系统有效）；
> OB73　通信冗余错误（只对 417 - H 系统有效）；
> OB80　时间错误；
> OB82　自诊断中断；

- OB83 插入/移除模块；
- OB85 优先级错误；
- OB83 机架错误。

为了仿真启动中断组织块，选择菜单命令 Execute→Trigger Error OB，然后选择想启动的组织块或组织块组。

**注意：** 如果在错误或中断组织块已经触发启动并运行后再改变仿真 PLC 中的数据，S7 - PLCSIM 不会更新组织块。要想使组织块使用新的更改后的数据，必须关闭组织块对话框，然后再重新打开。

## C.7 S7 - PLCSIM 的工具栏和菜单命令

### 1. S7 - PLCSIM 工具栏

S7 - PLCSIM 包括如下工具栏图标。可以选择 View→Toolbars 命令显示或隐藏工具栏。从联机帮助菜单中，单击如下工具栏图标上的任何按钮都可以得到详细的帮助信息。

#### 1) 标准工具栏

标准工具栏包括 File、Edit、View 和 Window 菜单中的部分命令，如图 C.2 所示。

图 C.2 标准工具栏

图 C.2 所示工具栏分别对应的菜单命令：File→New PLC、File→Open PLC、File→Save PLC、Edit→Cut、Edit→Copy、Edit→Paste、Window→Cascade、Window→Tile Ordered、View→Always On Top 和 What's This Help。

#### 2) 插入工具栏

插入工具栏包括 Insert 和 View 菜单中的部分命令，如图 C.3 所示。

图 C.3 插入工具栏

图 C.3 所示工具栏分别对应的菜单命令：Insert→Input Variable、Insert→Output Variable、Insert→Bit Memory、Insert→Timer、Insert→Counter、Insert→Generic、Insert→Vertical Bits、View→Accumulators 和 View→Block Registers。

#### 3) CPU 运行模式工具栏

CPU 运行模式工具栏包括 Execute 菜单中的部分命令，如图 C.4 所示。

# 附录C  S7-PLCSIM仿真软件及使用

图C.4  CPU运行模式工具栏

**4) 记录/回放文件(Record/Playback Files)工具栏**

记录/回放文件工具栏可以从Tools菜单中进行访问,工具栏如图C.5所示。

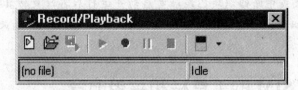

图C.5  记录/回放工具栏

图C.5所示工具栏分别对应的菜单命令:Execute→Scan Mode→Single Scan,Execute→Scan Mode→Continuous Scan、Pause,Execute→Next Scan和Execute→Reset Timers。

**5) 工具栏的组合快捷键**

用Alt键加上功能键可以使以下工具栏切换到显示或隐藏状态:
- ALT + F1  标准工具栏。
- ALT + F2  插入工具栏。
- ALT + F3  CPU运行模式工具栏。
- ALT + F4  关闭S7-PLCSIM。
- ALT + F5  Record/Playback工具栏。

## 2. S7-PLCSIM菜单

S7-PLCSIM包含如下主菜单:File、Edit、View、Insert、PLC、Execute、Tools、Window、Help。

**1) File菜单**

File菜单包含如下命令:

  **New PLC命令**  单击 或选择菜单命令File→New PLC打开一个新的仿真PLC。

  **Open PLC命令**  用于打开一个保存过的仿真PLC,单击 或选择菜单命令File→Open PLC。

  **Close PLC命令**  选择菜单命令File→Close PLC来关闭当前打开的仿真PLC。这个命令关闭CPU视图对象和其他所有当前打开的视图对象。关闭仿真PLC能引起当前正连接到仿真PLC上的用户程序报错。

  **Save PLC命令**  单击 或选择菜单命令File→Save PLC保存仿真PLC的当前状态。

  **Save PLC As命令**  选择菜单命令File→Save PLC As将仿真PLC当前状态保存为一个

新文件。

**Open Layout 命令**　打开以前保存的 S7 - PLCSIM 视图对象的图层，选择菜单命令 File→Open Layout。

**Close Layout 命令**　关闭 S7 - PLCSIM 视图对象的当前布局，选择菜单命令 File→Close Layout。

**Save Layout 命令**　保存 S7 - PLCSIM 视图对象的当前布局，选择菜单命令 File→Save Layout。

**Save Layout As 命令**　将 S7 - PLCSIM 视图对象的当前布局保存为一个新文件，选择菜单命令 File→Save Layout As。

**Recent Simulation 命令**　选择 File→Recent Simulation 命令打开最近使用的 4 个程序列表，从中选择一个。

**Recent Layout 命令**　选择 File→Recent Layout 命令打开最近使用的 4 个图层列表，从中选择一个。

**Exit 命令**　选择 File→Exit 命令关闭仿真 PLC 并退出 S7 - PLCSIM 应用程序。

退出 S7 - PLCSIM 应用程序能引起当前正连接到仿真 PLC 上的用户程序报错。

2) Edit 菜单

Edit 菜单包含如下命令：

**Undo 命令**　选择 Edit→Undo 命令恢复到以前的操作。Undo 命令只能用于恢复可编辑的文本/数字域以及 Edit 和 Window 菜单中的命令。Undo 命令也可以通过右击任何可编辑的文本域，通过弹出的邮件菜单来实现。

**Cut 命令**　选择 Edit→Cut 命令或单击 按钮可以删除选定文本，并复制到剪贴板中。

**Copy 命令**　选择 Edit→Copy 命令或单击 复制选定的文本到剪贴板中。

**Paste 命令**　选择 Edit→Paste 命令或单击 按钮将剪贴板中的内容插入到当前光标处。

3) View 菜单

View 菜单包含如下命令：

**Accumulators 命令**　选择 View→Accumulators 命令或单击 按钮打开一个累加器和状态字视图对象。该对象可以用于监视累加器、状态字位和地址寄存器。

**Block Registers 命令**　选择 View→Block Registers 命令或单击 按钮打开一个块寄存器视图对象。

**Stacks 命令**　选择 View→Stacks 命令或单击 按钮产生一个堆栈视图对象。该对象可以用于监视嵌套堆栈和主控继电器(MCR)堆栈。

**Toolbars 命令**　选择 View→Toolbars 命令来选择想显示的 S7 - PLCSIM 工具栏。在工

## 附录C　S7-PLCSIM 仿真软件及使用

具栏对话框中，可以选择显示或隐藏 Standard、Insert、CPU Mode、Record/Playback Files 工具栏。

**Status Bar 命令**　选择 View→Status 命令来关闭或显示 S7-PLCSIM 的状态栏。状态栏如图 C.6 所示，显示在 S7-PLCSIM 窗口底部，包含一些对使用 S7-PLCSIM 有帮助的状态信息。

图 C.6　状态栏

**Always On Top 命令**　选择 View→Always On Top 命令或单击按钮可以将 S7-PLCSIM 窗口显示在其他所有应用程序窗口的前面，再进行一次此操作将恢复 S7-PLCSIM 到正常显示状态。

### 4) Insert 菜单

Insert 菜单包含如下命令：

**Input Variable 命令**　单击按钮或选择 Insert→Input Variable 命令打开输入变量视图对象。该视图对象打开时，默认显示 IB0。

**Output Variable 命令**　单击按钮或选择 Insert→Output Variable 命令打开输出变量视图对象。该视图对象打开时，默认显示 QB0。

**Bit Memory 命令**　单击按钮或选择 Insert→Bit Memory 命令打开位存储区变量视图对象。该视图对象打开时，默认显示 MB0。

**Timer 命令**　单击按钮或选择 Insert→Timer 命令打开改定时器视图对象。该视图对象打开时，默认显示 T0 定时器。

**Counter 命令**　单击按钮或选择 Insert→Counter 命令打开计数器视图对象。该视图对象打开时，默认显示 C0 计数器。

**Generic 命令**　单击按钮或选择 Insert→Generic 命令打开通用变量视图对象。

**Vertical Bits 命令**　单击按钮或选择 Insert→Vertical Bits 命令打开垂直位视图对象。

### 5) PLC 菜单

PLC 菜单包含如下命令：

**Power On 命令**　选择 PLC→Power On 命令打开仿真 PLC 的电源。

**Power Off 命令**　选择 PLC→Power Off 命令关闭仿真 PLC 的电源。

**Clear/Reset 命令**　选择 PLC→Clear/Reset 命令或按 CPU 上的"MRES"按钮可以复位存储器，删除程序块和仿真 PLC 的硬件配置。当执行 Clear/Reset 命令时，CPU 自动转到停止模式并停止所有到 PLC 的连接。

**MPI Address 命令**　选择 PLC→MPI Address...命令可以修改仿真 PLC 的网络节点地址。当使用 Save PLC 或 Save PLC As 命令时,新的地址被保存在仿真 PLC 文件中(.PLC 文件)。

**6) Execute 菜单**

Execute 包含如下命令:

**Key Switch Position 命令**　选择 Execute→Key Switch Position 并选择 RUN-P、RUN 或 STOP 可以将仿真 PLC 置于希望的工作模式。也可以通过单击 CPU 视图对象上的复选框来实现同样的功能。

**Startup Switch Position 命令**　通过选择 Execute→Startup Switch Position 命令来选择仿真 CPU 从 STOP 转到 RUN 模式时的启动方式。

➢ Warm Start(暖启动):操作系统调用 OB100 组织块。
➢ Hot Start(热启动):操作系统调用 OB101 组织块。
➢ Cold Start(冷启动):操作系统调用 OB102 组织块。

**Scan Mode 命令**　可以选择程序的 2 种运行方式之一:单扫描周期运行和连续运行。

**Single Scan 命令**　选择 Execute→Scan Mode→Single Scan 或单击 按钮可以设置 CPU 运行用户程序一次只运行一个扫描周期。

**Continuous Scan 命令**　选择 Execute→Scan Mode→Continuous Scan 或单击 按钮可以设置 CPU 连续运行用户程序。

**Next Scan 命令**　当仿真 PLC 处于单周期运行方式时,单击 按钮或选择 Execute→Next Scan 来启动执行下一个扫描周期。

**Pause 命令**　单击 按钮或选择 Execute→Pause 可以暂时停止仿真 PLC 中程序的运行而不改变任何数据值。再单击 按钮,程序会从暂停指令处重新开始运行。

**Automatic Timers 命令**　仿真 PLC 中的定时器可以设置为自动或手动运行方式。选择 Execute→Automatic Timers 可以设置定时器在程序中为自动运行方式。

**Manual Timers 命令**　选择 Execute→Manual Timers 可以为程序中的定时器输入特定值或复位定时器。

**Reset Timers 命令**　选择 Execute→Reset Timers 命令打开复位定时器命令对话框。使用该命令可以复位所有或单个定时器。

**Trigger Error OB 命令**　选择 Execute→Trigger Error OB 命令可以测试程序如何处理不同中断组织块。

**Scan Cycle Monitoring 命令**　选择 Execute→Scan Cycle 菜单打开一个监视对话框,该对话框可以允许仿真 PLC 监控扫描周期时间(看门狗定时器)并能设置最长扫描周期时间(以 ms 为单位)。如果用户程序执行时间超过最长扫描周期,仿真 PLC 会自动转到停止模式。

### 7) Tools 菜单

Tools 菜单包含如下命令：

**Record/Playback 命令**　单击 按钮或选择 Tools→Record/Playback 命令可以记录或回放操作序列。Alt ＋ F5 组合键能显示或隐藏 Record/Playback 工具栏按钮。

**Options 命令**　Tools→Options 菜单命令包含如下选项：Attach Symbols、Show Symbols、Reference Data 和 Symbol Table。

**Attach Symbols 选项**　Tools→Options→Attach Symbols 选项可以允许在仿真程序中使用符号地址。本命令会打开一个对话框，在该对话框中，可以选择 STEP 7 引用符号表，此后就可以使用 Show Symbols、Reference Data 和 Symbol Data options 等功能。

**Show Symbols 选项**　Tools→Options→Show Symbols 选项会显示程序中用到的符号地址。要隐藏符号地址，重新选择一次该命令即可。该命令只有在使用 Attach Symbols 命令将符号表和程序绑定后方可使用。

**Reference Data 选项**　STEP 7 应用程序的参考数据。选择 Tools→Options→Reference 菜单命令应用程序的参考数据，可以使用该功能在 S7-PLCSIM 中调试程序。该命令只有在使用 Attach Symbols 命令将符号表和程序绑定后方可使用。

**Symbol Table 选项**　Tools→Options→Symbol Table 选项打开符号表编辑器并显示与程序绑定的当前符号表。该命令只有在使用 Attach Symbols 命令将符号表和程序绑定后方可使用。

### 8) Window 菜单

Window 菜单包含如下命令：

**Cascade 命令**　选择 Window→Cascade 命令或单击 按钮，则按层叠方式从 S7-PLCSIM 窗口左上角重新排列打开的视图对象。

**Tile Ordered 命令**　选择 Window→Tile Ordered 命令或单击 按钮，则按顺序从 S7-PLCSIM 窗口左上角以 CPU 视图对象为起点重新排列打开的视图对象。

**Arrange Icons 命令**　Window→Arrange Icons 命令重新将所有最小化视图对象图标沿 S7-PLCSIM 窗口底部排列。

**1,2,3,…,9 命令**　在窗口菜单中通过从数字列表中选择一个数字激活对应的视图对象，当前处于活动状态的视图对象数字前面打着"√"。如果多于 9 个视图对象被打开，可以通过 More Windows…打开所有视图对象列表对话框。

# 附录 D
# 课程设计与工程实践课题集

## D.1 课题一 智力抢答器的 PLC 控制

### 任务描述

在各种形式的智力竞赛中,抢答器作为智力竞赛的评判装置得到了广泛的应用。设计抢答器的原则是:

(1) 可以根据参赛者的情况,自动设定答题时间。
(2) 能够用声光信号表示竞赛状态,调节赛场的气氛。
(3) 用数码管显示参赛者的得分情况。

为简单起见,在赛场安排 3 个抢答桌,系统组成如图 D.1 所示。在每个抢答桌上有抢答按钮,只有最先按下的抢答按钮有效,伴有声、光指示。在规定的时间内答题正确时加分,否则减分。

### 控制任务和要求

(1) 竞赛开始时,主持人接通启动/停止开关(SA),指示灯 HL1 亮。

(2) 当主持人按下开始抢答按钮(SB0)后,如果在 10 s 内无人抢答,赛场的音响(HA)发出持续 1.5 s 的声音,指示灯 HL2 亮,表示抢答器自动撤销此次抢答信号。

(3) 当主持人按下开始抢答按钮(SB0)后,如果在 10 s 内有人抢答(按下抢答按钮 SB3、SB4 或 SB5),则最先按下抢答按钮的信号有效,相应抢答桌上的抢答灯(HL3、HL4 或 HL5)亮,赛场的音响发出短促音(0.2 s ON,0.2 s OFF,0.2 s ON)。

(4) 当主持人确认抢答有效后,按下答题计时按钮(SB6),抢答桌上的抢答灯灭,计时开始,计时时间到时(假设为 1 min),赛场的音响发出持续 3 s 的长音,抢答桌上抢答灯再次亮。

(5) 如果抢答者在规定的时间内正确回答问题,主持人或助手按下加分按钮,为抢答者加分(分数自定),同时抢答桌上的指示灯快速闪烁 3 s(闪烁频率为 0.3 s ON,0.3 s OFF)。

(6) 如果抢答者在规定的时间内不能正确回答问题,主持人或助手按下减分按钮,为抢答

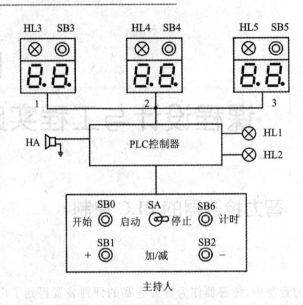

图 D.1 智力抢答器系统组成

者减分(分数自定)。

## 设计方案提示

(1) 抢答控制程序可以用 PLC 的基本指令完成。

(2) 指示灯显示和音响输出,可以由 PLC 的输出端子直接接通。

(3) 抢答者的得分情况可以通过数码管来显示,得分值的显示程序是本课题设计的难点。如何节省 PLC 的 I/O 资源,是降低控制成本的关键。可以利用 PLC 的移位指令及译码组合电路来完成。

## 设计报告要求

(1) 完整的设计任务书。

(2) 完成系统组态或硬件配置。

(3) 正确合理地进行编程元件的地址分配(如果采用分步编程或者结构化编程时,要对变量进行声明)。

(4) 画出输入/输出接线图及相关的图纸。

(5) 设计梯形图控制程序。

(6) 编制系统的操作说明。

(7) 编制系统的调试说明及注意事项。

(8) 设计体会(可选)。

(9) 参考文献。

## D.2 课题二 自动售货机的 PLC 控制

### 任务描述

一台用于销售汽水和咖啡的自动售货机,具有硬币识别、币值累加、自动售货、自动找钱等功能,此售货机可接受的硬币为 0.1 元、0.5 元和 1 元。汽水的售价为 1.2 元,咖啡的售价为 1.5 元。其示意图如图 D.2 所示。

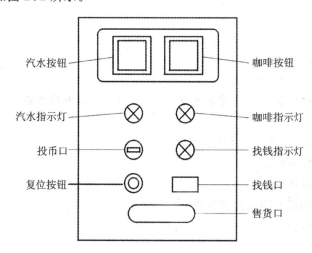

图 D.2 自动售货机

### 控制任务和要求

(1) 当投入的硬币总值超过 1.2 元时,汽水指示灯亮,当投入的硬币总值超过 1.5 元时,汽水和咖啡的指示灯都亮。

(2) 当汽水指示灯亮时,按汽水按钮,则汽水从售货口自动售出,汽水指示灯闪烁(闪烁频率为 1 s ON,1 s OFF),8 s 后自动停止。

(3) 当咖啡指示灯亮时,按咖啡按钮,则咖啡从售货口自动售出,咖啡指示灯闪烁(闪烁频率为 1 s ON,1 s OFF),8 s 后自动停止。

(4) 当按下汽水按钮或咖啡按钮后,如果投入的硬币总值超过所需钱数时,找钱指示灯亮,售货机自动退出多余的钱,8 s 后自动停止。

(5) 如果售货口发生故障,或顾客投入硬币后又不想买了(未按汽水按钮或咖啡按钮),可按复位按钮,则售货机可如数退出顾客已投入硬币。

(6) 具有销售数量和销售金额的累加功能。

### 设计方案提示

(1) 硬币的投入总值可以采用计数指令(或采用加 1 指令)和加法指令。
(2) 为简单起见,可考虑售货机找回(或退出)的钱均为 0.1 元的硬币。
(3) 可用计数器的设定值表示应找钱数额,该计数器的设定值应能根据找回(或退出)的钱自动设定。
(4) 售货机的工作电压为交流 220 V,各个驱动机构的工作电压为直流 24 V,各个指示灯的工作电压为直流 6.3 V。

### 设计报告要求

(1) 完整的设计任务书。
(2) 完成系统组态或硬件配置。
(3) 正确合理地进行编程元件的地址分配(如果采用分步编程或者结构化编程时,要对变量进行声明)。
(4) 画出输入/输出接线图及相关的图纸。
(5) 设计梯形图控制程序。
(6) 编制系统的操作说明。
(7) 编制系统的调试说明及注意事项。
(8) 设计体会(可选)。
(9) 参考文献。

## D.3 课题三 注塑机的 PLC 控制

### 任务描述

注塑机用于热塑料加工,是典型的顺序动作装置,它借助 8 个电磁阀(YV1～YV8),完成闭模、射台前进、注射、保压、预塑、射台后退、开模、顶针前进、顶针后退和复位等操作工序,其中注射和保压工序需要一定的时间延时。

### 控制任务和要求

(1) 按照图 D.3 所示的注塑机工艺流程图完成顺序控制。
(2) 注塑机工作时有通电指示(不通过 PLC)。
(3) PLC 工作时有运行指示。

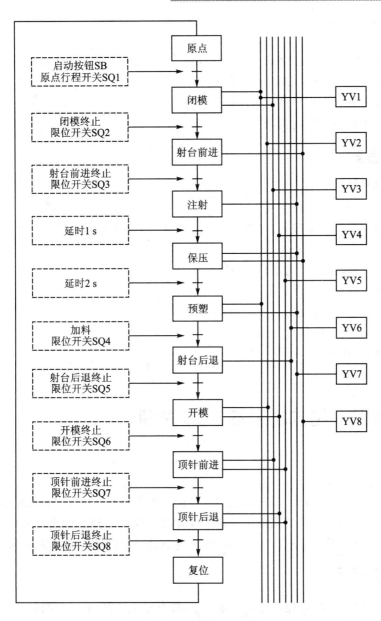

图 D.3 注塑机工艺流程

(4) 在进行开模工序、闭模工序时有工作状态指示。
(5) 在原点时有位置指示。

### 设计方案提示

(1) 因为本设计课题是典型的顺序控制问题,可以采用多种方式完成控制。
(2) 采用置位/复位指令和定时器指令。
(3) 采用移位寄存器指令和定时器指令。
(4) 采用步进指令和定时器指令。

### 设计报告要求

(1) 完整的设计任务书。
(2) 完成系统组态或硬件配置。
(3) 正确合理地进行编程元件的地址分配(如果采用分步编程或者结构化编程时,要对变量进行声明)。
(4) 画出输入/输出接线图及相关的图纸。
(5) 设计梯形图控制程序。
(6) 编制系统的操作说明。
(7) 编制系统的调试说明及注意事项。
(8) 设计体会(可选)。
(9) 参考文献。

## D.4 课题四 花式喷泉的 PLC 控制

### 任务描述

在游人和居民经常光顾的场所,如公园、广场、旅游景点及一些知名建筑前,经常会修建一些喷泉供人们休闲、观赏。这些喷泉按一定的规律改变喷水式样。如果与五颜六色的灯光相配合,在和谐优雅的音乐中,更使人心旷神怡,流连忘返。某广场的喷泉如图 D.4 所示。

### 控制任务和要求

(1) 按下启动按钮,喷泉控制装置开始工作,按下停止按钮,喷泉控制装置停止工作。
(2) 喷泉的工作方式由花样选择开关和单步/连续开关决定。
(3) 当单步/连续开关在单步位置时,喷泉只能按照花样选择开关设定的方式,运行 1 个循环。
(4) 花样选择开关用于选择喷泉的喷水花样,现考虑 4 种喷水花样。
① 花样选择开关在位置 1 时,按下启动按钮后,4 号喷头喷水,延时 2 s 后,3 号喷头喷水,

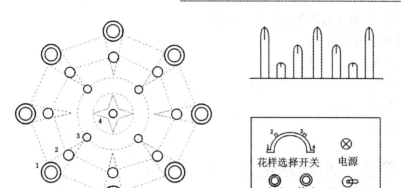

图 D.4 某广场的喷泉

再延时 2 s 后,2 号喷头喷水,又延时 2 s 后,1 号喷头喷水。18 s 后,如果为单步工作方式,则停下来;如果为连续工作方式,则继续循环下去。

② 花样选择开关在位置 2 时,按下启动按钮后,1 号喷头喷水,延时 2 s 后,2 号喷头喷水,再延时 2 s 后,3 号喷头喷水,又延时 2 s 后,4 号喷头喷水。30 s 后,如果为单步工作方式,则停下来;如果为连续工作方式,则继续循环下去。

③ 花样选择开关在位置 3 时,按下启动按钮后,1 号、3 号喷头同时喷水,延时 3 s 后,2 号、4 号喷头喷水,1 号、3 号喷头停止喷水。如此交替运行 15 s 后,4 组喷头全喷水。30 s 后,如果为单步工作方式,则停下来;如果为连续工作方式,则继续循环下去。

④ 花样选择开关在位置 4 时,按下启动按钮后,按照 1—2—3—4 的顺序,依次间隔 2s 喷水,然后一起喷水。30 s 后,按照 1—2—3—4 的顺序,分别延时 2 s,依次停止喷水。再经 1 s 延时,按照 4—3—2—1 的顺序,依次间隔 2 s 喷水,然后一起喷水。30 s 后停止。如果为单步工作方式,则停下来;如果为连续工作方式,则继续循环下去。

## 设计方案提示

(1) 根据花样选择开关的位置信号,采用跳转指令编程。
(2) 在每个跳转程序段内,采用定时器指令实现顺序控制。

## 设计报告要求

(1) 完整的设计任务书。
(2) 完成系统组态或硬件配置。
(3) 正确合理地进行编程元件的地址分配(如果采用分步编程或者结构化编程时,要对变量进行声明)。

(4) 画出输入/输出接线图及相关的图纸。
(5) 设计梯形图控制程序。
(6) 编制系统的操作说明。
(7) 编制系统的调试说明及注意事项。
(8) 设计体会(可选)。
(9) 参考文献。

## D.5 课题五 水塔水位的 PLC 控制

### 任务描述

在自来水供水系统中,为解决高层建筑的供水问题,修建了一些水塔。某水塔高 51 m,正常水位变化 2.5 m,为保证水塔的正常水位,需要用水泵为其供水。水泵房有 5 台泵用异步电动机,交流 380 V,22 kW。正常运行时,4 台电动机运转,1 台电动机备用。

### 控制任务和要求

(1) 因电动机功率较大,为减少启动电流,电动机采用定子串电阻降压启动,并要错开启动时间(间隔时间为 5 s)。

(2) 为防止某一台电动机因长期闲置而产生锈蚀,备用电动机可通过预置开关预先随意设置。如果未设置备用电动机组号,则系统默认为 5 号电动机组为备用。

(3) 每台电动机都有手动和自动两种控制状态。在自动控制状态时,不论设置哪一台电动机作为备用,其余的 4 台电动机都要按顺序逐台启动。

(4) 在自动控制状态下,如果由于故障使某台电动机组停车,而水塔水位又未达到高水位时,备用电动机组自动降压启动;同时对发生故障的电动机组根据故障性质发出停机报警信号,提请维护人员及时排除故障。当水塔水位达到高水位时,高液位传感器发出停机信号,各个电动机组停止运行。当水塔水位低于低水位时,低液位传感器自动发出开机信号,系统自动按顺序降压启动。

(5) 因水泵房距离水塔较远,每台电动机都有就地操作按钮和远程操作按钮。

(6) 每台电动机都有运行状态指示灯(运行、备用和故障)。

(7) 液位传感器要有位置状态指示灯。

### 设计方案提示

在自动控制状态下,系统流程图如图 D.5 所示。

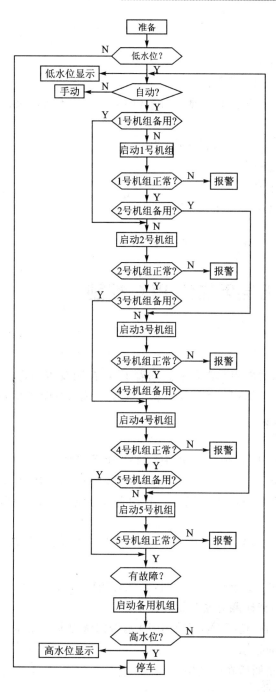

**图 D.5　水塔水位的 PLC 控制流程图**

## 设计报告要求

(1) 完整的设计任务书。
(2) 完成系统组态或硬件配置。
(3) 正确合理地进行编程元件的地址分配(如果采用分步编程或者结构化编程时,要对变量进行声明)。
(4) 画出输入/输出接线图及相关的图纸。
(5) 设计梯形图控制程序。
(6) 编制系统的操作说明。
(7) 编制系统的调试说明及注意事项。
(8) 设计体会(可选)。
(9) 参考文献。

## D.6 课题六 五层电梯的 PLC 控制

### 任务描述

在现代社会中,电梯的使用非常普遍。随着 PLC 控制技术的普及,大大提高了控制系统的可靠性,减少控制装置的体积。某五层电梯的控制系统示意图如图 D.6 所示。

### 控制任务和要求

(1) 当轿厢停在 1 F(1 楼)或 2F、3F、4F,如果 5F 有呼叫,则轿厢上升到 5F。
(2) 当轿厢停在 2 F(1 楼)或 3F、4F、5F,如果 1F 有呼叫,则轿厢下降到 1F。
(3) 当轿厢停在 1F(1 楼),2F、3F、4F、5F 均有人呼叫,则先到 2F,停 0 s 后继续上升,每层均停 8 s,直至 5F。
(4) 当轿厢停在 5F(5 楼),1F、2F、3F、4F 均有人呼叫,则先到 4F,停 8 s 后继续下降,每层均停 8 s,直至 1F。
(5) 在轿厢运行途中,如果有多个呼叫,则优先响应与当前运行方向相同的就近楼层,对反方向的呼叫进行记忆,待轿厢返回时就近停车。
(6) 在各个楼层之间的运行时间应少于 10 s,否则认为发生故障,应发出报警信号。
(7) 电梯的运行方向指示。
(8) 用数码管显示轿厢所在的楼层。
(9) 在轿厢运行期间不能开门。
(10) 轿厢不关门不允许运行。

## 设计方案提示

一台实际的电梯控制是很复杂的,涉及的内容很多,需要的输入/输出点数也很多,一般是通过教学用的模型电梯来完成设计课题。前面所提的要求只是一般要求,可根据模型电梯的具体功能,增删控制任务。

如果模型电梯所用的电动机是直流电动机,要在PLC的输出接口电路中完成直流电源极性的切换。

数码管所显示的楼层,在每层楼都是相同的,也可以用点亮对应位置的指示灯的方法指示轿厢所在的楼层。

在模型电梯上进行调试,及时发现问题,改正错误。

## 设计报告要求

(1) 完整的设计任务书。
(2) 完成系统组态或硬件配置。
(3) 正确合理地进行编程元件的地址分配(如果采用分步编程或者结构化编程时,要对变量进行声明)。
(4) 画出输入/输出接线图及相关的图纸。
(5) 设计梯形图控制程序。
(6) 编制系统的操作说明。
(7) 编制系统的调试说明及注意事项。
(8) 设计体会(可选)。
(9) 参考文献。

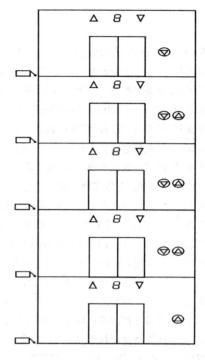

图 D.6 电梯控制系统的示意图

## 参考文献

[1] 刘锴,周海.深入浅出西门子 S7-300 PLC[M].北京:北京航空航天大学出版社,2004.
[2] 顾洪军等.工业企业网与现场总线技术及应用[M].北京:人民邮电出版社,2002.
[3] 汪志锋.可编程控制器原理与应用[M].西安:电子科技大学出版社,2004.
[4] 廖常初.S7-300/400 PLC 应用技术[M].北京:机械工业出版社,2005.
[5] 王立权,王宗玉,等.可编程控制器原理与应用[M].哈尔滨:哈尔滨工程大学出版社,2004.
[6] 阳宪惠.工业数据通信与控制网络[M].北京:清华大学出版社,2003.
[7] 阳宪惠.现场总线技术及应用[M].北京:清华大学出版社,1999.
[8] 吴晓君,杨向明.电器控制与可编程控制器应用[M].北京:中国建材工业出版社,2004.
[9] 宋德玉.可编程控制器原理及应用系统设计技术[M].北京:冶金工业出版社,2003.
[10] 孙海维.SIMATIC 可编程序控制器及应用[M].北京:机械工业出版社,2005.
[11] 柴瑞娟,陈海霞.西门子 PLC 编程技术及工程应用[M].北京:机械工业出版社,2006.
[12] 边春元,任双艳,满永奎.S7-300/400 PLC 实用开发指南[M].北京:机械工业出版社,2007.
[13] 崔坚.西门子工业网络通信指南(上册)[M].北京:机械工业出版社,2004.
[14] 崔坚.西门子工业网络通信指南(下册)[M].北京:机械工业出版社,2005.
[15] 胡学林.可编程控制器原理及应用[M].北京:电子工业出版社,2007.
[16] 俞光昀.计算机控制技术[M].北京:电子工业出版社,2004.
[17] 西门子公司.STEP 7 V5.3 编程手册[M].2004.
[18] 西门子公司.STEP 7 V5.3 使用入门[M].2004.
[19] 西门子公司.S7-300/400 的系统软件和标准功能参考手册[M].2002.
[20] 西门子公司.SIMATIC 用于 S7-300 和 S7-400 的标准软件 PID 控制用户手册[M].
[21] 西门子公司.S7-300 CPU 存储器介绍及存储卡使用[M].2006.
[22] 西门子公司.SIMATIC NET 网络解决方案、工业以太网交换机与连接模块[M].2002.
[23] 西门子公司.用于自动控制系统的工业通信网络[M].2001.
[24] 西门子公司.S7-300 可编程序控制器产品目录[M].2003.
[25] 西门子公司.S7-400 可编程序控制器产品目录[M].2003.
[26] 西门子公司.S7-400 可编程序控制器 CPU 及模板规范手册[M].2003.
[27] 西门子公司.S7-300 和 S7-400 语句表(STL)编程参考手册[M].2006.
[28] 西门子公司.SIMATIC S7-300 和 M7-300 可编程序控制器模板规范参考手册[M].2001.
[29] 西门子公司.SIMATIC 自动化系统 S7-400 硬件和安装——调试和硬件安装手册[M].2005.
[30] 西门子公司.SIMATIC S7-300 模块数据手册[M].2005.
[31] 西门子公司.SIMATIC S7-PLCSIM V5.3 incl. SP1 User Manual,2005.
[32] 西门子公司.SIMATIC System Software for S7-300/400 System and Standard Functions Reference Manual.2004.
[33] 西门子公司.SIMATIC ET 200M 分布式 I/O 站操作指导[M].2005.
[34] 西门子公司.SIMATIC Distributed I/O device ET 200iSP Manual.2004.

[35] 西门子公司. Statement Logic(LAD) for S7 - 300 andS7 - 400 Programing Reference Manual. 2002.
[36] 西门子公司. Function Block Diagram(FBD) for S7 - 300 and S7 - 400 Programing Reference Manual. 2002.
[37] 西门子公司. Statement List(STL) for S7 - 300 andS7 - 400 Programing Reference Manual. 2002.
[38] 西门子公司. Configuring Hardware and Communication Connections STEP 7 V5.3 Manual. 2002.
[39] 西门子公司. 组态硬件和通讯连接 STEP 7 V5.3 版本手册[M]. 2004.
[40] 西门子公司. CPU 31xC and CPU 31x Reference Manual. 2003.
[41] 西门子公司. S7 Graph V5.1 for S7 - 300/400 Programming Sequential Control Systems Manual. 2001.
[42] 西门子公司. CPU 31xC Technological Functions Manual. 2003.
[43] 西门子公司. Configration Hardware and Commucation Connections STEP 7 V5.3 Manual. 2002.
[44] 西门子公司. CP 340 Point - to - Point communication Installation and Parameter Assignment Manual. 2003.
[45] 西门子公司. CP 341 Point - to - Point communication Installation and Parameter Assignment Manual. 2003.
[46] 西门子公司. Prodave Operating Instructions. 2004.
[47] 西门子公司. AS - InterfacevIntroduction and Basic Information Manual.